信息安全理论与技术系列丛书

序列密码分析方法

冯登国 编著

清华大学出版社
北京

内 容 简 介

本书系统地介绍了序列密码的典型分析方法。全书共 8 章，主要内容包括时间存储数据折中分析方法、相关分析方法、线性分析方法、代数分析方法、猜测确定分析方法、侧信道分析方法和其他分析方法。

本书可作为从事网络空间安全、信息安全和密码学研究的科研人员，以及网络空间安全、信息安全和密码学专业的研究生和高年级本科生的教科书或参考资料。

图书在版编目(CIP)数据

序列密码分析方法/冯登国编著. —北京：清华大学出版社，2021.9 (2022.11重印)
(信息安全理论与技术系列丛书)
ISBN 978-7-302-57570-2

Ⅰ. ①序… Ⅱ. ①冯… Ⅲ. ①密码学 Ⅳ. ①TN918.1

中国版本图书馆 CIP 数据核字(2021)第 028931 号

责任编辑：张 民 战晓雷
封面设计：常雪影
责任校对：焦丽丽
责任印制：朱雨萌

出版发行：清华大学出版社
网 址：http://www.tup.com.cn，http://www.wqbook.com
地 址：北京清华大学学研大厦 A 座 **邮 编**：100084
社 总 机：010-83470000 **邮 购**：010-62786544
投稿与读者服务：010-62776969，c-service@tup.tsinghua.edu.cn
质量反馈：010-62772015，zhiliang@tup.tsinghua.edu.cn
课件下载：http://www.tup.com.cn，010-83470236
印 装 者：三河市龙大印装有限公司
经 销：全国新华书店
开 本：185mm×260mm **印 张**：18.5 **字 数**：451 千字
版 次：2021 年 10 月第 1 版 **印 次**：2022 年 11 月第 2 次印刷
定 价：69.00 元

产品编号：081993-01

丛书序

信息安全已成为国家安全的重要组成部分，也是保障信息社会和信息技术可持续发展的核心基础。信息技术的迅猛发展和深度应用必将带来更多难以解决的信息安全问题，只有掌握了信息安全的科学发展规律，才有可能解决人类社会遇到的各种信息安全问题。但科学规律的掌握非一朝一夕之功，治水、训火、利用核能曾经都经历了漫长的岁月。

无数事实证明，人类是有能力发现规律和认识真理的。今天对信息安全的认识，就经历了一个从保密到保护，又发展到保障的趋于真理的发展过程。信息安全是动态发展的，只有相对安全没有绝对安全，任何人都不能宣称自己对信息安全的认识达到终极。国内外学者已出版了大量的信息安全著作，我和我所领导的团队近 10 年来也出版了一批信息安全著作，目的是不断提升对信息安全的认识水平。我相信有了这些基础和积累，一定能够推出更高质量和更高认识水平的信息安全著作，也必将为推动我国信息安全理论与技术的创新研究做出实质性贡献。

本丛书的目标是推出系列具有特色和创新的信息安全理论与技术著作，我们的原则是成熟一本出版一本，不求数量，只求质量。希望每一本书都能提升读者对相关领域的认识水平，也希望每一本书都能成为经典范本。

我非常感谢清华大学出版社给我们提供了这样一个大舞台，使我们能够实施我们的计划和理想，我也特别感谢清华大学出版社张民老师的支持和帮助。

限于作者的水平，本丛书难免存在不足之处，敬请读者批评指正。

冯登国

冯登国，中国科学院院士。长期从事网络与信息安全研究工作，在 *THEOR COMPUT SCI*，*J CRYPTOL*，*IEEE IT* 等国内外重要期刊和会议上发表论文逾 200 篇，主持研制国际和国家标准 20 余项，荣获国家科技进步奖一等奖、国家技术发明奖二等奖等多项奖励。曾任国家高技术研究发展计划（863 计划）信息安全技术主题专家组组长，国家 863 计划信息技术领域专家组成员，国家重点基础研究发展计划（973 计划）项目首席科学家，国家信息化专家咨询委员会委员，教育部高等学校信息安全类专业教学指导委员会副主任委员等。

前言

密码学主要包括两部分，即密码编码学和密码分析学，这两部分既对立又统一，正是由于其对立性才促进了密码学的发展。一个密码算法（也称密码体制）的安全性只有通过系统地考查抵抗当前各类攻击的能力并进行全面的分析才能得出适度的定论。密码算法的安全性分析并非易事，但有一点是非常清楚的，那就是掌握现有的分析方法（也称攻击方法）并利用这些方法对相应的算法进行分析以考查其安全强度。密码分析方法不仅涉及的知识面宽，而且带有一定的实验性和经验性，任何一种分析方法都只有通过实践才能真正掌握。密码分析方法有很多，因为不同的密码算法有不同的分析方法，甚至同一密码算法也有很多种分析方法。作者在教学实践的基础上，于 2000 年在清华大学出版社出版了《密码分析学》一书，系统地介绍了当时已有的分析密码算法和密码协议的典型方法，该书出版后受到广大读者的青睐。时隔 20 年，密码分析学有了更丰富的内涵，很多书对此做了比较详细的介绍，但仍然缺乏一本全面、系统地介绍序列密码分析方法的著作。鉴于这种情况，作者结合多年的教学和科研实践，并在自己的读书笔记的基础上，编写了本书，以飨读者。

作者有幸承担并主持了国家自然科学基金重点项目“流密码的设计与分析”和国际 3GPP 标准——祖冲之(ZUC)序列密码的研制工作，在这些项目的执行过程中，创设或掌握了不少新知识、新思想和新方法，对序列密码理论、设计、分析和应用都有了更加深刻的认识，深知密码基础理论和密码分析方法的重要性，深深地体会到设计一个新颖的、理论上安全的、实用的轻量级序列密码绝非易事。不信，你可以亲自试一试，尤其是当你读完本书后，你的自信会大打折扣。

本书具有以下特点：

(1) 结构清晰。本书系统总结了散见于众多文献中的各种序列密码分析方法，将其归纳为时间存储数据折中分析方法、相关分析方法、线性分析方法、代数分析方法、猜测确定分析方法、侧信道分析方法和其他分析方法七大类，并分门别类地介绍了典型的分析方法。

(2) 内容新颖。本书反映了序列密码分析领域的最新研究进展，不仅处处有小的综述，而且极力介绍一些新的具体分析方法，包括序列密码的时间存储数据折中攻击方法、条件相关分析方法、选择初始向量分析方法、立方分析方法、面向字节的猜测确定攻击方法、冷启动攻击方法、近似碰撞攻击方法等。同时，尽量反映一些新的设计思想，包括 Sprout 序列密码、FLIP 序列密码、抗泄露序列密码等。

(3) 选材精良。本书在写作过程中以借鉴有代表性的重要文献为主，尤其是一些阐述经典分析方法的经典文献，尽量采用原始文献中的表述，把问题和原理讲清楚。这样做不仅有利于引导读者阅读原文，而且能够原原本本地反映典型分析方法的精髓，不会曲解原作者的真实意图。

本书在每章的开头都给出本章内容提要和本章重点，并在每章的结尾附有思考题，这些都有利于读者理解和掌握相关内容。每章还设有“注记与思考”，对本章进行总结和注解。各章末尾附有本章参考文献，作者这样做的目的是希望本书能够起到抛砖引玉的作用，向对序列密码分析感兴趣的读者提供一些线索，以便读者进一步阅读和研究。

作者在写作本书过程中得到了西安电子科技大学胡予濮教授、郑州信息工程大学戚文峰教授、中国科学院软件研究所张斌研究员、中国科学院数学与系统科学研究院冯秀涛副研究员的大力支持和帮助，也得到了序列密码讨论班的老师和同学们的帮助，在此向他们表示衷心的感谢。作者特别感谢清华大学出版社和国家自然科学基金重点项目(编号：60833008)的支持。

本书的初稿是2017年秋完成的，作者虽然下了很大功夫，但是总觉得不够理想，于是又花了几年的时间进行了修改和完善，并征求了许多专家学者的意见和建议。“丑媳妇总要见公婆”，敬请读者多提宝贵意见和建议。

冯登国

2021年6月于北京

目录

第 1 章 绪 论

本章内容提要

按照现代密码学的观点，可将密码算法（也称密码体制）分为对称密码和非对称密码（也称公钥密码），对称密码又可分为序列密码（也称流密码）和分组密码。序列密码的实现非常简单，便于软硬件实施，同时序列密码的加解密速度很快，没有或只有有限的错误传播。这些特点使得序列密码在实际中得到了广泛应用。早在 20 世纪初，人们就开始使用"短的"递归生成器生成"长的"伪随机序列，这就是序列密码的原始形态。20 世纪 60 年代提出的 B-M 算法使人们意识到仅使用线性递归生成器的序列加密是不安全的。于是，人们想办法对线性反馈移位寄存器进行各种非线性改造，提出了非线性滤波、非线性组合、不规则钟控、带记忆滤波或组合等方法，发展了分别征服相关分析、最佳仿射逼近分析、线性校验子分析、线性复杂度、k-错线性复杂度、随机性检测、非线性密码布尔函数、非线性序列构造等理论与方法。20 世纪 90 年代初，人们又提出了进位反馈移位寄存器。21 世纪初，序列密码的发展进入了标准化时期，其重要标志是实施了 NESSIE 工程、Ecrypt 计划和 CAESAR 竞赛，这些工作极大地推动了序列密码的发展。与此同时，国际标准化组织和各国政府都在积极推进密码算法的标准化工作，包括序列密码的标准化，例如 3GPP 组织将序列密码 SNOW3G 和 ZUC 纳入其标准体系。

本章主要介绍序列密码的基本概念、分类、工作模式、发展现状与趋势，序列密码涉及的一些重要概念及其基本性质，以及本书的结构与安排。

本章重点

- 序列密码的分类及工作模式。
- 布尔函数的定义及表示。
- m-序列的特性和 B-M 算法。
- 滤波生成器、组合生成器和收缩生成器。
- 序列密码的发展现状。

1.1 序列密码的分类及工作模式

对称密码根据对明文消息处理方式的不同可分为两大类，即分组密码和序列密码。在分组密码中，明文消息被分成 m 个符号的大数组 $x=(x_1,x_2,\cdots,x_m)$，每一组明文在密钥 $k=(k_1,k_2,\cdots,k_l)$ 的控制下变换成 n 个符号的密文组 $y=(y_1,y_2,\cdots,y_n)$，可简记为 $y=E_k(x)$，而且每一组明文用同一个密钥 k 加密。例如，DES、AES、SM4 等都是分组密码。在序列密码中，明文消息被分成连续的符号 $x=x_1,x_2,x_3,\cdots$ 用密钥流 $k=k_1,k_2,k_3,\cdots$ 的第 i 个元素 k_i 对 x_i 加密，即 $E_k(x)=E_{k_1}(x_i)E_{k_2}(x_2)\cdots$。例如，ZUC、SNOW3G、RC4 等都是序列密码。如果密钥流经过 d 个符号之后重复，则称该序列密码是周期性的；否则，称之为非周期性的。例如，一次一密密码就是一种非周期性的序列密码，古典的 Vigenère 密码就是周期性的序列密码。分组密码与序列密码之间的主要区别在于其记忆性，见图 1.1.1。

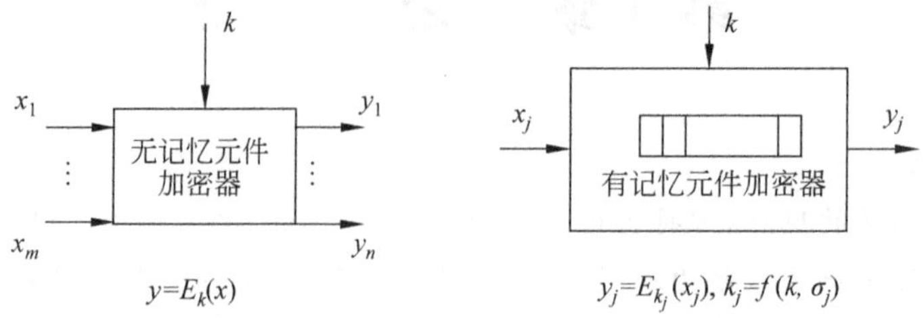

(a) 分组密码　　(b) 序列密码

图 1.1.1　分组密码与序列密码的处理方式

在序列密码中，密钥流元素 k_j 的产生由 j 时刻序列密码的内部状态 σ_j 和被称为种子或实际密钥的 k 所决定，一般可写为 $k_j=f(k,\sigma_j)$。加密(或解密)变换 E_{k_j}(或 D_{k_j})是时变的，其时变性由加密器(或解密器)中的记忆元件保证；而在分组密码中，加密(或解密)变换 E_k(或 D_k)不是时变的，加密器中不存在记忆元件。

在序列密码中，加密器的存储器(记忆元件)的状态随时间而变化，这一变化过程可用一个函数描述，通常称为状态转移函数(也称下一状态函数或状态更新函数)，记为 f_s。根据状态转移函数 f_s 是否依赖于输入的明文符号(字符或比特)，可将序列密码分为两类，即同步序列密码(synchronous stream cipher)和自同步序列密码(self-synchronous stream cipher)。

在同步序列密码中，状态转移函数 f_s 与输入的明文符号无关。此时，密钥流 $\{k_j=f(k,\sigma_j)\}_{j=1}^{\infty}$ 与明文符号无关，而 j 时刻输出的密文 $c_j=E_{k_j}(m_j)$ 也不依赖于 j 时刻之前的明文符号，因而，可将同步序列密码的加密器划分成密钥流生成器(也称滚动密钥生成器(running key generator)或伪随机序列生成器(pseudorandom sequence generator))和加密变换器(单纯利用滚动密钥 k_j 对输入的明文符号 x_j 进行加密的变换器)两部分，见图 1.1.2。

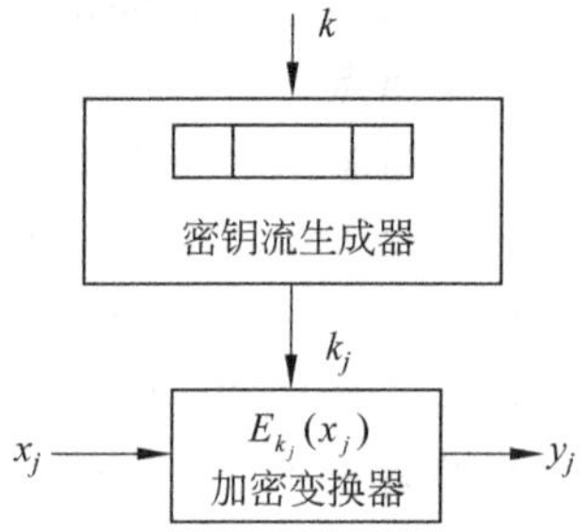

图 1.1.2　分解后的同步序列密码模型

在同步序列密码中，只要发送端和接收端有相同的种子或实际密钥 k 和内部状态，就能产生相同的密钥流。此时，我们说发送端和接收端的密钥生成器是同步的。

同步序列密码有两种基本的工作模式，即输出分组反馈模式和计数模式。输出分组反馈模式见图 1.1.3，反馈寄存器 R 作为密钥 B 所决定的分组加密变换的输入。在第 i 次迭代中，先计算 $E_B(R)$，然后将输出组的最低位(最右边)符号作为第 i 个密钥符号 k_i 输出，同时将整个输出组反馈到 R 中，作为下次迭代的输入。因为在整个密钥流的生成过程中反馈是在内部进行的，所以这种模式也称为内部反馈模式。在这种同步序列密码中，分组加密变换 E_B 应选择为非线性变换，例如，可选择 AES 或 DES 作为这种序列密码的非线性变换。计数模式见图 1.1.4。在这种同步序列密码中，分组加密变换 E_B 的输入由一个计数器提供。这种方法的优点在于，不用生成前面 $i-1$ 个密钥符号，即可直接生成第 i 个密钥符号 k_i，其方法是直接将计数器置为 I_0+i-1。

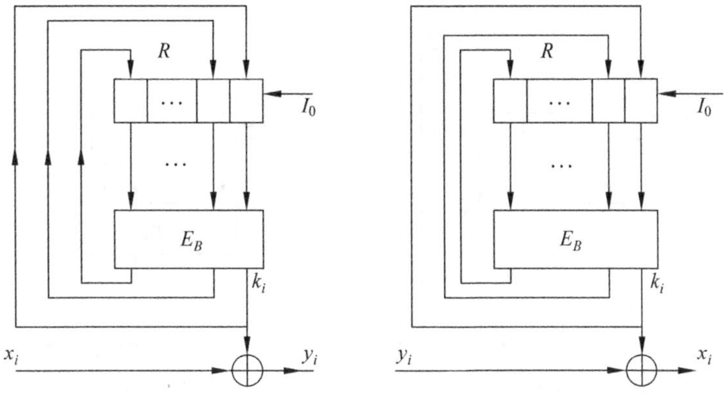

(a) 加密器　　(b) 解密器

图 1.1.3　输出分组反馈模式

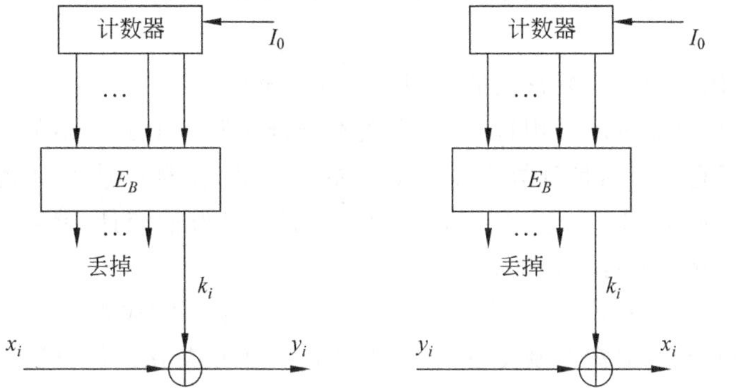

(a) 加密器　　(b) 解密器

图 1.1.4　计数模式

同步序列密码的一个优点是无错误传播，一个传输错误只影响一个符号，不会影响后继符号。但这也是一个缺点，因为攻击者(也称分析者或敌手)窜改一个符号比窜改一组符号容易。通过附加非线性检错码可克服这个缺点。

在自同步序列密码中，状态转移函数 f_s 与输入的明文符号有关。此时，密钥流 $\{k_j = f(k,\sigma_j)\}_{j=1}^{\infty}$ 与明文符号有关，而 j 时刻输出的密文 c_j 不仅仅依赖于明文符号 x_j。这种思想可追溯到 16 世纪时 Vigenère 发明的自身密钥密码。Vigenère 自身密钥密码的密钥流通过在初始密钥 k_1 后附加每个密文符号产生，即 $k_i = y_{i-1}, i \geqslant 1, y_0 = k_1$。显然，这种密码是很不安全的，但用加密的消息产生非重复密钥流的思想对密码学却是一大贡献。

Vigenère 自身密钥密码的缺陷在于将密钥暴露在密文之中，但通过将密文符号送到一个非线性分组密码导出密钥符号可以克服这种缺陷。这种技术称为密码反馈模式，因为密文符号参与了反馈圈。由于每个密文符号实际上依赖于前面的所有密文符号，因此这种技术有时也称为链接模式。密码反馈模式是自同步序列密码的一种最常用的工作模式，见图 1.1.5。每个密文符号 y_i 在生成之后，立即送到移位寄存器 R 的一端(另一端的符号被丢掉)。在每次迭代中，R 的值作为分组加密变换 E_B 的输入，而输出分组的最低位符号用作下一个密钥符号。

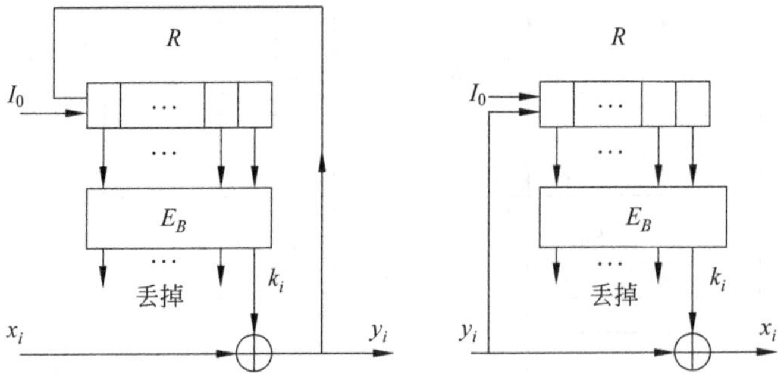

(a) 加密器 (b) 解密器

图 1.1.5 密码反馈模式

对于密码反馈模式,传输错误影响反馈圈。如果一个密文符号在传输中出错或丢失,将等到该错误移出寄存器时才能同步。因而,一个错误最多影响 n 个符号,这里 n 为每个分组的符号个数。

一次一密密码是当今序列密码的原型。一次一密要求用户在安全信道中预先传送长度不小于明文消息符号数量的密钥符号,这样做不符合实际。上面介绍的序列密码都不是完善的保密系统,但它们应当是计算上不可破译的。为此,由种子或实际密钥 k 扩展成的密钥流序列$\{k_j\}_{j=1}^{\infty}$应当满足一定的要求,如极长的周期、良好的统计特性、能够对抗已知的攻击方法(如本书所介绍的各种攻击方法)等。

从公开发表的文献看,目前绝大多数有关序列密码的研究成果是同步序列密码方面的。由于自同步序列密码一般需要密文反馈,使得分析工作复杂化。但自同步序列密码具有认证功能和能够抵抗密文搜索攻击等优点,所以它也是一个值得研究的课题。

一个同步序列密码是否具有很高的密码强度主要取决于密钥流生成器的设计。为了设计安全的密钥流生成器,必须在密钥流生成器中使用非线性变换,这就给密钥流生成器的理论分析工作带来了很大困难。在图 1.1.2 所示的密钥流生成器中,状态转移函数和输出函数一般应为非线性变换。为了使某些密钥流生成器便于从理论上进行分析,Rueppel[1]将密钥流生成器分成两部分,即驱动部分和非线性组合部分。驱动部分控制生成器的状态序列,并为非线性组合部分提供统计性能好的序列,例如,驱动部分可由一组最大长度线性反馈移位寄存器组成。而非线性组合部分将驱动部分所提供的序列组合成密码学特性好的序列。例如,用于提高密钥流的线性复杂度等。密钥流生成器的组成见图 1.1.6。

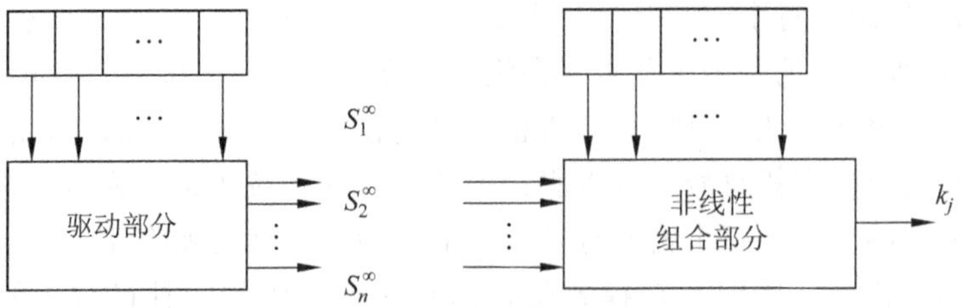

图 1.1.6 密钥流生成器的组成

用图1.1.6所示的密钥流生成器获取密钥流的做法与Shannon早期提出的两条密码设计原则,即"扩散"和"混淆",恰好是一致的。在这里,驱动部分中的线性反馈移位寄存器将实际密钥 k 扩散(扩展)成周期很长的驱动序列,再对驱动序列与密钥 k 之间过分明显的依赖关系经组合部分的适当非线性变换加以隐蔽,以实现混淆。值得注意的是,在近年来的许多密码应用中,不仅要求输入密钥,而且要求输入一个公开参数IV(称为初始向量)或nonce(使用一次的数)。这样,密钥流生成器就有两个输入参数,一个是密钥 k,另一个是公开参数IV,这一点在后面介绍的具体序列密码中将会看到。

关于序列密码的详细讨论可参阅文献[1-3]。这里需要说明的是,在密码学中,"攻击"(attack)和"分析"(analysis)这两个词意思相同,经常交叉使用,本书中根据表述的习惯也交叉使用了这两个词。

1.2 序列密码的发展现状

1. *序列密码发展概况*

序列密码的发展最早可追溯到20世纪初。当前序列密码的发展已步入标准化时代,其重要标志是近年来实施的一系列标准化工程,如欧洲的NESSIE工程和Ecrypt计划,以及由美国国家标准及技术协会(NIST)资助国际密码研究组织发起的CAESAR竞赛。总的来讲,序列密码的发展大致可分为以下三个阶段。

1) 萌芽阶段

萌芽阶段大致从20世纪初至20世纪60年代末,其主要特征是使用线性递归方式生成序列。早在20世纪初,人们就开始使用"短的"递归生成器生成"长的"伪随机序列,这就是序列密码的原始形态。这一时期,人们对线性反馈移位寄存器(Linear Feedback Shift Register,LFSR)序列的生成、综合及其性质等进行了较为系统的研究,最有代表性的工作是给出了m-序列的生成方法、性质、统计特征等,提出了计算有限或周期序列的联结多项式的算法,即B-M算法。

这一时期值得一提的工作是Shannon于1949年发表的论文《保密系统的通信理论》,该文为对称密码学建立了理论基础,从此密码学成为一门科学。该文证明了一次一密密码在唯密文攻击下是理论上不可破译、绝对安全的。然而,为了建立一次一密密码,通常需要在安全信道上交换传输一个至少与明文一样长的密钥,这在很多情况下是不现实和不经济的,在密钥的产生和管理方面也面临着许多复杂问题,很容易造成各类安全隐患。这也许就是后来人们设计各种序列密码代替一次一密密码的主要动因,亦即各种序列密码本质上都是对一次一密密码的模仿,同时避免了密钥产生、分配和管理维护中的各类问题。序列密码所产生的密钥流至少要做到看起来很像随机序列,且恢复算法的初始状态和密钥或者将算法及其密钥流与随机情况区分开在一定的计算能力和许可范围内都是困难的。安全、高效的序列密码的设计与分析一直都是密码学领域中的主要研究方向。

2) 发展阶段

发展阶段大致从20世纪70年代初至20世纪末,其主要特征是使用非线性方式生成序列。20世纪60年代提出的B-M算法使人们意识到仅使用线性递归生成器的序列加密是不安全的。于是,人们想办法对其进行各种非线性改造,提出了非线性滤波、非线性组合、不规则钟控、带记忆滤波或组合等多种非线性构造方法，这些序列的研究极大地发展和丰富了相关分析、线性分析、线性复杂度、k-错线性复杂度、随机性检测、非线性密码布尔函数、非线性序列构造等序列密码理论与方法。与此同时，人们相继提出并分析了几何序列（如 GMW 序列、瀑布型 GMW 序列、NO 序列），对数序列（如 Legendre 序列、广义 Legendre 序列、Jacobi 序列）和割圆序列等，这些序列具有良好的伪随机性质，但生成方式过于复杂，不易实现。20 世纪 90 年代初，人们又提出了进位反馈移位寄存器（Feedback with Carry Shift Register，FCSR），其主要特点是在 LFSR 上增加一个进位装置，从而实现状态变化过程中涉及的整数加法。

在这个阶段，最有影响的工作主要集中在满足各种密码学性质的布尔函数的结构特征刻画和构造，基于非线性过滤、非线性组合和不规则钟控等方法构造的序列密码的分析方法，以及非线性序列的构造及其安全性度量指标等几方面。例如，Rueppel 提出了“线性驱动部件＋非线性组合部件”的设计范式，并给出了这类序列密码设计的一些方法和准则[1]；Siegenthaler 提出了非线性组合生成器的分别征服相关分析方法[12]；曾肯成等提出了线性校验子和线性一致性测试分析方法[23,24]；肖国镇等提出了序列密码的稳定性理论[2,13]；等等。

3）标准化阶段

标准化阶段大致从 21 世纪初至今，其主要特征是通过算法的设计与应用驱动序列密码的发展。这一时期的重要标志是实施了 NESSIE 工程、Ecrypt 计划和 CAESAR 竞赛。

NESSIE（New European Schemes for Signatures，Integrity and Encryption，欧洲新签名、完整性和加密方案）工程是欧盟 2001 年在其信息社会技术规划中支持的一项大密码工程，通过公开征集的方式遴选包括序列密码在内的密码算法。在这一工程实施过程中征集到了一些序列密码，如 Snow1.0、Sober t16/32、LILI-128、Leveathan 和 BMGL 等。这些序列密码中有的有一些新的设计思想，如采用字操作、采用分组密码中的 S-盒、采用有限状态机、基于 AES 设计等。人们对这些序列密码进行了透明的测试与评估，结果表明，这些序列密码有的不能抵抗现有的密码攻击方法，有的因速度太慢而不符合序列密码标准的要求，因此该工程最终并没有选定任何一个序列密码。但是，NESSIE 工程大大丰富了序列密码的设计理论和分析方法，使得人们对序列密码的认识更加全面。例如，在此之前，人们关注较多的是序列密码的安全性，对于其效率关注并不够；在此之后，人们在设计序列密码时开始综合考虑安全性和效率。又如，新型的设计促进了序列密码分析技术的发展，许多分析技术，包括区分分析、代数分析，都获得了长足的发展。由于序列密码代数分析的出现，传统的基于 LFSR 的序列密码设计范式进一步丧失了其吸引力。

Ecrypt 计划是 2004 年欧洲委员会的第 6 个框架计划支持的大密码计划，该计划包含了专门面向序列密码的 eSTREAM 计划，征集到的 34 个序列密码包含了许多新颖的设计思想，且大多数不再局限于传统的基于 LFSR 的结构，如采用非线性反馈移位寄存器（Non-Linear Feedback Shift Register，NLFSR）、采用类似分组密码的结构、Grain 结构、Trivium 结构和跳控技术等。eSTREAM 计划将序列密码分为面向受限硬件环境的算法（如 Grain v1、Trivium、Mickey v2 等，这些算法一般采用比特级的操作）和面向高速软件应用的算法（如 Salsa20/12、SOSEMANUK、Rabbit、HC 等，这些算法大都采用面向字的操作）。该计划的实施也大大促进了侧信道分析、代数分析、可证明安全性等新型分析方法的发展。由于学术界对于大量采用极大内部状态和极高初始化轮数的新型序列密码普遍缺乏有效的分析思想和办法，其间虽有立方分析、扩域上的快速相关分析等新方法的提出，但对于采用极大内部状态和极高初始化轮数的序列密码，短时间内还无法获得快于穷举搜索的攻击方法。

CAESAR竞赛是2013年由美国国家标准及技术协会资助，由国际密码研究组织发起的，旨在推动认证加密算法研究的活动。CAESAR竞赛共征集到57个密码算法，经过3轮评估选出7个密码算法，其中有两个序列密码，反映了轻量化、实现性能高效化且安全证明严格化的认证加密算法最新发展趋势。这次竞赛大大推进了认证加密算法的研究与发展，当然也暴露出许多问题，例如，人们对认证加密的安全模型认识不够深刻，直接设计的算法的安全性基础不够坚固。

与此同时，国际标准化组织和各国政府都在积极推进密码算法的标准化工作，其中包括序列密码的标准化，例如，3GPP组织将序列密码SNOW3G和ZUC纳入其标准体系。

特别值得一提的是，为满足同态加密应用环境的需求，在2016年的Eurocrypt会议上，有人提出了一个新的序列密码结构，被称为置换滤波生成器，这种结构可以看作滤波生成器的一个变体，以人为形式模拟产生大量的固定次数、固定形式的代数等式。

2. 序列密码分析方法发展概况

序列密码的安全性是相对的，是在一定的密钥长度下，相对于攻击类型和实际计算能力与代价而言的。可以从不同的维度对攻击(或分析)方法进行分类。一般来讲，至少可以从3个维度看一种攻击方法：一是攻击者所具备的信息与能力；二是攻击者的最终目标；三是攻击者的具体实施过程和所使用的策略。例如，分别征服相关分析是一种唯密文攻击，也是一种密钥恢复攻击，其具体实施过程使用了分别征服策略以及输出与输入之间的相关性，因此将其称为分别征服相关分析。

根据Kerckhoff假设和攻击者所允许具备的信息与能力，一般可将分析方法分为以下4种：

(1) 唯密文攻击。攻击者只知道密文信息。

(2) 已知明文攻击。攻击者知道明文和相应的密文。

(3) 选择明文攻击。攻击者可以根据需要选取一些明文，并能够产生相应的密文。

(4) 选择密文攻击。攻击者可以根据需要选取一些密文，并能够获得相应的明文。

根据攻击者的最终目标，可将攻击方法分为密钥恢复攻击和区分攻击。密钥恢复攻击的目标是恢复秘密密钥的值。区分攻击的目标是确定一个给定的序列是一个由序列密码产生的序列还是一个真正的随机序列。区分器是解决这个问题的一个算法，它以给定的序列为输入，输出最终判决。区分攻击是比密钥恢复攻击更弱的一种攻击，它不恢复密钥，但它可能使攻击者获得关于明文的一些信息。

根据攻击者的具体实施过程，可将攻击方法分为直接分析和间接分析。直接分析是针对密码算法本身实施的攻击方法，是以分析密码算法设计漏洞破解密码的，并不考虑密码算法的软硬件实现及其应用问题。针对序列密码的直接分析方法，主要有相关分析、线性分析、代数分析、时间存储数据折中攻击、猜测确定分析等。间接分析是针对密码算法的软硬件实现及其应用实施的攻击方法，是通过分析软硬件方面的缺陷或收集相关泄露信息破解密码的。间接分析方法主要有侧信道分析、社会工程学分析、软件或协议安全漏洞利用分析等。其中，侧信道(side-channel，也译为边信道或旁路)分析是一类重要的间接分析方法，这类方法在关注密码算法数学性质的同时，利用密码设备产生的物理信息泄露进行破解。通常，这类物理信息被称为侧信道信息(side-channel information)。目前，已证实可以利用的侧信道信息包括运行时间信息、能量消耗信息、电磁辐射信息、声音信息和光强度信息等，如图 1.2.1 所示。

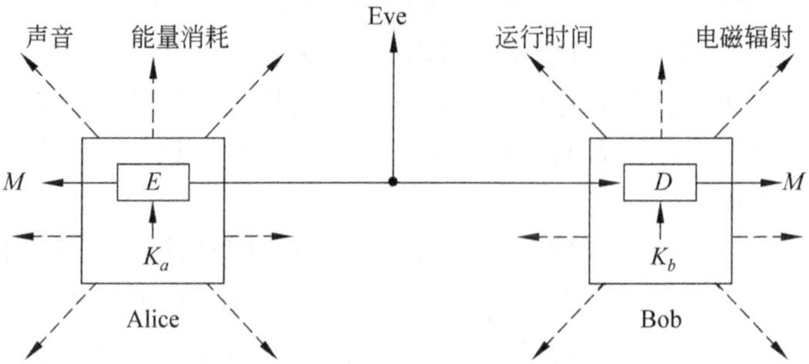

图 1.2.1　侧信道信息泄露模型

最早的相关分析是由 Blaser 等于 1979—1980 年提出的，该分析方法从对基于 LFSR 的序列密码的分析起步。但是，真正有价值的工作是由 Siegenthaler 于 1985 年提出的非线性组合生成器的分别征服相关分析，它可实现对于内部状态的分别征服，从而大大降低寻找密钥的计算复杂度。20 世纪 90 年代，人们给出了带记忆组合生成器相关特性的理论分析。对于基于 LFSR 的序列密码，利用各种不同的快速相关分析是一条恢复目标 LFSR 的内部状态的经典攻击路线。后来，人们将相关性的定义推广到条件相关性，即在给定某些非线性函数的输出模式的条件下，研究输入变量之间的线性相关特性。在 2005 年的 CRYPTO 会议上，一个对偶的、新的条件相关性定义被给出，即以某些位置输入作为条件研究输出的线性相关特性。这个方法随后被证明是分析带记忆序列密码的一种重要手段。通常情况下，条件向量是和密钥相关的，如果一个好的条件相关性存在，攻击者往往能够发现对应于正确密钥的样本序列是带有偏差的，而对应于错误密钥的则近似于随机样本序列。相关分析对带记忆序列密码而言是一种非常有效的攻击方法，通过寻找密码算法的有效线性逼近，并结合编码理论，可以有效地恢复密钥。在 2013 年的 CRYPTO 会议上，提出了一种更通用的条件相关分析，即条件掩码(condition masking)方法，从而进一步拓展了条件相关分析的适用范围。时至今日，相关分析已发展成为序列密码分析方法中最为有效的一类分析手段，是任何序列密码在设计时都必须考虑的基本攻击之一。

作为另一种统计分析方法，序列密码的线性分析与相关分析相伴而生，最早的线性分析方法可以追溯到我国学者曾肯成等在 1988 年、1989 年、1990 年的 Eurocrypt 会议上提出的线性校验子分析方法和线性一致性测试分析方法，以及我国学者肖国镇等在 1989 年创建序列密码的稳定性理论时提出的最佳仿射逼近分析方法，其实也可以追溯到 20 世纪 60 年代针对 LFSR 的 B-M 算法(当然一般不把 B-M 算法纳入线性分析的范畴)，但真正得到广泛应用的是 Matsui 于 1993 年针对 DES 提出的线性分析方法，即以线性操作代替非线性模块，以概率意义下的相等代替通常的等式。这是一种普遍适用的攻击思想，具有非常强大的生命力。由于序列密码设计的多样性，没有统一的路径构造所分析算法的线性逼近，这给分析者带来了极大的困难，当然也带来了极大的机遇。线性分析方法对于序列密码的应用是一个随时间演变的进程，困难且缓慢，比较显著的结果是 Coppersmith 在 2002 年的 CRYPTO 会议上提出的线性掩码(linear masking)思想，其基本观点是：利用线性逼近建立关于密钥流和线性部分内部状态的一个关系，然后利用线性反馈关系消去线性部分的内部状态，从而建立一个只包含密钥流的线性逼近等式，这个逼近等式与均匀分布相比较带有一定的概率偏差，利用统计学原理，即可对密钥流和随机序列进行区分。线性分析的根本目的就是建立一个统计区分器，通过区分两个不同的概率分布获得序列密码的一些弱点。线性分析研究在对称密码学中一直都是一个主流的研究方向，很多文献对线性分析做了拓展和优化。随着线性分析的发展，它被用来攻击许多序列密码，使得线性分析也成为序列密码设计中必须考虑的基本攻击之一。线性分析的理论框架在分组密码中是比较成熟的，而在序列密码中却还有很多问题需要研究，对已有的序列密码的线性分析框架进行扩展和改进，在序列密码分析中是非常重要的研究课题。直观地看，线性分析比相关分析更一般化，相关分析比线性分析更有的放矢。如果驱动 LFSR 的状态比特子集与单个输出比特之间存在具有不可忽略的概率的线性关系，则一般相关分析可以成功；如果在一些输出比特的线性函数与 LFSR 输出比特子集的线性函数之间存在相关性，则一般线性分析可以成功。

相比于统计分析方法，代数分析是另一种针对基于 LFSR 的序列密码的典型分析方法。虽然代数分析的思想可以追溯到 Shannon 于 1949 年的经典论述，但直到 2003 年，Courtois 等在 Eurocrypt 会议上才正式提出了序列密码代数分析的思想，并对基于 LFSR 的序列密码进行了代数分析，将之应用于序列密码 Toyocrypt 和 LILI-128 的分析。对基于 LFSR 的序列密码而言，由于线性关系无法增加代数次数，序列密码的内部状态和密钥流比特通过非线性滤波(也称过滤)函数或者组合函数直接组合，缺乏动态增长，易导致关于一定个数变量的大量固定次数代数关系式，从而易用线性化方法恢复出初始状态变量。如果非线性组合函数的代数次数比较低，或者通过倍乘等约化技巧可以转化成代数次数较低的情况，则 LFSR 的初始状态可以通过线性化这些非线性方程所包含的单项式恢复，这也是目前为止唯一可以进行理论分析的代数分析方法，其他方法，如采用 Gröbner 基、XL、SAT 等，虽然只需较少的密钥流即可攻击成功，但缺乏对于序列密码本身构造的有效利用，只是现有解方程方法的直接使用，从而难以获得广泛的关注和成功使用。在 2003 年的 CRYPTO 会议上，Courtois 进一步改进了代数分析，在获得连续密钥流的情况下，提出了快速代数分析的思想，可以利用 B－M 算法等方法局部地降低代数方程的次数，从而减少单项式数目，降低计算复杂度。在一段时间内，讨论代数分析成为一种时尚，各种改进方法纷纷被提出，但有影响的方法并不多。截至目前，代数分析方法除了对基于 LFSR 的序列密码较为成功之外，对其他类型的密码算法的代数分析还有较长的路要走。一般来说，代数分析方法主要分为建立方程和求解方程两大步，充分利用密码算法的特点建立相对易解的方程组是一个十分重要的研究课题。作为代数分析的一个进展，在 2009 年的 Eurocrypt 会议上，Dinur 等提出了立方分析方法，其基本思想是利用高阶差分性质压缩原迭代函数，在所获得的压缩结果是线性或者低次方程的情况下，可以通过解方程获得初始密钥。随后，又提出了立方区分器、动态立方分析、条件差分分析等方法，并被应用于序列密码 Trivium、Grain-128 和 Grain-128a 的分析，其典型思想是利用可控制的 IV 变量零化某些深度轮数的某些位置变量，得到较易被区分的结果函数。虽然看起来代数分析是一种联系对称密码学与代数理论的天然桥梁，但到目前为止，这种分析方法仍然处在初级阶段。

时间存储数据折中攻击和猜测确定分析可以看作对序列密码的拓扑性质的分析，即攻击者关注于序列密码本身各个变量之间的依赖关系，考查这些依赖关系是否导致其他分析方法不易发现的漏洞。时间存储数据折中攻击是由 Babbage 等于 1995 年提出的，从最初由 Hellman 于 1980 年提出的对 DES 的时间存储折中攻击，到目前一般性的逆单向函数的方法，折中攻击作为一种方兴未艾的攻击思想还处在发展阶段。目前存在多种关于时间存储数据折中攻击的变形，较为成功的折中攻击主要有对于 GSM 加密算法 A5/1 的时间存储数据折中攻击、彩虹(rainbow)表方法等。如果算法的内部状态较小，就能够利用状态碰撞恢复秘密信息；如果算法的内部状态是密钥长度的两倍以上，那么就需要根据一些折中曲线分析安全性。比较著名的折中曲线是由 Biryukov 等于 2000 年提出的 $TM^2D^2=N^2$ 等，这里要注意的是预计算阶段的时间与存储复杂度不可忽略，否则，很容易导致片面的分析结果。猜测确定分析更倾向于是一种策略，还未形成系统的理论方法，目前已有的工作都是针对具体算法的结构特点给出的。作为两种基础性较强的密码攻击方法，时间存储数据折中攻击和猜测确定分析在未来会发挥越来越重要的作用。

间接分析方法不是分析密码体制或密码算法本身，而是利用密码体制或密码算法在实现或应用中泄露的各种信息进行密码分析，这些方法利用社会工程学、软件或协议安全漏洞、软件或硬件实现的不正确性、软硬件运行过程中的信息泄露等实施攻击。间接分析方法的典型代表是侧信道分析方法。其基本思想是：攻击者利用从密码设备中容易获取的信息，如能量消耗、电磁辐射、运行时间、在特意操控下的输入输出行为等侧信道信息，获取或部分获取密码体制中的私钥或随机数。这类分析方法主要包括计时攻击(timing attack)、能量分析(power analysis)、电磁分析(electro magnetic analysis)、故障攻击(fault attack)、缓存攻击(cache attack)和冷启动攻击(cold-boot attack)等。其中，故障攻击是攻击者通过人为引起的错误(对于序列密码来说一般是改变寄存器状态或者修改控制时钟)让密码设备输出错误密钥流，通过与正确密钥流对比获得密码设备的种子密钥。Hoch 等在 2004 年的 CHES 会议上将故障攻击技术应用到序列密码分析中，在一定的假设条件下得到了较好的结果。到目前为止，故障攻击的假设条件还是比较苛刻的，对序列密码并不能形成实际的威胁，但是这种技术的思想对于设计序列密码是非常有帮助的。计时攻击主要是针对密码体制的软件实现来实施的密码攻击方法，其最著名的应用就是 OpenSSL 攻击。该类攻击主要是利用密码算法运行的时间来实施的。例如，对于具有不同汉明重量的初始密钥，密码算法的运行时间是有一些差别的，通过这种差别可以缩小初始密钥的搜索范围，以此减少攻击所需的时间。现在很多密码体制在设计的时候需要考虑计时攻击问题，一般情况下，对于序列密码的软件实现都有一个相应的标准，在该标准下软件实现需要考虑计时攻击问题。在 Ecrypt 计划中提出的序列密码有很大一部分不能抵抗侧信道攻击，如何改进这些密码体制是密码应用中的一个重大挑战。

1.3 序列密码的研究意义

密码算法是解决信息安全问题的基础。序列密码是主流密码算法之一，本来属于传统的密码学研究领域，已经具有深厚的研究积累和丰富的研究成果，但是当前乃至未来继续重点关注序列密码具有以下特殊意义：

(1) 近年来移动通信的飞速发展使得序列密码的地位显著提高。移动通信的特点是巨大的信息吞吐量和紧张的信息处理资源，这使得序列密码的优势凸显，淡化了序列密码的劣势。序列密码的优势是简单、快速，特别是硬件实现模块体积小，运行速度远高于其他密码算法。

(2) 序列密码的研究趋于综合化、标准化。序列密码的研究逐渐脱离了传统的单一数学分析模式，出现了大量的新型设计思想(如 S-盒、扩散部件、有限状态机)，也引发了大量的新型安全问题和效率问题(如侧信息泄露问题、代数分析问题)。对这些新型设计思想和新型问题的讨论还远不够成熟。

(3) 可证明安全性(也称归约安全性)是密码学研究领域的必然趋势。公钥密码的研究率先走上了可证明安全性之路，并逐渐达到了规范化、实用化。而序列密码的可证明安全性研究几乎刚刚起步。在计算复杂度理论意义下，好的伪随机序列应该与真正的随机序列在概率分布上是计算不可区分的(computationally indistinguishable)。假设 $G: \{0,1\}^n \to \{0,1\}^M$ 是一个伪随机序列生成器，S_M 为其输出序列的集合。一个概率算法 $D: \{0,1\}^M \to \{0,1\}$ 被称为是对生成器 G 的 (T, ε)-可区分攻击指的是它的运行时间为 T，且满足 $|\Pr[D(s)=1 \mid s \in S_M] - \Pr[D(s)=1 \mid s \in \{0,1\}^M]| > \varepsilon$。如果不存在这样对生成器 G 的区分攻击，则称这个确定性算法 G 是一个 (T, ε)-不可区分的伪随机序列生成器，也称这样的伪随机序列为可证明安全的。当前序列密码可证明安全性的研究主要集中在 3 个方面：一是可证明安全的实用化研究，即可证明安全与传统安全的关系；二是可证明安全性的归约方法研究；三是基于伪随机序列的“困难问题”的构造和分析。

(4) 序列密码中的传统问题需要持续深化研究。序列密码伪随机性的研究中存在众多问题，非周期相关性的研究成果较少，序列的复杂度研究还不够成熟。待研究的问题很多，包括多序列的联合二次复杂度与非线性复杂度的有效算法，线性复杂度与二次复杂度之间的关系，联合 2-adic 复杂度的有效算法，各种具有理想自相关性的周期序列的复杂度分布，多重序列线性复杂度的稳定性，非线性递归序列的构造及其性质，FCSR 序列的性质，等等。

(5) 序列密码的初始化研究还不够成熟。初始化是序列密码走向广泛应用的前提，是把序列密码从顺序加解密变为任意加解密的最重要的手段。但是当前的初始化研究主要是将初始化算法与具体的序列密码本身融为一体讨论，只具有特例安全的意义。而初始化的一般性研究很少，尚未见有价值的成果。

(6) 相比另一个主流密码算法——分组密码，序列密码更接近信息安全的终极需求——无条件安全。未来计算模式的逼近使得这一需求更加紧迫。但序列密码的经典设计基本上是面向理论分析的，没有模板可套用，而分组密码有许多经典设计是直接面向标准的，如 S-盒、SPN、Feistel 结构等。

1.4 一些重要概念及其基本性质

序列密码涉及一些非常基本和重要的概念，如 LFSR、m-序列、B-M 算法、线性复杂度、布尔函数、滤波生成器、组合生成器、收缩生成器、区分器和假设检验等。本节主要介绍这些重要概念及其基本性质。

1. LFSR 和 B-M 算法

设 F_2 表示二元域，由 0、1 组成。加法为模 2 加法，一般用⊕表示（在上下文清楚时也可用＋表示），即 $0\oplus0=1\oplus1=0,0\oplus1=1\oplus0=1$；乘法为模 2 乘法，一般用·表示，即 $0\cdot0=0\cdot1=1\cdot0=0,1\cdot1=1$。$F_2$ 上 n 级 LFSR 的一般结构如图 1.4.1 所示，它是由 n 个二元存储器与若干个 F_2 上的乘法器和加法器连接而成的（二元情况下的乘法器可以省略），所有的 c_i 和 a_j 都是 F_2 上的元素。每一存储器称为 LFSR 的一级或一段，n 为 LFSR 的级数或长度。在第 j 个移位时钟脉冲到来时，LFSR 的状态由 $(a_j,a_{j+1},\cdots,a_{j+n-1})$ 变为 $(a_{j+1},a_{j+2},\cdots,a_{j+n})$，并送出 a_j 作为输出。初始状态 $(a_0,a_1,\cdots,a_{n-1})$ 可由用户指定，而补入末端存储器的 a_{j+n} 的值由如下反馈函数确定：

$$a_{j+n}=\sum_{i=1}^{n}c_ia_{j+n-i},\quad j\geqslant 0 \tag{1.4.1}$$

用延迟算子 $x(xa_k=a_{k-1})$ 作为未定元给出的反馈多项式是

$$f(x)=1+c_1x+c_2x^2+\cdots+c_nx^n$$

易知

$$f(x)a_k=0,\quad k\geqslant n \tag{1.4.2}$$

将此事实简记为 $f(x)a=0$，这里 a 表示输出序列 $a_0,a_1,a_2,\cdots$，通常称 a 为 n 阶线性递归序列（也称 n 级 LFSR 序列）。也称 $f(x)=1+c_1x+c_2x^2+\cdots+c_nx^n$ 为 LFSR 的联结多项式（或连接多项式）。$f(x)$ 的互反多项式 $\overline{f(x)}=x^nf\left(\dfrac{1}{n}\right)=x^n+c_1x^{n-1}+\cdots+c_{n-1}x+c_n$ 称为 LFSR 的特征多项式。

值得注意的是，在有的文献中，由 $f(x)$ 确定的递归生成关系式为

$$a_{j+n}=\sum_{i=1}^{n}c_ia_{i+j-1},\quad j\geqslant 0$$

本书中将这种关系式称为第二种递归关系式，将式(1.4.1)称为第一种递归关系式。

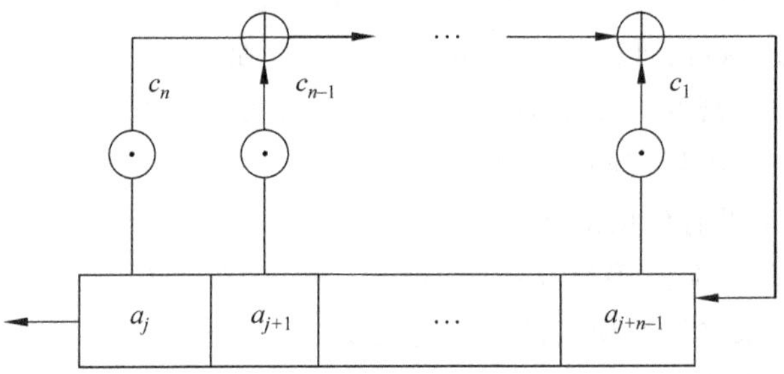

图 1.4.1　F_2 上的一个 n 级 LFSR

定义 1.4.1　对于 F_2 上的半无限序列 $a=a_0a_1a_2\cdots$，如果存在正整数 T 和非负整数 j_0，使得 $a_{j+T}=a_j$ 对所有的 $j\geqslant j_0$ 都成立，则称该序列是终归周期的，且称 T 是该序列的一个周期。所有可能周期的最小者称为序列的最小周期，记为 $p(a)$。称使得 $a_{j+p(a)}=a_j$ 对所有的 $j\geqslant j_0$ 都成立的最小 j_0 为预周期。称预周期为 0 的序列为周期序列。

F_2 上的 LFSR 产生的序列具有下述周期特性。

性质 1.4.1　设 n 是任意一个正整数，那么 F_2 上的任意 n 级 LFSR 产生的序列 a 都是

终归周期的，且最小终归周期 $p(a)\leqslant 2^n-1$。

由性质1.4.1可知，n 级LFSR产生的序列 a 的周期至多为 2^n-1。如果它的周期达到 2^n-1，就说这个序列是 n 级最大周期LFSR序列，简称m-序列。把该LFSR称作最长LFSR。

性质1.4.2 设LFSR的反馈函数为式(1.4.1)，若 $c_n\neq 0$，则由该LFSR产生的序列 a 是周期序列。

设 $F_2[x]$ 表示 F_2 上的所有关于 x 的多项式的集合，$f=f(x)\in F_2[x]$，$f(x)$ 的次数(即 $f(x)$ 中 x 的最高次数，记为 $\partial_0 f(x)$ 或 $\deg(f(x))$)大于或等于1。如果 $f(x)$ 不能表示成 $F_2[x]$ 中两个非常数(即非0和1)多项式的乘积，则称 $f(x)$ 在 F_2 上是不可约的；如果 $f(x)\neq x$ 是 F_2 上的一个 n 次不可约多项式，并且其周期达到上界 2^n-1，则称 f 是 F_2 上的一个 n 次本原多项式。

下面给出LFSR产生m-序列的充要条件。

性质1.4.3 设 F_2 上 n 级LFSR的联结多项式为 $f(x)$，用 $G(f)$ 表示可由此LFSR产生的全部序列，则 $G(f)$ 中非零序列全是(n 级)m-序列的充要条件是 $f(x)$ 为 F_2 上的 n 次本原多项式。

性质1.4.3表明，确定 F_2 上所有m-序列的问题可转化为求 F_2 上所有本原多项式这个纯代数问题。在代数中已经证明，F_2 上共有 $\varphi(2^n-1)/n$ 个 n 次本原多项式，其中 $\varphi(\cdot)$ 表示欧拉函数，即 $\varphi(x)$ 为小于 x 且与 x 互素的正整数的个数。

m-序列的迹表示在序列密码的分析中经常用到，这里做简要介绍。设 F_{2^n} 是一个含有 2^n 个元素的有限域，$\xi\in F_{2^n}$，把 $\mathrm{Tr}(\xi)=\xi+\xi^2+\xi^{2^n}+\cdots+\xi^{2^{n-1}}$ 称为 F_{2^n} 中的元素 ξ 相对于 F_2 的迹。易验证 $\mathrm{Tr}(\xi)\in F_2$。

定理1.4.1 设 $a=\{a_k\}_{k=0}^{\infty}$ 是 F_2 上的 n 级m-序列，其联结多项式为本原多项式 $f(x)$，$\overline{f(x)}$ 是 $f(x)$ 的互反多项式，α 是 $\overline{f(x)}$ 的任意一个根，那么总有 $\beta\in F_{2^n}^{*}=F_{2^n}\setminus\{0\}$ 使得

$$a_k=\mathrm{Tr}(\beta\alpha^k)=\sum_{j=0}^{n-1}(\beta\alpha^k)^{2^j},\quad k\geqslant 0$$

这一定理称为m-序列的迹表示定理。

下面讨论 F_2 上的m-序列的统计特性。

定义1.4.2 设 $a=a_0a_1a_2\cdots$ 是 F_2 上最小周期为 $p(a)$ 的周期序列，称

$$C_a(\tau)=\frac{1}{p(a)}\sum_{k=0}^{p(a)-1}(-1)^{a_k+a_{k+\tau}},\quad 0\leqslant\tau\leqslant p(a)-1 \tag{1.4.3}$$

为序列 a 的(周期)自相关函数，式(1.4.3)进行的是实数运算，$C_a(\tau)$ 是有理数。

性质1.4.4 设 a 是 F_2 上的 n 级m-序列，其周期 $p(a)=2^n-1$，则 a 具有下述统计特性：

(1) 在 a 的一个周期中，1出现 2^{n-1} 次，0出现 $2^{n-1}-1$ 次。

(2) 将 a 的一个周期首尾相接，其游程总数 $N=2^{n-1}-1$(游程是指序列中同一符号的连续段，其前后为异种符号。例如 $\cdots\underbrace{1000}1\cdots$ 与 $\cdots0\underbrace{1111}0\cdots$ 中的000和1111分别称为长为3的0-游程与长为4的1-游程)。其中0-游程与1-游程的数目各半。当 $n>2$ 时，游程的

分布如下($1\leqslant i\leqslant n-2$)：

- 长为 i 的 0-游程有 $N/2^{i+1}$ 个。
- 长为 i 的 1-游程有 $N/2^{i+1}$ 个。
- 长为 $n-1$ 的 0-游程有 1 个。
- 长为 n 的 1-游程有 1 个。

(3) a 的自相关函数是二值的，即

$$C_a(\tau)=\begin{cases}1, & \tau=0\\ -\dfrac{1}{p(a)}, & 0<\tau\leqslant p(a)-1\end{cases}$$

性质 1.4.4 中所描述的 m-序列的 3 条性质通常称为伪随机特性。性质 1.4.4 指出，m-序列具有周期长、统计特性类似于随机序列等优点。

已知一个序列 a，如何构造一个尽可能短的 LFSR 产生 a 呢？Berlekamp-Massey 算法(简称 B-M 算法)回答了这个问题。该算法是一个多项式时间的迭代算法，以长为 N 的二元序列

$$a=(a_0,a_1,\cdots,a_{N-1}) \tag{1.4.4}$$

为输入，输出是产生序列 a 的最短 LFSR 的联结多项式 $f_N(x)$ 及该 LFSR 的长度 l_N 的二元组 $<f_N(x),l_N>$。注意，输出中的 l_N 是必要的，因为所求的 LFSR 可能是退化的，即有 $\partial^0 f_N\neq l_N$。下面的算法 1.4.1 给出了著名的 B-M 算法。

算法 1.4.1 *B-M 算法*

输入：$N;a_0,a_1,a_2,\cdots,a_{N-1}$。

执行下列步骤：

第 1 步：$n\leftarrow 0$，$<f_0(x),l_0>\leftarrow<1,0>$。

第 2 步：计算 $d_n=f_n(x)a_n$(其中 x 为延迟算子)。

(1) 当 $d_n=0$ 时，$<f_{n+1}(x),l_{n+1}>\leftarrow<f_n(x),l_n>$，转第 3 步。

(2) 当 $d_n=1$ 时，且 $l_0=l_1=\cdots=l_n=0$ 时，$<f_{n+1}(x),l_{n+1}>\leftarrow<1+x^{n+1},n+1>$，转第 3 步。

(3) 当 $d_n=1$ 时，且 $l_m<l_{m+1}=l_{m+2}=\cdots=l_n(m<n)$时，$<f_{n+1}(x),l_{n+1}>\leftarrow<f_n(x)+x^{n-m}f_m(x),\max\{l_n,n+1-l_n\}>$。

第 3 步：若 $n<N-1$，$n\leftarrow n+1$，转第 2 步。

输出：$<f_N(x),l_N>$。

B-M 算法中的 d_n 称为第 n 步离差。易知，B-M 算法的时间复杂度(也称计算复杂度或处理复杂度)为 $O(N^2)$，空间复杂度(也称存储复杂度)为 $O(N)$。

性质 1.4.5 使用 B-M 算法，以长为 N 的二元序列式(1.4.4)为输入，得到输出 $<f_N(x),l_N>$。则以 $f_N(x)$ 为联结多项式，长为 l_N 的 LFSR 是产生二元序列式(1.4.4)的最短 LFSR。

我们最关心的是如何求一个周期序列 a 的极小联结多项式 $m_a(x)$，用 B-M 算法求 $m_a(x)$，有如下结论。

性质 1.4.6 设二元序列 a

$$a_0,a_1,\cdots,a_{p(a)},\cdots \tag{1.4.5}$$

是周期为 $p(a)$ 的非零序列。那么，

(1) 用 B-M 算法求得的 $<f_{2p(a)}(x), l_{2p(a)}>$ 就是产生 a 的唯一的最短 LFSR，即 $m_a(x)=f_{2p(a)}(x)$，此时，$\partial^0 f_{2p(a)}(x)=l_{2p(a)}$。

(2) 记 $n=l_{2p(a)}$，则 $<f_{2n}(x), l_{2n}>=<f_{2p(a)}(x), l_{2p(a)}>$，即 $m_a(x)=f_{2n}(x)$。特别地，对于 $p(a)=2^n-1$ 的 m-序列 a，$m_a(x)=f_{2n}(x)$。

性质 1.4.6 表明，如果已知 a 是 n 级 m-序列，则利用 a 的前 $2n$ 位(或任意一个长为 $2n$ 的截取段)，用 B-M 算法求得的 $f_{2n}(x)$ 就是要找的那个极小的联结多项式 $m_a(x)$。当然它一定是一个 n 次本原多项式。对于适当大的 n，显然，$2n<<p(a)=2^n-1$。所以，用 B-M 算法求 $m_a(x)$ 的时间复杂度仅为 $O(n^2)$，它远小于 $O(p(a)^2)$。于是，可得出如下结论：m-序列生成器宜用于密钥流生成器的驱动部分，完成将实际密钥 k(或 k 的某一部分)扩展成周期长、统计特性好的驱动序列的任务，而不能单独用作密钥源。

2. 线性复杂度

度量有限长序列或周期序列的随机性的方法有很多，但最常用的方法是线性复杂度方法，这种方法使用产生该序列的最短的 LFSR 的长度度量，在本质上衡量了序列的线性不可预测性。

定义 1.4.3　F_2 上的一个有限长或半无限长周期序列 a 的线性复杂度定义为 $L(a)=\min\{n \mid$ 存在 F_2 上的 n 级 LFSR 产生 $a\}$。约定 $L(0)=0$。

从理论上讲，任一确定的序列 a 的线性复杂度 $L(a)$ 都可以利用 B-M 算法求得。线性复杂度小的序列肯定不能用作密钥流，但线性复杂度大的序列也不一定可用作密钥流，例如周期序列 $a=\underbrace{00\cdots01}_{P\text{长}}00\cdots$，其线性复杂度 $L(a)=P$，但 a 显然不能用作密钥流。然而，对有限长序列或周期序列 a，$L(a)$ 是目前能够明确计算出的一个不可多得的量化指标，它仍然是度量密钥流随机性的一个重要指标。

3. 布尔函数

图 1.1.6 所示的密钥流生成器中的非线性组合部分可由布尔函数实现，因此，非线性组合部分的研究可归纳为布尔函数的研究。可见，对非线性组合部分的要求也就是对布尔函数的要求，因此，研究布尔函数的密码学性质是必要的，也是有意义的，事实上这已成为密码学中的一个核心研究内容。目前关于布尔函数的密码学性质的研究主要包括非线性次数、非线性度(相关度)、线性结构、退化性、相关免疫阶、代数免疫度、严格雪崩准则和扩散准则等。通常也将这些密码学性质统称为布尔函数的非线性准则。

设 F_n^2 表示二元域 F_2 上的 n 维向量空间。n 个变量的布尔函数 $f(x)$ 是从 F_n^2 到 F_2 的一个函数或映射，一般记为 $f(x)$：$F_n^2 \to F_2$，它有多种表示形式，这里主要介绍 3 种表示形式，即真值表表示、小项表示和多项式表示。

一个 n 元布尔函数 $f(x)$：$F_n^2 \to F_2$ 是否给定，关键在于该函数之值是否对于每一组自变量 $x=(x_1, x_2, \cdots, x_n)$ 均已确定。如果把每一组自变量 $(x_1, x_2, \cdots, x_n)$ 与其所对应的函数值全部列成表格，这种表格就称为布尔函数的真值表。习惯上总是按二进制表示 $x_1, x_2, \cdots, x_n$ 之值递增的顺序由上到下排列真值表(视 x_n 为最低位)。在此约定下，将表中函数值构成的行向量记为 $\boldsymbol{f}$，称为函数值向量。$\boldsymbol{f}$ 的汉明重量称为 $f(x)$ 的重量，记为 $W_H(f(x))$，

即 $f(x)=1$ 的 x 的个数。特别地，当 $W_H(f(x))=2^{n-1}$ 时，称 $f(x)$ 是平衡布尔函数。

对于 $x_i,c_i\in F_2$ 约定 $x_i^1=x_i,x_i^0=\overline{x_i}=1+x_i$，于是

$$x_i^{c_i}=\begin{cases}1, & x_i=c_i\\0, & x_i\neq c_i\end{cases}$$

设整数 $c(0\leqslant c\leqslant 2^n-1)$ 的二进制表示是 $c_1c_2\cdots c_n$，约定 $x^c=x_1^{c_1}x_2^{c_2}\cdots x_n^{c_n}$，它具有下述“正交性”：

$$x_1^{c_1}x_2^{c_2}\cdots x_n^{c_n}=\begin{cases}1, & (x_1,x_2,\cdots,x_n)=(c_1,c_2,\cdots,c_n)\\0, & (x_1,x_2,\cdots,x_n)\neq(c_1,c_2,\cdots,c_n)\end{cases} \tag{1.4.6}$$

由此可得到

$$f(x)=\sum_{c=0}^{2^n-1}f(c_1,c_2,\cdots,c_n)x_1^{c_1}x_2^{c_2}\cdots x_n^{c_n} \tag{1.4.7}$$

式(1.4.7)称为 $f(x)$ 的小项表示，每一个被加项 $f(c_1,c_2,\cdots,c_n)x_1^{c_1}x_2^{c_2}\cdots x_n^{c_n}$ 称为一个小项，其中求和符号 $\sum$ 是指在 F_2 上的求和。

一般地，将 $\overline{x_i}=1+x_i$ 代入式(1.4.7)，并注意到 $x_ix_i=x_i,x_ix_j=x_jx_i$，利用分配律并且进行同类项合并，便可使该式转化为变量 $x_1,x_2,\cdots,x_n$ 的一些单项式 $x_{i_1}x_{i_2}\cdots x_{i_r}$ 之模 2 和，即

$$f(x_1,x_2,\cdots,x_n)=a_0+\sum_{r=1}^{n}\sum_{1\leqslant i_1<i_2<\cdots<i_r\leqslant n}a_{i_1,i_2,\cdots,i_r}x_{i_1}x_{i_2}\cdots x_{i_r} \tag{1.4.8}$$

$a_0,a_{i_1,i_2,\cdots,i_r}\in F_2$。称式(1.4.8)为 $f(x)$ 的多项式表示。

常将式(1.4.8)按变量升幂及下标的字典序写出：

$$\begin{aligned}f(x)=&a_0+a_1x_1+a_2x_2+\cdots+a_nx_n+a_{1,2}x_1x_2+\cdots\\&+a_{n-1,n}x_{n-1}x_n+\cdots+a_{1,2,\cdots,n}x_1x_2\cdots x_n\end{aligned} \tag{1.4.9}$$

称式(1.4.9)为 $f(x)$ 的代数正规型(也称代数标准型)。任一确定的 n 个变量的布尔函数 $f(x)$ 的代数正规型是唯一的。一个乘积项(也称单项式) $x_{i_1}x_{i_2}\cdots x_{i_r}$ 的次数定义为 r，非零常数项的次数定义为 0，0 的次数定义为 $-\infty$。布尔函数 $f(x)$ 的次数定义为 $f(x)$ 的代数正规型中具有非零系数的乘积项中的最大次数，记为 $\partial^0 f(x)$ 或 $\deg f(x)$。当 $\partial^0 f(x)=1$ 时，称 $f(x)$ 为仿射布尔函数，称常数项为 0 的仿射布尔函数为线性布尔函数；当 $\partial^0 f(x)\geqslant 2$ 时，称 $f(x)$ 为非线性布尔函数。有时也将仿射布尔函数称为线性布尔函数。

4. 滤波生成器

非线性地过滤一个 LFSR 的状态的生成器称为滤波生成器，见图 1.4.2。函数 f_0 称为滤波函数(也称输出函数)，生成的序列称为滤波序列。滤波生成器中所选用的函数 f_0 必须是非线性的，否则，滤波序列的线性复杂度不超过 LFSR 的级数，这样会使生成的序列的线性复杂度仍很低，不能抵抗基于 B-M 算法的攻击，即线性攻击。

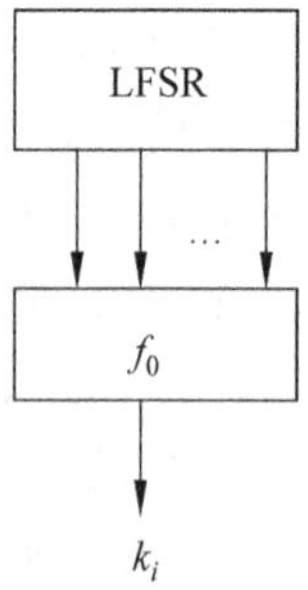

图 1.4.2 滤波生成器

滤波生成器的具体生成过程如下。

输入：

- 参数：一个最大长度 LFSR$<f(x),n>$(即其反馈函数 $f(x)$ 为 F_2 上一个 n 次本原多项式)。

- 密钥：非线性输出函数 $f_0=f_0(x_1,x_2,\cdots,x_n):F_2^n\to F_2$，LFSR 的初始状态为 a_0。

对 $i=1,2,3,\cdots$，执行下列步骤：

第 1 步：移位 LFSR(记状态变换为 f_s)，即 $a_i=f_s(a_{i-1})$。

第 2 步：计算 $k_i=f_0(a_i)$。

输出：滤波序列 $k=\{k_i|i\geqslant 1\}$。

经分析发现，滤波序列 k 的线性复杂度(记为 $L(k)$)与滤波函数 f_0 的次数有关。

性质 1.4.7 设滤波函数 f_0 的非线性次数 $\partial^0 f_0=m$，LFSR 是 n 级最大长度 LFSR，则

(1) 滤波序列 k 的最小周期是 2^n-1 的因子。

(2) (key 界)滤波序列 k 的线性复杂度 $L(k)$ 的上界为 $L_m=\sum_{i=1}^{m}C_n^i$。

5. 组合生成器

非线性地组合一些 LFSR 的输出的生成器称为组合生成器，见图 1.4.3。函数 f_0 称为组合函数(也称输出函数)，生成的序列称为组合序列。显然，滤波生成器是组合生成器的一种特殊情况。组合生成器中所选用的函数 f_0 必须是非线性的，否则，组合序列的线性复杂度不超过各个 LFSR 的级数之和，这样会使生成的序列的线性复杂度仍很低，不能抵抗基于 B-M 算法的攻击。

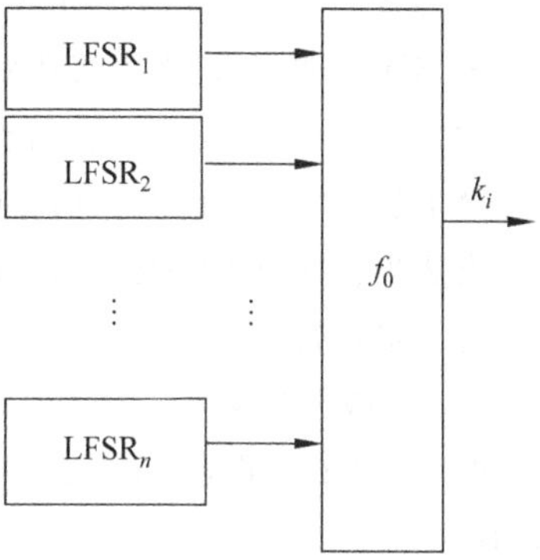

图 1.4.3 组合生成器

组合生成器的具体生成过程如下。

输入：

- 参数：n 个 LFSR$_j$ $<f_j(x),L_j>$，非线性组合函数 $f_0=f_0(x_1,x_2,\cdots,x_n):F_2^n\to F_2$。
- 密钥：LFSR$_j$ 的初始状态 $a_0^{(j)}$，$j=1,2,\cdots,n$。

对 $i=1,2,3,\cdots$，执行下列步骤(以下设 LFSR$_j$ 的输出序列是 $a_0^{(j)},a_1^{(j)},\cdots,a_i^{(j)},\cdots$)：

第 1 步：对 $j=1,2,\cdots,n$，移位 LFSR 并抽出 $a_i^{(j)}$。

第 2 步：计算 $k_i=f_0(a_i^{(1)},a_i^{(2)},\cdots,a_i^{(n)})$。

输出：组合序列 $k=\{k_i|i\geqslant 1\}$。

组合序列 k 的线性复杂度 $L(k)$ 和最小周期 $p(k)$ 的上界分别为 $f_0(L_1,L_2,\cdots,L_n)$ 和 $\mathrm{lcm}(T_1,T_2,\cdots,T_n)$，其中 $T_j(1\leqslant j\leqslant n)$ 为 LFSR$_j$ 产生的非零序列的最小周期，L_j 为 LFSR$_j$ 产生的非零序列的线性复杂度，$f_0(L_1,L_2,\cdots,L_n)$ 表示将其代数正规型中的 F_2 上的乘法和加法视作实数域上的乘法和加法进行计算所得的结果，$\mathrm{lcm}(T_1,T_2,\cdots,T_n)$ 表示 $T_1,T_2,\cdots,T_n$ 的最小公倍数。

性质 1.4.8 设组合生成器中的 n 个 LFSR 都是最大长度 LFSR，级数分别为 $L_1,L_2,\cdots,L_n,L_i>2(1\leqslant i\leqslant n)$，并且对所有的 $i\neq j$，L_i 和 L_j 互素，即 $\gcd(L_i,L_j)=1$，f_0 为组合函数，则组合序列 k 的线性复杂度为 $L(k)=f_0(L_1,L_2,\cdots,L_n)$。

6. 收缩生成器

钟控方法是一种很诱人的设计密钥流生成器的方法，其基本思想是用一个或多个移位寄存器控制另一个或另外的多个移位寄存器的时钟或用一个移位寄存器参与控制它自己的

时钟。收缩生成器由两个 LFSR 构成。通过用 $LFSR_1$ 选择 $LFSR_2$ 的输出生成密钥流，见图 1.4.4。

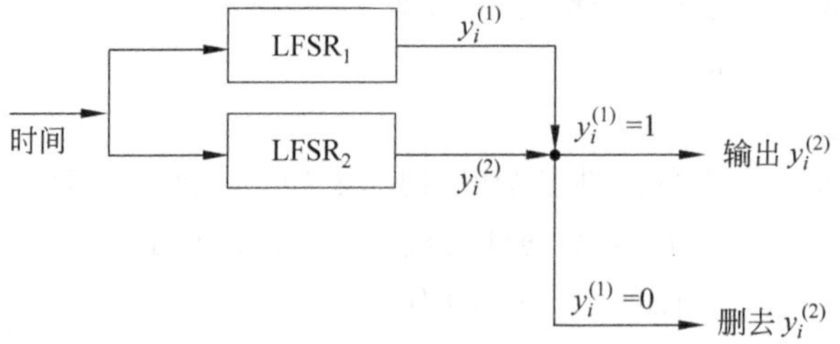

图 1.4.4 收缩生成器

收缩生成器的具体生成过程如下。

输入：

- 参数：两个 LFSR$<f_j(x),L_j>$，$j=1,2$。
- 密钥：两个 LFSR 的初始状态 $a_0^{(1)}$、$a_0^{(2)}$。

对 $i=1,2,3,\cdots$，执行下列步骤(记 $LFSR_j$ 的生成序列是 $y_0^{(j)},y_1^{(j)},\cdots,y_i^{(j)},\cdots$)：

第 1 步：移位 $LFSR_1$ 并产生 $y_i^{(1)}$。

第 2 步：移位 $LFSR_2$ 并产生 $y_i^{(2)}$。

第 3 步：如果 $y_i^{(1)}=1$，则置 $k_i=y_i^{(2)}$；如果 $y_i^{(1)}=0$，则删去 $y_i^{(2)}$。

输出：收缩序列 $k=\{k_i|i\geqslant 1\}$。

性质 1.4.9 设收缩生成器中的两个 LFSR 都是最大长度 LFSR，级数分别为 L_1 和 L_2，则

(1) 如果 $\gcd(L_1,L_2)=1$，则收缩序列 k 的最小周期是 $2^{L_1-1}(2^{L_2}-1)$。

(2) 收缩序列 k 的线性复杂度 $L(k)$ 满足 $L_2 2^{L_1-2}<L(k)\leqslant L_2 2^{L_1-1}$。

7. 区分器

在给出区分器(distinguisher)的概念之前，先介绍采样(sample)的概念。假定 z 是密钥流符号序列，可将 z 转化为一个新的符号序列，记为 $X=x_1x_2x_3\cdots$，将 X 称为 z 的采样。一般地，可将这个过程形式化为

$$x_i=F(i,z,\mathrm{IV}),\quad i=1,2,3,\cdots$$

其中，F 是某一任意函数，IV 是序列密码的一个初始向量。

我们的目的是极力从一个真正的随机序列中区别出给定的采样序列。一般主要考虑线性区分器，即 F 为线性函数的区分器。这意味着 X 中的每个符号都能表示为密钥流比特的一个线性组合。通常认为样本之间是相互独立的，区分器检查样本值是否与一个均匀分布一致。

在区分攻击中，设计区分器的关键问题是如何把密钥流转化为一个具有明显偏差的采样序列 X。越偏离一个均匀分布，需要的采样数就越少。一旦给定一个采样序列，就可应用标准的统计工具分析从采样序列得出的分布。

一个生成器 G 的区分器可描述为一个算法 $D(z)$，它以一个长度为 N 的序列 z(或者由不同的 IV 产生的许多序列)作为输入，以两个可能的回答 Y 或 RANDOM 中的一个作为输

出。假定：序列 z 或者是由生成器 G 以概率 1/2 产生的，即 $P(G$ 产生 $z)=1/2$；或者是一个真正的随机序列。设 $D(z)$ 正确地确定 z 的真正来源的概率是 $(1+\varepsilon)/2$，即 $P(D(z)=Y|G$ 产生 $z)=P(D(z)=\text{RANDOM}|z$ 随机选择$)=(1+\varepsilon)/2$。如果 ε 不是很接近 0，就说 $D(z)$ 是关于生成器 G 的一个区分器。区分器 D 的优势 Adv_D 可定义为

$$\text{Adv}_D=|P(D(z)=Y\mid G\text{ 产生 }z)-P(D(z)=Y\mid z\text{ 随机选择})|$$

容易验证 $\text{Adv}_D=|\varepsilon|$。

8. 假设检验

假设检验(hypothesis testing)是密码分析中的一个基本工具，有着广泛的应用。例如在线性区分攻击中，我们希望确定一个构造的采样序列 X 是按照两个已知分布的哪一个分布的。通常，这两个已知分布中的一个是非均匀的密码分布，另一个是均匀分布。这是一个标准的假设检验问题。

假定 P_0 和 P_1 是两个已知的分布，此时，最优的假设检验可由引理 1.4.1 给出。

引理 1.4.1(Neyman-Pearson) 设 $X_1,X_2,\cdots,X_n$ 是依据总体函数 P_X 抽取的独立且同分布的随机变量。考虑对应于假设 $P_X=P_0$ 与 $P_X=P_1$ 的判决问题。对 $T\geqslant 0$，定义如下区间：

$$A_n(T)=\left\{\frac{P_0[x_1,x_2,\cdots,x_n]}{P_1[x_1,x_2,\cdots,x_n]}>T\right\} \tag{1.4.10}$$

设 $\alpha=P_0^n[A_n^c(T)]$ 和 $\beta=P_1^n[A_n(T)]$ 是对应于判决区间 A_n 的错误概率，B_n 是任何其他判决区间且其对应的错误概率是 α^* 和 β^*。如果 $\alpha^*\leqslant\alpha$，则 $\beta^*\geqslant\beta$。其中 A_n^c 表示 A_n 的补。

如果假定所有的样本都是独立的，则式(1.4.10)等价于

$$A_n(T)=\left\{\sum_{i=1}^{n}\log_2\frac{P_0[x_i]}{P_1[x_i]}>\log_2 T\right\} \tag{1.4.11}$$

区分器的强度与以大概率做一个正确的判决所需的采样数有关。使用两个已知分布可以推出这个采样数的一个表达式，这里需要用到相对熵(也称信息散度(divergence)或 Kullback-Leibler 距离)的概念。

定义 1.4.4 有限集 X 上的两个概率总体函数 $P_0[x]$ 和 $P_1[x]$ 之间的相对熵定义为

$$D(P_0[x]\parallel P_1[x])=\sum_{x\in X}P_0[x]\log_2\frac{P_0[x]}{P_1[x]} \tag{1.4.12}$$

以下简记为 $D(P_0\parallel P_1)$。

在一个二元假设检验中，可以观察到一组独立且同分布的数据。用 P_X 表示观察到的数据的分布，考虑两个假设，即空假设 H_0 和候选假设 H_1：

$$H_0:\quad P_X=P_0$$
$$H_1:\quad P_X=P_1$$

将一个判决规则定义为函数 $\delta:X\to\{0,1\}$：

$$\delta=\begin{cases}0, & \text{如果 } P_X \text{ 被认为是 } P_0\\ 1, & \text{如果 } P_X \text{ 被认为是 } P_1\end{cases}$$

函数 δ 对每个 $x\in X$ 做出一个判决。判决规则将定义域 X 分成两个区间：A 和 A^c。A 被称为 δ 的接受区间，并且对应于对接受空假设的判决。

有两种类型的错误与一个二元假设检验有关。当空假设事实上是真的，即 $P_X=P_0$，

$\delta(x)=1$ 时，拒绝了空假设，这个错误被称为类型Ⅰ错误，并将这个错误概率表示为 α；当候选假设事实上是真的，即 $P_X=P_1$，$\delta(x)=0$ 时，接受了空假设，这个错误被称为类型Ⅱ错误，并将这个错误概率表示为 β。这种区分的优势可用错误概率表达为 $\mathrm{Adv}_D=|1-\alpha-\beta|$。

对错误概率 α 和 β，不存在一般的表达式。我们知道如何完成最优检验，但在一般情况下不知道检验的性能。然而，对错误概率存在近似的表达式。Stein 引理表明，如果将错误概率 α 固定，则 β 减小且 $\lim\limits_{N\to\infty}\dfrac{\log_2\beta}{N}=-D(P_0\parallel P_1)$。这样，就可以近似地表示 β，即 $\beta\approx 2^{-N\cdot D(P_0\parallel P_1)}$。

下列事实在密码分析中很有用。假定有一个含 2^L 个序列的集合，我们知道该集合中有一个序列是从一个有偏差的分布 P_0 中抽取的，而其余的 2^L-1 个序列是从一个均匀分布的 P_1 中抽取的。现在的目标是确定 2^L 个序列中的哪一个是从有偏差的分布中抽取的。对一个固定的 α，被划错类的序列的期望数大约是 $(2^L-1)\times 2^{-N\cdot D(P_0\parallel P_1)}$。如果想保持这个数作为下界，则所需要的样本数为

$$N\approx\frac{L}{D(P_0\parallel P_1)} \tag{1.4.13}$$

假定一列独立且同分布的二元随机变量 X_i 或者抽取自均匀分布 P_1，或者抽取自密码分布 P_0，且

$$P_{P_0}(X=0)=\frac{1}{2}(1+\varepsilon),\quad P_{P_0}(X=1)=\frac{1}{2}(1-\varepsilon)$$

则相对熵可重写为

$$D(P_0\parallel P_1)=\frac{1}{2}(1+\varepsilon)\log_2\frac{\frac{1}{2}(1+\varepsilon)}{\frac{1}{2}}+\frac{1}{2}(1-\varepsilon)\log_2\frac{\frac{1}{2}(1-\varepsilon)}{\frac{1}{2}}\approx\frac{\varepsilon^2}{2\ln 2} \tag{1.4.14}$$

当 ε 很小时，由式(1.4.13)和式(1.4.14)可得

$$N\approx\frac{L\cdot 2\ln 2}{\varepsilon^2} \tag{1.4.15}$$

可根据引理1.4.1按照各个序列是有偏差的序列的可能性由高到低排列所有的 2^L 个候选序列，在多数情况下，有偏差的候选序列与表的顶部密切相关。

大拇指规则广泛应用于密码分析中。一个区分器为了确定一个观察到的分布来自密码分布还是均匀分布，需要的样本数是

$$N\approx\frac{1}{\varepsilon^2} \tag{1.4.16}$$

当要确定一个序列来自 P_0 还是 P_1 时，这个规则很有用。

1.5 本书的结构与安排

当前针对密码算法的分析(或称攻击)主要有两种，即直接分析和间接分析。本书重点介绍直接分析方法，对部分间接分析方法只做简单介绍。

本书的结构与安排如下：

第 1 章介绍序列密码的基本概念、分类、工作模式、发展现状与研究意义，序列密码涉及的一些重要概念及其基本性质。

第 2 章介绍 Hellman 的时间存储折中攻击方法、序列密码的时间存储折中攻击方法和时间存储数据折中攻击方法，以及应对序列密码的时间存储数据折中攻击方法的基本措施。

第 3 章介绍分别征服相关分析、快速相关分析、多步快速相关分析、条件相关分析和熵漏分析 5 种相关分析方法，以及相关免疫阶的发展背景、基本概念和特征。

第 4 章介绍最佳仿射逼近分析、线性校验子分析、线性一致性测试分析、线性时序线路逼近分析、线性掩码分析和选择初始向量分析 6 种线性分析方法，以及非线性度的发展背景、基本概念和特征。

第 5 章介绍代数分析、快速代数分析、改进的快速代数分析和立方分析 4 种代数分析方法，以及代数免疫度的发展背景、基本概念和特征。

第 6 章介绍猜测确定分析方法的基本思想和分析实例，包括自收缩生成器的猜测确定分析方法、FLIP 的猜测确定分析方法、SNOW 的猜测确定分析方法和面向字节的猜测确定分析方法。

第 7 章介绍计时攻击、能量分析、电磁分析、故障攻击、缓存攻击和冷启动攻击 6 种侧信道分析方法，并从物理层面和算法层面提出一些对抗措施和方法。

第 8 章介绍其他分析方法，包括相关密钥攻击方法、差分分析方法、基于分别征服策略的攻击方法和近似碰撞攻击方法。

1.6 注记与思考

本章主要介绍了序列密码的基本概念和发展概况。有限域、移位寄存器序列和布尔函数是序列密码的基础，本书假定读者对这些内容有一定的了解，读者要想从事序列密码的研究，必须熟悉这些内容。关于数学综合基础，可参阅文献[4]及其参考文献。关于移位寄存器，可参阅文献[5-9]。关于有限域，可参阅文献[5-6]。关于布尔函数，可参阅文献[10-11]。关于序列密码专著，可参阅文献[1-2,12-13]。在一些密码学著作中，也用专门的章节介绍序列密码，如文献[3,14-18]。关于信息论，可参阅文献[19]。关于假设检验，可参阅文献[25]及其参考文献。

序列密码生成器多种多样，每种生成器都可能有很多种分析方法，因此存在大量的序列密码分析方法。本书主要介绍目前为止已有的一些典型的、公开的序列密码分析方法。实际上，2000 年之前的一些有代表性的分析方法，如分别征服(divide and conquer)相关分析、最佳仿射逼近(best affine approximation)分析、线性校验子(linear syndrome)分析和线性一致性测试(linear consistency test)分析等，可从文献[20]及其参考文献中找到相关介绍。关于间接分析，可参阅文献[21]和国际 CHES 会议上的相关结果。

关于序列密码的新进展，可参阅文献[22,26]。当然，希望了解序列密码最新进展和发展动态的读者可参阅国际密码学三大年会(Eurocrypt、Crypto、Asiacrypt)的最新论文集以及中国密码学会组织编写的密码学发展年度报告和每 5 年一次的密码学学科发展报告。

思考题

1. 进一步了解 LFSR 序列特别是 m-序列的性质。

2. 调研 m-序列的各种表示方法，试推导 m-序列的迹表示定理。

3. 设 F_2 上的一个长为 7 的序列 a 为：$a_0=0, a_1=0, a_2=1, a_3=1, a_4=1, a_5=0, a_6=1$，用 B-M 算法求产生该序列的一个最短 LFSR。

4. 给出 $f(x)$ 的最高次项 $x_1x_2\cdots x_n$ 出现的充要条件，并由此说明平衡布尔函数无最高次项 $x_1x_2\cdots x_n$。

提示：$a_{1,2,\cdots,n}=\left(\sum\limits_{x\in F_2^n} f(x)\right) \bmod 2$，这里 $\sum$ 是实数求和，则 $a_{1,2,\cdots,n}=W_{\mathrm{H}}(f) \bmod 2$，从而 $a_{1,2,\cdots,n}=1$，当且仅当 $W_{\mathrm{H}}(f)$ 为奇数。

5. 说明滤波生成器是组合生成器的特例。

6. 设滤波生成器或组合生成器中所选用的函数 f_0 是线性的。证明：滤波序列的线性复杂度不超过 LFSR 的级数，组合序列的线性复杂度不超过各个 LFSR 的级数之和。

本章参考文献

[1] Rueppel R A. Analysis and Design of Stream Ciphers[M]. London: Springer-Verlag, 1986.

[2] 丁存生，肖国镇. 流密码学及其应用[M]. 北京：国防工业出版社，1994.

[3] 冯登国，裴定一. 密码学导引[M]. 北京：科学出版社，1999.

[4] 冯登国. 信息安全中的数学方法与技术[M]. 北京：清华大学出版社，2009.

[5] Lidl R, Niederreiter H. Introduction to Finite Fields and their Applications [M]. London: Cambridge University Press, 1986.

[6] 万哲先. 代数和编码[M]. 北京：科学出版社，1985.

[7] 肖国镇，梁传甲，王育民. 伪随机序列及其应用[M]. 北京：国防工业出版社，1985.

[8] Golomb S W. Shift Register Sequences[M]. San Francisco: Holden-Day, 1967.

[9] 万哲先，戴宗铎，刘木兰，等. 非线性移位寄存器[M]. 北京：科学出版社，1978.

[10] 冯登国. 频谱理论及其在密码学中的应用[M]. 北京：科学出版社，2000.

[11] Wu C K, Feng D G. Boolean Functions and Their Applications in Cryptography[M]//Advances in Computer Science and Technology. [s.l.]: Springer, 2016: 1-256.

[12] Siegenthaler T. Methoden fur den Entwurf Von Stream Cipher System [D]. Zurich: ADAG Administration, Durch AG, 1986.

[13] Ding C S, Xiao G Z, Shan W. The Stability Theory of Stream Ciphers[M]. New York: Springer-Verlag, 1991.

[14] Schneier B. Applied Cryptography: Protocols, Algorithms, and Source Code in C[M]. 2nd ed. New York: John Wiley & Sons, 1996.

[15] Stinson D R. Cryptography: Theory and Practice[M]. Boca Raton: CRC Press, 1995.

[16] Menezes A J, Oorschot P V, Vanstone S. Handbook of Applied Cryptography[M]. Boca Raton: CRC Press, 1996.

[17] 王育民，何大可. 保密学：基础与应用[M]. 西安：西安电子科技大学出版社，1990.

[18] 杨义先，林须端，胡正名. 编码密码学[M]. 北京：人民邮电出版社，1992.
[19] Cover M, Thomas A. Elements of Information Theory[M]. New York: John Wiley & Sons, 1991.
[20] 冯登国. 密码分析学[M]. 北京：清华大学出版社，2000.
[21] Mangard S, Oswald E, Popp T. 能量分析攻击[M]. 冯登国，周永彬，刘继业，译. 北京：科学出版社，2010.
[22] 中国密码学会. 密码学学科发展报告(2014—2015) [M]. 北京：中国科学技术出版社，2016.
[23] Zeng K, Huang M. On the Linear Syndrome Method in Cryptanalysis[C]//Advances in Cryptology-EUROCRYPT 1988. Berlin Heidelberg: Springer-Verlag, 1990: 469-478.
[24] Zeng K, Yang C H, Rao T R N. On the Linear Consistency Test (LCT) in Cryptanalysis with Applications [C]//Advances in Cryptology-EUROCRYPT 1989. Berlin Heidelberg: Springer-Verlag, 1990: 164-174.
[25] Martin H, Thomas J. Linear Attacks on Stream Ciphers[M]//Advanced Cryptanalysis of Block and Stream Ciphers. [s.l.]: IOS Press, 2011: 55-85.
[26] 张斌，徐超，冯登国. 流密码的设计与分析：回顾、现状与展望[J]. 密码学报，2016，3(6)：527-545.

第2章 时间存储数据折中分析方法

本章内容提要

对任何一种密码算法，都有两种最朴素、最直接的攻击方法，即穷举搜索攻击方法和查表攻击方法。穷举搜索攻击方法的基本思想是：在唯密文攻击下，攻击者依次试用密钥空间中的所有密钥解密截获的密文，直至得到有意义的明文；在已知(或选择)明文攻击下，攻击者试用密钥空间中的所有密钥对一个已知明文加密，将加密结果同该明文相对应的已知密文相比较，直至二者相等，然后再用其他已知明密文对验证该密钥的正确性。穷举搜索攻击方法的时间复杂度达到最大(平均为全部密钥量的一半)，空间复杂度最小。查表攻击方法的基本思想是：采用选择明文攻击，对给定的明文 x，用所有的密钥 k(记其全体为 K)，预计算密文 $y_k=E_k(x)$。构造一张有序对表 $\{(y_k,k)\}_{k\in K}$，以 y_k 给出 k 的标号。对于给定的密文，攻击者只需从存储空间中找出相对应的密钥 k。查表攻击方法的空间复杂度达到最大，而时间复杂度最小。Hellman[1]于1980年提出的时间存储折中攻击是一种选择明文攻击方法，由穷举搜索攻击和查表攻击两种方法混合而成，在选择明文攻击中以时间换取空间，比穷举搜索攻击的时间复杂度小，比查表攻击的空间复杂度小。Fiat等[2]于1991年针对一般性的逆单向函数发展了时间存储折中攻击方法。特别地，针对序列密码，Babbage等[3]于1995年提出了时间存储数据折中攻击方法，目前已有多种关于时间存储数据折中攻击的变形，较为成功的是对GSM加密算法A5/1的时间存储数据折中攻击[4]。如果算法的内部状态长度较小，就能够利用状态碰撞恢复秘密信息；如果算法的内部状态是密钥长度的至少两倍，那么就需要根据一些折中曲线分析其安全性。比较著名的折中曲线是由Biryukov等[5]于2000年提出的 $TM^2D^2=N^2$。为了抵抗时间存储数据折中攻击，序列密码设计必须遵循“内部状态是密钥长度的至少两倍”这一准则。这样，如何降低内部状态的规模就成为人们比较关注的一个问题，文献[6]中通过引进一个依赖于固定密钥的状态更新函数解决这一问题，并给出了一个具体实例。文献[7]中指出这个具体实例有缺陷。文献[8]中指出这种做法其实无法抵抗时间存储数据折中攻击。

本章主要介绍Hellman的时间存储折中攻击方法、序列密码的时间存储折中攻击方法和时间存储数据折中攻击方法，以及应对序列密码的时间存储数据折中攻击方法的基本措施。

本章重点

- 时间存储折中攻击方法的基本原理。
- 序列密码的时间存储折中攻击方法的基本思想。
- 序列密码的时间存储数据折中攻击方法的基本原理。
- 应对序列密码的时间存储数据折中攻击方法的基本措施。

2.1　时间存储折中攻击方法

时间存储折中(time-memory trade-off)攻击是一种选择明文攻击方法，它由穷举搜索攻击和查表攻击两种方法混合而成，它在选择明文攻击中以时间换取空间。它比穷举搜索攻击的时间复杂度小，比查表攻击的空间复杂度小。本节以 DES 为例介绍 Hellman 的时间存储折中攻击方法[1]。

2.1.1　DES

DES 是一个分组密码，其密钥长度为 56 位，分组长度为 64 位。

DES 的加密过程如下：

(1) 给定一个明文 x，通过一个固定的初始置换 IP 置换 x 的比特获得 x_0，记 $x_0=\mathrm{IP}(x)=L_0R_0$，这里 L_0 是 x_0 的前 32 位，R_0 是 x_0 的后 32 位。

(2) 进行 16 轮完全相同的运算，根据下列规则计算 L_i 和 $R_i(1\leqslant i\leqslant 16)$：

$$L_i=R_{i-1}$$

$$R_i=L_{i-1}\oplus f(R_{i-1},k_i)$$

这里$\oplus$表示两个比特串的异或，f 是一个函数(将在下面描述)，$k_1,k_2,\cdots,k_{16}$都是密钥 k 的函数，长度均为 48 位(实际上，每一个 k_i 是来自密钥 k 的比特的一个置换选择)，$k_1,k_2,\cdots,k_{16}$构成了密钥方案。

(3) 对比特串 $R_{16}L_{16}$应用初始置换 IP 的逆置换 IP^{-1}，获得密文 y，即 $y=\mathrm{IP}^{-1}(R_{16}L_{16})$。

注意：最后一次迭代后，左边和右边未交换，而将 $R_{16}L_{16}$ 作为 IP^{-1}的输入，目的是使算法可同时用于加密和解密。

函数 $f(A,J)$的第一个变量 A 是一个长度为 32 位的串，第二个变量 J 是一个长度为 48 位的串，输出是一个长度为 32 位的串。

f 的计算过程如下：

(1) 将 f 的第一个变量 A 根据一个固定的扩展函数 E 扩展成一个长度为 48 位的串。

(2) 计算 $E(A)\oplus J$，并将所得结果分成 8 个长度为 6 位的串，记为 $B=B_1B_2B_3B_4B_5B_6B_7B_8$。

(3) 使用 8 个 S-盒 $S_1,S_2,\cdots,S_8$，每一个 S_i 都是一个固定的 4×16 阶矩阵，它的元素来自 0～15 这 16 个整数。给定一个长度为 6 位的串，例如 $B_j=b_1b_2b_3b_4b_5b_6$，按下列办法计算 $S_j(B_j)$：用 2 位 b_1b_6 对应的整数 $r(0\leqslant r\leqslant 3)$确定 S_j 的行(所谓 2 位 b_1b_6 对应的整数 r 指 r 的二进制表示为 b_1b_6)，用 $b_2b_3b_4b_5$ 对应的整数 $c(0\leqslant c\leqslant 15)$确定 S_j 的列，$S_j(B_j)$的取值就是 S_j 的第 r 行第 c 列的整数所对应的二进制表示，记 $C_j=S_j(B_j)$，$1\leqslant j\leqslant 8$。

(4) 将长度为 32 位的串 $C=C_1C_2C_3C_4C_5C_6C_7C_8$ 通过一个固定的置换 P 进行置换，将所得结果 $P(C)$记为 $f(A,J)$。

下面描述 DES 中使用的具体函数和密钥方案的计算。

初始置换 IP 及其逆置换 IP^{-1} 如下：

IP							
58	50	42	34	26	18	10	2
60	52	44	36	28	20	12	4
62	54	46	38	30	22	14	6
64	56	48	40	32	24	16	8
57	49	41	33	25	17	9	1
59	51	43	35	27	19	11	3
61	53	45	37	29	21	13	5
63	55	47	39	31	23	15	7

IP^{-1}							
40	8	48	16	56	24	64	32
39	7	47	15	55	23	63	31
38	6	46	14	54	22	62	30
37	5	45	13	53	21	61	29
36	4	44	12	52	20	60	28
35	3	43	11	51	19	59	27
34	2	42	10	50	18	58	26
33	1	41	9	49	17	57	25

这意味着 x 的第 58 位是 IP(x)的第 1 位，x 的第 50 位是 IP(x)的第 2 位，以此类推。初始置换 IP 及其逆置换 IP^{-1}没有密码意义，因为 x 与 IP(x)(或 y 与 $IP^{-1}(y)$)的一一对应关系是已知的。它们的作用在于打乱原来输入 x 的 ASCII 码字划分的关系，并将原来明文的校验位 $x_8, x_{16}, \cdots, x_{64}$变成 IP 的输出的一个字节。

扩展函数 E 如下：

E					
32	1	2	3	4	5
4	5	6	7	8	9
8	9	10	11	12	13
12	13	14	15	16	17
16	17	18	19	20	21
20	21	22	23	24	25
24	25	26	27	28	29
28	29	30	31	32	1

置换 P 如下：

P			
16	7	20	21
29	12	28	17
1	15	23	26
5	18	31	10
2	8	24	14
32	27	3	9
19	13	30	6
22	11	4	25

计算密钥方案时，每一轮都使用不同的、从初始密钥(也称种子或实际密钥)k 导出的 48 位密钥 k_i。k 是一个长度为 64 位的串，实际上它只有 56 位是密钥，第 8,16,…,64 位为校验位，共 8 个，这主要是为了检错。第 8,16,…,64 位的值是按下述办法给出的：使得每一字节(8 位长)含有奇数个 1，因此在每一字节中出现一个错误就能被检测出来。在密钥方案的计算中，不考虑校验位。

密钥方案的计算过程如下：

(1) 给定一个 64 位的密钥 k，删掉 8 个校验位并利用一个固定的置换 PC-1 置换 k 的剩余 56 位，记 PC-1(k)=C_0D_0，这里 C_0 是 PC-1(k)的前 28 位，D_0 是 PC-1(k)的后 28 位。

(2) 对每一个 $i(1\leqslant i\leqslant 16)$，计算

$$C_i=\mathrm{LS}_i(C_{i-1})$$
$$D_i=\mathrm{LS}_i(D_{i-1})$$
$$k_i=\text{PC-2}(C_iD_i)$$

其中，LS_i 表示一个或两个位置的左循环移位。当 i=1,2,9,16 时，移一个位置；当 i=3,4,5,6,7,8,10,11,12,13,14,15 时，移两个位置。PC-2 是另一个固定置换。

置换 PC-1 和置换 PC-2 如下：

PC-1						
57	49	41	33	25	17	9
1	58	50	42	34	26	18
10	2	59	51	43	35	27
19	11	3	60	52	44	36
63	55	47	39	31	23	15
7	62	54	46	38	30	22
14	6	61	53	45	37	29
21	13	5	28	20	12	4

PC-2					
14	17	11	24	1	5
3	28	15	6	21	10
23	19	12	4	26	8
16	7	27	20	13	2
41	52	31	37	47	55
30	40	51	45	33	48
44	49	39	56	34	53
46	42	30	36	29	32

解密采用同一算法实现，把密文 y 作为输入，倒过来使用密钥方案，即以逆序 k_{16}，k_{15}，…，k_1 使用密钥方案，输出将是明文 x。

8 个 S-盒如下：

14	4	13	1	2	15	11	8	3	10	6	12	5	9	0	7	S_1
0	15	7	4	14	2	13	1	10	6	12	11	9	5	3	8	
4	1	14	8	13	6	2	11	15	12	9	7	3	10	5	0	
15	12	8	2	4	9	1	7	5	11	3	14	10	0	6	13	
15	1	8	14	6	11	3	4	9	7	2	13	12	0	5	10	S_2
3	13	4	7	15	2	8	14	12	0	1	10	6	9	11	5	
0	14	7	11	10	4	13	1	5	8	12	6	9	3	2	15	
13	8	10	1	3	15	4	2	11	6	7	12	0	5	14	9	

10	0	9	14	6	3	15	5	1	13	12	7	11	4	2	8	S_3
13	7	0	9	3	4	6	10	2	8	5	14	12	11	15	1	
13	6	4	9	8	15	3	0	11	1	2	12	5	10	14	7	
1	10	13	0	6	9	8	7	4	15	14	3	11	5	2	12	
7	13	14	3	0	6	9	10	1	2	8	5	11	12	4	15	S_4
13	8	11	5	6	15	0	3	4	7	2	12	1	10	14	9	
10	6	9	0	12	11	7	13	15	1	3	14	5	2	8	4	
3	15	0	6	10	1	13	8	9	4	5	11	12	7	2	14	
2	12	4	1	7	10	11	6	8	5	3	15	13	0	14	9	S_5
14	11	2	12	4	7	13	1	5	0	15	10	3	9	8	6	
4	2	1	11	10	13	7	8	15	9	12	5	6	3	0	14	
11	8	12	7	1	14	2	13	6	15	0	9	10	4	5	3	
12	1	10	15	9	2	6	8	0	13	3	4	14	7	5	11	S_6
10	15	4	2	7	12	9	5	6	1	13	14	0	11	3	8	
9	14	15	5	2	8	12	3	7	0	4	10	1	13	11	6	
4	3	2	12	9	5	15	10	11	14	1	7	6	0	8	13	
4	11	2	14	15	0	8	13	3	12	9	7	5	10	6	1	S_7
13	0	11	7	4	9	1	10	14	3	5	12	2	15	8	6	
1	4	11	13	12	3	7	14	10	15	6	8	0	5	9	2	
6	11	13	8	1	4	10	7	9	5	0	15	14	2	3	12	
13	2	8	4	6	15	11	1	10	9	3	14	5	0	12	7	S_8
1	15	13	8	10	3	7	4	12	5	6	11	0	14	9	2	
7	11	4	1	9	12	14	2	0	6	10	13	15	3	5	8	
2	1	14	7	4	10	8	13	15	12	9	0	3	5	6	11	

2.1.2 时间存储折中攻击方法的基本原理

时间存储折中攻击是一种通用的密码分析方法，主要分两个阶段，即预处理阶段和实时处理阶段。在预处理阶段，攻击者可能需要花很长时间才能探查到密码体制的一般结构，攻击者用大表格总结其发现，这些都不依赖于特定的密钥。在实时处理阶段，攻击者可得到由一个特定的密钥产生的实际数据，其目的是使用预计算表格尽可能快地找到密钥。

任何一个时间存储折中攻击都涉及如下 5 个关键参数：

(1) 搜索空间规模 N。

(2) 攻击的预处理阶段所需要的时间即预计算时间 P。

(3) 攻击者可随机访问的存储量 M。

（4）攻击的实时处理阶段所需要的时间 T。

（5）攻击者可获得的实时数据量 D。

在分组密码中，搜索空间规模 N 是可能的密钥数量，$P\approx N$，$D=1$，T 和 M 满足折中曲线（也称折中关系）$TM^2=N^2$，$1\leqslant T\leqslant N$。T 和 M 的最优选择依赖于这些计算资源的相对代价。通过选择 $T=M$，文献[1]中得到特定的折中点 $T=N^{2/3}$，$M=N^{2/3}$。文献[1]中的时间存储折中攻击可应用于任何分组密码，当然也可应用于任何逆单向函数。此时，对一个固定的明文，可由该分组密码构造一个从密钥到密文的映射 g，这个映射相当于 N 个点的空间上的一个随机函数。如果这个函数是一个可逆置换，则折中关系变为 $TM=N$。一个有趣的现象是：即使攻击者得到大量的选择明密文对，也不清楚如何使用它们提高这种折中攻击的效果。

为了便于理解，下面以 DES 为例介绍 Hellman 的时间存储折中攻击方法。

设 R 是一个约化函数(reduction function)，它将一个 64 位长的串约化成 56 位长的串。例如，R 可以是一个将密文的后 8 位截掉的函数。设 x 是一个长为 64 位的固定的明文串，定义 $g(K_0)=R(E_{K_0}(x))$，K_0 是一个长为 56 位的串。如果密码算法 E 是安全的，则 g 是一个单向函数，即它“求值容易求逆难”。g 是一个从 56 位长的串到 56 位长的串的函数。密码分析的目的是求出 g 的逆，即 $K_0=g^{-1}(R(E_{K_0}(x)))$。

在预处理阶段，攻击者随机地选择 m 个长为 56 位的串，记为 $X(i,0)(1\leqslant i\leqslant m)$。攻击者根据递推关系 $X(i,j)=g(X(i,j-1))(1\leqslant i\leqslant m,1\leqslant j\leqslant t)$ 计算 $X(i,j)(1\leqslant j\leqslant t)$：

$$X(1,0)\xrightarrow{g}X(1,1)\xrightarrow{g}\cdots\xrightarrow{g}X(1,t)$$

$$X(2,0)\xrightarrow{g}X(2,1)\xrightarrow{g}\cdots\xrightarrow{g}X(2,t)$$

$$\vdots$$

$$X(m,0)\xrightarrow{g}X(m,1)\xrightarrow{g}\cdots\xrightarrow{g}X(m,t)$$

记 $\boldsymbol{X}=(X(i,j))_{1\leqslant i\leqslant m,0\leqslant j\leqslant t}$，这个矩阵也称为 Hellman 矩阵。

攻击者构造一张有序对表 $T=\{(X(i,t),X(i,0))\}_{1\leqslant i\leqslant m}$，以 $X(i,t)$ 给出 $X(i,0)$ 的标号。这张表所需要的存储量（即空间复杂度）为 $M=O(m)$，预计算时间为 $P=O(mt)$。

当攻击者获得一个他所选择的明文 x 的密文 y 时，他像前面介绍的那样先计算矩阵 $\boldsymbol{X}$，然后确定密钥 K。他首先在矩阵 $\boldsymbol{X}$ 的第 t 列搜索 K，这可以通过查表 T 实现。具体确定办法如下：攻击者计算 $y_1=R(y)$，看 $\boldsymbol{X}$ 的第 t 列或 T 的第 1 列中的哪一个 $X(i,t)(1\leqslant i\leqslant m)$ 使得 $g(X(i,t))=y_1$。若能找到这样的 $X(i,t)$，则认为找到了 K，令 $K=X(i,t)$；若找不到，则以 $t-1,t-2,\cdots,1,0$ 的次序在其余列搜索。假定 $K=X(i,t-j)$，对某一 $j(0\leqslant j\leqslant t)$，也就是假定 K 在 X 的前 $t-j$ 列。那么 $g^j(K)=X(i,t)$，其中 g^j 表示将 g 迭代 j 次获得的函数。注意到 $g^j(K)=g^{j-1}(g(K))=g^{j-1}(R(E_k(x)))=g^{j-1}(R(y))$。现在利用递推关系

$$y_j=\begin{cases}R(y), & j=1\\ g(y_{j-1}), & 2\leqslant j\leqslant t\end{cases}$$

计算 y_j。

若 $K=X(i,t-j)$，则 $y_j=X(i,t)$。但若 $y_j=X(i,t)$，则未必有 $K=X(i,t-j)$，因为约化函数 R 不是一个单射，平均来说，每个像有 $2^8=256$ 个原像。所以需要检查是否有

$y=E_{X(i,t-j)}(x)$确定$X(i,t-j)$是否是一个真正的密钥。我们没有存储值$X(i,t-j)$，但可以很容易地从$X(i,0)$出发，将函数g迭代$t-j$次，重新计算出它。上述计算过程可描述为算法 2.1.1。

算法 2.1.1

第 1 步：计算$y_1=R(y)$。

第 2 步：如果对某一$i(1\leqslant i\leqslant m)$，$y_j=X(i,t)$，那么从$X(i,0)$出发，将函数$g$迭代$t-j$次，计算$X(i,t-j)$；如果$y=E_{X(i,t-j)}(x)$，那么置$K=X(i,t-j)$并停机；否则转入第 3 步。

第 3 步：计算$y_{j+1}=g(y_j)$，如果$j<t$，转入第 2 步；否则，停机。

如果$\boldsymbol{X}$中的第 0 列到第$t-1$列的所有mt个元素都是不同的且K是从所有可能的值中均匀选择的，则算法 2.1.1 成功的概率为$P(S)=\dfrac{mt}{N}$（对 DES，$N=2^{56}$），这里仅需要m个存储、t个操作。而具有t个操作的穷举搜索攻击成功的概率仅为$P(S)=\dfrac{t}{N}$，具有m个存储的查表攻击成功的概率仅为$P(S)=\dfrac{m}{N}$。即使$\boldsymbol{X}$中的元素有一些重叠，本质上时间存储折中攻击还是获益的。

为了便于理解定理 2.1.1 的证明过程，这里先介绍特征函数的概念。一个集合X的子集A上的特征函数(也称指示函数(indicator function))$I(x):X\to\{0,1\}$定义为

$$I(x)=\begin{cases}1, & x\in A\\ 0, & x\notin A\end{cases}$$

定理 2.1.1 设$g:\{1,2,\cdots,N\}\to\{1,2,\cdots,N\}$，如果$g$被模型化为一个随机函数，密钥$K$从$\{1,2,\cdots,N\}$中均匀选择，则算法 2.1.1 成功的概率下界为

$$P(S)\geqslant\frac{1}{N}\sum_{i=1}^{m}\sum_{j=0}^{t-1}\left(\frac{N-it}{N}\right)^{j+1} \tag{2.1.1}$$

证明：设A表示由$\boldsymbol{X}$的前t列覆盖的密钥的子集(不包括最后一列)，有$P(S)=\dfrac{E[|A|]}{N}$，其中$|A|$表示A中的元素个数。设$I(X)$表示事件X的特征函数，则$P(S)=\dfrac{1}{N}E\left[\sum_{i=1}^{m}\sum_{j=0}^{t-1}I(X_{ij}\text{ 是新的})\right]=\dfrac{1}{N}\sum_{i=1}^{m}\sum_{j=0}^{t-1}P(X_{ij}\text{ 是新的})$。这里一个点是新的意味着它在以前的行或它所在的行没有出现过。用A_{ij}表示至此覆盖的元素的集合，则

$$\begin{aligned}P(X_{ij}\text{ 是新的})&\geqslant P(X_{i0},X_{i1},\cdots,X_{ij}\text{ 都是新的})\\&=P(X_{i0}\text{ 是新的})P(X_{i1}\text{ 是新的}\mid X_{i0}\text{ 是新的})\cdots\\&\quad P(X_{ij}\text{ 是新的}\mid X_{i0},X_{i1},\cdots,X_{i,j-1}\text{ 都是新的})\\&=\frac{N-|A_{i0}|}{N}\,\frac{N-|A_{i0}|-1}{N}\cdots\frac{N-|A_{i0}|-j}{N}\end{aligned}$$

因为在每行中至多有t个不同的元素，显然上式中的每个因子都比$(N-it)/N$大。这样，就有$P(X_{ij}\text{是新的})\geqslant[(N-it)/N]^{j+1}$，因此，

$$P(S)\geqslant\frac{1}{N}\sum_{i=1}^{m}\sum_{j=0}^{t-1}[(N-it)/N]^{j+1}$$

上述定理表明，对一个固定的 N，在 mt^2 超过 N 时，通过增加 m 或 t 没有获得太多的益处，这是因为$[(N-it)/N]^{j+1}\approx\exp(-ijt/N)$，式(2.1.1)最后一项十分接近 $\exp(-mt^2/N)$ 且当 $mt^2\gg N$ 时其大多数项都将很小。如果 $mt^2\ll N$，式(2.1.1)的每一项都接近 1 且该式可简化为 $P(S)\geqslant\frac{mt}{N}$，此时，增加 m 或 t 会对 $P(S)$ 的值产生很大的影响。如果 $mt^2=N$，m 和 t 都很大，则式(2.1.1)能被数值计算且约等于 $0.8mt/N$，此时，算法 2.1.1 成功的概率约为 $0.8mt/N$。建议取 $m\approx t\approx N^{1/3}$ 并构造约 $N^{1/3}$ 张表，每张表使用一个不同的约化函数 R。如果这样做了，存储量为 $O(N^{2/3})$，预计算时间为 $O(N)$，搜索时间为 $O(N^{2/3})$。

每个矩阵覆盖了 mt 个点，但可存储到 m 个存储位置，这是因为我们只保存每行即每条路径的起始点。这样存储 t 个矩阵需要的存储总量为 $M=mt$。给定的 y 很可能由预计算的矩阵中的唯一一个覆盖，但是因为我们并不知道它位于哪里，不得不对 t 个表进行分别处理，每个表需要对某一函数 g_i 计算 t 次，这样实际攻击的总的时间复杂度是 $T=t^2$。为了找到 T 和 M 之间的折中曲线，使用矩阵终止规则(matrix stopping rule) $mt^2=N$ 推得 $TM^2=t^2\cdot m^2t^2=N^2$。值得注意的是，在这个折中公式中，时间 T 在范围 $1\leqslant T\leqslant N$ 之内，空间 M 满足 $N^{1/2}\leqslant M\leqslant N$；否则，若 $T>N$，这样的攻击比穷举搜索攻击还要慢。

2.2 序列密码的时间存储折中攻击方法

序列密码的时间存储折中攻击与分组密码的时间存储折中攻击有很大的不同。搜索空间的规模 N 是由比特生成器的内部状态确定的，可能与密钥数量不同。实时数据在典型的情况下是由比特生成器产生的前 D 个伪随机比特构成的，通过一个已知的明文头和相应的密文比特异或得到，在这种情况下，已知明文攻击和选择明文攻击没有什么区别。攻击者的目的是找到至少一个产生这个输出的比特生成器的实际状态，然后他能向前运行比特生成器无限步，产生所有后面的伪随机比特并且推导出其余的明文。在这种情况下无须向后运行比特生成器或找到原来的密钥，即使在许多实际情况下能这样做，也不这样做。

2.2.1 序列密码的时间存储折中攻击方法的基本原理

文献[3-4]中描述了最简单的序列密码的时间存储折中攻击方法，文献[5]中将其称为 BG 攻击方法。本节针对二元序列密码介绍序列密码的时间存储折中攻击方法[3]。图 2.2.1 展示了一个模型化的二元序列密码的密钥流生成器，其加密采用密钥流与明文流逐比特异或的方式，这种序列密码也称为二元加法序列密码。右箭头(→)表示状态转移函数，向下箭头(↓)表示输出函数，输出函数从第 t 个状态计算第 t 个密钥流比特。密钥选择为初始状态 S_0。设每个状态的长度都是 n 比特，则所有可能的状态有 2^n 个。

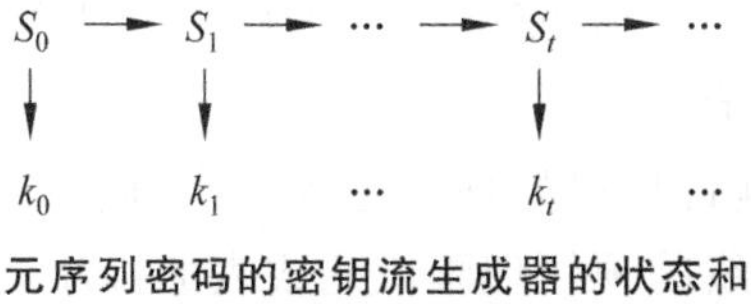

图 2.2.1　二元序列密码的密钥流生成器的状态和密钥流序列

1. 基本思想

假定攻击者已经获得了若干连续的密钥流比特，设其长度为 2^m+n-1，因此，攻击者可抽取一张包含 $M=2^m$ 个有重叠的 n 比特序列的表。现在假定攻击者生成 $R=2^r$ 个独立随机的状态，并且对每个这样的状态利用其作为初始值产生 n 比特密钥流序列。这样，攻击者现在就有一张已知的密钥流的 $M=2^m$ 个 n 比特子序列的表和一张从已知状态生成的密钥流的 $R=2^r$ 个 n 比特子序列的表。如果第一张表中有一个子序列与第二张表中的一个子序列相匹配，则生成的第二张表的子序列的已知状态与在适当的时刻生成的已知密钥流的状态以很高的概率是一样的。对这样的一个匹配，很可能要求 $m+r\approx n$。

攻击的要点是在两张表中搜索一个匹配的过程所花的开销能远小于 2^n 个操作。攻击者在已知密钥流的生成中获得某一时刻的状态，这当然允许攻击者生成所有的子序列密钥流，并在大多数现实系统中也允许攻击者向后运行到初始状态。

2. 两种攻击形式

文献[3]中针对序列密码介绍了两种攻击形式，这里先介绍第一种攻击形式。

攻击分两个阶段，即预处理阶段和候选阶段(也称实时处理阶段或实时攻击阶段)。

在预处理阶段，假定攻击者知道 $M+n-1(M=2^m)$ 个连续的密钥流比特 $k_{s+1},k_{s+2},\cdots,k_{s+M+n-1}$，则攻击者据此可制作一张如下的包含 M 个有重叠的 n 比特子序列的表：

$$\begin{matrix} k_{s+1} & \cdots & k_{s+n} \\ k_{s+2} & \cdots & k_{s+n+1} \\ \vdots & \ddots & \vdots \\ k_{s+M} & \cdots & k_{s+M+n-1} \end{matrix}$$

然后，攻击者按字典(或数值)序排列这张 n 比特子序列表。这样处理所需要的存储量为 $(n+m)2^m$(严格来讲，应该记为 $O((n+m)2^m)$，为简单起见，有时也简记为 $(n+m)2^m$，下同)，时间复杂度为 $(n+m^2)2^m$。

在候选阶段，攻击者重复地选择一个随机候选状态 S，以此为初始状态生成一个 n 比特密钥流序列，并对一个确切的匹配检查预处理阶段完成的排序表。从一个候选状态生成 n 比特密钥流序列所需要的时间复杂度是 n，检查一个特定 n 比特密钥流序列在排序表中是否存在所需要的时间复杂度是 m^2(排序表中项数的对数乘以在每一阶段通常需要被比较的比特数的最大值)。容易看到，在找到一个匹配之前，候选阶段尝试的期望数是 $2^n/(2^m+n-1)\approx 2^{n-m}$。这样，攻击的候选阶段需要的期望的总时间是 $(n+m^2)2^{n-m}$。

总体来讲，如果知道 2^m+n-1 个密钥流比特，攻击者需要的存储量是 $(n+m)2^m$，时间复杂度是 $(n+m^2)(2^m+2^{n-m})$。如果选择 $m=n/2$，那么整个攻击将大约需要 $2^{n/2}$ 个已知密钥流比特。时间复杂度是 $n^2 2^{n/2}\approx 2^{n/2}$，空间复杂度是 $n2^{n/2}\approx 2^{n/2}$。这个与标准的穷举搜索攻击(即搜索所有可能的状态)的时间复杂度 $n2^n$ 相比还是得到了好处。

接下来，介绍第二种攻击形式。

一种变形的攻击形式是允许排序处理仅完成一次，而不是每次攻击都要完成一次排序处理。也就是说，攻击者在离线的预处理阶段完成表的排序，这些处理结果可用于攻击一些不同的密钥生成器实例。在预处理阶段，攻击者选择 $R=2^r$ 个随机候选状态 $S_1,S_2,\cdots,S_R$，以每个随机候选状态为初始状态生成一个 n 比特密钥流序列：

$$\begin{array}{llll} S_1: & k_{1,1} & \cdots & k_{1,n} \\ S_2: & k_{2,1} & \cdots & k_{2,n} \\ \vdots & \vdots & \ddots & \vdots \\ S_R: & k_{R,1} & \cdots & k_{R,n} \end{array}$$

然后，攻击者按字典序排列这张子序列表。类似于上述的讨论，这个处理所需要的存储量为 $(n+r)2^r$，时间复杂度为 $(n+r^2)2^r$。

为了完成对一个特定实例的攻击，攻击者必须获得 2^{n-r} 个连续的密钥流比特，考虑这个密钥流的每个连续(有重叠)的 n 比特子序列。重复地抽取这样一个 n 比特序列并对一个确切的匹配检查预处理阶段完成的排序表。每次尝试需要的时间复杂度是 r^2，需要大约 2^{n-r} 次尝试找到一个匹配。

这种攻击形式所需要的存储量为 $n2^r$。每一个实际攻击所需要的时间复杂度是 $r^2 2^{n-r}$。如果选择 $r=n/2$，攻击者需要获得 $2^{n/2}$ 个已知密钥流比特，时间复杂度是 $n^2 2^{n/2}$ ($\approx 2^{n/2}$)，存储量是 $n^2 2^{n/2}$ ($\approx 2^{n/2}$)。虽然此时的复杂度与第一种攻击形式的复杂度接近相等，但如果选择 $r>n/2$，也就是在预处理阶段做更多的工作，攻击者需要的存储量大于 $n2^{n/2}$，预处理时间复杂度大于 $n^2 2^{n/2}$，但已知密钥流比特小于 $2^{n/2}$，实际攻击的时间复杂度小于 $n^2 2^{n/2}$，从原理上说，实际攻击的时间复杂度可能更小。

3. 一般化方法

最后，介绍一个对某些密钥流生成器更成体系的时间存储折中攻击方法。

设密钥流生成器的所有可能的状态之集为 S，$s_t \in S$ 是密钥流生成器在时刻 t 的状态。设 $f:S \to S$ 是状态转移函数，所以，对每个 t 都有 $s_{t+1}=f(s_t)$。考虑函数 f^M，这个函数将 s_t 映射为 s_{s+M}，M 是正整数。对一些状态转移函数 f，没有比迭代 M 次 f 函数来计算 f^M 更快的实际方法；但是对另一些状态转移函数 f，特别是线性函数 f，有可能计算 f^M 更直接、更有效。如果是这样，并且如果几乎所有可能的密钥流生成器的状态都位于 f 的一个大状态圈中，那么候选状态能比通过选择大量的随机状态更有规则地被尝试。替代方案是选取一个单一的随机状态 s_0，使用候选状态 $f^M(s_0)$，$f^{2M}(s_0)$，$f^{3M}(s_0)$，…，在第一种攻击形式中 $M=2^m+n-1$，在第二种攻击形式中 $M=2^{n-r}$。

使用第一种攻击形式时，考虑的候选状态是 s_0，$f^{2m+n-1}(s_0)$，$f^{2(2m+n-1)}(s_0)$，…(注意：2^m+n-1 是已知的密钥流序列的长度)。通过精确地将选取的 2^m+n-1 个候选状态相隔放在 f 之下的状态圈中，并且检查每个候选状态是否在某一时刻产生一个 2^m 比特密钥流序列的真正状态，通过有规则地使用 f 的状态圈可有效地工作。每次选择随机候选状态时，期望在尝试 2^{n-m} 次候选状态后能找到正确的状态；而有规则地选择候选状态时，可以保证在尝试 $2^n/(2^m+n-1) \approx 2^{n-m}$ 次候选状态后能找到正确的状态，并且期望在大约尝试 2^{n-m-1} 次候选状态后能找到正确的状态。

这里坚持认为几乎所有的 S 的成员都位于 f 的一个状态圈中，这个规定容易解释，但可能是不严格的。真正必要的是 f 的状态圈结构易于理解；反过来，来自每个状态圈的代表能被容易地选择。一个更精确的系统阐述似乎是不必要的。

2.2.2　序列密码和分组密码的时间存储折中攻击方法的区别

序列密码的时间存储折中攻击方法关联于密钥流生成器的 N 个可能状态的每一个，随机序列串由密钥流生成器从该状态产生的前 $\log_2 N$ 个比特构成。其使用的映射 $f(x):x \to y$ 是从状态 x 到输出前缀 y，可被视作一个在 N 个点的空间上的随机函数，它求值容易，但求逆难。攻击者的目的是对某一给定输出的子序列串求逆，以便恢复相应的内部状态。在攻击的预处理阶段选择 M 个随机状态 $x_i(1 \leqslant i \leqslant M)$，计算它们对应的输出前缀 y_i，并且在一个随机访问存储器中存储所有的 (x_i, y_i)，按 y_i 的递增序排列。攻击的实时处理阶段被给定一个 $D+\log_2 N-1$ 比特的前缀，并从这个前缀推导出所有 D 个可能包含 $\log_2 N$ 个连续比特的窗口 $y_1, y_2, \cdots, y_D$（有重叠）。攻击者可用对数时间从排序表中查找每个 y_j。如果在表中至少能找到一个 y_j，则将其对应的 x_j 作为已知的状态（也许不同于要寻找的状态，因为 y_j 也许有多个前驱），向前运行比特生成器，推导出其余的明文。这个攻击成功的界可从生日问题（也称生日悖论（birthday paradox））推导出来。生日问题可陈述为：具有 N 个点的空间的两个随机子集，如果它们的大小的乘积超过 N，则它们很可能相交。如果略去对数因子，这个条件就变成了 $DM=N$，这里的预处理时间是 $P=M$，攻击时间是 $T=D$。这代表了在时间存储折中曲线 $TM=N$ 上的一个特定的点。通过忽略在实际攻击期间可获得的一些数据，可以将 T 从 D 降到 1，这样，一般化的折中关系是 $TM=N, P=M, 1 \leqslant T \leqslant D$。

折中关系 $TM=N$ 类似于 Hellman 提出的关于随机置换的折中关系 $TM=N$，并且比 Hellman 提出的关于随机函数的折中关系 $TM^2=N^2$ 要好。当 $T=M$ 时，得到 $T=M=N^{1/2}$ 而不是 $T=M=N^{2/3}$。然而从形式上进行比较有误导性，这是因为两个折中关系是完全不同的，它们应用于不同的密码体制（序列密码和分组密码），在不同的参数范围内是合理的（$1 \leqslant T \leqslant D$ 和 $1 \leqslant T \leqslant N$），需要不同的数据量（大约 D 比特和单一的选择明密文对）。因此，有的文献也将序列密码的时间存储折中攻击称为时间存储数据折中攻击。

为了理解分组密码的时间存储折中攻击和序列密码的时间存储折中攻击之间的基本差别，考虑使用较大的 D 加速攻击的问题。由一个分组密码定义的映射有两个输入（密钥和明文分组）和一个输出（密文分组）。因为在对分组密码的 Hellman 时间存储折中攻击中，每张预计算表与一个特定的明文分组关联，不能使用一张共同的表同时分析不同的密文分组（在单一密钥的生存期间，从不同的明文分组必然推出不同的密文分组）。而由一个序列密码定义的映射有一个输入（状态）和一个输出（输出前缀），具有单一性，即当我们极力求多个输出前缀的逆时，在所有的攻击过程中能使用同样的预计算表。因此，当 D 比较大时，对序列密码的时间存储折中攻击比对分组密码的时间存储折中攻击更有效，但其成功的概率迄今仍然没有被探讨。

2.3 序列密码的时间存储数据折中攻击方法

本节介绍一种将前两节介绍的两种折中攻击方法组合起来的方法，将这种方法称为时间存储数据（Time-Memory-Data，TMD）折中攻击方法[5]。这种攻击方法的参数之间满足关系 $P=N/D, TM^2D^2=N^2, D^2 \leqslant T \leqslant N$。这个折中关系（也称折中曲线）的典型点是 $P=N^{2/3}$（预计算时间），$T=N^{2/3}$（实时攻击时间），$M=N^{1/3}$（存储量），$D=N^{1/3}$（可获得的数据）。例如，当 $N=2^{100}$ 时，这种攻击的参数 $P=T=2^{66}, M=D=2^{33}$ 都是（几乎）可行的；Hellman 时间存储折中攻击的参数 $T=M=N^{2/3}=2^{66}$ 需要一个不现实的存储量 M；2.2 节

介绍的攻击参数 $T=D=N^{2/3}=2^{66}$,$M=N^{1/3}=2^{33}$需要一个不现实的数据量 D。

2.3.1 序列密码的时间存储数据折中攻击方法的基本原理

为了使 Hellman 提出的对分组密码的时间存储折中攻击方法适用于序列密码,使用同样的基本方法,由 f 的多个变形 f_i 定义的矩阵覆盖 N 个点,f 表示状态到前缀的映射。值得注意的是,部分有重叠的前缀不一定表示由 f 迭代定义的图的临近点,这样它们被视作图中不相关的随机点。如果 D 个给定输入值的任何一个能够在矩阵中被找到,则认为攻击是成功的,这是因为接下来能找到比特生成器的某一实际状态,可向前运行比特生成器直到超出输出比特的已知前缀。这样就能降低由所有矩阵覆盖的点的总数,从大约 N 降到 N/D,并且仍然以高概率得到存储状态和实际状态之间的碰撞。

有两种可能的方法降低由矩阵覆盖的状态数:一种是使每个矩阵较小;另一种是选择较少的矩阵。因为 f_i 的每一步计算都增加 m 个可被覆盖的状态,选择比满足矩阵终止规则 $mt^2=N$ 的最大值小的 m 或 t 是一种浪费。新的折中方法是保持每个矩阵尽可能大,为了减少到所有矩阵总的覆盖量的 $1/D$,将矩阵的数量从 t 降到 t/D。然而,这只有当 $t\geqslant D$ 时才是可能的,这是因为,如果极力把表的数量降低到比 1 小,就不得不使用 m 和 t 的亚优化值,这样折中曲线就进入了一个效率更低的范围内。

在新的攻击中的每一个矩阵像以前一样都需要同样的存储量 m,但是需要存储所有矩阵的总的存储量从 $M=mt$ 降低到 $M=mt/D$。类似地,总的预处理时间从 $P=N$ 降低到 $P=N/D$,因为不得不计算以前的行(也称路径)的 $1/D$。实时攻击时间 T 是矩阵的数量、每个路径的长度和可获得的数据点的数量之积,因为不得不迭代 t/D 个函数 f_i 中的每一个函数在 D 个给定输出前缀的每一个上的值,直到 t 次。这个积是 $T=t^2$,与 Hellman 原来的时间存储折中攻击是一样的。

为了找到这个攻击中的时间、存储、数据的折中,再使用矩阵终止规则 $mt^2=N$,从这个可变表达式中消去参数 m 和 t。预处理时间是 $P=N/D$,已经与 m 和 t 无关。时间 $T=t^2$,存储量 $M=mt^2/D$ 和数据 D 满足下列不变的关系:

$$TM^2D^2=t^2(m^2t^2/D^2)D^2=m^2t^4=N^2$$

上述关系对任何 $t\geqslant D$ 都是合理的,这样就有 $D^2\leqslant T\leqslant N$。特别地,可以使用参数 $P=T=N^{2/3}$,$M=D=N^{1/3}$,似乎对 N 直到大约 100b 长都是实用的。

2.3.2 使用采样的时间存储数据折中攻击

折中攻击的一个实际问题是随机访问一个硬盘需要 8ms,而完成一个计算步骤在快速的 PC 上只需要不到 2ns。除了降低 f_i 的值的计算量之外,400 万倍的速度比值使得最小化磁盘操作数成为关键。在 Hellman 的时间存储折中攻击中,降低查表数量的一个办法是定义一个特殊点(special point)子集,这种特殊点从一个固定的模式(如有 k 个 0 比特)开始。

特殊点是容易生成和识别的。在 Hellman 的时间存储折中攻击的预处理阶段,在每个路径上,从一个随机选择的点开始,只有当遇到另一个特殊点时才停止(或者进入一个圈,这种情况当 $t\leqslant\sqrt{N}$ 时不太可能发生)。因此,磁盘只包含了特殊的结束点。如果选择 $k=\log_2 t$,每个路径期望的长度仍然是 t,存储在所有的 t 张表中的 mt 个结束点的集合中包含

了 N/t 个可能的特殊点中的很大一部分。

这个方法的主要优点是，在实际攻击中，在每条路径上只需完成一个磁盘操作（当遇到第一个特殊点时才进行这个操作）。f_i 的值的计算量仍然是 $T=t^2$，但磁盘操作量从 t^2 降到 t，在实际中这是一个很大的差别。

上述讨论表明，在使用特殊点这种采样类型后，Hellman 的时间存储折中攻击的折中曲线没有改变，但有较少的磁盘操作。现在的问题是可否在序列密码的折中攻击中使用类似的特殊点采样类型。下面讨论这个问题。先讨论 2.2 节介绍的折中攻击。

如果一个输出前缀是从具有一定量的 0 比特的状态生成的，那么就说这个输出前缀是特殊的；如果一个状态生成一个特殊的输出前缀，那么就说这个状态是特殊的。我们希望在预处理阶段存储在磁盘中的仅是特殊对（状态，输出前缀）。不像在 Hellman 的折中攻击中那样（这里的特殊状态以合理的概率出现在充分长的路径上，并且充当自然的路径终止者），在 2.2 节的折中攻击中，我们处理长度为 1 的退化路径（从一个状态到它的直接的输出前缀），这样，为了找到特殊状态，不得不使用试错（trial and error）方法。

假定特殊状态的数量与所有状态的数量之比为 $R(0<R<1)$。为了找到在预处理阶段要存储的 M 个特殊状态，不得不尝试更多个（即 M/R 个）随机状态，这样，预处理时间就从 $P=M$ 增加到 $P=M/R$。实时攻击时间从 $T=D$ 降低到 $T=DR$，因为在给定的数据中只有特殊点才不得不在磁盘中查找（特殊点很容易认出）。为了使得存储在磁盘中的 M 个特殊状态和在给定数据中的 DR 个特殊状态之间有可能有一个碰撞，将生日悖论应用于这个大小为 NR 的较小集合，得到 $MDR=NR$，这样就推得 $TP=MD=N$，$1\leqslant T\leqslant D$。这个折中关系的一个有趣的结果是，采样技术把原来的时间存储折中关系 $TM=N$ 改变为两个独立的折中关系——时间预处理折中关系 $TP=N$ 和存储数据折中关系 $MD=N$，并受控于 3 个参数——m、t 和 R。对 $N=2^{100}$，第一个条件容易满足，因为预处理时间 P 和实时攻击时间 T 都能选为 2^{50}。然而，第二个条件完全是不现实的，因为存储量 M 和数据量 D 都不能超过 2^{40}。

上述讨论表明，2.2 节介绍的折中攻击使用特殊点这种采样类型后，导致了新的折中关系，并且增加了预计算时间。

接下来，讨论特殊点采样类型对 2.3.1 节介绍的折中攻击的影响。

2.3.1 节介绍的折中攻击与 Hellman 的时间存储折中攻击的主要差别是，2.3.1 节介绍的折中攻击使用了数量较少的表（即 t/D 张表），强迫 T 满足 $T\geqslant D^2$。与上面讨论的情况不一样，这里的预处理复杂度仍然没有改变，即 N/D，因为选择起始点不需要任何试错，并在路径计算中简单地等待特殊的结束点随机出现。需要存储特殊点的总的存储量仍然没有改变，即 $M=mt/D$。总的时间 T 由函数 f_i 的计算量 t^2 构成，但仅需 t 个磁盘操作。这样就可得出时间存储数据折中关系仍然没有改变的结论，即 $TM^2D^2=N^2$，$T\geqslant D^2$，但是将磁盘操作数量降到了原来的 $1/t$。这表明，使用特殊点采样技术没有改变 2.3.1 节介绍的折中关系，但具有较少的磁盘操作。

2.3.3 使用低采样抵抗力的时间存储数据折中攻击

对 $N=2^{100}$，时间存储数据折中攻击有可行的时间复杂度、存储量和数据量需求。然而，当值 $D\geqslant 2^{25}$ 时，使得每一个求逆攻击都很耗时，因为时间存储数据折中攻击的折中关系

要求 $T \geqslant D^2$；而较大的 T 值从特殊点采样的观点来看在实际攻击中是没有益处的，这是因为 T 是求函数 f_i 值的计算量，$\sqrt{T}$ 是磁盘的操作量。

文献[9]中介绍了一种不同的采样概念，并利用这种采样技术分析了具体的序列密码 A5/1，其基本观点是：在许多序列密码中，在产生下一个输出比特之前，状态仅经过一个有限的简单变换，这样就有可能对于较小的 k 值，无须试错就能计算出生成 k 个 0 比特的所有特殊状态（特别地，当每个输出比特由很少的状态比特确定时更是如此）。这对 $k=1$ 几乎总是可能的，但当我们极力迫使大量的输出比特具有特定的值时，这就变得更加困难。

序列密码的采样抵抗力（也称采样免疫力）被定义为 $R=2^{-k}$，这里 k 是可直接计算所有特殊状态的可能的 k 值中的最大者。这就为序列密码的设计提出了一条新的准则，序列密码的设计必须抵抗这种新的采样技术，采样抵抗力可被用作评估序列密码抵抗这种采样技术的一种新的量化的安全性度量指标。文献[9]中表明，在 A5/1 中，容易直接计算 2^{64} 个状态中的 2^{48} 个，其输出以 16 个 0 比特作为开始，这样 A5/1 的采样抵抗力最多是 2^{-16}。值得注意的是，这种采样技术根本不适用于分组密码，因为密钥和明文彻底的混合使得在加密某一固定明文期间无须试错就能计算导致具有 k 比特特定模式的密文的所有密钥变得很困难。这种采样与 2.3.2 节介绍的特殊点采样相比的一个明显的优点是：采用这种采样技术的 2.2 节介绍的折中攻击中，可将攻击时间 T 降低到 TR，而无须增加预处理时间 P。这表明，在使用这种新的采样类型后，没有改变 2.2 节介绍的折中关系 $TM=N$。下面讨论使用这种新的采样技术对时间存储数据折中关系 $TM^2D^2=N^2$ 的影响。

设一个序列密码具有 $N=2^n$ 个状态，每个状态有一个 n 位长的全名(full name)和一个 n 位长的输出名(output name)，该输出名由以全名为初始状态产生的输出序列的前 n 位构成。如果该序列密码的采样抵抗力是 $R=2^{-k}$，则可将每个特殊状态即一个 $n-k$ 位长的短名(short name)和一个 $n-k$ 位长的短输出(short output)联系起来。特殊状态可通过使用有效的查点过程定义，短输出可通过去掉特殊状态的输出名中的 k 个 0 比特定义。这样就能定义一个在含 $NR=2^{n-k}$ 个点的约减空间上的新映射，每个点可被视作一个短名或者一个短输出。这个从短名到短输出的映射是容易计算的：首先将特殊状态的短名扩展为全名，其次运行生成器，最后从输出名中划掉 k 个 0 比特，但其逆等价于限定在特殊状态集上的原来的密码分析问题。

假定 $DR \geqslant 1$，这样得到的数据至少包含一个输出，其对应某个特殊状态；否则，简单地放宽特殊状态的定义。通过在含 NR 个点的约减空间上应用时间存储数据折中攻击，极力找到 DR 个特殊状态中的任何一个的短名，用 DR、NR 分别代替 D、N，并代入折中关系 $TM^2D^2=N^2$ 中，得到 $TM^2(DR)^2=(NR)^2$，两边消去 R^2 得 $TM^2D^2=N^2$，这说明使用这种类型的采样技术没有改变时间存储数据折中攻击的折中关系。然而，采用这种技术得到了如下两方面的好处：一方面是允许原来的 T 值比下界 D^2 低，现在这个下界为 $(DR)^2$，可小到 1，这就使得使用一个范围更广的参数 T 并加速实际的攻击成为可能；另一方面是昂贵的磁盘操作的数量从 t 降到 tR，因为在数据中只有 DR 个特殊点不得不在 t/D 个矩阵中搜索，以每个矩阵一个磁盘操作为代价，这样通过使用适度的 t 值就能极大地加速攻击，t 个磁盘操作控制 t^2 个函数值的计算。

上述讨论表明，这种采样技术没有改变时间存储数据折中攻击的折中关系，但 T 的取值范围更广，即 $(DR)^2 \leqslant T \leqslant N$，磁盘操作的数量更少。

2.4 应对序列密码的时间存储数据折中攻击方法的措施

前面介绍了序列密码的时间存储数据折中攻击方法，那么在序列密码的设计中如何应对这种攻击呢？本节主要介绍目前采取的一些应对措施，值得注意的是，这些措施仅仅是设计安全的序列密码的必要条件而非充分条件，即使满足这些条件，也要精心设计，才有可能实现设计目标。本节也给出了一个应对时间存储数据折中攻击失败的设计范例，这个范例告诫我们，采用某些措施对抗时间存储数据折中攻击很难奏效。

2.4.1 应对序列密码的时间存储数据折中攻击方法的基本措施

目前主要采用 3 种措施对抗时间存储数据折中攻击。

第一种措施是控制密钥长度 k 与状态大小 s 之比，$\frac{k}{s}\leqslant\frac{1}{2}$。通过 2.2 节的分析可知，给定充分大的存储空间和充分长的已知密钥流，这种时间存储数据折中攻击几乎能降低其搜索状态的有效熵的一半，这就带来了序列密码的新的设计准则。

准则 2.4.1 如果序列密码的密钥长度是 k 比特，则该序列密码的状态大小至少应为 $2k$ 比特。

根据准则 2.4.1，序列密码的基本参数应是 k 比特的密钥、小于 k 比特的初始向量(IV)以及大于或等于 $2k$ 比特的内部状态，也就是说，序列密码的状态大小至少是密钥长度的两倍。这样做的目的就是避免时间存储数据折中攻击的威胁，当前设计的很多算法都遵循了这一设计准则。这也从另一方面说明了这种攻击的有效性。

第二种措施是避免使用低采样抵抗力的序列密码结构。序列密码的低采样抵抗力允许更灵活的折中攻击。文献[5]中讨论了非线性滤波生成器和收缩生成器(包括自收缩生成器)的采样抵抗力，并指出滤波生成器的采样抵抗力依赖于 LFSR 的抽头位置和滤波函数的特性，确定这种生成器的采样抵抗力的一个关键因素是函数输入有多少比特必须被固定时剩余比特的函数是线性的；自收缩生成器有一个采样算法且这种生成器的采样抵抗力是 $2^{-n/4}$，其中 n 是 LFSR 的长度。

第三种措施是使用初始状态和状态更新函数(即状态转移函数)都依赖于密钥的策略。文献[6]中提出了一种新型序列密码设计范例，并实例化为序列密码 Sprout。与通常的序列密码不同的是，新的设计范例在密钥流生成阶段使用了更短的内部状态(小于或等于 $2k$ 比特)和依赖于密钥的状态更新函数，其目的是降低硬件功耗，同时能够抵抗时间存储数据折中攻击。序列密码 Sprout 提出后，很快就出现了一大批分析该算法的论文，但我们最关心的是该算法的设计初衷，即它是否能够抵抗时间存储数据折中攻击，文献[8]指出，该算法不能抵抗时间存储数据折中攻击。

2.4.2 一个应对时间存储数据折中攻击失败的设计范例

本节主要介绍序列密码 Sprout 以及对其的时间存储数据折中攻击[8]。

1. Sprout

序列密码 Sprout 的密钥和初始向量的长度都是 80 位，使用了两个长度均为 40 位的反馈移位寄存器，一个是线性反馈移位寄存器（LFSR），另一个是非线性反馈移位寄存器（NLFSR）。该序列密码的初始状态和状态更新函数都依赖于密钥，输出函数产生密钥流，见图 2.4.1。同一个初始向量（IV）生成密钥流的最大长度为 2^{40} 位。

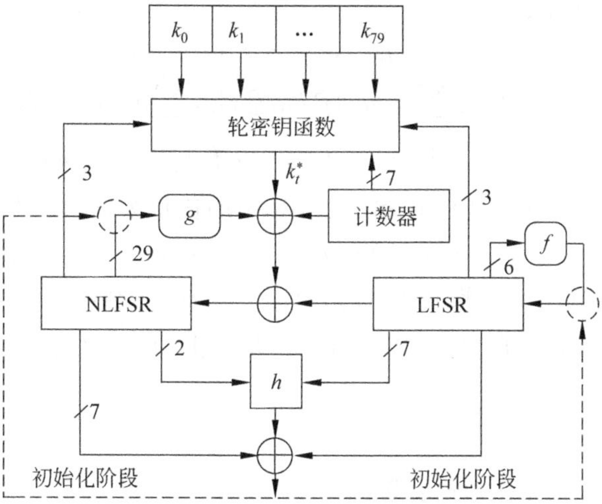

图 2.4.1 Sprout 的整体结构

这里先引入一些记号。

t：算法运算的拍数或时刻。

$L^t=(l_0^t,l_1^t,\cdots,l_{39}^t)$：LFSR 在时刻 t 的内部状态。

$N^t=(n_0^t,n_1^t,\cdots,n_{39}^t)$：NLFSR 在时刻 t 的内部状态。

$\mathrm{IV}=(\mathrm{iv}_0,\mathrm{iv}_1,\cdots,\mathrm{iv}_{69})$：初始向量。

$k=(k_0,k_1,\cdots,k_{79})$：密钥。

k_t^*：第 t 拍（即时刻 t）产生的轮密钥比特。

z_t：第 t 拍产生的密钥流比特。

c_t：第 t 拍的轮常数（由一个计数器生成）。

计数器决定每拍用于加密的密钥流比特，并用于 NLFSR 的更新。这个计数器由 9 位构成，在初始化阶段计数到 320，在密钥流生成阶段从 0 计数到 79。计数器的第 4 位 c_t^4 参与 NLFSR 反馈比特的计算。

为了保证所生成的 LFSR 序列具有最大的周期，即 $2^{40}-1$，Sprout 的 40 位长的 LFSR 使用的反馈多项式为本原多项式 $f(x)=x^{40}\oplus x^{35}\oplus x^{25}\oplus x^{20}\oplus x^{15}\oplus x^{6}\oplus 1$，则状态按照如下方式更新：

$$l_{39}^{t+1}=f(L^t)=l_0^t\oplus l_5^t\oplus l_{15}^t\oplus l_{20}^t\oplus l_{25}^t\oplus l_{34}^t$$

$$l_i^{t+1}=l_{i+1}^t,\quad i=0,1,\cdots,38$$

NLFSR 的长度也是 40 位，其递归关系式为

$$\begin{aligned}n_{39}^{t+1}&=g(N^t)\oplus k_t^*\oplus l_0^t\oplus c_t^4\\&=k_t^*\oplus l_0^t\oplus c_t^4\oplus n_0^t\oplus n_{13}^t\oplus n_{19}^t\oplus n_{35}^t\oplus n_{39}^t\oplus n_2^t n_{25}^t\\&\quad\oplus n_3^t n_5^t\oplus n_7^t n_8^t\oplus n_{14}^t n_{21}^t\oplus n_{16}^t n_{18}^t\oplus n_{22}^t n_{24}^t\oplus n_{26}^t n_{32}^t\\&\quad\oplus n_{33}^t n_{36}^t n_{37}^t n_{38}^t\oplus n_{10}^t n_{11}^t n_{12}^t\oplus n_{27}^t n_{30}^t n_{31}^t\end{aligned}$$

其中 k_t^* 定义为

$$k_t^* = \begin{cases} k_t, & t=0,1,\cdots,79 \\ k_{t \bmod 80}(l_4^t \oplus l_{21}^t \oplus l_{37}^t \oplus n_9^t \oplus n_{20}^t \oplus n_{29}^t), & t \geqslant 80 \end{cases}$$

其他状态则按照如下方式更新：

$$n_i^{t+1} = n_{i+1}^t, \quad i=0,1,\cdots,38$$

为方便起见，当 $t \geqslant 80$ 时，记 $\sum l = l_4^t \oplus l_{21}^t \oplus l_{37}^t$，$\sum n = n_9^t \oplus l_{20}^t \oplus l_{29}^t$。这样，可给出当 $t \geqslant 80$ 时 k_t^* 的一个等价定义，即 $k_t^* = k_{t \bmod 80} \cdot \left(\sum l \oplus \sum n\right)$。

密钥流输出函数是一个以 LFSR 和 NLFSR 中的比特为输入的布尔函数，非线性部分定义为 $h(x) = x_0x_1 \oplus x_2x_3 \oplus x_4x_5 \oplus x_6x_7 \oplus x_0x_4x_8$，$x_0 \sim x_8$ 分别对应于状态变量 n_4^t，$l_6^t, l_8^t, l_{10}^t, l_{32}^t, l_{17}^t, l_{19}^t, l_{23}^t, n_{38}^t$。输出比特为 $z_t = h(n_4^t, l_6^t, l_8^t, l_{10}^t, l_{32}^t, l_{17}^t, l_{19}^t, l_{23}^t, n_{38}^t) \oplus l_{30}^t \oplus \sum_{j \in B} n_j^t$，其中 $B=\{1,6,15,17,23,28,34\}$。每产生 1b 密钥流，两个反馈移位寄存器就会更新一次。

初始化过程如下：

(1) 把初始向量按照如下方式装载：

$$\begin{aligned} &n_i^0 = \mathrm{iv}_i, && 0 \leqslant i \leqslant 39 \\ &l_i = \mathrm{iv}_{i+40}, && 0 \leqslant i \leqslant 29 \\ &l_i^0 = 1, && 30 \leqslant i \leqslant 38 \\ &l_{39}^0 = 0 \end{aligned}$$

(2) 运行 Sprout 算法 320 拍，不输出密钥流比特，但密钥流比特用于反馈移位寄存器的更新：

$$\begin{aligned} l_{39}^{t+1} &= z_t \oplus f(L^t) \\ n_{39}^{t+1} &= z_t \oplus k_t^* \oplus l_0^t \oplus c_t^4 \oplus g(N^t) \end{aligned}$$

(3) 生成密钥流。经过 320 拍初始化以后，按照定义的输出函数生成密钥流，每次状态更新生成 1b 密钥流。

2. Sprout 的时间存储数据折中攻击

Sprout 的状态转移函数是可逆的，所以一旦获得整个状态(包括密钥)，就既能向前也能向后钟控该密码的内部状态。这样就可以直截了当地从时刻(也称时钟)$t+1$ 的内部状态恢复时刻 t 的内部状态。其做法如下：首先降低计数器，其次分别给出 LFSR 和 NLFSR 的逆递归关系式。

对 LFSR，有

$$\begin{aligned} l_0^t &= l_{39}^{t+1} \oplus l_4^{t+1} \oplus l_{14}^{t+1} \oplus l_{19}^{t+1} \oplus l_{24}^{t+1} \oplus l_{33}^{t+1} \\ l_{i+1}^t &= l_i^{t+1}, \quad i=0,1,\cdots,38 \end{aligned}$$

对 NLFSR，有

$$\begin{aligned} n_0^t = k_t^* &\oplus c_t^4 \oplus l_{39}^{t+1} \oplus l_4^{t+1} \oplus l_{14}^{t+1} \oplus l_{19}^{t+1} \oplus l_{24}^{t+1} \oplus l_{33}^{t+1} \oplus n_{39}^{t+1} \\ &\oplus n_{12}^{t+1} \oplus n_{18}^{t+1} \oplus n_{34}^{t+1} \oplus n_{38}^{t+1} \oplus n_1^{t+1}n_{24}^{t+1} \oplus n_2^{t+1}n_4^{t+1} \oplus n_6^{t+1}n_7^{t+1} \\ &\oplus n_{13}^{t+1}n_{20}^{t+1} \oplus n_{15}^{t+1}n_{17}^{t+1} \oplus n_{21}^{t+1}n_{23}^{t+1} \oplus n_{25}^{t+1}n_{31}^{t+1} \oplus n_{32}^{t+1}n_{35}^{t+1}n_{36}^{t+1}n_{37}^{t+1} \\ &\oplus n_9^{t+1}n_{10}^{t+1}n_{11}^{t+1} \oplus n_{26}^{t+1}n_{29}^{t+1}n_{30}^{t+1} \end{aligned}$$

$$n_{i+1}^{t}=n_{i}^{t+1},\quad i=0,1,\cdots,38$$

其中：

$$k_t^*=\begin{cases}k_t, & 0\leqslant t\leqslant 79\\ k_{t \bmod 80}(l_3^{t+1}\oplus l_{20}^{t+1}\oplus l_{36}^{t+1}\oplus n_8^{t+1}\oplus n_{19}^{t+1}\oplus n_{28}^{t+1}), & t\geqslant 80\end{cases}$$

一旦内部状态可通过求解非线性方程组获得密钥时，我们就希望对内部状态进行猜测，然后，不仅从内部状态确定密钥，而且无须恢复整个密钥流比特就可检查猜测是否正确。定理 2.4.1 给出了一个更快的密钥恢复和内部状态检查机制，而且不需要求解非线性方程组。该定理表明，如果通过寄存器向后追溯，则从内部状态和输出恢复密钥更容易。

记 $\delta_t=l_4^t\oplus l_{21}^t\oplus l_{37}^t\oplus n_9^t\oplus n_{20}^t\oplus n_{29}^t$，显然有

$$\delta_t=l_3^{t+1}\oplus l_{20}^{t+1}\oplus l_{36}^{t+1}\oplus n_8^{t+1}\oplus n_{19}^{t+1}\oplus n_{28}^{t+1}$$

定理 2.4.1　假定在时刻 $t+1$，寄存器 LFSR 和 NLFSR 的内部状态是已知的，但整个密钥是未知的，也假定知道 $\delta_t=1$。在向后钟控寄存器的时候，当一个密钥流比特首次出现在密钥流中时，则它将在密钥流比特 z_{t-1} 中表现为一个单一的未知内容 n_1^{t-1}。这种情况发生在密钥流比特被混合到通过函数 g 的 NLFSR 的反馈之前。

结合 Sprout 算法可直接证明定理 2.4.1。假定在该密码向后运行的时候，在时刻 $t+1$，我们猜测整个内部状态的值(除密钥外)并且 $\delta_t=1$。向后一个时刻，n_0^t 变成了形式为$k_i\oplus a$ 的项，其中 a 是一个从 NLFSR 的反馈、LFSR 的输出和计数器获得的已知值。在时刻 t，n_0^t 没有被结合到 NLFSR 的反馈中。这样 $k_i\oplus a$ 移到位置 n_1^{t-1} 且 n_0^{t-1} 不依赖于 k_i(它也许依赖于另一个密钥流比特，但不重要)。在时刻 $t-1$，除了 n_0^{t-1} 和 $n_1^{t-1}=k_i\oplus a$ 外，我们知道所有的寄存器值，但 n_0^{t-1} 没有被牵扯到输出函数中，所以能很容易地通过 $k_i=z_{t-1}\oplus a\oplus a'$ 确定 k_i，其中 a'是一个来自输出函数的抽头点的已知值。

上述讨论表明，当对寄存器做一个猜测时，在每一时刻，或者有机会检查生成的密钥流比特是否与对应的输出比特相匹配，或者一个密钥流比特将表现为一个单一的未知量并从输出确定该密钥流比特。因此，如果状态候选者没有产生冲突，则以完全已知的(也许除了 NLFSR 的第 1 位 n_0^t 以外)寄存器结束。如果一个密钥流比特被牵扯到那个项中，则它将在进入反馈之前被后一个时刻确定。总而言之，递归地继续这个过程，最终或者恢复了一个单一的密钥流比特，或者对每个时刻都检查了一个比特。下面举一个例子。

例 2.4.1　假定在时刻 $t+1$，我们知道整个内部状态，但不知道秘密密钥，并设 $\delta_t=\delta_{t-1}=\delta_{t-2}=1$，$\delta_{t-3}=0$。再设 $k_0\sim k_3$ 是以给定顺序选择的密钥流比特。表 2.4.1 展示了如何逐步确定 NLFSR 比特和密钥流比特的值。

表 2.4.1　例 2.4.1 的执行过程

时钟周期	δ_i	n_0^i	n_1^i	n_2^i	n_3^i	…	n_{39}^i	z_i	D/C
$i=t+1$		√	√	√	√	√	√	√	C
$i=t$	1	$k_0\oplus$√	√	√	√	√	√	√	C
$i=t-1$	1	$k_1\oplus$√	$k_0\oplus$√	√	√	√	√	$k_0\oplus$√	$D(k_0)$
$i=t-2$	1	$k_2\oplus$√	$k_1\oplus$√	√	√	√	√	$k_1\oplus$√	$D(k_1)$
$i=t-3$	0	√	$k_2\oplus$√	√	√	√	√	$k_2\oplus$√	$D(k_2)$
$i=t-4$		?	√	√	√	√	√	√	C

在表 2.4.1 中，√表示已知的值，"?"表示或者知道或者不知道的值，$D(k_i)$表示确定的 k_i 值，C 是检查结果，表示产生的密钥流比特与实际的比特相匹配。

一个密钥流比特没有出现在长度为 80 位的 p 个分组中的概率是 2^{-p}。因此，在大约 160 个时钟周期后，60 个不同的密钥流比特将出现在输出中并被确定。对一个内部状态的正确猜测，恢复大约 60 位密钥的时间复杂度几乎是 160 个 Sprout 时钟周期。剩余的 20 位可通过穷举搜索恢复。另一方面，用 $2r$ 个时钟周期对一个内部状态进行猜测后生存下来的概率是 2^{-r}。平均来说，每两个时钟周期有一半猜测被淘汰。因此，在 2^s 个猜测中，每个猜测被淘汰的时钟周期的平均数是

$$\sum_{i=0}^{s}\frac{2\times 2^{s-i}}{2^s}=\sum_{i=0}^{s}\frac{1}{2^{i-1}}\approx 4,\quad 21\leqslant s\leqslant 40$$

可以看到，如果一个给定的状态是正确的，可以平均用 4 个时钟周期检查。

下面讨论 Sprout 的时间存储数据折中攻击。

可将寄存器的比特处理为一个序列的项，记为 $l_{t+i+j}\triangleq l_i^{t+j}$，$n_{t+i+j}\triangleq n_i^{t+j}$。假定对 d 个连续的时钟周期，$\delta_t=0$。也就是说，在 d 个连续的时钟周期 $t-9,t-8,\cdots,t+d-10$ 中，密钥流比特没有混合到 NLFSR 中。这样就能在时刻 t 对内部状态做一个猜测，然后检查这个猜测是否正确和条件是否满足，这是因为无须知道任何密钥流比特就能产生 d 个输出比特。

假定 $\delta_{t-9}=\delta_{t-8}=\cdots=\delta_{t+d-10}=0$，得到下列 d 个内部状态比特的线性方程：

$$\begin{array}{l}
l_{t-5}\oplus l_{t+12}\oplus l_{t+28}\oplus n_t\oplus n_{t+11}\oplus n_{t+20}=0\\
l_{t-4}\oplus l_{t+13}\oplus l_{t+29}\oplus n_{t+1}\oplus n_{t+12}\oplus n_{t+21}=0\\
\qquad\vdots\\
l_{t+4}\oplus l_{t+21}\oplus l_{t+37}\oplus n_{t+9}\oplus n_{t+20}\oplus n_{t+29}=0\\
l_{t+5}\oplus l_{t+22}\oplus l_{t+38}\oplus n_{t+10}\oplus n_{t+21}\oplus n_{t+30}=0\\
\qquad\vdots\\
l_{t+d-6}\oplus l_{t+d+11}\oplus l_{t+d+27}\oplus n_{t+d-1}\oplus n_{t+d+10}\oplus n_{t+d+19}=0
\end{array}$$

如果 $d\leqslant 20$，有 d 个线性方程且至多有 80 个未知变量，这是因为对 NLFSR 没有反馈，并注意到可将 LFSR 的反馈写成一个没有增加新的未知变量的线性方程，这样就可以简单地把来自 LFSR 的反馈的线性方程和新的未知变量排除在外。然而，如果 $d>20$，来自 NLFSR 的反馈的新的未知变量将出现在一些非线性方程中。来自该反馈的新的方程是

$$\begin{array}{l}
c_t^4\oplus l_t\oplus n_{t+40}\oplus g(N_t)=0\\
c_{t+1}^4\oplus l_{t+1}\oplus n_{t+41}\oplus g(N_{t+1})=0\\
\qquad\vdots\\
c_{t+d-21}^4\oplus l_{t+d-21}\oplus n_{t+d+19}\oplus g(N_{t+d-21})=0
\end{array}$$

增加了 $d-20$ 个方程和 $d-20$ 个新的未知变量 $n_{t+40},n_{t+41},\cdots,n_{t+d+19}$。现在有 $2d-20$ 个具有 $60+d$ 个未知变量的方程。通过仔细选择被猜测的 $80-d$ 个未知变量，有可能抽取出 $2d-20$ 个具有 $2d-20$ 个未知比特的方程，也就是可以确定整个内部状态。那么对所有可能的计数器组合，可以产生 $d+3$ 比特的输出。文献[8]中对 $d=40$ 的极端情况进行了详细讨论。

现在对 d 个连续的时钟，$\delta_t=0$，存储所有猜测的内部状态以及对每个计数器的 $d+3$

比特的输出，并根据输出排序。注意，可以生成密钥流比特 $z_{t-10}, z_t, \cdots, z_{t+d-8}$，这是由于 NLFSR 的最高位和最低位的抽头没有影响输出。

需要至多 80 张具有 2^{80-d} 个行的表，对每个计数器都产生一张表。在在线攻击阶段，在一个特定的时刻(所以计数器是已知的)的任何 $d+3$ 个时钟周期，输出 x 在具有相关计数器的表中被搜索。有 2^{77-2d} 个内部状态产生输出 x。检查是否任何状态都是正确的。重复这个过程 2^d 次，这是因为对 d 个连续的时钟，$\delta_t=0$ 的概率是 2^{-d}。我们期望这个事件发生一次。然后，可以从表中恢复内部状态。一旦内部状态已知，就很容易利用定理 2.4.1 恢复密钥。

对每一个 $d+3$ 比特输出，有平均 2^{77-2d} 个内部状态产生该输出。对每一个候选者都要检查内部状态的合法性并恢复密钥流比特。平均来说，钟控 4 次对检查而言是足够的。因此，时间复杂度是 $4\times 2^{77-d}=2^{79-d}$ 个时钟周期(等价于 2^{71-d} 个 Sprout 加密)连同 2^d 次查表。

综上所述，对 Sprout 的时间存储数据折中攻击具有如下参数：数据复杂度为 2^d 比特，时间复杂度为 2^{79-d} 个时钟周期(等价于 2^{71-d} 个 Sprout 加密)连同 2^d 次查表，空间复杂度大约为 2^{86-d} 个项。

2.5　注记与思考

本章重点介绍了 Hellman 的时间存储折中攻击方法、序列密码的时间存储折中攻击方法和时间存储数据折中攻击方法，以及应对序列密码的时间存储数据折中攻击方法的一些基本措施。时间存储折中攻击是一种很有用的普适性方法，几乎在每种密码分析方法中或多或少都有所体现，密码分析者应高度重视这种分析方法。

时间存储数据折中攻击可以看作序列密码的一种拓扑性质的分析，即攻击者关注序列密码本身各个变量之间的依赖关系，考察这些依赖关系是否导致其他分析方法不易发现的漏洞。目前，已有较多的公开文献对时间存储数据折中攻击进行了研究。具体来说，时间存储数据折中攻击是由 Babbage 等于 1995 年提出的，从最初由 Hellman 于 1980 年提出的主要针对 DES 的时间存储折中攻击到目前一般性的逆单向函数的方法，折中攻击作为一种方兴未艾的分析思想还处在发展阶段。目前存在多种关于时间存储数据折中攻击的变形，较为成功的主要有对于 GSM 加密算法 A5/1 的时间存储数据折中攻击、彩虹表方法等；比较著名的折中曲线是由 Biryukov 等于 2000 年提出的 $TM^2D^2=N^2$ 等，这里要注意的是预处理阶段的时间复杂度与空间复杂度不可忽略，否则，很容易导致片面的分析结果。当然，折中攻击的时间复杂度严重地依赖于密码算法的工作效率(包括加解密速度、初始化速度/密钥扩展速度以及存储空间等)。本章最后还介绍了一个应对时间存储数据折中攻击的失败的设计范例 Sprout。关于这一类算法的进一步研究和分析可参阅文献[10]。

思考题

1. 当随机函数 g 是一个可逆置换时，说明 Hellman 的时间存储折中攻击的折中关系为 $TM=N$。

2. 假设某个班中有 r 个学生，每个学生的生日在一年的 365 天中是等可能的。r 个学生中至少有两人的生日在同一天的概率有多大？这就是所谓的生日问题。上述原理在密码学中常被用来估计找到杂凑函数的碰撞消息的概率，这种方法被称为生日攻击。

提示：设 $S=\{a_1,a_2,\cdots,a_n\}$，任何 r 个元素的有序排列 $(a_{j1},a_{j2},\cdots,a_{jr})$ 称为大小为 r 的一个有序样本。这样，就有一个样本空间 $\Omega=\{(a_{j1},a_{j2},\cdots,a_{jr})\mid a_{ji}\in S\}$。易知 $|\Omega|=n^r$，而且可认为这些样本点的概率是一样的。可计算出样本中的元素互不相同这样的事件，即事件 $A=\{(a_{j1},a_{j2},\cdots,a_{jr})\mid a_{ji}\neq a_{jk},i\neq k\}$ 的概率。因为 $|A|=n(n-1)\cdots(n-r+1)=(n)_r$，所以

$$P[A]=\frac{(n)_r}{n^r}=\left(1-\frac{1}{n}\right)\left(1-\frac{2}{n}\right)\cdots\left(1-\frac{r-1}{n}\right)$$

这样，r 个学生中至少有两人的生日在同一天的概率为

$$\Pr[\bar{A}]=1-\Pr[A]=1-\frac{(365)_r}{365^r}$$

当 $r=23$ 时，$\Pr[\bar{A}]=0.5073$。即当一个班有 23 名学生时，至少有两个人的生日在同一天的概率就超过了 1/2。

3. 在滤波生成器中，设 LFSR 的长度是 n，滤波函数是

$$f(x_1,x_2,\cdots,x_s)=g(x_1,x_2,\cdots,x_{s-1})\oplus x_s$$

如果在 x_s 和 $x_1,x_2,\cdots,x_{s-1}$ 之间有 l 个比特的间隙，则其采样抵抗力至多是 2^{-l}。

提示：因为通过适当地选择 $s-1$ 比特可以线性化函数 f 的输出。假定我们的目的是有效地计算所有产生 l 个 0 的前缀的 2^{n-l} 个状态，可通过如下方式实现这一目的：首先设置 $n-l$ 个非间隙比特为任意值，然后在每一个时刻选择 x_s 比特，使得函数 f 的值是 0，这里假定反馈的抽头没有出现在 l 个比特的间隙中。

4. 写出定理 2.4.1 的证明过程。

5. 调研时间存储数据折中攻击方法的最新研究进展，结合本章的相关介绍写一篇关于时间存储数据折中攻击方法方面的小综述。

本章参考文献

[1] Hellman M E. A Cryptanalytic Time-Memory Trade-off[J]. IEEE Transactions on Information Theory,1980(26): 401-406.

[2] Fiat A,Nor M. Rigorous Time/Space Trade-offs for Inverting Functions[C]//Proceedings of the 23rd Symposium on the Theory of Computing. [S.l.]: ACM Press,1991: 534-541.

[3] Babbage S. A Space/Time Tradeoff in Exhaustive Search Attacks on Stream Ciphers[C]//European Convention on Security and Detection. IEEE Conference Publication No. 408. [S.l.]: IEEE,1995.

[4] Golic J. Cryptanalysis of Alleged A5 Stream Cipher[C]//Proceedings of EUROCRYPT 1997. Berlin Heidelberg: Springer-Verlag,1997: 239-255.

[5] Biryukov A, Shamir A. Cryptanalytic Time/Memory/Data Tradeoffs for Stream Ciphers[C]//ASIACRYPT2000. Berlin Heidelberg: Springer-Verlag,1976: 1-13.

[6] Armknecht F,Mikhalev V. On Lightweight Stream Ciphers with Shorter Internal States[J]. LNCS, 2015,9054: 451-470.

[7] Lallemand V,Naya-Plasencia M. Cryptanalysis of Full Sprout[J]. LNCS,2015,9215: 663-682.
[8] Esgin M F,Kara O. Practical Cryptanalysis of Full Sprout with TMD Tradeoff Attacks[J]. LNCS,2015,9566: 67-85.
[9] Biryukov A,Shamir A,Wagner D. Real Time Cryptanalysis of A5/1 on a PC[J]. LNCS,2001,1978: 1-18.
[10] Zhang B, Gong X X. Another Tradeoff Attack on Sprout-like Stream Ciphers [C]// ASIACRYPT2015. Berlin Heidelberg: Springer,2015: 561-585.
[11] 冯登国. 密码分析学[M]. 北京:清华大学出版社,2000.

第3章 相关分析方法

本章内容提要

相关分析从对基于 LFSR 的序列密码的分析起步，最早是由 Blaser 等[1]提出的，但真正有价值的工作是由 Siegenthaler[2]提出的非线性组合生成器的分别征服相关分析，其基本思想是利用组合函数的输出与输入分量或某些输入分量之和的相关性，穷举搜索某个特定 LFSR 的初始状态或者某几个 LFSR 的初始状态，而各个 LFSR 的初始状态就是非线性组合生成器的子密钥，这就是最早的相关分析。分别征服(divide and conquer)来源于一种图论算法，体现了“分而治之”的思想(因此也译为分治)，意为将一个待求解的问题分成许多子问题，然后对每个子问题求解，最后再综合求解。随后，Meier 等[3]给出了加速上述分别征服相关分析的两个算法，即算法 A 和算法 B，称为快速相关分析，其出发点是上述相关分析的复杂度与 LFSR 的长度成指数关系，因此，这种相关分析只适用于长度较短的 LFSR。针对此问题，他们对 LFSR 的抽头数较少的非线性组合序列密码提出了一种使用概率迭代译码算法的快速相关分析方法，不需要搜索整个 LFSR 的所有可能初始状态，就能找出正确的初始状态，这个方法是相关分析发展的里程碑。之后，又陆续出现了一系列对相关分析核心思想的改进方法。例如，Zhang 等[4]提出了多步快速相关分析方法，他们指出，以前的工作主要是把 LFSR 的初始状态看成一个整体，并且仅仅使用一种校验等式来进行译码，但实际上可以充分利用不同种类的校验等式，在不增加渐近复杂度的情况下，逐个部分地恢复初始状态，这种方法对反馈多项式的汉明重量没有要求和限制；Lee 等[5]基于 Anderson[6]对于采用满足某些密码学性质的滤波生成器的条件相关分析思想提出了条件相关分析的框架，其核心思想是考察增量函数在特定输出情况下输入变量的相关性。条件相关分析又被扩展到两种类型的分析，即混成相关攻击(hybird correlation attack)和集中攻击(concentration attack)[7]，这两种分析的目标都是通过条件相关分析和快速相关分析恢复 LFSR 未知的初始状态。Lu 等[8]把条件相关分析扩展为在猜测部分未知输入的情况下考察向量函数输出的相关性，这里假定部分输入信息服从随机均匀分布，特别地，这个方法在分析蓝牙二级 E0 算法时被证明非常有效。在此基础上，Zhang 等人[9]发展并提出了基于条件掩码的条件相关分析方法。

本章主要介绍分别征服相关分析、快速相关分析、多步快速相关分析、条件相关分析和熵漏分析 5 种方法。

本章重点

- 分别征服相关分析方法的基本原理。
- 快速相关分析方法的适用范围和基本原理。
- 多步快速相关分析方法的基本思想。
- 条件相关分析方法的基本思想。
- 熵漏分析方法的基本思想。
- 相关免疫阶的发展背景、基本概念和特征。

3.1 分别征服相关分析方法

本节主要介绍分别征服相关分析方法的统计模型、基本原理、应用实例和应对措施[2]。

3.1.1 二元加法非线性组合序列密码模型

二元非线性组合生成器由 s 个线性反馈移位寄存器(LFSR)和一个非线性组合函数组成。s 个 LFSR 为非线性组合函数提供随机性较好的序列,通常为最大长度序列,即 m-序列;非线性组合函数主要用来提高密钥序列的线性复杂度。所谓二元加法非线性组合序列密码是指将二元非线性组合生成器的输出序列作为密钥流或密钥序列,将密钥序列与明文序列进行逐位模 2 加后所得的序列作为密文序列的密码,见图 3.1.1。

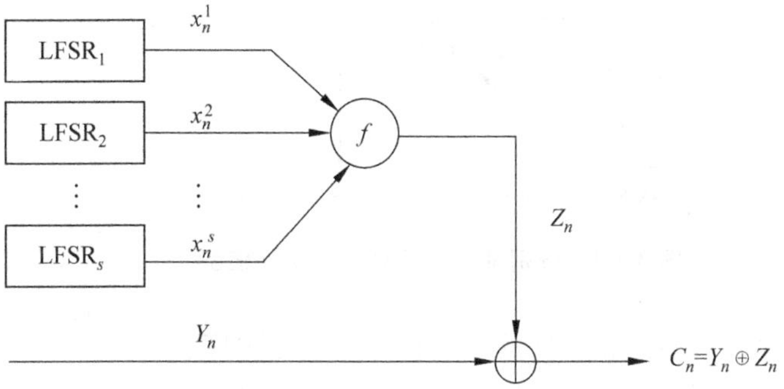

图 3.1.1 二元加法非线性组合序列密码

一个密码的密钥量是一个相对的概念,它依赖于密码设计者假定密码分析者知道该密码的参数的多少。对图 3.1.1 所示的密码而言,一般假定密码分析者仅知道如下参数:

(1) 足够长的密文序列(使用唯密文攻击方法)。

(2) 非线性组合函数 $f(x)$。

(3) 所有 LFSR 的级数 $r_i(1 \leqslant i \leqslant s)$。

(4) 语言编码及语言统计特性。

假定密码分析者不知道所有 LFSR 的初始状态及其联结多项式。如果以 R_i 记 $F_2[x]$ 中所有次数为 r_i 的本原多项式,那么对密码分析者来说,第 i 个 LFSR 的未知参数有 $R_i(2^{r_i}-1)$个(要去除每个 LFSR 的全零初始状态,因为全零初始状态产生全零序列),这部分密钥称为 LFSR_i 的子密钥。因此,图 3.1.1 所示的密码的密钥量为 $\prod_{i=1}^{s} R_i(2^{r_i}-1)$。如果使用穷举搜索密钥攻击方法,那么在最坏的情况下所有 $\prod_{i=1}^{s} R_i(2^{r_i}-1)$ 个密钥都需要尝试一次。如果 r_i 足够大,那么穷举搜索方法所需计算是无法实现的。

这里最关键的问题是理论上需要多长的密文才能破译这个密码。

3.1.2 分别征服相关分析方法的基本原理

分别征服相关分析是一种唯密文攻击方法。因为 C_n 与 Z_n 和 Y_n 有关,而 Z_n 又与 x_n^i

有关，因而 C_n 间接地与 x_n^i 有关。这表明在一般情况下 C_n 中必定包含 x_n^i 的信息，从而含有 LFSR_i 的子密钥的信息。现在有两个问题：一个是密文 $C_1C_2\cdots C_N$ 中含 LFSR_i 的子密钥的信息量由什么参数确定，另一个是如何提取或间接地利用这些信息。

分别征服相关分析方法是利用某些输入 x^i 与输出 z 之间的相关性逐步确定每个 LFSR_i 的子密钥。为此，首先需要根据最大长度序列的统计特性建立一个统计模型，见图 3.1.2。设函数 f 的输入 $x_n^i(1\leqslant i\leqslant s)$ 是由一些相互独立且服从同一分布的随机变量 X_n^i 所产生的，且对所有的 i 和 n 都有 $P(X_n^i=0)=P(X_n^i=1)=1/2$。函数 f 生成相互独立且服从同一分布的随机变量 $Z_n=f(X_n^1,X_n^2,\cdots,X_n^s)$，且对所有的 n 都有 $P(Z_n=0)=P(Z_n=1)=1/2$。置 $P(Z_n=X_n^i)=q_i$。再假定明文是一个二元无记忆信源（Binary Memoryless Source，BMS）的输出，且 $P(Y_n=0)=p_0$。

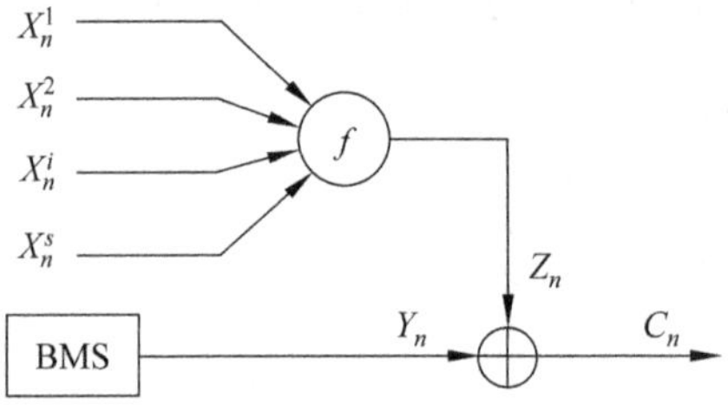

图 3.1.2　分别征服相关分析的统计模型

其次，定义 C_n 与 X_n^i 之间的相关性的一个估计——相关度。

定义 3.1.1　N 个密文符号 $C_1C_2\cdots C_N$ 与 $X_1^iX_2^i\cdots X_N^i$（LFSR_i 的输出序列，$i=1,2,\cdots,s$）之间的相关度（也称符合度）是一个随机变量 α，其定义如下：

$$\begin{aligned}\alpha&=(|\{j\mid C_j=X_j^i,j=1,2,\cdots,N\}|-|\{j\mid C_j\neq X_j^i,j=1,2,\cdots,N\}|)/N\\&=\sum_{n=1}^{N}(1-2(C_n\oplus X_n^i))/N\\&=1-2\sum_{n=1}^{N}(C_n\oplus X_n^i)/N\end{aligned}$$

α 就是 C_n 与 X_n^i 之间的相关性的一个估计。

C_n 与 X_n^i 之间的符合率为

$$\begin{aligned}p_e&=P(C_n=X_n^i)=P(C_n\oplus X_n^i=0)\\&=P(Z_n=X_n^i)P(Y_n=0)+P(Z_n\neq X_n^i)P(Y_n=1)\\&=q_ip_0+(1-q_i)(1-p_0)=1-(q_i+p_0)+2p_0q_i\end{aligned}$$

因此，

$$P(C_n\neq X_n^i)=P(C_n\oplus X_n^i=1)=1-p_e$$

显然，p_e 是关于 q_i 和 p_0 的对称函数。p_e 越大，说明 C_n 与 X_n^i 之间的符合率就越大，从而密文序列段中含有 LFSR_i 的子密钥的信息量就越大。当 p_e 接近于 1 时，密文序列段与对应的 LFSR_i 的输出段近似相同，从而说明该密码是极不安全的。从 p_e 和 α 的定义和表达式可以看到，密文序列段 $C_1C_2\cdots C_N$ 中所含 LFSR_i 的子密钥的信息量由明文特性 p_0、Z_n 和 X_n^i 的符合率 q_i 以及密文长度 N 所决定。这就回答了本节开头提出的第一个问题。

现在来讨论随机变量 α 的分布。对任意给定的 $i(1\leqslant i\leqslant s)$，可将 $C_n\oplus X_n^i(n=1,2,$

3,…)视作一些相互独立且服从同一分布的二元随机变量。因而，随机变量 $\beta=\sum_{n=1}^{N}(C_n \oplus X_n^i)$ 服从二项分布，其均值(也称期望值或数学期望)m_β 和方差 σ_β^2 分别为

$$m_\beta=N(1-p_e),\quad \sigma_\beta^2=Np_e(1-p_e)$$

因此，随机变量 α 的均值 m_α 和方差 σ_α^2 分别为

$$m_\alpha=1-2(1-p_e)=2p_e-1,\quad \sigma_\alpha^2=4p_e(1-p_e)/N$$

设 X_n^0 是一个独立于 $X_n^i(i=1,2,\cdots,s)$ 的随机变量，且相互独立同分布，即 $P(X_n^0=0)=P(X_n^0=1)=1/2$。由于 Z_n 与 X_n^0 统计独立，所以 $q_0=P(Z_n=X_n^0)=1/2$，从而 $p_e=1/2$，此时 $m_\alpha=0$，$\sigma_\alpha^2=1/N$。

由中心极限定理可知，当 N 足够大时，随机变量 α 服从均值为 m_α、方差为 σ_α^2 的正态分布。

在分别征服相关分析中，首先需要确定 LFSR_i 的子密钥。为此，对一个级数为 r_i 的 LFSR_0(用于检测)，任选一个初态，从 R_i 个可能的反馈多项式中任选一个，由该 LFSR_0 产生 N 个符号，再用这 N 个符号与 N 个密文符号一起计算出相关度 α 的一个确切值 α_0，它表现出以下两种情形的假设：

H_1：LFSR_0 的这 $N(>r_i)$ 个符号与 LFSR_i 所对应的 N 个符号一致，这种情形对应的 α_0 表现的是 C_n 和 $X_n^i(1\leqslant i\leqslant s)$ 的相关性。

H_0：LFSR_0 的这 $N(>r_i)$ 个符号与 LFSR_i 所对应的 N 个符号不一致(至少有一个不同)，这种情形对应的 α_0 表现的是 C_n 和 X_n^0 的相关性。

为了对假设进行检验，必须利用相关度 α_0 的值。为了对检验结果给出一个判决，必须对两个假设 H_0 和 H_1 设定一个判决门限值 T，使得当 $\alpha_0<T$ 时，接受 H_0；当 $\alpha_0\geqslant T$ 时，接受 H_1。设 H_0 所对应的概率密度分布函数为 $p_{\alpha|H_0}(x)$，H_1 所对应的概率密度分布函数为 $p_{\alpha|H_1}(x)$，由中心极限定理可知，当 N 足够大时，$p_{\alpha|H_0}(x)$是均值为 $m_0=0$、方差为 $\sigma_{02}=1/N$ 的正态分布函数，即

$$p_{\alpha|H_0}(x)=\frac{1}{\sqrt{2\pi}\sigma_0}\mathrm{e}^{-(x-m_0)^2/2\sigma_0^2}$$

$p_{\alpha|H_1}(x)$是均值为 $m_1=2p_e-1$、方差为 $\sigma_1^2=4p_e(1-p_e)/N$ 的正态分布函数，即

$$p_{\alpha|H_1}(x)=\frac{1}{\sqrt{2\pi}\sigma_1}\mathrm{e}^{-(x-m_1)^2/2\sigma_1^2}$$

当 $q_i=1/2$ 或 $p_0=1/2$ 时，$p_e=1/2$。此时，$p_{\alpha|H_0}(x)=p_{\alpha|H_1}(x)$，在这种情形下，无法进行判决。

假设检验的计算工作量依赖于错误判决的数目。错误判决分为两类：一类是由事件 $\alpha\geqslant T|H_0$所引起的，称它为假真错误，即把假的参数判决为真的；另一类是由事件 $\alpha<T|H_1$ 所引起的，称它为真假错误，即把真的参数判决为假的。这些错误判决的次数主要由密码体制自身的参数 p_0 和 q_i(即密码本身的强度)以及使用的密文长度决定。我们主要感兴趣的是假真错误的概率 $P(\alpha\geqslant T|H_0)=P_f$，但是为了确定判决门限值，还必须考虑真假错误的概率 $P(\alpha<T|H_1)=P_m$，其中，

$$P_f=\int_T^{\infty}p_{\alpha|H_0}(x)\mathrm{d}x,\quad P_m=\int_{-\infty}^{T}p_{\alpha|H_1}(x)\mathrm{d}x$$

引入如下函数(称为错误函数)：

$$Q(x)=\frac{1}{\sqrt{2\pi}}\int_x^{\infty}\mathrm{e}^{-y^2/2}\mathrm{d}y$$

则有

$$P_{\mathrm{f}}=Q(|T\sqrt{N}|),\quad P_{\mathrm{m}}=Q\left[\left|\frac{(2p_{\mathrm{e}}-1)-T}{2\sqrt{p_{\mathrm{e}}(1-p_{\mathrm{e}})}}\sqrt{N}\right|\right]$$

记 $\gamma_0=\dfrac{(2p_{\mathrm{e}}-1)-T}{2\sqrt{p_{\mathrm{e}}(1-p_{\mathrm{e}})}}\sqrt{N}$，于是有

$$T\sqrt{N}=\sqrt{N}(2p_{\mathrm{e}}-1)-\gamma_0 2\sqrt{p_{\mathrm{e}}(1-p_{\mathrm{e}})}$$

从而有

$$P_{\mathrm{m}}=Q(|\gamma_0|),\quad P_{\mathrm{f}}=Q\left(\left|\sqrt{N}(2p_{\mathrm{e}}-1)-2\gamma_0\sqrt{p_{\mathrm{e}}(1-p_{\mathrm{e}})}\right|\right)$$

算法 3.1.1 给出了攻击图 3.1.1 所示的序列密码的分别征服相关分析方法。

算法 3.1.1

第 1 步：由函数 f 确定概率 $q_i(i=1,2,\cdots,s)$，由明文编码和语言统计特性确定 p_0，并计算符合率 $p_{\mathrm{e}}=1-(p_0+q_i)+2p_0q_i$。

第 2 步：选定 P_{m}，由关系式 $P_{\mathrm{m}}=Q(|\gamma_0|)$确定 γ_0，从而假真错误概率仅仅是密文个数 N 的函数。

第 3 步：确定 LFSR$_i$ 的子密钥。选择 R_i 个可能的反馈多项式中的一个，并任选一个初始状态，进而生成一个周期为 $2^{r_i}-1$ 的最大长度序列$\{S_i\}$。对$\{S_i\}$的 $2^{r_i}-1$ 个可能位置中的每一个位置和 N 个密文符号计算相关度 α，对每个事件 $\alpha\geqslant T$，假定所使用的反馈多项式和位置正确，从而 LFSR$_i$ 的子密钥被确定。

由于事件 $\alpha\geqslant T|H_0$ 以概率 P_{f} 发生，所以这里的判决可能是错误的。因此，对于使 $\alpha\geqslant T$ 的所有位置，需要用新密文段进行附加检测。

如果对所有的 $2^{r_i}-1$ 个位置，H_1 均被拒绝，则可认为选择的反馈多项式不对。当然，也有可能出现多项式是正确的情形，这种事件 $\alpha<T|H_1$ 发生的概率 P_{m} 事先可以控制得很小。因此，在 R_i 个可能的反馈多项式中选择一个新的，再重复上述过程。在最坏的情况下，所有 $2^{r_i}-1$ 个位置和所有可能的 R_i 个反馈多项式都需要被检测，因而 LFSR$_i$ 的子密钥大约需 $R_i2^{r_i}$ 次检测。

假真错误($\alpha\geqslant T|H_0$)的次数(从而所需要的检测次数)依赖于所使用的密文符号的个数 N。如果选择 N_1 使得 $P_{\mathrm{f}}=1/R_i2^{r_i}$，那么在所有的约 $R_i2^{r_i}$ 个基本检测中，假真错误的次数的期望值为 1，并且要找到 LFSR$_i$ 的子密钥所需的全部检测次数约为 $R_i2^{r_i}$。选择 $N>N_1$ 一般不能降低需要的检测次数。

可证明，$Q(x)$满足如下关系：

$$(\sqrt{2\pi}x)^{-1}\mathrm{e}^{-\frac{x^2}{2}}(1-x^2)<Q(x)<(\sqrt{2\pi}x)^{-1}\mathrm{e}^{-\frac{x^2}{2}},\quad x\geqslant 0$$

显然使用 $Q(x)$的上界函数和下界函数中的任何一个即可得到 N_1 的精确估计，但遗憾的是，它们两个都不便于使用。现在利用另一个上界函数 $Q(x)<\frac{1}{2}\mathrm{e}^{-x^2/2}(x\geqslant 0)$来估计 N_1。

由于

$$P_f = \frac{1}{R_i 2^{r_i}} = Q\left(\left|\sqrt{N_1}(2p_e - 1) - 2\gamma_0\sqrt{p_e(1-p_e)}\right|\right)$$

所以

$$\frac{1}{R_i 2^{r_i}} < \frac{1}{2}\mathrm{e}^{-[(\sqrt{N_1}(2p_e-1)-2\gamma_0\sqrt{p_e(1-p_e)})]^2/2}$$

于是

$$N_1 < \left[\frac{2^{-1/2}\sqrt{\ln(R_i 2^{r_i-1})} + \gamma_0\sqrt{p_e(1-p_e)}}{p_e - \frac{1}{2}}\right]^2$$

上式中的上界可以近似地用来估计分别征服相关分析中攻击每个 LFSR_i 的子密钥所需要的密文符号个数。由于 $0 \leqslant \sqrt{p_e(1-p_e)} \leqslant 1/2$ 和 $\sqrt{\ln(R_i 2^{r_i-1})}$ 随 R_i 和 r_i 增长得很慢，因而，N_1 近似地随 $\left(\frac{1}{2} - p_e\right)^{-2}$ 增长。

由上述的讨论过程可知，当图 3.1.1 所示的序列密码的非线性组合函数与其某些输入分量存在相关性时，特别地，当输出 Z 与输入 X^i 相关时，相关分析方法利用这种相关性可通过大约 $R_i 2^{r_i}$ 次检测独立于 LFSR_j $(j = 1, 2, \cdots, s, j \neq i)$ 找到 LFSR_i 的子密钥，利用找到的伪随机生成器的子密钥，可将其密钥搜索量从 $\prod_{i=1}^{s} R_i(2^{r_i} - 1)$ 降低到大约 $\sum_{i=1}^{s} R_i 2^{r_i}$。

3.1.3 分别征服相关分析方法的应用实例

Geffe 序列生成器是 Geffe 于 1973 年提出的[10]，原始的 Geffe 序列生成器可描述为 $C = A_1 A_2 \oplus \bar{A}_1 A_3$，其中 A_1、A_2 和 A_3 是 3 个 m-序列，已知其反馈多项式分别为 $f_1(x) = 1 \oplus x^4 \oplus x^{39}$、$f_2(x) = 1 \oplus x^3 \oplus x^{20}$ 和 $f_3(x) = 1 \oplus x^3 \oplus x^{17}$，但 3 个寄存器的状态未知，见图 3.1.3。

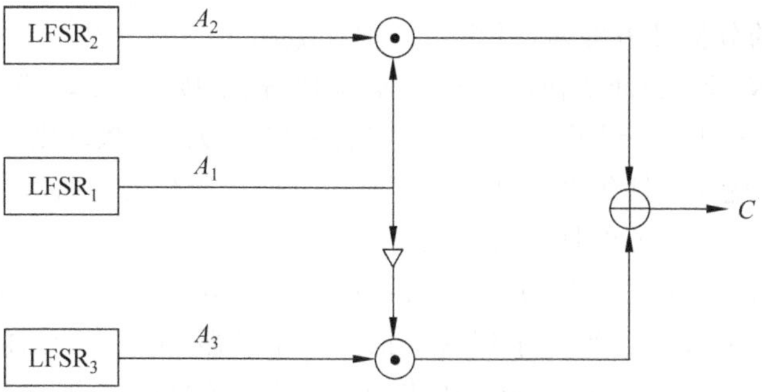

图 3.1.3 Geffe 序列生成器

虽然 Geffe 序列生成器生成的序列具有周期长、线性复杂度高、统计特性好等许多优点，但该序列生成器是密码学上弱的，针对该序列生成器已有很多分析方法。本节以 Geffe 序列生成器为例，说明应用分别征服相关分析方法分析密码算法的过程。

Geffe 序列生成器的非线性组合函数可表示为

$$f(x_1, x_2, x_3) = x_3 \oplus x_1 x_2 \oplus x_1 x_3 = x_1 x_2 \oplus \bar{x}_1 x_3$$

对 Geffe 序列生成器，参数 $q_i(i=1,2,3)$ 分别为 $q_1=p(f(x)=x_1)=0.5$、$q_2=p(f(x)=x_2)=0.75$ 和 $q_3=p(f(x)=x_3)=0.75$。分别征服相关分析方法无法攻击 $LFSR_1$，然而，在利用算法 3.1.1 找到 $LFSR_2$ 和 $LFSR_3$ 的子密钥部分后，基于该密码的特点，可通过 A_2 和 A_3 来确定 $LFSR_1$ 的子密钥。实际上，这里也渗透了一种分析方法，我们应掌握这种分析技巧。

由于

$$x_i^1=\begin{cases}c_i, & x_i^2=1 \wedge x_i^3=0\\ \bar{c}_i, & x_i^2=0 \wedge x_i^3=1\end{cases}$$

因此，当 A_2、A_3 确定之后，上述关系式就给出了 A_1 与 C 的相关性。但 $P(x_i^2 \oplus x_i^3=1)=\frac{1}{2}$，所以利用 C 的一个长为 k 位的截段就可以确定 A_1 的 $s=k/2$ 位：$x_{i_1}^1, x_{i_2}^1, \cdots, x_{i_s}^1$。为了利用这些位来计算 A_1 的初态，设 α 是 $f_1(x)$ 的互反多项式 $\overline{f_1(x)}$ 的一个根，并将 A_1 的输出位表示成如下形式(利用定理 1.4.1)：

$$x_i^1=\mathrm{Tr}(\beta\alpha^i),\quad \beta \in F_{2^{39}}$$

因此，如果对某个 i_k 有 $\alpha^{i_k}=c_{0,k}\oplus c_{1,k}\alpha \oplus c_{2,k}\alpha^2 \oplus \cdots \oplus c_{38,k}\alpha^{38}$(这里使用的是第二种递归关系式)，那么就可以得到线性方程 $c_{0,k}x_0^1 \oplus c_{1,k}x_1^1 \oplus \cdots \oplus c_{38,k}x_{38}^1=x_{i_k}^1$ 来制约 A_1 的初态：

$$s_0^1=(x_0^1, x_1^1, \cdots, x_{38}^1)$$

记 $M=(c_{j,k})_{39\times s}$，则有

$$(x_0^1, x_1^1, \cdots, x_{38}^1)M=(x_{i_1}^1, x_{i_2}^1, \cdots, x_{i_s}^1)$$

从 M 中任取一个 39 阶非奇异子方阵，都可利用这一关系式解出 A_1 的初态 s_0^1。当 $s=49$ 时，在 M 中可以找到这样一个非奇异子方阵的概率在 99%以上。由此可见，当 A_2、A_3 均已确定时，为了确定 A_1，利用已知的一个 100b 长的截取段已足够了。

3.1.4 应对分别征服相关分析方法的措施

由 3.1.2 节中的分析过程可知，要想让分别征服相关分析方法对非线性组合序列密码不可行，必须使得 N_1 很大；而要使 N_1 很大，必须使得 p_e 接近 1/2。特别地，当 q_i 接近 1/2 时，p_e 就接近 1/2。因此，得到了选择非线性组合密码函数的一条准则。

准则 3.1.1 要使非线性组合序列密码可抵抗分别征服相关分析方法，必须尽可能地选择使得所有 q_i 接近 1/2 的非线性组合函数。

为了对抗分别征服相关分析方法，Siegenthaler 提出了布尔函数的相关免疫阶的概念[11]，用于度量和刻画非线性组合序列密码抵抗分别征服相关分析的能力。当准则 3.1.1 中的所有 $q_i=1/2$ 时，就是 Siegenthaler 提出的 1 阶相关免疫的概念。自从相关免疫阶这个概念提出之后，人们对其进行了大量系统、深入的研究[12-15]，包括结构特征刻画、构造、计数以及次数与相关免疫阶的折中关系等。

定义 3.1.2 设 $f(x)$：$F_2^n \to F_2$，$x_1, x_2, \cdots, x_n$ 是 F_2 上的独立的、均匀分布的随机变量，如果对任意的 $(a_1, a_2, \cdots, a_m) \in F_2^m (m \leqslant n)$ 及 $a \in F_2$，都有

$$p(f=a, x_{i_1}=a_1, x_{i_2}=a_2, \cdots, x_{i_m}=a_m)=\frac{1}{2^m}p(f=a)$$

则称 f 与变量 $x_{i_1}, x_{i_2}, \cdots, x_{i_m}$ 统计无关。如果 f 与 $x_1, x_2, \cdots, x_n$ 中的任意 m 个变量都统

计无关，则称 f 是 m 阶相关免疫的。

特别地，如果 f 既是平衡的又是 m 阶相关免疫的，也称 f 是 m 阶弹性的。

定理 3.1.1 给出了 f 与其变量 $x_{i_1},x_{i_2},\cdots,x_{i_m}$ 统计无关的一些等价条件。

定理 3.1.1 设 $f(x)$ 如定义 3.1.2 中所述，则下列 3 个条件等价：

(1) $f(x)$ 与变量 $x_{i_1},x_{i_2},\cdots,x_{i_m}$ 统计无关。

(2) 对任意的 $w=(0,\cdots,w_{i_1},\cdots,w_{i_2},\cdots,w_{i_m},\cdots,0)\in F_2^n$，$1\leqslant W_{\mathrm{H}}(w)\leqslant m$，$f(x)$ 与 $w\cdot x$ 统计无关。

(3) 对任意的 $w=(0,\cdots,w_{i_1},\cdots,w_{i_2},\cdots,w_{i_m},\cdots,0)\in F_2^n$，$1\leqslant W_{\mathrm{H}}(w)\leqslant m$，$f(x)+w\cdot x$ 是平衡的。

证明：(1)⇒(2)。显然成立。

(2)⇒(3)。设对任意的 $w=(0,\cdots,w_{i_1},\cdots,w_{i_2},\cdots,w_{i_m},\cdots,0)\in F_2^n$，$1\leqslant W_{\mathrm{H}}(w)\leqslant m$，$f(x)$ 与 $w\cdot x$ 统计无关，则对任意的 $i\in F_2$，有

$$\begin{aligned}p(f(x)+w\cdot x=i)&=\sum_{a\in F_2}p(f(x)=a,w\cdot x=i-a)\\&=\sum_{a\in F_2}p(f(x)=a)p(w\cdot x=i-a)\\&=\frac{1}{2}\sum_{a\in F_2}p(f(x)=a)=\frac{1}{2}\end{aligned}$$

从而有，

$$W_{\mathrm{H}}(f+w\cdot x)=|\{x\in F_2^n\mid f(x)+w\cdot x=1\}|=2^n\times\frac{1}{2}=2^{n-1}$$

故 $f(x)+w\cdot x$ 是平衡的。

(3)⇒(1)。设对任意的 $w=(0,\cdots,w_{i_1}\cdots,,w_{i_2},\cdots,w_{i_m},\cdots,0)\in F_2^n$，$1\leqslant W_{\mathrm{H}}(w)\leqslant m$，$f(x)+w\cdot x$ 是平衡的。对任意的 $a,a_1,a_2,\cdots,a_m\in F_2$，记

$$\begin{aligned}&A=(a,a_1,a_2,\cdots,a_m)\\&F(x)=(f(x),x_{i_1},x_{i_2},\cdots,x_{i_m})\\&N_A=|\{x\in F_2^n\mid F(x)=A\}|\\&N_a=|\{x\in F_2^n\mid f(x)=a\}|\end{aligned}$$

因为

$$\begin{aligned}\sum_{x\in F_2^n}\sum_{y\in F_2^{m+1}}(-1)^{A\cdot y+F(x)\cdot y}&=\sum_{y\in F_2^{m+1}}(-1)^{A\cdot y}\sum_{x\in F_2^n}(-1)^{F(x)\cdot y}\\&=2^n+\sum_{y\in F_2^{m+1}\setminus\{0\}}(-1)^{A\cdot y}\sum_{x\in F_2^n}(-1)^{F(x)\cdot y}\end{aligned}$$

利用假设条件可知，当 $y\neq(0,0,\cdots,0),(1,0,\cdots,0)$ 时，有

$$\sum_{x\in F_2^n}(-1)^{F(x)\cdot y}=0$$

所以

$$\begin{aligned}\sum_{x\in F_2^n}\sum_{y\in F_2^{m+1}}(-1)^{A\cdot y+F(x)\cdot y}&=2^n+(-1)^a\sum_{x\in F_2^n}(-1)^{f(x)}\\&=2^n+\sum_{x\in F_2^n}(-1)^{f(x)+a}=2N_a\end{aligned}$$

又

$$\sum_{x\in F_2^n}\sum_{y\in F_2^{m+1}}(-1)^{A\cdot y+F(x)\cdot y}=\sum_{x\in F_2^n}\sum_{y\in F_2^{m+1}}(-1)^{(A+F(x))\cdot y}=N_A\cdot 2^{m+1}$$

故由上述两式可得 $N_A\cdot 2^m=N_a$，即

$$p(f=a,x_{i_1}=a_1,x_{i_2}=a_2,\cdots,x_{i_m}=a_m)$$

$$=\frac{1}{2^m}p(f=a)=p(f=a)p(x_{i_1}=a_1)\cdots p(x_{i_m}=a_m)$$

由 A 的任意性可知，$f(x)$与变量 $x_{i_1},x_{i_2},\cdots,x_{i_m}$ 统计无关。

引理 3.1.1 设 $f(x)$如定义 3.1.2 中所述，$f(x)$与变量 $x_{i_1},x_{i_2},\cdots,x_{i_m}$ 统计无关，则 $W_H(f)=2^m k_0$，k_0 为非负整数。

证明：因为 $f(x)$与变量 $x_{i_1},x_{i_2},\cdots,x_{i_m}$ 统计无关，因此，

$$P(f=1\mid x_{i_1},x_{i_2},\cdots,x_{i_m})=P(f=1)$$

而

$$P(f=1\mid x_{i_1},x_{i_2},\cdots,x_{i_m})=\frac{W_H(f')}{2^{n-m}}$$

$$P(f=1)=\frac{W_H(f)}{2^n}$$

所以

$$\frac{W_H(f)}{2^{n-m}}=\frac{W_H(f)}{2^n}$$

即

$$W_H(f)=2^m W_H(f')=2^m k_0$$

其中 f'表示给定 $x_{i_1}=c_{i_1},x_{i_2}=c_{i_2},\cdots,x_{i_m}=c_{i_m}$ 的条件下，f 关于 $n-m$ 个变量$\{x_1,x_2,\cdots,x_n\}\backslash\{x_{i_1},x_{i_2},\cdots,x_{i_m}\}$的函数，$k_0=W_H(f')$。

Walsh 变换(也称 Walsh 谱)是研究布尔函数的一个强有力的工具。下面给出相关概念。

定义 3.1.3 设 $x=(x_1,x_2,\cdots,x_n)$，$w=(w_1,w_2,\cdots,w_n)\in F_2^n$，$x$ 和 w 的点积定义为 $w\cdot x=w_1x_1\oplus w_2x_2\oplus\cdots\oplus w_nx_n\in F_2$。$n$ 个变量的布尔函数 $f(x)$的 Walsh 变换定义为

$$S_f(w)=2^{-n}\sum_{x\in F_2^n}f(x)(-1)^{w\cdot x}$$

其逆变换为

$$f(x)=\sum_{w\in F_2^n}S_f(w)(-1)^{w\cdot x}$$

上式中将 $f(x)$视作实数，求和是指实数求和。$f(x)$的循环 Walsh 变换定义为

$$S_{(f)}(w)=2^{-n}\sum_{x\in F_2^n}(-1)^{f(x)}(-1)^{w\cdot x}$$

其逆变换为

$$f(x)=\frac{1}{2}-\frac{1}{2}\sum_{w\in F_2^n}S_{(f)}(w)(-1)^{w\cdot x}$$

由两种变换的定义，并注意到$(-1)^{f(x)}=1-2f(x)$，直接可推出两种变换有如下关系：

$$S_{(f)}(w)=\begin{cases}-2S_f(w), & w\neq 0\\ 1-2S_f(w), & w=0\end{cases}$$

这里需要说明的是，有的文献中将 $f(x)$ 的 Walsh 变换定义为 $H_f(w)=2^nS_f(w)$ 或 $H_{(f)}(w)=2^nS_{(f)}(w)$，二者之间只差一个常数因子 2^n，无本质差别，实际应用中究竟选用哪种定义方式可根据具体应用环境而定。为简单起见，特定的场景下也可省去下标。有的文献中为了方便起见，也将 $f(x)$ 的 Walsh 变换 $H_f(w)$ 记为 $\hat{f}(w)$，即 $\hat{f}(w)=H_f(w)$。

给定 $f:F_2^n\to F_2$，若将 f 的 Walsh 变换 $\hat{f}$ 定义为

$$\hat{f}(w)=2^nS_f(w)=\sum_{x\in F_2^n}f(x)(-1)^{w\cdot x}$$

则其逆变换为

$$f(x)=2^{-n}\sum_{w\in F_2^n}\hat{f}(w)(-1)^{w\cdot x}$$

再设 $g:F_2^n\to F_2$，将 f 和 y 的卷积（用 $\otimes$ 表示）定义为

$$(f\otimes g)(a)=\sum_{b\in F_2^n}f(b)\cdot g(a\oplus b),a\in F_2^n$$

利用定义可直接证明，卷积和 Walsh 变换是可转换的，即

$$\widehat{f\otimes g}(w)=\hat{f}(w)\cdot\hat{g}(w),w\in F_2^n$$

这样，为了计算卷积函数 $(f\otimes g)(a)$，就可以首先分别完成 f 和 g 的 Walsh 变换，然后把它们相乘，最后使用逆 Walsh 变换。计算 Walsh 变换有快速算法[13-14]，称之为快速 Walsh 变换（Fast Walsh Transformation，FWT），FWT 的时间和存储复杂度分别为 $O(n2^n)$ 和 $O(2^n)$。

下面简要介绍快速计算 Walsh 变换的基本思路。

设 $\boldsymbol{f}(x)=(f(0),f(1),\cdots,f(2^n-1))$，$\boldsymbol{S}_f(w)=(S_f(0),S_f(1),\cdots,S_f(2^n-1))$，则 $\boldsymbol{S}_f(w)=2^{-n}\boldsymbol{f}(x)\boldsymbol{H}_n$。其中 $\boldsymbol{H}_n$ 由下式迭代地定义：

$$\boldsymbol{H}_0=[1]$$

$$\boldsymbol{H}_n=\begin{bmatrix}1 & 1\\ 1 & -1\end{bmatrix}\otimes\boldsymbol{H}_{n-1}=\begin{bmatrix}H_{n-1} & H_{n-1}\\ H_{n-1} & -H_{n-1}\end{bmatrix}$$

$\otimes$ 表示矩阵的 Keronecker 积。因为 $\boldsymbol{H}_n^2=2^n\boldsymbol{I}_n$，所以 Walsh 逆变换为

$$\boldsymbol{f}(x)=\boldsymbol{S}_f(w)\boldsymbol{H}_n$$

设 $\boldsymbol{f}^1(x)$ 和 $\boldsymbol{f}^2(x)$ 分别表示 $\boldsymbol{f}(x)$ 的前一半和后一半，则

$$\boldsymbol{S}_f(w)=2^{-n}\boldsymbol{f}(x)\boldsymbol{H}_n=2^{-n}(\boldsymbol{f}^1(x)\boldsymbol{H}_{n-1}+\boldsymbol{f}^2(x)\boldsymbol{H}_{n-1},\boldsymbol{f}^1(x)\boldsymbol{H}_{n-1}-\boldsymbol{f}^2(x)\boldsymbol{H}_{n-1})$$

直至迭代到 $\boldsymbol{H}_0$ 为止。

由定理 3.1.1 立即可推出 $f(x)$ 与变量 $x_{i_1},x_{i_2},\cdots,x_{i_m}$ 统计无关的谱特征。

定理 3.1.2 设 $f(x)$ 如定义 3.1.2 中所述，则 $f(x)$ 与变量 $x_{i_1},x_{i_2},\cdots,x_{i_m}$ 统计无关，当且仅当对任意的 $w=(0,\cdots,w_{i_1},\cdots,w_{i_2},\cdots,w_{i_m},\cdots,0)\in F_2^n$，$1\leqslant W_H(w)\leqslant m$，$S_{(f)}(w)=0$。

证明：由定理 3.1.1 可知，$f(x)$ 与变量 $x_{i_1},x_{i_2},\cdots,x_{i_m}$ 统计无关，当且仅当对任意的 $w=(0,\cdots,w_{i_1},\cdots,w_{i_2},\cdots,w_{i_m},\cdots,0)\in F_2^n$，$1\leqslant W_H(w)\leqslant m$，$f(x)+w\cdot x$ 是平衡的；而 $f(x)+w\cdot x$ 是平衡的，当且仅当 $S_{(f+w\cdot x)}(0)=S_{(f)}(w)=0$。定理 3.1.2 得证。

由定理 3.1.1 和定理 3.1.2 可得到如下两个定理。

定理 3.1.3 设 $f(x)$如定义 3.1.2 中所述,则下列 3 个条件等价:

(1) $f(x)$是 m 阶相关免疫的。

(2) 对任意的 $w\in F_2^n$,$1\leqslant W_H(w)\leqslant m$,$f(x)$与 $w\cdot x$ 统计无关。

(3) 对任意的 $w\in F_2^n$,$1\leqslant W_H(w)\leqslant m$,$f(x)+w\cdot x$ 是平衡的。

定理 3.1.4 设 $f(x)$如定义 3.1.2 中所述,则 $f(x)$是 m 阶相关免疫的,当且仅当对任意的 $w\in F_2^n$,$1\leqslant W_H(w)\leqslant m$,$S_{(f)}(w)=0$。

由定理 3.1.4 和两种变换之间的关系立即可推出以下定理。

定理 3.1.5[12] 设 $f(x)$如定义 3.1.2 中所述,则 $f(x)$是 m 阶相关免疫的,当且仅当对任意的 $w\in F_2^n$,$1\leqslant W_H(w)\leqslant m$,$S_f(w)=0$。

定理 3.1.5 即著名的 Xiao-Massey 定理。

定理 3.1.6 给出了构造相关免疫函数的一个递归方法。

定理 3.1.6 设 f_1 和 f_2 是两个 n 个变量的 m 阶相关免疫函数,令 $f(x_1,x_2,\cdots,x_{n+1})=x_{n+1}f_1(x_1,x_2,\cdots,x_n)\oplus\overline{x_{n+1}}f_2(x_1,x_2,\cdots,x_n)$,则 f 是一个有 $n+1$ 个变量的 m 阶相关免疫函数。次数$\partial^0 f=\max\{\partial^0 f_1,\partial^0 f_2\}+1$。

易知,$f:F_2^n\to F_2$ 是 $n-1$ 阶相关免疫函数的充要条件是

$$f(x)=x_1\oplus x_2\oplus\cdots\oplus x_n\oplus c,\quad c\in F_2$$

最后,讨论相关免疫阶和非线性次数之间的关系。

设 $f(x):F_2^n\to F_2$ 的多项式表示为式(1.4.8)。现在用 $f(x)$的循环 Walsh 变换来表示式(1.4.8)中的系数,将由分量下标 $i_1i_2\cdots i_r$ 指定的 r 维及 $n-r$ 维子空间记为

$$S_{i_1i_2\cdots i_r}=\{x\in F_2^n\mid x_j=0,\text{对所有的 } j\notin\{i_1,i_2,\cdots,i_r\}\}$$

$$\overline{S}_{i_1i_2\cdots i_r}=\{x\in F_2^n\mid x_j=0,\text{对所有的 } j\in\{i_1,i_2,\cdots,i_r\}\}=S^{\perp}_{i_1i_2\cdots i_r}$$

在式(1.4.8)中,除系数为 $a_{i_1i_2\cdots i_r}$ 的项之外,其余各项在 $S_{i_1i_2\cdots i_r}$ 上模 2 求和的结果均为 0,因此,有

$$\begin{aligned}a_{i_1i_2\cdots i_r}&=\sum_{x\in S_{i_1i_2\cdots i_r}}f(x)=\sum_{x\in S_{i_1i_2\cdots i_r}}\left(\frac{1}{2}-\frac{1}{2}\sum_{w\in F_2^n}S_{(f)}(w)(-1)^{w\cdot x}\right)\\&=-\frac{1}{2}\sum_{w\in F_2^n}S_{(f)}(w)\sum_{x\in S_{i_1i_2\cdots i_r}}(-1)^{w\cdot x}\pmod 2\\&=-\frac{1}{2}\sum_{w\in\overline{S}_{i_1i_2\cdots i_r}}S_{(f)}(w)\cdot 2^r\pmod 2\\&=-2^{r-1}\sum_{w\in\overline{S}_{i_1i_2\cdots i_r}}S_{(f)}(w)\pmod 2\end{aligned}\tag{3.1.1}$$

$\overline{S}_{i_1i_2\cdots i_r}$ 中的 w 的汉明重量 $W_H(w)\leqslant n-r$。

当 $f(x):F_2^n\to F_2$ 为 m 阶相关免疫函数时,如果 $r\geqslant n-m$,则根据定理 3.1.4,式(3.1.1)中仅有 $S_{(f)}(0)$,于是

$$a_{i_1i_2\cdots i_r}=-2^{r-1}S_{(f)}(0)\pmod 2$$

又

$$S_{(f)}(0)=2^{-n}(2^n-2W_H(f))$$

所以当 $r\geqslant n-m$ 时，

$$a_{i_1i_2\cdots i_r}=-2^{r-1}\times2^{-n}(2^n-2W_{\mathrm{H}})(f))\pmod 2=(2^{r-n+m}k_0-2^{r-1})\pmod 2$$

这里 $W_{\mathrm{H}}(f)=2^mk_0$(由引理 3.1.1 可知)。所以当 $r>n-m$ 时，$a_{i_1i_2\cdots i_r}=0$。当 $r=n-m$ 时，若 k_0 为奇数，则所有的 $n-m$ 次项都出现；若 k_0 为偶数，则所有的 $n-m$ 次项都不出现。

当 $W_{\mathrm{H}}(f)=2^{n-1}$，$m\leqslant n-2$ 时，可知 k_0 为偶数，于是对于 $r\geqslant n-m$ 都有 $a_{i_1i_2\cdots i_r}=0$。

综上所述，如果 $f(x):F_2^n\to F_2$ 是非线性次数为 k 的 m 阶相关免疫函数，则 $k+m\leqslant n$。特别地，当 f 是平衡布尔函数且 $m\leqslant n-2$ 时，则 $k+m\leqslant n-1$。这表明 f 的非线性次数 $k=\partial^0 f$ 和其相关免疫阶 m 之间存在着某种制约关系，因此，在具体构造相关免疫函数时必须适当折中考虑。目前，消除这种制约关系的办法主要有两种：一种是引进记忆；另一种是使用广义相关免疫函数。

3.2 快速相关分析方法

在非线性组合生成器中，当组合函数的输出与某些输入变量的符合率 p 达到 0.75 时，从计算量的角度来说，利用分别征服相关分析方法可破译每个 LFSR 的长度 k 不超过 50 的非线性组合生成器。本节主要介绍两个参数适用范围更广的关于非线性组合生成器的相关分析方法，即文献[3]中所称的算法 A 和算法 B。

假定非线性组合生成器的输出序列为 $\underline{z}=\{z_n\}$，$\underline{z}$ 与其中一个 LFSR 序列 $\underline{a}=\{a_n\}$ 的相关概率 $p=P(z_n=a_n)>0.5$，则算法 A 和算法 B 的目的都是用来确定 $\underline{a}$ 的初态。这两个算法都要求反馈的抽头数 t 较小。特别地，当 $p\leqslant0.75$ 时，要求 $t<10$。算法 A 是一个有效的指数时间分析方法，其计算复杂度为 $O(2^{ck})$，其中 k 表示 LFSR 的长度，$c(<1)$ 依赖于攻击的输入参数。算法 B 是一个多项式时间分析方法，其计算复杂度是 LFSR 的长度 k 的多项式。这两个算法实质上比穷举搜索整个初始状态更快，而且适用于相当长的 LFSR(如 $k=1000$ 或更长)。然而，通过比较可知，当 $c\ll1$ 且 p 在 0.75 左右时，算法 A 更好；而当 p 在 0.5 左右时，算法 B 更有效。这两个算法可应用于已知明文攻击和唯密文攻击。已证明，当 $p\leqslant0.75$ 时，如果较长的 LFSR 的抽头数较大(大约 $k\geqslant100$，$t\geqslant10$)，则这两个算法都是不可行的。

3.2.1 快速相关分析的统计模型

假定一个二元密钥流生成器的输出序列 $\underline{z}$ 与一个 LFSR 序列 $\underline{a}$ 的相关概率 $p=P(z_n=a_n)>0.5$。LFSR 序列 $\underline{a}$ 可通过如下形式的线性递归关系式给出：

$$a_n=c_1a_{n-1}+c_2a_{n-2}+\cdots+c_ka_{n-k} \tag{3.2.1}$$

其中 $c(x)=c_0+c_1x+c_2x^2+\cdots+c_kx^k\ (c_0=1)$ 是这个关系式的反馈多项式。反馈多项式的抽头数 t 等于 $\{c_1,c_2,\cdots,c_k\}$ 的非零项的个数。因此，式(3.2.1) 可表示成如下含 $t+1$ 项的等式：

$$\sum_{\{i:0\leqslant i\leqslant k,c_i\neq0\}}a_{n-i}=0 \tag{3.2.2}$$

通过移位序列 $\underline{a}$，可以观测到，每一个固定的数字 a_n 在式(3.2.2) 的 $t+1$ 个位置都出现，也就是说它同时满足形式为式(3.2.2) 的 $t+1$ 个等式。

另外，$c(x)$的每一个多项式倍式都定义了 $\underline{a}$ 的一个线性递归关系式，特别地，对 $j=2^i$，$c(x)^j$ 就是$\underline{a}$ 的一个线性递归关系式，此时 $c(x)^j=c(x^j)$。这样就比单纯通过移位能获得更多的线性关系式，而且这些关系式的抽头数都是 t。这一特性很重要，因为算法 A 和算法 B 的可行性依赖于抽头数。事实上，对于给定的序列 $\underline{z}$，快速相关分析需要测试所有这些线性关系式来确定对于给定的 n 是否 z_n 与 a_n 一致。

假定 a_n 是固定的，那么按上述方式获得的线性关系式可写成如下形式：

$$\begin{cases}L_1=a_n+b_1\\L_2=a_n+b_2\\\quad\vdots\\L_m=a_n+b_m\end{cases}\tag{3.2.3}$$

这里 $b_i(i=1,2,\cdots,m)$恰好是序列 $\underline{a}$ 的 t 个不同项的和，m 是获得的线性关系式的个数，其值在后面确定。

在式(3.2.3)中，对同一下标位置，用序列 $\underline{z}$ 来代替序列 $\underline{a}$，可得到如下表达式：

$$L_i=z_n+y_i,\quad i=1,2,\cdots,m\tag{3.2.4}$$

这里 L_i 未必为 0。

通过以上分析和相关事实，可以引入一个一般的统计模型。用二元随机变量集$\{a,b_{11},b_{12},\cdots,b_{1t},b_{21},b_{22},\cdots,b_{2t},\cdots,b_{m1},b_{m2},\cdots,b_{mt}\}$代替式(3.2.3) 中序列 $\underline{a}$ 的数字，并满足如下相应的等式：

$$\begin{cases}a+b_{11}+b_{12}+\cdots+b_{1t}=0\\a+b_{21}+b_{22}+\cdots+b_{2t}=0\\\quad\vdots\\a+b_{m1}+b_{m2}+\cdots+b_{mt}=0\end{cases}\tag{3.2.5}$$

类似地，用二元随机变量集$\{z,y_{11},y_{12},\cdots,y_{1t},y_{21},y_{22},\cdots,y_{2t},\cdots,y_{m1},y_{m2},\cdots,y_{mt}\}$表示式(3.2.4)中序列 $\underline{z}$ 的数字。

两个随机变量集有如下关系：

$$P(z=a)=p,\quad P(y_{ij}=b_{ij})=p\tag{3.2.6}$$

除了式(3.2.5)和式(3.2.6)外，这里假定这些二元随机变量都是相互独立且同分布的，它们是 1 或 0 的概率等于 0.5。

对 $i=1,2,\cdots,m$，可导出如下随机变量：

$$\begin{cases}b_i=b_{i1}+b_{i2}+\cdots+b_{it}\\y_i=y_{i1}+y_{i2}+\cdots+y_{it}\\L_i=z+y_i\end{cases}\tag{3.2.7}$$

设 b_i 和 y_i 相等的概率是 s，即

$$s=P(y_i=b_i)\tag{3.2.8}$$

显然，s 独立于 i 且是 p 和 t 的函数，即 $s=s(p,t)$。

s 可通过如下递归关系式来计算：

$$\begin{cases}s(p,t)=ps(p,t-1)+(1-p)(1-s(p,t-1))\\s(p,1)=p\end{cases}\tag{3.2.9}$$

接下来，考虑随机变量 $L_1, L_2, \cdots, L_m$。

由于 $L_i=0$ 暗含着 $z=a, y_i=b_i$ 或 $z\neq a, y_i\neq b_i$，因此，对给定的 $h(0\leqslant h\leqslant m)$ 个下标集合 $\{i_1, i_2, \cdots, i_h\}$，恰好在这 h 个对应位置的随机变量等于 0（也称满足关系式或关系式成立）、其他对应位置的随机变量等于 1 的概率为

$$P(L_1=1,\cdots,L_{i_1}=0,\cdots,L_{i_2}=0,\cdots,L_{i_h}=0,\cdots,L_m=1)$$
$$=ps^h(1-s)^{m-h}+(1-p)(1-s)^h s^{m-h} \tag{3.2.10}$$

不失一般性，假定 $L_1=0, L_2=0, \cdots, L_h=0, L_{h+1}=1, L_{h+2}=1, \cdots, L_m=1$，则由贝叶斯公式可知，下列结论成立：

$$P(z=a \mid L_1=L_2=\cdots=L_h=0, L_{h+1}=L_{h+2}=\cdots=L_m=1)$$
$$=\frac{ps^h(1-s)^{m-h}}{ps^h(1-s)^{m-h}+(1-p)(1-s)^h s^{m-h}} \tag{3.2.11}$$

$$P(z\neq a \mid L_1=L_2=\cdots=L_h=0, L_{h+1}=L_{h+2}=\cdots=L_m=1)$$
$$=\frac{(1-p)(1-s)^h-s^{m-h}}{ps^h(1-s)^{m-h}+(1-p)(1-s)^h s^{m-h}} \tag{3.2.12}$$

实际上，式(3.2.11) 给出了当 m 个关系式中的 h 个关系式成立时，$z=a$ 的概率，将这个概率记为 p^*。

根据上面介绍的统计模型以及一些事实，考虑一个随机实验。可访问 z 和 y_{ij} 的输出，因此，可得到 $L_i=z+y_i$，而不能访问 a 和 b_{ij} 的输出，这是因为在我们的应用中 z 和 y_{ij} 对应给定序列的某些数字，而 a 和 b_{ij} 是指未知的 LFSR 序列。特别地，当 z 对应固定数字 z_n 时，我们希望确定 a 对应的固定数字 a_n。从一个先验概率 $p=P(z=a)>0.5$ 开始，记 h 是使得 $L_i=0$ 的下标 i 的个数。然后根据式(3.2.11)把这个先验概率 $p=P(z=a)$ 更新为新的概率 p^*。直观上，我们期望 p^* 在 $z=a$ 的情况下增加，而在 $z\neq a$ 的情况下降低。为了证实这个观点，对这两种情况分别计算 p^* 的期望值。

情况 1：$z=a$。

$$E_0[p^*]=E[p^* \mid z=a]$$
$$=\sum_{h=0}^{m} C_m^h \frac{ps^h(1-s)^{m-h}}{ps^h(1-s)^{m-h}+(1-p)(1-s)^h s^{m-h}} s^h(1-s)^{m-h} \tag{3.2.13}$$

情况 2：$z\neq a$。

$$E_1[p^*]=E[p^* \mid z\neq a]$$
$$=\sum_{h=0}^{m} C_m^h \frac{ps^h(1-s)^{m-h}}{ps^h(1-s)^{m-h}+(1-p)(1-s)^h s^{m-h}} s^{m-h}(1-s)^h \tag{3.2.14}$$

值得一提的是，由式(3.2.13)和式(3.2.14)可知：

$$E[p^*]=pE_0[p^*]+(1-p)E_1[p^*]=p$$

这暗含着，尽管我们期望这个新的概率 p^* 在 $z=a$ 的情况下增加，而在 $z\neq a$ 的情况下降低，但总的期望值是不变的。另外，这里计算的是 p^* 的均值，因此，式(3.2.14)是正确的。

例 3.2.1 设先验概率 $p=P(z=a)=0.75, t=2, m=20$，则可得到 $E_0[p^*]=0.9$，$E_1[p^*]=0.3$。

事实上，新的概率 p^* 是 h 的一个函数，并且可使得在两种情况下的概率分布有明显的区别，这将给我们提供了确定 $z=a$ 或 $z\neq a$ 的一个主要准则。

上述统计模型可以推广到非线性关系式的情况，从而可以将非线性关系式扩展到下面介绍的分析方法中。关键点不是线性性而是只有一些数字包括在这些关系式中这一事实。线性性本质的优点是产生的许多关系式(通过移位或迭代平方)的概率对同一数字成立。

本节最后介绍一个常用的、比较典型的统计模型。大多数基于 LFSR 的序列密码的分析往往涉及解决下面这样一个问题：假设攻击者收到了序列 $\underline{z}=\underline{a}\oplus\underline{x}$ 的一个适当长的截取段，其中：

(1) $\underline{a}$ 是一个 m－序列，其反馈本原多项式 $f(x)$是已知的。

(2) 序列 $\underline{x}$ 的代数结构不明，但已知数字 0 在这个序列中占某种优势(当数字 1 在这个序列中占某种优势时，令 $z_n'=1\oplus z_n$，$x_n'=1\oplus x_n$，则 $\underline{z}'=\underline{a}\oplus\underline{x}'$，在 $\underline{x}'$中 0 占某种优势)，即有 $P(x_n=0)=0.5+\varepsilon$，$P(x_n=1)=0.5-\varepsilon$，$\varepsilon>0$。称 ε 为序列 $\underline{a}$ 的数字在序列 $\underline{z}$ 中所占的优势，称 $0.5-\varepsilon$ 为 $\underline{a}$ 在 $\underline{z}$ 中的失真率。

现在要做的事情是：设法根据上述两点知识还原序列 $\underline{a}$，主要是确定其初态。

因此，如果一个二元密钥流生成器的输出序列 $\underline{z}$ 与一个 LFSR 序列 $\underline{a}$ 的相关概率 $p=P(z_n=a_n)>0.5$，则可将这种情况一般化为图 3.2.1 的统计模型。

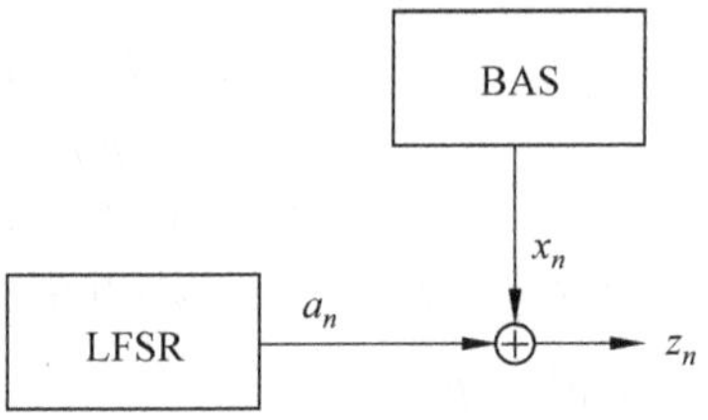

图 3.2.1　一个常用的统计模型

其中 $z_n=a_n\oplus x_n$，BAS 表示二元非对称信源(Binary Asymmetric Source)，$P(x_n=0)=P(z_n=a_n)=p$。$\underline{a}$ 是一个二元随机序列且 $P(a_n=0)=P(a_n=1)=0.5$。这样，将要介绍的快速相关分析方法实际上是对这种模型的一种分析方法。此外，这种模型也可以用其他分析方法进行分析，如线性校验子分析方法(见 4.2 节)，可参阅文献[16-18]。

3.2.2　算法 A 的基本思想及其描述

假定已给定了序列 $\underline{z}$ 的长度为 N 的一个截取段，LFSR 的反馈多项式、长度 k 和抽头数 t，以及 LFSR 的输出序列 $\underline{a}$ 与给定序列 $\underline{z}$ 的相关概率 $p=P(z_n=a_n)$。现在要解决的问题是：找到未知的 LFSR 序列 $\underline{a}$。基本上，这个序列可通过求解由它的任何 k 个数字构建的关于初始状态的线性方程组被恢复出来。如果这些方程是线性依赖的，可以选择一些附加的数字获得一个线性独立的方程组。因此，为了得到序列 $\underline{a}$ 的一个估计，我们实际上以最高的概率 p^* 选择 $\underline{z}$ 的 k 个数字，这等价于选择满足式(3.2.3)的最多关系式的 k 个数字。

算法 A 的基本思想是：通过测试找出正确的数字，即 $z=a$ 的数字 z。具体测试办法是选择满足更多等式的数字。用这种办法可获得序列 $\underline{a}$ 的相应位置的一个估计。在一定的条件下，这些数字是正确的概率很高，亦即只要对这些数字稍作修改即可。实际上，我们是利用 LFSR 序列 $\underline{a}$ 的线性关系式找出正确的数字，即使得 $z=a$ 的数字。线性关系式可由反馈多项式来描述。通过对反馈多项式进行迭代平方，对每个数字 a 可获得一组线性关系式，每个线性关系式涉及 $\underline{a}$ 的 t 个其他数字。用这种办法获得的关系式的平均数 m 可由后面要介绍的式(3.2.17)计算。

一个固定的数字 z 至少满足 m 个关系式中的 h 个关系式的概率可通过下式来计算：

$$Q(p,m,h)=\sum_{i=h}^{m}C_m^i(ps^i(1-s)^{m-i}+(1-p)(1-s)^i s^{m-i}) \tag{3.2.15}$$

式(3.2.15)可由式(3.2.10)推出。设 $R(p,m,h)$ 表示 $z=a$ 且 m 个关系式中至少有 h 个关系式成立的概率,则有:

$$R(p,m,h)=\sum_{i=h}^{m}C_m^i ps^i(1-s)^{m-i} \tag{3.2.16}$$

这样,在给定的 m 个关系式中至少有 h 个关系式成立的条件下,$z=a$ 的概率为

$$T(p,m,h)=\frac{R(p,m,h)}{Q(p,m,h)}$$

因此,有 $Q(p,m,h)\cdot N$ 个数字满足至少 h 个关系式且正确的概率是 $T(p,m,h)$。对固定的 p、m,$T(p,m,h)$ 是 h 的递增函数。这样,为了最大可能地找到充分多的(至少 k 个)数字,需要确定使得 $Q(p,m,h)\cdot N\geqslant k$ 的最大值 h。

选择 z 中至少满足 h 个关系式的数字,并使用这些数字作为 $\underline{a}$ 在相应下标位置的参考猜测 I_0,则 $(1-T(p,m,h))\cdot Q(p,m,h)\cdot N$ 是 I_0 中被期望的错误数字数。如果这个数很小,则对 I_0 稍作修改即可找到 $\underline{a}$。测试修改 I_0 时利用了 LFSR 序列 $\underline{a}$ 相应的段(phase)和给定序列 $\underline{z}$ 的相关性。如果其相关性超过了一个适当的门限值,则接受这个状态。

下面来估计可获得的关系式的平均数 m,它是 N、k 和 t 的函数。$i(i\geqslant 0)$ 次迭代平方操作获得的线性关系式(3.2.3) 的长度为 2^ik,可建立 $N-2^ik$ 个线性关系式。但必须有 $N-2^ik\geqslant 0$,因此 $i\leqslant\log_2(N/k)$。因为 i 是整数,所以 i 不能大于 $\log_2(N/k)$ 的整数部分。用 $[\log_2(N/k)]$ 表示 $\log_2(N/k)$ 的整数部分。因此,可按下列办法估计线性关系式的总量:

$$\begin{aligned}T&=\sum_{i=0}^{[\log_2(N/k)]}(N-2^ik)=N([\log_2(N/k)]+1)-\sum_{i=0}^{[\log_2(N/k)]}2^ik\\&=N([\log_2(N/k)]+1)-(2^{[\log_2(N/k)]+1}-1)k\\&\approx N([\log_2(N/k)]+1)-(2N/k-1)k\\&=N([\log_2(N/k)]-1)+k\end{aligned}$$

因为每一个关系式需要 $\underline{z}$ 的 $t+1$ 个数字,因此,每个数字的关系式的平均数 m 是

$$T\cdot\frac{t+1}{N}=([\log_2(N/k)]-1)(t+1)+\frac{k}{N}(t+1)$$

在我们的应用中 $\frac{k}{N}(t+1)\ll 1$,因此,上式可简化为

$$m=m(N,k,t)\approx\left(\log_2\frac{N}{2k}\right)(t+1) \tag{3.2.17}$$

算法 3.2.1 算法 A

第 1 步:根据式(3.2.17)确定 m。

第 2 步:寻找使得 $Q(p,m,h)\cdot N\geqslant k$ 的最大值 h。

第 3 步:对 $\underline{z}$ 中至少满足 h 个关系式的数字进行搜索,并使用这些数字作为 $\underline{a}$ 在相应下标位置的一个参考猜测 I_0。

第 4 步:利用相应的 LFSR 序列 $\underline{a}$ 与序列 $\underline{z}$ 的相关性,通过测试修改 I_0,找到正确的猜测。

值得注意的是,在第 1 步确定的 m 仅仅是一个平均值。一般地,在 $\underline{z}$ 的给定部分中,靠近中间的数字比靠近边界的数字满足更多的关系式。因此,在中间部分,在正确和不正确的数字之间有明显的区别是可能的。这就导致了算法 3.2.1 的一个改进,用下面的第 3′步替

换第 3 步。

第 3′步：根据式(3.2.11)对 $\underline{z}$ 的给定的数字计算新的概率 p^*，并选择 k 个具有最高概率 p^* 的数字。

在第 3 步，I_0 中错误数字的平均数 $\bar{r}=(1-T(p,m,h))\cdot k$。在合适的条件下(如 $\bar{r}\ll 1$)，第 4 步是不必要的。

例 3.2.2 假定 $\underline{z}$ 的截断长度 $N=5000$，$p=0.75$，$k=100$，$t=2$，则可由式(3.2.17)得到测试 $\underline{z}$ 的数字的关系式个数 $m=12$。通过计算函数 $Q(p,m,h)$ 和 $T(p,m,h)$ 可知：要使 $Q(p,m,h)\cdot N=0.02189\times 5000\approx 109$ 成立，期望有 $h\geqslant 11$ 个关系式。此时，$(1-T(p,m,h))\times 109=0.001855\times 109\approx 0.2<1$，这说明在这些数字中期望不正确的数字个数小于 1，这样在第 3 步选择的数字是正确的概率很高。第 4 步是不必要的。

下面讨论算法 3.2.1 的计算复杂度。因为第 1 步至第 3 步的计算时间是可忽略的，所以仅仅估计在第 4 步需要尝试的平均数。假定在第 3 步找到的数字中恰好有 r 个是不正确的，那么在第 4 步需要尝试的最大次数为

$$A(k,r)=\sum_{i=0}^{r}\mathrm{C}_k^i$$

对这个公式，存在一个使用二元熵函数的著名估计。二元熵函数的定义如下：

$$H(x)=\begin{cases}0, & x=0,1\\ -x\log_2 x-(1-x)\log_2(1-x), & 0<x<1\end{cases}$$

引理 3.2.1[19]

$$A(k,r)=\sum_{i=0}^{r}\mathrm{C}_k^i\leqslant 2^{H(\theta)k} \tag{3.2.18}$$

其中 $\theta=r/k$。

在本书的应用中，只有平均数 $\bar{r}=(1-T(p,m,h))\cdot k$ 对 r 是可达的。对于大的 k，r 大于 $\bar{r}$ 的概率被限定在大约 1/2 内。因此，用 $\bar{r}$ 代替式(3.2.18)中的 r 可获得第 4 步中尝试次数的一个估计。这样，算法 3.2.1 的计算复杂度是 $O(2^{ck})$，$0\leqslant c=H(\bar{r}/k)\leqslant 1$。$c=1$ 的情况对应穷举搜索 LFSR 的所有状态。然而，在合理的条件下 $c\ll 1$，意味着这个攻击要比穷举搜索攻击快。

很显然，c 是 p、t、N 和 k 的一个函数。但事实上，c 仅仅是 p、t 和 N/k 的一个函数，这一点可从算法 3.2.1 的第 1 步和第 2 步直观地观察到。在高安全性要求的应用中，不得不考虑较大的 $d=N/k$，甚至大到 10^6 或更大都是可能的，也是合理的。因此，对不同的但固定的 $d=N/k$，研究 c 作为 p 和 t 的函数的变化规律是一件很有意义的事情，如 $d=N/k=10^2$ 或 $d=N/k=10^6$。

对一个与 LFSR 序列 $\underline{a}$ 的相关性为 p、长度为 N 的序列 $\underline{z}$，$\underline{a}$ 和 $\underline{z}$ 之间的汉明距离的期望值为 $(1-p)\cdot N$。如果 $d=N/k$ 很小，则也许有 $\underline{a}$ 的不同的状态具有距离小于或等于 $(1-p)\cdot N$，也就是说，对相关问题有多个解。在这种情况下，算法 A 也许选择了 $\underline{a}$ 的一个错误状态。

随着抽头数 t 的增加，$c=c(p,t,N/k)$ 收敛于 $H(p)$，这是由于当 t 趋于无穷时，由式(3.2.9)可知，函数 $s(p,t)$ 接近 1/2。再者，由式(3.2.15)和式(3.2.16)可知，当 $s=1/2$ 时，

$$T(p,m,h)=\frac{R(p,m,h)}{Q(p,m,h)}=p$$

这意味着 $\theta=r/k$ 收敛于 $1-p$。因此，$c(p,\infty,N/k)=H(1-p)=H(p)$。这个极限 $c=H(p)$ 对相关分析的密码学意义是：如果在所有的状态上进行穷举搜索被修改成从最大可能的错误模式开始搜索(见算法 3.2.1 的第 4 步)，则它的计算复杂度是 $O(2^{ck})$ 而不是 $O(2^k)$。当 $p=0.75$ 时，$c=0.81$。

通过计算可以发现以下一些事实，这里值得注意的是本章思考题 5 是这些事实的基础。当 $t=2,p\geqslant 0.6$ 时，算法 3.2.1 比穷举搜索有很大的改进，使用该算法甚至可分析长度为 1000 或更长的 LFSR。当 $d=N/k=10^6,t=2,p>0.67$ 时，所有的 c 都小于 0.0005。当 $t<10$ 时，随着 $d=N/k$ 的增加，算法 3.2.1 有一个实质性的改进。例如，当 $d=N/k=10^9$，$p>0.57,t=2$ 时，$c=0.408,H(0.57)=0.986$。当 $t\geqslant 10,p\leqslant 0.75$ 时，c 十分接近渐近值 $H(p)$，算法 3.2.1 与(修改的)穷举搜索攻击相比没有本质上的优势，这一事实对可能发生在实际应用中的所有 $d=N/k$ 都成立。

3.2.3 算法 B 的基本思想及其描述

提出算法 B 的动因是如下这样一个事实：如果一个数字仅满足较少的关系式，则条件概率 p^* 是很小的。这就导致了修正(也称校正)满足不超过一定数量关系式的数字的方法。在合适的条件下，可以期望“正确的”的序列是与 LFSR 序列 $\underline{a}$ 有较少不同数字的序列，重复这个过程直到恢复 LFSR 序列 $\underline{a}$。

算法 B 的基本思想是：考虑所有的数字以及它们是正确的数字的概率。开始时我们已经知道 $\underline{z}$ 与 $\underline{a}$ 对应的数字相等的概率是 p，通过考察等式成立的个数，给 $\underline{z}$ 的每个数字赋予一个新的概率 p^*，即 $z_n=a_n$ 的概率。实质上，p^* 是 p 和等式的个数的函数。可以将新的可变的概率 p^* 作为每一轮的输入，迭代地进行上述过程。经过若干轮后，$\underline{z}$ 的所有具有比某一门限值低的概率 p^* 的数字都被修正了。在适当的条件下，我们期望不正确的数字的个数能降低。在这种情况下，重做整个过程若干次后，用新的序列代替 $\underline{z}$，直到找到 LFSR 序列 $\underline{a}$ 为止。

m 个关系式中至多有 h 个关系式成立的概率可按如下公式计算：

$$U(p,m,h)=\sum_{i=0}^{h}\mathrm{C}_m^i(ps^i(1-s)^{m-i}+(1-p)(1-s)^i s^{m-i}) \tag{3.2.19}$$

再者，$z_n=a_n$ 且 m 个关系式中至多有 h 个关系式成立的概率可由如下公式给出：

$$V(p,m,h)=\sum_{i=0}^{h}\mathrm{C}_m^i ps^i(1-s)^{m-i} \tag{3.2.20}$$

类似地，$z_n\neq a_n$ 且 m 个关系式中至多有 h 个关系式成立的概率为

$$W(p,m,h)=\sum_{i=0}^{h}\mathrm{C}_m^i(1-p)(1-s)^i s^{m-i} \tag{3.2.21}$$

因此，$U(p,m,h)\cdot N$ 是满足至多 h 个关系式的 $\underline{z}$ 中数字的期望数。如果这些数字被修正，则 $W(p,m,h)\cdot N$ 是被正确地改变的数字的个数，$V(p,m,h)\cdot N$ 是被错误地改变的数字的个数。正确数字的增量是 $W(p,m,h)\cdot N-V(p,m,h)\cdot N$。定义相对增量如下：

$$I(p,m,h)=W(p,m,h)-V(p,m,h) \tag{3.2.22}$$

这样，对给定的 p 和 m，最佳方式是选择使得 $I(p,m,h)$ 达到最大值的 $h_{\max}$ 作为 h。

为了达到最大的修正效果(correction effect，也称校正作用)，取门限值 P_{thr} 为

$$P_{thr}=\frac{1}{2}(p^*(p,m,h_{max})+p^*(p,m,h_{max}+1)) \tag{3.2.23}$$

因此，概率为 $p^*<P_{thr}$ 的数字的个数 N_w 的期望数为

$$N_{thr}=U(p,m,h_{max})\cdot N \tag{3.2.24}$$

如果只有少数数字的概率 $p^*<P_{thr}$，那么新的概率分配需要被迭代执行。

算法 B 的整个攻击过程交替执行如下两个阶段：

(1) 计算阶段。对 $\underline{z}$ 的每个数字分配新的概率 p^*。

(2) 校正阶段。修正概率为 $p^*<P_{thr}$ 的数字，并将每个数字的概率重置为原来的值 p。

对计算阶段可进行迭代。为此，需要将式(3.2.9)一般化。t 个数字可能有不同的概率，分别记为 $p_1,p_2,\cdots,p_t$，则

$$\begin{cases}s(p_1,p_2,\cdots,p_t,t)=p_ts(p_1,p_2,\cdots,p_{t-1},t-1)\\ \qquad\qquad+(1-p_t)(1-s(p_1,p_2,\cdots,p_{t-1},t-1))\\ s(p_1,1)=p_1\end{cases} \tag{3.2.25}$$

这个一般化也引发了其他所有公式的一般化，特别是关于 p^* 的式(3.2.11)的一般化。

大量的实验表明，在这种迭代中，假定迭代数 α 是一个很有限的数是合理的。在很多情况下，$\alpha=5$ 是一个合适的选择。

算法 3.2.2 算法 B

第 1 步：根据式(3.2.17)确定 m。

第 2 步：找到使得 $I(p,m,h)$ 达到最大值的 $h=h_{max}$。如果 $I_{max}=I(p,m,h_{max})\leqslant 0$，则在计算阶段没有修正效果，即攻击失败；如果 $I_{max}>0$，则根据式(3.2.23)和式(3.2.24)计算 P_{thr} 和 N_{thr}。

第 3 步：初始化迭代计数器 $i=0$。

第 4 步：对 $\underline{z}$ 的每个数字，利用其所满足的关系式的个数计算新的概率 p^*(计算阶段，利用一般化了的式(3.2.11)和式(3.2.25))。确定概率为 $p^*<P_{thr}$ 的数字的个数 N_w。

第 5 步：如果 $N_w<N_{thr}$ 或 $i<\alpha$(其中 α 表示事先限定的迭代数)，则给 i 加 1 并转向第 4 步。

第 6 步：修正概率为 $p^*<P_{thr}$ 的 $\underline{z}$ 的数字并将每个数字的概率重置为原来的值 p(校正阶段)。

第 7 步：如果有 $\underline{z}$ 的数字不满足基本的反馈关系式(3.2.1)，则转向第 3 步。

第 8 步：在 $\underline{a}=\underline{z}$ 时终止。

随后的讨论基于应用算法 B 进行的模拟，该算法的外循环(第 3 步至第 7 步)称作轮(round)，内循环(第 4 步和第 5 步)称作迭代(iteration)。在第 1 轮，可观察到理论上期望 $N_w\approx N_{thr}$，因此，只有第 4 步和第 5 步进行一次迭代也许是必要的。在较高次的轮中，错误 $(z_n\neq a_n)$ 不再独立于关系式，这样，统计模型现在不能严格地应用。这通过在较高轮中观察到 $N_w\ll N_{thr}$ 被反映出来。由于这个原因，迭代分配新的概率直至有足够多的数字具有概率 $p^*<P_{thr}$。然而在一些迭代之后，可观察到概率 p^* 或者很接近 0 或者很接近 1 的数字表现出强烈的两极分化。除去一些数字，这个两极分化变得稳定，意味着不需要再迭代。这证实了迭代有限的次数 α 之后一轮终止。

在执行算法 B 时，通过例 3.2.3 观察到，具有 $\underline{a}=\underline{z}$ 的一些轮终止后获得了一个稳定的

修正效果。为了解释这种现象，需要考虑不同轮之间的统计独立性。事实上，我们也不能解释除第一次迭代外算法 B 为什么能够成功，也不清楚为什么算法 B 能够在若干轮后导致一个解。

可对算法 B 做一些修改。例如，在第 6 步，根据在每一轮之后错误的期望数降低的事实，可将其概率重置为高于原来的值 p。然而，模拟结果表明，这样做没有导致算法 B 的效果的改进。

为了估计算法 B 的修正效果，不得不对给定的 p、t、N 和 k，计算 $I_{\max}=I(p,m,h_{\max})$（第 2 步）。首先由式(3.2.17)可知，m 是 t 和 $d=N/k$ 的函数，而 $h_{\max}$ 是 p 和 m 的函数，因此，$I_{\max}$ 是 p、t 和 $d=N/k$ 的函数，即 $I_{\max}=I_{\max}(p,t,d)$。在一次迭代中，被修正的数字的期望数可按如下公式计算：

$$N_c=I_{\max}(p,t,d)\cdot N \tag{3.2.26}$$

为方便起见，可将 N_c 表示为 $N_c=F(p,t,d)\cdot k$，其中

$$F(p,t,d)=I_{\max}(p,t,d)\cdot d \tag{3.2.27}$$

$F(p,t,d)$是一个独立于 k 的修正因子。如果 $F(p,t,d)\leqslant 0$，则没有修正效果，攻击失败；如果 $F(p,t,d)\geqslant 0.5$，大多数实验结果表明，算法 B 看起来好像是很成功的。对固定的 t 和 d，可计算出使得 $F(p^*,t,d)\geqslant 0.5(p^*\geqslant p)$最小的相关概率，见表 3.2.1。

表 3.2.1 满足 $F(p,t,d)=0.5$ 的 p

d	t								
	2	4	6	8	10	12	14	16	18
10	0.761	0.880	0.980	0.980	0.980	0.980	0.980	0.980	0.980
10^2	0.959	0.754	0.824	0.863	0.889	0.905	0.917	0.926	0.934
10^3	0.553	0.708	0.787	0.832	0.861	0.882	0.897	0.908	0.918
10^4	0.533	0.679	0.763	0.812	0.844	0.867	0.883	0.896	0.906
10^5	0.525	0.663	0.748	0.800	0.833	0.857	0.875	0.889	0.900
10^6	0.519	0.650	0.737	0.789	0.825	0.849	0.868	0.883	0.894
10^7	0.515	0.641	0.727	0.781	0.817	0.843	0.862	0.877	0.890
10^8	0.514	0.634	0.720	0.774	0.812	0.838	0.858	0.874	0.886
10^9	0.512	0.628	0.714	0.770	0.807	0.833	0.854	0.870	0.882
10^{10}	0.510	0.621	0.709	0.764	0.802	0.830	0.850	0.866	0.879

从表 3.2.1 可以看出，当 $t<8$ 时，一个成功攻击必需的相关概率界是在相关的实际值范围内。特别地，当 $t=8$ 时，概率越来越接近 0.5。在这些情况下，算法 B 对很长的 LFSR 是成功的。例 3.2.3 也说明了这一点。

例 3.2.3 由表 3.2.1 可知，满足 $F(p,4,100)=0.5$ 的 $p=0.754$。现在考虑下列情形：$N=10^4$，$k=100$，$t=4$，$p=0.75$(而不是 0.754)，则 $d=100$，$F(p,t,d)=0.392$，而不是 0.5。可计算出算法 B 中的参数 $p_{\text{thr}}=0.524$，$N_{\text{thr}}=448$。这样，在第 1 次迭代中期望有 448 个数字被改变，导致减少 39 个错误数字。

表 3.2.2 给出了每步后的中间结果。

表 3.2.2　例 3.2.3 每步后的中间结果

执行步骤	具有概率 $p^* < p_{thr}$ 的数字个数	具有概率 $p^* < p_{thr}$ 的错误数字个数	错误数字减少的个数	修正后的错误数字个数
第 1 轮				
第 1 次迭代	430	246	62	2500
第 2 次迭代	615	416	217	2500
校正($615 > N_{thr}$)	0	0	0	2283
第 2 轮				
第 1 次迭代	70	44	18	2283
第 2 次迭代	314	254	194	2283
第 3 次迭代	921	743	565	2283
校正	0	0	0	1718
第 3 轮				
第 1 次迭代	49	48	47	1718
第 2 次迭代	654	643	623	1718
校正	0	0	0	1086
第 4 轮				
第 1 次迭代	110	110	110	1086
第 2 次迭代	712	708	704	1086
校正	0	0	0	382
第 5 轮				
第 1 次迭代	86	86	86	382
第 2 次迭代	342	342	342	382
第 3 次迭代	382	382	382	382
校正	0	0	0	0

在第 1 轮，第 1 次迭代后，表 3.2.2 中的数据很接近理论上预测的数据。然而，较高轮的数据比期望的要低，这是由于统计依赖性导致的。因此，可以观察到，再做一些迭代后修正效果增强了。几轮后(在例 3.2.3 中总共有 5 轮、12 次迭代)，所有的错误都被排除。

所需的轮数/迭代数基本上只依赖于 p、t 和 d，不依赖于 LFSR 的长度 k。假定在例 3.2.3中取 $N=10^5$，$k=1000$，因为相应的修正因子 $F(p,t,d)$仍然没有改变，期望用同样的迭代次数是必然的。再者，对序列 $\underline{z}$ 中的每个数字需要计算新的概率 p^* 的计算量也没有改变。因为序列 $\underline{z}$ 是原有序列的 10 倍长，算法的计算复杂度增加了同样的因子。由于这个讨论在一般情况下都成立，因此可以得出如下结论：算法 B 的计算复杂度随着 LFSR 的长度 k 线性增长，即具有阶 $O(k)$。

继续观察例 3.2.3。甚至一个小于 0.5 的修正因子 $F(p,t,d)$也可能导致一个成功的攻击。事实上，有 $F(p,t,d)=0.1$，算法 B 仍然导致一个正确的解的例子。为了阻止攻击，甚至比这更小的值也不得不被考虑，这就引发了 $F(p,t,d)\leqslant 0$ 的情形。因此，对固定的 t 和 d，寻找使得 $F(p^*,t,d)\leqslant 0(p^*\leqslant p)$的最大的 p^* 是很有意义的。注意，这个 p 是对固定

的 t 和 d 攻击成功的最小的相关概率。如果 N 小于唯一解长度，则算法 B 可能收敛到一个错误的状态，这一点已在 3.2.2 节中指出过。

通过计算表明，这种攻击对 $t \geqslant 10$ 和实际中发生的相关概率是不可行的，即使比率 $d = N/k$ 大到 10^{10} 也是不可行的。注意，对 $t=2$，极限概率达到很接近 0.5。

相关分析可以被看作一个 LFSR 码的译码问题，这样就可以用编码理论研究这一问题。实际上类似于算法 B 的迭代方法已被应用于译码中。但算法 B 的最大特点是迭代给每个数字分配条件概率的处理过程，而不是根据校验等式满足的个数改变数字。

3.2.4 应对快速相关分析方法的措施

面对快速相关分析，可以使用相关免疫函数来应对。这里的问题是快速相关分析是否可应用于使用相关免疫函数设计的序列密码。从原理上讲这是可能的。根据 Xiao-Massey 引理[12]可知，k 阶相关免疫函数的输出与其 $k+1$ 个输入变量之和是相关的。对应的 LFSR 序列之和又是一个 LFSR 序列，其反馈多项式是各个反馈多项式之积。这样，快速相关分析方法可用来确定这个和序列，从而各个 LFSR 序列可从这个和序列的形式幂级数的部分分式分解中抽取出来。然而，由于多项式之积很少有低密度的，即使因子是三项式的也是如此，因此，快速相关分析会受到限制。这样，适当应用相关免疫函数可阻止基于算法 A 和算法 B 的攻击。

快速相关分析的应用可扩展到如下情形：反馈多项式有很多项，但它是一个次数适中的低密度多项式的因子。确定一个给定的多项式是否具有这个特性似乎是一件很难的事情，但如果多项式的次数 k 低于 100，利用下列方法找到这种多项式倍式是可行的。

设 $f(x)$ 是任意一个次数为 k 的多项式。分别考虑形式为 x^a+x^b 和 x^c+x^d $(a,b,c,d \leqslant 2^{k/4})$ 的两个多项式集合。这两个集合都有 $2^{k/2}$ 个多项式。利用生日问题的结论，满足 $x^a+x^b \equiv x^c+x^d \pmod{f(x)}$ 的概率大约为 1/2。这样，就有可能找到一个次数为 $2^{k/4}$ 的 $f(x)$ 的多项式倍式，它的 LFSR 只有 3 个抽头。这个方法的计算复杂度是 $O(2^{k/2})$。当 $k=80$ 时，可在 $O(2^{40})$ 步内找到次数为 $2^{20} \approx 10^6$ 的多项式。这个结果暗含着假定反馈连接是已知的，则对长度短于 100、具有任意反馈多项式的 LFSR 应用快速相关分析是可能的。

综合 3.2.2 节和 3.2.3 节及以上讨论，为了防止快速相关分析方法的攻击，必须采取一些措施。这就导致了如下的基于 LFSR 的序列密码设计准则。

准则 3.2.1 对于 10 个抽头以下的 LFSR，应该避免任何相关性。

准则 3.2.2 对于长度短于 100 的一般 LFSR(特别是如果假定反馈连接为已知的情况)，应该没有相关性。

3.3 多步快速相关分析方法

快速相关分析的一般模型如图 3.3.1 所示。这里将相应的密码分析问题看作一个大尺度码的译码问题。LFSR 部分模拟了由原序列密码导出的一个等价 LFSR，二元对称信道(Binary Symmetric Channel，BSC)部分代表了原序列密码中各种非线性操作的综合结果，等价 LFSR 的输出序列和原序列密码产生的密钥流之间有以下相关关系：$P(z_i=a_i)=p=0.5+\varepsilon(\varepsilon>0)$，其中 p 为二元对称信道的交叉概率。译码的目的是由噪声序列 $\{z_i\}$ 恢复出等价 LFSR 的初始状态。从理论上说,各种译码方法都可以在此一展身手,但在实际攻击中要求在时间、存储、数据和预计算复杂度之间取得很好的平衡,即要求上述参数都在实际可允许的范围内尽可能小。

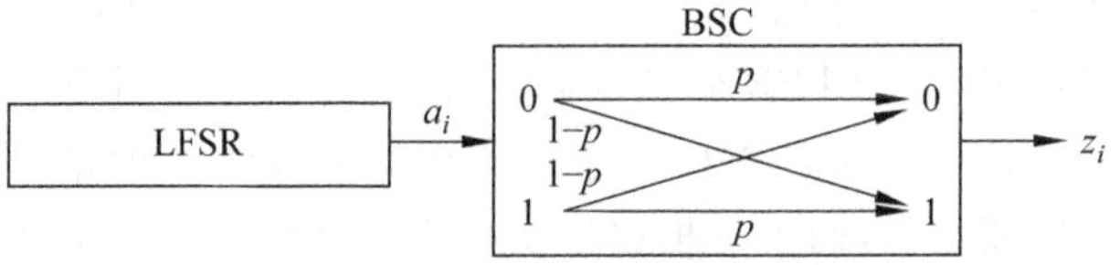

图 3.3.1 快速相关分析的一般模型

快速相关分析从算法角度一般可分为迭代型和单步型两大类。迭代型快速相关分析的基本思想是用预计算得到的线性关系式(也称校验式)来更新每个密钥流比特的先验概率 p,直到把二元对称信道的噪声去掉;而单步型快速相关分析的基本思想是利用预计算得到的线性关系式,从密钥流序列$\{z_i\}$中直接选取一些$\{a_i\}$的正确比特,只要选取的正确比特个数大于原 LFSR 的长度,那么就能通过解线性方程组来恢复出原 LFSR 的初态。这两类方法的共同之处是它们都把原 LFSR 的初始状态看作一个整体,希望通过快速相关分析来一次性恢复出初始状态的所有信息比特,这也是目前绝大部分快速相关分析方法共有的特点。文献[20]中提出的快速相关分析方法未把所有信息比特看作一个整体,它的整体效率反而不如某些将所有信息比特看作一个整体的方法,这说明文献[20]中的快速相关分析方法并未充分体现出新的思想。

文献[4]中提出了一种新的快速相关分析方法,称为多步快速相关分析方法。与一般的快速相关分析方法相比,这种新方法的主要特点是它不再将 LFSR 的所有信息比特看作一个整体,而是把所有信息比特分成几个互不相交的集合,首先从密钥流恢复其中一个集合中的信息比特,然后再在密钥流和已知信息比特的基础上恢复另一个集合中的信息比特,这样一步一步地恢复所有信息。与此相对应,文献[4]中还提出了线性校验式编排方案的概念,即在不同的步骤中采用不同的校验等式来译码。值得注意的是,这样做并不增加整个方法预计算的渐近复杂度,这主要是因为后面的步骤采用的校验等式个数远远少于前面的步骤中采用的校验等式的个数。分析结果表明,这种新方法能够对付较长的 LFSR 带有极强噪声的情况。与其他快速相关分析方法相比,这种新方法能够在时间、存储、数据和预计算复杂度之间取得目前已知的最好的平衡。实验结果也证明了这种方法的有效性。此外,这种新方法的适用范围不只局限于图 3.3.1 中的模型,它还可以用来解带有噪声观测的线性系统。

本节先介绍多步快速相关分析的基本思想,然后给出一个具体的实现方法(将其称为算法 C)及其理论分析,最后将这个新方法与已知的最好的两个快速相关分析方法进行全面比较,总结这个新方法的优点。

3.3.1 多步快速相关分析的基本思想

多步快速相关分析的基本思想是采用分别征服策略来恢复 LFSR 的初始状态。具体地讲,就是首先将目标 LFSR 的初始状态$(a_0,a_1,\cdots,a_{L-1})$分割成几个互不相交的集合,然后逐个集合地恢复信息比特。

给定目标 LFSR 的初始状态$(a_0,a_1,\cdots,a_{L-1})$的一个具体分割如下：

$$(\underbrace{a_0,\cdots,a_{k^{(1)}-1}}_{k^{(1)}},\underbrace{a_{k^{(1)}},\cdots,a_{k^{(1)}+k^{(2)}-1}}_{k^{(2)}},\underbrace{a_{k^{(1)}+k^{(2)}},\cdots,}_{\cdots}\cdots,a_{L-1}) \tag{3.3.1}$$

首先恢复第一个集合中的$k^{(1)}$个信息比特，然后在已知密钥流和第一个集合中的信息比特的基础上接着恢复第二个集合中的$k^{(2)}$个信息比特，将这个过程一直进行下去，直到恢复所有信息比特，或者只留有少量信息比特待定，这些待定的少量信息比特将通过一个小规模的穷举搜索和相关检验来确定。

多步快速相关分析的过程主要包括预处理和实时处理两个阶段。

1. 预处理阶段

同所有其他快速相关分析一样，多步快速相关分析方法需要在预处理阶段建立实时处理阶段所需的校验等式。在多步快速相关分析的预处理阶段，要建立如下几类校验等式：

$$a_{i_1}\oplus a_{i_2}\oplus\cdots\oplus a_{i_{t_1}}=\sum_{i=0}^{k^{(1)}-1}x_i^{(1)}a_i \quad \text{(用于实时处理阶段的第 1 步)}$$

$$a_{j_1}\oplus a_{j_2}\oplus\cdots\oplus a_{j_{t_2}}\oplus\sum_{i=0}^{k^{(1)}-1}x'^{(1)}_i a_i=\sum_{i=k^{(1)}}^{k^{(1)}+k^{(2)}-1}x_i^{(2)}a_i \quad \text{(用于实时处理阶段的第 2 步)}$$

$$\vdots$$

$$a_{l_1}\oplus a_{l_2}\oplus\cdots\oplus a_{l_{t_m}}\oplus\sum_{i=0}^{\delta-1}y_i a_i=\sum_{i=\delta}^{\delta+k^{(m)}-1}x_i^{(m)}a_i \quad \text{(用于实时处理阶段的第 } m \text{ 步)}$$

这里$\delta=\sum_{i=1}^{m-1}k^{(i)}(m\geqslant 2)$，$t_i\leqslant t_1(2\leqslant i\leqslant m)$，$\sum_{i=0}^{\delta-1}y_i a_i$为一个已恢复的信息比特的已知线性组合。在实时处理阶段的第1步，使用形如$a_{i_1}\oplus a_{i_2}\oplus\cdots\oplus a_{i_{t_1}}=\sum_{i=0}^{k^{(1)}-1}x_i^{(1)}a_i$的校验等式；在第2步使用形如$a_{j_1}\oplus a_{j_2}\oplus\cdots\oplus a_{j_{t_2}}\oplus\sum_{i=0}^{k^{(1)}-1}x'^{(1)}_i a_i=\sum_{i=k^{(1)}}^{k^{(1)}+k^{(2)}-1}x_i^{(2)}a_i$的校验等式；以此类推。

定义 3.3.1 把这些在快速相关分析的不同步骤使用不同类型的线性校验等式的集合称为一个校验式编排方案。

这里只讨论噪声$p<0.55$的情况($p\geqslant 0.55$的低噪声情况较易攻击)。另外，只使用汉明重量$t_i\leqslant 4$的校验等式(否则叠加的噪声会非常接近 0.5，从而使有效的译码成为不可能)。对于N比特的密钥流，如果$t_i\leqslant 3$，那么使用传统的时间存储折中方法来构造这些校验等式。此时的时间复杂度为$O(N^{\lceil (t_i-1)/2\rceil}\log_2 N)$，空间复杂度为$(N^{\lfloor (t_i-1)/2\rfloor})$。如果$t_i=4$，则采用文献[21]中的广义匹配排序算法来得到这些校验等式，此时的时间复杂度为$O(N^2\log_2 N)$，空间复杂度为$O(N)$。为了得到一个校验式编排方案中的所有校验等式，需要把计算不同校验等式的复杂度相加，此时的复杂度当然大于只计算一种校验等式时的复杂度，但整体的渐近复杂度并没有增加，这主要是因为计算第$i+1$步使用的校验等式所需的复杂度要远远小于计算第i步使用的校验等式所需的复杂度。这正是多步快速相关分析的一个优势所在，第$i+1$步所面对的问题要远远简单于第i步所面对的问题。

2. 实时处理阶段

这一阶段由连续的几步构成。在每一步使用事先建立好的校验等式，通过构造一个检验来筛选出当前集合的正确比特值，并将所有通过检验的备选值传递到下一步。如果当前步不是最后一步，则继续上述操作，直到完成所有步骤。如果还有少量信息比特没有恢复，再安排一个小规模的穷举搜索和相关检验来确定剩余比特。

3.3.2 多步快速相关分析的具体算法与理论分析

设目标 LFSR 的反馈多项式为一个 F_2 上次数为 L 的多项式 $f(x)$，图 3.3.1 中的相关概率为 $P(a_i=z_i)=p=0.5+\varepsilon$。通过初始状态$(a_0,a_1,\cdots,a_{L-1})$，有

$$(a_0,\cdots,a_{L-1},a_L,\cdots,a_{N-1})=(a_0,\cdots,a_{L-1})\cdot \boldsymbol{G}$$

这里 $\boldsymbol{G}$ 是 F_2 上的一个 $L\times N$ 矩阵

$$\boldsymbol{G}=\begin{pmatrix} g_0^1 & g_1^1 & \cdots & g_{N-1}^1 \\ g_0^2 & g_1^2 & \cdots & g_{N-1}^2 \\ \vdots & \vdots & \ddots & \vdots \\ g_0^L & g_1^L & \cdots & g_{N-1}^L \end{pmatrix}$$

将列向量 $\boldsymbol{g}=(g_i^1,g_i^2,\cdots,g_i^L)^{\mathrm{T}}$ 看作 F_2^L 上的随机向量，这样一共有(期望值)大约 $\Omega^{(1)}=C_N^{t_1}/2^{L-k^{(1)}}$ 个t_1-对$(g_{i_1},g_{i_2},\cdots,g_{i_{t_1}})$满足 $g_{i_1}\oplus\cdots\oplus g_{i_{t_1}}=(x_0^{(1)},x_1^{(1)},\cdots,x_{k^{(1)}-1}^{(1)},0,\cdots,0)$，其中$\oplus$表示比特间的异或，而$(x_0^{(1)},x_1^{(1)},\cdots,x_{k^{(1)}-1}^{(1)})$是一个 $k^{(1)}$ $(k^{(1)}<L)$维向量。对每个这样的 t_1-对，有 $a_{i_1}\oplus a_{i_2}\oplus\cdots\oplus a_{i_{t_1}}=\sum_{j=0}^{k^{(1)}-1}x_j^{(1)}a_j$，可以将其重写为

$$z_{i_1}\oplus z_{i_2}\oplus\cdots\oplus z_{i_{t_1}}=\sum_{j=0}^{k^{(1)}-1}x_j^{(1)}a_j\oplus\sum_{j=1}^{t_1}e_{i_j} \tag{3.3.2}$$

其中 $e_j=a_j\oplus z_j(j=i_1,i_2,\cdots,i_{t_1})$为噪声变量，满足 $P(e_j=0)=0.5+\varepsilon$。注意到，此时如果穷举搜索$(a_0,a_1,\cdots,a_{k^{(1)}-1})$的所有可能值，那么根据式(3.3.2)，有

$$z_{i_1}\oplus z_{i_2}\oplus\cdots\oplus z_{i_{t_1}}\oplus\sum_{j=0}^{k^{(1)}-1}x_j^{(1)}a'_j=\sum_{j=0}^{k^{(1)}-1}x_j^{(1)}(a_j\oplus a'_j)\oplus\sum_{j=1}^{t_1}e_{i_j} \tag{3.3.3}$$

这里 $(a'_0,a'_1,\cdots,a'_{k^{(1)}-1})$ 为$(a_0,a_1,\cdots,a_{k^{(1)}-1})$ 的猜测值。设$\Delta(i_1,i_2,\cdots,i_{t_1})=\sum_{j=0}^{k^{(1)}-1}x_j^{(1)}\cdot(a_j\oplus a'_j)\oplus\sum_{j=1}^{t_1}e_{i_j}$，那么当$(a_0,a_1,\cdots,a_{k^{(1)}-1})$ 猜对时，有 $\Delta(i_1,i_2,\cdots,i_{t_1})=\sum_{j=1}^{t_1}e_{i_j}$，由式(3.2.9) 可知，

$$q^{(1)}=P\left(\sum_{j=1}^{t_1}e_{i_j}=0\right)=\frac{1}{2}+2^{t_1-1}\varepsilon^{t_1} \tag{3.3.4}$$

当$(a_0,a_1,\cdots,a_{k^{(1)}-1})$ 猜错时，有 $\Delta(i_1,i_2,\cdots,i_{t_1})=\sum_{j:a_j\oplus a'_j=1}x_j^{(1)}\oplus\sum_{j=1}^{t_1}e_{i_j}$，由于每个 $x_j^{(1)}$ 都是 t_1 个独立同均匀分布随机变量的异或，则 $P(x_j^{(1)}=0)=P(x_j^{(1)}=1)=0.5$，因此，当$(a_0,a_1,\cdots,a_{k^{(1)}-1})$ 猜错时，$\Delta(i_1,i_2,\cdots,i_{t_1})$ 的分布为 $P(\Delta(i_1,i_2,\cdots,i_{t_1})=0)=0.5$，这明显与式(3.3.4) 中的分布不同。对 $\Omega^{(1)}$ 个形如式(3.3.3) 的校验等式，当$(a_0,a_1,\cdots,a_{k^{(1)}-1})$ 猜对时，

$\sum_{i=1}^{\Omega^{(1)}}(\Delta(i_1,i_2,\cdots,i_{t_1})\oplus 1)$ 服从二项分布$(\Omega^{(1)},q^{(1)})$；否则，其分布为$(\Omega^{(1)},0.5)$。这样，就可以利用这个偏差来淘汰$(a_0,a_1,\cdots,a_{k^{(1)}-1})$的错误猜测。

为了完成上面的分析，需要完成如下任务：将 z_i 代入每个校验方程中，并对每个代入具体值之后的校验方程求值，然后记下 Δ 为 0 的个数。

如果只是按部就班地进行上述步骤，那么其时间复杂度为 $O(2^{k^{(1)}}k^{(1)}\Omega^1)$，这显然将导致一个高复杂度的攻击。因此，按如下方法来完成上述任务。首先，把 $\Omega^{(1)}$ 个校验等式按$(x_0^{(1)},x_1^{(1)},\cdots,x_{k^{(1)}-1}^{(1)})$的取值进行分类，并定义

$$h(x_0^{(1)},x_1^{(1)},\cdots,x_{k^{(1)}-1}^{(1)})=\sum_{\left(x_0^{(1)},x_1^{(1)},\cdots,x_{k^{(1)}-1}^{(1)}\right)}(-1)^{z_{i_1}\oplus z_{i_2}\oplus\cdots\oplus z_{i_{t_1}}}$$

对所有 $\Omega^{(1)}$ 个校验等式中出现的$(x_0^{(1)},x_1^{(1)},\cdots,x_{k^{(1)}-1}^{(1)})$取值。如果某个$(x_0^{(1)},x_1^{(1)},\cdots,x_{k^{(1)}-1}^{(1)})$取值并没有在 $\Omega^{(1)}$ 个校验等式中出现，那么在这一点定义 $h(x_0^{(1)},x_1^{(1)},\cdots,x_{k^{(1)}-1}^{(1)})=0$。这样，就得到了一个函数 $h:F_2^{k^{(1)}}\to R$。考察这个函数的 Walsh 变换：

$$H(\omega)=\sum_{x\in F_2^{k^{(1)}}}h(x)(-1)^{\omega\cdot x}=\sum_{\Omega^{(1)}}(-1)^{z_{i_1}\oplus z_{i_2}\oplus\cdots\oplus z_{i_{t_1}}\oplus\sum_{j=0}^{k^{(1)}-1}\omega_j x_j^{(1)}}=\Omega_0^{(1)}-\Omega_1^{(1)} \tag{3.3.5}$$

其中 $\omega=(\omega_0,\omega_1,\cdots,\omega_{k^{(1)}-1})$，$x=(x_0^{(1)},x_1^{(1)},\cdots,x_{k^{(1)}-1}^{(1)})$，$\Omega_0^{(1)}$ 与 $\Omega_1^{(1)}$ 分别代表求和中得到的 0 和 1 的个数。注意到，当 $\omega=(a_0,a_1,\cdots,a_{k^{(1)}-1})$时，有

$$\sum_{i=1}^{\Omega^{(1)}}(\Delta(i_1,i_2,\cdots,i_{t_1})\oplus 1)=\frac{H(\omega)+\Omega^{(1)}}{2} \tag{3.3.6}$$

因此，对每个猜测值$(a_0',a_1',\cdots,a_{k^{(1)}-1}')$，只须计算一个函数 h 的 Walsh 变换值就可得到 $\Omega^{(1)}$ 个校验等式中 Δ 为 0 的个数。由于有 $2^{k^{(1)}}$ 种猜测，因此，需要计算函数 h 的所有 $2^{k^{(1)}}$ 个 Walsh 变换值。采用快速 Walsh 变换(FWT)[22]可在 $O(2^{k^{(1)}}k^{(1)})$的时间复杂度内一次性计算出函数 h 的所有 $2^{k^{(1)}}$ 个 Walsh 变换值，其空间复杂度为 $O(2^{k^{(1)}})$。再加上事先准备函数 h 的时间 $O(\Omega^{(1)})$，完成上述任务的时间复杂度为 $O(\Omega^{(1)}+2^{k^{(1)}}k^{(1)})$，空间复杂度为 $O(2^{k^{(1)}})$。与 $O(2^{k^{(1)}}k^{(1)}\Omega^1)$相比，这是一个很大的改进。

设置一个门限值 $T^{(1)}$ 来做出决策，即在第 1 步中，当$(H(\omega)+\Omega^{(1)})/2\geqslant T^{(1)}$时接受当前的猜测，否则拒绝这个猜测。这样，一个正确的猜测能够通过检测的概率为

$$P_1^{(1)}=\sum_{i=T^{(1)}}^{\Omega^{(1)}}C_{\Omega^{(1)}}^i(q^{(1)})^i(1-q^{(1)})^{\Omega^{(1)}-i}\to\int_{T^{(1)}}^{\Omega^{(1)}+0.5}\frac{1}{\sqrt{2\pi}\sigma}\mathrm{e}^{-\frac{(x-\mu)^2}{2\sigma^2}}\mathrm{d}x \tag{3.3.7}$$

一个错误的猜测能够通过检测的概率为

$$P_2^{(1)}=\sum_{i=T^{(1)}}^{\Omega^{(1)}}C_{\Omega^{(1)}}^i\left(\frac{1}{2}\right)^{\Omega^{(1)}}\to\int_{T^{(1)}}^{\Omega^{(1)}+0.5}\frac{1}{\sqrt{2\pi}\sigma}\mathrm{e}^{-\frac{(x-\mu')^2}{2\sigma'^2}}\mathrm{d}x \tag{3.3.8}$$

在式(3.3.7)和式(3.3.8)中，门限值 $T^{(1)}$ 由攻击的具体要求来确定。在式(3.3.7)中，$\mu=\Omega^{(1)}\cdot q^{(1)}$ 与 $\sigma=\sqrt{\Omega^{(1)}q^{(1)}(1-q^{(1)})}$ 分别代表了数学期望和标准差；在式(3.3.8)中，$\mu'=0.5\Omega^{(1)}$ 与 $\sigma'=0.5\sqrt{\Omega^{(1)}}$ 分别代表了随机猜错情况下的数学期望和标准差。我们希望通过 $T^{(1)}$ 的选取能控制上述两个概率：期望 $P_1^{(1)}$ 能够非常接近 1，以使得正确猜测能够以高概率

通过检测；同时期望 $P_2^{(1)}$ 能够非常小，这样错误猜测很难通过检测，或者通过检测的错误猜测个数可以得到有效的控制。

根据门限值的选取，下面列出攻击中可能出现的 4 种情况。

情况 1：$P_1^{(1)}>0.99$ 且 $P_2^{(1)}<2^{-k^{(1)}}$。此时正确的猜测几乎肯定能通过检测，而任何一个错误猜测都无法通过检测，这意味着已经完全恢复了初始状态的前 $k^{(1)}$ 个信息比特。

情况 2：$P_1^{(1)}>0.99$ 且 $P_2^{(1)}\approx 2^{-k_1^{(1)}}$，这里 $k_1^{(1)}<k^{(1)}$。此时正确的猜测几乎肯定能通过检测，而同时一些错误猜测也会通过检测，这意味着得到了关于初始状态的前 $k^{(1)}$ 个信息比特的一个候选取值列表。

情况 3：$P_1^{(1)}<0.99$ 且 $P_2^{(1)}<2^{-k^{(1)}}$。此时任何一个错误猜测都无法通过检测，而正确的猜测会以一定的概率通过检测，这意味着在某些情况下可能得不到任何结果。在这种情况下需要重复整个检测几次，以得到正确的结果。

情况 4：$P_1^{(1)}<0.99$ 且 $P_2^{(1)}\approx 2^{-k_1^{(1)}}$，这里 $k_1^{(1)}<k^{(1)}$。此时总会得到一些通过检测的候选者，虽然其中可能有一些错误值。这种情况下会最终得到关于初始状态的一些候选值，这时需要通过一个相关检测来筛掉错误取值。

上面 4 种情况可以根据不同的攻击要求和条件来灵活掌握。如果门限值的选取可以使得情况 1 发生，那么就可以恢复出初始状态的前 $k^{(1)}$ 个信息比特；如果情况 1 的两个条件 $P_1^{(1)}>0.99$ 和 $P_2^{(1)}<2^{-k^{(1)}}$ 无法同时满足，那么可以看一下情况 2 是否可以满足，若情况 2 满足，那么就可以把初始状态前 $k^{(1)}$ 个信息比特的取值压缩到一定范围，这样，就能在下一步拥有很大的灵活性来应用校验等式，虽然此时并不完全知道前 $k^{(1)}$ 个信息比特的取值。这可以大大缩减下一步密钥流的使用量，而且并不影响获得的校验等式的数量。

一旦完成了第 1 步，继续进行下一步来确定初始状态中紧接着的 $k^{(2)}$ 个信息比特。注意，此时已经知道了初始状态的前 $k^{(1)}$ 个信息比特，或者知道了前 $k^{(2)}$ 个信息比特的一个很小的取值范围，可以充分利用这些已知信息来构造一个有效的攻击。根据校验式编排方案，有

$$\begin{aligned}\Delta(j_1,j_2,\cdots,j_{t_2}) &= z_{j_1}\oplus z_{j_2}\oplus\cdots\oplus z_{j_{t_2}}\oplus\sum_{i=0}^{k^{(1)}-1}x'^{(1)}_i a_i\oplus\sum_{j=k^{(1)}}^{k^{(1)}+k^{(2)}-1}x^{(2)}a'_j\\ &=\sum_{j=k^{(1)}}^{k^{(1)}+k^{(2)}-1}x_j^{(2)}\cdot(a_j\oplus a'_j)\oplus\sum_{j=1}^{t_2}e_{i_j}\end{aligned}\tag{3.3.9}$$

这里 $\sum_{i=0}^{k^{(1)}-1}x'^{(1)}_i a_i$ 为已知常数，$(a'_{k^{(1)}},a'_{k^{(1)}+1},\cdots,a'_{k^{(1)}+k^{(2)}-1})$ 为第二个集合中的待定信息比特的猜测值。这一步共应用 $\Omega^{(2)}=C_{N_2}^{t_2}/2^{L-k^{(1)}-k^{(2)}}$ 个校验等式，这里 $N_2<N$ 是第 2 步中使用的密钥流长度。在式(3.3.9)中，如果穷举搜索$(a'_{k^{(1)}},a'_{k^{(1)}+1},\cdots,a'_{k^{(1)}+k^{(2)}-1})$的所有值，并将每个取值代入 $\Omega^{(2)}$ 个校验等式中求值，然后计算 $\Delta(j_1,j_2,\cdots,j_{t_2})$ 为 0 的个数，当猜测值正确时，$\sum_{j=1}^{\Omega^{(2)}}(\Delta(j_1,j_2,\cdots,j_{t_2})\oplus 1)$ 应服从二项分布$(\Omega^{(2)},q^{(2)}=0.5+2^{t_2-1}\varepsilon^{t_2})$，否则，其分布为$(\Omega^{(2)},0.5)$。这样就可以淘汰错误的猜测。

同第 1 步一样，根据$(x_{k^{(1)}}^{(2)},x_{k^{(1)}+1}^{(2)},\cdots,x_{k^{(1)}+k^{(2)}-1}^{(2)})$的取值定义如下函数：

$$h^{(2)}(x_{k^{(1)}}^{(2)},x_{k^{(1)}+1}^{(2)},\cdots,x_{k^{(1)}+k^{(2)}-1}^{(2)})=\sum_{(x_{k^{(1)}}^{(2)},x_{k^{(1)}+1}^{(2)},\cdots,x_{k^{(1)}+k^{(2)}-1}^{(2)})}(-1)^{z_{j_1}\oplus z_{j_2}\oplus\cdots\oplus z_{j_{t_1}}\oplus\sum_{i=0}^{k^{(1)}-1}x_i'^{(1)}a_i}$$

当某个$(x_{k^{(1)}}^{(2)},x_{k^{(1)}+1}^{(2)},\cdots,x_{k^{(1)}+k^{(2)}-1}^{(2)})$取值并未在$\Omega^{(2)}$个校验等式中出现时，令函数$h^{(2)}$在该点取值为 0。还是同前面一样，使用快速 Walsh 变换来对所有$(a_{k^{(1)}},a_{k^{(1)}+1},\cdots,a_{k^{(1)}+k^{(2)}-1})$的猜测值一次性计算出值$\sum_{j=1}^{\Omega^{(2)}}(\Delta(j_1,j_2,\cdots,j_{t_2})\oplus 1)=(H^{(2)}(\omega)+\Omega^{(2)})/2$，这里$H^{(2)}$为$h^{(2)}$的 Walsh 变换，而$\omega=(a'_{k^{(1)}},a'_{k^{(1)}+1},\cdots,a'_{k^{(1)}+k^{(2)}-1})$。

第 2 步的时间复杂度为$O(2^{k^{(2)}}k^{(2)}+\Omega^{(2)})$，空间复杂度为$O(2^{k^{(2)}})$。使用另一个门限值$T^{(2)}$来进行判决，即当某个猜测值使得$(H^{(2)}(a'_{k^{(1)}},a'_{k^{(1)}+1},\cdots,a'_{k^{(1)}+k^{(2)}-1})+\Omega^{(2)})/2\geqslant T^{(2)}$时，接受这个猜测值，并使之进入下一步。与第 1 步不同的是，此步及以后各步只让情况 1 发生，即$P_1^{(i)}>0.99$且$P_2^{(i)}<2^{k^{(i)}}$，$2\leqslant i\leqslant m$。这意味着从第 2 步开始，不允许任何一个错误猜测通过检测。

至此，已经恢复了$k^{(1)}+k^{(2)}$个信息比特，或得到了这些信息比特的一个较小的候选值表。如果剩余的信息比特还很多，以至于穷举搜索这些剩余信息比特并做相关检验的复杂度大于或约等于上面两步的复杂度，还需要再安排一些跟上面两步相同的步骤来降低整个复杂度。在我们的实验和分析中，一般使用三到四步可得到一个足够满意的低复杂度攻击。

算法 3.3.1 给出了一个多步快速相关分析实时处理阶段的完整描述。

实时处理阶段的时间复杂度包括各步处理的复杂度及一个小规模穷举搜索和相关检验的复杂度，空间复杂度为$\max\limits_{1\leqslant i\leqslant m}\max(\Omega^{(i)},2^{k^{(i)}})$。对于一个成功概率超过 99%的算法来说，下面给出了对应于前面列举的 4 种情况的时间复杂度：

(1) 情况 1 的时间复杂度为$O\left(\sum_{i=1}^{m}(\Omega^{(i)}+2^{k^{(i)}}k^{(i)})+2^{L-\sum_{i=1}^{m}k^{(i)}}\varepsilon^{-2}\right)$。

(2) 情况 2 的时间复杂度为$O\left(\Omega^{(1)}+2^{k^{(1)}}k^{(1)}+2^{k^{(1)}-k_1^{(1)}}\cdot\sum_{i=2}^{m}(\Omega^{(i)}+2^{k^{(i)}}k^{(i)})+2^{L-\sum_{i=1}^{m}k^{(i)}}\varepsilon^{-2}\right)$。

(3) 情况 3 的时间复杂度为$O\left(\alpha\cdot\sum_{i=1}^{m}(\Omega^{(i)}+2^{k^{(i)}}k^{(i)})+2^{L-\sum_{i=1}^{m}k^{(i)}}\varepsilon^{-2}\right)$，这里$\alpha$是满足$(1-P_1^{(1)})^{\alpha}<0.01$的最小整数。

(4) 情况 4 的时间复杂度为$O\left(\alpha\cdot\Omega^{(1)}+2^{k^{(1)}}k^{(1)}+2^{k^{(1)}-k_1^{(1)}}\cdot\sum_{i=2}^{m}(\Omega^{(i)}+2^{k^{(i)}}k^{(i)})+2^{L-\sum_{i=1}^{m}k^{(i)}}\varepsilon^{-2}\right)$，这里$\alpha$是满足$(1-P_1^{(1)})^{\alpha}<0.01$的最小整数。

算法 3.3.1　算法 C

参数：$m,t_1,t_2,\cdots,t_m,k^{(1)},k^{(2)},\cdots,k^{(m)},p$。

输入：密钥流$\{z_i\}_{i=0}^{N-1}$及 LFSR 的反馈多项式$f(x)$。

对$i=1,2,\cdots,m$，重复执行下述步骤。

第 1 步：定义函数$h^{(i)}(x_{k^{(i-1)}}^{(i)},x_{k^{(i-1)}+1}^{(i)},\cdots,x_{k^{(i-1)}+k^{(i)}-1}^{(i)})=\sum\limits_{(x_{k^{(i-1)}}^{(i)},x_{k^{(i-1)}+1}^{(i)},\cdots,x_{k^{(i-1)}+k^{(i)}-1}^{(i)})}$

$(-1)^{z_{j_1}\oplus z_{j_2}\oplus\cdots\oplus z_{j_{t_1}}\oplus\sum_{s=0}^{k^{(i-1)}-1}y'_s a_s}$，约定 $k^{(0)}=0$，$\sum_{s=0}^{-1}y'_s a_s=0$。

第 2 步：对所有当前考察的 $k^{(i)}$ 比特的 $2^{k^{(i)}}$ 种猜测，使用 FWT 计算 $\sum_{j=1}^{\Omega(i)}(\Delta\oplus 1)$，这里 $\Omega^{(1)}=C_{N_i}^{t_i}/2^{L-\sum_{j=1}^{i}k^{(j)}}$，而 $N_i\leqslant N$ 为第 i 步使用的密钥流长度。

第 3 步：如果 $\sum_{j=1}^{\Omega(i)}(\Delta\oplus 1)\geqslant T^{(i)}$，那么接受该 $k^{(i)}$ 比特的猜测，并使之进入第 $i+1$ 步，否则，就舍弃该猜测。

第 4 步：如果没有任何一个关于 $k^{(i)}$ 比特段取值的猜测被选中，那么就结束循环，并将整个攻击重启。

第 5 步：如果 $\sum_{i=1}^{m}k^{(i)}<L$，那么穷举搜索剩余的 $L-\sum_{i=1}^{m}k^{(i)}$ 信息比特的所有可能取值，并进行相关检验(使 LFSR 从猜测的状态出发，产生密钥流，然后检查这段产生的密钥流与实际截获的密钥流 $\{z_i\}_{i=0}^{N-1}$ 之间的相关性，接受相关性最大的猜测)。

输出：LFSR 的初始状态。

综上所述，多步快速相关分析具有非常大的灵活性，可以根据需要获得 0～1 的任意成功概率，在可以获得的密钥流长度十分有限的情况下，这一性质的优势更加明显。同时，多步快速相关分析还提供给攻击者极大的自由，他可以根据不同的攻击需要灵活决定门限值，从而在不一定完全知道第一段信息比特的情况下，在下一步可以获得相当多的校验等式。

3.3.3 多步快速相关分析的进一步讨论

除了上面提到的各种性质之外，多步快速相关分析还可应用到图 3.3.1 所示的模型之外的一些情况。例如，如果已知 F_2 上的一系列变量 $s_0,s_1,\cdots,s_{n-1}$ 满足如下方程组

$$\begin{cases}s_0=u_0^{(0)}a_0\oplus u_1^{(0)}a_1\oplus\cdots\oplus u_{m-1}^{(0)}a_{m-1}\oplus e_0\\ s_1=u_0^{(1)}a_0\oplus u_1^{(1)}a_1\oplus\cdots\oplus u_{m-1}^{(1)}a_{m-1}\oplus e_1\\ \quad\vdots\\ s_{n-1}=u_0^{(n-1)}a_0\oplus u_1^{(n-1)}a_1\oplus\cdots\oplus u_{m-1}^{(n-1)}a_{m-1}\oplus e_{n-1}\end{cases}$$

这里二元系数 $u_j^{(i)}(0\leqslant i\leqslant n-1,0\leqslant j\leqslant m-1)$ 均为已知，而 $e_i(0\leqslant i\leqslant n-1)$ 为独立同分布的二元随机变量，且满足 $P(e_i=0)=0.5+\varepsilon(\varepsilon>0)$。我们暂不关心上述方程组是如何得来的，我们的目标是通过这个方程组恢复出 m 个二元变量 $a_0,a_1,\cdots a_{m-1}$。可以看到图 3.3.1 中的模型是这个问题的特殊情况，在图 3.3.1 的模型中系数由生成矩阵 $\boldsymbol{G}$ 导出。

为了解决这个问题，仍然可以采取多步策略，即：首先由上面方程组的系数矩阵 $(u_j^{(i)})_{n\times m}$ 预计算出各步将要采用的校验等式；一旦获得了 $s_0,s_1,\cdots,s_{n-1}$ 的实际观测值，我们像上面的多步快速相关分析一样逐步地确定 m 个二元变量 $a_0,a_1,\cdots a_{m-1}$。值得注意的是形如上面方程组的线性系统存在于一系列序列密码中，如加法生成器[23]、蓝牙二级 E0 算法[24]等。因此，这种分析方法在序列密码分析中具有重要意义。

至此，我们介绍了一种新的快速相关分析思想，并给出了这种分析思想的一个具体实现方法。为了检验多步快速相关分析方法是否优于已有的相关分析方法，通过模拟实验来检

测这种方法的实际性能。表3.3.1中的比较基于一个诸多文献中都采用的LFSR反馈多项式 $1+x+x^3+x^5+x^9+x^{11}+x^{12}+x^{17}+x^{19}+x^{21}+x^{25}+x^{27}+x^{29}+x^{32}+x^{33}+x^{38}+x^{40}$。

表3.3.1清楚地说明多步快速相关分析方法能够充分利用密钥流来译码，从而获得很低的时间复杂度。注意到文献[21]和文献[25]中的分析方法都不能充分利用较长的密钥流（但长度仍在合理范围内）来译码，当密钥流长度加长时，整个攻击的时间复杂度反而会加大，因此，多步快速相关分析方法更符合Shannon充分利用密钥流来译码的思想。为了更好地说明多步快速相关分析方法在时间、空间和预计算复杂度上的优点，将其与目前已知的最好结果进行了全面比较，具体比较结果见表3.3.2。

表3.3.1 与已知最好的两个快速相关分析方法的比较（成功概率>99%）

分析方法	噪声	密钥流长度	时间复杂度
FSE 2001[25]	0.469	$2^{18.6}$	$O(2^{42})$
	0.490	$2^{18.5}$	$O(2^{55})$
EUROCRYPT 2002[21]	0.469	$2^{16.3}$	$O(2^{31})$
	0.490	$2^{16.3}$	$O(2^{40})$
多步快速相关分析方法	0.469	2^{22}	$O(2^{24})$
	0.490	2^{24}	$O(2^{29})$

表3.3.2 与已知的最好结果的全面比较（成功概率>99%）

分 析 方 法	LFSR长度	噪声	密钥流长度	时间复杂度	空间复杂度	预计算复杂度
EUROCRYPT 2002[21]	40	0.469	$2^{16.3}$	$O(2^{31})$	$O(2^{25})$	$O(2^{37})$
	40	0.490	$2^{16.3}$	$O(2^{40})$	$O(2^{35})$	$O(2^{37})$
	89	0.469	2^{28}	$O(2^{44})$	$O(2^{25})$	$O(2^{61})$
多步快速相关分析方法	40	0.469	2^{22}	$O(2^{24})$	$O(2^{23})$	$O(2^{27})$
	40	0.490	2^{24}	$O(2^{29})$	$O(2^{29})$	$O(2^{28})$
	89	0.469	2^{32}	$O(2^{32})$	$O(2^{31})$	$O(2^{37})$

在表3.3.1与表3.3.2中，多步快速相关分析方法攻击长度为40、噪声为0.469的LFSR的各项参数为：$m=2, t_1=t_2=2, N_1=N=2^{22}, N_2=2^{15}, k^{(1)}=20, k^{(2)}=13$，留有7个信息比特通过穷举搜索和相关检验来恢复，其相应的时间复杂度为 $O(2^{24})$，预计算复杂度为 $O(2^{27})$；攻击长度为40、噪声为0.490的LFSR的各项参数为：$m=2, t_1=t_2=2, N_1=N=2^{24}, N_2=2^{18}, k^{(1)}=22, k^{(2)}=11$，留有7个信息比特通过穷举搜索和相关检验来恢复，其相应的时间复杂度为 $O(2^{29})$，预计算复杂度为 $O(2^{29})$；攻击长度为89、噪声为0.469的LFSR的各项参数为：$m=3, t_1=3, t_2=t_3=2, N_1=N=2^{32}, N_2=N_1, N_3=2^{20}, k^{(1)}=k^{(2)}=26, k^{(3)}=24$，留有13个信息比特通过穷举搜索和相关检验来恢复，其相应的时间复杂度为 $O(2^{32})$，预计算复杂度为 $O(2^{37})$。

表3.3.1和表3.3.2表明，多步快速相关分析方法要全面优于目前已知的最好的同类分析方法。具体来讲，与EUROCRYPT 2002公布的结果相比，在攻击同一目标时（相同长度

的 LFSR 和同样的噪音)，多步快速相关分析方法在时间、空间和预计算复杂度方面均优于 EUROCRYPT 2002 的结果，而多步快速相关分析方法所用的密钥流长度虽较大，但仍在实际可以轻易截获的范围内。从另一个角度来讲，多步快速相关分析方法以有限增加的密钥流长度为代价，换来了整体攻击效果的大大优化，这使得原来只是理论分析的一些结果变得实际可行，如在对长度为 89、噪声为 0.469 的 LFSR 进行攻击时，EUROCRYPT 2002 需要的预计算复杂度为 $O(2^{61})$，而相应的多步快速相关分析方法的复杂度仅为 $O(2^{37})$。

表 3.3.3 给出了多步快速相关分析方法应用的两个算例。注意到多步快速相关分析方法对 LFSR 的反馈多项式的汉明重量没有限制，表 3.3.3 中的两个算例从没有在以往的文献中得到讨论。攻击长度为 103、噪声为 0.469 的 LFSR 的各项参数为：$m=4, t_1=t_2=3, t_3=t_4=2, N_1=N=2^{36}, N_2=N_3=2^{39}, N_4=2^{17}, k^{(1)}=29, k^{(2)}=21, k^{(3)}=26, k^{(4)}=25$，留有 2 个信息比特通过穷举搜索和相关检验来恢复，其相应的时间复杂度为 $O(2^{34})$，预计算复杂度为 $O(2^{41})$；攻击长度为 61、噪声为 0.499 的 LFSR 的各项参数为：$m=3, t_1=t_2=t_3=2, N_1=N=2^{31}, N_2=2^{25}, N_3=2^{19}, k^{(1)}=29, k^{(2)}=12, k^{(3)}=11$，留有 9 个信息比特通过穷举搜索和相关检验来恢复，其相应的时间复杂度为 $O(2^{34})$，预计算复杂度为 $O(2^{36})$。

表 3.3.3 多步快速相关分析方法的应用算例分析(成功概率>99%)

LFSR 长度	噪声	密钥流长度	时间复杂度	空间复杂度	预计算复杂度
103	0.469	2^{36}	$O(2^{34})$	$O(2^{31})$	$O(2^{41})$
61	0.499	2^{31}	$O(2^{34})$	$O(2^{29})$	$O(2^{36})$

通过上述分析表明，与已知的同类方法相比，多步快速相关分析方法具有如下优点：

(1) 大大降低了实时处理的时间复杂度和实际可获得的空间复杂度。

(2) 大大降低了预计算时间复杂度和合理的预计算空间复杂度，同时并不加大实时处理的时间复杂度。

(3) 理论上的可分析性和实用中的灵活性融为一体，不但具有很重要的理论意义，而且具有很强的实用性。

总之，多步快速相关分析方法可以在时间、存储、数据和预计算复杂度之间获得一个目前已知的最好的平衡，而且它还能用来解大型的线性含错方程，这对许多序列密码的分析具有重要意义。

3.4 条件相关分析方法

前面几节介绍的相关分析方法充分利用了序列密码在其产生的密钥流与某些源序列的输出之间的一些统计上的偏差关系。文献[5]和[7]中将相关分析的概念扩展到条件相关分析，即在给定的某个非线性函数的(短的)输出模式的条件下考察输入的线性相关性。在文献[8]中，进一步一般化了条件相关性的概念，为其赋予了对偶的意义，也就是，在服从均匀分布的未知(或部分未知)输入的条件下考察一个任意函数的输出的相关性，未知(或部分未知)输入称作条件向量。通常，条件向量是与某一密钥相关的数据或材料，并且如果存在一个好的条件相关性，则攻击者可期望对正确的密钥将观察到有偏差的样本序列，对错误的候选密钥将观察到无偏差的样本序列。这样，在给定由条件向量的猜测值和某一公开信息导出的一个样本序列库的情况下，区分器可被用来恢复秘密密钥。文献[9]中提出了一种新的基于条件掩码的条件相关分析方法，该方法只基于条件向量的一个子集的相关性，而文献[8]中的方法基于整个条件向量的相关性。本节重点介绍文献[5]中提出的基于条件线性逼近的条件相关分析方法和文献[9]中提出的基于条件掩码的条件相关分析方法。

3.4.1　基于条件线性逼近的条件相关分析方法

本节主要分析图1.4.2所示的滤波生成器。设LFSR的长度为k，滤波函数f的输入变量的个数为n。设$\boldsymbol{x}=(x_1,x_2,\cdots,x_n)\in F_2^n$，用$\boldsymbol{x}^{\mathrm{T}}$表示$\boldsymbol{x}$的转置。

定义3.4.1　设$f:F_2^n\rightarrow F_2$是一个非线性滤波函数，则f的m阶增量函数$\boldsymbol{f}^m:F_2^{n+m-1}\rightarrow F_2$定义为

$$\boldsymbol{f}^m(x_1,x_2,\cdots,x_{n+m-1})=(f(x_1,x_2,\cdots,x_n),f(x_2,x_3,\cdots,x_{n+1}),\cdots,f(x_m,x_{m+1},\cdots,x_{n+m-1}))$$

这里只讨论$n+m-1\leqslant k$这种情况。

定义3.4.2　设$f:F_2^n\rightarrow F_2$是一个非线性滤波函数，$\boldsymbol{f}^m:F_2^{n+m-1}\rightarrow F_2$是$f$的$m$阶增量函数。对$\boldsymbol{y}\in F_2^m$和$\boldsymbol{c}\in F_2^{n+m-1}$，函数$f$的条件线性逼近定义为

$$\lambda_f^m(\boldsymbol{y},\boldsymbol{c})=|P(<\boldsymbol{x},\boldsymbol{c}>=0\mid \boldsymbol{f}^m(\boldsymbol{x})=\boldsymbol{y})-0.5|$$

这里$<\boldsymbol{x},\boldsymbol{c}>$表示两个向量的内积，$\boldsymbol{x}\in F_2^{n+m-1}$。函数$f$的最大条件线性逼近定义为

$$\Lambda^m(f)=\max\{\lambda_f^m(\boldsymbol{y},\boldsymbol{c})\mid \boldsymbol{y}\in F_2^m,\boldsymbol{c}\in F_2^{n+m+1},\boldsymbol{c}\neq \boldsymbol{0}\}$$

假定$\lambda_f^m(\boldsymbol{y},\boldsymbol{c})=p$，$\boldsymbol{x}=(x_1,x_2,\cdots,x_{n+m-1})$，$\boldsymbol{c}=(c_1,c_2,\cdots,c_{n+m-1})$，则下列等式

$$<\boldsymbol{x},\boldsymbol{c}>=\sum_{i=1}^{n+m-1}c_ix_i=0 \tag{3.4.1}$$

成立的条件概率是$0.5\pm p$。不失一般性，可假定这个条件概率为$0.5+p$，否则，通过取其补仍可找到条件概率为$0.5+p$且满足式(3.4.1)的向量。因为每个x_i都可以表示成初始值的一个线性组合，可建立具有条件概率$0.5+p$的如下线性等式：

$$\sum_{i=1}^{k}a_i\alpha_i=0 \tag{3.4.2}$$

其中初始值$(\alpha_1,\alpha_2,\cdots,\alpha_k)$是未知的，$(a_1,a_2,\cdots,a_k)$由LFSR的联结多项式确定。

定理3.4.1　对$\boldsymbol{y}\in F_2^m$，$\boldsymbol{c}\in F_2^{n+m-1}$，记$\boldsymbol{y}_0^*=(\boldsymbol{y},0)$，$\boldsymbol{y}_1^*=(\boldsymbol{y},1)\in F_2^{m+1}$，$\boldsymbol{c}^*=(\boldsymbol{c},0)\in F_2^{n+m}$，则对任何函数$f:F_2^n\rightarrow F_2$，有

$$\lambda_f^m(\boldsymbol{y},\boldsymbol{c})\leqslant\max\{\lambda_f^{m+1}(\boldsymbol{y}_0^*,\boldsymbol{c}^*),\lambda_f^{m+1}(\boldsymbol{y}_1^*,\boldsymbol{c}^*)\}$$

证明：对$\boldsymbol{x}\in F_2^{n+m-1}$，记$\boldsymbol{x}^*=(\boldsymbol{x},x_{n+m})\in F_2^{n+m}$。设

$$A=\{\boldsymbol{x}^*\in F_2^{n+m}\mid \boldsymbol{f}^{m+1}(\boldsymbol{x}^*)=\boldsymbol{y}_0^*\}$$

$$B=\{\boldsymbol{x}^*\in F_2^{n+m}\mid \boldsymbol{f}^{m+1}(\boldsymbol{x}^*)=\boldsymbol{y}_1^*\}$$

$$U=\{\boldsymbol{x}^*\in F_2^{n+m}\mid \boldsymbol{f}^{m}(\boldsymbol{x})=\boldsymbol{y}\}$$

则$U=A\cup B$，$A\cap B=\varnothing$。

设

$$S=\{\boldsymbol{x}^*\in F_2^{n+m}\mid <\boldsymbol{x}^*,\boldsymbol{c}^*>=0,f^{m+1}(\boldsymbol{x}^*)=\boldsymbol{y}_0^*\}$$

$$T=\{\boldsymbol{x}^*\in F_2^{n+m}\mid <\boldsymbol{x}^*,\boldsymbol{c}^*>=0,f^{m+1}(\boldsymbol{x}^*)=\boldsymbol{y}_1^*\}$$

$$u = P(<\boldsymbol{x},\boldsymbol{c}>=0 \mid \boldsymbol{f}^m(\boldsymbol{x})=\boldsymbol{y})$$
$$s = P(<\boldsymbol{x}^*,\boldsymbol{c}^*>=0 \mid \boldsymbol{f}^m(\boldsymbol{x}^*)=\boldsymbol{y}_0^*)$$
$$t = P(<\boldsymbol{x}^*,\boldsymbol{c}^*>=0 \mid \boldsymbol{f}^m(\boldsymbol{x}^*)=\boldsymbol{y}_1^*)$$

则

$$u=\frac{|S|+|T|}{|U|},\quad s=\frac{|S|}{|A|},\quad t=\frac{|T|}{|B|}$$

因此，

$$u=s\cdot\frac{|A|}{|U|}+t\cdot\frac{|B|}{|U|}=sp+t(1-p)$$

这样就有

$$\min\{s,t\}\leqslant u\leqslant \max(s,t)$$

由定理 3.4.1 可得到如下推论。

推论 3.4.1 对任何滤波函数 f，都有

$$\Lambda^m(f)\leqslant \Lambda^{m+1}(f),\quad m\geqslant 1$$

推论 3.4.1 意味着 $\Lambda^m(f)$ 随着 m 的增加而增加。下面证明 $\Lambda^m(f)$ 收敛到 1/2。

定义 3.4.3 设 $f:F_2^n\to F_2$ 是一个非线性滤波函数，$\boldsymbol{f}^m:F_2^{n+m-1}\to F_2^m$ 是 f 的 m 阶增量函数。对 $\boldsymbol{y}\in F_2^m$，设 r 是经由 f 产生 $\boldsymbol{y}$ 的 $\boldsymbol{f}^m$ 的输入的个数，则 $\boldsymbol{y}$ 的增量矩阵定义为如下的 $r\times(n+m-1)$ 矩阵 $\boldsymbol{A}_y$：

$$\boldsymbol{A}_y=\begin{bmatrix} x_{1,1} & x_{1,2} & \cdots & x_{1,n+m-1}\\ x_{2,1} & x_{2,2} & \cdots & x_{2,n+m-1}\\ \vdots & \vdots & \ddots & \vdots\\ x_{r,1} & x_{r,2} & \cdots & x_{r,n+m-1}\end{bmatrix}$$

这里 $\boldsymbol{f}^m(x_{i,1},x_{i,2},\cdots,x_{i,n+m-1})=\boldsymbol{y}$，$1\leqslant i\leqslant r$。

设 $\boldsymbol{C}_j^{\mathrm{T}}=(x_{1,j},x_{2,j},\cdots,x_{r,j})\in F_2^r$，$1\leqslant j\leqslant n+m-1$，则下列矩阵 $\boldsymbol{A}_y^*$ 是一个 $r\times(n+m)$ 矩阵：

$$\boldsymbol{A}_y^*=[\boldsymbol{C}_1\boldsymbol{C}_2\cdots\boldsymbol{C}_{n+m-1}\boldsymbol{1}]$$

这里 $\boldsymbol{1}^{\mathrm{T}}=(1,1,\cdots,1)\in F_2^r$。

定理 3.4.2 如果对某一 $\boldsymbol{y}\in F_2^m$，有 $\mathrm{rank}(\boldsymbol{A}_y^*)<n+m$，则

$$\Lambda^m(f)=\frac{1}{2}$$

证明：由定义 3.4.3 可知，如果对某一 $\boldsymbol{y}\in F_2^m$，有 $\mathrm{rank}(\boldsymbol{A}_y^*)<n+m$，则齐次线性方程组 $\boldsymbol{A}_y^*\cdot\boldsymbol{c}^*=\boldsymbol{0}$，$\boldsymbol{c}^*=(\boldsymbol{c},c_{n+m})\in F_2^{n+m}$，$\boldsymbol{0}^{\mathrm{T}}=(0,0,\cdots,0)\in F_2^r$ 有非零解，仍可将这个非零解记为 $\boldsymbol{c}^*=(\boldsymbol{c},c_{n+m})$。如果 $c_{n+m}=0$，此时 $\boldsymbol{c}$ 不全为零，则由定义 3.4.2 有 $\lambda_f^m(\boldsymbol{y},\boldsymbol{c})=\frac{1}{2}$，因此，$\Lambda^m(f)=\frac{1}{2}$；如果 $c_{n+m}=1$，$\boldsymbol{c}$ 一定不全为零，否则，导致“1=0”的矛盾，此时

$$\begin{aligned}\lambda_f^m(\boldsymbol{y},\boldsymbol{c})&=|P<\boldsymbol{x},\boldsymbol{c}>=0\mid \boldsymbol{f}^m(\boldsymbol{x})=\boldsymbol{y})-0.5|\\&=|P(<\boldsymbol{x},\boldsymbol{c}>=1\mid \boldsymbol{f}^m(\boldsymbol{x})=\boldsymbol{y})-0.5|=\frac{1}{2}\end{aligned}$$

因此，$\Lambda^m(f)=\frac{1}{2}$。

如果函数 f 产生一个二元随机序列，则在定义 3.4.3 中的 r 的平均值是 2^{n-1}，而且不会超过 2^n。此时 r 与 m 无关，但 $\boldsymbol{A}_y$ 的秩与 m 密切相关，因此，可断定对某一 m，存在 $\boldsymbol{y}\in F_2^m$，使得 $\text{rank}(\boldsymbol{A}_y^*)<n+m$，这样由定理 3.4.2 可推得如下结论。

定理 3.4.3 对任何产生一个二元随机序列的滤波函数 f，存在某一 m，使得

$$\Lambda^m(f)=\frac{1}{2}$$

由定理 3.4.3 可知，在密钥流序列与它们的相应输入比特或其线性组合之间总是存在一个强的相关性。例 3.4.1 也说明了这一点。

例 3.4.1 考虑下列 5 个滤波函数：

$$f_1(x_1,x_2,x_3,x_4,x_5)=x_1x_2\oplus x_3x_4\oplus x_5$$

$$f_2(x_1,x_2,x_3,x_4,x_5)=x_1\oplus x_2\oplus(x_1\oplus x_3)(x_2\oplus x_4\oplus x_5)\oplus(x_1\oplus x_4)(x_2\oplus x_3)x_5$$

$$f_3(x_1,x_2,x_3,x_4,x_5,x_6)=1\oplus x_5\oplus x_6\oplus x_1x_2x_5\oplus x_1x_3x_4x_5$$

$$f_4(x_1,x_2,x_3,x_4,x_5,x_6,x_7)=(1\oplus x_6x_7\oplus x_5x_6x_7)x_1\oplus(1\oplus x_6\oplus x_6x_7\oplus x_5x_6x_7)x_2\oplus(1\oplus x_7\oplus x_6x_7)x_3\oplus(x_6\oplus x_7\oplus x_6x_7)x_4$$

$$f_5(x_1,x_2,x_3,x_4,x_5,x_6,x_7)=x_1x_2\oplus x_3x_4\oplus x_5x_6\oplus x_7$$

可验证，f_1 和 f_5 是半 Bent 函数，f_2 是 1 阶相关免疫函数，f_4 是 2 阶相关免疫函数。

表 3.4.1 表明，每个函数的条件线性逼近 $\Lambda^m(f_i)$ 随着 m 的增加逼近 0.5 并迅速达到 0.5。从表 3.4.1 中也可以看出，条件线性逼近的增长似乎依赖于函数的代数正规型形式，而不依赖于函数的密码学性质(如代数次数、非线性度、相关免疫阶等)。

表 3.4.1 5 个滤波函数的条件线性逼近

$\Lambda^m(\cdot)$	n	m							
		1	2	3	4	5	6	7	8
f_1	5	0.13	0.25	0.38	0.44	0.44	0.50	0.50	0.50
f_2	5	0.27	0.40	0.50	0.50	0.50	0.50	0.50	0.50
f_3	6	0.38	0.44	0.44	0.50	0.50	0.50	0.50	0.50
f_4	7	0.19	0.19	0.24	0.30	0.38	0.39	0.47	0.50
f_5	7	0.06	0.13	0.19	0.28	0.28	0.33	0.38	0.41

如果式(3.4.1)以概率 $0.5+p$(接近 1) 成立，此时滤波函数产生一个特定的输出模式，那么就能构造相应的线性等式(3.4.2)，可用来找到 LFSR 的初始值。下面给出对非线性滤波生成器的一个攻击算法[5]。

算法 3.4.1

Ⅰ. 预处理阶段。

计算 $D=\{\boldsymbol{y}\in F_2^m \mid \lambda_f^m(\boldsymbol{y},\boldsymbol{c}_y)>p$，对某一 $\boldsymbol{c}_y\in F_2^{n+m-1}$，$\boldsymbol{c}_y\neq\boldsymbol{0}\in F_2^{n+m-1}\}$。

Ⅱ. 实时处理阶段(也称实时攻击阶段)。

第 1 步：通过观察密钥流序列找到 $\boldsymbol{y}\in D$。

第 2 步：使用 $\boldsymbol{c}_y$ 获得线性等式(3.4.2)。

第 3 步：重复第 1 步和第 2 步 l 次。

第 4 步：随机选择 l 个等式中的 k 个并求解这个关于 k 个未知量的线性序列导致的方程组。

第 5 步：测试从第 4 步获得的可能的解，看它们是否产生了正确的密钥流。如果有一个正确的解，就终止；否则，转向第 4 步。

通常情况下，第 3 步的 l 在 $2k$ 和 $3k$ 之间，最耗时的工作是第 4 步和第 5 步的迭代。迭代复杂度依赖于概率 $q=0.5+p$。用类似于 3.2 节中的方法，尝试的期望数是 r^{-1}，这里

$$r=\left(\frac{ql}{l}\right)\left(\frac{ql-1}{l-1}\right)\cdots\left(\frac{ql-k+1}{l-k+1}\right)\geqslant\left(\frac{ql-k+1}{l-k+1}\right)^k$$

攻击需要的密钥流长度依赖于 D 中的元素个数，记 $s=|D|$。也就是说，如果输出序列是均匀的，则攻击成功需要的密钥流序列的长度是 $2^m\times\frac{l}{s}$。

因为 $|\{\boldsymbol{x}\mid \boldsymbol{f}^m(\boldsymbol{x})=\boldsymbol{y}\}|$ 的平均值是 2^{n-1}，所以预处理阶段的复杂度是 $2^{n+m-1}\times 2^m\times 2^{n-1}=2^{2n+2m-2}$。另一方面，当 $n-2\leqslant m\leqslant n+2$ 时，大部分滤波函数的条件线性逼近接近 0.45，所以预处理的复杂度是 2^{4n-2}。此外，因为 LFSR 的长度通常大于 n 的两倍，所以条件 $n+m-1\leqslant k$ 不是太苛刻。

算法 3.4.1 使得攻击大部分非线性滤波生成器成为可能。对一个固定的非线性生成器，上述分析方法成功的可能性依赖于输入变量和具有高的条件线性逼近的增量函数的输出变量的个数。如果 n 太大，则预处理计算是不可行的。因此，建议选取汉明重量足够小的向量 $\boldsymbol{c}$。用这种策略，可以攻击大部分滤波生成器。例如，如果考虑使用例 3.4.1 中的非线性函数 f_3[26]的滤波生成器，则我们已经观察到 $\Lambda^4(f_3)=0.5$。此时，最大的条件逼近是 0.5，第 4 步和第 5 步仅被执行一次，这意味着这样的滤波生成器很容易被破解。如果考虑一个滤波函数的输入抽头不是等间隔的滤波生成器[27]，则上述攻击的复杂度将增加。

3.4.2 基于条件掩码的条件相关分析方法

本节重点结合蓝牙二级(Bluetooth Two-Level)E0 算法介绍基于条件掩码的条件相关分析方法[9]。

1. 蓝牙二级 E0 算法

E0 的秘密密钥 K 的长度为 128 位，初始向量 IV 的长度为 74 位，其核心是一个具有 4 位记忆的和生成器的修改[28]。E0 的密钥流生成器由长度分别为 25 位、31 位、33 位和 39 位的 4 个规则钟控 LFSR 组成，其输出通过一个带有 4 位记忆的有限状态机(Finite State Machine，FSM)来组合。

用 $B_t=(b_t^1,b_t^2,b_t^3,b_t^4)\in F_2^4$ 表示 4 个 LFSR 在时刻 t 的输出比特，用 $X_t=(c_{t-1},c_t)=(c_{t-1}^1,c_{t-1}^0,c_t^1,c_t^0)\in F_2^4$ 表示 4 位的记忆，用 z_t 表示密钥流比特。将 X_t 和 B_t 作为输入，执行下列步骤：

(1) 计算 $z_t=b_t^1\oplus b_t^2\oplus b_t^3\oplus b_t^4\oplus c_t^0$。

(2) 计算 $s_{t+1}=(s_{t+1}^1,s_{t+1}^0)\in F_2^2$,$s_{t+1}$是不大于$(b_t^1+b_t^2+b_t^3+b_t^4+2c_t^1+c_t^0)/2$的最大整数的二进制表示,记为

$$s_{t+1}=(s_{t+1}^1,s_{t+1}^0)=\left\lfloor\frac{b_t^1+b_t^2+b_t^3+b_t^4+2c_t^1+c_t^0}{2}\right\rfloor$$

(3) 计算 $c_{t+1}^0=s_{t+1}^0\oplus c_t^0\oplus c_{t-1}^1\oplus c_{t-1}^0$,$c_{t+1}^1=s_{t+1}^1\oplus c_t^1\oplus c_{t-1}^0$。

(4) 将(c_t,c_{t+1})的值赋给 X_{t+1},即 $X_{t+1}=(c_t,c_{t+1})=(c_t^1,c_t^0,c_{t+1}^1,c_{t+1}^0)\in F_2^4$。

(5) 更新 4 个 LFSR。

容易看到,4 个 LFSR 等价于一个 128b 长的 LFSR,其输出比特 R_t 是 4 个基本的 LFSR 的输出的异或,即 $R_t=b_t^1\oplus b_t^2\oplus b_t^3\oplus b_t^4$,因此,$z_t=R_t\oplus c_t^0$。

接下来,介绍蓝牙二级 E0 算法,见图 3.4.1。时间常数 t 和 t'分别指 E0 算法的第一级和第二级的内容,分别用 α_t、$\beta_{t'}$表示 c_t^0、$c_{t'}^0$。

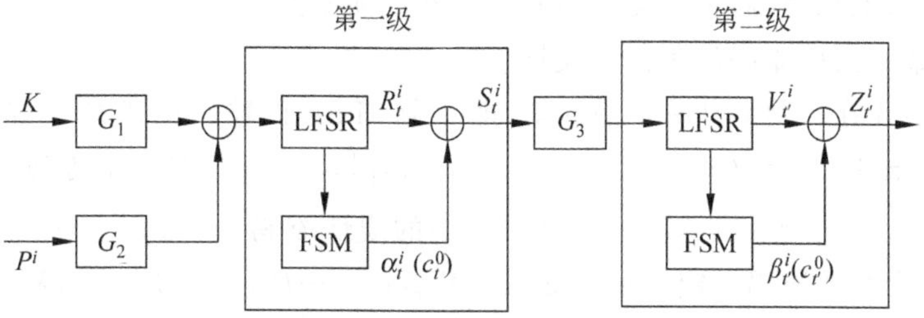

图 3.4.1 蓝牙二级 E0 算法

在第一级中,LFSR 的初态预置为全 0,给定秘密密钥 K 和初始向量 $\mathrm{IV}=P^i$(P^i 包括了 26b 的计数器和某一依赖于用户的常数),LFSR 线性地进行初始化,即

$$R^i_{[-199,-198,\cdots,-72]}=(R^i_{-199},R^i_{-198},\cdots,R^i_{-72})=G_1(K)\oplus G_2(P^i)$$

这里的 G_1 和 G_2 是 F_2^{128} 上的公开的仿射变换。下面,总是用上标 i 指示第 i 帧(frame)。FSM 的初始 4b 记忆都置为 0。在钟控 200 次 E0 算法后,只保留最后产生的 128b 输出:

$$S^i_{[-127,-126,\cdots,0]}=R^i_{[-127,-126,\cdots,0]}\oplus\alpha^i_{[-127,-126,\cdots,0]}$$

设 $\boldsymbol{M}$ 是等价的 LFSR 在 F_2^{128} 上的状态转移矩阵,即 $R^i_{[-127,-127,\cdots,0]=}=\boldsymbol{M}^{72}(R^i_{[-199,-198,\cdots,-72]})$。因为 G_1、G_2 和 $\boldsymbol{M}$ 都是线性函数,所以 R_t^i 的最后 128b 可写为

$$R^i_{[-127,-127,\cdots,0]}=(\boldsymbol{M}^{72}\circ G_1)(K)\oplus(\boldsymbol{M}^{72}\circ G_2)(P^i)$$

在第二级中,$S^i_{[-127,-126,\cdots,0]}$通过一个字节仿射变换 $G_3:F_2^{128}\to F_2^{128}$ 后初始化 4 个 LFSR,这个过程可表示为$V^i_{[1,2,\cdots,128]}=G_3(S^i_{[-127,-126,\cdots,0]})$。FSM 的初始状态与第一级结束时的 FSM 的状态保持一致。然后 E0 产生第 i 帧的密钥流:

$$z^i_{t'}=V^i_{t'}\oplus\beta^i_{t'},\quad t'=1,2,\cdots,2745$$

2. E0 组合器的相关性

下面研究 $E0$ 组合器的无条件相关性和条件相关性。

定义 3.4.4 随机二元变量 X 的相关性或偏差定义为$\varepsilon(X)=P(X=1)-P(X=0)$。有时也将相关性定义为$\varepsilon(X)=P(X=0)-P(X=1)$,二者之间只差一个符号。

设 $\Omega(a,(\omega,u))$表示相关性 $\varepsilon(a\cdot s_{t+1}\oplus\omega\cdot c_t\oplus u\cdot B_t)$,其中 $a\in F_2^2$,$u\in F_2^4$,$\omega\in F_2^2$,

B_t 表示 4 个 LFSR 在时刻 t 的输出比特。由 E0 组合器的结构可知，s_{t+1} 关于每个 b_t^i 都是对称的，并且只依赖于 B_t 的汉明重量，记为 $\mathrm{wt}(B_t)$，也记为 $W_H(B_t)$。

关于 E0 组合器的无条件相关性的计算，可直接推得如下定理。

定理 3.4.4 设 $h:(x^1,x^0)\to(x^0,x^1\oplus x^0)$ 是 F_2^2 上的一个置换，且

$$\delta((a_1,u_1),(a_2,u_2),\cdots,(a_{d-1},u_{d-1}),a_d)$$
$$=\varepsilon(a_1\cdot c_1\oplus u_1\cdot B_1\oplus\cdots\oplus a_{d-1}\cdot c_{d-1}\oplus u_{d-1}\cdot B_{d-1}\oplus a_d\cdot c_d)$$

其中 $a_1,a_2,\cdots,a_d\in F_2^2$，$u_1,u_2,\cdots,u_{d-1}\in F_2^4$。如果 FSM 的初始状态是均匀分布的，则

$$\delta((a_1,u_1),(a_2,u_2),\cdots,(a_{d-1},u_{d-1}),a_d)$$
$$=-\sum_{\omega\in F_2^2}\Omega(a_d,(\omega,u_{d-1}))\cdot\delta((a_1,u_1),(a_2,u_2),\cdots,(a_{d-3},u_{d-3}),$$
$$(a_{d-2}\oplus h(a_d),u_{d-2}),a_{d-1}\oplus a_d\oplus\omega)$$

定理 3.4.4 是文献[29-30]中有关公式的一般化，它可以无一遗漏地计算 E0 组合器的所有无条件相关性，例如，它涵盖了文献[24]中介绍的所有结果。

下面讨论基于条件掩码的条件相关性。

E0 中的 FSM 在时刻 t 有两个输入集，即 4 个 LFSR 的输出比特 $B_t=(b_t^1,b_t^2,b_t^3,b_t^4)$和 4 个记忆寄存器比特 $X_t=(c_{t-1},c_t)=(c_{t-1}^1,c_{t-1}^0,c_t^1,c_t^0)$。考虑 l 个连续时刻，并设 $\gamma=(\gamma_0,\gamma_1,\cdots,\gamma_{l-1})\in F_2^l$ 是一个满足 $\gamma_0=\gamma_{l-1}=1$ 的线性掩码，$\bar{\gamma}=(\gamma_{l-1},\gamma_{l-2},\cdots,\gamma_0)$表示 γ 的逆序，也是一个线性掩码。定义输入 $\boldsymbol{B}_{t+1}=B_{t+1}B_{t+2}\cdots B_{t+l-2}\in F_2^{4(l-2)}$，$X_{t+1}=(c_t,c_{t+1})\in F_2^4$ 和 $C_t=(c_t^0,c_{t+1}^0,\cdots,c_{t+l-1}^0)$，则在条件 $\boldsymbol{B}_{t+1}$ 之下可良性地定义函数 $h_{\boldsymbol{B}_{t+1}}^{\gamma}:X_{t+1}\to\gamma\cdot C_t$。这是因为 c_t^0 和 c_{t+1}^0 已经包含在 X_{t+1} 之中，可利用 $\boldsymbol{B}_{t+1}$ 和 X_{t+1} 计算 $c_{t+2}^0,c_{t+3}^0,\cdots,c_{t+l-1}^0$。实际上对 γ 要求 $\gamma_0=\gamma_{l-1}=1$，也是为了保证 $\boldsymbol{B}_{t+1}$ 和 X_{t+1} 的知识对计算 $\gamma\cdot C_t$ 是必要和充分的。研究表明[8]，给定 $\boldsymbol{B}_{t+1}$ 之后，$\gamma\cdot C_t$ 对适当选择的线性掩码 γ 有很大的相关性或偏差。

现在考虑函数 $h_{\boldsymbol{B}_{t+1}}^{\gamma}:X_{t+1}\to\gamma\cdot C_t$。利用 $\boldsymbol{B}_{t+1}$ 和 X_{t+1} 的知识，可以递归地计算 C_t。通过搜索 X_{t+1} 的所有的可能值，可以很容易地计算出偏差 $\varepsilon(h_{\boldsymbol{B}_{t+1}}^{\gamma})$。对 $\boldsymbol{B}_{t+1}$ 的不同值，偏差 $\varepsilon(h_{\boldsymbol{B}_{t+1}}^{\gamma})$ 也许是不同的，然而其平均值 $E[\varepsilon(h_{\boldsymbol{B}_{t+1}}^{\gamma})]$ 在分析中是一个很好的估计。

定义 3.4.5 设 ξ 是一个任意集合，给定函数 $f:\xi\to F_2^r$，$X\in\xi$ 是均匀分布的，$f(X)$的分布 D_f 是

$$D_f(a)=\frac{|\{X\in\xi\mid f(X)=a\}|}{|\xi|}$$

对所有的 $a\in F_2^r$。一个分布 D_f 的平方欧几里得非平衡(Squared Euclidean Imbalance，SEI)[31]定义为

$$\Delta(D_f)=2^r\sum_{a\in F_2^r}\left(D_f(a)-\frac{1}{2^r}\right)^2$$

SEI 度量了目标分布和均匀分布之间的距离。特别地，当 $r=1$ 时，有 $\Delta(D_f)=\varepsilon(D_f)^2$。为简单起见，下面用 $\varepsilon(f)$、$\Delta(f)$分别表示 $\varepsilon(D_f)$、$\Delta(D_f)$。类似地，$E[\Delta(h_{\boldsymbol{B}})]$可被用来度量条件相关性。

定义 3.4.6 给定一个函数 $h:F_2^u\times F_2^v\to F_2^r$，输入是 $\boldsymbol{B}\in F_2^u$，$X\in F_2^v$，$\boldsymbol{B}$ 是与密钥相关的部分和可能的条件向量。设 $\boldsymbol{B}=(b_0,b_1,\cdots,b_{u-1})\in F_2^u$，$\lambda=(\lambda_0,\lambda_1,\cdots,\lambda_{u-1})\in F_2^u$，$\mathrm{supp}(\lambda)=$

$\{0 \leqslant i \leqslant u-1 \mid \lambda_i = 1\} = \{l_1, l_2, \cdots, l_m\}$（按从小到大排序，即 $l_j < l_{j+1}, 1 \leqslant j \leqslant m-1$）。则由 λ 定义的 $\boldsymbol{B}$ 的缩小向量是 $\boldsymbol{B}' = (b_{l_1}, b_{l_2}, \cdots, b_{l_m}) \in F_2^m$，$\boldsymbol{B}'$ 称为由 λ 定义的 $\boldsymbol{B}$ 的条件向量，λ 称为 $\boldsymbol{B}$ 的条件掩码。将 $\boldsymbol{B}$ 的其他比特形成的向量记为 $\boldsymbol{B}^* \in F_2^{u-m}$，$\boldsymbol{B}^*$ 称为 $\boldsymbol{B}'$ 的补。如果定义补操作"\"，则有 $\boldsymbol{B}^* = \boldsymbol{B} \backslash \boldsymbol{B}'$。

给定一个函数 $f: F_2^u \times F_2^v \rightarrow F_2^r$，设 $f_{\boldsymbol{B}}(X) = f(\boldsymbol{B}, X)$，$\boldsymbol{B} \in F_2^u$，$X \in F_2^v$，每当 $\boldsymbol{B}$ 给定时，用 $f_{\boldsymbol{B}}(\cdot)$ 来代替 $f(\boldsymbol{B}, \cdot)$。当给定 $\boldsymbol{B}$ 的一个子集时也可以用类似的方式来表示。

定义 3.4.6 表明，攻击者也许不使用全部向量作为条件，而是仅仅搜索由掩码 λ 定义的 $\boldsymbol{B}$ 的子集条件下的相关性。在 E0 的分析中，$\boldsymbol{B}_{t+1}$ 是与密钥相关的输入。给定条件掩码 $\lambda = (\lambda_{t+1}, \lambda_{t+2}, \cdots, \lambda_{t+l-2}) \in F_2^{4(l-2)}$，对 $j = t+1, t+2, \cdots, t+l-2$，$\lambda_j \in F_2^4$ 与 B_j 相对应，由 λ 定义的条件向量及其补分别记为 $\boldsymbol{B}'_{t+1}$ 和 $\boldsymbol{B}^*_{t+1}$。此时，函数 $h^{\gamma}_{\boldsymbol{B}\,t+1}$ 可被一般化为

$$h^{\Lambda}_{\boldsymbol{B}'_{t+1}}: X_{t+1}, \boldsymbol{B}^*_{t+1} \rightarrow \gamma \cdot C_t \oplus \boldsymbol{\omega} \cdot \boldsymbol{B}^*_{t+1} \tag{3.4.3}$$

这里 $\Lambda = (\gamma, \boldsymbol{\omega})$，$|\boldsymbol{\omega}| = |\boldsymbol{B}^*_{t+1}|$（$|\boldsymbol{\omega}|$ 表示向量 $\boldsymbol{\omega}$ 的比特长度）。正如下面将要看到的那样，这个函数基于线性掩码和条件掩码都导致了一大类相关性。

虽然当条件掩码 $\mathbf{1} \neq \lambda \in F_2^u$ 时 C_t 的计算过程受阻，但偏差仍然可被计算。例如，给定 $l=4$，$\lambda = 0\text{x}0\text{f}$（为简单起见，用十六进制表示一个向量），有 $\boldsymbol{B}_{t+1} = B_{t+1}B_{t+2}$，$\boldsymbol{B}'_{t+1} = B_{t+2}$，$\boldsymbol{B}^*_{t+1} = B_{t+1}$。可以猜测 B_{t+2} 并对所有可能的 B_{t+1}、X_{t+1} 计算 $h^{\Lambda}_{\boldsymbol{B}\,t+2}$，从而得到 $\varepsilon(h^{\Lambda}_{\boldsymbol{B}\,t+2})$。因为 $\boldsymbol{B}_{t+1}$ 是 LFSR 的输出，它是与密钥相关的材料。在文献[8]中，攻击者猜测整个向量 $\boldsymbol{B}_{t+1}$，而现在的攻击者只需猜测 $\boldsymbol{B}'_{t+1}$，即 $\boldsymbol{B}_{t+1}$ 的一部分，这正是攻击的时间复杂度/空间复杂度能够大大降低的理由。

注意到在初始化阶段，$\boldsymbol{B}_t$ 可被表示为 $\boldsymbol{B}^i_t = L_t(K) \oplus L'_t(P^i)$，其中 L_t 和 L'_t 是公开的线性函数。$\boldsymbol{B}^i_t$ 的知识将直接导致关于原来密钥的线性等式。这就激发人们研究由某一条件掩码 λ 定义的 $\varepsilon(h^{\Lambda}_{\boldsymbol{B}'_{t+1}})$ 的偏差。对 $4 \leqslant l \leqslant 6$，文献[9]中已经在 PC 上对所有可能的条件掩码穷举了基于这些条件掩码的相关性，对获得的所有显著的偏差通过计算模拟充分长的输出序列进行了验证。猜测的时间复杂度由 $\text{wt}(\lambda)$ 来决定。为了得到更好的时间复杂度/空间复杂度，文献[9]中限定 $1 \leqslant \text{wt}(\lambda) \leqslant 7$。通过实验可找到许多重要的掩码，表 3.4.2 列出了其中的一个掩码，这里 $\lambda = 0\text{x}00\text{f}$，$\Lambda = (\gamma, \boldsymbol{\omega}) = (0\text{x}1\text{f}, \mathbf{0})$，$|\mathbf{0}| = |\boldsymbol{\omega}|$。可得到 $E[\Delta(h^{\Lambda}_{\boldsymbol{B}'_{t+1}}] \approx 2^{-3.7}$，其中 $\boldsymbol{B}'_{t+1} = B_{t+3}$。

表 3.4.2 当 $\lambda = 0\text{x}00\text{f}$，$\Lambda = (\gamma, \omega) = (0\text{x}1\text{f}, 0)$，$|0| = |\omega|$ 时的偏差

$\varepsilon(h^{\Lambda}_{\boldsymbol{B}'_{t+1}})$	$\text{wt}(B_{t+3})$	B_{t+3} 的基数（长度）
0.390625	2	6
−0.390625	0,4	2
0.0625	3	4
−0.0625	1	4

定理 3.4.5 给定一个具有部分输入 $\boldsymbol{B}$ 的函数 f 和两个条件掩码 λ_1、λ_2，设 $\boldsymbol{B}_1$ 是由 λ_1 定义的条件向量，$\boldsymbol{B}_2$ 是由 λ_2 定义的条件向量。如果 $\text{supp}(\lambda_2) \subseteq \text{supp}(\lambda_1)$，则有 $E[\Delta(f_{\boldsymbol{B}_1})] \geqslant E[\Delta(f_{\boldsymbol{B}_2})]$，等式成立当且仅当 $D_{f_{\boldsymbol{B}_1}}$ 独立于 $\boldsymbol{B}_1 \backslash \boldsymbol{B}_2$。

证明：由定义 3.4.5 可知，$\Delta(f_{\boldsymbol{B}_1})=2^r\sum_{a\in F_2^r}\left(D_{f_{\boldsymbol{B}_1}}(a)-\frac{1}{2^r}\right)^2$，所以 $E[\Delta(f_{\boldsymbol{B}_1})]=2^r\sum_{a\in F_2^r}E\left[\left(D_{f_{\boldsymbol{B}_1}}(a)-\frac{1}{2^r}\right)^2\right]$，这里对固定的 a，数学期望值取自均匀分布的 $\boldsymbol{B}_1$ 上。另一方面，因为对任何固定的 a，有 $D_{f_{\boldsymbol{B}_2}}(a)=E[D_{f_{\boldsymbol{B}_1}}(a)]$，数学期望值取自均匀分布的 $\boldsymbol{B}_1\backslash\boldsymbol{B}_2$ 上。因此，有

$$\Delta(f_{\boldsymbol{B}_2})=2^r\sum_{a\in F_2^r}\left(D_{f_{\boldsymbol{B}_2}}(a)-\frac{1}{2^r}\right)^2=2^r\sum_{a\in F_2^r}\left(E[D_{f_{\boldsymbol{B}_1}}(a)]-\frac{1}{2^r}\right)^2$$
$$=2^r\sum_{a\in F_2^r}E^2\left[\left(D_{f_{\boldsymbol{B}_1}}(a)-\frac{1}{2^r}\right)\right]$$

（这里的期望值取自均匀分布的 $\boldsymbol{B}_1\backslash\boldsymbol{B}_2$ 上）。对上式两边在均匀分布的 $\boldsymbol{B}_2$ 上取期望值，得

$$E[\Delta(f_{\boldsymbol{B}_2})]=2^r\sum_{a\in F_2^r}E^2\left[\left(D_{f_{\boldsymbol{B}_1}}(a)-\frac{1}{2^r}\right)\right]$$

（等式右边的期望值取自均匀分布的 $\boldsymbol{B}_1$ 上）。因为

$$0\leqslant \mathrm{Var}\left[D_{f_{\boldsymbol{B}_1}}(a)-\frac{1}{2^r}\right]=E\left[\left(D_{f_{\boldsymbol{B}_1}}(a)-\frac{1}{2^r}\right)^2\right]-E^2\left[D_{f_{\boldsymbol{B}_1}}(a)-\frac{1}{2^r}\right]$$

总是成立，所以 $E[\Delta(f_{\boldsymbol{B}_1})]\geqslant E[\Delta(f_{\boldsymbol{B}_2})]$。因为 $D_{f_{\boldsymbol{B}_1}}$ 独立于 $\boldsymbol{B}_1\backslash\boldsymbol{B}_2$ 当且仅当 $D_{f_{\boldsymbol{B}_2}}(a)=E[D_{f_{\boldsymbol{B}_1}}(a)]=D_{f_{\boldsymbol{B}_1}}(a)$，所以 $E[\Delta(f_{\boldsymbol{B}_1})]=E[\Delta(f_{\boldsymbol{B}_2})]$当且仅当 $D_{f_{\boldsymbol{B}_1}}$ 独立于 $\boldsymbol{B}_1\backslash\boldsymbol{B}_2$。

定理 3.4.5 表明，如果能够获得 LFSR 的输出比特 $\boldsymbol{B}$ 更多的知识，就能够得到较大的条件相关性。

给定 $h:F_2^u\times F_2^v\rightarrow F_2^r,\boldsymbol{B}\in F_2^u,X\in F_2^v$ 和一个掩码 λ，由定理 3.4.5 可推得 $E[\Delta(h_{\boldsymbol{B}}]\geqslant E[\Delta(h_{\boldsymbol{B}'})]\geqslant\Delta(h)$。

对一个固定的条件掩码 λ，在所有的线性掩码 Λ 中的最大偏差是条件掩码 λ 的一个本质的度量。最大偏差越大，条件掩码就越好。性质 3.4.1 表明如何选择偏差大的条件掩码。文献[9]中通过对每个 λ、γ 和 ω 的组合搜索所有的 $h_{\boldsymbol{B}'}^{\Lambda}$ 的偏差验证了性质 3.4.1。

性质 3.4.1 对 $4\leqslant l\leqslant 6$，设 $\boldsymbol{B}_{t+1}=B_{t+1}B_{t+2}\cdots B_{t+l-2}\in F_2^{4(l-2)}$，$\lambda=(\lambda_{t+1},\lambda_{t+2},\cdots,\lambda_{t+l-2})$和 $\lambda'=(\lambda'_{t+1},\lambda'_{t+2},\cdots,\lambda'_{t+l-2})$是满足 $\mathrm{wt}(\lambda)=\mathrm{wt}(\lambda')\geqslant 4$ 的两个条件掩码，$\lambda_i,\lambda'_i\in F_2^4$ 与 B_i 相对应。如果 $\mathrm{wt}(\lambda_{t+l-2})=4$ 且 $\mathrm{wt}(\lambda'_{t+l-2})<4$，则 $\max_{\Lambda}(E[\Delta(h_{\boldsymbol{B}t+1}^{\Lambda})])>\max_{\Lambda'}(E[\Delta(h_{\boldsymbol{B}t+1}^{\Lambda'})]$，除了 $l=4$，$\mathrm{wt}(\lambda_{t+1})=1$，$\mathrm{wt}(\lambda_{t+2})=4$ 且 $\mathrm{wt}(\lambda'_{t+1})=2$，$\mathrm{wt}(\lambda'_{t+2})=3$ 外，其他情况下最大值是相等的。

性质 3.4.1 表明，$\boldsymbol{B}_{t+1}$ 中的 $\mathrm{wt}(B_{t+l-2})$在基于条件掩码的相关值中起更重要的作用，确定了对应偏差的大小。这个事实表明，在选择条件掩码时，应设置 λ 的最高 4b 为 0x0f。

3. 基于条件掩码的密钥恢复区分器

基于 $\gamma\cdot C_t$ 的偏差分布可构造一个统计区分器[8]。这是因为 $\boldsymbol{B}_{t+1}$ 是与密钥相关的数据，所以攻击者能猜测有关的密钥信息并从密钥流、IV 和猜测的密钥值收集一组样本序列。通过对有关参数进行适当的选择，可期望：当使用正确的密钥时，相应的样本序列有偏差；当使用错误猜测的密钥时，相应的样本序列具有随机源的特性。

攻击的核心是从随机样本序列的数据库中区分出一个有偏差的样本序列。因为有关的

样本序列是从某一与密钥相关的信息推导得来的,所以区分器能被用来识别正确的密钥。形式化地表示,给定一个函数 $f:F_2^m\times F_2^{u-m}\times F_2^v\to F_2^r$ 和一个条件掩码 λ,设 $f_{\boldsymbol{B}'}(\boldsymbol{B}^*,X)=f(\boldsymbol{B}',\boldsymbol{B}^*,X)$,$\boldsymbol{B}=\boldsymbol{B}'\cup\boldsymbol{B}^*\in F_2^u$,$X\in F_2^v$。其中 $\boldsymbol{B}'\in F_2^m$ 是由 λ 定义的条件向量且 $\boldsymbol{B}^*=\boldsymbol{B}\backslash\boldsymbol{B}'$。如果 $\boldsymbol{B}'$ 由 k 比特密钥信息确定,则当密钥材料的猜测值是 κ 时,用 $\boldsymbol{B}'^{\kappa}$ 表示推导出来的值。现在需要解决如下问题。

问题 3.4.1 如果有 2^k 个具有下列特性的含 n 个样本的序列:对正确的密钥 κ,一个有偏差的序列拥有 n 个样本($f_{\boldsymbol{B}'^{\kappa}_i}$,$\boldsymbol{B}'^{\kappa}_i$)($i=1,2,\cdots,n$);对错误的密钥 $K\neq\kappa$,其他 2^k-1 个序列都由 n 个独立且均匀分布的随机变量(Z_i^K,$\boldsymbol{B}'^{K}_i$)($i=1,2,\cdots n$)组成。问题是:为了有效地从其他序列区分出有偏差的序列,样本的最小数 n 应是多大?

对于一个使用无条件相关性的优化的区分器,为了有效地从 2^k-1 个等长的真随机序列区分出一个 f 的 n 个输出样本的序列,需要样本的最小数是 $n=\dfrac{4k\log 2}{\Delta(f)}$[31]。对于一个基于条件向量 $\boldsymbol{B}$ 的智能区分器,需要样本的最小数是 $n_{\boldsymbol{B}}=\dfrac{4k\log 2}{E[\Delta(f_{\boldsymbol{B}})]}$[8]。因为 $E[\Delta(f_{\boldsymbol{B}})]\geqslant\Delta(f)$,所以 $n_{\boldsymbol{B}}\leqslant n$。算法 3.4.2 给出了解决上述问题的一种方法,其数据复杂度是 $n_{\boldsymbol{B}'}=\dfrac{4k\log 2}{E[\Delta(f_{\boldsymbol{B}'})]}$,在线计算时间复杂度是 $O(n_{\boldsymbol{B}'}+k2^{k+1})$,预计算时间复杂度是 $O(k2^k)$。

算法 3.4.2 基于条件掩码的密钥恢复方法(区分器)

参数:n、λ、$\boldsymbol{B}$ 和 $D_{f_{\boldsymbol{B}'}}$。

输入:

(1) 对 $i=1,2,\cdots,n$ 和所有的 k 比特 K,$\boldsymbol{B}'^{K}_i$。

(2) 对正确的密钥 κ 和均匀独立分布的 v 比特向量 $\boldsymbol{X}_i$,$Z_i^{\kappa}=f_{\boldsymbol{B}'^{\kappa}_i}(\boldsymbol{B}_i^{*\kappa},\boldsymbol{X}_i)$,这里 $\boldsymbol{B}_i^{*\kappa}=\boldsymbol{B}_i^{\kappa}\backslash\boldsymbol{B}'^{\kappa}_i$。

(3) 对所有的错误密钥 $K\neq\kappa$,均匀独立分布 Z_i^K。

目的:找到 κ。

对所有的 k 比特 K,执行下列步骤。

第 1 步:置 $G(K)\leftarrow 0$。

第 2 步:对 $i=1,2,\cdots,n$,置 $G(K)\leftarrow G(K)+\log(2^r\cdot D_{f_{\boldsymbol{B}'^{K}_i}}(Z_i^K))$。

输出:使得 $G(\kappa)$ 最大的 κ。

定理 3.4.6 给定一个条件掩码 λ,算法 3.4.2 可用 $n_{\boldsymbol{B}'}=\dfrac{4k\log 2}{E[\Delta(f_{\boldsymbol{B}'})]}$个样本解决问题 3.4.1,时间复杂度是 $O(n_{\boldsymbol{B}'}2^k)$,这里由 λ 定义的条件向量是 $\boldsymbol{B}'$,期望值取自所有的均匀分布的 $\boldsymbol{B}'$ 上。进一步,如果对所有的 k 比特 K 和 $i=1,2,\cdots,n$,$\boldsymbol{B}'^{K}_i$,Z_i^K 可被表示为 $\boldsymbol{B}'^{K}_i=L(K)\oplus a_i$,$Z_i^K=L'(K)\oplus a_i'\oplus g(\boldsymbol{B}'^{K}_i)$,这里 g 是一个任意函数,L 和 L' 都是线性函数,a_i 和 a_i' 都是区分器知道的独立均匀分布的常数,则在这些假定下可使用 FWT 达到最优的在线计算时间复杂度 $O(n_{\boldsymbol{B}'}+k2^{k+1})$ 和预计算时间复杂度 $O(k2^k)$。

证明:由 $D_{f_{\boldsymbol{B}'}}$ 定义一个在 F_2^{s+r}($|\boldsymbol{B}'|=s$)上的新分布,即对所有的 $\boldsymbol{B}'\in F_2^s$,$Z\in F_2^r$,定义 $D(\boldsymbol{B}',Z)=\dfrac{1}{2^s}D_{f_{\boldsymbol{B}'}}(Z)$。这样就将问题转化成从均匀分布中区分 D 的基本区分器的构

造问题。由文献[31]可知,要构造的区分器至少需要 $n=\dfrac{4k\log 2}{\Delta(D)}$ 个样本可解决问题 3.4.1。下面计算 $\Delta(D)$。

$$\Delta(D)=2^{s+r}\sum_{\boldsymbol{B}'\in F_2^s,Z\in F_2^r}\left(D(\boldsymbol{B}',Z)-\frac{1}{2^{s+r}}\right)^2=2^{s+r}\sum_{\boldsymbol{B}'\in F_2^s,Z\in F_2^r}\left(\frac{1}{2^s}D_{f_{\boldsymbol{B}'}}(Z)-\frac{1}{2^{s+r}}\right)^2$$
$$=2^{-s+r}\sum_{\boldsymbol{B}'\in F_2^s,Z\in F_2^r}\left(D_{f_{\boldsymbol{B}'}}(Z)-\frac{1}{2^r}\right)^2=2^{-s}\sum_{\boldsymbol{B}'\in F_2^s}\Delta(f_{\boldsymbol{B}'})=E[\Delta(f_{\boldsymbol{B}'})]$$

因此,算法 3.4.2 需要的最小样本数是 $n_{\boldsymbol{B}'}=\dfrac{4k\log 2}{E[\Delta(f_{\boldsymbol{B}'})]}$。与此同时,最好的区分器极力使得概率 $\prod_{i=1}^{m}D(\boldsymbol{B}'_i,Z)$ 最大化,也就是极力使得条件概率 $\prod_{i=1}^{m}D_{f_{\boldsymbol{B}'_i}}(Z_i)$ 最大化。作为一个常规的方法,它等效于像算法 3.4.2 陈述的那样最大化 $G=\sum_{i=1}^{n}\log_2(2^r\cdot D_{f_{\boldsymbol{B}'_i}}(Z_i))$。由算法 3.4.2 的处理过程易知,该算法的时间复杂度是 $O(n_{\boldsymbol{B}'}2^k)$。

现在证明定理 3.4.6 的第二部分。根据此时 $\boldsymbol{B}'^K_i$ 和 Z^K_i 的特殊结构,定义两个函数:

$$H(K)=|\{i\in 1,2,\cdots,n\}\mid L(K)=a_i,L'(K)=a'_i|,\quad K\in F_2^k$$
$$H'(K)=\log_2(2^r\cdot D_{f_{L(K)}}(L'(K)\oplus g(L(K)))),\quad K\in F_2^k$$

从算法 3.4.2 计算 $G(K)$ 的过程可以观察到以下事实(用符号⊗表示卷积):

$$G(K)=(H\otimes H')(K)=\sum_{K'\in F_2^k}H(K')H(K\oplus K'),\quad K\in F_2^k$$

众所周知,卷积和 Walsh 变换(这里用 $\hat{H}$ 表示 H 的 Walsh 变换)是可转化的,因此,有

$$G(K)=\frac{1}{2^k}\widehat{\widehat{H\otimes H'}}(K)=\frac{1}{2^k}\hat{H}''(K),H''(K)=\hat{H}(K)\cdot\hat{H}'(K),\quad K\in F_2^k$$

上式意味着在计算 H 和 H' 之后,区分器的复杂度由 3 个 FWT 即 $\hat{H}$、$\hat{H}'$、$\hat{H}''$ 的计算量 $O(3k\cdot 2^k)$ 来控制。另外,a_i 和 a'_i 也许仅从攻击的一轮到另一轮才发生变化,并独立于 H',可预计算 $\hat{H}'$(计算量是 $O(k\cdot 2^k)$)并进行存储。最终实时处理所花的时间仅为 $O(n_{\boldsymbol{B}'}+k2^{k+1})$。

不可忽略条件掩码向量的基数 $|\boldsymbol{B}'|$ 对时间复杂度/空间复杂度的影响。容易看到,对 $\mathbf{1}\neq\lambda\in F_2^u$,基数 $|\boldsymbol{B}'|$ 能被降低,从而时间复杂度/空间复杂度能以指数级降低。我们期望,通过仔细地选择条件掩码,时间/存储/数据复杂度曲线比 $\lambda=\mathbf{1}\in F_2^u$ 的情况得到更好的折中。这就是引进条件掩码的概念来阐述这种现象的原因。我们也注意到,不是条件向量 $\boldsymbol{B}$ 的所有比特对相关性都有同样的影响。事实上,一些比特比另一些比特更重要,也就是说,只用条件比特中的一些比特就可确定相关性的值具有很高的概率。例如,性质 3.4.1 表明,在 E0 的 FSM 中,只有 $\boldsymbol{B}_{t+1}$ 的最后 4b 起重要的作用。这一观察在应用这种分析方法分析具体实例时十分关键。

接下来,用条件掩码来建立线性逼近。这个线性逼近基于如下蓝牙二级 E0 算法的重新初始化流程。

由 E0 的描述可知[28],在第一级中最后产生的 128b 的 $S^i_{[-127,-126,\cdots,0]}$ 以 8b 的位组进行排列,表示为 $S[0],S[1],\cdots,S[15]$,例如,$S[0]=(S^i_{-127}S^i_{-126}\cdots S^i_{-120})$,这里

$$S^i_{[-127,-126,\cdots,0]}=R^i_{[-127,-126,\cdots,0]}\oplus\alpha^i_{[-127,-126,\cdots,0]}$$

而

$$V^i_{[1,2,\cdots,128]}=G_3(S^i_{[-127,-126,\cdots,0]})=G_3(R^i_{[-127,-126,\cdots,0]})\oplus G_3(\alpha^i_{[-127,-126,\cdots,0]})$$

图 3.4.2 描述了 G_3。为简单起见，定义$(U^i_1,U^i_2,\cdots,U^i_{128})=G_3(R^i_{[-127,-126,\cdots,0]})$。由图 3.4.2 可知，$V^i_{[1,2,\cdots,24]}$可表示为 $V^i_{t'}=U^i_{t'}\oplus\alpha^i_{t_1}\oplus\alpha^i_{t_2}\oplus\alpha^i_{t_3}\oplus\alpha^i_{t_4}$，$t'=1,2,\cdots,24$ 这里 $t_j(j=1,2,3,4)$ 是在应用 G_3 之前 α^i 的固定的时刻。注意到，有 $U^i_{t'}=H_{t'}(K)\oplus H'_{t'}(P^i)$，这里 $H_{t'}$ 和 $H'_{t'}$ 是依赖于 t' 的公开的线性函数。在第二级中，$z^i_{t'}=V^i_{t'}\oplus\beta^i_{t'}$，$t'=1,2,\cdots,2745$ 因此，

$$z_{t'}\oplus H_{t'}(K)\oplus H'_{t'}(P^i)=\alpha^i_{t_1}\oplus\alpha^i_{t_2}\oplus\alpha^i_{t_3}\oplus\alpha^i_{t_4}\oplus\beta^i_{t'},\quad t'=1,2,\cdots,24 \tag{3.4.4}$$

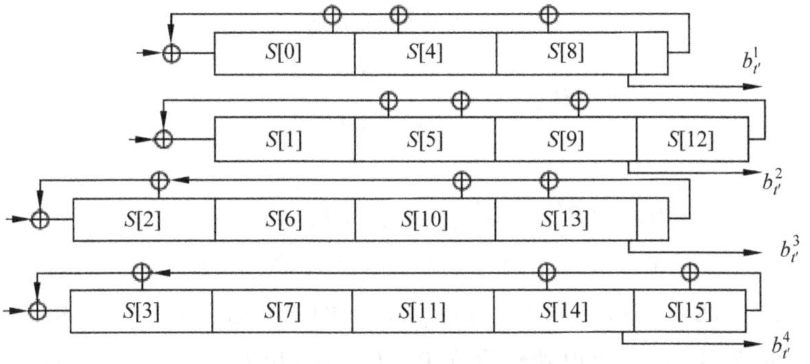

图 3.4.2 第一级中最后 128b 的分布

给定一个线性掩码 λ，$|\lambda|=l$，设 $Z^i_{t'}=(z^i_{t'},z^i_{t'+1},\cdots,z^i_{t'+l-1})$。因为第一级的 128b 密钥流 S^i_t 被以逆序装载到第二级，所以式(3.4.4)可用线性掩码的符号重新表示为

$$\bar{\gamma}\cdot(Z^i_{t'}\oplus L_{t'}(K)\oplus L'_{t'}(P^i))=\bigoplus_{j=1}^{4}(\gamma\cdot C^i_{t_j})\oplus\bar{\gamma}\cdot C^i_{t'} \tag{3.4.5}$$

$i=1,2,\cdots,n$，$L_{t'}$ 和 $L'_{t'}$ 是可从 $H_{t'}$ 和 $H'_{t'}$ 推导出的固定的线性函数。这里 $t'\in\bigcup_{d=0}^{2}\{8d+1,8d+2,8d+9-l\}$。式(3.4.5)对应于 $\lambda=\mathbf{1}\in F_2^u$ 的情况。从式(3.4.5)可知，在 $C^i_{t_j}$ 中的时刻 t_j 是连续的，所以这个逼近只在这种需求下被建立。

在式(3.4.5) 两边同时模加$\bigoplus_{j=1}^{4}(\omega\cdot\boldsymbol{B}^{*i}_{t_j+1})$得

$$\begin{aligned}&\bar{\gamma}\cdot(Z^i_{t'}\oplus L_{t'}(K)\oplus L'_{t'}(P^i))\oplus\bigoplus_{j=1}^{4}(\omega\cdot\boldsymbol{B}^{*i}_{t_j+1})\\&=\bigoplus_{j=1}^{4}(\gamma\cdot C^i_{t_j}\oplus\omega\cdot\boldsymbol{B}^{*i}_{t_j+1})\oplus\bar{\gamma}\cdot C^i_{t'}\end{aligned} \tag{3.4.6}$$

为简单起见，给定掩码 λ 和 Λ，以下使用简化的符号 $h^{\Lambda}_{B'^i_{t+1}}$，$h^{\bar{\gamma}}$ 分别表示 $h^{\Lambda}_{\boldsymbol{B}'^i_{t+1}}(\boldsymbol{B}^{*i}_{t+1},X^i_{t+1})$，$h^{\bar{\gamma}}(\boldsymbol{B}^i_{t'+1},X^i_{t'+1})$。因为 $\boldsymbol{B}^{*i}_{t+1}=\boldsymbol{B}^i_{t+1}\backslash\boldsymbol{B}'^i_{t+1}$是 K 和 P^i 的一个线性组合，所以由式(3.4.3)和式(3.4.6)可得

$$\begin{aligned}&\bar{\gamma}\cdot(Z^i_{t'}\oplus L_{t'}(K)\oplus L'_{t'}(P^i))\oplus\omega\cdot(L^*_1(K)\oplus L^*_2(P^i))\\&=\bigoplus_{j=1}^{4}h^{\Lambda}_{\boldsymbol{B}'^i_{t+1}}\oplus h^{\bar{\gamma}}\end{aligned} \tag{3.4.7}$$

其中 L^*_1 和 L^*_2 是两个公开的线性函数。式(3.4.7)是一个对蓝牙二级 E0 算法的基于条件掩码的混成逐比特线性逼近，这里 $h^{\Lambda}_{\boldsymbol{B}'^i_{t+1}}$ 是从 E0 的第一级导出的，$h^{\bar{\gamma}}$包含了 E0 的第二级的

无条件相关性。

4. 利用比特级线性逼近的密钥恢复攻击

从前面的讨论可知，h^{γ} 的最大的无条件偏差是 25/256，$\gamma=(1,1,1,1,1)$ 或 $\gamma=(1,0,0,0,0,1)$。为了最大化式(3.4.7)的偏差，在第二级选择这两个 γ 逼近，则 $|\gamma|=l=5$ 或 6。由于高的时间复杂度/空间复杂度，文献[8]中只考虑 $l<6$ 的情况。但在这里介绍的攻击中，时间复杂度和空间复杂度不依赖于 $|\gamma|$，而是由 $\mathrm{wt}(\lambda)$ 确定，这样 $l=6$ 也能被用于条件掩码的环境中。

给定条件掩码 λ 和线性掩码 $\Lambda=(\gamma,\omega)$，为了估计 $h^{\Lambda}_{\boldsymbol{B}'^{i}_{t+1}}$（式(3.4.3)）的有效值，对所有使得 $\varepsilon(h^{\Lambda}_{\boldsymbol{B}'^{i}_{t+1}})\neq 0$ 的 $\boldsymbol{B}'^{i}_{t+1}\in F_2^{\mathrm{wt}(\lambda)}$，定义下列符号函数：

$$g^{\Lambda}(\boldsymbol{B}'^{i}_{t+1})=\begin{cases}1, & 若\ \varepsilon(h^{\Lambda}_{\boldsymbol{B}'^{i}_{t+1}})>0\\ 0, & 若\ \varepsilon(h^{\Lambda}_{\boldsymbol{B}'^{i}_{t+1}})<0\end{cases} \tag{3.4.8}$$

为了简洁，设

$$\boldsymbol{B}^{i}_{\lambda}=(\boldsymbol{B}'^{i}_{t_1+1},\boldsymbol{B}'^{i}_{t_2+1},\boldsymbol{B}'^{i}_{t_3+1},\boldsymbol{B}'^{i}_{t_4+1})$$

$$\boldsymbol{X}^{i}=(Y^{i}_{t_1+1},Y^{i}_{t_2+1},Y^{i}_{t_3+1},Y^{i}_{t_4+1},X^{i}_{t'+1},\boldsymbol{B}^{i}_{t'+1})$$

这里 $Y^{i}_{t_j+1}=(X^{i}_{t_j+1},\boldsymbol{B}^{*i}_{t_j+1})(j=1,2,3,4)$ 是 $h^{\Lambda}_{\boldsymbol{B}'^{i}_{t_j+1}}$ 的未知输入，$X^{i}_{t'+1}$ 和 $\boldsymbol{B}^{i}_{t'+1}$ 是 $h^{\bar{\gamma}}$ 的输入。由式(3.4.7)可知，密钥 K 的知识被包含在 $\boldsymbol{B}^{i}_{\lambda}$、$L_{t'}(K)$ 和 $L_1^{*}(K)$ 之中。设包含在 $\boldsymbol{B}^{i}_{\lambda}$ 中的 $4\mathrm{wt}(\lambda)$ 比特为 $K_1=(L^{*}_{t_1}(K),L^{*}_{t_2}(K),L^{*}_{t_3}(K),L^{*}_{t_4}(K))$，$K_2=\bar{\gamma}\cdot L_{t'}(K)\oplus\omega\cdot L_1^{*}(K)$ 是子密钥。用 $\hat{x}$ 表示变量 x 的猜测值。具体攻击过程如下。

首先，选择一个适当的条件掩码 λ 并猜测子密钥 $\widetilde{K}_1$ 和 $\widetilde{K}_2$。因为对每个帧 $i=1,2,\cdots,n$，P^{i} 是已知的，所以能计算条件向量 $\boldsymbol{B}^{i}_{\lambda}$。

其次，为了从错误的密钥中区分出正确的密钥，按如下方式定义一个概率映射：

$$\boldsymbol{F}^{\Lambda}_{\boldsymbol{B}^{i}_{\lambda}}(\boldsymbol{X}^{i})=\begin{cases}\bigoplus_{j=1}^{4}(h^{\Lambda}_{\boldsymbol{B}'^{i}_{t+1}}\oplus g^{\Lambda}(\widetilde{\boldsymbol{B}}'^{i}_{t_j+1}))\oplus h^{\bar{\gamma}}, & 若\ \prod_{j=1}^{4}\varepsilon(h^{\Lambda}_{\boldsymbol{B}'^{i}_{t_j+1}})\neq 0\\ 一个均匀分布的真随机比特, & 否则\end{cases}$$

利用式(3.4.7)，可按如下公式计算 $\boldsymbol{F}^{\Lambda}_{\boldsymbol{B}^{i}_{\lambda}}(\boldsymbol{X}^{i})$

$$\boldsymbol{F}^{\Lambda}_{\boldsymbol{B}^{i}_{\lambda}}(\boldsymbol{X}^{i})=\bar{\gamma}\cdot(Z^{i}_{t'}\oplus L'_{t'}(P^{i}))\oplus\omega\cdot L_2^{*}(P^{i})\oplus\widetilde{K}_2\oplus\bigoplus_{j=1}^{4}g^{\Lambda}(\widetilde{\boldsymbol{B}}'^{i}_{t_j+1})$$

如果 n 个帧是可获得的，那么可对每个可能的密钥利用上述等式通过 n 次计算获得 $\boldsymbol{F}^{\Lambda}_{\boldsymbol{B}^{i}_{\lambda}}(\boldsymbol{X}^{i})$的值。利用适当选择的 Λ 和 λ，如果 K_1 和 K_2 被正确地猜测，那么 $E[\Delta(\boldsymbol{F}^{\Lambda}_{\boldsymbol{B}^{i}_{\lambda}}(\boldsymbol{X}^{i}))]>0$，并且期望 $\boldsymbol{F}^{\Lambda}_{\boldsymbol{B}^{i}_{\lambda}}(\boldsymbol{X}^{i})$在大部分情况下是这样；否则，$\boldsymbol{F}^{\Lambda}_{\boldsymbol{B}^{i}_{\lambda}}(\boldsymbol{X}^{i})$可由均匀分布来估计[8]，此时 $E[\Delta(\boldsymbol{F}^{\Lambda}_{\boldsymbol{B}^{i}_{\lambda}}(\boldsymbol{X}^{i}))]=0$。

最后，对每个可能的密钥得到 n 个输出，即样本($\boldsymbol{F}^{\Lambda}_{\boldsymbol{B}^{i}_{\lambda}}(\boldsymbol{X}^{i})$，$\widetilde{\boldsymbol{B}}^{i}_{\lambda}$)$(i=1,2,\cdots,n)$，把这 2^{k} 个含 n 个样本的序列提交给算法 3.4.2 的区分器，其中 $k=4\mathrm{wt}(\lambda)+1$，$u=16(l-2)$，$m=\mathrm{wt}(\lambda)$，$v=20+20(l-2)-4\mathrm{wt}(\lambda)$，$r=1$，我们期望能成功地恢复正确的密钥。

5. 利用向量方法的密钥恢复攻击

现在同时利用多个线性逼近改进上面介绍的利用比特级线性逼近的密钥恢复攻击方法。因为基于条件掩码的相关性不可能比基于整个条件向量的相关性大，所以要求向量方法尽可能地保持低的数据复杂度。

假定使用 s 个相互独立的线性逼近并用 $\Gamma=(\Lambda_1,\Lambda_2,\cdots,\Lambda_s)$ 和 $\Gamma'=(\bar{\gamma}_1,\bar{\gamma}_2,\cdots,\bar{\gamma}_s)$ 表示这 s 个逼近的线性掩码，这里 $\Lambda_i=(\gamma_i,\omega_i)(i=1,2,\cdots s)$，$|\gamma_1|=|\gamma_2|=\cdots=|\gamma_s|=l$，$s<l$。特别地，$\Lambda_1$ 仅是使用在上面的比特级攻击中的线性掩码。为简单起见，记

$$g^{\Gamma}=(g^{\Lambda_1}(\boldsymbol{B}'^{i}_{t+1}),g^{\Lambda_2}(\boldsymbol{B}'^{i}_{t+1}),\cdots,g^{\Lambda_s}(\boldsymbol{B}'^{i}_{t+1}))$$

$$h^{\Gamma}_{\boldsymbol{B}'^{i}_{t+1}}=(h^{\Lambda_1}_{\boldsymbol{B}'^{i}_{t+1}},h^{\Lambda_2}_{\boldsymbol{B}'^{i}_{t+1}},\cdots,h^{\Lambda_s}_{\boldsymbol{B}'^{i}_{t+1}})$$

$$\boldsymbol{F}^{\Gamma}_{\boldsymbol{B}^{i}_{\lambda}}(\boldsymbol{X}^{i})=(\boldsymbol{F}^{\Lambda_1}_{\boldsymbol{B}^{i}_{\lambda}},\boldsymbol{F}^{\Lambda_2}_{\boldsymbol{B}^{i}_{\lambda}},\cdots,\boldsymbol{F}^{\Lambda_s}_{\boldsymbol{B}^{i}_{\lambda}})$$

$$h^{\Gamma'}=(h^{\bar{\gamma}_1},h^{\bar{\gamma}_2},\cdots,h^{\bar{\gamma}_s})$$

g^{Γ} 中的第一项 $g^{\Lambda_1}(\boldsymbol{B}'^{i}_{t+1})$ 由式(3.4.8)确定。其他的比特可按如下方式确定：例如，对第 j 比特，如果 $\varepsilon(h^{\Lambda_1}_{\boldsymbol{B}'^{i}_{t_j+1}})=0$，就设为一个均匀分布的比特；否则，根据式(3.4.8)的定义取 0 或 1。因为在比特级攻击中已经找到了有效的条件掩码 λ 和线性掩码 $\Lambda_1=(\gamma_1,\omega_1)$，将 $\boldsymbol{F}^{\Lambda_1}_{\boldsymbol{B}^{i}_{\lambda}}$ 扩展到一个 s 维向量，即

$$\boldsymbol{F}^{\Gamma}_{\boldsymbol{B}^{i}_{\lambda}}(\boldsymbol{X}^{i})=\begin{cases}\bigoplus\limits_{j=1}^{4}(h^{\Gamma}_{\boldsymbol{B}'^{i}_{t+1}}\oplus g^{\Gamma}(\widetilde{\boldsymbol{B}}'^{i}_{t_j+1}))\oplus h^{\Gamma'}, & \text{若}\prod\limits_{j=1}^{4}\varepsilon(h^{\Gamma}_{\boldsymbol{B}'^{i}_{t_j+1}})\neq 0\\ \text{一个均匀分布的 } s \text{ 比特向量}, & \text{否则}\end{cases}$$

利用这种方法，我们构造了蓝牙二级 E0 算法的一个逼近。对正确的猜测 $\widetilde{K}=K$，有 $\boldsymbol{F}^{\Gamma}_{\boldsymbol{B}^{i}_{\lambda}}(\boldsymbol{X}^{i})=\bigoplus\limits_{j=1}^{4}(h^{\Gamma}_{\boldsymbol{B}'^{i}_{t+1}}\oplus g^{\Gamma}(\boldsymbol{B}'^{i}_{t_j+1}))\oplus h^{\Gamma'}$ 且 $E[\boldsymbol{F}^{\Gamma}_{\boldsymbol{B}^{i}_{\lambda}}(\boldsymbol{X}^{i})]>0$。对每个错误的猜测，$s$ 维向量 $\boldsymbol{F}^{\Gamma}_{\boldsymbol{B}^{i}_{\lambda}}$ 的分量都是均匀分布的，并且对所有使得 $E[\Delta(\boldsymbol{F}^{\Gamma}_{\boldsymbol{B}^{i}_{\lambda}}(\boldsymbol{X}^{i}))]=0$ 的 i，用一个 s 比特均匀分布估计分布 $D_{\boldsymbol{F}^{\Gamma}_{\boldsymbol{B}^{i}_{\lambda}}(\boldsymbol{X}^{i})}$。使用适当选择的 $\Gamma=(\Lambda_1,\Lambda_2,\cdots,\Lambda_s)$，可以得到比比特级攻击情况下较大的相关值。这样数据复杂度 $n_{\boldsymbol{B}'}$ 与比特级攻击相比被有效地降低。此外，提交的 2^k 个含 $n_{\boldsymbol{B}'}$ 个对 $(\boldsymbol{F}^{\Gamma}_{\boldsymbol{B}^{i}_{\lambda}}(\boldsymbol{X}^{i}),\widetilde{\boldsymbol{B}}^{i}_{\lambda})$ 的序列到算法 3.4.2，最终能恢复 k 比特密钥 K。

接下来，讨论如何选择线性掩码向量 Γ。首先在比特级攻击中选择一个线性掩码 $\Lambda_1=(\gamma_1,\omega_1)$。在选定 Λ_1 之后，我们搜索别的掩码 $\Lambda_j(j\geqslant 2)$ 使得总的相关性最大化。定理 3.4.7 描述了从 $s-1$ 维到 s 维的相关性的变化准则，这就为攻击者构造线性掩码向量提供了一个指导。

定理 3.4.7 设 $\Gamma_s=(\Lambda_1,\Lambda_2,\cdots,\Lambda_s)$ 是在 s 维攻击中的线性掩码，条件向量为 $\boldsymbol{B}$，条件掩码为 λ。联合概率表示为 $P_{a_1a_2\cdots a_s}=P(h^{\Lambda_1}_{\boldsymbol{B}'}=a_1,h^{\Lambda_2}_{\boldsymbol{B}'}=a_2,\cdots,h^{\Lambda_s}_{\boldsymbol{B}'}=a_s)$，其中 $a_i\in F_2$，$i=1,2,\cdots,s$。设 $P_{00\cdots00}=\frac{1}{2^s}+\xi_{00\cdots00}$，$P_{00\cdots01}=\frac{1}{2^s}+\xi_{00\cdots01}$，$\cdots$，$P_{11\cdots11}=\frac{1}{2^s}+\xi_{11\cdots11}$，这里 $-\frac{1}{2^s}\leqslant\xi_j\leqslant\frac{1}{2^s}$，$j\in F_2^s$ 且 $\sum\limits_{j\in F_2^s}\xi_j=0$，则 $\Delta(h^{\Gamma_s}_{\boldsymbol{B}'})\geqslant\Delta(h^{\Gamma_{s-1}}_{\boldsymbol{B}'})$，等式成立当且仅当 $\xi_{00\cdots00}=\xi_{00\cdots01}$，$\xi_{00\cdots10}=\xi_{00\cdots11}$，$\cdots$，$\xi_{11\cdots10}=\xi_{11\cdots11}$。

定理 3.4.7 表明，高维攻击总是比低维攻击更好或至少一样。此外，如果攻击者按照这个定理的规则选择线性掩码，那么他总是能增进相关性。

进一步，选择 Γ 时还有一些别的规则。首先，线性掩码 $\gamma_j(j=1,2,\cdots,s)$ 线性地独立于 $s\leqslant l-2$。其次，如果密钥是错误的，$\boldsymbol{F}^{\Lambda_j}_{\boldsymbol{B}^{i}_{\lambda}}$ 对 $j=1,2,\cdots,s$ 在比特级攻击中是一个均匀分布的

比特。如果它们相互独立，则可得出 $\boldsymbol{F}^{\Gamma}_{\boldsymbol{B}^i_\lambda}$ 是一个 s 比特均匀分布。这样当选择新的 $\Lambda_j=(\gamma_j,\omega_j)(j\geqslant 2)$ 时，将保持不同分量 $\boldsymbol{F}^{\Lambda_j}_{\boldsymbol{B}^i_\lambda}(j=1,2,\cdots,s)$ 之间的独立性。最后，对一个固定的 $\Lambda_1=(\gamma_1,\omega_1)$，当选择某一新的 $\Lambda=(\gamma,\omega)$ 构成向量时，将选择这样的 γ，使得 $\bar{\gamma}$ 在第二级逼近中的无条件相关性 $\varepsilon(h^{\bar{\gamma}})=0$。定理 3.4.8 表明，像这样的 γ 在扩展到高维攻击时没有增加时间复杂度。

定理 3.4.8 设 $\Lambda_1=(\gamma_1,\omega_1)$ 是一个采纳在比特级攻击中的线性掩码，如果第 j 维的线性掩码 $\gamma_j(j\geqslant 2)$ 使得在第二级 E0 的逼近中的无条件相关性 $\varepsilon(h^{\bar{\gamma}_j})=0$，则当把 $j-1$ 维向量扩展到 j 维向量时，$\gamma_j(j\geqslant 2)$ 没有增加时间复杂度。

6. 攻击的复杂度分析

由 g^{Λ} 的定义，对一个特定的 $\boldsymbol{B}^i_\lambda$，$g^{\Lambda}(\widetilde{\boldsymbol{B}}'^{i}_{t_j+1})$ 是一个不依赖于 $\boldsymbol{X}^i$ 的固定值。因此，$g^{\boldsymbol{\Gamma}}$ 对 $\Delta(\boldsymbol{F}^{\Gamma}_{\boldsymbol{B}^i_\lambda})$ 没有影响。应用堆积引理[13]，可得到以下的数据复杂度（注意：$E[\Delta(h^{\Gamma}_{\boldsymbol{B}'^i_{t+1}})]$ 不依赖于 t）：

$$n_{\boldsymbol{B}'}=\frac{4k\log 2}{E[\Delta(\boldsymbol{F}^{\Gamma}_{\boldsymbol{B}^i_\lambda})]}=\frac{4k\log 2}{\Delta(h^{\boldsymbol{\Gamma}'})\prod_{j=1}^{4}E[\Delta(h^{\Gamma}_{\boldsymbol{B}'^i_{t_j+1}})]}$$

$$=\frac{4k\log 2}{\Delta(h^{\boldsymbol{\Gamma}'})E^4[\Delta(h^{\boldsymbol{\Gamma}}_{\boldsymbol{B}'^i_{t+1}})]} \tag{3.4.9}$$

现在讨论上述攻击的时间复杂度。从 $\boldsymbol{F}^{\Gamma}_{\boldsymbol{B}^i_\lambda}$ 的表示，容易验证它满足定理 3.4.6 的条件，所以上述攻击也能使用 FWT 得到优化的时间复杂度。对所有的子密钥 $K=(K_1,K_2)\in F_2^{k-1}\times F_2$，$K_1$ 和 K_2 已在前面定义过。定义如下两个函数：

$$H(K)=|\{1\leqslant i\leqslant n_{\boldsymbol{B}'}\mid L'^{*}_{t_1}(P^i)L'^{*}_{t_2}(P^i)\cdots L'^{*}_{t_4}(P^i)$$
$$=K_1,(\theta_1,\theta_2,\cdots,\theta_s)=(K_2,1,\cdots,1)\}|$$

$$H'(K)=\begin{cases}0, & \text{若}\prod_{j=1}^{4}\varepsilon(h^{\Lambda_1}_{K_{1,j}})=0\\ \log(2^r\cdot D_{F^{\Gamma}_{K_\lambda}}((K_1,1,\cdots,1)\oplus(\eta_1,\eta_2,\cdots,\eta_s))), & \text{否则}\end{cases}$$

这里 $\theta_j=\bar{\gamma}_j\cdot(Z^{i}_{t'}\oplus L'_{t'}(P^i))\oplus\omega_j$，$\eta_j=\bigoplus_{i=1}^{4}g^{\Lambda_j}(K_{1,i})$，$j=1,2,\cdots,s$。这样，算法 3.4.2 中的 $G(K)$ 是 H 和 H' 的卷积，因此，$G(K)=\frac{1}{2^k}\hat{H}''(K)$，$H''(K)=\hat{H}(K)\cdot\hat{H}'(K)$。$\hat{H}'$ 的预计算时间复杂度是 $O(k2^k)$，空间复杂度是 $O(2^k)$；H 的准备需要在线计算的时间复杂度是 $O(n_{\boldsymbol{B}'})$；$\hat{H}$ 和 $\hat{H}''$ 的计算需要两次 FWT，其时间复杂度是 $O(k2^{k+1})$，空间复杂度是 $O(2^{k+1})$。因此，总的时间复杂度是 $O(n_{\boldsymbol{B}'}+k2^{k+1})$。

为了使攻击更加有效，要仔细地选择线性逼近中的参数 Γ 和 λ。实验表明，基于条件掩码有许多大的相关性可使用在上述攻击中。例如，对条件掩码 $\lambda=0\text{x}00\text{f}$，选择 3 个线性掩码，见表 3.4.3。实验结果表明，$\Delta(h^{\Gamma}_{\boldsymbol{B}'_{t+1}})\approx 2^{-2.6}$，其中 $\Gamma=((0\text{x}1\text{f},\boldsymbol{0}),(0\text{x}1\text{d},\boldsymbol{0}),(0\text{x}15,0\text{x}1))$。而 $\Delta(h^{\boldsymbol{\Gamma}'})\approx 2^{-6.7}$，所以可由式(3.4.9)得出数据复杂度 $n_{\boldsymbol{B}'}\approx 2^{22.7}$。在这个例子中，可以恢复 $k=17\text{b}$ 子密钥。下面看看在这种情况下的时间复杂度。$\hat{H}'$ 的预计算时间复杂度是

$17 \cdot 2^{17}$，H 的准备需要在线计算的时间复杂度是 $n_{B'}=2^{22.7}$，$\hat{H}$ 和 $\hat{H}''$ 的计算需要两次 FWT，其时间复杂度是 $2 \cdot 17 \cdot 2^{17} \approx 2^{21.1}$，因此，总的时间复杂度是 $2^{22.7}+2^{21.1}$。

表 3.4.3 $\lambda=$0x00f 的例子

λ	γ	ω	$E[\Delta(h^{\Delta}_{B'_{t+1}})]$
0x00f	(1,1,1,1,1)	0	$2^{-3.7}$
	(1,1,1,0,1)	0	$2^{-3.7}$
	(1,0,1,0,1)	0x1	$2^{-7.6}$

7. 实际实现情况

上述攻击已完全在一台 PC 上实现，运行环境为 Windows 7、Intel Core 2 Q9400 2.66GHz、4GB RAM。一般地，实验结果和理论分析十分匹配。

在实验中，选择条件掩码 $\lambda=$0x00f 和 $\gamma_1=$0x2f，$\omega_1=\mathbf{0}$，$\gamma_2=$0x1d，$\omega_2=\mathbf{0}$，$t'=1$，$n_{B'}=2^{24}$，数据复杂度 $n_{B'}$ 比理论估计 $2^{23.1}$ 稍大一点。条件比特 $\boldsymbol{B}'^{i}_{t+1}=B^{i}_{t+3}$。对一个随机密钥，首先收集 $n_{B'}$ 个帧并以二元文件的方式存储它们。为了完成这个任务，大约用了 4min 时间和 80MB 的存储空间。用这些样本，运行算法 3.4.2 恢复密钥。H' 和 $\hat{H}$ 的预计算需要大约 1s，在 RAM 中(不是在磁盘中)存储一张 4MB 的表。计算 H、$\hat{H}$、H''、$\hat{H}''$、总共需花大约 2s。与文献[8]中的 37h 和 64GMB 的表相比，上述攻击很容易在一台 PC 上实时地完成。

事实证明，上述攻击是对实际的蓝牙二级 E0 算法的最好的已知 IV 攻击。关于 E0 算法的进一步分析可参阅文献[45]。

3.5 熵漏分析方法

据作者所知，利用信息熵漏分析密码的思想最早是由我国学者曾肯成于 1986 年提出的，他用这种思想具体分析了 Geffe 序列生成器，其基本思想主要体现在 4.4.2 节中。后来，人们对这种思想方法及其应用进行了系统、深入的研究[18,32-34]，把这种分析方法统称为熵漏分析方法(也称信息泄露分析方法)。本节主要以文献[33]和文献[34]中的方法为主介绍熵漏分析方法的基本思想和基本原理。

3.5.1 多输出前馈网络密码的熵漏分析

多输出前馈网络密码是一种重要的序列密码生成器，可视作滤波生成器即单输出前馈网络密码的一般化。由于多输出前馈网络密码的各个输出分量之间存在着一定的相互制约关系，这就使得其具有不同于单输出前馈网络密码的一些特点，尤其是在多输出前馈网络密码中，同一输入信息往往会在多个输出端上均有所泄露，这时，如何收集这些泄露的信息，并使得其在密码分析中得以应用，是一个非常值得考虑的问题。本节针对图 3.5.1 所示的模型给出了解决上述问题的一种方法[33]。作为应用，利用本节给出的方法分析了一类重要的多输出前馈网络密码，即以多输出 Bent 函数为前馈变换函数的多输出前馈网络密码，并用一个具体实例说明了这种分析方法的全过程。

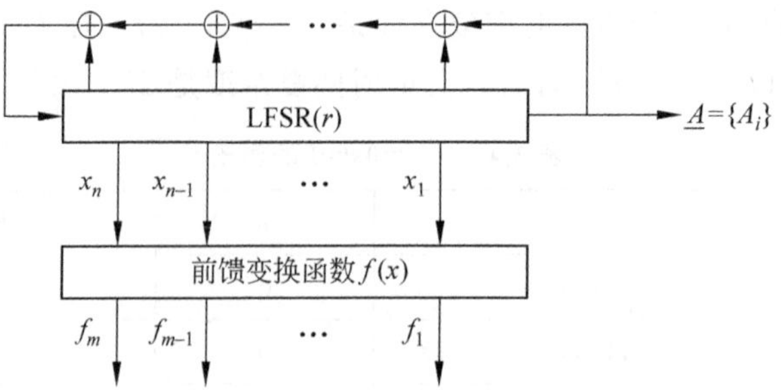

图 3.5.1　多输出前馈网络密码模型

设前馈函数 $f(x)=(f_1(x),f_2(x),\cdots,f_m(x)):F_2^n\to F_2^m,m\leqslant n$，LFSR$(r)$表示 F_2 上级数为 $r\geqslant n$ 的线性反馈移位寄存器，输出序列为 $\underline{A}=\{A_j\mid A_j\in F_2\}$。假定 x_i 和 x_1 之间的抽头跨距为 $t_i(i=2,3,\cdots,n),t_i<r$，并且如果 $i>j$，则有 $t_i>t_j$。约定 $t_1=0$，不失一般性，可假定 x_1 抽自移位寄存器的第一级。

1. 多输出前馈网络密码的信息泄露问题及特点

造成多输出前馈网络密码信息泄露的主要原因仍然是输出与输入之间有一定的相关性，因而在研究多输出前馈网络密码的信息泄露时，必须从相关性开始。这里采用谱方法来研究多输出前馈网络密码的相关特性，将 $S_{(f)}(u,v)=\dfrac{1}{2^n}\sum\limits_{x\in F_2^n}(-1)^{u\cdot f+v\cdot x}$ 称为 $u\cdot f$ 与 $v\cdot x$ 之间的相关系数。设 $C_f=\max\limits_{\substack{u\neq 0\\ v\neq 0}}\mid S_{(f)}(u,v)\mid$ 表示 f 的线性度，$U=\{u\in F_2^m\backslash\{0\}\mid$ 存在 $v\in F_2^n$，使得 $\mid S_{(f)}(u,v)\mid=C_f\}$，$V=\{v\in F_2^n\mid$ 存在 $u\in F_2^m\backslash\{0\}$，使得 $\mid S_{(f)}(u,v)\mid=C_f\}$。从 U 中选取一个极大线性无关组，扩充为 F_2^m 的一组基，不妨设为 $u_1,u_2,\cdots,u_m$。设 $C(v)=\prod\limits_{i=1}^{m}(1/2+\mid S_{(f)}(u_i,v)\mid/2)$。找出使得 $C(v_0)=\max\limits_{v\in V}C(v)$ 的 $v_0\in V$。一般来说，这个 v_0 不仅使得集合 $\{\mid S_{(f)}(u_i,v_0)\mid\}_{1\leqslant i\leqslant m}$ 中至少有一个达到最大值 C_f，而且这些值中还会有多个是大于0的值。这说明 $u_i\cdot f(1\leqslant i\leqslant m)$ 中同时会有多个表达式均与输入的线性组合 $v_0\cdot x$ 有一定的相关性。而 m 个关系式 $u_i\cdot f(x)=v_0\cdot x(1\leqslant i\leqslant m)$ 在通常情况下是相互独立的，所以，从信息论的角度来看，$v_0\cdot x$ 在多个输出端上的信息泄露将比任何一个输出端上的信息泄露要大，这正是按上述方法选择 v_0 的理由，它也是多输出前馈网络密码信息泄露的一个重要特点。

对于上述求出的 v_0，不妨设 $\{u_i\cdot f\}_{1\leqslant i\leqslant m}$ 中的 k 个函数 $u_i\cdot f,u_2\cdot f,\cdots,u_k\cdot f(k\leqslant m)$ 所产生的序列 $z_i=\{z_{ij}\}(1\leqslant i\leqslant k)$ 与 $v_0\cdot x$ 所产生的序列 $\underline{a}=\{a_j\}$（事实上，$\underline{a}=\{a_j\}$ 是 $\underline{A}=\{A_j\}$ 的一个移位序列）有非零的相关系数 $\rho_i=S_{(f)}(u_i,v_0)$，$\mid\rho_i\mid>0,1\leqslant i\leqslant k$。从而有

$$P(z_{ij}=a_j)=1/2+\rho_i/2\neq 1/2,\quad 1\leqslant i\leqslant k,\ j=1,2,3,\cdots$$

对 $z_i=\{z_{ij}\}(1\leqslant i\leqslant k)$ 作如下变换：

$$c_{ij}=\begin{cases}z_{ij}, & \rho_i=S_{(f)}(u_i,v_0)>0\\ \bar{z}_{ij}=1\oplus z_{ij}, & \rho_i=S_{(f)}(u_i,v_0)<0\end{cases}$$

这样，就得到了与 $\underline{a}$ 均有正相关系数的 k 串序列 $c_i=\{c_{ij}\mid c_{ij}\in F_2,j=1,2,3,\cdots\}$，并且对于 $i=1,2,3,\cdots,k$，均有 $P(a_j=c_{ij})=1/2+\mid\rho_i\mid/2=p_i>1/2$。因为 $a_j=c_{1j}$，$a_j=c_{2j}$，$\cdots$，

$a_j=c_{kj}$是相互独立的，而且$c_{1j}, c_{2j}, c_{3j}, \cdots, c_{kj}$中又仅有0、1两种值，所以依据极大似然估计原理，可以构造出一个序列e，使其与序列$\underline{a}$有更大的符合率。

对于$u\in F_2^m\backslash\{0\}$，如果存在多个抽头$x_i\in\{x_1,x_2,\cdots,x_n\}$，使得$P(u\cdot f=x_i)=1/2+\rho_i/2$，其中$\rho_i=S_{(f)}(u,e_i)$，$|\rho_i|>0$，$e_i$是第$i$个分量为1、其余分量为0的$n$维向量。不妨设$x_1,x_2,\cdots,x_k(k\leqslant n)$恰是与$u\cdot f$序列有不为0的相关系数的$k$个不同抽头。记$u\cdot f$产生的序列为$\underline{b}=\{b_j:b_j\in F_2, j=1,2,3,\cdots\}$，则有$P(\underline{b}=x_i)=1/2+\rho_i/2\neq 1/2, 1\leqslant i\leqslant k$。即$P(b_j=x_{ij})=1/2+\rho_i/2\neq 1/2, 1\leqslant i\leqslant k, j=1,2,3,\cdots$。再联系到抽头间距的分布规律，就有$P(b_j=A_{j+t_i})=1/2+\rho_i/2\neq 1/2, 1\leqslant i\leqslant k, j=1,2,3,\cdots$。反过来，亦有$P(A_j=b_{j-t_i})=1/2+\rho_i/2\neq 1/2, 1\leqslant i\leqslant k, j\geqslant t_k$。$\{b_{j-t_i}\}_{j\geqslant t_k}(1\leqslant i\leqslant k-1)$相当于序列$\underline{b}$截去了前$t_k-t_i-1$位后剩下的序列，而$\{b_{j-t_k}\}_{j\geqslant t_k}$恰是序列$\underline{b}$。对$\{b_{j-t_i}\}_{j\geqslant t_k}(1\leqslant i\leqslant k)$作如下变换：

$$c_{j-t_i}=\begin{cases}b_{j-t_i}, & \rho_i=S_{(f)}(u,e_i)>0\\ \bar{b}_{j-t_i}=1\oplus b_{j-t_i}, & \rho_i=S_{(f)}(u,e_i)<0\end{cases}$$

从而得到与序列$\underline{A}$均有正相关系数的k串序列$\{c_{j-t_i}\}_{j\geqslant t_k}$，$1\leqslant i\leqslant k$，并且有$P(A_j=c_{j-t_i})=1/2+|\rho_i|/2>1/2, 1\leqslant i\leqslant k, j\geqslant t_k$。因为$A_j=c_j, A_j=c_{j-t_2}, \cdots, A_j=c_{j-t_k}$可被视作是相互独立的，且$c_{j-t_i}\in F_2, 1\leqslant i\leqslant k, j\geqslant t_k$，所以也可以根据极大似然原理设计用于构造一个序列$e$的算法，使其与序列$A$有较大的符合率。

2. 多输出前馈网络密码的熵漏分析

上面分两种情况讨论了多输出前馈网络密码的信息泄露问题。由讨论过程易知，它们实际上可归为下面介绍的较一般的模型进行研究。这里就在这个一般模型的基础上，根据极大似然原理设计一个有效的算法，用此算法可确定序列e，使其与序列$\underline{A}$或$\underline{a}$（以下记为a）有较大的符合率。

设$\{a_j\}$和$\{b_{ij}\}(1\leqslant i\leqslant k)$均为$F_2$上的序列，$P(a_j=b_{ij})=p_i>1/2, i=1,2,3,\cdots,k, j=1,2,3,\cdots$。并设$a_j=b_{1j}, a_j=b_{2j}, \cdots, a_j=b_{kj}$是相互独立的一组关系式。于是，由下面给出的算法所构造的序列$e=\{e_j\}$与序列$a=\{a_j\}$有较大的符合率。

算法 3.5.1

第1步：选取适当的阈值$h(h>k/2)$。

第2步：根据$\{a_j\}$和$\{b_{ij}\}(1\leqslant i\leqslant k)$之间的相关系数，构造序列$e=\{e_j\}$。

$$e_j=\begin{cases}1, & W_H(\boldsymbol{r}_j)\geqslant h\\ 0, & W_H(\boldsymbol{r}_j)\leqslant k-h\\ b_{rj}, & k-h<W_H(\boldsymbol{r}_j)<h\end{cases}$$

其中$W_H(\boldsymbol{r}_j)$表示向量$\boldsymbol{r}_j=(b_{1j},b_{2j},\cdots,b_{kj})$的汉明重量，$r$是使得$p_r=\max\{p_1,p_2,\cdots,p_k\}$成立的最小的下标值。

下面将对算法3.5.1中阈值h的选取、算法的有效性以及符合率$p(a=e)$的估算等问题进行讨论。

对任意固定的$j(j=1,2,3,\cdots)$，先考察概率$p(a_j=e_j|\boldsymbol{r}_j)$的取值情况。

(1) 当$k-h<W_H(\boldsymbol{r}_j)<h$时，由算法3.5.1可知

$$p(a_j=e_j\mid\boldsymbol{r}_j)=p_{\max}=\max\{p_1,p_2,\cdots,p_k\}$$

(2) 当$W_H(\boldsymbol{r}_j)\geqslant h$或$W_H(\boldsymbol{r}_j)\leqslant k-h$时，设$\boldsymbol{r}_j$中恰有$s$个$b_{ij}$为$e_j\in F_2(s\geqslant h)$，不妨设

其为 $b_{t_1 j}, b_{t_2 j}, \cdots, b_{t_s j}$。则

$$p(a_j = e_j \mid \boldsymbol{r}_j) = \frac{p_{t_1} \cdots p_{t_s}(1-p_{t_{s+1}}) \cdots (1-p_{t_k})}{p_{t_1} \cdots p_{t_s}(1-p_{t_{s+1}}) \cdots (1-p_{t_k}) + (1-p_{t_1}) \cdots (1-p_{t_s}) p_{t_{s+1}} \cdots p_{t_k}} \tag{3.5.1}$$

由此,可以进一步讨论阈值 h 的选取。

假定 $1/2 < p_1 \leqslant p_2 \leqslant \cdots \leqslant p_k < 1$ 并且 $k \geqslant s \geqslant h > k/2$,则由上述讨论可知,对任何 $W_H(\boldsymbol{r}_j) = s$ 或 $k-s$ 的 $\boldsymbol{r}_j$,均有

$$p_j(s) = \min_{W_H(\boldsymbol{r}_j)=s\text{或}k-s} P(a_j = e_j \mid \boldsymbol{r}_j) = \frac{p_1 \cdots p_s(1-p_{s+1}) \cdots (1-p_k)}{p_1 \cdots p_s(1-p_{s+1}) \cdots (1-p_k) + (1-p_1) \cdots (1-p_s) p_{s+1} \cdots p_k} \tag{3.5.2}$$

易验证 $p_j(s)$是 s 的单调递增函数。这样,若令

$$h = \left\lceil \frac{(k+1)\log_2 p_k/(1-p_k)}{\log_2 p_k/(1-p_k) + \log_2 p_1/(1-p_1)} \right\rceil$$

则可推得:对任意的 $\boldsymbol{r}_j$,由算法 3.5.1 得到的 e_j 与 a_j 的符合率 $p(a_j = e_j | \boldsymbol{r}_j)$满足关系式

$$p(a_j = e_j \mid \boldsymbol{r}_j) \geqslant p_k$$

这里$\lceil x \rceil$表示不小于 x 的最小整数。

根据上述讨论结果,可对算法 3.5.1 中的 h 值作如下选取。

令 $p_{\min} = \min\{p_1, p_2, \cdots, p_k\}$,$p_{\max} = \max\{p_1, p_2, \cdots, p_k\}$,则在算法 3.5.1 中取定

$$h = \left\lceil \frac{(k+1)\log_2 p_{\max}/(1-p_{\max})}{\log_2 p_{\max}/(1-p_{\max}) + \log_2 p_{\min}/(1-p_{\min})} \right\rceil$$

特别地,当 $p_1 = p_2 = \cdots = p_k$ 时,取 $h = \lceil (k+1)/2 \rceil$。

由此可见,上面提出的信息收集算法实际上是对密码分析和编码译码中常常采用的择多原理在更一般意义上的推广。这一推广大大地拓宽了择多原理的实际应用背景和范围。

其次,讨论算法 3.5.1 的有效性问题。

如果 $h < k$,则 h 最大只能为 $k-1$,因此,在 $\boldsymbol{r}_j = (b_{1j}, b_{2j}, \cdots, b_{r-1,j}, b_{rj}, b_{r+1,j}, \cdots, b_{kj})$ 之中,至少当 $b_{1j} = b_{2j} = \cdots = b_{r-1,j} = b_{r+1,j} = \cdots = b_{kj} \neq b_{rj}$ $(r \in \{1, 2, \cdots, k\})$时,其他 $k-1$ 个信息位能对 b_{rj} 进行纠错。这说明当 $h < k$ 时,上述算法能够有效地进行纠错,从而可提高输入和输出的符合率。对上述选取的 h,欲使 $h < k$,必须

$$p_{\min} \geqslant \frac{(p_{\max}/(1-p_{\max}))^{2/(k-1)}}{1 + (p_{\max}/(1-p_{\max}))^{2/(k-1)}}$$

这说明在算法 3.5.1 中,选择如上的 h,并使 $p_{\min}$符合一定的条件,则该算法就能够有效地进行纠错,从而也可有效地提高输入和输出的符合率。

最后,估算序列 a 与 e 的符合率 $p(a=e)$。

前面已讨论了 $p(a_j = e_j | \boldsymbol{r}_j)$的分布情况,得知 $p(a_j = e_j | \boldsymbol{r}_j)$随着 $\boldsymbol{r}_j$ 的状态的不同而不同。为了考察 a 与 e 两串序列的符合率,可用 $p(a_j = e_j | \boldsymbol{r}_j)$的期望值 $E[p(a_j = e_j | \boldsymbol{r}_j)]$ 作为 $p(a=e)$的近似值。即可定义

$$p(a = e) = \lim_{j \to \infty} E[p(a_j = e_j \mid \boldsymbol{r}_j)]$$

记 $\boldsymbol{r}_j$ 可能出现的所有 2^k 个不同的状态为 $O_1, O_2, O_3, \cdots, O_{2^k}$(这里 $O_i \in F_2^k$,$i = 1, 2, 3, \cdots$,

2^k)，$p(O_i)=p(a_j=e_j|r_j=O_i)$，并且假设当 $j\to\infty$ 时，$p(\boldsymbol{r}_j=O_i)\to q_i$，这样

$$p(a=e)=\sum_{i=1}^{2^k}p(O_i)\cdot q_i \tag{3.5.3}$$

特别地，当 $q_i=1/2^k(i=1,2,3,\cdots,2^k)$时，有

$$p(a=e)=\frac{\left(2^k-2\sum_{i=h}^{k}\mathrm{C}_k^i\right)\times p_{\max}+2\sum_{W_H(O_i)\geqslant h}p(O_i)}{2^k} \tag{3.5.4}$$

式(3.5.3)和式(3.5.4)表明，$p(a=e)$是可以被估算的。

3. 多输出 Bent 函数的相关分析

这里针对密码设计中常用到的多输出 Bent 函数[14]作一些探讨。

设 $f(x):F_2^n\to F_2^m$ 为多输出 Bent 函数，此时必有 $n\geqslant 2m$，取 $n=2m$，则在 $f(x)$的 2^{2m} 个不同的输入中，有 $2^{m+1}-1$ 个不同的输入值均对应 $f(x)$的输出值 0，而 $f(x)$的其他 2^m-1 种可能的输出值中的每个值均对应着 $f(x)$的 2^m-1 个不同的输入值。而且 $p_1=p_2=\cdots=p_m=p$，因此，利用上述讨论结果可得

$$P(a=e)=\begin{cases}\dfrac{2^m}{2^{2m-1}}\sum_{i=(m+1)/2}^{m}\mathrm{C}_m^i\dfrac{p^i(1-p)^{m-i}}{p^i(1-p)^{m-i}+p^{m-i}(1-p)^i}\\ \quad+\dfrac{1}{2^m}\dfrac{p^m}{p^m+(1-p)^m}, & m\ \text{为奇数}\\ \dfrac{2^m-1}{2^{2m}}\left(\mathrm{C}_m^{m/2}p+\sum_{i=m/2+1}^{m}\mathrm{C}_m^i\dfrac{p^i(1-p)^{m-i}}{p^i(1-p)^{m-i}+p^{m-i}(1-p)^i}\right)\\ \quad+\dfrac{1}{2^m}\dfrac{p^m}{p^m+(1-p)^m}, & m\ \text{为偶数}\end{cases} \tag{3.5.5}$$

4. 多输出前馈网络密码信息泄露收集算法的应用举例

现在，以一个“六入三出”的多输出 Bent 函数为例，说明应用算法 3.5.1 对多输出前馈网络密码进行信息泄露收集的全过程。

设 $f(x):F_2^6\to F_2^3$ 为多输出 Bent 函数，并假设当把 $f(x)$表示为 $f(x)=(f_1,f_2,f_3)$时，有

$$f_1=x_1x_4+x_2x_5+x_3x_6+x_1+x_1x_2x_3$$
$$f_2=x_1x_6+x_2x_4+x_3x_5+x_1x_2$$
$$f_3=x_1x_5+x_2x_6+x_3x_4+x_2x_3$$

又假定 f 的输入端 $x_1\sim x_6$ 抽自反馈多项式为 $g(x)=x^{17}+x^3+1$ 的 17 级线性移位寄存器，其中 x_1 抽自移位寄存器的第 1 级，x_2 抽自移位寄存器的第 2 级，x_3 抽自移位寄存器的第 4 级，x_4 抽自移位寄存器的第 7 级，x_5 抽自移位寄存器的第 11 级，x_6 抽自移位寄存器的第 16 级。

经过对 $f(x)$进行分析可以得到

$$p(f_i(x)=x_j)=\begin{cases}0.4375, & \text{当 } i=1 \text{ 且 } j=4 \text{ 时}\\ 0.5625, & \text{其他}\end{cases}$$

因此，对于 $i=1,2,3$，有 $p(f_i(x)=x_1)=0.5625$。在应用算法 3.5.1 对本例进行信息泄露收集时，就利用一组相关概率均为 0.5625 的 3 个关系式 $f_1(x)=x_1, f_2(x)=x_1, f_3(x)=x_1$ 来进行。显然，应该有 $h=2$。这样，对于由算法 3.5.1 构造的序列 e，应有

$$\begin{aligned}p(x_1=e)&=\frac{2^3-1}{2^{2\times3-1}}\sum_{i=2}^{3}C_3^i\frac{0.5625^i\times0.4375^{3-i}}{0.5625^i\times0.4375^{3-i}+0.5625^{3-i}\times0.4375^i}\\&\quad+\frac{1}{2^3}\cdot\frac{0.5625^3}{0.5625^3+0.4375^3}\\&\approx0.6029\end{aligned}$$

而实际上，在实验过程中取得 a 序列的 1851b，经与 f_1、f_2、f_3 的输出进行符合统计，有 $p(a=f_1)=1044/1851\approx0.5640$，$p(a=f_2)=1047/1851\approx0.5656$，$p(a=f_3)=1034/1851\approx0.5686$。而由 f_1、f_2、f_3 的输出序列按算法 3.5.1 构造的序列 e'，有 $p(a=e')=1119/1851\approx0.6045$。可见，理论计算的结果与实验结果是非常接近的，即关于概率 $p(a=e)$ 的定义和计算公式是合理的、正确的。

又因为对于 $j=2,3,5,6$ 和 $i=1,2,3$ 也均有 $p(f_i(x)=x_j)=0.5625$，所以，可以得到 $p(x_2=e)=p(x_3=e)=p(x_5=e)=p(x_6=e)=p(x_1=e)\approx0.6029$。而 x_1、x_2、x_3、x_5、x_6 之间的抽头跨距是不大的，因此，还可以进一步在 e 序列上进行多输出前馈函数信息泄露的收集。此时，有 $k=5, h=3$。于是按上面的讨论，由算法 3.5.1 构造得到的 e'' 序列与 a 序列的符合率大约为

$$p(a=e'')=\frac{1}{2^5}\times2\sum_{i=3}^{5}C_5^i\frac{0.6029^i\times0.3971^{5-i}}{0.6029^i\times0.3971^{5-i}+0.6029^{5-i}\times0.3971^i}\approx0.67547$$

当 e'' 序列被构造出来后，由于其与多输出前馈网络密码的输入序列 a 有着更大的符合率，即有 $p(e''=a)\gg\max\{p_1,p_2,\cdots,p_k\}$。这样，若序列 a 的线性反馈多项式已知（或序列 a 的线性复杂度不高），就可以利用 3.2 节或 4.2 节介绍的方法由 e'' 序列求出 a 序列的初始状态（或序列 a 的生成多项式），从而实现对该密码的攻击。

3.5.2 收缩生成器的熵漏分析

本节介绍收缩生成器（实际上，一个自收缩序列可被视作某一收缩序列）的一种熵漏分析方法[34]，这里假定 LFSR 的反馈多项式为已知。这种分析方法的基本思路是：首先进行初步理论统计分析；其次利用择多法或最大后验概率法构造出与输入序列有较高符合率的拟合序列；最后使用快速相关攻击方法可以部分地或完全地破译这类序列密码。因为最后一步可直接使用 3.2 节介绍的快速相关攻击方法，所以这里只介绍如何完成前两步。

1. 收缩序列的初步理论统计分析

将 $LFSR_1$ 产生的序列（即输入序列）记为 $\underline{a}=(a_0,a_1,a_2,\cdots)$，$LFSR_2$ 产生的序列（即控制序列）记为 $\underline{s}=(s_0,s_1,s_2,\cdots)$，最后产生的收缩序列记为 $\underline{E}=(E_0,E_1,E_2,\cdots)$。这里假定 $\underline{a}$ 和 $\underline{s}$ 都是 m-序列，$LFSR_2$ 的级数为 n。

对控制序列 $\underline{s}$，设在其一个首尾相接的周期段中，具有前 $i\,(i=0,1,\cdots,n-1)$ 比特全为 0，第 $i+1$ 比特为 1 这样的特性的 n 比特长截取段出现的概率分别为 $p_0,p_1,\cdots,p_{n-1}$，则有

$$p_i=\frac{2^{n-i-1}}{2^n-1}\approx\frac{1}{2^{i+1}},\quad i=0,1,\cdots,n-1 \tag{3.5.6}$$

用 $E_i \downarrow a_j$ 表示 E_i 取自 a_j，则有

$$\begin{cases} p(E_0 \downarrow a_0) = p_0 \\ p(E_0 \downarrow a_1) = p_1 \\ \quad \vdots \\ p(E_0 \downarrow a_{n-1}) = p_{n-1} \\ p(E_1 \downarrow a_1) = p_0^2 \\ p(E_1 \downarrow a_2) = p_0 p_1 + p_1 p_0 \\ \quad \vdots \\ p(E_1 \downarrow a_i) = p_0 p_{i-1} + p_1 p_{i-2} + \cdots + p_{i-1} p_0, \quad 1 \leqslant i \leqslant 2n-1 \\ \quad \vdots \\ p(E_1 \downarrow a_{2n-1}) = p_{n-1}^2 \\ p(E_2 \downarrow a_2) = p_0^3 \\ p(E_2 \downarrow a_3) = p_0 p_0 p_1 + p_0 p_1 p_0 + p_1 p_0 p_0 \\ \quad \vdots \\ p(E_k \downarrow a_s) = \sum\limits_{i_0+i_1+\cdots+i_{k-1}=s-k} p_{i_0} p_{i_1} \cdots p_{i_{k-1}} \end{cases} \tag{3.5.7}$$

由式(3.5.7)及 $\sum\limits_{i_0+i_1+\cdots+i_{k-1}=s-k} = \mathrm{C}_{s-1}^{s-k}$ 可知

$$\sum_{i_0+i_1+\cdots+i_{k-1}=s-k} p_{i_0} p_{i_1} \cdots p_{i_{k-1}} \approx \frac{\mathrm{C}_{s-1}^{s-k}}{2^s} \tag{3.5.8}$$

由于控制序列 $\underline{s}$ 的周期一般较大(为 2^n-1)，下面近似地把 $\underline{s}$ 视作一个平衡的随机序列。

设 $S_n = \sum\limits_{i=0}^{n-1} s_i$，由概率论中的中心极限定理可知

$$\frac{S_n - \dfrac{n}{2}}{\sqrt{\dfrac{n}{4}}} \backsim N(0,1)$$

其中 $N(0,1)$ 表示正态分布。

设 i_n 表示 $\underline{s}$ 中第 $n+1$ 个非零项(即为1)，则有

$$E_n = a_{i_n}, \quad n = 0,1,2\cdots$$

因为 $\sum\limits_{i=0}^{i_n} s_i - 1 = n$，所以 $E_{\sum\limits_{i=0}^{i_n} s_i - 1} = a_{i_n}$。由此可知，对任意概率 p，令 $\alpha = 1-p$，必存在 u_α，使得若 a_n 在 $\underline{E}$ 中出现，则必以概率 p 落入区间 $\left[\dfrac{n}{2} - u_\alpha\sqrt{\dfrac{n}{2}}, \dfrac{n}{4} + u_\alpha\sqrt{\dfrac{n}{4}}\right]$ 中，将此区间记为 $I_{n/2}$，这里称 a_n 落入 $I_{n/2}$ 中意指与 a_n 相对应的 $\underline{E}$ 中元素的下标落入 $I_{n/2}$ 中(下同)。显然，$I_{n/2}$ 中的离散整数是有限的。

2. 拟合序列的构造及符合率的估计

根据上面的初步理论统计分析结果来构造输入序列 $\underline{a}$ 的拟合序列。这里介绍两种构造拟合序列的方法：一种是择多法，其理论基础就是前面所讲的择多原则；另一种是最大后

验概率法，这种方法来自纠错编码学，因为理论上任一密码体制的破译均可以视作纠错编码中的译码过程，而最大后验概率方法是一种统计最优的译码方法。这两种方法各有优劣，但实验结果表明，后者的符合率更大些。

1) 择多法

设 $I_{n/2}$ 中共落入 $2d$ 个 $\underline{a}$ 中的元素，若等于 1 的元素个数大于或等于 d，令 $a'_n=1$，否则令 $a'_n=0$。这样就得到了 $\underline{a}$ 的拟合序列 $\underline{a'}=(a'_0,a'_1,a'_2,\cdots)$。

定理 3.5.1 给出了符合率的估计。

定理 3.5.1 对收缩序列生成器，设由择多法构造的输入序列 $\underline{a}$ 的拟合序列是 $\underline{a'}$，则有

$$p(a'_n=a_n)=\frac{1}{2}p_n\max\{p_0^{(n)*},p_1^{(n)*}\}+\frac{1}{2}\left(1-\frac{1}{2}p_n\right)$$

这里 $p_n=p(\{a_n \text{ 落入 } I_{n/2}\text{ 中}\})$，$p_0^{(n)*}$ 和 $p_1^{(n)*}$ 分别表示落入 $I_{n/2}$ 中的 $\underline{a}$ 的元素中 0 和 1 出现的概率。

证明：

$$\begin{aligned}p(a'_n=a_n)&=p(a'_n=a_n|a_n\text{ 落入 }\underline{E}\text{ 中})p(a_n\text{ 落入 }\underline{E}\text{ 中})\\&\quad+p(a'_n=a_n|a_n\text{ 未落入 }\underline{E}\text{ 中})p(a_n\text{ 未落入 }\underline{E}\text{ 中})\\&=\frac{1}{2}p(a'_n=a_n|a_n\text{ 落入 }\underline{E}\text{ 中})+\frac{1}{4}\\&=\frac{1}{4}+\frac{1}{2}p(a'_n=a_n|a_n\text{ 落入 }I_{n/2}\text{ 中})p(a_n\text{ 落入 }I_{n/2}\text{ 中}|a_n\text{ 落入 }\underline{E}\text{ 中})\\&\quad+\frac{1}{2}p(a'_n=a_n|a_n\text{ 落入 }\underline{E}\text{ 中但未落入 }I_{n/2}\text{ 中})p(a_n\text{ 未落入 }I_{n/2}\text{ 中}|\\&\quad a_n\text{ 落入 }\underline{E}\text{ 中})\\&=\frac{1}{4}+\frac{1}{2}\max\{p_0^{(n)*},p_1^{(n)*}\}\cdot p_n+\frac{1}{4}(1-p_n)\end{aligned}$$

由证明过程可知，$p(a'_n=a_n)=\frac{1}{2}+\frac{1}{2}\left(p_n\max\{p_0^{(n)*},p_1^{(n)*}\}-\frac{1}{2}p_n\right)\overset{\text{def}}{=}\frac{1}{2}+\frac{1}{2}\rho_n$。在实际分析中，更关心的是 ρ_n 的估计。显然，ρ_n 的期望值为

$$E[\rho_n]=p_nE[\max\{p_0^{(n)*},p_1^{(n)*}\}]-\frac{1}{2}p_n$$

由于

$$p\left(\max\{p_0^{(n)*},p_1^{(n)*}\}=\frac{d+i}{2d}\right)=2\mathrm{C}_{2d}^{i+d}\,\frac{1}{2^{2d}},\quad 1\leqslant i\leqslant d$$

$$p\left(\max\{p_0^{(n)*},p_1^{(n)*}\}=\frac{d}{2d}=\frac{1}{2}\right)=\mathrm{C}_{2d}^{d}\,\frac{1}{2^{2d}}$$

因此，

$$\begin{aligned}E[\max\{p_0^{(n)*},p_1^{(n)*}\}]&=2\sum_{i=1}^{d}\frac{d+i}{2d}\mathrm{C}_{2d}^{d+i}\cdot\frac{1}{2^{2d}}+\frac{1}{2}\mathrm{C}_{2d}^{d}\,\frac{1}{2^{2d}}\\&=2\sum_{i=1}^{d}\mathrm{C}_{2d}^{d+i-1}\cdot\frac{1}{2^{2d}}+\frac{1}{2}\mathrm{C}_{2d}^{d}\,\frac{1}{2^{2d}}=\frac{1}{2}+\frac{1}{2}\,\frac{1}{\sqrt{\pi d}}\end{aligned}$$

这里假定了 $\underline{E}$ 中的各比特独立同分布，下同。上式最后一步使用了 Stirling 公式：$n!\approx\sqrt{2\pi}\,\mathrm{e}^{-n}n^{n+\frac{1}{2}}$，下面几处都使用了该公式。

最后得到了 ρ_n 的期望值的估计：

$$E[\rho_n]=\frac{1}{2}p_n+\frac{1}{2}p_n\cdot\frac{1}{\sqrt{\pi d}}-\frac{1}{2}p_n=\frac{p_n}{2\sqrt{\pi d}}$$

若取 $p_n=95\%$，则对应的 $d=1.96\sqrt{\frac{n}{4}}$，此时

$$E[\rho_n]=\frac{0.27}{n^{-\frac{1}{4}}}$$

进而还可以求出 ρ_n 的方差：

$$D[\rho_n]=E[\rho_n^2]-(E[\rho_n])^2=\frac{(2d+1)p_n^2}{8d}+\frac{2d-1}{8d}\cdot\frac{p_n^2}{\sqrt{\pi(d-1)}}+\frac{p_n^2}{4\sqrt{\pi d}}-\frac{p_n^2}{4\sqrt{\pi d}}$$

2) 最大后验概率法

由式(3.5.7)和式(3.5.8)可知

$$p(E_k\downarrow a_s)\approx\frac{C_{s-1}^{s-k}}{2^s}$$

由中心极限定理可知，a_s 必以较大的概率落入 $I_{n/2}$（若 a_s 出现在 $\underline{E}$ 中），且 $I_{n/2}$ 的长度远小于 $s/2$，不妨设 $s=2n$，$k=n+i$，$i\ll n$，则有

$$p(E_n\downarrow a_{2n})=\frac{C_{2n-1}^{n}}{2^{2n}}\approx\frac{1}{2\sqrt{\pi n}}$$

$$p(E_k\downarrow a_{2n})=\frac{C_{2n-1}^{n+i}}{2^{2n}}\approx\frac{1}{2\sqrt{\pi n}}\mathrm{e}^{-\frac{(2i+1)i}{n}}$$

这里利用了公式

$$\frac{C_{2n-1}^{n}}{C_{2n-1}^{n+i}}=\frac{(n+i)!(n-i-1)!}{n!(n-1)!}\approx\frac{(n+i)^i}{(n-i-1)^i}\approx\mathrm{e}^{\frac{(2i+1)i}{n}}$$

设 $T_0=\{E_i\,|\,i\in I_{n/2},E_i=0\}$，$T_1=\{E_i\,|\,i\in I_{n/2},E_i=1\}$，取

$$p_0^{(n)*}=\sum_{E_i\in T_0}p(E_i\downarrow a_n),\quad p_1^{(n)*}=\sum_{E_i\in T_1}p(E_i\downarrow a_n)$$

若 $p_1^{(n)*}\geqslant p_0^{(n)*}$，令 $a'_n=1$，否则令 $a'_n=0$。这样就得到了 $\underline{a}$ 的拟合序列 $\underline{a'}=(a'_0,a'_1,a'_2,\cdots)$。

定理 3.5.2 给出了符合率的估计。

定理 3.5.2 对收缩序列生成器，设由最大后验概率法构造的输出序列 $\underline{a}$ 的拟合序列是 $\underline{a'}$，则有

$$p(a'_n=a_n)=\max\{p_0^{(n)*},p_1^{(n)*}\}+\frac{1}{2}(1-p_0^{(n)*}-p_1^{(n)*})=\frac{1}{2}+\frac{1}{2}\rho_n$$

其中 $\rho_n=2\max\{p_0^{(n)*},p_1^{(n)*}\}-(p_0^{(n)*}+p_1^{(n)*})$。

定理 3.5.2 的证明与定理 3.5.1 的证明类似。

另外，还可证明，当 n 较大时，有

$$E[\rho_n]\approx 0.30n^{-\frac{1}{4}}$$

$$D[\rho_n]\approx\frac{2\pi-4}{8\pi\sqrt{\pi(n-1)}}$$

3.6 注记与思考

本章重点介绍了分别征服相关分析、快速相关分析、多步快速相关分析、条件相关分析和熵漏分析 5 种相关分析方法。除此之外，还有很多相关工作，下面对一些有代表性的文献做了简单的介绍，以便感兴趣的读者进一步阅读。

通常情况下，相关分析都可以被看作一个译码问题，这里将 LFSR 的输出序列看作发送的码字，将 LFSR 的初始状态看作信息位，将非线性组合生成器或者带记忆有限状态机看作一个噪声信道，通常用二元对称信道对其进行刻画，而密钥流序列则可以看作通过信道发送传输后所收到的码字。根据 Shannon 编码理论，当收到的密钥流序列满足一定的条件时，就能够成功进行译码。

快速相关分析的研究多集中于译码方式和如何寻找低汉明重量的校验等式等方面。在快速相关分析中，如何快速、高效地寻找校验等式是一个非常重要的问题。最早，Meier 等考虑的是 LFSR 的低汉明重量反馈多项式 $g(x)$，利用二元域上多项式的性质，可以通过平方或者移位来获得新的校验等式，等式的个数是由 $g(x)$ 的次数以及能够获得的密钥流长度决定的。如果 LFSR 不存在这样的低汉明重量反馈多项式，或者攻击者想要获得更多的校验等式，这种方法是不可行的。

Mihaljevic 等[35]描述了怎么使用密码算法的 LFSR 的变换矩阵来产生校验等式，假设 LFSR 的长度是 l 以及最大长度是 N，那么使用他们的算法能够寻找到 $m=\frac{N}{l2^l}C_l^{t+1}$ 个校验等式。当 l 较大时，该方法的复杂度偏高。

Chepyzhov 等[36]使用编码的方法，包括 Gilbert-Varshamov 界来寻找校验等式，所需要的复杂度为 $O(2^{(1-l/N)l})$，这个方法只适用于 l 较小的情况或者相关系数很大的情况。

Johansson 等[37]对快速相关分析做了重要的改进，他们基于卷积码理论提出了一种新的快速相关分析方法。与以前的方法不同的是，这个方法可以应用于任意形式的 LFSR 反馈多项式，而以前的一些方法主要适用于低汉明重量的反馈多项式。随后，Canteaut 等[38]也提出了快速相关分析的一种新方法，这种方法是基于 Gallager 的对汉明重量大于 3 的校验等式的迭代概率译码算法。这些分析同样能够应用于任意的基于 LFSR 的密钥流生成器，并且不要求反馈多项式具有低汉明重量。他们分析了当时所有的快速相关分析方法，并且指出这个算法在校验等式的汉明重量为 4 或 5 的时候比基于卷积码或 turbo 码的相关分析更加有效。Chepyzhov 等[39]也提出了一个新的快速相关分析简便算法。他们的分析方法比以前的一些分析方法在空间复杂度上有所降低，这个算法能够非常简洁地得到一些理论结果，可以很好地对数据量、相关概率、计算复杂度和成功概率做出可靠的理论估计，特别适用于无法进行计算模拟实验的情况。Golic[40]提出了将编码理论中最优的逐符号译码算法——H-R 算法应用于快速相关分析，从而得到了一种新的基于迭代概率译码算法的相关分析方法。这个分析方法可以应用于包含大量非正交的校验等式的情况。Chose 等在 EUROCRYPT 2002 上提出了一些对快速相关分析进行改进的算法。在以前关于快速相关分析的论文中，算法本身从来都不是关注的主题。该论文重点讨论了寻找最佳算法来发现和估值校验等式；同时指出，使用简单算法来寻找和估值校验等式应该被具有更好的渐进复杂度的算法所替代，使用更加高级的算法来加速整个过程。这种新算法可以对快速相关分析的效率带来很大的提高。由最初的快速相关分析可知，如果反馈多项式的汉明重量较低，快速相关分析将非常有效。Englund 等[41]发现了一类新的弱反馈多项式，这类多项式可以具有很高的汉明重量，但能够十分有效地实施相关分析。

近几年，关于快速相关分析的论文比较少，原有的相关分析技术都趋于成熟。最新的研究成果多集中在对以前的相关分析方法中存在的缺点的改进。Carlet 等[42]通过对向量布尔函数（也称多输出布尔函数）的分析，提出了广义相关分析的概念。这种方法基于输入的线性逼近表达式，但是输出的次数没有限制。通过实验分析，他们发现新的广义相关分析给出的线性逼近具有更大的偏差。

思考题

1. 证明 $Q(x)$ 满足以下关系：

$$\left(\sqrt{2\pi}x\right)^{-1}\mathrm{e}^{-\frac{x^2}{2}}(1-x^2)<Q(x)<\left(\sqrt{2\pi}x\right)^{-1}\mathrm{e}^{-\frac{x^2}{2}},\quad x\geqslant 0$$

2. 在 Geffe 序列生成器中，试说明当 $s=49$ 时，M 中可找到一个非奇异子方阵的概率在 99%以上。

3. 设 $f:F_2^n\to F_2$ 是一个布尔函数。

$$f(x)=c_1x_1\oplus c_2x_2\oplus\cdots\oplus c_nx_n\oplus c,c_i,c\in F_2,\quad i=1,2,\cdots,n$$

讨论 $f(x)$ 的相关免疫阶 m 与系数 $c_1,c_2,\cdots,c_n,c\in F_2$ 之间的关系。

4. 调研 $A(k,r)=\sum_{i=0}^{r}\mathrm{C}_k^i$ 的上界估计，并熟记引理 3.2.1。

5. 分别对固定的 $d=N/k=10^2$ 和 $d=N/k=10^6$，计算 $c=c(p,t,d)$（保留 3 位小数）并制成表，这里 $p=0.51,0.53,0.55,0.57,0.59,0.61,0.63,0.65,0.67,0.69,0.71,0.73,0.75$，$t=2,4,6,8,10,12,14,16,\infty$。结合 3.2.2 节的最后一段论述认真观察这两张表的规律。

6. 计算满足 $F(p,t,d)=0$ 的 p（保留 3 位小数）并制成表，这里 $d=10^i,i=1,2,\cdots 10$，$t=2,4,6,8,10,12,14,16,18$。认真观察这张表的规律。

7. 设 $e_i(i=1,2,\cdots,t)$ 为随机变量，且满足 $P(e_i=0)=1/2+\varepsilon,i=1,2,\cdots,t$。则

$$P\left(\sum_{i=1}^{t}e_i=0\right)=1/2+2^{t-1}\cdot\varepsilon^t$$

提示：使用式(3.2.9)并对 t 应用归纳法。

8. 设 $e_i(i=1,2,\cdots,t)$ 为随机变量，且满足 $P(e_i=0)=1/2+\varepsilon_i,i=1,2,\cdots,t$。则

$$P\left(\sum_{i=1}^{t}e_i=0\right)=1/2+2^{t-1}\cdot\prod_{i=1}^{t}\varepsilon_i$$

这就是著名的堆积引理(piling-up lemma)。

提示：对 t 应用归纳法。

9. 针对例 3.4.1 验证：f_1 和 f_5 是 Semi-Bent 函数（Semi-Bent 函数的概念见 4.1.3 节定义 4.1.2），f_2 是 1 阶相关免疫函数，f_4 是 2 阶相关免疫函数。

10. 验证定理 3.4.4 和性质 3.4.1。

11. 调研相关分析方法的最新研究进展，结合本章的介绍写一篇关于相关分析方法方

面的小综述。

本章参考文献

[1] Blaser W, Heinzmann P. New Cryptographic Device with High Security using Public Key Distribution [M]//IEEE Student Papers: 1979—1980. IEEE, 1980: 150.

[2] Siegenthaler T. Decrypting a Class of Stream Ciphers using Ciphertext only[J]. IEEE Transactions on Computers, 1985,100(1): 81-85.

[3] Meier W, Staffelbach O. Fast Correlation Attacks on Certain Stream Ciphers [J]. Journal of Cryptology, 1989, 1(3):159-176.

[4] Zhang B, Feng D G. Multi-Pass Fast Correlation Attack on Stream Ciphers [C]//International Workshop on Selected Areas in Cryptography. Berlin Heidelberg: Springer, 2006: 234-248.

[5] Lee S, Chee S, Park S. Conditional Correlation Attack on Nonlinear Filter Generators [C]// ASIACRYPT 1996. Berlin Heidelberg: Springer, 1996: 360-367.

[6] Anderson R. Searching for the Optimum Correlation Attack[C]//International Workshop on Fast Software Encryption. Berlin Heidelberg: Springer, 1994: 137-143.

[7] Löhlein B. Attacks Based on Conditional Correlations Against the Nonlinear Filter Generator[M]. [S. l.]: IACR, 2003.

[8] Lu Y, Meier W, Vaudenay S. The Conditional Correlation Attack: A Practical Attack on Bluetooth Encryption[C]//CRYPTO2005. Berlin Heidelberg: Springer, 2005: 97-117.

[9] Zhang B, Xu C, Feng D G. Real Time Cryptanalysis of Bluetooth Encryption with Condition Masking [C]//CRYPTO 2013. Berlin Heidelberg: Springer, 2013: 165-182.

[10] Geffe P R. How to Protect Data with Ciphers that are Really Hard to Break[J]. Electronics, 1973 (1): 99-101.

[11] Siegenthaler T. Correlation-Immunity of Nonlinear Combining Functions for Cryptographic Applications[J]. IEEE Transactions on Information Theory, 1984, 30(5): 776-780.

[12] Xiao G Z, Massey J L. A Spectral Characterization of Correlation-Immune Combining Functions[J]. IEEE Transactions on Information Theory, 1988, 34(3): 569-571.

[13] 冯登国,裴定一. 密码学导引[M]. 北京: 科学出版社, 1999.

[14] 冯登国. 频谱理论及其在密码学中的应用[M]. 北京: 科学出版社, 2000.

[15] Wu C K, Feng D G. Boolean Functions and Their Applications in Cryptography[M]//Advances in Computer Science and Technology. Berlin Heidelberg: Springer, 2016: 1-256.

[16] Zeng K, Huang M .On the Linear Syndrome Method in Cryptanalysis[C]//CRYPT 1988. Berlin Heidelberg: Springer-Verlag, 1988: 467-478.

[17] Zeng K, Yang C H, Rao T R. An Improved Linear Syndrome Algorithm in Cryptanalysis with Application[C]//CRYPT 1990. Berlin Heidelberg: Springer-Verlag, 1990: 34-47.

[18] 冯登国. 密码分析学[M]. 北京: 清华大学出版社, 2000.

[19] Lint J H. Introduction to Coding Theory[M]. Berlin Heidelberg: Springer-Verlag, 1982.

[20] Chepyzhov V V, Johansson T, Smeets B. A Simple Algorithm for Fast Correlation Attacks on Stream Ciphers[C]//FSE 2000. Berlin Heidelberg: Springer-Verlag, 2000: 181-195.

[21] Chose P, Joux A, Mitton M. Fast Correlation Attacks: An Algorithmic Point of View [C]// EUROCRYPT 2002. Berlin Heidelberg Springer-Verlag, 2002: 209-221.

[22] Karpovsky M, Finite Othogonal Series in the Design of Diginal Devices[M]. New York: John Wiley and Sons, 1976.

[23] Golic J D, Salmasizadeh M. Fast Correlation Attacks on the Summation Generator[J]. Journal of Cryptology, 2000, 13: 245-262.

[24] Golic J D. Linear Cryptanalysis of Bluetooth Stream Cipher [C]//EUROCRYPT 2002. Berlin Heidelberg: Springer-Verlag, 2002: 238-255.

[25] Mihaljevic M, Fossorier M P C, Imai H. Fast Correlation Attack Algorithm with Listing Decoding and an Application[C]//FSE2001. [S.l.]: Springer-Verlag, 2001: 208-222.

[26] Mayhew G L. A Low Cost, High Speed Encryption System and Method[C]//Proc.of the 1994 IEEE Computer Society Symposium on Research and Security and Privacy. IEEE, 1994: 147-154.

[27] Golic J D. On Security of Nonlinear Filter Generators[C]//Fast Software Encryption — Cambridge 1996. Berlin Heidelberg: Springer-Verlag, 1996: 173-188.

[28] Bluetooth SIG. Specification of the bluetooth system: volume 4[M]. [S.l.]: Bluetooth SIG, 2010.

[29] Lu Y, Vaudenay S. Faster Correlation Attack on Bluetooth Keystream Generator E0[C]//CRYPTO 2004. Berlin Heidelberg: Springer, 2004: 407-425.

[30] Lu Y, Vaudenay S. Cryptanalysis of an E0-like Combiner with Memory[J]. Journal of Cryptology, 2008, 21: 430-457.

[31] Baigneres T, Junod P, Vaudenay S. How far can We go beyond Linear Cryptanalysis? [C]// ASIACRYPT 2004. Berlin Heidelberg: Springer, 2004: 432-450.

[32] 胡一平,冯登国. 多输出前馈函数的一种相关分析方法[J]. 电子科学学刊, 1998(6): 787-793.

[33] 胡一平,冯登国. 前馈流密码的相关分析[J]. 通信技术,1997(4): 1-8.

[34] 张道法,陈伟东. 关于对 Shrinking Generator 及 Self-Shrinking Generator 的熵漏分析[J]. 通信学报, 1996, 17(4): 15-20.

[35] Mihaljevic M J, Golic J D. A Method for Convergence Analysis of Iterative Probabilistic Decoding [J]. IEEE Transactions on Information Theory, 2000, 46(6): 2206-2211.

[36] Chepyzhov V, Smeets B. On a Fast Correlation Attack on Certain Stream Ciphers[C]//Workshop on the Theory and Application of Cryptographic Techniques. Berlin Heidelberg: Springer, 1991, 176-185.

[37] Johansson T, Jönsson F. Improved Fast Correlation Attacks on Stream Ciphers via Convolutional Codes[C]//International Conference on the Theory and Applications of Cryptographic Techniques. Berlin Heidelberg: Springer, 1999: 347-362.

[38] Canteaut A, Trabbia M. Improved Fast Correlation Attacks Using Parity-Check Equations of Weight 4 and 5[C]//International Conference on the Theory and Applications of Cryptographic Techniques. Berlin Heidelberg: Springer, 2000: 573-588.

[39] Chepyzhov V V, Johansson T, Smeets B. A Simple Algorithm for Fast Correlation Attacks on Stream Ciphers [C]//International Workshop on Fast Software Encryption. Berlin Heidelberg: Springer, 2000: 181-195.

[40] Golic J D. Iterative Optimum Symbol-by-Symbol Decoding and Fast Correlation Attacks[J]. IEEE Transactions on Information Theory, 2001, 47(7): 3040-3049.

[41] Englund H, Hell M, Johansson T. Correlation Attacks using a New Class of Weak Feedback Polynomials [C]//International Workshop on Fast Software Encryption. Berlin Heidelberg: Springer, 2004: 127-142.

[42] Carlet C, Khoo K, Lim C W, et al. Generalized Correlation Analysis of Vectorial Boolean Functions

[C]//International Workshop on Fast Software Encryption. Berlin Heidelberg: Springer, 2007: 382-398.

[43] Zhang B, Wu H, Feng D G, et al. A Fast Correlation Attack on the Shrinking Generator[C]//CT-RSA 2005. Berlin Heidelberg: Springer-Verlag, 2005: 72-86.

[44] Zhang B, Wu H, Feng D G, et al. Security Analysis of the Generalized Self-Shrinking Generator [C]//ICICS 2004. Berlin Heidelberg: Springer-Verlag, 2004: 388-400.

[45] Zhang B, Xu C, Feng D G. Practical Cryptanalysis of Bluetooth Encryption with Condition Masking [J]. Journal of Cryptology, 2018, 32(2): 394-433.

第4章　线性分析方法

本章内容提要

区分攻击的目的是试图区分截获的密钥流和完全随机的序列，很多攻击方法的核心就是构造有效的区分器。区分攻击通常比密钥恢复攻击要弱，但是区分攻击依然能够说明密码算法所存在的某些缺陷。线性分析在区分攻击中有着广泛的应用。与此同时，我们也会逐渐体会到线性分析在其他密码分析中的重要性，有时也是基础性的，例如，有的相关分析其实就是线性相关分析，首先要做的就是找到函数的输出与其输入或输入的线性组合之间的线性相关性，线性分析是其基本工具。

线性分析是一种通用的密码分析方法，其试图寻找密码算法的有效仿射逼近。最早的线性分析方法可以追溯到20世纪80年代末90年代初，如最佳仿射逼近分析方法[1-2]、线性校验子分析方法[2-4]和线性一致性测试分析方法[2,5]，其实也可以追溯到20世纪60年代针对LFSR的B-M算法（当然一般不把B-M算法纳入线性分析的范畴），但真正得到广泛应用的是Matsui于1993年对DES提出的线性分析方法[6]，其主要思想是通过对DES进行逐步仿射逼近来寻找一个关于算法总体的线性区分器，这里的有效区分器是指包含输入明文、输出密文和密钥信息的逼近等式以不同于1/2的较显著概率成立。1996年，Golic[7]指出任意的带M比特记忆的二元密钥流生成器可以被线性化为一个长度至多为M的非自治LFSR和附加输入为非平衡的二元随机变量序列，并提出了一个确定线性模型的方法，被称为基于自治有限状态机的线性时序线路逼近（Linear Sequence Circuit Approximation，LSCA）方法，通过这种方法得到了钟控移位寄存器和任意的移位寄存器的线性模型。2002年，Coppersmith等[8]描述了一种新的密码分析技术，即线性掩码（linear masking）方法，它可以用来区分序列密码和真实的随机过程（process，也称函数）。线性掩码方法主要应用于由线性过程和非线性过程构成的序列密码，寻找线性部分的一些线性组合，把线性部分消去，只保留非线性部分，因此，在攻击时只需要关注非线性部分，在非线性部分寻找用来区分的特征。此后，线性分析的发展多集中于多维线性分析方面。相比较于以前的一维线性分析，多维线性分析是一个更为有效的线性分析方法，它利用了较多的线性逼近关系[9-10]。

本章主要介绍最佳仿射逼近分析、线性校验子分析、线性一致性测试分析、线性时序线路逼近分析、线性掩码分析和选择初始向量分析（也称重初始化分析）6种线性分析方法。

本章重点

- 最佳仿射逼近分析方法的基本思想。
- 线性校验子分析方法的基本原理。
- 线性一致性测试分析方法的基本思想。
- 线性时序线路逼近分析方法的基本原理。
- 线性掩码分析方法的基本思想。
- 选择初始向量分析方法的基本思想。
- 非线性度的发展背景、基本概念和特征。

4.1 最佳仿射逼近分析方法

最佳仿射逼近分析方法[1]是一种已知明文攻击方法。这里以非线性组合生成器为例来说明这种分析方法。一般假定密码分析者知道非线性组合生成器的如下参数：

(1) 非线性组合函数 $f(x)$。

(2) 所有 LFSR 的级数 $r_i(1\leqslant i\leqslant s)$。

(3) 明文编码及语言统计特性。

(4) M 比特密钥流 $Z_1Z_2\cdots Z_M(M>2(r_1+r_2+\cdots+r_s))$。

因此，密钥量为 $\prod_{i=1}^{s}R_i(2^{r_i}-1)$，其中 R_i 表示次数为 r_i 的本原多项式的个数。

4.1.1 最佳仿射逼近分析方法的基本原理

最佳仿射逼近分析的目的不是恢复原密钥流生成器的密钥，而是利用已知信息构造一个新的、级数不超过 $\sum_{i=1}^{s}r_i$ 的 LFSR 以它来近似代替原密钥流生成器，从而达到对密文的近似解密。

首先利用已知的 $f(x)$ 来提取该密码的一些信息。

算法 4.1.1

第 1 步：计算 $\max\limits_{\omega\in F_2^s}|S_{(f)}(\omega)|$，其中 $S_{(f)}(\omega)=\frac{1}{2^s}\sum\limits_{x\in F_2^s}(-1)^{f(x)+\omega\cdot x}$ 是 $f(x)$ 的循环 Walsh 变换，记 $a=\max\limits_{\omega\in F_2^s}|S_{(f)}(\omega)|=|S_{(f)}(\omega_0)|$，$\omega_0$ 未必唯一。

第 2 步：设 $\omega_0=(\omega_1,\omega_2,\cdots,\omega_s)$，$\omega_{i_1}=\omega_{i_2}=\cdots=\omega_{i_k}=1$，其他 $\omega_j=0$。$f(x)$的最佳仿射逼近为 $L(x)=x_{i_1}+x_{i_2}+\cdots+x_{i_k}+l$。其中，如果 $S_{(f)}(\omega)\geqslant 0$，那么 $l=0$；否则，$l=1$。

由此可以得出如下结论：在所有的 LFSR 输出序列的线性组合序列中，$(Z')^{\infty}=(X^{i_1})^{\infty}+(X^{i_2})^{\infty}+\cdots+(X^{i_k})^{\infty}+l\cdot 1^{\infty}$ 与密钥流序列 Z^{∞} 的符合率最高，即相关性最好。如果最大谱绝对值 a 比较大，那么 Z^{∞} 与$(Z')^{\infty}$ 的符合率$(1+a)/2$ 一定也比较大。假若$(Z')^{\infty}$的线性复杂度不大的话，如能构造出产生$(Z')^{\infty}$的 LFSR，那么该 LFSR 可近似地代替原密钥流生成器，这就是从 $f(x)$中提取的信息。

现在遇到两个问题：一个是$(Z')^{\infty}$的线性复杂度(为了避免字母混淆，这里将线性复杂度 L 记为 LC)是否很小；另一个是如果$(Z')^{\infty}$的线性复杂度小，那么如何通过已知信息构造出产生它的 LFSR。

首先，因为 $\mathrm{LC}((Z')^{\infty})=\mathrm{LC}((X^{i_1})^{\infty}+(X^{i_2})^{\infty}+\cdots+(X^{i_k})^{\infty}+l\cdot 1^{\infty})\leqslant r_{i_1}+r_{i_2}+\cdots+r_{i_k}+1$，当每个 LFSR 都使用互异的本原多项式时，等号成立，所以$(Z')^{\infty}$的线性复杂度较小。其次，分析上面提出的第二个问题。如果符合率$(1+a)/2$ 很大，那么 $Z_1Z_2\cdots Z_M$ 与 $Z'_1Z'_2\cdots Z'_M$的符合率也很大。如果 M 较大，我们期望这两个序列有两个 $2r(r=r_{i_1}+r_{i_2}+\cdots+r_{i_k}+1)$长截取段相同，即存在 i、j，使得 $Z_jZ_{j+1}\cdots Z_{j+2r-1}=Z'_iZ'_{i+1}\cdots Z'_{i+2r-1}$，$1\leqslant i,j\leqslant M-2r+1$。这样，可对 $Z_1Z_2\cdots Z_M$ 的所有的 $M-2r+1$ 个截取段序列用 B-M 算法计算出多个 LFSR。

现在的问题是：由此算出的 $M-2r+1$ 个 LFSR 中的哪一个是产生 $(Z')^{\infty}$ 的 LFSR？在讨论这个问题之前，继续讨论在什么条件下存在上述两个序列，其中的两个 $2r$ 长截取段序列相等。易知，只要 $(1+a)/2>(2r-1)/2r$，那么任取两个序列对应的 $2r$ 截取段序列，它们相等的概率接近于 1。因此，期望在这种条件下，两个序列的 $M-2r+1$ 个截取段序列中至少有两个对应的相同。这样，就可以通过已知的 M 个比特密钥流序列构造出产生 $(Z')^{\infty}$ 的 LFSR。由此可见，能否构造出产生 $(Z')^{\infty}$ 的 LFSR 要看最大谱绝对值的大小。需要指出的是，如果最大谱绝对值 a 不足够大，那么可以取 $Z_1Z_2\cdots Z_M$ 的一个 $2r$ 长截取段，再将它对所有可能的位置改变一个比特符号，对所有可能的位置改变两个比特……如此下去，在所得序列中必定有一个与对应的 $Z_1'Z_2'\cdots Z_M'$ 中的截取段相同。这表明，如果 a 值不足够大，只要花足够的计算代价也能构造出产生 $(Z')^{\infty}$ 的 LFSR。

最后，探讨对用 B-M 算法计算出的 LFSR 的检验问题。一般用 $(g(x),L)$ 来表示这个 LFSR。令 $g(x)=g_0+g_1x+\cdots+g_Lx^L$，如果 $(g(x),L)$ 是产生 $(Z')^{\infty}$ 的 LFSR，那么一定有 $L=r$ 且 $g_L=1$。因而可用这两个条件先检验 $(g(x),L)$。如果满足这两个条件，可用下面的两个方法中的一个来进一步检验 $(g(x),L)$。

第一种方法是利用语言多余度检验，这时需要一些密文。假定在已知的 M 个比特明密文对之后的一些密文也是已知的，以输入给 B-M 算法求 $(g(x),L)$ 的 $2r$ 长截取段为基础，用 $(g(x),L)$ 递归产生一个序列 $(Z'')^{\infty}$。然后用 $(Z'')^{\infty}$ 中对应的段对这部分密文解密，如果解密后的符号基本上能从语言上读得通，则可认为 $(Z'')^{\infty}=(Z')^{\infty}$，从而 $(g(x),L)$ 即为产生 $(Z')^{\infty}$ 的 LFSR；否则，可认为 $(g(x),L)$ 不是所求的 LFSR。

第二种方法也是利用语言和密码体制本身的参数，但与第一种方法不同的是设计一个门限值 T。设 $P_0=P(y_n=0)$，$Z_n=Z_n'+e_n$，$n\geqslant 0$，那么由定义，$P(e_n=0)=(1+a)/2$。注意到 $P(c_n=Z_n)=P(y_n=0)$，从而有

$$P(c_n=Z_n')P(e_n=0)+P(c_n\neq Z_n')P(e_n=1)=P(y_n=0)=P_0$$

从而得到

$$P(c_n=Z_n')=(P_0+a/2-1/2)/a$$

记 $T=(P_0+a/2-1/2)/a$。也就是说，c_n 与 Z_n' 的符合率应为 T。用与密文序列段对应的 $(Z'')^{\infty}$ 截取段与该密文段计算归一化互相关值：

$$\varphi_{c,Z''}(0)=\left(\sum_{i=1}^{n}(-1)^{c_i\oplus Z_i''}\right)/n$$

如果 $\varphi_{c,Z''}(0)=T$，则认为 $(g(x),L)$ 为所求的 LFSR；否则，认为 $(g(x),L)$ 不是所求的 LFSR。

4.1.2　最佳仿射逼近分析方法的应用实例

假定在非线性组合生成器中，已知 $s=5$，$r_1=3$，$r_2=4$，$r_3=5$，$r_4=6$，$r_5=7$，$f(x)$ 的真值表为 $f=(00110011110011000011001111001100)$。再设已知如下的 51b 密钥流序列段：

$$Z^{51}=100110000110100010000100000110101010110110010110 01$$

如果每个 LFSR 均使用本原多项式，那么 $\mathrm{LC}(Z^{\infty})=6677$。通过计算可得最大谱绝对值 $a=15/16$，最大谱绝对值点为 (01010)，最佳仿射逼近函数为 x_2+x_4。这样 $r=4+6=10$，按上述方法对第 10 个 $2r$ 截取段后的每个截取段都有 $(g(x),L)=(1+x^2+x^4+x^5+$

$x^6+x^7+x^{10}$,10),因而基本上可认为这个 LFSR 即为产生$(Z')^\infty$的 LFSR。如果进一步的检验正确,就构造出了一个级数为 10 的 LFSR,使得它与原密钥流生成器的符合率为 31/32。

4.1.3 应对最佳仿射逼近分析方法的措施

从最佳仿射逼近分析的过程中不难看出,如果$\max\limits_{\omega\in F_2^s}|S_{(f)}(\omega)|$很小,这种攻击成功的概率就相对小。因此,应对措施就是希望$\max\limits_{\omega\in F_2^s}|S_{(f)}(\omega)|$接近于 0,但是否可接近于 0?其在本质上究竟反映了什么?这是本节要讨论的问题。

非线性度是衡量布尔函数的非线性程度的一个重要指标,它刻画了一个布尔函数和线性布尔函数类之间的符合程度。其精确定义如下。

定义 4.1.1 设 $f(x):F_2^n\to F_2$,$L_n=\{u\cdot x+v\mid u=(u_1,u_2,\cdots,u_n)\in F_2^n,v\in F_2\}$表示 F_2 上的所有 n 元线性布尔函数所组成的集合(称为线性布尔函数类,也称仿射布尔函数类)。称非负整数 $N_f=\min\limits_{l(x)\in L_n}d_{\mathrm{H}}(f(x),l(x))$为布尔函数 f 的非线性度。其中 $d_{\mathrm{H}}(f(x),l(x))$表示 $f(x)$与 $l(x)$之间的汉明距离,即 $d_{\mathrm{H}}(f(x),l(x))=|\{x\in F_2^n\mid f(x)\neq l(x)\}|$。对二元域,有 $d_{\mathrm{H}}(f(x),l(x))=W_{\mathrm{H}}(f+l)$。

在有些文献中,也用相关度来衡量布尔函数的非线性程度。f 的相关度定义为 $C_f=\max\limits_{l(x)\in L_n}|\{x\in F_2^n\mid f(x)=l(x)\}|$。

由非线性度和相关度的定义易知,$N_f+C_f=2^n$。该式表明,这两个指标本质上反映了同一件事情,即反映了 $f(x)$的非线性程度。

下面给出布尔函数的非线性度和其 Walsh 变换之间的关系。

定理 4.1.1 设 $f(x):F_2^n\to F_2$ 的非线性度为 N_f,则

$$N_f=2^{n-1}(1-\max_{w\in F_2^n}|S_{(f)}(w)|)\tag{4.1.1}$$

证明:由于

$$\begin{aligned}(-1)^v S_{(f)}(w)&=\frac{1}{2^n}\sum_{x\in F_2^n}(-1)^{f(x)+w\cdot x+v}\\&=\frac{1}{2^n}(|\{x\in F_2^n\mid f(x)=w\cdot x+v\}|\\&\quad-|\{x\in F_2^n\mid f(x)\neq w\cdot x+v\}|)\\&=\frac{1}{2^n}(2^n-2|\{x\in F_2^n\mid f(x)\neq w\cdot x+v\}|)\end{aligned}$$

所以

$$\begin{aligned}d_{\mathrm{H}}(f(x),w\cdot x+v)&=|\{x\in F_2^n\mid f(x)\neq w\cdot x+v\}|\\&=2^{n-1}(1-(-1)^v S_{(f)}(w))\end{aligned}$$

由定义 4.1.1 可知

$$N_f=\min_{l(x)\in L_n}d_{\mathrm{H}}(f(x),l(x))=2^{n-1}(1-\max_{w\in F_2^n}|S_{(f)}(w)|)$$

由 $N_f+C_f=2^n$ 可知

$$C_f = 2^{n-1}(1 + \max_{w \in F_2^n} | S_{(f)}(w) |) \tag{4.1.2}$$

式(4.1.1)和式(4.1.2)表明，布尔函数 f 的非线性度和相关度由 f 的最大谱绝对值确定。同时，也说明了 f 的谱绝对值本质上反映了该函数与线性函数之间的符合程度，亦即非线性程度或相关程度。

从最佳仿射逼近分析角度来看，设计者希望选用的布尔函数 f 的非线性度越大越好。由式(4.1.1)可知，要使 N_f 尽可能地大，$\max_{w \in F_2^n}|S_{(f)}(w)|$ 就必须尽可能地小。但

$$\sum_{w \in F_2^n} S_{(f)}^2(w) = 1 \tag{4.1.3}$$

这是因为

$$\begin{aligned}\sum_{w \in F_2^n} S_{(f)}^2(w) &= \sum_{w \in F_2^n} 2^{-n} \sum_{x \in F_2^n} (-1)^{f(x)+w \cdot x} 2^{-n} \sum_{y \in F_2^n} (-1)^{f(y)+w \cdot y} \\ &= 2^{-2n} \sum_{x,y \in F_2^n} (-1)^{f(x)+f(y)} \sum_{w \in F_2^n} (-1)^{w \cdot (x+y)} \\ &= 2^{-2n} \sum_{x \in F_2^n} 1 \sum_{w \in F_2^n} 1 = 2^{-2n} \times 2^n \times 2^n = 1\end{aligned}$$

所以 $\max_{w \in F_2^n}|S_{(f)}(w)| \geqslant 2^{-n/2}$，因此 $N_f \leqslant 2^{n-1}(1-2^{-n/2})$。当 $\max_{w \in F_2^n}|S_{(f)}(w)|$ 取最小值 $2^{-n/2}$ 时，N_f 达到最大值 $2^{n-1}(1-2^{-n/2})$，此时对一切 $w \in F_2^n$，都有 $|S_{(f)}(w)| = 2^{-n/2}$，这类函数称为 Bent 函数。Bent 函数与线性函数类中的每个函数的符合率都一样。对 Bent 函数 f，$N_f = 2^{n-1}(1-2^{-n/2}) = 2^{n-1} - 2^{n/2-1}$，因为 N_f 为正整数，所以 $n/2$ 必为正整数，说明 n 为偶数。故 Bent 函数存在的必要条件是 n 为偶数。

当 $f(x): F_2^n \to F_2$ 为 Bent 函数时，如果 $r \geqslant n/2+1$，即 $r-1 \geqslant n/2$，由式(3.1.1)(见 3.1.4 节)可知，$a_{i_1 i_2 \cdots i_r} = -2^{r-1} \sum_{w \in \bar{S}_{i_1 i_2 \cdots i_r}} S_{(f)}(w) \pmod 2$，此时 $S_{(f)}(w) = \pm 2^{-n/2}$ 而且 $|\bar{S}_{i_1 i_2 \cdots i_r}| = 2^{n-r}$，所以 $a_{i_1 i_2 \cdots i_r}$ 必为偶数，故 $a_{i_1 i_2 \cdots i_r} = 0$。这表明 Bent 函数的非线性次数不大于 $n/2$。

这里介绍几种构造 Bent 函数的方法。

方法 1：设 $n=2m$，g 是任意一个 m 元布尔函数，令

$$f(x_1, x_2, \cdots, x_n) = g(x_1, x_2, \cdots, x_m) + x_1 x_{m+1} + x_1 x_2 + \cdots + x_m x_n$$

则 f 是一个 n 元 Bent 函数。

方法 2：设 $x=(x_1, x_2, \cdots, x_n)$，$a(x)$、$b(x)$、$c(x)$、$a(x)+b(x)+c(x)$ 都是 Bent 函数，令

$$\begin{aligned}f(x, x_{n+1}, x_{n+2}) = {} & a(x)b(x) + a(x)c(x) + b(x)c(x) + (a(x) \\ & + b(x))x_{n+1} + (a(x)+c(x))x_{n+2} + x_{n+1}x_{n+2}\end{aligned}$$

则 f 是一个 Bent 函数。

方法 3：设 $g: F_2^n \to F_2$ 是任意一个布尔函数，$\pi: F_2^n \to F_2^n$ 是任意一个置换，令

$$f: F^{2n} = F_2^n \times F_2^n \to F_2, f(x', x'') = \pi(x') \cdot x'' + g(x')$$

则 f 是一个 Bent 函数。

通过直接计算 f 的谱值 $S_{(f)}(w)$ 可说明上述 3 种方法构造的 f 是 Bent 函数。

从密码学角度来看，Bent 函数也存在着一些缺陷，例如它不是平衡的，它的非线性次数

不超过 $n/2$,限制 n 为偶数。这就要求对 Bent 函数进行改进,因此,构造非线性度高、非线性次数大的平衡布尔函数和构造非线性度高的奇数个变量的布尔函数等问题就成了人们所关注的问题。

定义 4.1.2 设 $f(x):F_2^n \to F_2$。当 n 是正偶数时,如果 $|S_{(f)}(w)| = 2^{(-n/2)+1}$ 或 0,则称 f 为 Semi-Bent 函数;当 n 是正奇数时,如果 $|S_{(f)}(w)| = 2^{-(n-1)/2}$ 或 0,则称 f 为 Semi-Bent 函数。

上述 Bent 函数的概念可推广到多输出函数的情形,感兴趣的读者可参阅文献[14]及其参考文献。

下面讨论布尔函数的相关免疫阶和非线性度之间的关系。

定理 4.1.2 设 $f(x):F_2^n \to F_2, x_1, x_2, \cdots, x_n$ 是 F_2 上独立的、均匀分布的随机变量,$f(x)$是 m 阶相关免疫的,但不是 $m+1$ 阶相关免疫的,$f(x)$的非线性度为 N_f,f 的汉明重量为 $W_H(f) = 2^m \cdot k_0$(k_0 为一非负整数),则存在正整数 a,使得

$$\frac{N_f}{2^{n-1}} + \frac{a}{2^{n-m-1}} \leqslant 1 \tag{4.1.4}$$

当 k_0 为偶数时,a 可取为偶数;当 k_0 为奇数时,a 可取为奇数。

证明:因为 $f(x)$是 m 阶相关免疫的,但不是 $m+1$ 阶相关免疫的,所以存在 u:$W_H(u) = m+1$,使得 $S_{(f)}(u) \neq 0$,不妨设 $u = (1,1,\cdots,1,0,0,\cdots,0)$,则

$$\begin{aligned}
S_{(f)}(u) &= \frac{1}{2^n} \sum_{x_1,x_2,\cdots,x_m} (-1)^{\sum_{i=1}^m x_i} \sum_{x_{m+1},x_{m+2},\cdots,x_n} (-1)^{f(x)+x_{m+1}} \\
&= \frac{1}{2^n} \sum_{x_1,x_2,\cdots,x_m} (-1)^{\sum_{i=1}^m x_i} \sum_{x_{m+1},x_{m+2},\cdots,x_n} (1-2f(x))(-1)^{x_{m+1}} \\
&= \frac{(-2)}{2^n} \sum_{x_1,x_2,\cdots,x_m} (-1)^{\sum_{i=1}^m x_i} \sum_{x_{m+1},x_{m+2},\cdots,x_n} f(x)(-1)^{x_{m+1}} \\
&= \frac{(-2)}{2^n} \sum_{x_1,x_2,\cdots,x_m} (-1)^{\sum_{i=1}^m x_i} \sum_{x_{m+1},x_{m+2},\cdots,x_n} f(x)(1-2x_{m+1}) \\
&= \frac{(-2)}{2^n} \sum_{x_1,x_2,\cdots,x_m} (-1)^{\sum_{i=1}^m x_i} \sum_{x_{m+1},x_{m+2},\cdots,x_n} f(x) \\
&\quad + \frac{(-2)^2}{2^n} \sum_{x_1,x_2,\cdots,x_m} (-1)^{\sum_{i=1}^m x_i} \sum_{x_{m+2},x_{m+3},\cdots,x_n} f(x_1,x_2,\cdots,x_m,1,x_{m+2},x_{m+3},\cdots,x_n)
\end{aligned}$$

因为 $f(x)$是 m 阶相关免疫的,由引理 3.1.1 可知,对任意固定的 $x_1, x_2, \cdots, x_m$,都有

$$\sum_{x_{m+1},x_{m+2},\cdots,x_n} f(x) = \frac{W_H(f)}{2^m}$$

因此,

$$S_{(f)}(u) = \frac{(-2)^2}{2^n} \sum_{x_1,x_2,\cdots,x_m} (-1)^{\sum_{i=1}^m x_i} \sum_{x_{m+2},x_{m+3},\cdots,x_n} f(x_1,x_2,\cdots,x_m,1,x_{m+2},x_{m+3},\cdots,x_n)$$

以此类推,可得

$$S_{(f)}(u) = \frac{(-2)^{m+1}}{2^n}\left(\frac{W_H(f)}{2^m} - 2\sum_{x_{m+2},x_{m+3},\cdots,x_n} f(1,1,\cdots,1,x_{m+2},x_{m+3},\cdots,x_n)\right)$$

令

$$a(u)=\frac{W_{\mathrm{H}}(f)}{2^m}-2\sum_{x_{m+2},x_{m+3},\cdots,x_n} f(1,1,\cdots,1,x_{m+2},x_{m+3},\cdots,x_n)$$
$$=k_0-2\sum_{x_{m+2},x_{m+3},\cdots,x_n} f(1,1,\cdots,1,x_{m+2},x_{m+3},\cdots,x_n)$$

当 k_0 为奇数时，$a(u)$为奇数；当 k_0 为偶数时，$a(u)$为偶数。因此，取 $a=|a(u)|$，a 为正整数，且

$$\max_{w\in F_2^n}|S_{(f)}(w)|\geqslant|S_{(f)}(u)|=\frac{a}{2^{n-m-1}}$$

由式(4.1.1)可得

$$N_f\leqslant 2^{n-1}\left(1-\frac{a}{2^{n-m-1}}\right)$$

将此式整理后便可得式(4.1.4)。

式(4.1.4) 表明，N_f 随 m 以指数级下降，相关免疫阶对非线性度的影响很大，在具体应用时应适当折中考虑。

4.2 线性校验子分析方法

4.2.1 线性校验子分析方法的基本原理

线性校验子分析方法[3]用来解决下面的问题：假设收到了序列 $B=A+X$ 的一个适当长的截取段，其中：

(1) A 为一个 m-序列，其反馈本原多项式 $f(x)$为已知。

(2) 序列 X 的代数结构不明，但已知信号 0 在这个序列中占某种优势(当信号 1 在这个序列中占某种优势时，令 $B'=1^{\infty}+B$，$X'=1^{\infty}+X$，则 $B'=A+X'$，在 X'中 0 占某种优势)，即有 $N_1(X)=1/2+\varepsilon$，$N_2(X)=1/2-\varepsilon$，$\varepsilon>0$。

称 ε 为序列A 的信号在序列 B 中所占的优势，称 $s=1/2-\varepsilon$ 为 A 在 B 中的失真率，并记 $t=1-s$。现在要做的事情是：设法根据上述两点知识将序列 A 还原出来。为此，将序列 A、B、X 的信号分别记作 a_i、b_i、x_i。考虑 r 项式

$$g(x)=1+x^{i_1}+x^{i_2}+\cdots+x^{i_{r-1}}$$

并将

$$\sigma_{i,k}(g)=\sum_{p=0}^{r-1}b_{i-i_k+i_p},\quad 0\leqslant k\leqslant r-1,\quad i_0=0$$

称为由校验多项式 $g(x)$提供的对信号 b_i 的第 k 个校验子。

引理 4.2.1 给出了线性校验子分析方法的理论基础。

引理 4.2.1 如果校验多项式 $g(x)$能被序列 A 的反馈多项式整除，则

$$P(\sigma_{i,k}(g)=x_i)=\frac{1}{2}+\frac{(2\varepsilon)^{r-1}}{2}$$

证明：由于 $f(x)|g(x)$，因此有

$$\sigma_{i,k}(g)=\sum_{p=0}^{r-1}b_{i-i_k+i_p}=\sum_{p=0}^{r-1}a_{i-i_k+i_p}+\sum_{p=0}^{r-1}x_{i-i_k+i_p}=\sum_{p=0}^{r-1}x_{i-i_k+i_p}$$

可见，$\sigma_{i,k}(g)=x_i \Leftrightarrow$ 在 $r-1$ 个信号 $x_{i-i_k}, x_{i-i_k+1}, \cdots, x_{i-i_k+i_k-1}, x_{i-i_k+i_k+1}, \cdots, x_{i-i_k+i_{r-1}}$ 中 1 出现的次数为偶数。而 $P(x_j=1)=s, P(x_j=0)=t$，所以

$$P(\sigma_{i,k}(g)=x_i)=\sum_{2|p} C_{r-1}^{p} s^{p} t^{r-1-p}=\frac{(t+s)^{r-1}+(t-s)^{r-1}}{2}=\frac{1}{2}+\frac{(2\varepsilon)^{r-1}}{2}$$

应用线性校验子分析方法还原序列 A 时，取 $f(x)$ 的一组 r 项倍式 $g_l(x)(1\leqslant l\leqslant K)$ 作为校验多项式。设 $D=\max\{\deg(g_l(x)), l=1,2,\cdots,K\}$，则当截取段 B 的长度 $N>2D$ 时，对任意 $D<i<N-D$ 可构作出 rK 个校验子：

$$\sigma_{i,k,l}=\sigma_{i,k}(g_l),\quad 0\leqslant k\leqslant r-1,\quad 1\leqslant l\leqslant K$$

从这 rK 个数中取出 $n=2m+1$ 个对信号 b_i 进行检验，并根据下面的择多原理对这个信号进行判决和修正。

择多原理：如果所取用的 $n=2m+1$ 个校验子中至少有 $m+1$ 个为 1，则判决 $x_i=1$，并置 $b_i'=\bar{b}_i$；否则，判决 $x_i=0$，并置 $b_i'=b_i$。将所得的新序列记为 B'。

我们希望：当 m 足够大时，A 在新序列 B' 中的失真率将有所降低。

下面讨论这一方法的有效性和局限性。

定理 4.2.1 利用 $n=2m+1$ 个校验子根据择多原理对 B 的信号进行修正时，序列 A 的信号在新序列 B' 中的失真率是

$$T_m=p-(1-2p)\sum_{k=0}^{m-1} C_{2k+1}^{k} u^{k+1} \tag{4.2.1}$$

其中

$$p=\frac{1}{2}-\frac{(2\varepsilon)^{r-1}}{2},\quad q=\frac{1}{2}+\frac{(2\varepsilon)^{r-1}}{2},\quad u=pq$$

证明：相对于序列 A 中的信号 a_i 来说，序列 B' 中的信号 b_i' 只有在以下两种情况下才会失真。

(1) B 中的相应信号 b_i 不失真，经过修正后失真。

(2) B 中的相应信号失真，经过修正后仍失真。

在情况(1)下，有 $x_i=0$，而所用的 $n=2m+1$ 个校验子中至少有 $m+1$ 个为 1；而在情况(2)下，有 $x_i=1$，而所用的 $n=2m+1$ 个校验子中至少有 $m+1$ 个为 0。因此，可以看到：B' 中的信号 b_i' 相对于 A 中的相应信号来说失真等价于进行修正时所用的 $n=2m+1$ 个校验子中至少有 $m+1$ 个不等于 x_i。由引理 4.2.1 可知

$$P(\sigma_{i,k,l}(g)\neq x_i)=p=\frac{1}{2}-\frac{(2\varepsilon)^{r-1}}{2}$$

故知信号 b_i' 失真的概率是

$$T_m=p^n+C_n^1 p^{n-1} q+\cdots+C_n^m p^{m+1} q^m \tag{4.2.2}$$

式(4.2.2)不便于计算和讨论，为此可以将式(4.2.2)写成式(4.2.1)的形式。利用关系式

$$T_m=pT_m+qT_m$$

可推出递归关系式

$$T_{m+1}-T_m=-(1-2p)C_n^m u^{m+1}$$

注意到 $T_0=p$，因此，可推出

$$T_m=p-(1-2p)\sum_{k=0}^{m-1} C_{2k+1}^{k} u^{k+1}$$

下面关于 T_m 进行一些讨论。

(1) 由于当 $|x|<1/4$ 时，有

$$\sum_{k=0}^{\infty} C_{2k+1}^{k} x^{k+1} = \frac{(1-4x)^{-1/2}-1}{2}$$

所以

$$\lim_{m\to\infty} T_m = p-(1-2p)\sum_{k=0}^{\infty} C_{2k+1}^{k} u^{k+1} = p-(1-2p)\frac{(1-4u)^{-1/2}-1}{2}=0$$

这表明，只要所用的校验子的个数 $n=2m+1$ 足够多，就有可能将序列 A 的信号失真率降低到任意小的程度。

(2) 将 T_m 与 s 相比较，有 $s=1/2-\varepsilon$，$T_m=1/2-\varepsilon^{r-1}w_m$，$T_m-s=\varepsilon-\varepsilon^{r-1}w_m$。当 m 较小时，将会有 $T_m>s$。这表明，如果所用的校验子的个数不够多，在经过修正后的序列 B' 中，序列 A 的失真率将会增大，不能进行 A 的还原。为使线性校验子方法能起作用，必须定出最小的正整数 m_c，使

$$\sum_{k=0}^{m_c-1} C_{2k+1}^{k} u^{k+1} > \frac{p-s}{1-2p} = \frac{p-s}{(2\varepsilon)^{r-1}}$$

临界数 m_c 与 r、ε 有关，可预计算。当 $m\geqslant m_c$ 时，线性校验子方法理论上可以使用。若一次修正不够，可对收到的序列进行迭代修正，直到将 A 的信号失真率降低到要求的程度为止。

(3) 增加校验子的个数，也就相应地要求提高所用的 B 截取段的长度。值得考虑的另一个问题是：为了使用线性校验子方法进行 A 的还原，必须收到 B 的一个多长的截取段（此时 r、ε、m_c（与 r、ε 无关）均已给定）？

对 $r=3$、任意的 ε 和 $\deg(f(x))=d$，已有如下结论：

$$N=d+\sqrt{\frac{8}{3}(2m_c+1)(2^d-3)}$$

其他情况在理论上还未给出详细讨论。

由以上讨论可知，$r=3$ 时线性校验子方法的效果最佳。

为了理论上的完整性，下面总假定能够收到序列 B 的任意长的截取段。

记

$$g(s)=\frac{1}{2}-\frac{(1-2s)^{r-1}}{2}$$

$$T_m(x)=x-(1-2x)\sum_{k=0}^{m-1} C_{2k+1}^{k}(x(1-x))^{k+1}$$

$$f_m(s)=T_m(g(s))$$

由前面的分析可知，如果 A 在 B 中的原始失真率为 s，则经过一轮修正后在得到的新序列 B' 中的失真率将是 $s'=f_m(s)=T_m(g(s))$。

关于 $g(s)$、$T_m(x)$ 和 $f_m(s)$ 有如下引理。

引理 4.2.2 $g(s)$ 在区间 $(0,1/2)$ 上单调上升且映射成自身。

证明：因为 $\frac{\mathrm{d}g(s)}{\mathrm{d}s}=(r-1)(1-2s)^{r-2}$，所以当 $s\in(0,1/2)$ 时，有 $\frac{\mathrm{d}g(s)}{\mathrm{d}s}>0$。而 $g(0)=$

$0, g(1/2)=1/2$,因此,映射 $s \to g(s)$ 单调上升地将区间 $(0,1/2)$ 映射成自身。

引理 4.2.3 $\frac{\mathrm{d}T_m(x)}{\mathrm{d}x}=(m+1)\mathrm{C}_{2m+1}^{m}(x(1-x))^m$。

证明:易知,当 $|u|<1/4$ 时,有

$$\frac{(1-4u)^{-\frac{1}{2}}}{2}=\sum_{k=0}^{\infty}\mathrm{C}_{2k+1}^{k}u^{k+1}+\frac{1}{2}$$

令 $u=x(1-x)$,$0<x<1/2$,立即可推得

$$x=(1-2x)\sum_{k=0}^{\infty}\mathrm{C}_{2k+1}^{k}(x(1-x))^{k+1}$$

从而有

$$\begin{aligned}T_m(x)&=x-(1-2x)\sum_{k=0}^{m-1}\mathrm{C}_{2k+1}^{k}(x(1-x))^{k+1}\\&=(1-2x)\sum_{k=m}^{\infty}\mathrm{C}_{2k+1}^{k}(x(1-x))^{k+1}\\&\equiv \mathrm{C}_{2m+1}^{m}x^{m+1}\ (\bmod\ x^{m+2})\end{aligned}$$

及

$$\frac{\mathrm{d}T_m(x)}{\mathrm{d}x}\equiv(m+1)\mathrm{C}_{2m+1}^{m}x^m\ (\bmod\ x^{m+1})$$

其次,在 $T_m(x)$ 的表达式中将 x 换成 $1-x$ 后有

$$T_m(1-x)=1-x-(1-2(1-x))\sum_{k=0}^{m-1}\mathrm{C}_{2k+1}^{k}(x(1-x))^{k+1}=1-T_m(x)$$

上式两端对 x 求导后可得到

$$\frac{\mathrm{d}T_m(x)}{\mathrm{d}x}\equiv(m+1)\mathrm{C}_{2m+1}^{m}(1-x)^m\ (\bmod\ (1-x)^{m+1})$$

但 $\frac{\mathrm{d}T_m(x)}{\mathrm{d}x}$ 是 $2m$ 次多项式,因此有

$$\frac{\mathrm{d}T_m(x)}{\mathrm{d}x}=(m+1)\mathrm{C}_{2m+1}^{m}(x(1-x))^m$$

引理 4.2.4 存在 $\alpha\in(0,1/2)$ 使得

$$f_m(s)<s,\quad 0<s<\alpha \quad 及 \quad f_m(s)>s,\quad \alpha<s<1/2$$

证明:令 $W(s)=f_m(s)-s=T_m(g(s))-s$,先证明 $W(s)$ 在区间 $(0,1/2)$ 内恰有一个零点。由 $g(0)=0$,$g(1/2)=1/2$ 及 $T_m(x)$ 的表达式立即可以推出

$$W(0)=W(1/2)=0 \tag{4.2.3}$$

由

$$W'(s)=\frac{\mathrm{d}W(s)}{\mathrm{d}s}=T'_m(g(s))g'(s)-1,\quad T'_m(0)=0,\quad g'(1/2)=0$$

可知

$$W'(0)=W'(1/2)=-1 \tag{4.2.4}$$

由式(4.2.3)和式(4.2.4)可知,$W(s)$ 在区间 $(0,1/2)$ 内至少有一个零点。若假定 $W(s)$

在区间(0,1/2)内有两个以上零点，那么由式(4.2.3)及微分学中值定理可以推知，$W''(s)$在区间(0,1/2)内也应至少有两个零点。但通过直接计算可知

$$W''(s)=\frac{\mathrm{d}^2W(s)}{\mathrm{d}s^2}=\frac{\mathrm{d}^2T_m(g(s))}{\mathrm{d}s^2}=(r-1)(1-2s)^{r-3}K(g(s))$$

其中

$$K(g(s))=(r-1)\,T''_m(g(s))(1-2g(s))-2(r-2)\,T'_m(g(s))$$

因此，$W''(s)$在区间(0,1/2)内的每个零点都应是$K(g(s))$的零点，且由引理4.2.3可知

$$K(x)=(m+1)\,\mathrm{C}_{2m+1}^{m}(x(1-x))^m(Ax^2-Ax+B)$$

其中

$$A=4m(r-1)+2(r-2),\quad B=m(r-1)$$

由最后这一结论及引理4.2.2可知，$W''(s)$在区间(0,1/2)内只有一个零点β，它满足

$$g(\beta)=1/2-1/2(1-4B/A)^{1/2}$$

这一矛盾表明，$W(s)$在区间(0,1/2)内有一个唯一零点。

把$W(s)$在区间(0,1/2)内的唯一零点记作α，再次利用式(4.2.3)和式(4.2.4)可以得出，$W(s)$在区间$(0,\alpha)$上为负，而在区间$(\alpha,1/2)$上为正。即有

$$f_m(s)<s,\quad 0<s<\alpha$$

及

$$f_m(s)>s,\quad \alpha<s<1/2$$

注意：为方便起见，通常用$f'(x)$表示$\frac{\mathrm{d}f(x)}{\mathrm{d}x}$，用$f''(x)$表示$\frac{\mathrm{d}^2f(x)}{\mathrm{d}x^2}$。

定理4.2.2 记序列A在经过i论修正后的序列B_i中的失真率为s_i，则当$m>m_c$时序列$\{s_i\}$严格下降并趋于0，而当$m<m_c$时序列$\{s_i\}$严格上升并趋于1/2。

证明：设$m>m_c$，则

$$s_1=f_m(s_0)<s_0$$

由引理4.2.4可知，$s_1<s_0<\alpha$，对s_1应用引理4.2.4可得

$$s_2<f_m(s_1)<s_1<\alpha$$

以此类推，有

$$\alpha>s_0>s_1>\cdots>s_i>\cdots>0$$

从而可知，$\alpha>\lim\limits_{i\to\infty}s_i=s^*\geqslant 0$，$f_m(s^*)=s^*$意味着$s^*=0$。

用完全同样的方法可证，当$m<m_c$时，有$\alpha<s_0<s_1<\cdots<s_i<\cdots<1/2$，$\lim\limits_{i\to\infty}s_i=1/2$。

定理4.2.2称为迭代修正过程的敛散性定理。

4.2.2 线性校验子分析方法的应用实例

实际密码分析中遇到的问题，不一定以上面所描述的形式出现，但经过适当处理后仍可对之应用线性校验子分析方法。本节以Geffe序列生成器为例，说明应用线性校验子方法分析密码算法的过程。

Geffe序列生成器的描述见3.1.3节。易算出其输出序列C的线性复杂度为$d=39\times37+17=1460$。为了能够利用远低于此数的C的信号来预测C在任何一个时刻的输出信号，要设法利用3个m-序列A_1、A_2、A_3与C的相关性来确定3个生成器LFSR_1、LFSR_2和

$LFSR_3$ 的初始状态。

由于 $C=A_1A_2+\overline{A}_1A_3=A_1(A_2+A_3)+A_3=\overline{A}_1(A_2+A_3)+A_2$，所以序列 $A_2=\{a_{2i}\}$，$A_3=\{a_{3i}\}$与输出序列 $C=\{c_i\}$的信号符合率为

$$\rho=P(a_{2i}=c_i)=P(a_{3i}=c_i)=\frac{3}{4}=\frac{1}{2}+0.25$$

即序列 $A_2(A_3)$与 C 有 $\varepsilon=0.25$ 的信号符合优势。

现在来确定 A_2。记 $A_2=\{a_i\}$，并注意到除三项式 $f_2(x)=1+x^3+x^{20}$ 之外，三项式 $f_2^2(x)=1+x^6+x^{40}$ 和 $f_2^4(x)=1+x^{12}+x^{80}$ 也是它的化零多项式。因此，对于 A_2 的每个信号 a_i，可以写出下面 9 个线性关系来制约它(注意，这里使用的是第二种递归关系式)：

$$\begin{cases}a_i+a_{i+3}+a_{i+20}=0\\a_{i-3}+a_i+a_{i+17}=0\\a_i+a_{i-17}+a_{i-20}=0\\a_i+a_{i+6}+a_{i+40}=0\\a_{i-6}+a_i+a_{i+34}=0\\a_i+a_{i-34}+a_{i-40}=0\\a_i+a_{i+12}+a_{i+80}=0\\a_{i-12}+a_i+a_{i+68}=0\\a_{i-80}+a_{i-68}+a_i=0\end{cases}\tag{4.2.5}$$

由于 C 与 A_2 有 25%的信号失真或差错，所以将式(4.2.5)中左端的 9 个线性算式施加到 C 的相应信号上时，右端得到的将不会是 9 个 0，而是一组 9 个线性校验子：

$$\begin{cases}c_i+c_{i+3}+c_{i+20}=\sigma_1\\c_{i-3}+c_i+c_{i+17}=\sigma_2\\c_i+c_{i-17}+c_{i-20}=\sigma_3\\c_i+c_{i+6}+c_{i+40}=\sigma_4\\c_{i-6}+c_i+c_{i+34}=\sigma_5\\c_i+c_{i-34}+c_{i-40}=\sigma_6\\c_i+c_{i+12}+c_{i+80}=\sigma_7\\c_{i-12}+c_i+c_{i+68}=\sigma_8\\c_{i-80}+c_{i-68}+c_i=\sigma_9\end{cases}\tag{4.2.6}$$

由于序列 C 的信号是攻击方能实际收到的，所以式(4.2.6)中的 9 个线性校验子也是攻击方能计算出来的。

现在估计这些线性校验子的概率。

若 $c_i=a_i$，则

$$\begin{aligned}\sigma_1=0&\Leftrightarrow(c_{i+3}+a_{i+3})+(c_{i+20}+a_{i+20})=0\\&\Leftrightarrow(c_{i+3}=a_{i+3}\wedge c_{i+20}=a_{i+20})\vee(c_{i+3}=\bar{a}_{i+3}\wedge c_{i+20}=\bar{a}_{i+20})\end{aligned}$$

但

$$P(c_{i+3}=a_{i+3})=P(c_{i+20}=a_{i+20})=\frac{3}{4}$$

故知，当 $c_i=a_i$ 时，有

$$P(\sigma_1=0)=\left(\frac{3}{4}\right)^2+\left(\frac{1}{4}\right)^2=\frac{5}{8}$$

同理，当 $c_i=\bar{a}_i$，有

$$P(\sigma_1=0)=\left(\frac{1}{4}\right)^2+\left(\frac{3}{4}\right)^2=\frac{5}{8}$$

对另外8个线性校验子也可得到同样的结论。这一结论启发我们可以使用9个线性校验子中是否多数为0来判定是否有 $a_i=c_i$，这一原理就是择多原理。具体过程如下：收到序列 C 的信号后，对每个下标 i 构造校验子组 $\sigma_r^{(i)}(1\leqslant r\leqslant 9)$，并定义

$$c_i'=\begin{cases}c_i, & \text{若 5 个或 5 个以上 } \sigma_r^{(i)}=0\\ \bar{c}_i, & \text{若 5 个或 5 个以上 } \sigma_r^{(i)}=1\end{cases}$$

记 $C'=\{c_i'\}$，利用定理4.2.1，将 $m=4, s_0=0.25, p=0.375$ 代入式(4.2.1)，可得 C' 与 A_2 的信号失真率为 $s_1=0.216618016$。

对序列 C' 又可作同样的处理，依次算出相应的信号失真率为

$$\begin{aligned}s_0&=0.25\\ s_1&=0.216618016\\ s_2&=0.154318389\\ s_3&=0.058009475\\ s_4&=0.001343132\\ s_5&<10^{-9}\end{aligned}$$

这样就可看到，如果从 C 的一个长度为 $4\times 160+50=690$ 的截取段出发，经过4次校验修正且每次修正之后首尾各去掉一个80位的截取段，那么最后将得到 C 的一个50位的截取段 C'。在 C' 的每个40位截取段上再检验20个关系式

$$a_i+a_{i+3}+a_{i+20}=0$$

是否全被满足，成功的概率是 $t=(1-s_4)^{40}=0.947658199$。而10次检验中有一次成功的概率是

$$r=1-(1-t)^{10}=1-1.5\times 10^{-13}$$

这就说明：根据 C 的一个690位截取段，利用线性校验子分析方法，完全可以还原出原序列 A_2，而这个 C 截取段的长度还不到 C 的线性复杂度的一半。还原 A_3 时所需 C 截取段的长度更小。

当 A_2、A_3 确定之后，A_1 的确定完全可以通过简单的线性运算来实现，而且所需的 C 截取段的长度更小。具体推导过程见3.1.3节。

4.2.3 改进的线性校验子分析方法

4.2.1节介绍的线性校验子分析方法主要存在两个缺陷：一个是无法极小化解距离；另一个是无法保证成功率。这里的解距离是指在解决4.2.1节提出的问题时需要的截取段的长度。成功率是指进行若干次修正后得出正确解的概率。

文献[4]中给出了一个解决4.2.1节提出的问题的改进方法，该方法克服了上述两个缺陷。下面对这一方法作简要介绍。

引理 4.2.5 函数 $W(s)\overset{\text{def}}{=}f_1(s)-s$ 在区间$(0,1/2)$中有一个单根 $\alpha\approx0.1294$。当 $s\in(0,\alpha)$时,有 $W(s)<0$;当 $s\in(\alpha,1/2)$时,有 $W(s)>0$。并且如果 $0\leqslant s<\alpha$,那么 $\lim\limits_{k\to\infty}f_1^{(k)}(s)=0$。这里 $f_1^{(k)}(s)$表示 $f_1(s)$的 k 重复合。

定义 4.2.1 相应于初始错误率 s_0 的超临界数 m_{sc}定义为使得 $s_k\overset{\text{def}}{=}f_{m-k+1}(s_{k-1})<s_{k-1}$(对一切 $1\leqslant k\leqslant m$)的最小整数 m。与初始错误率 s_0 相应的 t 阶净化数 l_t 定义为使得 $f_1^{(l)}(s_{m_{\mathrm{sc}}})<10^{-t}$的最小整数 l。

定理 4.2.3 对任何 $s_0\in(0,1/2)$和 $t\geqslant0$,超临界数 m_{sc}和净化数 l_t 均存在。

定理 4.2.3 也为下面介绍的寻找 m_{sc}的算法提供了理论依据。

算法 4.2.1 寻找 m_{sc}

第 1 步:$1\to m_{\mathrm{sc}}$, $1\to k$, $s_0\to s$。

第 2 步:如果 $k=0$,停止;否则计算 $s'=f_k(s)$。

第 3 步:如果 $s'<s$,那么 $k-1\to k$, $s'\to s$ 并且返回第 2 步。

第 4 步:$m_{\mathrm{sc}}+1\to m_{\mathrm{sc}}$, $m_{\mathrm{sc}}\to k$, $s_0\to s$,转向第 2 步。

定理 4.2.4 存在一个算法使得将 t 和长度为 $N(s_0,t)$的 B 的一个截取段作为其输入,在某一时刻 i 输出一个被攻击的 LFSR 的状态向量,其成功率 $P_{\text{success}}>(1-10^{-t})^n$。其中

$$N(s_0,t)=\left(1+2l_t+2\sum_{m=1}^{m_{\mathrm{sc}}}L(m)\right)n=C(s_0,t)n$$

$$n=\deg f(x),\quad L(m)\overset{\text{def}}{=}2^{\lfloor(4m-1)/6\rfloor}$$

按比特操作该算法的计算复杂度为

$$Q(s_0,t)=(6l_t^2+2m_{\mathrm{sc}}(m_{\mathrm{sc}}+2)(2l_t+1)+4\sum_{j=1}^{m_{\mathrm{sc}}}(2j+1)D(j-1))n=q(s_0,t)n$$

$$D(j)\overset{\text{def}}{=}L(1)+L(2)+\cdots+L(j),\quad D(0)=0$$

定理 4.2.4 中所要求的算法分两部分来实现:第一部分是约化过程,将初始错误率 s_0 约化到 $s_{m_{\mathrm{sc}}}<\alpha$;第二部分是净化过程,将剩余错误率 $s_{m_{\mathrm{sc}}}$降到 10^{-t}以下。

在约化阶段,为了形成校验子,需要 $p=\left\lceil\frac{2m_{\mathrm{sc}}+2}{3}\right\rceil$个 $f(x)$的三项倍式,这里选择的是如下形式:

$$g_0(x)=f(x),\quad g_{i+1}=g_i^2(x),\quad 0\leqslant i\leqslant p-2$$

每个三项式 $g(x)=1+x^{i_1}+x^{i_2}$ 提供了用于检测同一密文符号 $b(i)$的 3 个校验式:

$$\sigma_{ik}(g)=\sum_{p=0}^{2}b(i+i_p-i_k),\quad k=0,1,2$$

将这 $3p$ 个校验子按如下两种不同的方式进行排列:

(1) $\sigma_{i0}(g_0),\sigma_{i1}(g_0),\sigma_{i2}(g_0),\sigma_{i0}(g_1),\sigma_{i1}(g_1),\sigma_{i2}(g_1),\cdots,\sigma_{i0}(g_{p-1}),\sigma_{i1}(g_{p-1}),\sigma_{i2}(g_{p-1})$。

(2) $\sigma_{i2}(g_0),\sigma_{i1}(g_0),\sigma_{i0}(g_0),\sigma_{i2}(g_1),\sigma_{i1}(g_1),\sigma_{i0}(g_1),\cdots,\sigma_{i2}(g_{p-1}),\sigma_{i1}(g_{p-1}),\sigma_{i0}(g_{p-1})$。

约化过程如下:

第 1 步：$C(s_0,t)n\to N, m_{sc}\to m, nL(m)\to L$。

第 2 步：对 $L\leqslant i\leqslant N-L-1$，根据 $i\leqslant N/2$ 或 $i>N/2$，由(1)或(2)的前 $2m+1$ 个校验子计算所需的校验子，如果至少有 $m+1$ 个校验子为 1，则置 $\overline{b(i)}\to b(i)$。

第 3 步：$m-1\to m$，如果 $m=0$，转向第 5 步。

第 4 步：$nL(m)+L\to L$，返回第 2 步。

以下 3 步称为净化过程。

第 5 步：$l_t\to m, L+n\to L$。

第 6 步：$m-1\to m$，如果 $m<0$，终止。

第 7 步：对 $L\leqslant i\leqslant N-L-1$，计算 $\sigma_{i0}(f)$、$\sigma_{i1}(f)$ 和 $\sigma_{i2}(f)$，如果至少有两个校验子是 1，则置 $\overline{b(i)}\to b(i)$，返回第 6 步。

文献[4]中利用上述改进的线性校验子分析方法具体分析了 Geffe 生成器和 Beth-Piper 生成器。

4.3 线性一致性测试分析方法

4.3.1 线性一致性测试分析方法的基本原理

如果一个密码算法的整个秘密密钥 K 可通过集中搜索某一子密钥 K_1 而获得，那么这就意味着只有 $|K_1|$ 个比特的密钥信息决定着密码算法的强度。密钥信息的其他 $|K|-|K_1|$ 个比特是多余的。比值 $\rho=(|K|-|K_1|)/|K|$ 称为算法的密钥信息多余率(也称冗余率)。

现在的问题是如何发现密钥的多余性(冗余性)。为了解决这一问题，首先解决如下问题：设 $\boldsymbol{A}$ 是一个 $m\times n\ (m>n)$ 随机二元系数矩阵，$\boldsymbol{b}$ 是一个固定的非零二元 m 维列向量，则线性方程组 $\boldsymbol{Ax}=\boldsymbol{b}$ 的一致性概率为多少？

引理 4.3.1 设 $\boldsymbol{A}=(a(i,j))$ 是一个 $m\times n$ 随机二元矩阵，各元素相互统计独立，且 $P(a(i,j)=0)=P(a(i,j)=1)=1/2$。则对任何整数 $r(0<r\leqslant n)$，$\boldsymbol{A}$ 具有秩 r 的概率是

$$P(\mathrm{rank}(\boldsymbol{A})=r)=2^{r(m+n-r)-mn}\prod_{i=0}^{r-1}\frac{(1-2^{i-m})(1-2^{i-n})}{1-2^{i-r}} \tag{4.3.1}$$

引理 4.3.2 设 $\boldsymbol{b}$ 是任何一个给定的 m 维非零二元向量，r 是任何一个非负整数，$r\leqslant m$。如果 F_2 上的 m 维向量空间 $V_m(F_2)$ 的 r 维子空间能等概率地产生，则随机产生的一个 r 维子空间 W 包含 $\boldsymbol{b}$ 的概率是

$$P(\boldsymbol{b}\in W)=\frac{2^r-1}{2^m-1} \tag{4.3.2}$$

引理 4.3.1 和引理 4.3.2 可直接利用有限几何中的有关结论推出。

定理 4.3.1 设 $\boldsymbol{A}$ 和 $\boldsymbol{b}$ 如引理 4.3.1 中所述，并且 $m>n$，则线性方程组 $\boldsymbol{Ax}=\boldsymbol{b}$ 的一致性概率为

$$P(\boldsymbol{Ax}=\boldsymbol{b}\text{ 是一致的})<\frac{1}{2^{m-n-1}} \tag{4.3.3}$$

证明：用 $L(\boldsymbol{A})$ 表示由 $\boldsymbol{A}$ 的 n 个列向量扩张而成的 $V_m(F_2)$ 的子空间，则方程 $\boldsymbol{Ax}=\boldsymbol{b}$ 是一致的当且仅当 $\boldsymbol{b}\in L(\boldsymbol{A})$。因而，有

$$
\begin{aligned}
P(\boldsymbol{A}\boldsymbol{x}=\boldsymbol{b}\text{ 是一致的}) &= P(\boldsymbol{b}\in L(\boldsymbol{A})) \\
&= \sum_{r=0}^{n} P(\mathrm{rank}(\boldsymbol{A})=r)P(\boldsymbol{b}\in L(\boldsymbol{A}) \mid \dim L(\boldsymbol{A})=r) \\
&= \sum_{r=0}^{n} \frac{2^r-1}{2^m-1} \\
&= \frac{2^{n+1}-n-2}{2^m-1} < \frac{2^{n+1}-1}{2^m-1} \leqslant \frac{2}{2^{m-n}} \\
&= \frac{1}{2^{m-m-1}}
\end{aligned}
$$

下面以定理 4.3.1 为基础，建立一个新的密码分析测试方法，称之为线性一致性测试(Linear Consistency Test，LCT)分析方法[5]。

在考虑一个密钥流生成器的时候，从整个秘密密钥 K 中挑出一个特定的子密钥 K_1 并写成形式为

$$\boldsymbol{A}(K_1)\boldsymbol{x}=\boldsymbol{b} \tag{4.3.4}$$

的线性方程组有时是可能的。其中系数矩阵 $\boldsymbol{A}(K_1)$ 由比特生成算法确定并且是 K_1 的函数。$\boldsymbol{b}$ 由输出序列的一个截取段确定。一般地，解向量 $\boldsymbol{x}$ 可用来确定 K 的其余部分。

如果参数 K_1 与用于产生所使用的截取段的子密钥一致，那么式(4.3.4)必将是一致的。而如果参数 K_1 不是所使用的截取段的子密钥，那么由定理 4.3.1 可知，当所使用的截取段足够长时，方程的一致性概率将是很小的。这样，为了找到正确的子密钥 K_1，只需要对参数 K_1 的所有可能的选择测试式(4.3.4)的一致性，并且每当发现方程是一致的时候，就将 K_1 作为候选子密钥挑出。需要测试的情况共有 $2^{|K_1|}$ 种，每次测试所需要的工作因子是应用 Gauss 消去法化解增广矩阵$(\boldsymbol{A}(K_1),\boldsymbol{b})$为标准形所需要的工作因子。

为了使假的一致性警报尽可能少，在式(4.3.4)中，方程的个数大大地超过了$|\boldsymbol{x}|+|K_1|$个。正由于这种情况，另一个结果是一个一致的线性方程组(4.3.4)的解 $\boldsymbol{x}$ 以概率 1 唯一。在某些情况下，例如在下面要考虑的问题中，这意味着无须大规模地进行搜索就能恢复整个密钥。

在序列密码中，下面要介绍的关系式在许多情况下都有助于形成用于线性一致性测试的线性方程组(4.3.4)。

引理 4.3.3 如果线性递归序列 $c=\{c(t)\mid t\geqslant 0\}$ 的反馈多项式为 $f(x)$，$\deg(f(x))=n$，并且

$$x^t=r(x)=r_{t,0}+r_{t,1}x+\cdots+r_{t,n-1}x^{n-1} \bmod f(x)$$

那么

$$c(t)=r_{t,0}c(0)+r_{t,1}c(1)+\cdots+r_{t,n-1}c(n-1) \tag{4.3.5}$$

证明：记 $x^t=q(x)f(x)+r(x)$，则有 $d=(x^t+r(x))c=q(x)f(x)c=0$。通过检查信号 $d(0)$的表达式可得到式(4.3.5)。

4.3.2 线性一致性测试分析方法的应用实例

Jennings 序列生成器的基本框架是使用两个次数分别为 l 和 n 的本原多项式 $f(x)$和 $g(x)$作为源序列的反馈多项式，通过密钥控制算法组合这些源序列来生成密钥流，见

图 4.2.1。这里利用 LCT 来说明 Jennings 序列生成器具有相当大的密钥信息多余性。

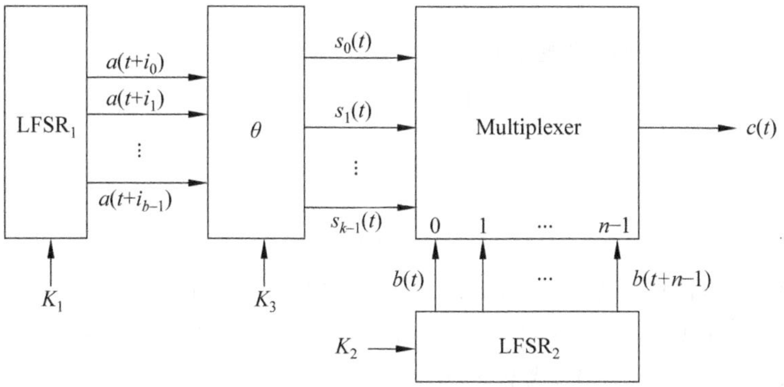

图 4.2.1　Jennings 序列生成器

Jennings 序列生成器产生输出信号 $\{c(t)\}_{t\geqslant 0}$ 的具体过程如下：固定一个正整数 $b\leqslant \min\{l,\lceil \log_2 n\rceil\}$ 和 $LFSR_1$ 的抽头 $0\leqslant i_0<i_1<\cdots<i_{b-1}\leqslant l-1$。在时刻 $t\geqslant 0$ 时形成数 $u(t)$：

$$u(t)=a(t+i_0)+a(t+i_1)2+\cdots+a(t+i_{b-1})2^{b-1}$$

并做变换：

$$\theta(u(t))=s_0(t)+s_1(t)2+\cdots+s_{k-1}(t)2^{k-1},\quad k=\lceil \log_2 n\rceil$$

其中 $\theta:\{0,1,\cdots,2^{b-1}\}\to\{0,1,\cdots,n-1\}$ 是一个单射。输出信号 $c(t)=b(t+\theta(u(t)))$。θ、$LFSR_1$ 的初始状态和 $LFSR_2$ 的初始状态形成算法的秘密密钥。

已证明，当 $\gcd(l,n)=1$ 时，$\{c(t)\}_{t\geqslant 0}$ 的周期为 $(2^l-1)(2^n-1)$，线性复杂度为 $LC\leqslant n\left(1+\sum_{i=1}^{b}C_l^i\right)$。当抽头位置等间隔时，等号成立。这样，为了获得最高的线性复杂度，将大大地限制抽头类型的选择。因此，不失一般性，在分析过程中假定抽头类型是固定的并且是知道的。

下面说明这样一个事实：如果密码分析者知道反馈多项式 $f(x)$ 和 $g(x)$，则密码分析者可通过长度为 $N\geqslant l+(n+1)2^b$ 的输出截取段和 2^{l+b} 次线性一致性测试破译 Jennings 序列生成器。

首先对长度为 N 的截取段利用 LCT 确定 $LFSR_1$ 的初始状态 $\boldsymbol{a}_0$。

第 1 步：对每一个 $t:0\leqslant t\leqslant N-1$，用 $g(x)$ 去除 x^t，得余式 $r_t(x)=r_{t,0}+r_{t,1}x+\cdots+r_{t,n-1}x^{n-1}$，存储向量 $r(t)=(r_{t,0},r_{t,1},\cdots,r_{t,n-1})$。

第 2 步：对每一个非零向量 $\boldsymbol{a}\in V_l(F_2)$，以 $\boldsymbol{a}$ 作为 $LFSR_1$ 的初始状态并形成 2^b 个线性方程组：

$$S_k:\boldsymbol{A}_k\boldsymbol{x}=\boldsymbol{C}_k,\quad 0\leqslant k\leqslant 2^b-1 \tag{4.3.6}$$

形成式(4.3.6)的过程如下：每当 $u(t)=k$ 时，将方程 $<r(t),\boldsymbol{x}>=c(t)$ 放入方程组 S_k 之中。

对 $k:0\leqslant k\leqslant 2^b-1$，测试 S_k 的一致性。每当出现不一致性警报时就删除 $\boldsymbol{a}$，使得所有方程组都是一致性的向量 $\boldsymbol{a}$ 被保留下来，作为 $\boldsymbol{a}_0$ 的候选者。真正的初始向量 $\boldsymbol{a}_0$ 必将被保留下来，并且任意一个向量 $\boldsymbol{a}$ 被保留下来的概率 p 可通过如下办法来估计。

设 m_k 是方程组 S_k 中的方程的个数,并假定:当 $k<q$ 时,有 $m_k>n$;当 $k\geqslant q$ 时,有 $m_k\leqslant n$。$q=2^b$。

由定理 4.3.1,S_k 的一致性概率是

$$p_k<\frac{1}{2^{m_k-n-1}},\quad 0\leqslant k\leqslant q-1$$

所以,有

$$p<2^{qn-\sum\limits_{k=0}^{q-1}m_k}2^q=2^{n2^b-N}2^{2^b}=2^{2^b(n+1)-N}\leqslant 2^{-l}$$

第 3 步:设 $\boldsymbol{a}$ 是任何一个候选向量。考虑式(4.3.6)中的任何一个系数矩阵 $\boldsymbol{A}_k$ 具有最大的秩的方程组。用 V 表示该方程组在 $V_n(F_2)$ 中的解向量之集。根据定理 4.3.1,$|V|=1$ 的概率接近 1。任选一个 $\boldsymbol{v}_0\in V$,考虑向量

$$\boldsymbol{v}_{-n+1},\boldsymbol{v}_{-n+2},\cdots,\boldsymbol{v}_{-1},\boldsymbol{v}_0,\boldsymbol{v}_1,\cdots,\boldsymbol{v}_{n-1}\tag{4.3.7}$$

其中式(4.3.7)是由 LFSR_2 以 $\boldsymbol{v}_{-n+1}$ 为起点连续产生的。检查在式(4.3.7)中是否有一个含 2^b 个向量的子集

$$\boldsymbol{v}_{i_0},\boldsymbol{v}_{i_1},\cdots,\boldsymbol{v}_{i_{2^b-1}}\tag{4.3.8}$$

满足如下两个条件:

(1) $\boldsymbol{A}_k\boldsymbol{v}_{i_k}^{\mathrm{T}}=\boldsymbol{C}_k,0\leqslant k\leqslant 2^b-1$。

(2) $\max\{i_k\}-\min\{i_k\}<n$。 (4.3.9)

如果这样的子集在式(4.3.7)中不存在,则删掉 $\boldsymbol{v}_0$。如果 $\boldsymbol{v}$ 中的所有向量都被删掉,则删掉 $\boldsymbol{a}_0$。

因为具有"从它们中的某一个出发,利用 LFSR_2 在 $n-1$ 步内产生其余的向量"这一特性的 $V_n(F_2)$ 的任何一个含 2^b 个向量的子集的概率为 $O(2^{-n(2^b-1)})$,所以,除了 $\boldsymbol{a}_0$ 之外,所有的候选向量将被删掉并且 $\boldsymbol{v}_0\in V$ 也将被唯一地确定。

第 4 步:记 $\sigma=\min\{i_k\}$,$\tau=\max\{i_k\}$,$\rho=n+\sigma-\tau$,假定 LFSR_2 从 $\boldsymbol{v}_\sigma$ 开始经 n_k 步到达式(4.3.8)中的向量 $\boldsymbol{v}_{i_k}$,则 $\theta(k)=n_k+v,0\leqslant k\leqslant 2^b-1$。这里 v 是不超过 ρ 的任何一个非负整数,LFSR_2 相应的初始状态是由 LFSR_2 从 $\boldsymbol{v}_\sigma$ 开始迭代 v 步后所产生的向量。

4.4 线性时序线路逼近分析方法

本节首先分析任意的带 M 比特记忆的一般二元组合器的相关特性,其次介绍一个有效的线性时序线路逼近(Linear Sequence Circuit Approximation,LSCA)分析方法[7]。

4.4.1 向量布尔函数的相关特性

设 $F:F_2^{n_1}\times F_2^{n_2}\to F_2^m$ 表示一个 $n=n_1+n_2$ 个变量的任意的向量布尔函数(也称多输出布尔函数),这里使用符号 $\boldsymbol{Z}=F(\boldsymbol{X},\boldsymbol{Y})$,$\boldsymbol{X}\in F_2^{n_1}$,$\boldsymbol{Y}\in F_2^{n_2}$。假定 $\boldsymbol{X}$ 和 $\boldsymbol{Y}$ 是独立且平衡的随机变量。我们的目的是分析随机变量 $\boldsymbol{Z}$ 和 $\boldsymbol{X}$ 之间的统计依赖性。为了实现这个目的,首先定义 $N_{\boldsymbol{XZ}}=|\{\boldsymbol{Y}:\boldsymbol{Z}=F(\boldsymbol{X},\boldsymbol{Y})\}|$,$N_{\boldsymbol{Z}}=\sum\limits_{\boldsymbol{X}\in F_2^{n_1}}N_{\boldsymbol{XZ}}$,由此得出

$$\sum_{\boldsymbol{Z}\in F_2^m}N_{\boldsymbol{XZ}}=2^{n_2},\quad \boldsymbol{X}\in F_2^{n_1}\tag{4.4.1}$$

显然，Z 统计独立于 X 当且仅当对每个 X 和 Z 都有 $N_{XZ}=2^{-n_1}N_Z$；而 Z 函数依赖于 X 当且仅当对每个 X 存在 Z 使得 $N_{XZ}=2^{n_2}$。为了表达在这两种极端情况下 Z 关于 X 的统计依赖的程度，现在考虑输出线性函数到输入线性函数之间的相关性。设点积（也称内积）$L_W(X)=W\cdot X$ 表示由 $W\in F_2^{n_1}$ 确定的 X 的线性函数，$L_V(F)=V\cdot F$ 表示由 $V\in F_2^m$ 确定的 F 的分量函数的线性组合。布尔函数 $L_V(F)=V\cdot F$ 和 $L_W(X)=W\cdot X$ 之间的相关系数定义为

$$c_{VW}=\frac{1}{2^{n-1}}\ |\{(X,Y):V\cdot F(X,Y)=W\cdot X\}|-1 \tag{4.4.2}$$

关于上述相关系数，可利用输出线性函数的 Walsh 变换通过一些代数操作证明如下引理。

引理 4.4.1

$$C_0\overset{\text{def}}{=}\sum_{V\neq 0}c_{V0}^2=\frac{1}{2^m}\sum_Z\left(\frac{N_Z}{2^{n-m}}\right)^2-1=\frac{1}{2^m}\sum_Z\left(\frac{\sum_X N_{XZ}}{2^{n-m}}\right)^2-1 \tag{4.4.3}$$

$$C_1\overset{\text{def}}{=}\sum_{V\neq 0}\sum_{W\neq 0}c_{VW}^2=\frac{1}{2^{n_1+m}}\sum_X\sum_Z\left(\frac{N_{XZ}}{2^{n_2-m}}-\frac{N_Z}{2^{n-m}}\right)^2 \tag{4.4.4}$$

$$C_2\overset{\text{def}}{=}C_0+C_1=\sum_{V\neq 0}\sum_W c_{VW}^2=\frac{1}{2^{n_1+m}}\sum_X\sum_Z\left(\frac{N_{XZ}}{2^{n_2-m}}\right)^2-1 \tag{4.4.5}$$

其中 $\mathbf{0}$ 表示适当维数的全 0 向量。

引理 4.4.1 表明，在考虑的输出线性函数和输入线性函数之间的总的相关性可仅用数 N_{XZ} 来表达，而 N_{XZ} 与相应的联合概率成比例。利用该引理可直接推出如下性质。

性质 4.4.1　相关和 C_0 等于最小值 0 当且仅当 F 是平衡的，等于最大值 2^m-1 当且仅当 F 是常数。相关和 C_1 等于最小值 0 当且仅当 $F(X,Y)$ 统计独立于 X，等于最大值 2^m-1-C_0（对给定的 C_0）当且仅当 $F(X,Y)$ 函数依赖于 X。相关和 C_2 等于最小值 0 当且仅当 $F(X,Y)$ 是平衡的且统计独立于 X，等于最大值 2^m-1 当且仅当 $F(X,Y)$ 函数依赖于 X。

引理 4.4.1 和性质 4.4.1 本质上意味着所有的 $F(X,Y)$ 和 X 的非平凡的（非零的）线性函数之间的相关系数的平方和 C_1 表示 $F(X,Y)$ 和 X 之间的统计独立性的二次度量。所有的 $F(X,Y)$ 的非平凡的线性函数和常数 0 函数之间的相关系数的平方和 C_0 表示 $F(X,Y)$ 的分布非均匀性的二次度量。当 $m=1,n_2=0$ 时，式(4.4.5)就是布尔函数的相关系数的平方和的结果[13]。

利用引理 4.4.1 和性质 4.4.1 还可进一步推出如下两个性质。

性质 4.4.2　一个向量布尔函数是平衡的当且仅当它的分量布尔函数的所有非平凡的线性组合是平衡的。

性质 4.4.3　一个向量布尔函数 $F(X,Y)$ 是统计独立于 X 的当且仅当它的分量布尔函数的每个非平凡的线性组合独立于每个 X 的非平凡的线性函数。

性质 4.4.2 和性质 4.4.3 的证明也可参见文献[14]，性质 4.4.3 实质上是文献[15]中的引理的一个推广。注意，非平凡的线性函数都是平衡的，而从性质 4.4.3 可知，其构成的向量布尔函数未必是平衡的。

性质 4.4.1 表明了相关和达到最大值或最小值的条件。对任何 n_1、n_2、m，最大值是可达的，然而如果 $n_2<m$，获得最小值也许是不可能的。例如，如果 $n_2<m$，一个平衡向量布

尔函数 $F(\boldsymbol{X},\boldsymbol{Y})$ 对每个 $\boldsymbol{X}$ 都不是平衡的。这种情况很有必要对带记忆的组合器的相关性进行分析。在这种情况下，因为 $C_0=0$，所以可得出 $C_1=C_2$ 必然比 0 大。需要考虑的问题是确定 C_2 能达到的最小值以及获得最小值的条件。引理 4.4.2 回答了这个问题。

引理 4.4.2 设 $F(\boldsymbol{X},\boldsymbol{Y})$ 是一个 m 维向量布尔函数，$\boldsymbol{X}\in F_2^{n_1}$，$\boldsymbol{Y}\in F_2^{n_2}$。设 $n_2=m-k$，$0\leqslant k\leqslant m$，则相关和 C_2 达到最小值 2^k-1 当且仅当对每一个 $\boldsymbol{X}$，$F(\boldsymbol{X},\boldsymbol{Y})$ 是 $\boldsymbol{Y}$ 的一个单射函数。

证明：对一个非负整数 $N_{\boldsymbol{XZ}}$，有 $N_{XZ}^2\geqslant N_{XZ}$，等式成立当且仅当 $N_{\boldsymbol{XZ}}$ 为 0 或 1。由式(4.4.1)和式(4.4.5)可得

$$C_2\geqslant \frac{1}{2^{n_1+m}}\sum_{\boldsymbol{X}}\sum_{\boldsymbol{Z}}\frac{N_{\boldsymbol{XZ}}}{2^{2n_2-2m}}-1=2^k-1 \tag{4.4.6}$$

等式成立当且仅当对每一个 $\boldsymbol{X}$ 和 $\boldsymbol{Z}$，$N_{\boldsymbol{XZ}}$ 为 0 或 1。等价地，等式成立当且仅当对每一个 $\boldsymbol{X}$ 和每一个可达的 $\boldsymbol{Z}$，恰好有一个 $\boldsymbol{Y}$ 值使得 $F(\boldsymbol{X},\boldsymbol{Y})=\boldsymbol{Z}$。

4.4.2 带记忆的组合器的相关特性

可将一个一般的带 M 比特记忆和 N 个输入的二元组合器定义为如下非自治的时序线路或有限状态机：

$$\boldsymbol{S}_{t+1}=F(\boldsymbol{X}_t,\boldsymbol{S}_t),\quad t\geqslant 0 \tag{4.4.7}$$

$$y_t=f(\boldsymbol{X}_t,\boldsymbol{S}_t),\quad t\geqslant 0 \tag{4.4.8}$$

这里 $F:F_2^N\times F_2^M\to F_2^M$ 是一个下一状态（也称状态转移）向量布尔函数，$f:F_2^N\times F_2^M\to F_2$ 是一个输出布尔函数，$\boldsymbol{S}_t=(s_{1t},s_{2t},\cdots,s_{Mt})$ 是在时刻 t 的一个状态向量，$\boldsymbol{S}_0$ 是一个初始状态，$\boldsymbol{X}_t=(x_{1t},x_{2t},\cdots,x_{Nt})$ 是在时刻 t 的一个输入向量，y_t 是在时刻 t 的一个输出比特。

使用符号 $F(\boldsymbol{X},\boldsymbol{S})$ 和 $f(\boldsymbol{X},\boldsymbol{S})$ 分别表示下一状态函数和输出函数。在相关分析中，考虑如下的概率模型：假定输入是相互独立的、平衡的（均匀分布的）且独立的二元随机变量序列 $\{x_{it}\}_{t=0}^{\infty}$，$1\leqslant i\leqslant N$。为简单起见，假定初始状态也是一个平衡的随机变量并独立于所有的输入，尤其是它由一个秘密密钥来控制是适当的。这里对随机变量和其值使用同样的符号。因此，输出 $\{y_t\}_{t=0}^{\infty}$ 也是一个二元随机变量序列。我们的主要目标是考察输出序列和输入序列之间的统计依赖性。

满足密码学应用的一个基本条件是输出序列是平衡的且独立的。对无记忆的组合器，这个事实是真的当且仅当输出函数是平衡的。对带记忆的组合器，情况更为复杂，因为记忆能引入统计依赖性。容易看到，不管下一状态函数 $F(\boldsymbol{X},\boldsymbol{S})$ 和每一个初始状态 $\boldsymbol{S}_0$ 如何，如果输出函数 $f(\boldsymbol{X},\boldsymbol{S})$ 对每个 $\boldsymbol{S}$ 是平衡的，即 $f(\boldsymbol{X},\boldsymbol{S})$ 是平衡的且统计独立于 $\boldsymbol{S}$，则输出序列是平衡的且独立的。例如，文献[16]中选择的带 1b 记忆的最大阶相关免疫组合器就满足这个条件。但这个条件不是必要的，除了初始状态未被当作一个随机变量之外，一些状态序列也可能是平衡的且独立的。更确切地说，设输入和状态变量都能被分成两个不交的组，分别是 $\boldsymbol{X}=(\boldsymbol{X}',\boldsymbol{X}'')$，$\boldsymbol{S}=(\boldsymbol{S}',\boldsymbol{S}'')$，并设 $F'(\boldsymbol{X},\boldsymbol{S})$ 表示下一状态函数对应于 $\boldsymbol{S}'$ 的部分。如果对每个 $\boldsymbol{X}''$ 和 $\boldsymbol{S}$，F' 是平衡的，且对每个 $\boldsymbol{X}'$ 和 $\boldsymbol{S}''$，f 是平衡的，则输出序列是平衡的且独立的。两个充分条件都是一般的且容易控制。注意，在这两种情况下，输出函数 f 都将是平衡的。

对理论相关性分析重要的另一个基本条件是下一状态函数 F 是平衡的。假定初始状态向量是平衡的，则对每一个 $t\geqslant 0$，状态向量 $\boldsymbol{S}_t$ 是平衡的，这是因为对每一个 $t\geqslant 0$，$\boldsymbol{X}_t$ 和

$\boldsymbol{S}_t$ 是独立的。注意，即使 $\boldsymbol{S}_0$ 被当作一个固定的而不是一个随机的变量，结果仍然是正确的，只要随着 t 的增加，$\boldsymbol{S}_t$ 迅速地收敛于一个平衡随机变量即可，这里假定对应于下一状态概率分布的马尔可夫链是遍历的。特别地，如果对每个 $\boldsymbol{S}$，$F(\boldsymbol{X},\boldsymbol{S})$ 是平衡的，则对每个 $t\geqslant 1$，$\boldsymbol{S}_t$ 是平衡的。

对任何正整数 m 和每一个 $t\geqslant m-1$，设 $y_t^m=(y_t,y_{t-1},\cdots,y_{t-m+1})$ 和 $\boldsymbol{X}_t^m=(\boldsymbol{X}_t,\boldsymbol{X}_{t-1},\cdots,\boldsymbol{X}_{t-m+1})$ 分别表示在时刻 t 的 m 个连续输出比特的组和 m 个连续输入二元向量的组。由式(4.4.7)和式(4.4.8)可得

$$y_t^m=F_m(\boldsymbol{X}_t^m,\boldsymbol{S}_{t-m+1}),\quad t\geqslant m-1 \tag{4.4.9}$$

这里，对每个 $m\geqslant 1$，$F_m:F_2^{mN}\times F_2^M\rightarrow F_2^m$ 是一个时间独立的向量布尔函数，可根据输出函数 f 和下一状态函数 F 的一个自合成来表示。使用符号 $F_m(\boldsymbol{X}^m,\boldsymbol{S})$。

在这个概率模型中，假定输入 $\{\boldsymbol{X}_t\}_{t=0}^{\infty}$ 是一个平衡的且独立的向量随机变量序列，初始状态 $\boldsymbol{S}_0$ 是一个平衡的向量随机变量并独立于输入。输出序列 $\{y_t\}_{t=0}^{\infty}$ 是平衡的且独立的当且仅当对每个 $m\geqslant 1$，函数 F_m 是平衡的。上面讨论的关于 f 和 F 的充分条件在这里也成立。上面也指出，如果 F 是平衡的，则对每一个 $t\geqslant 0$，状态向量 $\boldsymbol{S}_t$ 是平衡的。另外，对每个 m 和 t，$\boldsymbol{X}_t^m$ 和 $\boldsymbol{S}_{t-m-1}$ 是独立的，因此，对每一个 $m\geqslant 1$ 和 $t\geqslant m-1$，函数 $F_m(\boldsymbol{X}_t^m,\boldsymbol{S}_{t-m+1})$ 与 4.4.1 节中分析的函数具有相同的类型。由向量布尔函数的相关特性的结论可证明两个相关性定理，第一个定理是存在性的，第二个定理确定了在带记忆的组合器的输出序列和输入序列之间的总的相关性。

定理 4.4.1 设一个带 M 比特记忆和 N 个输入的二元组合器的下一状态函数是平衡的，则对任何 $m\geqslant 1$，任何 m 个二元变量的线性函数 L_V 和任何 Nm 个二元变量的线性函数 L_W，在至多 m 个连续输出比特的线性函数 $L_V(y_t^m)$ 和至多 m 个连续输入二元向量的 $L_W(\boldsymbol{X}_t^m)$ 之间的相关系数对每个 $t\geqslant m-1$ 都是一样的。对任何 $m\geqslant 1$，如果相关系数是非零的且 L_V 在第一个变量是退化的，则 L_W 在前 N 个变量一定是退化的。如果输出序列是平衡的且独立的，则对 $m=M+1$，存在一个线性函数 L_V 在第一个变量是非退化的和一个非平凡的线性函数 L_W 使得对应的相关系数不等于 0。在一种特殊情况下，即输出函数 $f(\boldsymbol{X},\boldsymbol{S})$ 对每个 $\boldsymbol{S}$ 是平衡的，相关系数是非零的，L_V 在第一个变量是非退化的，则 L_W 至少在前 N 个变量中的一个一定是非退化的。

证明：对一个任意的带记忆的二元组合器，一个连续的输出比特 y_t^m 将被一般地考虑作为一个所有对应的输入 $\boldsymbol{X}_t^{t+1}$ 和初始状态 $\boldsymbol{S}_0$ 的函数。y_t^m 也可由式(4.4.9)来表达，即 $y_t^m=F_m(\boldsymbol{X}_t^m,\boldsymbol{S}_{t-m+1})$，这里 $\boldsymbol{X}_t^m$ 是平衡的且独立于 $\boldsymbol{S}_{t-m+1}$。如果下一状态函数是平衡的，$\boldsymbol{S}_0$ 是一个平衡的随机变量且独立于所有的输入，则 $\boldsymbol{S}_t$ 对每个 $t\geqslant 0$ 也是平衡的。因此，在函数 $L_V(y_t^m)$ 和 $L_W(\boldsymbol{X}_t^m)$ 之间的相关系数等于在布尔函数 $L_V(F_m(\boldsymbol{X}^m,\boldsymbol{S}))$ 和 $L_W(\boldsymbol{X}^m)$ 之间的时间独立的相关系数，这里假定 $(\boldsymbol{X}^m,\boldsymbol{S})$ 是平衡的。如果 L_V 在第一个变量是退化的而 L_W 在前 N 个变量中的至少一个是非退化的，则显然线性函数 $L_W(\boldsymbol{X}^m)$ 统计独立于 $L_V(F_m(\boldsymbol{X}^m,\boldsymbol{S}))$，因此相关系数一定等于 0。

如果输出序列是平衡的且独立的，则 $F_m(\boldsymbol{X}^m,\boldsymbol{S})$ 对每个 $m\geqslant 1$ 都是平衡的。然而，对 $m=M+1$，它对每个 $\boldsymbol{S}$ 都不是平衡的，因为 $\boldsymbol{S}$ 的维数 M 小于 $m=M+1$。因此 $F_{M+1}(\boldsymbol{X}^{M+1},\boldsymbol{S})$ 不是统计独立于 $\boldsymbol{X}^{M+1}$ 的。由性质 4.4.3 可知，存在非平凡的线性函数 L_V 和 L_W 对应的相关系数不等于 0。再者，像上面证明的那样，如果 L_V 在前 $k-1$ 个变量是退化的且在第 k

个变量是非退化的，则 L_W 一定在前 $(k-1)N$ 个变量是退化的。据此，因为相关系数是时间独立的，可划掉 L_V 的前 $k-1$ 个变量和 L_W 的前 $(k-1)N$ 个变量，获得期望的线性函数。特别地，如果输出函数 $f(\boldsymbol{X},\boldsymbol{S})$ 对每个 $\boldsymbol{S}$ 是平衡的并且 L_V 在第一个变量是非退化的而 L_W 在前 N 个变量是退化的，则显然函数 $L_V(F_m(\boldsymbol{X}^m,\boldsymbol{S}))$ 统计独立于线性函数 $L_W(\boldsymbol{X}^m)$，因此相关系数一定等于 0。

定理 4.4.2 设一个带 M 比特记忆和 N 个输入的二元组合器的下一状态函数是平衡的，则对任何 $m\geqslant 1$，在 m 个连续输出比特 y_t^m 的所有非平凡的线性函数和 m 个连续输入二元向量 $\boldsymbol{X}_t^m$ 的所有线性函数之间的相关系数的平方和 $C(m)$ 对每个 $t\geqslant m-1$ 都是一样的，且有

$$\underline{C}(m)\leqslant C(m)\leqslant \overline{C}(m),\quad m\geqslant 1 \tag{4.4.10}$$

$$\underline{C}(m)=\begin{cases}0, & 1\leqslant m\leqslant M\\ 2^{n-M}-1 & m\geqslant M+1\end{cases} \tag{4.4.11}$$

$$\overline{C}(m)=2^m-1,\quad m\geqslant 1 \tag{4.4.12}$$

最小值 $\underline{C}(m)$ 对所有的 $m\geqslant 1$ 是可达的当且仅当对任何 $t\geqslant M-1$，M 个连续输出比特 y_t^M 是平衡的且统计独立于 M 个连续输入二元向量 $\boldsymbol{X}_t^M$，也就是当且仅当对每个 $\boldsymbol{X}^M$，$F_M(\boldsymbol{X}^M,\boldsymbol{S})$ 是 $\boldsymbol{S}$ 的一个平衡函数。最大值 $\overline{C}(m)$ 对任何 $m\geqslant 1$ 是可达的当且仅当输出函数关于所有的状态变量是退化的。

证明：对任何 $m\geqslant 1$，类似于定理 4.4.1 的讨论，可得所考虑的相关系数的和等于 m 维时间独立的向量布尔函数 $F_m(\boldsymbol{X}^m,\boldsymbol{S})$ 关于二元向量变量 $\boldsymbol{X}^m$ 的相关性的和 C_2。从性质 4.4.1 可得对每一个 $m\geqslant 1$，$C(m)\leqslant 2^m-1$，这里对任何 $m\geqslant 1$，最大值是可达的当且仅当 $F_m(\boldsymbol{X}^m,\boldsymbol{S})$ 关于 $\boldsymbol{S}$ 是退化的。显然，这是真的当且仅当输出函数 $f(\boldsymbol{X},\boldsymbol{S})$ 关于 $\boldsymbol{S}$ 是退化的。

另一方面，从性质 4.4.1 也可得出对每一个 $1\leqslant m\leqslant M$，$C(m)\geqslant 0$，这里对任何这样的 m，最小值是可达的当且仅当函数 $F_m(\boldsymbol{X}^m,\boldsymbol{S})$ 对每个 $\boldsymbol{X}^m$ 是平衡的。如果对 $m=M$ 满足这个条件，则对每一个 $1\leqslant m\leqslant M$ 也满足。这是由于函数族 $\{F_m\}_{m\geqslant 1}$ 的下列基本特性：对任何 $m'<m$ 和任何固定的 $\boldsymbol{X}^{m'}$，函数 $F_{m'}(\boldsymbol{X}^{m'},\boldsymbol{S})$ 等于 $F_m(\boldsymbol{X}^m,\boldsymbol{S})$ 的一个子函数，对任何固定的 $\boldsymbol{X}^m$ 使得 $\boldsymbol{X}^{m'}$ 是其的一个适当的子空间。除了这一事实，由引理 4.4.2，直接可得对每一个 $m\geqslant M$，$C(m)\geqslant 2^{m-M}-1$，这里对任何这样的 m，最小值是可达的当且仅当对每个 $\boldsymbol{X}^m$，$F_m(\boldsymbol{X}^m,\boldsymbol{S})$ 是 $\boldsymbol{S}$ 的一个单射。如果对 $m=M$ 是真的，则对所有的 $m\geqslant M$ 是真的，这是因为上述函数族 $\{F_m\}_{m\geqslant 1}$ 的基本特性。

推论 4.4.1 如果输出序列是平衡的且独立的，则定理 4.4.2 对在 m 个连续输出的所有非平凡的线性函数和对应的 m 个连续输入的所有非平凡的线性函数之间的相关系数的平方和成立。如果输出序列统计独立于输入序列，也就是说，所有可达的输出序列（至多 2^M 个）的集合的概率分布对所有的输入序列都是一样的，则定理 4.4.2 对在 m 个连续输出的所有非平凡的线性函数和常数 0 函数之间的相关系数的平方和成立。

证明：如果输出序列是平衡的且独立的，则对每个 $m\geqslant 1$，函数 F_m 是平衡的，因此，由性质 4.4.1 可知，相关和 C_0 是 0，使得 $C_2=C_1$，并且上下界都是可达的。如果输出序列是统计独立于输入序列，则对每个 $m\geqslant 1$，相关和 C_1 是 0，使得 $C_2=C_0$，并且上下界也都是可达的。注意，最大相关性被获得当且仅当输出函数是常数。

定理 4.4.2 连同推论 4.4.1 是文献[13]中关于无记忆组合器的总的相关性的相关结果的一般化。与无记忆组合器不同,带记忆组合器的总的相关性依赖于输出和下一状态函数的选择。对每个 $m>M$,它的值在 $2^{m-M}-1$ 和 2^m-1 之间,并被分成$(2^m-1)^{mN}$对输出和输入线性函数。在 $M=1,m=2$ 这种特殊情况下,总的相关性不小于 1,不大于 3,上下界都是可达的[17]。对每个 $m>M$,相关系数的最大绝对值不能小于 $2^{-(mN+M)/2}$,适合于均匀分布的情况。对 $m=M+1$,可获得最大的下界,此时最小相关和是 1,相关系数的绝对值等于 $2^{-(MN+M+N)/2}$。对具有同样输入个数的无记忆组合器,这个界等于 $2^{-N/2}$。

上述分析似乎表明,即使输入数 N 是很小的,如果记忆容量 M 不是很小,则带记忆组合器抵抗相关攻击的安全性是相当高的。这可作为这类密码的一条准则。

另一条有趣的准则是定理 4.4.2 中的最小的总的相关性可达的充分必要条件。是否这个条件的一个不错的和一般的特征能依据输出和下一状态函数来确定仍然是一个未解决问题。可得出的一个必要条件是对每个 $\boldsymbol{X}$,$f(\boldsymbol{X},\boldsymbol{S})$是平衡的。注意,利用性质 4.4.3 可得出在这种情况下在输出序列和输入序列之间没有逐项相关性。如果 $M=1$,这个条件也是充分的,此时,输出函数一定具有形式 $f(\boldsymbol{X},s)=s+g(\boldsymbol{X})$。如果它也要求输出函数对每个 s 都是平衡的,这对输出序列是平衡的且独立的是一个充分条件,则函数 $g(\boldsymbol{X})$将是平衡的。文献[16]中建议的带 1b 记忆的最大阶相关免疫函数满足这个条件,这里 $g(\boldsymbol{X})$是线性的。对 $M=1$ 的下一状态函数而言,唯一期望的特性是它是平衡的。一般地,对 $M>1$,一个平衡的下一状态函数 $F(\boldsymbol{X},\boldsymbol{S})$的选择似乎是适当的,这里 $F(\boldsymbol{X},\boldsymbol{S})$对每个 $\boldsymbol{X}$ 也是平衡的。

4.4.3 线性时序线路逼近分析方法

为密码学目的,需要解决如下两个问题:一个是给定一个带记忆的二元组合器以及所有的互相关的输入和输出线性函数的对应对,确定具有最大绝对值的相关系数;另一个是期望找到一对或更多对具有充分大的相关系数的相关的线性函数。解决这两个问题的一个系统性方法是穷举搜索所有可能的输入和输出线性函数。给定一个输出线性函数,与所有输入线性函数的相关系数能通过 Walsh 变换获得。对一个有 n 个变量的布尔函数,这种方法的计算复杂度为 $O(n2^n)$。如果考虑 $m=M+1$ 个连续的输出和输入,则根据定理 4.4.1 至多处理 2^M 个 $MN+N+M$ 个变量的布尔函数。因此,这种方法的计算复杂度是 $O((MN+N+M)2^{MN+N+2M})$。为了获得最大相关系数的一个充分小的值,依据定理 4.4.2 所需要的计算复杂度对相对大的 MN 是不可行的。

现在描述线性时序线路逼近(Linear Sequence Circuit Approximation,LSCA)分析方法,该方法用于分析带记忆的二元组合器,是一个可行的过程,以高的概率导致至多 $M+1$ 个连续的输出比特和至多 $M+1$ 个连续的输入二元向量的互相关的线性函数对,具有比较大的相关系数。LSCA 方法在于确定和解决一个逼近一个带记忆的二元组合器的线性时序线路(LSC)。LSC 有附加的非平衡输入并基于输出函数和所有下一状态函数的分量的线性逼近,这里一个布尔函数的一个线性逼近是与布尔函数相关的任何线性函数。该方法一般应用于带记忆的任何二元组合器,而对输出函数和下一状态函数无任何限制。

首先,寻找输出函数 f 的一个线性逼近和每个下一状态函数 F 的分量函数的线性逼近。这等效于将这 $M+1$ 个函数的每一个都表示为一个线性函数和一个非平衡函数。如果被分解的函数已经是非平衡的,则常数 0 线性函数可以被选择。如果被分解的函数是统计独立于变量的一个子集,则每一个线性逼近必定至少涉及这个子集中的一个变量,见性质4.4.3。所以,基本的要求是对应的相关系数不等于0。它表明期望选择具有相关系数的绝对值接近最大值的线性逼近。当然,可用Walsh变换确定所考虑的$M+1$个具有$M+N$个变量的布尔函数的每个函数到所有线性函数的相关系数,需要的计算复杂度是$O((M+1)(M+N)2^{M+N})$。即使M很大,在实际实现中,输出函数和所有分量下一状态函数一定本身有效地依赖于相对小的变量数,或者能依据这样的布尔函数来表达。在这两种情况下Walsh变换是可行的,虽然在后一种情况下有可能导致近似解。

其次,给定线性逼近,可将描述带记忆的组合器的式(4.4.7)和式(4.4.8)写成如下的矩阵形式:

$$\boldsymbol{S}_{t+1}=\boldsymbol{AS}_t+\boldsymbol{BX}_t+\Delta(\boldsymbol{X}_t,\boldsymbol{S}_t),\quad t\geqslant 0 \tag{4.4.13}$$

$$\boldsymbol{Y}_{t+1}=\boldsymbol{CS}_t+\boldsymbol{DX}_t+\varepsilon(\boldsymbol{X}_t,\boldsymbol{S}_t),\quad t\geqslant 0 \tag{4.4.14}$$

这里向量被当作一个单列矩阵,$\boldsymbol{A}$、$\boldsymbol{B}$、$\boldsymbol{C}$、$\boldsymbol{D}$是二元矩阵,ε和$\Delta=(\delta_1,\delta_2,\cdots,\delta_M)$的每个分量都是非平衡的布尔函数,称作噪声函数。主要的观点是把$\{\varepsilon(\boldsymbol{X}_t,\boldsymbol{S}_t\}_{t=0}^{\infty}$和$\{\delta_i(\boldsymbol{X}_t,\boldsymbol{S}_t\}_{t=0}^{\infty}(1\leqslant i\leqslant M)$当作输入序列,使得式(4.4.13)和式(4.4.14)定义一个非自治的线性有限状态机或LSC,称作一个带记忆的组合器的LSCA。然后,通过使用生成函数(即D-变换)解决这个LSC问题。精确地讲,设$\boldsymbol{S}$、$\boldsymbol{X}$、Δ、ε和$\boldsymbol{Y}$分别表示序列$\{\boldsymbol{S}_t\}_{t=0}^{\infty}$、$\{\boldsymbol{X}_t\}_{t=0}^{\infty}$、$\{\Delta(\boldsymbol{X}_t,\boldsymbol{S}_t)\}_{t=0}^{\infty}$、$\{\varepsilon(\boldsymbol{X}_t,\boldsymbol{S}_t\}_{t=0}^{\infty}$和$\{\boldsymbol{Y}_t\}_{t=0}^{\infty}$关于变量$z$的生成函数。则由式(4.4.13)和式(4.4.14)可导出

$$\boldsymbol{S}=z\boldsymbol{AS}+z\boldsymbol{BX}+z\Delta+\boldsymbol{S}_0 \tag{4.4.15}$$

$$\boldsymbol{Y}=\boldsymbol{CS}+\boldsymbol{DX}+\varepsilon \tag{4.4.16}$$

显然,式(4.4.15)和式(4.4.16)的解是

$$\boldsymbol{Y}=\left(\boldsymbol{D}-\frac{\boldsymbol{C}\mathrm{adj}(z\boldsymbol{A}-\boldsymbol{I})\boldsymbol{B}}{\det(z\boldsymbol{A}-\boldsymbol{I})}\right)\boldsymbol{X}-\frac{\boldsymbol{C}\mathrm{adj}(z\boldsymbol{A}-\boldsymbol{I})}{\det(z\boldsymbol{A}-\boldsymbol{I})}(z\Delta+\boldsymbol{S}_0)+\varepsilon \tag{4.4.17}$$

这里$\boldsymbol{I}$是单位矩阵,$\det(z\boldsymbol{A}-\boldsymbol{I})\overset{\text{def}}{=}\varphi(z)(\varphi(0)=1)$是状态转移矩阵$\boldsymbol{A}$的特征多项式的互反多项式,次数至多为$\mathrm{rank}(\boldsymbol{A})\leqslant M$,矩阵$\mathrm{adj}(z\boldsymbol{A}-\boldsymbol{I})$的元素是$z$的多项式,次数至多为$M-1$。获得式(4.4.17)的计算复杂度是$O(M^3(N+1))$。因此,式(4.4.17)可写成如下形式:

$$\boldsymbol{Y}=\frac{1}{\varphi(z)}\sum_{i=1}^{N}g_i(z)x_i+\frac{1}{\varphi(z)}\sum_{j=1}^{M}h_j(z)(z\delta_j+s_{j0})+\varepsilon \tag{4.4.18}$$

这里x_i和δ_j分别表示$\{x_{it}\}$和$\{\delta_j(\boldsymbol{X}_t,\boldsymbol{S}_t)\}$的生成函数,多项式$g_i(z)$,$h_j(z)(1\leqslant i\leqslant N,1\leqslant j\leqslant M)$的次数分别至多为$M$和$M-1$。设

$$\varphi(z)=\sum_{k=0}^{M}\varphi_k z^k,\quad g_i(z)=\sum_{k=0}^{M}g_{ik}z^k,\quad h_j(z)=\sum_{k=0}^{M-1}h_{jk}z^k$$

在时域上式(4.4.18)可以约简为

$$\sum_{k=0}^{M}\varphi_k\boldsymbol{Y}_{t-k}=\sum_{i=1}^{N}\sum_{k=0}^{M}g_{ik}x_{i,t-k}+e(\boldsymbol{X}_t^{M+1},\boldsymbol{S}_{t-M}),\quad t\geqslant M \tag{4.4.19}$$

$$\begin{aligned}e(\boldsymbol{X}_t^{M+1},\boldsymbol{S}_{t-M})=&\sum_{j=1}^{M}\sum_{k=0}^{M-1}h_{jk}\delta_j(\boldsymbol{X}_{t-1-k},\boldsymbol{S}_{t-1-k})\\&+\sum_{k=0}^{M}\varphi_k\varepsilon(\boldsymbol{X}_{t-k},\boldsymbol{S}_{t-k}),\quad t\geqslant M\end{aligned} \tag{4.4.20}$$

这里假定对每个 $0\leqslant k\leqslant M-1$，状态向量 $\boldsymbol{S}_{t-k}$ 是（$\boldsymbol{X}_{t-k-1}^{M-k}$，$\boldsymbol{S}_{t-M}$）的一个函数。有趣的是式(4.4.20)具有定理 4.4.1 处理的类型。式(4.4.20)的输出和输入线性函数是相关的当且仅当噪声函数 e 是非平衡的。如果下一状态函数是平衡的，则相关系数是时间独立的。如果这个条件没有被满足，则相关系数也许是时间依赖的，因为对每一个 $t\geqslant 0$，$\boldsymbol{S}_t$ 无须再是一个平衡的函数。式(4.4.20)中的噪声函数被定义为各个非平衡的噪声函数的和，这里假定下一状态函数是平衡的。因为各个噪声函数未必是独立的，e 与常数 0 函数的相关系数等于 0 或接近 0 在原理上是可能的。然而，这种情况有很大的不可能性，这一点直观上是清晰的，并可由如下的引理得到证实[18]。

引理 4.4.3　考虑 m 个 n 个变量的布尔函数，这些函数与常数 0 函数的相关系数为 c_i，$1\leqslant i\leqslant m$。如果函数被均匀地、随机独立地选择，则对大的 2^n，它们的和的相关系数的概率分布是渐近于期望值为 $\prod_{i=1}^{m} c_i$、方差为 $O(m/2^n)$ 的正态分布。

在这里的情况下，各个噪声函数能被当作 $n=MN+N+N$ 个变量的关于（$\boldsymbol{X}_t^{M+1}$，$\boldsymbol{S}_{t-M}$）的布尔函数。因此，除了一些特殊情况，它一般地以高的概率被期望总的相关系数很接近各个相关系数的积并且因此也不等于 0。LSCA 方法不仅以高的概率产生互相关的输入和输出线性函数，而且也能通过使用独立性或其他适当的概率假设估计对应的相关系数的值。这是因为理想地可以获得具有绝对值是接近最大值的相关系数的 LSCA，单个的相关系数将是大的且式(4.4.20)中的噪声项的数量将是小的。当然，这些要求也许是矛盾的。因此，一个好的方法是从输出和分量下一状态函数的最佳线性逼近开始，重复 LSCA 过程若干次。该过程也许对所有可能的线性逼近被执行，检查所有的可能由 LSCA 方法导致的相关性，这似乎是唯一的系统方法。一般地，至多有 $(M+1)2^{M+N}$ 个这样的线性逼近。然而，即使 M 很大，检查所有可能的线性逼近在原理上也总是可行的，因为在实际实现中，输出和分量下一状态函数依赖于相对小的变量数或由这种布尔函数组成。不难看出，只要线性组合的集合是可逆的，LSCA 方法就能被一般化到用于处理分量下一状态函数的线性组合的线性逼近。这意味着这种线性组合的最佳或好的线性逼近也能被检查。对实际的带记忆的组合器，这是可行的，但增加了计算复杂度。

由对应的 LSC 的状态转移矩阵的特征多项式确定的输出函数涉及至多 $M+1$ 个连续的输出比特。有时，有可能发生所有的来自式(4.4.18)的多项式包含一个共同的因子的情况。它能被去掉，导致输出和输入线性函数都分别小于 $M+1$ 个连续的输出和输入比特。注意，这样相关系数的量也许增加或减少。另一方面，所有的来自式(4.4.18)的多项式也能通过一个适当的多项式分别和超过 $M+1$ 个连续的输出和输入的相关的输出和输入线性函数相乘，这样就获得了一个可能增加的相关系数，因为噪声项的数也许减少。

LSCA 方法对任何带记忆的二元组合器都有效，并且获得的输出和输入线性函数由对应的 LSC 的矩阵 $\boldsymbol{A}$、$\boldsymbol{B}$、$\boldsymbol{C}$、$\boldsymbol{D}$ 来确定。依据性质 4.4.3，现在检查如何选择输出和分量下一状态函数以影响这些矩阵。如果输出函数 $f(\boldsymbol{X},\boldsymbol{S})$ 对每个 $\boldsymbol{S}$ 都是平衡的，则 $\boldsymbol{D}$ 一定是非 0 的使得至少系数 g_{i0}（$1\leqslant i\leqslant N$）中的一个是非 0 的，与定理 4.4.1 一致。当且仅当输出函数对 $\boldsymbol{X}$ 的至少一个值不是平衡的，则至少存在一个线性逼近使得 $\boldsymbol{C}$ 是 0，这是无记忆的情况。类似的讨论对分量下一状态函数以及矩阵 $\boldsymbol{A}$ 和 $\boldsymbol{B}$ 的行也都成立。因此，如果分别对 $\boldsymbol{X}$ 和 $\boldsymbol{S}$，输出函数和所有的分量下一状态函数都是平衡的，则 $\boldsymbol{C}$、$\boldsymbol{D}$、$\boldsymbol{A}$ 的每一行和 $\boldsymbol{B}$ 的每一行都是非 0 的。这个也许导致式(4.4.20)中有大量的噪声项,对于密码学目的,这是我们所期望的。除此之外,如果记忆容量很大,而且输出函数和所有分量下一状态函数或它们的非平凡的线性组合与仿射函数有大的距离且有效地依赖于相对大的变量集,则似乎上述所描述的 LSCA 攻击对带记忆的组合器是免疫的。

文献[7]中详细地分析了带记忆的二元组合器。在寻找一对互相关的输出和输入线性函数时,当 MN 不大时,使用穷举搜索方法来完成;当 MN 较大时,使用上述 LSCA 方法来完成。分析结果表明,每一个带记忆或无记忆的基于 LFSR 的组合器本质上是零阶相关免疫的。

我们也使用 LSCA 方法对提交到 CAESAR 竞赛的认证序列加密算法 Trivia-SC 进行了安全性分析,分析表明该算法对 LSCA 攻击具有较低的免疫性,详细分析参见文献[19]。

4.5 线性掩码分析方法

本节主要介绍文献[8]中的相关工作。首先,介绍一个简单的区分攻击框架,这个框架可应用于许多密码。其次,基于这个框架介绍一种线性攻击。最后,指出结合线性攻击只是这个框架的一种特殊情况,这个框架也可用于设计许多其他攻击,如低扩散(low-diffusion)攻击。

4.5.1 一个形式化区分攻击框架

设 D 是某一有限集 X 上的一个分布,$x \in X$,用 $D(x)$表示 x 依据 D 的概率总体。为方便起见,有时也用 $P_D(x)$表示 x 依据 D 的概率总体。类似地,如果 $S \subseteq X$,则 $D(S) = P_D(S) = \sum_{x \in S} D(x)$。

定义 4.5.1 设 D_1、D_2 是两个在有限集 X 上的分布,D_1 和 D_2 之间的统计距离定义为

$$|D_1 - D_2| \stackrel{\text{def}}{=} \sum_{x \in X} |D_1(x) - D_2(x)|$$

显然 $0 \leqslant |D_1 - D_2| \leqslant 2$。在密码分析过程中,通常用 $|D_1(x) - D_2(x)|$ 的期望值来衡量统计距离 $|D_1 - D_2|$,这里的 x 依据均匀分布来选择。也就是说,可将统计距离写为

$$|D_1 - D_2| = |X| \sum_{x \in X} \frac{1}{|X|} |D_1(x) - D_2(x)| = |X| E_x[|D_1(x) - D_2(x)|]$$

关于这个度量,有如下事实[8]。

事实 4.5.1 设 D^N 表示通过独立地依据分布 D 选择 N 个元素 $x_1, x_2, \cdots, x_N \in X$ 所获得的分布,如果 $|D_1 - D_2| = \varepsilon$,那么为了使 $|D_1^N - D_2^N| = 1$,数 N 需要在 $O(1/\varepsilon)$ 和 $O(1/\varepsilon^2)$ 之间。

有时需要做一个启发式假设,考虑的分布是足够的光滑,所以真正地需要设置 $N \approx 1/\varepsilon^2$。

事实 4.5.2 设 $D_1, D_2, \cdots, D_N$ 是 n 比特串上的分布,用 $\sum D_i$ 表示异或和 $\sum_{i=1}^{N} x_i$(每个 x_i 依据分布 D_i 来选择,独立于所有其他的 x_j)上的分布,用 U 表示$\{0,1\}^n$ 上的均匀分布。如果对所有的 i, $|U - D_i| = \varepsilon_i$,则有 $|U - \sum D_i| \leqslant \prod \varepsilon_i$。

这个事实可由引理4.5.2直接推得。有时需要假定分布 D_i 是足够光滑的，所以可使用逼近：$|U-\sum D_i|\approx\prod\varepsilon_i$。

我们知道，在一个二元假设检验问题中，有两个定义在同一个有限集 X 上的分布 D_1、D_2，给定一个元素 $x\in X$，该元素是根据分布 D_1 或 D_2 抽取的，需要猜测是哪一种情况。对这种假设检验问题的一个判决规则是一个函数 $\delta:X\to\{1,2\}$，给出对每个元素 $x\in X$ 的猜测。对一个判决规则 δ，也许最简单的成功概率是它在一个随机掷币实验上给出的统计优势，在这种情况下分布 D_1 和 D_2 的优先权是等可能的。也就是

$$\mathrm{Adv}(\delta)=\frac{1}{2}(P_{D_1}(\delta(x)=1)+P_{D_2}(\delta(x)=2))-\frac{1}{2}$$

引理4.5.1 对任何假设检验问题(D_1,D_2)，具有最大优势的判决规则是最大似然规则，即 $\mathrm{ML}(x)=\begin{cases}1, & 若\ D_1(x)>D_2(x)\\ 2, & 否则\end{cases}$。最大似然(Maximum Likelihood，ML)判决规则的优势等于统计距离的1/4，即

$$\mathrm{Adv}(\mathrm{ML})=\frac{1}{4}|D_1-D_2|$$

引理4.5.2 设 D_1、D_2 是 $\{0,1\}^k$ 上的两个分布，$D_3=D_1+D_2$，用 U 表示 $\{0,1\}^k$ 上的均匀分布，$\varepsilon_i=|U-D_i|$，$i=1,2,3$，则 $\varepsilon_3\leqslant\varepsilon_1\varepsilon_2$。

证明：对每个 $r,s\in\{0,1\}^k$，记 $e_r=D_1(r)-2^{-k}$，$f_s=D_2(s)-2^{-k}$。由统计距离的定义，有

$$\varepsilon_1=|U-D_1|=\sum_r|e_r|,\quad \varepsilon_2=|U-D_2|=\sum_s|f_s|$$

对每个 $t\in\{0,1\}^k$，有

$$\begin{aligned}D_3(t)&=\sum_{r+s=t}(2^{-k}+e_r)(2^{-k}+f_s)\\&=2^k\cdot 2^{-2k}+\sum_{r+s=t}2^{-k}(e_r+f_s)+\sum_{r+s=t}e_rf_s\end{aligned}$$

因为 $\sum\limits_r e_r=\sum\limits_s f_s=0$，所以

$$D_3(t)=2^{-k}+\sum_{r+s=t}e_rf_s$$

这样就有

$$\begin{aligned}\varepsilon_3&=|U-D_3|=\sum_t|D_3(t)-2^{-k}|=\sum_t\Big|\sum_{r+s=t}e_rf_s\Big|\\&\leqslant\sum_t\sum_{r+s=t}|e_rf_s|=\sum_{r,s}|e_rf_s|=\Big(\sum_r|e_r|\Big)\Big(\sum_s|f_s|\Big)=\varepsilon_1\varepsilon_2\end{aligned}$$

1. 一类密码

考虑以两个函数(也称过程)为基础构建的密码，一个函数是非线性函数 $\mathrm{NF}(x)$，另一个函数是线性函数 $\mathrm{LF}(\omega)$。非线性函数 $\mathrm{NF}(x)$ 通常是一个 n 比特分组的置换(典型地，$n\approx100$)，线性函数 $\mathrm{LF}(\omega)$ 或者是一个LFSR，或者是一个大小为几百比特到几千比特的固定表。这样的一个密码的状态由非线性状态 x 和线性状态 ω 构成。在每一步，应用非线性函数NF和线性函数LF分别作用于 x 和 ω，并且通过异或 x 中的一些比特到 ω 中来混合这些状态，反之亦然。当前状态的输出通过 x 和 ω 的若干比特的异或来计算。为了简单起

见，这里主要集中在类似于 Scream 密码的一类特殊情况，见图 4.5.1。在每一步 i，执行如下步骤：

第 1 步：置 $\omega_i = \mathrm{LF}(\omega_{i-1})$。

第 2 步：置 $y_i = L_1(\omega_i)$，$z_i = L_2(\omega_i)$，其中 L_1 和 L_2 是线性函数。

第 3 步：置 $x_i = \mathrm{NF}(x_{i-1} + y_i) + z_i$，其中 + 表示异或运算，也用⊕表示。

第 4 步：输出 x_i。

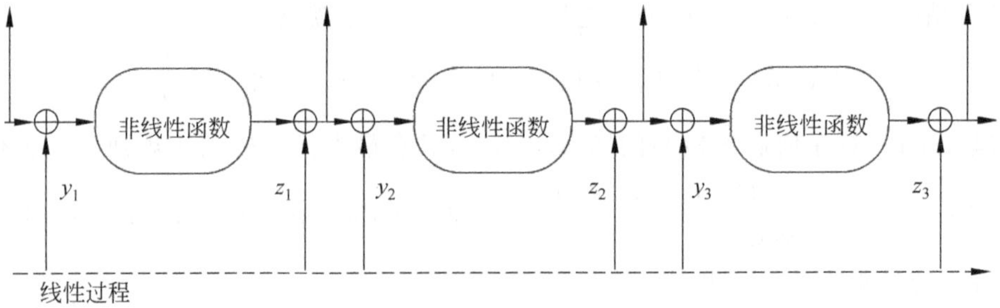

图 4.5.1　一类密码的框架结构

2. 线性过程

我们关心的线性过程的唯一特性是串 $y_1 z_1 y_2 z_2 \cdots$ 可被模型化为在某一已知的 $\{0,1\}^*$ 的线性子空间上的一个随机元素。也许最流行的线性过程是将线性状态 ω 视作一个 LFSR 的内容。线性函数 LF 钟控该 LFSR 某一固定的次数（如 32 次），而线性函数 L_1 和 L_2 仅从该 LFSR 中选择一些比特。如果用 p 表示该 LFSR 的反馈多项式，则相关的线性子空间是与 $p \cdot F_2[x] = \{p \cdot f \in F_2[x] \mid f \in F_2[x]\}$ 正交的子空间。

在 Scream 密码中，采取了一个不同的方法。线性状态属于一些表，是几乎固定的。特别地，在 Scream 密码中，这些表中的每个元素在修改（通过非线性函数 NF）之前被使用了 16 次。为此目的，通过如下方式模型化这个方案：假定每当一个元素被修改时，它实际上被一个新的随机值代替。Scream 的掩码方案可被视为一个二维方案，这里有两张表，以字典序被使用。也就是，有一张行表 $R[\cdot]$ 和一张列表 $C[\cdot]$，每张表都由 16 个 $2n$ 比特长的元素构成。该密码的步被分割成若干批，每批处理 256 步。在一批的开始时，表中的所有元素都被随机地选择，然后在一批的第 $i = j + 16k$ 步，置 $(y_i \parallel z_i) = R[j] + C[k]$。

3. 对序列密码的攻击

考虑这样的攻击者：他仅仅看到输出流并且极力从真正的随机流中区别出输出流。在一个攻击中的相关参数是攻击者在能可靠地从随机流中区分出该密码之前必须看到的文本量以及区分过程的时间复杂度和空间复杂度。这里的攻击主要利用如下事实：对一个 x 和 $\mathrm{NF}(x)$ 的比特的小子集，这些比特的联合分布显著不同于均匀分布。直观地讲，这种攻击从不利用在时间上遥远的点之间的相关性。被考虑的唯一的相关性是非线性函数的一个单一应用的输入和输出之间的相关性。

从形式上，不把非线性过程作为一个连续的过程，而是将其作为一系列不相关的步骤。也就是，为了达成攻击的目的，把在每一步开始的非线性状态 x 视作一个新的随机值，独立于其他值。在这种视角下，攻击者看到一个由对 $(x_j + y_j, \mathrm{NF}(x_j) + z_j)$ 构成的集合，其中

x_j 被随机均匀地选择并且相互独立，y_j、z_j 取自线性过程。

适应这个攻击模型的一个例子是线性攻击。在线性攻击中，攻击者利用如下事实：$(x, NF(x))$ 的 1b 线性组合是 0 的可能性比 1 更大（或者反之）。在这些攻击中，总是假定任意一步的偏差独立于所有其他步的偏差。有点令人惊奇的是，差分分析极其适应这种框架。因为在这个攻击模型中，攻击者没有选择输入能力，它利用的轮函数的差分特性是通过等待差分 $x_i+x_j=\Delta$ 偶然发生而获得的，然后使用如下事实：$NF(x_i)+NF(x_j)=\Delta'$ 要比从一个随机过程得到所期望的差分更有可能。

现在正式定义“对密码的攻击”的含义。考虑的攻击是：攻击者观察一些来自密码的每一步的一些输入比特和输出比特（或输入比特和输出比特的线性组合），并极力决定这些是否的确来自那个密码或一个随机源。这可被想象成一个假设检验问题。根据一个假设(Random)，在每一步观察到的比特是随机的且独立的。根据另一个假设(Cipher)，它们由该密码生成。

定义 4.5.2 使用线性掩码对序列密码的一个攻击通过一个线性函数 l 和如下假设检验问题的一个判决规则来详细说明。我们想区别的两个分布如下：

(1) Cipher。该密码的分布是 $D_c=\{l(x_j+y_j, NF(x_j)+z_j)\}_{j=1,2,3,\cdots}$，其中 y_j 和 z_j 都是从适当的线性子空间（由该密码的线性过程定义）中随机选择的，x_j 都是随机的且独立的。

(2) Random。随机过程的分布是 $D_r=\{l(x_j, x'_j)\}_{j=1,2,3,\cdots}$，其中 x_j 和 x'_j 都是随机的且独立的。

把函数 l 称为攻击使用的区分特征。

攻击需要的文本数是最小的步数，判决规则从随机源中区分出该密码有一个常数优势（如 1/4 的优势）。攻击的其他相关参数是判决规则的时间复杂度和空间复杂度。关于文本量的一个明显的下界由在 N 步后该密码和随机分布之间的统计距离来提供。

4.5.2 线性攻击

一个线性攻击利用了如下事实：非线性函数 NF 的输入和输出的某一线性组合是 0 的可能性比是 1 的可能性更大（或者反之）。也就是说，有一个非平凡的线性函数 $l:\{0,1\}^{2n}\rightarrow\{0,1\}$，使得对一个随机选择的 n 比特串 x，$P(l(x, NF(x))=0)=(1+\varepsilon)/2$。函数 l 被称为非线性函数的线性逼近（或特征），ε 被称为该逼近的偏差。

当攻击者极力利用一个这样的线性逼近时，他对 4.5.1 节介绍的一类密码的每一步 j 观察 1b：

$$\sigma_j=l(x_j+y_j, NF(x_j)+z_j)$$

注意，σ_j 本身可能没有偏差，但这些 σ_j 是相关的。特别地，因为这些 y_j、z_j 都来自一个线性子空间，找到一些步的某一线性组合是 0 是可能的。设 J 是一个使得 $\sum_{j\in J}y_j=\sum_{j\in J}z_j=0$ 的步的集合。这样利用 l 的线性性质就可得到

$$\sum_{j\in J}\sigma_j=\sum_{j\in J}l(x_j, NF(x_j))+\sum_{j\in J}l(y_j, z_j)=\sum_{j\in J}l(x_j, NF(x_j))$$

因此，比特 $\xi_J=\sum_{j\in J}\sigma_j$ 有偏差 $\varepsilon^{|J|}$。如果攻击者能观察到充分多的这样的集合 J，他就能可

靠地从随机源中区分出该密码。

1. 线性攻击的有效性分析

在上面的模型化的攻击中，攻击者每步观察到一个单一的比特，如 $\sigma_j = l(x_j + y_j, \mathrm{NF}(x_j) + z_j)$。记 $\tau_j = l(x_j, \mathrm{NF}(x_j))$，$\rho_j = l(y_j, z_j)$，可将定义 4.5.2 中的分布 Cipher 和 Random 重新表达为以下形式：

(1) Cipher。$D_c \stackrel{\text{def}}{=} \{\tau_j + \rho_j\}_{j=1,2,3,\cdots}$，其中 τ_j 都是独立的但是有偏差的，$P(\tau_j = 0) = (1+\varepsilon)/2$，串 $\rho_1\rho_2\rho_3\cdots$是从适当的线性子空间(即 y_jz_j 的线性子空间在 l 之下的像)中随机选择的。

(2) Random。$D_r \stackrel{\text{def}}{=} \{\sigma_j\}_{j=1,2,3,\cdots}$，其中 σ_j 都是独立的且无偏差的。

在观察到 N 比特 $\sigma_1, \sigma_2, \cdots, \sigma_N$ 后，下面来分析分布 Cipher 和 Random 之间的统计距离。设 $\boldsymbol{\rho} = (\rho_1, \rho_2, \cdots, \rho_N)$的线性子空间是 $L \subseteq \{0,1\}^N$，$L^{\perp} \subseteq \{0,1\}^N$ 是 L 的正交子空间。子空间 $L^{\perp}$ 的汉明重量分布在下面的分析中起着十分重要的作用。对 $r \in \{1,2,\cdots,N\}$，设 $\mathbf{A}_N(r)$是汉明重量为 r 的串 $\bar{\chi} \in L^{\perp}$ 的集合，$A_N(r)$表示 $\mathbf{A}_N(r)$的个数。

定理 4.5.1 设 Cipher 和 Random 的分布如上所述，则 Cipher 和 Random 之间的统计距离的上界为 $\sqrt{\sum_{r=1}^{N} A_N(r)\varepsilon^{2r}}$。

证明：统计距离|Cipher－Random|(对 N 个观察到的比特)可用$|P_{\text{Cipher}}(\boldsymbol{\sigma}) - \text{Random}(\boldsymbol{\sigma})|$的期望值来表示，这里 $\boldsymbol{\sigma}$ 是从$\{0,1\}^N$ 中随机均匀选取的。固定一个串 $\boldsymbol{\sigma} \in \{0,1\}^N$，先来分析概率 $P_{\text{Cipher}}(\boldsymbol{\sigma})$。这个概率是

$$P_{\text{Cipher}}(\boldsymbol{\sigma}) = \sum_{\boldsymbol{\rho} \in L} \frac{1}{|L|} \prod_{j=1}^{N} \left(\frac{1}{2} + \frac{\varepsilon}{2}\text{sign}(\rho_j + \sigma_j)\right) \tag{4.5.1}$$

其中符号函数 $\text{sign}(x)$的定义为：$\text{sign}(x) = (-1)^x : \{0,1\} \to \{-1,1\}$。可将式(4.5.1)展开成 ε 的幂级数，在这个幂级数中，常数项是 2^{-N}，幂级数的形式为

$$P_{\text{Cipher}}(\boldsymbol{\sigma}) = 2^{-N}\left(1 + \sum_{r=1}^{N} \varepsilon^r \text{coef}_r\right)$$

其中系数 coef_r 定义为

$$\begin{aligned}\text{coef}_r &\stackrel{\text{def}}{=} \sum_{\boldsymbol{\rho} \in L} \frac{1}{|L|} \sum_{\{j_1, j_2, \cdots, j_r\}} \prod_{t=1}^{r} \text{sign}(\sigma_{j_t} + \rho_{j_t}) \\ &= \sum_{\{j_1, j_2, \cdots, j_r\}} \frac{1}{|L|} \sum_{\boldsymbol{\rho} \in L} \text{sign}\left(\sum_{t=1}^{r} (\sigma_{j_t} + \rho_{j_t})\right)\end{aligned}$$

上述表达式在所有的含 r 个元素的$\{1,2,\cdots,N\}$上的有序集$\{j_1, j_2, \cdots, j_r\}$即 $1 \leqslant j_1 < j_2 \cdots j_r \leqslant N$ 上求和。下面考虑一个这样的 r-集 $J = \{j_1, j_2, \cdots, j_r\}$并分析它对总和的贡献。设 $\boldsymbol{\chi}(J)$是这个集的特征向量。也就是说，$\boldsymbol{\chi}(J)$是一个 N 比特串，在比特位置$\{j_1, j_2, \cdots, j_r\}$是 1，在其他位置是 0。

事实 4.5.3 设 $J = \{j_1, j_2, \cdots, j_r\}$是一个大小为 r 的集合。如果 $\boldsymbol{\chi}(J) \notin L^{\perp}$，则集 J 对系数 coef_r 的总的贡献是 0；如果 $\boldsymbol{\chi}(J) \in L^{\perp}$，则集 J 对系数 coef_r 的总的贡献是 $\text{sign}\left(\sum_{j \in J} \sigma_j\right)$。

证明：如果 $\boldsymbol{\chi}=\boldsymbol{\chi}(J)\notin L^{\perp}$，那么 L 中恰好有一半串 $\boldsymbol{\rho}$ 使得 $\sum_{j\in J}\rho_j=<\boldsymbol{\chi},\boldsymbol{\rho}>=0$。这样在 L 中恰好有一半串 $\boldsymbol{\rho}$，有 $\text{sign}\left(\sum_{t=1}^{r}(\sigma_{j_t}+\rho_{j_t})\right)=1$，对另一半有 $\text{sign}\left(\sum_{t=1}^{r}(\sigma_{j_t}+\rho_{j_t})\right)=-1$，所以 $\sum_{\boldsymbol{\rho}\in L}\text{sign}\left(\sum_{t=1}^{r}(\sigma_{j_t}+\rho_{j_t})\right)=0$。如果 $\boldsymbol{\chi}(J)\in L^{\perp}$，那么对所有的 $\boldsymbol{\rho}\in L$，都有 $\sum_{j\in J}\rho_j=<\boldsymbol{\chi},\boldsymbol{\rho}>=0$，因此，

$$\text{sign}\left(\sum_{t=1}^{r}(\sigma_{j_t}+\rho_{j_t})\right)=\text{sign}\left(\sum_{t=1}^{r}\sigma_{j_t}\right)$$

这样就得到

$$\frac{1}{|L|}\sum_{\boldsymbol{\rho}\in L}\text{sign}\left(\sum_{t=1}^{r}(\sigma_{j_t}+\rho_{j_t})\right)=\text{sign}\left(\sum_{t=1}^{r}\sigma_{j_t}\right)$$

现在接着证明定理4.5.1。可将上述幂级数的项视作随机变量。对任何使 $\boldsymbol{\chi}(J)\in L^{\perp}$ 的集合 J，记 $\xi_J(\boldsymbol{\sigma})\overset{\text{def}}{=}\text{sign}\left(\sum_{t=1}^{r}\sigma_{j_t}\right)$，将 ξ_J 视作随机变量，这个变量定义在从 $\{0,1\}^N$ 中均匀随机选择的 $\boldsymbol{\sigma}$ 上。定义如下的标准概率差分：

$$\Delta(\boldsymbol{\sigma})\overset{\text{def}}{=}2^N(P_{\text{Cipher}}(\boldsymbol{\sigma})-P_{\text{Random}}(\boldsymbol{\sigma}))=\sum_{r=1}^{N}\varepsilon^r\sum_{\boldsymbol{\chi}(J)\in \boldsymbol{A}_N(r)}\xi_J(\boldsymbol{\sigma})$$

将 $\Delta(\boldsymbol{\sigma})$ 视作均匀选择的 $\boldsymbol{\sigma}\in\{0,1\}^N$ 上的随机变量。易知，对任何非空集合 J，有 $E[\xi_J]=0$，$\text{VAR}[\xi_J]=1$。此外，如果 $J_1\neq J_2$，则 ξ_{J_1}、ξ_{J_2} 是独立的。因此，变量 Δ 的平均值(即期望值)为0，方差等于 ξ_J 的方差的权重和，即 $\text{VAR}(\Delta)=\sum_{r=1}^{N}A_N(r)\varepsilon^{2r}$。现在可将分布 Cipher 和 Random 之间的统计距离重新写为

$$|\text{Cipher}-\text{Random}|=\sum_{\boldsymbol{\sigma}}|P_{\text{Cipher}}(\boldsymbol{\sigma})-P_{\text{Random}}(\boldsymbol{\sigma})|=\sum_{\boldsymbol{\sigma}}2^{-N}|\Delta(\boldsymbol{\sigma})|=E_{\boldsymbol{\sigma}}[|\Delta|]$$

利用平方函数的凸性可得，$E[|\Delta|]\leqslant\sqrt{\text{VAR}[\Delta]}$，因此

$$|\text{Cipher}-\text{Random}|=E_{\boldsymbol{\sigma}}[|\Delta|]\leqslant\sqrt{\text{VAR}[\Delta]}=\sqrt{\sum_{r=1}^{N}A_N(r)\varepsilon^{2r}} \tag{4.5.2}$$

在上述证明中分析了随机变量 Δ 并使用了界 $E[|\Delta-E(\Delta)|]\leqslant\sqrt{\text{VAR}[\Delta]}$。可以启发式地认为，只要统计距离充分小，$\Delta$ 就表现得更像 Gaussian 随机变量。如果 Δ 是一个 Gaussian 随机变量，则有 $E[|\Delta|]=\sqrt{\text{VAR}[\Delta]}\cdot\sqrt{2/\pi}$。这样这个界就可达到定理4.5.1所期望的紧界的 $\sqrt{2/\pi}\approx0.8$ 倍。

文献[8]中解释了定理4.5.1的一些用处。一是可用于推导对一个密码的线性攻击所需要的文本量的下界。二是可用于认定线性攻击好坏的标准，这是由于该定理给出的界的形式与设计线性攻击的通用方法恰好匹配，也就是说，我们总是看到线性过程消失的集合，并把每个这样的集 J 视作为了从随机源中区分出该密码而提供的权重为 $\varepsilon^{2|J|}$ 的统计证据，线性攻击通过收集足够多的这样的集来工作，直到权重和达到1。三是可用于设计线性攻击，主要利用定理4.5.1所给出的界的启发式讨论的思路来设计。然而，定理4.5.1陈述的方法通常没有暗含有效的攻击。例如，当线性空间 L 有一个相对小的维数时(通常的情况

是基于 LFSR 的密码，L 的维数至多是几百)，对相对小的 N，统计距离可能接近 1。但是，在式(4.5.2) 的幂级数中，总体的大部分可能来自 ε 的一个大的幂(因此具有很小的权重)，因此，如果想使用一个小的 N，需要收集很多样本，这个攻击可能比穷举搜索密钥的代价更高。

另一种方法是，可以试着使用一个有效的亚优化判决规则。对一个给定的关于工作载荷 W 和文本量 N 的界，只考虑在幂级数中的前面一些项，也就是说，观察 N 比特 $\boldsymbol{\sigma}=\sigma_1\sigma_2\cdots\sigma_N$，但只考虑 W 个使得 $\boldsymbol{\chi}(J)\in L^{\perp}$ 的最小集 J。对每个这样的 J，这些步的和 $\sum_{j\in J}\sigma_j$ 有偏差 $\varepsilon^{|J|}$，这些可用来从随机源中区分出该密码。如果取汉明重量至多为 R 的所有的集，我们期望这样一个判决规则的优势大约为 $\frac{1}{4}\sqrt{\sum_{r=1}^{R}A_N(r)\varepsilon^{2r}}$。这种攻击的最简单的形式(几乎总是最有用的)是只考虑最小汉明重量项。如果 $L^{\perp}$ 的最小汉明重量是 r_0，那么需要取足够大的 N，使得 $\frac{1}{4}\sqrt{A_N(r_0)}=\varepsilon^{-r_0}$。

2. 对 SNOW 的攻击

这里分析的序列密码 SNOW 的详细描述可参阅文献[11]。下面给出该密码的一个线性攻击，在观察到该密码的大约 2^{95} 步后，使用大约 2^{100} 的工作载荷，可从随机源中可靠地区分出该密码。

SNOW 由一个非线性过程(称作有限状态机，Finite State Machine，FSM)和一个线性过程(由一个 LFSR 实现)组成。SNOW 的 LFSR 由 16 个 32 位字和定义在有限域 $F_{2^{32}}$ 上的一个反馈多项式组成，该多项式为 $p(z)=z^{16}+z^{13}+z^7+\alpha$，其中 α 是 $F_{2^{32}}$ 上的一个本原元。因此，正交子空间 $L^{\perp}$ 是 F_2 上的次数不超过 $N=2^{95}$ 且被 p 整除的所有多项式组成的空间。在一个给定的步 j 中，LFSR 的内容表示为 $L_j[0..15]$，所以有

$$L_{j+1}[i]=L_j[i-1]\,(i>0),\quad L_{j+1}[0]=\alpha(L_j[15]+L_j[12]+L_j[6])$$

SNOW 的 FSM 状态仅由两个 32 位字组成，在步 j 表示为 $R1_j$ 和 $R2_j$。FSM 更新函数修改这两个值，这个过程使用了一个来自 LFSR 的字，也输出一个字，然后将输出字加到另一个来自 LFSR 的字上，形成本步的输出。用更新函数 f_j 表示从 LFSR 到 FSM 的输入字，用 F_j 表示来自 FSM 的输出字。FSM 使用了一个 32×32 的 S-盒 $S[\cdot]$。这里用 $\oplus$ 表示异或，用 $+$ 表示整数模 2^{32} 加，用<<<表示左循环移位。SNOW 的一个完整的步如下：

第 1 步：$f_j=L_j[0]$。

第 2 步：$F_j=(f_j+R1_j)\oplus R2_j$。

第 3 步：输出 $F_j\oplus L_j[15]$。

第 4 步：$R1_{j+1}=R1_j\oplus((R2_j+F_j)<<<7)$。

第 5 步：$R2_{j+1}=S[R1_j]$。

第 6 步：更新 LFSR。

为了设计一个攻击，需要找到非线性 FSM 过程的一个好的线性逼近，并且步的低汉明重量组合 $L_j[\cdot]$ 的值消失(即被 LFSR 多项式 p 整除的低汉明重量多项式)。对 FSM 过程，目前找到的最好的线性逼近是，使用来自两个连续输入和输出 f_j、f_{j+1}、F_j、F_{j+1} 的 6b。特别地，对每步 j，下列比特是有偏差的

$$\sigma_j \stackrel{\text{def}}{=} (f_j)_{15}+(f_j)_{16}+(f_{j+1})_{22}+(f_{j+1})_{23}+(F_j)_{15}+(F_{j+1})_{23}$$

这 6b 中$(f_j)_{15}$、$(F_j)_{15}$、$(F_{j+1})_{23}$意欲逼近记忆比特。可依据实验来度量偏差,这个偏差似乎至少为 $2^{-8.3}$。

非常希望找到汉明重量为 4 并可被 p 整除的多项式,毕竟 p 本身只有 4 个非 0 项。不幸的是,这些项中的一个是元素 $\alpha \in F_{2^{32}}$,而需要一个 F_2 上的低汉明重量多项式。然而,可以表明在 F_2 上存在可被 p 整除且汉明重量为 6 的多项式。

引理 4.5.3 多项式 $q(z)=z^{16\cdot 2^{32}-7}+z^{13\cdot 2^{32}-7}+z^{7\cdot 2^{32}-7}+z^9+z^6+1$ 被多项式 $p(z)=z^{16}+z^{13}+z^7+\alpha$ 整除。

证明:因为 $\alpha \in F_{2^{32}}$,则多项式 $t+\alpha$ 整除 $t^{2^{32}}+t$。也就是,存在一个 $F_{2^{32}}$ 上的多项式 $r(\cdot)$使得 $r(t)(t+\alpha)=t^{2^{32}}+t$。由此可得,对 $F_{2^{32}}$ 上的任何多项式 $t(z)$,有

$$r(t(z))(t(z)+\alpha)=t(z)^{2^{32}}+t(z)$$

特别地,如果取 $t(z)=z^{16}+z^{13}+z^7$,得到

$$r(t(z))(z^{16}+z^{13}+z^7+\alpha)=z^{16\cdot 2^{32}}+z^{13\cdot 2^{32}}+z^{7\cdot 2^{32}}+z^{16}+z^{13}+z^7$$

右边的多项式被 $p(z)$整除。因为 $p(z)$与 z 互素,所以 $z^{16\cdot 2^{32}-7}+z^{13\cdot 2^{32}-7}+z^{7\cdot 2^{32}-7}+z^9+z^6+1$ 被 $p(z)$整除。

推论 4.5.1 对所有的 m、n,多项式 $q_{m,n}(z)\overset{\text{def}}{=}q(z)^{2^m}z^n$ 被 $p(z)$整除。

如果取 $m=0,1,\cdots,58,n=0,1,\cdots 2^{94}$,就得到大约 2^{100} 个不同的 F_2 上的多项式,所有的汉明重量均为 6,次数小于 $N=2^{95}$,都被 $p(z)$整除。每个这样的多项式产生一个 6 步序列 $J_{m,n}$,使得在这些步 $L_j[\cdot]$值的和消失。特别地,多项式 $q_{m,n}(z)$对应步序列

$$J_{m,n}=\{N-n-16\cdot 2^{32+m}+7\cdot 2^m,N-n-9\cdot 2^m,N-n-13\cdot 2^{32+m}+7\cdot 2^m,$$
$$N-n-6\cdot 2^m,N-n-7\cdot 2^{32+m}+7\cdot 2^m,N-n\}$$

并对所有的 m、n,有

$$\sum_{j\in J_{m,n}} L_j[0..15]=\sum_{j\in J_{m,n}} L_{j+1}[0..15]=[0,0,\cdots,0]$$

如果用 S_j 表示 SNOW 在步 j 的输出字,则对所有的 m、n,有

$$\tau_{m,n}\overset{\text{def}}{=}\sum_{j\in J_{m,n}}((S_j)_{15}+(S_{t+1})_{23})=\sum_{j\in J_{m,n}}\sigma_j$$

每个 $\tau_{m,n}$都有偏差 $2^{-8.3\times 6}=2^{-49.8}$。因为我们有大约 2^{100} 个,所以能可靠地从随机源中区分出它们。

4.5.3 低扩散攻击

在低扩散攻击中,攻击者寻找一个非线性函数 NF 的输入比特和输出比特或者其线性组合的小集合,这些值完全确定了一些其他的输入比特和输出比特或者其线性组合。攻击者极力猜测第一个比特集,计算其他比特的值,并且使用计算的值对该密码的输出验证猜测。这样的攻击的复杂度是攻击者需要猜测的比特数的指数。

为了简单起见,假定猜测的比特总是输入比特,确定的比特总是输出比特。消除这个假设通常是十分直截了当的。通常,设 NF:$\{0,1\}^n\rightarrow\{0,1\}^n$ 是非线性函数。攻击者主要利用如下事实:一些输入比特 $l_{\text{in}}(x)$通过一个已知的确定的函数 f 与一些输出比特 $l_{\text{out}}(\text{NF}(x))$相关联。也就是,有 $l_{\text{out}}(\text{NF}(x))=f(l_{\text{in}}(x))$,这里 l_{in}和 l_{out}都是线性函数,f 是一个任意函数,都被攻击者知道。用 m、n'分别表示 l_{in}和 l_{out}的输出长度,也就是,l_{in}:{0,

$1\}^n \to \{0,1\}^m, l_{out}:\{0,1\}^n \to \{0,1\}^{m'}, f:\{0,1\}^m \to \{0,1\}^{m'}$。

在每一步 j，攻击者观察比特 $l_{in}(x_j+y_j)$ 和 $l_{out}(NF(x_j)+z_j)$，这里的 y_j、z_j 来自线性过程。下面设

$$u_j = l_{in}(x_j),\quad u_j' = l_{out}(NF(x_j))$$
$$v_j = l_{in}(y_j),\quad v_j' = l_{out}(NF(z_j))$$
$$\omega_j = u_j + v_j,\quad \omega_j' = u_j' + v_j'$$

对这种情况，可以将分布 Cipher 和 Random 重新写为：

(1) Cipher。$D_c \overset{def}{=} \{(\omega_j = u_j + v_j, \omega_j' = u_j' + v_j')\}_{j=1,2,3,\cdots}$，这里的 u_j 是均匀且独立的，$u_j' = f(u_j)$，并且串 $v_1 v_1' v_2 v_2' \cdots$ 被随机地从适当的线性子空间(即 y_j、z_j 的线性子空间分别在 l_{in}、l_{out} 之下的像)中选择。

(2) Random。$D_r \overset{def}{=} \{(\omega_j, \omega_j')\}_{j=1,2,3,\cdots}$，所有的 ω_j 都是均匀且独立的。

易知，在仅仅一个适度的步数后，也许有足够多的信息可区分这两个分布。假定 v_j 和 v_j' 的线性子空间的维数是 a，攻击者观察到 N 步且 $m'N > a$。那么攻击者理论上能对 v_j 和 v_j' 检查所有的 2^a 个可能性。对每一个猜测，攻击者能计算 u_j 和 u_j'，并通过对所有的 j 检查 $u_j' = f(u_j)$ 验证这个猜测。利用这种方法，攻击者猜测 a 个比特并获得 $m'N$ 比特的一致性检查。因为 $m'N > a$，期望只有正确的猜测通过一致性检查。然而，这个攻击显然不是一个有效的攻击。

为了设计一个有效的攻击，我们再将目光集中在线性过程消失的步集上。假定有一个步集 J 使得 $\sum_{j \in J}(v_j, v_j') = (0,0)$，可得到

$$\sum_{j \in J}(\omega_j, \omega_j') = \sum_{j \in J}(u_j, u_j') = \sum_{j \in J}(u_j, f(u_j))$$

而且在这样的对上的分布也许显著不同于均匀分布。这个分布和均匀分布之间的距离依赖于具体的函数 f 和集合 J 的个数。特别地，当 $|J| = 2$ 时，这正是一个差分攻击，使用下列事实：对 $\Delta = u_1 + u_2$ 的一些值，一个对应的 $\Delta' = f(u_1) + f(u_2)$ 比在随机过程中更有可能。下面主要分析 f 是一个随机函数的情况，并对 Scream 中的函数进行分析。

1. 对随机函数的分析

对一个给定的函数 $f:\{0,1\}^m \to \{0,1\}^{m'}$ 和一个整数 n，定义

$$D_f^n \overset{def}{=} \left(d = \sum_{j=1}^{n} u_j, d' = \sum_{j=1}^{n} f(u_j) \right)$$

这里的 u_j 在 $\{0,1\}^m$ 中是均匀分布且独立的。假定攻击者知道 f 并能看到许多 (d, d') 的实例。攻击者需要确定这些实例是来自 D_f^n 还是来自 $\{0,1\}^{m+m'}$ 上的均匀分布。下面用 R 表示均匀分布。如果函数 f 没有任何清晰的结构，把它当成一个随机函数来分析是有意义的。关于随机函数，文献[8]中证明了如下定理。

定理 4.5.2 设 n、m、m' 是整数，$n^2 \ll 2^m$（或 n 较大）。对一个均匀选择的函数 $f:\{0,1\}^m \to \{0,1\}^{m'}$，$E_f[|D_f^n - R|] \leqslant c(n) \cdot 2^{\frac{m'-(n-1)m}{2}}$，这里

$$c(n) = \begin{cases} \sqrt{(2n)!/(n!2^n)}, & n \text{ 是奇数} \\ (1+o(1))\sqrt{\dfrac{(2n)!}{(n!2^n)} - \left(\dfrac{n!}{(n/2)!2^{n/2}}\right)^2}, & n \text{ 是偶数} \end{cases}$$

定理 4.5.2 的证明可参阅文献[8]及其扩展的报告，下面简要讨论上述分析的一些可能的扩展。

(1) 对不同的步使用不同的函数 f。不是在每个地方都使用同一个函数 f，可能对不同的步使用不同的函数 f。也就是，在步 j，有 $l_{out}(NF(x_j))=f_j(l_{in}(x_j))$，这里假定 f_j 是随机且独立的。因此，想分析的分布是 $\left(d=\sum_{j=1}^{n}u_j, d'=\sum_{j=1}^{n}f_j(u_j)\right)$。只要 l_{in} 和 l_{out} 在所有的步都是一样的，上面的分析对大部分情况仍然行得通。主要的差别是因子 $c(n)$ 由一个较小的数 $c'(n)$ 来代替。

例如，如果使用 n 个独立的函数，可得到 $c'(n)=1$。如果恰有两个独立的函数 $f_1=f_3=\cdots$ 和 $f_2=f_4=\cdots$，当 n 被 4 整除时，可得到

$$c'(n)=(1+o(1))\sqrt{\left(\frac{(n)!}{(n/2)!2^{n/2}}\right)^2-\left(\frac{(n/2)!}{(n/4)!2^{n/4}}\right)^4}$$

(2) f 是一些函数的和。一个重要的特殊情况是 f 是一些函数的和。例如，在攻击 Scream-0 时使用的函数，f 的 m 比特的输入能被分成 3 个不相交的部分，每个具有 $m/3$ 比特，使得

$$f(x)=f^1(x^1)+f^2(x^2)+f^3(x^3)$$

这里

$$|x^1|=|x^2|=|x^3|=m/3,\quad x=x^1x^2x^3$$

如果 f^1、f^2、f^3 本身没有任何清晰的结构，则可对每一个函数应用上面的分析，因此每一个分布 $D^i=\left(\sum_j u_j^i, \sum_j f^i(u_j^i)\right)$ 与均匀分布的距离大约是 $c(n)2^{(m'-(n-1)m/3)/2}$。

不难看到，我们想分析的分布 D_f^n 能被表示为 $D^1+D^2+D^3$，所以期望得到

$$|D_f^n-R|\approx\prod|D^i-R|\approx(c(n)2^{(m'-(n-1)m/3)/2})^3=c(n)^3 2^{(3m'-(n-1)m)/2}$$

更一般地，假定可以将 f 写成同样长度的不相交变量的 r 个函数的和，即

$$f(x)=\sum_{i=1}^{r}f^i(x^i),\quad |x^i|=m/r,\quad 1=1,2,\cdots,r,\quad x=x^1x^2\cdots x^r$$

重复上面的讨论，得到期望的距离 $|D_f^n-R|$ 大约是 $c(n)^r 2^{(rm'-(n-1)m)/2}$，假定这个值仍然比 1 小。像前面一样，可以使用 Gauss 启发性方法讨论实际的距离，用 $(c(n)\sqrt{2/\pi})^r$ 代替 $c(n)^r$。如果对每个不同的步都有不同的函数，那么能得到 $(c'(n)\sqrt{2/\pi})^r$。

(3) 在不同群上的线性掩码。例如，不使用异或掩码，而是使用模某一素数 q 或 2 的幂的加。另外，分析或多或少保持不变，但常数改变了。如果工作在模一个素数 $q>n$ 上，得到一个常数 $c'(n)=\sqrt{n!}$，这是因为留下的唯一对称性是在所有的 $\{u_1, u_2, \cdots, u_n\}$ 之间的排列次序。当我们工作在一个模 2 的幂上时，常数将在 $c'(n)$ 和 $c(n)$ 之间，可能更接近前者。

2. 有效性考虑

上面的分析表明，区分 D_f^n 和 R 没有什么计算代价。在实际攻击中，攻击者也许访问许多不同的关系(使用不同的 m、m' 的值)，都是对同样的非线性函数 NF 进行的。为了最小化需要的文本量，攻击者也许选择具有最小量 $(n-1)m-m'$ 的关系工作。然而，关系的选择受攻击者的计算资源的限制。的确，对大值 m 和 m'，计算最大似然判决规则也可能在时

间和空间上的代价都是昂贵的。下面主要综述一些计算最大似然判决规则的策略。

对攻击者来说,也许最简单的策略是准备一个离线的表,该表包括所有可能的对(d, d'), $d\in\{0,1\}^m$, $d'\in\{0,1\}^{m'}$。对每一对(d,d'),表中包含了在分布D_f^n之下这个对的概率(或者也许仅仅是一个比特,说明这个概率是否超过$2^{-m-m'}$)。

给定这样的一个表,攻击的在线部分是平凡的:对每个步集J,计算$(d,d')=\sum_{j\in J}(\omega_j\omega'_j)$,并查表看这个对更可能来自$D_f^n$还是$R$。在观察到大约$2^{(n-1)m-m'}/c(n)^2$个这样的集$J$后,可以用一个简单的择多判决确定这个是密码还是随机过程。这样,在线阶段的时间是关于不得不观察到的文本量的线性函数,空间需要是$2^{m+m'}$。

关于离线部分(计算表的部分),朴素的方法是检查$u_1,u_2,\cdots,u_n\in\{0,1\}^m$中的所有可能值,对每一个值计算$d=\sum_{j=1}^{n}u_j$, $d'=\sum_{j=1}^{n}f(u_j)$,并增加对应的元素(d,d')。这个计算需要花的时间为2^{mn}。然而,在典型的情况$m'\ll(n-1)m$下,可以使用一个更好的策略,其运行时间仅仅是$O(\log_2 n(m+m')2^{m+m'})$。

首先,用一个$2^m\times 2^{m'}$的表来表示函数f,如果$f(x)=y$,则$F(x,y)=1$,否则$F(x,y)=0$。那么,计算F的自身的卷积:

$$
\begin{aligned}
E(s,t)\overset{\text{def}}{=}(F\otimes F)(s,t)&=\sum_{x+x'=s}\ \sum_{y+y'=t}F(x,y)\cdot F(x',y')\\
&=|\{x:f(x)+f(x+s)=t\}|
\end{aligned}
$$

注意,E表示分布D_f^2,可使用Walsh变换在时间$O(m+m')2^{m+m'}$内完成这一步。然后,再使用Walsh变换计算E本身的卷积:

$$
\begin{aligned}
D[d,d']\overset{\text{def}}{=}(E\otimes E)(d,d')&=\sum_{s+s'=d}\ \sum_{t+t'=d'}E(s,t)\cdot E(s',t')\\
&=|\{(x,s,z):f(x)+f(x+s)+f(z)+f(z+s+d)=d'\}|\\
&=|\{(x,s,z):f(x)+f(y)+f(z)+f(x+y+z+d)=d'\}|
\end{aligned}
$$

这样得到分布D_f^4。以此类推,在$\log_2 n$步后,得到D_f^n。

当f是一个同样长度的不相交变量的r个函数之和时,即

$$
f(x)=\sum_{i=1}^{r}f^i(x^i),\quad |x^i|=m/r,\quad i=1,2,\cdots,r,\quad x=x^1x^2\cdots x^r
$$

可以获得额外的灵活性。在这种情况下,可使用上述过程对各个f^i计算表$\boldsymbol{D}^i(d,d')$。因为所有的x^i具有同样的长度,则每个$\boldsymbol{D}^i$占据空间为$2^{m'+m/r}$,计算时间为$O(\log_2 n(m'+m/r)2^{m'+m/r})$。那么全表能再使用卷积计算。特别地,对任何固定的$d=d^1d^2\cdots d^r$, $2^{m'}$-向量元素$\boldsymbol{D}(d,\cdot)$能被作为$2^{m'}$-向量$\boldsymbol{D}^1(d^1,\cdot)$, $\boldsymbol{D}^2(d^2,\cdot)$, $\cdots$, $\boldsymbol{D}^r(d^r,\cdot)$的卷积来计算,即

$$
\boldsymbol{D}(d,\cdot)=\boldsymbol{D}^1(d^1,\cdot)\otimes\boldsymbol{D}^2(d^2,\cdot)\otimes\cdots\otimes\boldsymbol{D}^r(d^r,\cdot)
$$

计算每个卷积花费的时间是$O(rm'2^{m'})$,需要对每个$d\in\{0,1\}^m$重复这一过程,所以,总的时间是$O(rm'2^{m'+m})$。然而,可以做得更好。

我们不是存储向量$\boldsymbol{D}^i(d^i,\cdot)$本身,而是存储它们在Walsh变换之下的像,即$\boldsymbol{\Delta}^i(d^i,\cdot)\overset{\text{def}}{=}\hat{\boldsymbol{D}}^i(d^i,\cdot)$。那么,为了计算向量$\boldsymbol{D}(d^1d^2\cdots d^r,\cdot)$,需要的是逐点乘对应的$\boldsymbol{\Delta}^i(d^i,\cdot)$,然后对所得结果应用Walsh逆变换。这样,一旦有了表$\boldsymbol{D}^i(d^i,\cdot)$,需要计算

$r2^{m/r}$ 个前向变换（每个向量 $\boldsymbol{D}^i(d^i,\cdot)$ 计算一个）和 2^m 个逆变换（每个 $d^1d^2\cdots d^r$ 计算一个）。计算每个变换或逆变换需要的时间为 $O(m'2^{m'})$。因此，总的时间为 $O(\log_2 n(rm'+m)2^{m'+m/r}+m'2^{m+m'})$（包括 $\boldsymbol{D}^i$ 的初始的计算），需要的总的空间为 $O(2^{m+m'})$。

如果需要的文本量少于 2^m，那么还能进一步优化。在这种情况下，攻击者不需要存储整个表 $\boldsymbol{D}$，而是可能仅仅存储表 $\boldsymbol{D}^i$（或 $\boldsymbol{\Delta}^i(\cdot,\cdot)$ 向量）并在在线部分根据需要计算整个 $\boldsymbol{D}$。使用这种方法，离线阶段计算和存储向量 $\boldsymbol{\Delta}^i(\cdot,\cdot)$ 花费的时间为 $O(\log_2 n(rm'+m)2^{m'+m/r})$，需要的空间为 $O(r2^{m'+m/r})$，而在线阶段每个采样花费的时间为 $O(m'2^{m'})$。这样总的时间复杂度是 $O(\log_2 n(rm'+m)2^{m'+m/r}+Sm'2^{m'})$，这里 S 是从 R 区分出 $\boldsymbol{D}$ 需要的样本数。

3. 对 Scream-0 的攻击

序列密码 Scream 的详细描述可参阅文献[12]，这里只给出它的变形 Scream-0 的部分描述，以满足讨论攻击问题的需要。

Scream-0 含有一个 128b 的非线性状态 x，两个 128b 列掩码 c_1、c_2（每 16 步被修改一次）和一个有 16 个行掩码的表 $R[0..15]$。它使用一个非线性函数 NF，有点类似于一轮 Rijndael 密码。粗略地讲，Scream-0 的步被分割成 16 步的块，一个这样的块的描述如下。

对 $i=0\sim15$，执行下列步骤：

第 1 步：$x=\mathrm{NF}(x+c_1)+c_2$。

第 2 步：输出 $x+R[i]$。

第 3 步：如果 i 是偶数，c_1 循环 64b；如果 i 是奇数，c_1 循环某一其他的量。

执行完 16 步后，使用函数 NF 修改 c_1、c_2 和 R 的一个元素。

这里概要地描述对 Scream-0 的一个低扩散攻击。为了可靠地从随机源中区分出该密码，需要仅仅观察到 2^{43} 个输出字节，存储需求大约为 2^{50}，工作载荷大约为 2^{80}。更详细的攻击描述参阅文献[12]。

往往需要找到一个非线性函数的区分特征（在这种情况下，就是一个低扩散特征），以及一个线性过程消失的步的组合。线性过程由 c_i 和 $R[i]$ 组成。因为每个元素 $R[i]$ 在被修改之前被使用 16 次，所以可通过相加使用同样元素的两步消去它。类似地，可以通过相加在同样的 16 步的块内的两步消去 c_2。然而，因为 c_1 在每次使用后被循环，所以需要寻找 NF 函数的两个不同的特征，使得在一个特征中的输入比特的模式是另一个模式的循环变体。

目前找到的关于 Scream-0 的最好的区分特征对是使用一个 NF 函数的低扩散特征（NF 函数的输入比特模式是 2-周期的）以及 c_1 在其他步被循环 64b 这一事实。特别地，4 个输入字节 x_0、x_5、x_8、x_{13} 连同输出 NF(x) 的线性组合的两个字节，产生两个输入字节 x_2、x_{10} 和输出 NF(x) 的线性组合的其他两个字节。根据使用在上面的参数，有 $m=48$ 个输出和输入比特，完全地确定 $m'=32$ 个其他的输入和输出比特。

为了使用这个关系，可以从每 4 步（即 $j,j+1,j+16k,j+1+16k$，j 为偶数，$k<16$）中观察到这 10 字节。然后，可以将它们加起来（利用在步 $j+1$、$j+17$ 输入字节的适当的循环）消除行掩码 $R[i]$ 和列掩码 c_1、c_2。这就给出了如下的分布：

$$D=(u_1+u_2+u_3+u_4,f_1(u_1)+f_2(u_2)+f_3(u_3)+f_4(u_4))$$

这里 u_i 被模型化为独立且均匀选择的 48b 长的串，f_1 和 f_2 是两个已知的函数：

$$f_j:\{0,1\}^{48} \to \{0,1\}^{32}$$

使用两个不同函数的理由是输入字节的个数在偶数步和奇数步是不同的。另外，每个 $f_j(j=1,2)$ 都能被写为同样长度的不相交变量的3个函数的和，即

$$f_j(x)=f_j^1(x^1)+f_j^2(x^2)+f_j^3(x^3)$$

其中 $|x^i|=16, i=1,2,3$。

假定 $n=4, m=48, m'=32, r=3$ 并使用两个不同的函数。因此，期望得到统计距离 $c'(n)^3 2^{(3m'-(n-1)m)/2}$，其中

$$c'(n)\approx\sqrt{2/\pi}\sqrt{\left(\frac{(n)!}{(n/2)!2^{n/2}}\right)^2-\left(\frac{(n/2)!}{(n/4)!2^{n/4}}\right)^4}$$

代入参数，有 $c'(4)\approx\sqrt{2/\pi}\sqrt{8}$，并且期望的统计距离大约是 $(16/\pi)^{3/2}\cdot 2^{-24}\approx 2^{-20.5}$。因此我们期望在大约 2^{41} 个样本后能可靠地从随机源区分出 D。粗略地讲，可以从 Scream-0 的 256 步中得到 $8\cdot C_{14}^2\approx 2^{10}$ 个样本。这是因为对于在 16 步块中偶数步有 8 个选择，并且可以从仍然没有改变的 3 个行掩码中的 14 个块中选择两个这样的块。所以需要大约 $2^{31}\cdot 256=2^{39}$ 步或 2^{43} 个输出字节。

前面也说明了如何有效地使用 Walsh 变换实现最大似然判决规则从 R 中区分出 D。代入对 Scream-0 的攻击的参数，空间复杂度是 $O(r2^{m'+m/r})$，大约为 2^{50}。时间复杂度是 $O(\log_2 n(rm'+m)2^{m'+m/r}+Sm'2^{m'})$，在我们的情况中 $S=2^{41}$，所以，需要的时间大约为 2^{80}。

4.6 选择初始向量分析方法

在大多数序列密码的应用中，将消息分成若干帧并对每个帧使用同样的秘密密钥和不同的公开知道的初始向量(IV)进行加密。在这样的应用场景中，密码将被设计成能够抵抗使用许多短的由随机或选择 IV 生成的密钥流的攻击。

文献[20]针对使用重同步和较少输入的滤波函数的非线性滤波生成器提出了一个攻击，这个攻击在文献[21]中被扩展到滤波函数未知的情况。文献[22]对重同步攻击进行了更多的扩展。文献[23]引进假设检验方法来评估对称密码的统计特性，这种方法使用布尔函数的单项式个数来模拟一个给定密码的行为。文献[24]把这些观点扩展到一个选择 IV 统计攻击，称作 d-维检验。文献[25]一般化了这些观点并使用多项式描述提出了选择 IV 统计攻击的一个框架，并在这个框架中描述了 d-维检验，提出了两个新的检验方法，称作单项式分布检验和最大次数单项式检验。

为了避免这样的攻击，在序列密码的初始化中使用秘密密钥和公开 IV 决定内部状态变量时需要仔细地设计。在大多数密码中，首先密钥和 IV 被装载到状态变量，然后下一状态函数被应用到内部状态迭代若干次，而不产生任何输出。迭代次数在密码的安全性和有效性两方面都起着重要的作用。选择的设计方式是使每个密钥和 IV 比特以一个复杂的方式影响每个初始状态比特。另一方面，使用一个大的迭代次数是无效的，而且会影响需要频繁重同步的应用的速度。

本节主要介绍选择 IV 统计攻击的一个框架，并以 Grain-128 的初始化为例进行简要分析[25]。

4.6.1 基本思想和已有相关工作

选择IV统计攻击的基本思想是：选择IV的一个比特子集作为变量，假定IV的所有其他值和秘密密钥是固定的，可以将一个密钥流符号写成选择的IV变量的一个布尔函数。通过运行这些比特的所有可能的值并对它们中的每个都产生一个密钥流输出，生成这个布尔函数的真值表。期望这个布尔函数有一些能被检测的统计弱点。

设 $f:F_2^n \to F_2$ 是一个 n 元布尔函数，其代数正规型(Algebraic Normal Form，ANF)是如下形式的多项式：

$$f(x)=a_0 \oplus a_1x_1 \oplus a_2x_2 \oplus \cdots \oplus a_nx_n \oplus a_{n+1}x_1x_2 \oplus \cdots \oplus a_{2^n-1}x_1x_2\cdots x_n,\quad a_i \in F_2$$

假定 $f:F_2^n \to F_2$ 的真值表由一个规模为 2^n 的向量 $\boldsymbol{v}$ 来表示，则可通过算法4.6.1利用真值表 $\boldsymbol{v}$ 计算 f 的ANF，该算法的计算复杂度为 $O(n2^n)$，这里使用了两个规模均为 2^{n-1} 的辅助向量 $\boldsymbol{t}$ 和 $\boldsymbol{u}$。

算法 4.6.1 计算 ANF($\boldsymbol{v}$)

对 $i=1,2,\cdots,n$，执行下列步骤。

第1步：对 $j=1,2,\cdots,2^{n-1}$，置

$$t_j=v_{2j-1}$$
$$u_j=v_{2j-1} \oplus v_{2j}$$

第2步：置 $\boldsymbol{v}=\boldsymbol{t} \| \boldsymbol{u}$。

假定 $X_i(0\leqslant i\leqslant n)$ 是独立的且同分布的随机变量，则其和 $Y=\sum_{i=0}^{n} X_i$ 是一个新的随机变量。根据中心极限定理，如果 n 足够大，则 Y 逼近正态分布。设 y 表示来自 Y 的一个观察，假定有 r 个随机变量 Y 的观察值，即 $y_i(0\leqslant i\leqslant r-1)$，那么卡方统计是

$$\chi^2=\sum_{k=0}^{r-1}\frac{(y_k-E[Y])^2}{E[Y]} \xrightarrow{\mathrm{d}} \chi_r^2$$

这里 $\xrightarrow{\mathrm{d}}$ 意味着收敛于分布，r 称作自由度(即独立的碎片信息的个数)。

假设：

$H_0: z=0, y_i(0\leqslant i\leqslant r-1)$ 是来自 Y 的样本。

$H_1: z\neq 0, y_i(0\leqslant i\leqslant r-1)$ 不是来自 Y 的样本。

对一个单边 χ^2-拟合优度检验，如果对某一显著性水平 α 和自由度 r，检验统计 χ^2 比列表值 $\chi^2(1-\alpha,r)$ 大，则假设被拒绝。可用假设检验方法来研究随机布尔函数的特性。

设 $f:F_2^n \to F_2$ 是一个 n 元布尔函数，f 的ANF中的单项式的个数为 M。如果 f 是随机选择的，每个单项式被包含的概率是1/2，即是一个伯努利分布。伯努利分布的随机变量的和是二项分布，因此，$M\in \mathrm{Bin}\left(2^n,\frac{1}{2}\right)$，其期望值 $E[M]=2^{n-1}$。设 M_k 表示次数为 k 的单形式的个数，则 $M=\sum_{k=0}^{n}M_k$。M_k 的分布是 $\mathrm{Bin}\left(\mathrm{C}_n^k,\frac{1}{2}\right)$，$E[M_k]=\frac{1}{2}\mathrm{C}_n^k$。如果 C_n^k 足够大，就可用上述方法完成一个假设检验，确定该函数次数为 k 的单项式的个数是否不正常。

对一个二元加法同步序列密码，设 $K=(k_0,k_1,\cdots,k_{N-1})$ 表示秘密密钥，$IV=(iv_0,iv_1,\cdots,iv_{M-1})$ 表示所使用的公开的 IV 值，$Z=z_0,z_1,z_2,\cdots$ 表示密钥流序列。假定攻击者已经收到了使用不同的(可能是选择的)IV 值生成的若干不同的密钥流序列。

不同的检验早已被应用于对来自对称密码和杂凑函数的序列的统计特性的评估，但那时的检验通常基于长的密钥流序列。后来一些学者注意到这种检验可应用于大量来自不同选择的 IV 值生成的短密钥流序列中，以观察其某个位置(如每个密钥流的第一个输出符号)的统计特性。一个这样的例子可参阅文献[26]中关于 RC4 的观察，即发现 RC4 的第二个字节具有很大的偏差。

基于文献[23]中的工作，文献[24]提出了 d-维 IV 区分器。它使用一个 n 个 IV 比特的函数，即 $z=f(iv_0,iv_1,\cdots,iv_{n-1})$ 分析密钥流的行为，所有其他的 IV 比特和密钥比特被视作常数。对一个选择的参数 d(设置为一个小值)，该检验计算 f 的 ANF 中汉明重量为 d 的单项式的数量，并使用自由度为 1 的 χ^2-拟合优度检验与它的期望值 $\frac{1}{2}C_n^d$ 相比较。算法 4.6.2 给出了 d-单项式检验过程。该算法的时间复杂度是 $O(n2^n)$，空间复杂度是 $O(n2^n)$。这种方法的缺点是难以检验统计异常的较高和较低次数单项式，由于它们的个数较少，所以即使最大次数单项式从不发生，检验也不能发现这个异常。

算法 4.6.2 d-单项式检验

第 1 步：对 $iv=1,2,\cdots,2^n-1$，用 iv 初始化密码，置 $v[iv]$ 为初始化后的第一个密钥流比特。

第 2 步：计算向量 $\boldsymbol{v}$ 的 ANF 并将所得结果存储于 $\boldsymbol{v}$ 之中。

第 3 步：对 $i=1,2,\cdots,2^n-1$，如果 $v[i]=1$，置

- weight 为单项式 i 的汉明重量。
- distr[weight]++(对应于上述汉明重量 weight 的计数器加 1)。

第 4 步：对 $d=0,1,\cdots,n$，置

$$\chi^2 += \frac{\left(\text{distr}[d]-\frac{1}{2}C_n^d\right)^2}{\frac{1}{2}C_n^d}$$

第 5 步：如果 $\chi^2>\chi^2(1-\alpha;n+1)$，返回 cipher；否则返回 random。

4.6.2 选择 IV 统计攻击的一个框架

可以研究多项式的更多行为，使得其单项式能比其他单项式以更大的或更小的可能性被检测，而不是仅仅分析一个 ANF 形式的函数。

选择 n 个 IV 值作为变量，记为 $iv_0,iv_1,\cdots,iv_{n-1}$。其余的 IV 值和密钥比特被视作常数。使用第一个输出符号 $z_0=f_1(iv_0,iv_1,\cdots,iv_{n-1})$，对每个选择的 $iv_0,iv_1,\cdots,iv_{n-1}$，$f_1$ 的 ANF 能被构造出来。

新的方法与原来的方法类似，但使用 IV 变量之外的 IV 值的其他选择。在这种情况下通过运行每个选择的 $iv_0,iv_1,\cdots,iv_{n-1}$ 可构造一个新的函数 f_2。这样继续下去，可推导出 P 个不同的布尔函数 $f_1,f_2,\cdots,f_P$ 并可表示为 ANF 形式。在一些情况下，使用不同的密钥但使用同样的 IV 值获得多项式是可能的。

现在拥有 P 个不同的多项式，就可设计看上去有希望取遍所有多项式的任何检验。d-维检验是 $P=1$ 时的特殊情况。下面详细介绍两种检验。

1. 单项式分布检验

攻击场景类似于 d-单项式检验，但不是计算一个特定次数的单项式的个数，而是生成 P 个多项式并计算每个单项式在多少个多项式中出现。也就是，生成 P 个形式为式(4.6.1)的多项式并计算 $a_i=1(0\leqslant i\leqslant 2^n-1)$ 出现的个数。

$$f(x)=a_0\oplus a_1x_1\oplus a_2x_2\oplus\cdots\oplus a_nx_n\oplus a_{n+1}x_1x_2\oplus\cdots\oplus a_{2^n-1}x_1x_2\cdots x_n \tag{4.6.1}$$

用 M_{a_i} 表示系数 a_i 出现的个数，因为每个单项式被包括在一个函数中的概率是 1/2，即 $P(a_i=1)=1/2, 0\leqslant i\leqslant 2^n-1$，对每个单项式，出现的个数服从期望值为 $E[M_{a_i}]=P/2$ 的二项分布。下面将完成一个自由度为 2^n 的 χ^2-拟合优度检验，其中

$$\chi^2=\sum_{i=0}^{2^n-1}\frac{\left(M_{a_i}-\frac{P}{2}\right)^2}{\frac{P}{2}} \tag{4.6.2}$$

如果观察到的量比某一列表值极限 $\chi^2(1-\alpha,2^n)$ 大，α 是某一显著性水平，可从随机源中区分出该密码。单项式分布检验算法由算法 4.6.3 给出。其时间复杂度是 $O(Pn2^n)$，比 d-单项式检验攻击的复杂度高，但二者有同样的空间复杂度，即 $O(n2^n)$。如果一个密码的一些特定多项式为非随机分布的，则该攻击使用较少量的 IV 比特（即小于 n）也许比 d-单项式检验更成功。虽然这个攻击起源于一个固定未知密钥的选择 IV 比特的环境，但它也可应用于同样的 IV 比特下不同密钥值的检验。

算法 4.6.3 单项式分布检验

第 1 步：对 $j=1,2,\cdots,P$，执行下列步骤：

(1) $\text{iv}=1,2,\cdots,2^n-1$，用 iv 初始化密码，置 $v[\text{iv}]$ 为初始化后的第一个密钥流比特。

(2) 计算向量 $\boldsymbol{v}$ 的 ANF 并将所得结果存储于 $\boldsymbol{v}$ 之中。

(3) 对 $i=1,2,\cdots,2^n-1$，如果 $v[i]=1$，置 $M_{a_i}++$（对应于 a_i 的计数器加 1）。

第 2 步：对 $d=0,1,\cdots,2^n-1$，置

$$\chi^2 \mathrel{+}= \frac{\left(M_{a_d}-\frac{P}{2}\right)^2}{\frac{P}{2}}$$

第 3 步：如果 $\chi^2>\chi^2(1-\alpha,2^n)$，返回 cipher；否则返回 random。

2. 最大次数单项式检验

一个完全不同的且很简单的检验是看最大次数单项式是否能由密钥流生成器产生。最大次数单项式是所有的 IV 比特之积，因此只能在所有的 IV 比特已经被适当地混合时发生。在面向硬件的序列密码中，为了节省门，IV 比特的装载通常尽可能地简单，IV 比特被装载到不同的存储单元。然后，为了产生适当的比特扩散，更新函数被执行若干步。最大次数单项式的目的是以一个简单的方法检查是否初始化钟控的次数是充分的。如果较低次数单项式不存在，最大次数单项式不可能存在，因此，在 ANF 中，最大次数项的存在对满足扩

散准则特别是完全性是一个好的迹象。

根据 Reed-Muller 变换，最大次数单项式能通过将真值表中所有元素异或来计算。所以这里的检验类似于前面执行的检验，使用所有可能的 n 个 IV 比特的组合，即 $z^{iv_0, iv_1, \cdots, iv_{n-1}} = f_1(iv_0, iv_1, \cdots, iv_{n-1})$，其他比特被视作常数，来初始化密码。最大次数单项式的存在性可以通过异或来自每个初始化的第一个密钥流比特来检查，这等价于确定 a_{2^n-1}：

$$a_{2^n-1} = \bigoplus_{iv_0, iv_1, \cdots, iv_{n-1}} z^{iv_0, iv_1, \cdots, iv_{n-1}}$$

例如，通过改变一些其他的 IV 比特可得到一个新的多项式并再执行同样的过程，对 P 个多项式重复这一过程，如果最大次数单项式从不出现在任何多项式中或它出现在所有的多项式中，即可以成功地区分该密码。因此，该检验方法能以低的复杂度，更重要的是几乎没有存储，来检查最大次数单项式在该密码的输出中是否存在。以同样的复杂度考虑其他的弱单项式是可能的，系数能根据 Reed-Muller 变换来计算。最大次数单项式攻击的时间复杂度是 $O(P2^n)$，空间复杂度仅为 $O(1)$。最大次数单项式检验算法由算法 4.6.4 给出。

算法 4.6.4 最大次数单项式检验

第 1 步：对 $j=1,2,\cdots,P$，执行下列步骤：

(1) $a_{2^n-1}=0$。

(2) 对 $iv=1,2,\cdots,2^n-1$，用 iv 初始化密码，置 z 为初始化后的第一个密钥流比特，$a_{2^n-1}=a_{2^n-1}\oplus z$。

(3) 如果 $a_{2^n-1}=1$，置 ones++。

第 2 步：如果 ones=0 或 P，返回 cipher；否则返回 random。

4.6.3 对初始化过程的一个分析实例

这里以 Grain-128 序列密码[27]为例，假设检验的显著性水平被选择为 $1-\alpha=1-2^{-10}$。列表值结果有一个至少 90%的成功率。与面向软件的序列密码相比，面向硬件的序列密码使用简单的初始密钥和 IV 装载。一般地，密钥和 IV 比特影响一个初始状态变量。因此，为了满足每个输入比特对每个状态比特的扩散，需要大量的钟控。文献[24]中使用了一个可替换的密钥/IV 装载方式使得每个 IV 比特被分配到不止一个内部状态比特中，并做了实验模拟分析比对。在可替换的装载方式中硬件复杂度稍高，然而，密码更能抵抗选择 IV 攻击。

Grain-128 是一个面向硬件的序列密码，由一个线性反馈移位寄存器(LFSR)、一个非线性反馈移位寄存器(NFSR)和一个输出函数 $h(x)$ 组成。密钥流生成过程的逻辑框图见图 4.6.1。

LFSR 的内容表示为 $s_i, s_{i+1}, \cdots, s_{i+127}$，NFSR 的内容表示为 $b_i, b_{i+1}, \cdots, b_{i+127}$。LFSR 的反馈多项式是一个次数为 128 的本原多项式 $f(x)$，定义为

$$f(x)=1+x^{32}+x^{47}+x^{58}+x^{90}+x^{121}+x^{128}$$

对应的 LFSR 的更新函数为

$$s_{i+128}=s_i+s_{i+7}+s_{i+38}+s_{i+70}+s_{i+81}+s_{i+96}$$

NFSR 的非线性反馈多项式 $g(x)$ 是一个线性函数和 Bent 函数的和，定义为

$$\begin{aligned} g(x)=&1+x^{32}+x^{37}+x^{72}+x^{102}+x^{128}+x^{44}x^{60}+x^{61}x^{125}+x^{63}x^{67}\\ &+x^{69}x^{101}+x^{80}x^{88}+x^{110}x^{111}+x^{115}x^{117}\end{aligned}$$

对应的 NFSR 的更新函数为

$$b_{i+128}=s_i+b_i+b_{i+26}+b_{i+56}+b_{i+91}+b_{i+96}+b_{i+3}b_{i+67}+b_{i+11}b_{i+13}+b_{i+17}b_{i+18}$$
$$+b_{i+27}b_{i+59}+b_{i+40}b_{i+48}+b_{i+61}b_{i+65}+b_{i+68}b_{i+84}$$

在这两个寄存器中的 256 个记忆元素表示该密码的状态。这个状态中的 9 个变量作为布尔函数 $h(x)$的输入,其中,两个输入取自 NFSR,7 个输入取自 LFSR。$h(x)$的次数为 3 且很简单,定义为

$$h(x)=x_0x_1+x_2x_3+x_4x_5+x_6x_7+x_0x_4x_8$$

这里变量 $x_0 \sim x_8$ 分别对应于抽头位置 b_{i+12}、s_{i+8}、s_{i+13}、s_{i+20}、b_{i+96}、s_{i+42}、s_{i+60}、s_{i+79}、s_{i+95}。输出函数定义为

$$z_i=\sum_{j\in A}b_{i+j}+h(x)+s_{i+93}$$

这里 $A=\{2,15,36,45,64,73,89\}$。

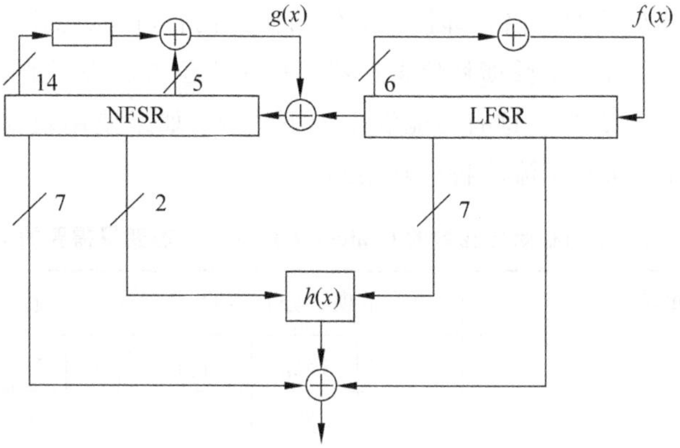

图 4.6.1 Grain-128 密钥流生成过程的逻辑框图

Grain-128 的初始化过程如下:记 128b 密钥为 $k=k_0k_1\cdots k_{127}$,96b 的 IV 为 $IV=IV_0IV_1\cdots IV_{95}$。首先,将 128b 密钥 $k=k_0k_1\cdots k_{127}$ 装载到 NFSR 中,即 $b_i=k_i(0\leqslant i\leqslant 127)$;然后,将初始向量 IV 作为前 96b 状态装载到 LFSR 中,即 $s_i=IV_i(0\leqslant i\leqslant 95)$,LFSR 的后 32b 状态用 1 填充,即 $s_i=1(96\leqslant i\leqslant 127)$。在装载密钥和 IV 之后,不产生任何密钥流,钟控 256 拍(或次),并且每次输出函数与输入异或后被反馈到 LFSR 和 NFSR。Grain-128 初始化过程的逻辑框图见图 4.6.2。

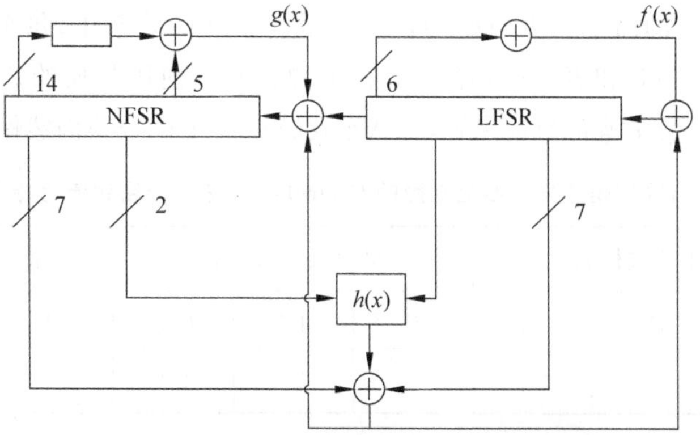

图 4.6.2 Grain-128 初始化过程的逻辑框图

对约化版本的 Grain-128 序列密码获得的结果见表 4.6.1。成功破译的最高轮数是 192,与原来的 256 相比,对应初始化阶段的 75%。

表 4.6.1 攻击不同初始化轮数的 Grain-128 的第一个密钥流比特需要的 IV 比特数

轮数	*d*-单项式检验			单项式分布检验			最大次数单项式检验		
	P	IV	存储	*P*	IV	存储	*P*	IV	存储
160	1	14	2^{14}	2^6	7	2^7	2^5	11	1
192	1	25	2^{25}	2^6	22	2^{22}	2^5	22	1

表 4.6.2 给出了对初始状态变量实验的结果。弱初始状态变量的个数在最大次数单项式检验中是 *d*-单项式检验的 4 倍。即使在满轮的初始化后,在状态比特上的统计偏差仍保持。这些弱初始状态比特位于反馈移位寄存器的最左边位置。为了消除状态变量的统计偏差,至少需要 320 次初始钟控。这有可能发生如下情况:如果使用较大的 IV 比特数,在状态变量中的弱点也许能从密钥流比特中观察到。

表 4.6.2 攻击不同初始化轮数的 Grain-128 的初始状态变量需要的 IV 比特数

轮数	*d*-单项式检验				单项式分布检验				最大次数单项式检验			
	P	IV	存储	比值	*P*	IV	存储	比值	*P*	IV	存储	比值
256	1	14	2^{14}	33/256	2^6	8	2^8	20/256	2^5	14	1	108/256
256	1	16	2^{16}	40/256	2^6	10	2^{10}	35/256	2^5	16	1	120/256
256	1	20	2^{20}	56/256	2^6	15	2^{15}	44/256	2^5	20	1	138/256
288	1	20	2^{20}	0/256	2^6	20	2^{20}	0/256	2^5	20	1	73/256

下面给出 Grain-128 的另一种密钥/IV 装载方式:只有 NFSR 的前 96b 的装载不同于原来的方式,不是直接分配密钥,而是分配 IV 和密钥的前 96b 的模 2 和。这里建议的装载类似于原来的装载,但增加了 10%～15%的门数。在许多期望的重同步环境中,在硬件实现中可通过使用更多的门来减少初始钟控的次数。在新的装载中,每个 IV 比特影响两个内部状态变量。表 4.6.3 和表 4.6.4 给出了相关的实验。使用替换的装载,Grain-128 更能抵抗提出的攻击,但是在满轮初始化后,在状态比特中的统计偏差仍然保持。

表 4.6.3 新装载方式攻击不同初始化轮数的 Grain-128 的第一个密钥流比特需要的 IV 比特数

轮数	*d*-单项式检验			单项式分布检验			最大次数单项式检验		
	P	IV	存储	*P*	IV	存储	*P*	IV	存储
160	1	19	2^{19}	2^6	20	2^{20}	2^5	21	1

表 4.6.4 新装载方式攻击不同初始化轮数的 Grain-128 的初始状态变量需要的 IV 比特数

轮数	d-单项式检验				单项式分布检验				最大次数单项式检验			
	P	IV	存储	比值	P	IV	存储	比值	P	IV	存储	比值
256	1	14	2^{14}	1/256	2^6	8	2^8	4/256	2^5	14	1	100/256
256	1	16	2^{16}	5/256	2^6	10	2^{10}	10/256	2^5	20	1	108/256
288	1	20	2^{20}	0/256	2^6	20	2^{20}	0/256	2^5	20	1	47/256

上述讨论了序列密码的区分攻击的选择 IV 的统计分析，也有一些文献讨论了序列密码的密钥恢复攻击的选择 IV 的统计分析，感兴趣的读者可参阅文献[28]。

4.7 注记与思考

本章重点介绍了最佳仿射逼近分析、线性校验子分析、线性一致性测试分析、线性时序线路逼近分析、线性掩码分析和选择初始向量分析 6 种线性分析方法。

线性分析方法早在 1989 年和 1990 年就应用于序列密码的分析中。1996 年，Golic[7] 提出了一个确定线性模型的方法，它被称为基于自治有限状态机的线性时序线路逼近分析方法。在 Golic 的经典工作之后，关于线性区分攻击在序列密码中的应用比较少，直到 2002 年，Coppersmith 等[8] 描述了一种新的密码分析技术——线性掩码方法，它可以用来区分序列密码和真实的随机过程。2004 年，Biryukov 等[9] 研究了多维线性分析，提出了多维线性分析的理论统计框架，同时将 Matsui 的算法 1 和算法 2 推广到多维线性的情况。

目前线性分析方法的研究热点多集中在怎样利用多个线性逼近来进行线性分析。Hermelin 等[10] 提出了对 Matsui 算法 1 的一个真正的多维方式的扩展，在理论上建立了一个统计框架，通过一维线性逼近来计算多维概率分布。这个框架的主要优点就是可以取消线性逼近之间的独立性。

由线性分析的发展过程可以看出，在线性分析中寻找比较好的线性逼近是非常重要的一个步骤，充分利用找到的线性逼近来构造高效的多维区分器也是非常重要的。另外一个值得注意的研究方向是对区分器本身的研究，如区分器的构造、利用一些统计理论对区分器性能的估计等。

思考题

1. 调研多输出 Bent 函数的有关性质及其构造。
2. 具体计算 4.1.2 节中的最大谱值 a 和 LFSR$(g(x), L)$。
3. 证明引理 4.4.1 以及性质 4.4.1、性质 4.4.2 和性质 4.4.3。
4. 在引理 4.5.1 中，说明 $\mathrm{Adv(ML)}=\frac{1}{4}|D_1-D_2|$。
5. 证明最大次数单项式可通过真值表中所有元素的异或来计算。
6. 调研线性分析方法的最新研究进展，结合本章的相关介绍写一篇关于线性分析方法方面的小综述。

本章参考文献

[1] Ding C S, Xiao G Z, Shan W. The Stability Theory of Stream Ciphers[M]. New York: Springer-Verlay, 1991.

[2] 冯登国. 密码分析学[M]. 北京：清华大学出版社，2000.

[3] Zeng K, Huang M. On the Linear Syndrome Method in Cryptanalysis[C]//CRYPTO 1988. New York: Springer-Verlag, 1990: 469-478.

[4] Zeng K, Yang C H, Rao T R N. An Improved Linear Syndrome Algorithm in Cryptanalysis with Applications[C]//CRYPTO 1990. New York: Springer-Verlag, 1991: 34-47.

[5] Zeng K, Yang C H, Rao T R N. On the Linear Consistency Test (LCT) in Cryptanalysis with Applications[C]//CRYPTO 1989. New York: Springer-Verlag, 1990: 164-174.

[6] MatsuI M. Linear Cryptanalysis Method for DES Cipher[C]//Workshop on the Theory and Application of of Cryptographic Techniques. Berlin Heidelberg: Springer, 1993: 386-397.

[7] Golić J D. Correlation Properties of a General Binary Combiner with Memory[J]. Journal of Cryptology, 1996, 9(2): 111-126.

[8] Coppersmith D, Halevi S, Jutla C. Cryptanalysis of Stream Ciphers with Linear Masking[C]//Annual International Cryptology Conference. Berlin Heidelberg: Springer, 2002: 515-532.

[9] Biryukov A, De Cannière C, Quisquater M. On Multiple Linear Approximations[C]//CRYPTO 2004. Berlin Heidelberg: Springer, 2004: 311-325.

[10] Hermelin M, Cho J Y, Nyberg K. Multidimensional Linear Cryptanalysis of Reduced Round Serpent[C]//Australasian Conference on Information Security and Privacy. Berlin Heidelberg: Springer, 2008: 203-215.

[11] Ekdahl P, Johansson T. SNOW—a new stream cipher. http://www.it.lth.se/cryptology/snow/.

[12] Halevi S, Copersmith D, Jutla C. Scream: a Software-Efficient Stream Cipher[M]//Fast Software Encryption. New York: Springer-Verlag, 2002.

[13] Meier W, Staffelbach O. Nonlinearity Criteria for Cryptographic Functions[C]//EUROCRYPT 1989. Berlin Heidelberg: Springer-Verlag, 1990: 549-562.

[14] 冯登国. 频谱理论及其在密码学中的应用[M]. 北京：科学出版社，2000.

[15] Xiao G Z, Massey J L. A Spectral Characterization of Correlation-Immune Combining Functions[J]. IEEE Transactions on Information Theory, 1988, 34(3): 569-571.

[16] Rueppel R A. Correlation Immunity and the Summation Generator[C]//CRYPTO 1985. Berlin Heidelberg: Springer-Verlag, 1986: 260-272.

[17] Meier W, Staffelbach O. Correlation Properties of Combiners with Memory in Stream Ciphers[J]. Journal of Cryptology, 1992, 5(1): 67-86.

[18] J. Golic J D. Intrinsic Statistical Weakness of Keystream Generators[C]//Asiacrypt 1994. Berlin Heidelberg: Springer-Verlag, 1995: 91-103.

[19] Xu C, Zhang B, Feng D G. Linear Cryptanalysis of FASER128/256 and TriviA-ck[C]//INDOCRYPT 2014. New York: Springer-Verlag, 2014: 237-254.

[20] Daemen J, Govaerts R, Vandewalle J. Resynchronization Weaknesses in Synchronous Stream Ciphers[J]. Advances in Cryptology Proceedings EUROCRYPT 1993: 159-167.

[21] Golic J D, Morgari G. On the Resynchronization Attack[M]//FSE. New York: Springer, 2003: 100-110.

[22] Armknecht F, Lano J, Preneel B. Extending the Resynchronization Attack[M]//Selected Areas in Cryptography. New York: Springer, 2004: 19-38.

[23] Filiol E. A New Statistical Testing for Symmetric Ciphers and Hash Functions[C]//International Conference on Information, Communications and Signal Processing. New York: Springer-Verlag, 2001: 21-35.

[24] Saarinen M J O. Chosen-IV statistical attacks on eSTREAM stream ciphers[R]. eSTREAM, ECRYPT Stream Cipher Project, Report 2006/013, 2006. http://www.ecrypt.eu.org/stream.

[25] Englund H, Johansson T, Turan M S. A Framework for Chosen IV Statistical Analysis of Stream Ciphers[C]//INDOCRYPT 2007. New York: Springer-Verlag, 2007.

[26] Fluhrer S, Mantin I, Shamir A. Weaknesses in the Key Scheduling Algorithm of RC4[J]. Lecture Notes in Computer Science, 2001, 2259: 1-24.

[27] Hell M, Johansson T, Maximov A et al. A Stream Cipher Proposal: Grain-128[C]//ISIT 2006, Seattle, USA, 2006. available at http://www.ecrypt.eu.org/stream.

[28] Fischer S, Khazaei S, Meier W. Chosen IV Statistical Analysis for Key Recovery Attacks on Stream Ciphers[C]//AFRICACRYPT 2008. Berlin Heidelberg: Springer, 2008: 236-245.

第 5 章　代数分析方法

本章内容提要

相比于统计分析方法，代数分析是另一种对于基于线性反馈(如 LFSR)的序列密码的典型分析方法。虽然代数分析的思想可以追溯到 Shannon[1] 于 1949 年发表的经典论述，但直到 2003 年，Courtois 等[2] 才正式提出了序列密码代数分析的思想，并对基于线性反馈的序列密码进行了代数分析，将之应用于序列密码 Toyocrypt 和 LILI-128 的分析。对基于线性反馈的序列密码而言，由于线性关系无法增加代数次数，序列密码的内部状态和密钥比特通过非线性滤波(也称过滤)函数或者组合函数直接组合，缺乏动态增长，易导致关于一定个数变量的大量固定次数代数关系式，从而易被线性化方法恢复出初始状态变量。如果非线性组合函数的代数次数比较低，或者通过倍乘等化简技巧可以转化成代数次数较低的情况，则线性反馈的初始状态可以通过线性化这些非线性方程所包含的单项式来恢复，这也是目前为止唯一可进行理论分析的代数分析方法。其他方法，如采用 Gröbner 基、XL、SAT 等，虽然只需较少的密钥流即可攻击成功，但缺乏对于序列密码本身构造的有效利用，只是现有解方程方法的直接使用，从而难以获得广泛的关注和成功使用。在 2003 年，Courtois[3] 又进一步改进了代数分析方法，在获得连续密钥流的情况下，提出了快速代数分析的思想，可以利用 B-M 算法等方法局部地降低代数方程的次数，从而减少单项式数目，降低复杂度。作为代数分析方法的一个进展，在 2009 年，Dinur 等[4] 提出了立方分析方法，其基本思想是：利用高阶差分的性质来压缩原迭代函数，在获得的压缩结果是线性方程或者低次方程的情况下，可以通过解方程获得初始密钥。随后，人们又提出了立方区分器、动态立方分析、条件差分分析等方法，并被应用于序列密码 Trivium、Grain-128 和 Grain-128a 的分析，其典型思想是：利用可控制的 IV 变量来零化某些深度轮数的某些位置变量，得到较易被区分的结果函数。

本章主要介绍代数分析、快速代数分析、改进的快速代数分析和立方分析 4 种代数分析方法。

本章重点

- 代数分析方法的基本原理。
- 快速代数分析方法的基本原理。
- 改进的快速代数分析方法的基本原理。
- 立方分析的基本思想。
- 代数免疫度的发展背景、基本概念和特征。

5.1　基于线性反馈的序列密码的代数分析方法

本节主要介绍基于线性反馈(如 LFSR)的序列密码(如滤波生成器、组合生成器)的代数分析方法。这类密码的安全性已受到人们的高度关注，如相关分析。相关分析的应用范围也在逐渐拓展。例如，文献[5]构造了一个使用所有变量的非线性低次数函数，它与原函数具有相关性，或者说低次数非线性逼近，这种方法并不是新的，可参见文献[6]。然而，这种方法的应用没有得到充分的重视，可能是由于最近人们才意识到求解低次数非线性多变量方程组的有效算法的存在性[5,7-9]。文献[2]一般化了上述低次数非线性逼近方法，称之为代数分析方法。这种一般化的方法，即使没有好的低次数线性逼近，仍可应用于序列密码的分析，并可分析一大类序列密码。本节主要介绍文献[2]中的相关工作。

5.1.1 序列密码的代数分析方法

本节综述和扩展了文献[5]中的一般性策略，把序列密码的攻击归纳为求解一组多变量方程。

1. 可被攻击的序列密码模型

这里只考虑同步序列密码，每个状态独立于明文，从前一个状态产生。从原理上，我们也只考虑以已知方式规则钟控的序列密码。然而这个条件有时能被放宽，如下面将要介绍的对 LILI-128 的攻击。

为简单起见，将序列密码限制为二元序列密码，该密码的状态和密钥流由一系列比特组成，并在每个时刻生成一个比特。我们也仅讨论计算下一状态的“连接函数”在 F_2 上是线性的这种情况。把这个“连接函数”记为 L，假定 L 是公开的，只有状态是秘密的。我们也假定从状态计算输出比特的函数 f 是公开的，并不依赖于该序列密码的秘密密钥。函数 f 也被称为一个非线性滤波函数。这类序列密码包括滤波生成器和组合生成器。这类序列密码的分析问题可描述为如下的问题。

设$(k_0,k_1,\cdots,k_{n-1})$是初始状态，则这类序列密码的输出即密钥流可按如下方式给出：

$$\begin{cases} b_0 = f(k_0,k_1,\cdots,k_{n-1}) \\ b_1 = f(L(k_0,k_1,\cdots,k_{n-1})) \\ b_2 = f(L^2(k_0,k_1,\cdots,k_{n-1})) \\ \qquad \vdots \end{cases}$$

现在的问题是从某一密钥流比特 $b_i(i=0,1,2,\cdots)$子集恢复密钥 $k=(k_0,k_1,\cdots,k_{n-1})$。将执行一个部分已知明文攻击，即已知明文的一些比特和对应的密文比特。这些比特不必是连续的。例如，如果明文用拉丁字母书写并且不使用太多的特殊字符，很可能所有的字符的最高比特都等于 0。如果文本是充分长的，这个对攻击者来说是足够的。这将是或几乎是一个唯密文攻击。在这里的攻击中，仅假定有密钥流 b_i 中已知位置的 m 个比特。

2. 攻击的基本思想

在时刻 t，当前的密钥流比特给出了一个等式：$f(s)=b_t$，s 是当前的状态。主要的新观点在于用 $g(s)$乘以 $f(s)$，即，通常 $f(s)$是高次数的，通过乘以一个良好选择的多变量多项式 $g(s)$，使得 $f(s)g(s)$具有较低的次数，记其次数为 d。然后，如果 $b_t=0$，就得到一个低次数方程 $f(s)g(s)=0$。反过来，这也给出了一个关于内部状态比特 $k_i(i=0,1,\cdots,n-1)$的低次数 d 的多变量方程。如果有充分多的密钥流比特且对每一比特都得到一个这样的方程，就能获得可被有效地求解的超定多变量方程组(也就是许多方程)。也就是说，代数分析方法可将一类序列密码的分析问题转化为低次数多变量方程组的求解问题。

3. f 的设计准则和已知攻击

设 f 是用于组合密码的线性部分的输出的布尔函数，如函数的输入是 LFSR 状态的一些比特。对这样的函数的通常要求是：f 首先是平衡的并具有高的代数次数；为了抵抗线性攻击和相关攻击，f 必须具有高的非线性度和高的相关免疫阶。

文献[5]中给出了关于 f 的一个额外的准则：f 也不能与低次数非线性多变量函数有很强的相关性，否则有效的攻击是可能的，如对 Toyocrypt 序列密码的攻击[5]。也就是说，如果 f 满足下列两种情形之一，就有可能存在有效的攻击。

情形 S1：布尔函数 f 具有一个低的代数次数 D（经典的准则）。

情形 S2：f 能用一个具有低次数的布尔函数以接近 1 的概率逼近（文献[5]中的新准则）。这个概率通常表示为 $1-\varepsilon$，ε 是某一较小的数。

文献[5]中使用情形 S2 对 Toyocrypt 进行了实际的攻击。

4. f 的新的假设和新的攻击情形

情形 S3：多变量多项式 f 有某一低次数（设其次数为 d）倍式 fg，g 是某一非零多变量多项式。

情形 S4：f 有某一倍式 fg，使得 fg 能用一个具有低次数的函数以接近 1 即（$1-\varepsilon$）的概率逼近，ε 是某一较小的数。

更重要的问题是如何使用低次数倍式，如果情形 S3 和 S4 都可利用，则说明新的攻击不必要求 f 具有一个低的代数次数或其良好逼近具有一个低的次数。

在情形 S1 和 S2 中，对每个在位置 t 的已知密钥流比特 b_t，获得一个具体的值 $b_t=f(s)$，并且这样就可得到方程 $b_t=f(L^t(k_0,k_1,\cdots,k_{n-1}))$。对此，$f$ 不得不具有低次数。

在情形 S3 和 S4 中，对每个在位置 t 的已知密钥流比特 $b_t=f(s)$，得到

$$f(s)g(s)=b_tg(s)$$

并且因为状态在时刻 t 是 $s=L^t(k_0,k_1,\cdots,k_{n-1})$，归结起来是

$$f(L^t(k_0,k_1,\cdots k_{n-1}))g(L^t(k_0,k_1,\cdots,k_{n-1}))=b_tg(L^t(k_0,k_1,\cdots,k_{n-1}))$$

对每个密钥流比特得到一个多变量方程。这个方程具有很低的次数，无须 f 具有低次数，也无须 f 有一个低次数逼近。在情形 S3 下，攻击的基本形式也要求 g 具有低次数，这一点可通过将情形 S3 分成以下 4 种情形来说明。

情形 S3a：存在 g，其次数比 f 的次数低，使得

$$f(s)g(s)=b_tg(s)=0$$

当 $b_t=1$ 时，一定有 $g(s)=0$。因为 g 的次数比 f 的次数低，这样就能得到一组方程 $g(s)=0$ 并且更易求解。

情形 S3b：存在 g，其次数比 f 的次数低，使得

$$(1\oplus f(s))g(s)=(1\oplus b_t)g(s)=0$$

当 $b_t=0$ 时，一定有 $g(s)=0$。因为 g 的次数比 f 的次数低，这样就能得到一组方程 $g(s)=0$ 并且更易求解。

情形 S3c：存在 g 和 h，h 的次数比 f 的次数低，使得 $f(s)g(s)=h(s)$，这种情形可归结为情形 S3b。假定这种情形成立，则在 $f(s)g(s)=h(s)$ 的两边同乘以 $f(s)$ 可得 $f(s)g(s)=f(s)h(s)=h(s)$，即 $(1\oplus f(s))h(s)=0$，这正是情形 S3b。

情形 S3d：f 存在低次数因子，即存在低次数因子 g 和 h，使得 $f(s)=g(s)h(s)$，这种情形可归结为情形 S3a。假定这种情形成立，则在 $f(s)=g(s)h(s)$ 的两边同乘以 $1\oplus g(s)$ 可得 $f(s)g(s)=g(s)h(s)=f(s)$，即 $(1\oplus g(s))f(s)=0$，因为 $1\oplus g(s)$ 具有低次数，这正是情形 S3a。

显然情形 S3a 和情形 S3b 是相互独立的，二者不相互影响。上述讨论可参阅文献[10]。从上述讨论也可以看出，许多不同的情形可归结为情形 S3a 或情形 S3b，其实从这里也可推出文献[2]中给出的情形 S3 中的 3 种情况可归结为两种情况的结论。这意味着即使 f 的代数次数很高，只要存在一个非零的低次数多项式 g，使得 $fg=0$ 或 $(1\oplus f)g=0$，则代数分析就能有效工作。下面给出一个重要概念——代数免疫度。一个函数 f 的代数免疫度(algebraic immunity，AI)是使得 $fg=0$ 或 $(1\oplus f)g=0$ 成立的非零函数 g 的最小次数，即

$$\mathrm{AI}(f)=\min\{\deg(g):fg=0 \text{ 或 } (1\oplus f)g=0,\quad g\neq 0\}$$

一个函数 f 的代数免疫度刻画了其抵抗代数分析的能力，抵抗代数分析的问题也就变成了寻找具有高的代数免疫度的布尔函数的问题。如果存在 g 使得 $fg=0$，也称 g 为 f 的零化子。

现在的问题是，给定一个密码，这样的多项式 g 是否存在，如何找到它们。这些问题留到后面介绍。

值得一提的是，情形 S1 和 S2 分别是情形 S3 和 S4 的特殊情况，此时 $g=1$。

5. 求解超定多变量方程组

给定 m 个密钥流比特，设 R 是我们获得的次数为 d 的 n 个变量 $k_i(0\leqslant i\leqslant n-1)$ 的多变量方程的个数。对一个 g 而言，可使用 $R=m$，但也许可以用同样的 f 组合一些不同的 g，得到更多的方程，如 $R=14m$。可用如下 3 种方法求解它们。

(1) 线性化方法。有 n 个变量 $k_i(0\leqslant i\leqslant n-1)$、次数不大于 d 的单项式共有 $T\approx C_n^d$ 个(假定 $d\leqslant n/2$)。把这些单项式中的每一个都视作一个新的变量 V_j。给定 $R\geqslant C_n^d$ 个方程，得到一组关于 $T=C_n^d$ 个变量 V_j 的 $R\geqslant T$ 个线性方程，可通过 Gauss 消去法很容易地求解这个有 T 个变量的线性方程组。

(2) XL 算法。$m=O(C_n^d)$ 个密钥流比特是不可能获得的，仍然可能需要使用 XL 算法或 Grobner 基算法求解方程组，这样就需要较少的密钥流，但计算量较大，可参阅文献[5]。

(3) 关于 Gauss 约化的复杂度。设 ω 是 Gauss 约化的指数。理论上，$\omega\leqslant 2.376$[11]。然而在该算法中可忽略的常数因子比预期要大。目前最快的实际算法是 Strassen 算法[12]，需要大约 $7T^{\log_2 7}$ 个操作。因为基本操作是在 F_2 上的，在一个 CPU 上，比特切片技术在单一 CPU 时钟周期内可处理 64 个这样的操作。因此，求得的 Gauss 约化的复杂度是 $7T^{\log_2 7}/64$ 个 CPU 时钟周期。

5.1.2 Toyocrypt 的代数分析

1. Toyocrypt

Toyocrypt 是由一个规则的钟控 128b 线性反馈移位寄存器(LFSR)和一个 127 个变量的非线性布尔函数 f 组成的伪随机序列生成器。函数 f 被用作一个非线性滤波函数，生成器被称为非线性滤波生成器。密钥流通过应用非线性函数到 LFSR 的 128 个段(也称级)中

的 127 个内容来产生。LFSR 每被钟控一次，输出 1b。

Toyocrypt 密钥流生成器有两个 128b 密钥，即一个固定密钥和一个流密钥。固定密钥由 LFSR 的特征多项式(特征多项式与反馈多项式为互反多项式)的系数组成，将这个特征多项式选为 F_2 上的本原多项式，大约有 2^{120} 个这样的多项式。流密钥被用于形成 LFSR 的初始状态，是一个非零的 128b 随机串，大约有 $2^{128}-1$ 个可能的流密钥。因此，有效的密钥长度是 248b。

设 LFSR 的输出序列为 $d=\{d(t)\}_{t=0}^{\infty}$，LFSR 的 128 个段的内容在时刻 t 为 $x_0(t)$，$x_1(t)$，…，$x_{127}(t)$，则 $d(t)=x_0(t-1)$，$t\geqslant 1$。将输入到滤波函数 f 的序列表示为 $X=\{X(t)\}_{t=0}^{\infty}$，这里 $X(t)=(x_0(t),x_1(t),\cdots,x_{125}(t),x_{127}(t))$。注意，$x_{126}(t)$ 没有作为 f 的输入。非线性滤波生成器的输出序列是密钥流 $z=\{z(t)\}_{t=0}^{\infty}$，这里 $z(t)=f(X(t))$，$t\geqslant 0$。

布尔函数 f 的代数正规型表示如下：

$$
\begin{aligned}
f(x_0,x_1,\cdots,x_{125},x_{127})=\;& x_{127}+x_{24}x_{63}+x_{41}x_{64}+x_{27}x_{65}+x_{32}x_{66}+x_{35}x_{67}+x_{50}x_{68}+\\
& x_8x_{69}+x_{18}x_{70}+x_1x_{71}+x_{36}x_{72}+x_{53}x_{73}+x_{26}x_{74}+x_3x_{75}+\\
& x_7x_{76}+x_{11}x_{77}+x_6x_{78}+x_{62}x_{79}+x_{37}x_{80}+\\
& x_{31}x_{81}+x_{12}x_{82}+x_9x_{83}+x_{34}x_{84}+x_{51}x_{85}+x_{61}x_{86}+\\
& x_{25}x_{87}+x_{23}x_{88}+x_{45}x_{89}+x_{14}x_{90}+x_0x_{91}+x_{20}x_{92}+\\
& x_{46}x_{93}+x_{38}x_{94}+x_{40}x_{95}+x_{13}x_{96}+x_{28}x_{97}+x_2x_{98}+\\
& x_{49}x_{99}+x_{54}x_{100}+x_5x_{101}+x_{60}x_{102}+x_{47}x_{103}+x_4x_{104}+\\
& x_{16}x_{105}+x_{52}x_{106}+x_{59}x_{107}+x_{55}x_{108}+x_{10}x_{109}+x_{57}x_{110}+\\
& x_{22}x_{111}+x_{15}x_{112}+x_{56}x_{113}+x_{48}x_{114}+x_{29}x_{115}+x_{44}x_{116}+\\
& x_{39}x_{117}+x_{58}x_{118}+x_{17}x_{119}+x_{43}x_{120}+x_{19}x_{121}+\\
& x_{21}x_{122}+x_{42}x_{123}+x_{33}x_{124}+x_{30}x_{125}+\\
& x_{10}x_{23}x_{32}x_{42}+x_1x_2x_9x_{12}x_{18}x_{20}\;x_{23}x_{25}x_{26}\\
& x_{28}\;x_{33}x_{38}x_{41}x_{42}x_{51}x_{53}x_{59}+x_0x_1\cdots x_{62}
\end{aligned}
$$

2. Toyocrypt 的代数分析过程

在 Toyocrypt 中，有一个 128b 的 LFSR，这样 $n=128$。布尔函数具有如下形式：

$$
\begin{aligned}
f(s_0,s_1,\cdots,s_{127})=s_{127}+\sum_{i=0}^{62}s_is_{\alpha_i}+s_{10}s_{23}s_{32}s_{42}+\\
s_1s_2s_9s_{12}s_{18}s_{20}s_{23}s_{25}s_{26}s_{28}s_{33}s_{38}s_{41}s_{42}s_{51}s_{53}s_{59}+\prod_{i=0}^{62}s_i
\end{aligned}
$$

这里 $\{\alpha_0,\alpha_1,\cdots\alpha_{62}\}$ 是集合 $\{63,64,\cdots,125\}$ 的某一置换。这个系统容易受使用低阶逼近的攻击，只有一个次数为 17 的单项式和一个次数为 63 的单项式，高阶单项式几乎总是 0。文献[5]在情形 S2 下给出了一个攻击，f 由一个次数为 4 的多变量函数以 $1-2^{-17}$ 的概率逼近，攻击运行在 2^{92} 个 CPU 时钟周期内。下面在情形 S3 或 S4 下介绍对 Toyocrypt 的一个新的代数分析。

首先遇到的问题是如何找到一个函数 g 使得 fg 具有低次数。一种方法是分解多变量多项式 f。考虑 f 的高次项，不管低次项，看看这些高次项是否有共同的低次数因子 g'，则对 F_2 上的多项式，可考虑 $f(s)g(s)$，其中 $g(s)=g'(s)-1$ 具有低次数。另一种方法将在

5.1.3 节和 5.1.4 节介绍。

在 Toyocrypt 的情况下，可观察到 f 中的次数为 4、17 和 63 的项有共同因子 $s_{23}s_{42}$。对每个密钥流比特 b_t，从等式 $f(s)=b_t$ 开始，并在两边同乘以 $g(s)=s_{23}-1$，得到 $f(s)s_{23}-f(s)=b_t(s_{23}-1)$。等式左边在 f 中被 s_{23} 整除的单项式已消失，剩下的多项式是一个次数为 3 的等式且以概率 1 相等。对 s_{42} 使用相同的技巧，即设 $g(s)=s_{42}-1$。这样就得到情形 S3 下的一个简单的线性化攻击。对每个密钥流比特，可获得两个次数为 3 的关于 s_i 的方程，这样也就获得了两个次数为 3 的关于 k_i 的方程。一旦 $R>T$，就可使用线性化方法，并且有 $T=C_{128}^3\approx 2^{18.4}$ 个单项式。有 $R=2m$，并且有 $m=T/2\approx 2^{17.4}$ 个密钥流将是足够的。这样，对 Toyocrypt 的新的攻击需要 $7/64\cdot T^{\log_2 7}=2^{49}$ 个 CPU 时钟周期，需要 16GB 的存储空间和大约 20KB 的非连续的密钥流。

通过实验模拟可发现，上述攻击过程中的线性依赖的方程的个数是可忽略的，因此，这个攻击可恢复密钥。

5.1.3　LILI-128 的代数分析

从原理上说，前面设计的代数分析只适用于规则地钟控的序列密码或以一个已知的方式钟控的序列密码。然而，在一些情况下，这个难点能被消除。LILI-128 就是这种情况，LILI-128 是一个提交到欧洲 NESSIE 工程的算法。

1. LILI-128

LILI-128 密钥流生成器的结构如图 5.1.1 所示。它由两个二元 $LFSR_c$ 和 $LFSR_d$ 以及生成一个伪随机二元密钥流序列的两个函数 f_c 和 f_d 组成。在初始化阶段，128 比特密钥为 $LFSR_c$ 和 $LFSR_d$ 提供了初始状态。基于它们完成的功能，生成器能被分成两个子系统：钟控子系统和数据生成子系统。钟控子系统产生一个用于控制数据生成子系统的整数序列。$LFSR_c$ 的反馈多项式被选择为一个本原多项式，定义为

$$G_c(x)=1+x^2+x^{14}+x^{15}+x^{17}+x^{31}+x^{33}+x^{35}+x^{39}$$

函数 f_c 取两个比特作为输入并产生一个整数 $c_k\in\{1,2,3,4\}$。c_k 的值计算如下：

$$c_k=f_c(y_1,y_2)=2y_1+y_2+1,\quad k\geqslant 1$$

这里变量 y_1、y_2 分别对应于 $LFSR_c$ 的抽头位置 s_{i+13}、$s_{i+21}(i\geqslant 0)$，需要注意的是 f_c 中的+是普通加法，其他+是模 2 加。

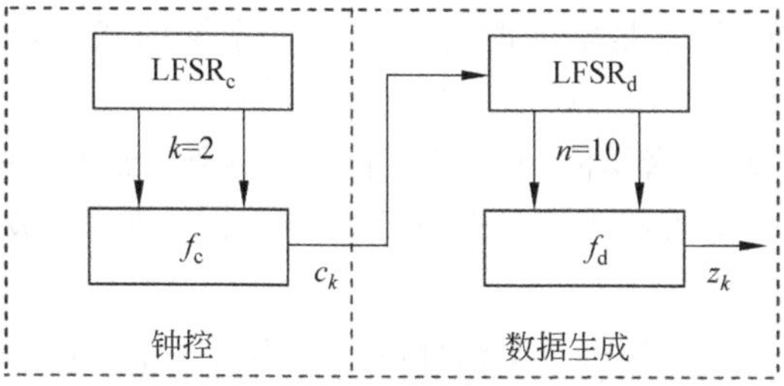

图 5.1.1　LILI-128 密钥流生成器的结构

$LFSR_d$ 由 c_k 钟控每次运动至少一拍，至多 4 拍。$LFSR_d$ 的反馈多项式被选择为如下的本原多项式：

$$G_d(x)=1+x+x^{39}+x^{42}+x^{53}+x^{55}+x^{80}+x^{83}+x^{89}$$

$LFSR_d$ 的 10 个不同段的内容被作为一个非线性滤波函数 f_d 的输入。非线性滤波函数 f_d 的输出 z_k 是密钥流序列。f_d 定义为

$$\begin{aligned}f_d=&x_2+x_3+x_4+x_5+x_1x_9+x_1x_8+x_2x_8+x_3x_9+x_4x_{10}+x_6x_7+x_6x_{10}+\\&x_2x_9x_{10}+x_3x_9x_{10}+x_4x_9x_{10}+x_5x_9x_{10}+x_3x_8x_{10}+x_4x_8x_{10}+x_6x_7x_{10}+\\&x_5x_7x_{10}+x_4x_7x_{10}+x_6x_8x_9+x_3x_8x_9+x_6x_7x_9+x_4x_7x_9+x_3x_7x_9+\\&x_6x_8x_9x_{10}+x_4x_8x_9x_{10}+x_3x_8x_9x_{10}+x_1x_8x_9x_{10}+x_6x_7x_9x_{10}+x_4x_7x_9x_{10}+\\&x_2x_7x_9x_{10}+x_5x_7x_8x_{10}+x_3x_7x_8x_{10}+x_4x_7x_8x_9+x_2x_7x_8x_9+x_5x_6x_7x_9+\\&x_4x_6x_7x_9+x_3x_7x_8x_9x_{10}+x_4x_6x_7x_8x_9+x_4x_6x_7x_9x_{10}+x_4x_7x_8x_9x_{10}+\\&x_5x_6x_7x_8x_9+x_5x_6x_7x_9x_{10}+x_4x_6x_7x_8x_9x_{10}+x_5x_6x_7x_8x_9x_{10}\end{aligned}$$

这里变量 $x_1\sim x_{10}$ 分别对应于 $LFSR_d$ 的抽头位置 s_i、s_{i+1}、s_{i+3}、s_{i+7}、s_{i+12}、s_{i+20}、s_{i+30}、s_{i+44}、s_{i+65}、s_{i+80} $(i\geqslant 0)$。

设 $LFSR_c$ 的段由 $u_0,u_1,\cdots,u_{37}$ 从左到右标记。在每个时刻，用下列公式计算反馈比特：

$$w=u_{37}+u_{25}+u_{24}+u_{22}+u_8+u_6+u_4+u_0$$

设 $LFSR_c$ 左移，$u_{38}=w$。连续地循环，$LFSR_c$ 将产生一个线性伪随机序列。

设 $LFSR_d$ 的段由 $s_0,s_1,\cdots,s_{88}$ 从左到右标记。在时刻 k，反馈比特由下列公式计算：

$$w=s_{88}+s_{50}+s_{47}+s_{36}+s_{34}+s_9+s_6+s_0$$

设 $LFSR_d$ 左移，$u_{89}=w$。根据上述循环，$LFSR_d$ 将产生一个线性伪随机序列。

2. 消除第一个组件

LILI-128 是由两个基于 LFSR 的组件组成的序列密码，第一个组件被用于钟控第二个组件。有两种策略可绕过第一个组件。

策略 A：因为第一个组件的密钥长度仅是 39b，可以猜测这 39b 并单独地攻击第二个组件。在 LILI-128 中，第一个组件提供给第二个组件的时钟为 1、2、3 或 4。给定第一个组件的状态，访问第二个组件中若干已知位置的非连续密钥流比特。攻击的复杂度是 2^{39} 的倍数。

策略 B：给定更多的密钥流比特，有可能避免重复整个攻击 2^{39} 次。对此，使用文献[13]中的引理 1：在对 LILI-128 的第一个 LFSR 钟控 $2^{39}-1$ 次后，第二个 LFSR 恰好向前推进 $\Delta_d=5\cdot 2^{38}-1$ 次。这样，就不是猜测时钟控制的子系统的状态，而是在一个时刻钟控它 $2^{39}-1$ 次，并应用任何 XL 攻击，忽略第一个生成器的存在。

在上述两种情况下，攻击者访问的是第二个组件的密钥流中一些已知位置的比特，而不是自己选择位置的比特。可直接将第二个组件当作一个单独的滤波生成器，应用情形 S1 至情形 S4 的所有代数分析。

中间策略 A-B：LILI-128 的第一个组件的周期不是一个素数，并且有 $2^{39}-1=7\cdot 79\cdot 121\,369\cdot 8191$。这暗示着人们能设计一个抽取攻击，对于一个适当的 t，令生成器每次运行 t 拍，可模拟一个较小的 LFSR，详细讨论可参阅文献[14]。可给出一个在 A 和 B 之间的中间攻击，密钥流需求和攻击复杂度都是某个量的倍数，都小于 2^{39}。

上面和文献[15]中都将 LILI-128 中的输出函数记为 f_d，为了方便起见，下面将其记

为 f。

3. 对 LILI-128 的第一个攻击

现在讨论在情形 S1 和 S2 下对 LILI-128 的攻击。在情形 S1 下，攻击是可能的，此时 $d=6,\varepsilon=0,R=m$，则有 $T=C_{89}^{6}\approx 2^{29.2}$ 个单项式。为了使得 $R>T$，取 $m\approx 2^{29.2}$。可给出一个大约在 $2^{39}\cdot 7/64\cdot T^{\log_2 7}\approx 2^{118}<2^{128}$ 个 CPU 时钟周期内的攻击。给定使用的布尔函数，不适合将这个攻击扩展到情形 S2 下，因为对给定的 $\varepsilon>2^{-6}$，没有次数小于 6 的好的逼近，低次数的多项式与要逼近的函数的距离比较大。然而，可以用策略 B 改进这个攻击。改进的攻击不是猜测钟控子系统的状态，而是在一个时刻钟控它 $2^{39}-1$ 次，并应用上述简单的线性化 S1 型攻击，$\varepsilon=0$，而可忽略第一个生成器的存在。现在的复杂度仅是 $7/16\cdot T^{\log_2 7}\approx 2^{79}$，但需要更多的密钥流比特，即 2^{68} b 而不是 2^{29} b。

4. 对 LILI-128 较好的攻击

先使用前面提到的分解多变量多项式的观点对 LILI-128 进行分析。考虑 f 的次数为 5 和 6 的部分，它可被分解成如下形式：

$$x_7x_9(x_3x_8x_{10}+x_4x_6x_8+x_4x_6x_{10}+x_4x_8x_{10}+x_5x_6x_8+x_5x_6x_{10}+x_4x_6x_8x_{10}+x_5x_6x_8x_{10})$$

这意味着当 f 乘以 x_7+1 或 x_9+1 时，得到的多项式的次数从 $6+1=7$ 降到 $4+1=5$。然后，分别考虑多项式 $f(x)(x_7+1)$ 和 $f(x)(x_9+1)$ 中次数为 5 和 4 的部分的分解。只有第二个函数的相应部分仍然能被分解并可分解为如下形式：

$$x_{10}(x_3x_7x_8x_9+x_5x_7x_8x_9+x_3x_7x_8+x_3x_8x_9+x_4x_7x_9+x_4x_8x_9+x_5x_7x_8+x_5x_7x_9+x_6x_7x_9)$$

由此可推断出显著的事实：$f(x)(x_9+1)(x_{10}+1)$ 的次数是 4 而不是 8。

为了找到使得 fg 具有低次数的线性独立的 g 的个数，寻找下列多项式集合的线性依赖性(在 g 的最大次数和 fg 的某一最大次数终止)：

$$\{f(x),f(x)x_1,f(x)x_2,\cdots,f(x)x_1x_2,\cdots;1,x_1,x_2,\cdots,x_1x_2,\cdots\}$$

注意到最大次数不可能高于 10，因为仅有 10 个变量。表 5.1.1 给出了 $fg\neq 0$ 的相关模拟结果，并与 g 的次数相同的随机布尔函数进行了比较。通过计算和测试可知

$$f(x)x_8x_{10}=x_8x_{10}(x_2x_9+x_3x_7+x_4x_7+x_5x_9+x_1+x_4+x_5+x_6)$$

表 5.1.1 使得 fg 具有低次数的线性独立的 g 的个数的模拟结果

函　数	LILI-128 的 f						随机布尔函数					
g 的次数	10	1	2	3	4	10	10	1	2	3	4	10
fg 的次数	3	4	4	4	4	4	3	4	4	4	4	4
g 的个数	0	0	4	8	14	14	0	0	0	0	0	0

从表 5.1.1 可以看到，LILI-128 的函数 f 与随机布尔函数相比性质很弱。这表明 LILI-128 的设计不足以抵抗代数分析。事实上，在 LILI-128 中，也存在次数为 4 的多项式使得 $fg=0$。

给定 m 个密钥流比特，可获得 LILI-128 的次数为 4 的 $14m$ 个关于密钥流比特 k_i 的多

变量方程。这就不得不解决一个次数为 4 的超定多变量方程组,这个方程组是真的概率为 1,可由线性化方法来完成。对应于上述两种策略(即策略 A 和 B)有两种攻击形式。

在攻击形式 A 中,第一个生成器的状态被猜测并且复杂度是 2^{39} 的倍数。对每个密钥流比特,可获得 14 个次数为 4 的关于 k_i 的方程。为了线性化,有 $T=C_{89}^4\approx 2^{21}$ 个单项式,并且为了使 $R>T$,需要 $m=T/14\approx 2^{18}$ 个密钥流比特。对 LILI-128 的这个攻击需要 $2^{39}\cdot 7\cdot T^{\log_2 7}/64\approx 2^{96}$ 个 CPU 时钟周期。只要允许访问在一些已知位置的 m 个密钥流比特,这一攻击形式就有效。

在攻击形式 B 中,在某个时刻第一部分被钟控 $2^{39}-1$ 个时钟周期,密钥流比特的数量是 2^{39} 的倍数。有同样的 $T=C_{89}^4\approx 2^{21}$,复杂度是 2^{57} 个时钟周期。这种攻击需要 762GB 的存储空间和 2^{57} 个连续的密钥流比特,或者只需要在形式为 $\alpha+\beta(2^{39}-1)$(对一个固定的 α)的一些位置的 2^{18} 个密钥流比特。一旦第二个 LFSR 在时刻 α 的状态被恢复,则第一个 LFSR 的状态在 2^{39} 次尝试内能被很快地找到。这不是对 LILI-128 的最好的已知攻击,文献[13]中的分析结果表明,LILI-128 可用 2^{46} 个密钥流比特、2^{45} 个 89b 字的查表和大约等效于 2^{48} 个 DES 操作的计算努力破译。然而,攻击形式 B 更具有一般性。

5.1.4 使用 LFSR 比特的一个子集对序列密码的一般攻击

本节将说明当只使用状态比特的一个小子集时,由线性反馈和一个无状态的高度非线性滤波函数组成的生成器是不安全的。考虑一个具有 n 个状态比特的序列密码,并且只使用 k 个状态比特的小子集来推导密钥流比特。这样,就有 $\{x_1,x_2,\cdots,x_k\}\subset\{s_0,s_1,\cdots,s_{n-1}\}$,这里假定 k 是一个小常数,n 是一个安全参数。例如,对 LILI-128 的第二个部分,$k=10,n=89$。

这里将在情形 S3 下进行一个攻击。寻找低次数多项式 $g\neq 0$ 使得 fg 也具有低次数。为了达到这一目标,检查定义在下列的多项式集 $C=A\cup B$ 上的线性依赖性。首先考虑次数不大于 d 的所有可能的单项式(这一部分将构成 fg),记为 $A=\{1,x_1,x_2,\cdots,x_1x_2,\cdots\}$。然后考虑次数不大于 d 的 f 的所有乘以单项式的倍式(这一次数对应 g 的次数),记为 $B=\{f(x),f(x)x_1,f(x)x_2,\cdots,f(x)x_1x_2,\cdots\}$。

设 $C=A\cup B$。A、B、C 中的所有元素可被视作 x_i 的多变量多项式,因此需要用 x_i 的表达式代替 f。具有 k 个变量的多变量多项式集合的维数不能大于 2^k。如果在这个集合中的元素多于 2^k 个,则线性依赖性必将存在。这种组合允许找到一个函数 g 使得 fg 具有比 f 低的次数。更精确地,有如下的低次数关系定理。

定理 5.1.1 设 $f: F_2^k\to F_2$ 是任意一个布尔函数,则有一个次数至多为 $\lceil k/2\rceil$ 的布尔函数 $g\neq 0$,使得 fg 的次数至多为 $\lceil k/2\rceil$。

证明:如果 A 中包括所有次数直到 $\lceil k/2\rceil$ 的单项式,则 $|A|=\sum_{i=0}^{\lceil k/2\rceil}C_k^i$。类似地,如果 B 中包括所有次数直到 $\lceil k/2\rceil$ 的单项式与 f 的积,则 $|B|=\sum_{i=0}^{\lceil k/2\rceil}C_k^i$。所以 $|C|=|A|+|B|=\sum_{i=0}^{\lceil k/2\rceil}C_k^i+\sum_{i=0}^{\lceil k/2\rceil}C_k^i=\sum_{i=0}^{\lceil k/2\rceil}C_k^i+\sum_{i=0}^{\lceil k/2\rceil}C_k^{k-i}>\sum_{i=0}^{k}C_k^i=2^k$,而 $C=A\cup B$ 的个数不能超过 2^k,这样就必然存在一定的线性依赖性。因为在集 C 中的 A 部分没有线性依赖性,所以 $g\neq 0$。

由定理 5.1.1 可知，对于任何基于线性反馈的非线性滤波序列密码，如果非线性滤波使用 k 个变量，则在 n 个密钥流比特中，可以至少产生一个次数约为 $k/2$ 的方程。这些方程通常可由线性化方法来解决。为了获得一个完全饱和的可通过线性化方法求解的方程组，需要至多 $\sum_{i=0}^{k/2} C_n^i \approx C_n^{k/2}$ 个密钥流比特。再者，如果对一个给定的 f，在 C 中有一定的线性依赖性，则可以使用一些线性独立的 g，并对于每个密钥流比特将获得相应个数的方程。因而，密钥流长度要求必须被整除，例如前面介绍的例子可被 14 整除。

综上所述，可得到如下的对任意 k 个输入的布尔函数的一般化攻击：$d=k/2, \varepsilon=0$，数据量为 $C_n^{k/2}$，存储量为 $(C_n^{k/2})^2$，复杂度为 $(C_n^{k/2})^\omega$。这个攻击可处理最坏的情况。而具体密码使用的函数有可能具有更低的安全性。例如，在 LILI-128 中，$k=10$，严格应用定理 5.1.1，最坏情况下的复杂度是 $O(n^{6\omega})$（对任意的布尔函数）。而在文献[2]的扩展版本中证明其平均复杂度是 $O(n^{5\omega})$（对一个随机布尔函数）。对于使用在 LILI-128 中的具体函数，前面介绍的攻击的复杂度是 $O(n^{4\omega})$。

如果 k 是固定的，那么这个攻击是多项式的。如果 $k=O(n)$，这个攻击关于 n 仅是指数的。使用在一个滤波函数中的比特数不会小。在实际中，谈论多项式或非多项式时间容易引起误解并且总是用具体的结果来控制。假定知道滤波函数的最大次数不能超过 k，则可看到在情形 S1 下，基于线性反馈的任何序列密码都能通过简单的线性化方法被破译，需要给定 C_n^k 个密钥流比特，复杂度大约为 $(C_n^k)^\omega$。如果 k 是固定的，这个简单的攻击方法是多项式的[15]。许多以这种方式设计的序列密码的复杂度大约为 $(C_n^k)^\omega \approx 2^{80}$。实际中，攻击的复杂度 $(C_n^{k/2})^\omega$ 大约是 $(C_n^k)^\omega \approx 2^{80}$ 的平方根，所以破译所有这些密码的复杂度大约是 2^{40}。

5.1.5 应对代数分析方法的措施

由定理 5.1.1 可得出如下实现最优抵抗代数分析的要求：当集合 A 和 B 被生成直到任何严格地小于依赖性一定存在的次数时，确保没有线性依赖性存在。这可归结为如下的准则。

最优抵抗准则 5.1.1 当集合 A 和 B 被生成直到关于 x_i 的次数为 $\lfloor k/2 \rfloor$，则集合 $C=A\cup B$ 的个数是最大的。

易知，这个准则暗含着要阻止情形 S1 的攻击形式，f 的次数将是足够大的。然而，这个要求不能保证情形 S2 或 S4 的攻击不存在[5]。

综合前面的分析结果可以看出，具有下列情况之一的滤波生成器都可用代数分析方法来攻击：

(1) f 使用一个小的状态比特子集，如 LILI-128 中使用的是 10b 的子集。

(2) f 是很稀疏的，如 Toyocrypt 中使用的函数。

(3) 能从 f 中分解出一个低次数因子，如 Toyocrypt 中使用的函数。

(4) 能用上述情况之一来逼近 f。

(5) f 的高次数部分是上述情况之一。

从上述情况可以得出以下结论。首先，在滤波生成器中，滤波函数应使用许多状态比特（如至少 32b）并且不是太稀疏的，所以它也有许多很高次数的项（如至少 32 项）。其次，高次数部分不具有低次数因子，并且它本身也使用了许多状态比特。最后，高次数部分的近似逼近同样不能具有低次数因子，或者只使用了一小部分状态比特。从 LILI-128 中可以看到，具体的函数呈现的行为也许比同样次数的随机函数呈现的行为更坏。

从前面的分析也可以看到，当存在 h、g 使得 $fg+h=0$ 时，h 具有低次数，或者 $h=0$ 且 g 具有低次数。在这两种情况下，fg 的次数都比期望的要小，它小于 f 和 g 的次数之和。因此，理想的抵抗代数分析的策略是：给定函数 f，对每一个合理次数的函数 g，fg 的次数将总是等于 $\deg(f)+\deg(g)$。这是对使用在序列密码中的布尔函数提出的一个新设计准则，其目的是为了抵抗代数分析。

前面已经指出，代数免疫度是刻画布尔函数抵抗代数分析能力的一个重要指标，现在接着讨论这个问题。

布尔函数的代数免疫度的概念是由 Meier 等[16]于 2004 年提出的，他们将文献[2]中的情形 S3 的 3 种情况归结为两种情况，用代数免疫度刻画了代数分析的本质特征，并给出了判决布尔函数是否有非零低次数零化子的一个有效算法。这一概念在提出后得到学术界的高度关注，人们着重研究以下问题：代数免疫度与原有密码学指标（如非线性次数、非线性度、相关免疫阶）之间的关系以及与布尔函数的汉明重量之间的关系[17-19]，构造具有最大代数免疫度或高代数免疫度的布尔函数[20-23]，关注具有最大或特定代数免疫度的布尔函数的计数问题[16,24]，寻找计算一个布尔函数的代数免疫度的快速计算方法[10,16]，等等。这里只简单介绍关于代数免疫度的几个基本结论。

引理 5.1.1 设 $f: F_2^n \to F_2$ 是一个 n 元布尔函数，则 $\mathrm{AI}(f)\leqslant\deg(f)$。

证明：因为 $f(f+1)=0$，所以 $f+1$ 是 f 的零化子，由代数免疫度的定义可知，$\mathrm{AI}(f)\leqslant\deg(f)$。

引理 5.1.2 设 $f: F_2^n \to F_2$ 是一个 n 元布尔函数，则 $\mathrm{AI}(f)\leqslant\lceil n/2\rceil$。

证明：由定理 5.1.1 可知，对 f，存在次数不超过$\lceil n/2\rceil$的非零函数 g，使得 $fg=h$ 的次数不超过$\lceil n/2\rceil$。如果 $g=h$，则$(f+1)g=0$；如果 $g\neq h$，在 $fg=h$ 的两边同乘 f 得 $fg=f^2g=f(fg)=fh$，记 $g'=g+h\neq 0$，则 g'的次数不超过$\lceil n/2\rceil$且 $fg'=f(g+h)=0$。因此，由代数免疫度的定义可知，$\mathrm{AI}(f)\leqslant\lceil n/2\rceil$。

引理 5.1.3 设 $f: F_2^n \to F_2$ 是一个 n 元布尔函数，记全体 n 元布尔函数之集为 B_n，$A_n(f)=\{g\mid fg=0\}$，则 $A_n(f)$是 B_n 的一个主理想，即

$$A_n(f)=\{(1+f)r\mid r\in B_n\}=<1+f>$$

其大小为$|A_n(f)|=2^{2^n-W_{\mathrm{H}}(f)}$。特别地，当 f 是平衡布尔函数时，$|A_n(f)|=2^{2^{n-1}}$。其中 $W_{\mathrm{H}}(f)$表示 f 的汉明重量。

证明：首先证明 $A_n(f)$是 B_n 的一个子环。显然，$1+f\in A_n(f)$，所以 $A_n(f)\neq\varnothing$。易知，$A_n(f)$在加法和乘法之下封闭，且满足结合律，这说明 $A_n(f)$是 B_n 的一个子环。另外，易验证，对任意的 $r\in B_n$，$g\in A_n(f)$，有 $rg\in A_n(f)$，这样 $A_n(f)$是 B_n 的一个理想。现在证明 $A_n(f)$是一个主理想。如果 $h\in A_n(f)$且 $h\notin<1+f>$，则 $fh=0$ 暗含着 $h(1+f)=h$，所以 $h\in<1+f>$，导致矛盾。所以 $A_n(f)=<1+f>$是一个主理想。

接下来，证明$|A_n(f)|=2^{2^n-W_{\mathrm{H}}(f)}$。因为 $fg=0$ 暗含着：在任何使得 $f(\tau)=0$ 的位置 $\tau\in F_2^n$，$g(\tau)$可以任意选择，即总共有 $2^{2^n-W_{\mathrm{H}}(f)}$ 种可能选择 g，因此，$|A_n(f)|=2^{2^n-W_{\mathrm{H}}(f)}$。特别地，当 f 是平衡布尔函数时，$W_{\mathrm{H}}(f)=2^{n-1}$，代入前式即可得。

关于子环、理想、主理想的概念可参阅文献[25]。

引理 5.1.4　设 $f: F_2^n \to F_2$ 是一个非仿射的 n 元平衡布尔函数，则 $A_n(f)$ 恰好包含一个平衡函数，即为函数 $1+f$。特别地，$A_n(f)$ 没有非零仿射函数。

证明：要使 $fg=0$，必须每当 $f(x)=1$ 时，$g(x)=0$。因为 f 是平衡的，所以 $W_{\mathrm{H}}(g) \leqslant 2^{n-1}$。如果 g 是平衡的，则 g 一定是 f 的补函数，即 $g=\bar{f}=1+f$。特别地，因为任何仿射函数是平衡的，且由假设知 $1+f$ 是非仿射函数，所以 $A_n(f)$ 中没有非零仿射函数。

由引理 5.1.4 可直接推出：任何 n 元仿射函数 $a \neq 0,1$ 恰有一个次数为 1 的非零零化子，即 $1+a$，这是因为 a 是平衡仿射，所以唯一的次数为 1 的平衡零化子具有形式 $1+a$。

关于布尔函数的代数免疫度与其汉明重量之间有如下关系，详细证明可参阅文献[18]。

引理 5.1.5　设 $f: F_2^n \to F_2$ 是一个 n 元布尔函数，$\mathrm{AI}(f)>d$，则

$$\sum_{i=0}^{d} \mathrm{C}_n^i \leqslant W_{\mathrm{H}}(f) \leqslant \sum_{i=0}^{n-(d+1)} \mathrm{C}_n^i$$

从而，$\mathrm{AI}(f)=\lceil n/2 \rceil$ 意味着

(1) 当 n 为奇数时，f 必为平衡函数。

(2) 当 n 为偶数时，有

$$\sum_{i=0}^{\mathrm{C}_n^2-1} \mathrm{C}_n^i \leqslant W_{\mathrm{H}}(f) \leqslant \sum_{i=0}^{\mathrm{C}_n^2} \mathrm{C}_n^i$$

5.2　快速代数分析方法

文献[3]考虑了包括许多输出比特的更一般的方程，而不是像 5.1 节中那样只考虑一个或较少的比特，并提出了一个找到和利用这样的方程的快速方法，这个方法允许获得不能用任何其他已知的方法获得的方程，从而得到更快的代数分析。这种方法不仅可用于攻击 5.1 节所介绍的序列密码模型，也可用于攻击带记忆的组合器(如 E0 算法)。本节主要介绍文献[3]中的相关工作。

5.2.1　攻击所使用的方程类型

我们希望解决如下的问题：给定一些密钥流比特，找到初始状态。从原理上说，这是一个已知明文攻击。然而，在一些情况下，唯密文攻击也是可能的。例如，如果明文用拉丁字母书写，并且没有使用过多的特殊字符，我们期望所有字节的最高比特等于 0，那么只要所需的密文量是 8 的倍数，这里介绍的所有攻击都能有效工作。的确，这等效于知道同一密码的所有连续密钥流比特，用八重合成 L^8 来代替 L。我们的攻击目标是通过求解多变量方程从 m 个连续的密钥流比特 $b_0 b_1 \cdots b_{m-1}$ 中恢复初始状态 $(k_0, k_1, \cdots, k_{n-1})$。不像 5.1 节那样，快速代数分析确实需要连续的比特。

关于序列密码的代数分析有许多不同但密切相关的方法，其主要不同点是它们所使用的方程类型，这通常决定了生成和求解这些方程的方法。

1. 基于直接给出的方程的攻击

这种方法只用于无记忆或无状态的组合器，已在 5.1 节做了详细介绍，也可参阅文献

[2]。这里给出的方程组是

$$\begin{cases} b_0 = f(k_0, k_1, \cdots, k_{n-1}) \\ b_1 = f(L(k_0, k_1, \cdots, k_{n-1})) \\ b_2 = f(L^2(k_0, k_1, \cdots, k_{n-1})) \\ \quad\vdots \end{cases}$$

其中$(k_0, k_1, \cdots, k_{n-1})$是初始状态，$b_i(i=0,1,2,\cdots)$是密钥流比特。这个方程组可通过文献[5]中的方法直接求解，也可用文献[2]中的方法（即5.1节介绍的方法）求解，后一种方法不是直接求解，而是首先乘以一个良好选择的多变量多项式以降低方程的次数，然后再求解。下面将介绍一些产生推导方程的更先进的方法。

2. 使用特定方程的更一般的攻击

5.1节中的方法只考虑与密钥流比特和输出比特相关的多变量方程或关系，也许由于各种原因存在如下关系：

$$0 = \alpha + \sum \beta_i k_i + \sum \gamma_i b_i + \sum \delta_{ij} k_j b_j + \sum \varepsilon_{ijk} k_i b_j b_k + \cdots$$

本节只讨论以概率1成立的方程。

上面给出的方程可以称为类型$1 \cup k \cup b \cup kb \cup kb^2$的方程。这个符号易于理解，例如，1表示一个常数单项式存在，kb^2表示类型$k_i b_j b_k$的所有单项式存在。用大写字母表示包含低次数单项式的方程的类型，例如$K^2 = k^2 \cup k \cup 1, B = b \cup 1$，上面给出的方程类型也可表示为$KB \cup kb^2$。注意，不是类型$KB^2$，因为它没有包含单项式$b_i b_j$（即类型$b^2$的单项式）。

使用特定(Ad-hoc)类方程的攻击过程主要包括如下3步：

第1步：预计算阶段，找到这些方程。

第2步：给定某一密钥流$b_i(i=0,1,2,\cdots)$，将其代入方程，得到一个关于k_j的超定方程组。

第3步：求解这个超定方程组。给定充分多的密钥流比特，应用简单的线性化技术对出现在方程组中的每个单项式增加一个新的变量，然后求解这个大的线性方程组。如果获得的密钥流较少，将使用XL算法的变体来求解这个方程组[5,9]。

显然，如果这样的方程涉及T个单项式，可在时间$T^{\omega}(\omega<3)$内找到，该时间是Gauss约化的指数。本节将介绍一种方法，使得在一些情况下能在T的线性或亚线性时间内找到这种方程。另一种类似特定方程的方法是考虑有一个输出但使用一些输出函数$f_i \stackrel{\text{def}}{=} f \circ L^i$的序列密码，那么特定方程归结起来是寻找通常具有低次数的类型$\sum_i f_i g_i$的代数组合。如果g_i也具有低次数，对$j=0,1,2,\cdots$，攻击将利用下面的低次数等式：

$$\sum_i f_i(L^j(s)) g_i(s) = \sum_i b_{i+j} g_j(s)$$

这种方法比情形S3的攻击更有效。这样的方程可能存在，无须一个低次数积$f_i g_i$存在。即使对带记忆或有状态的组合器f，这样的方程也可能存在。

3. 使用在情形S3的攻击中的方程

设f是一个布尔函数，假定f有某一低次倍式$fg(g \neq 0)$。设$\deg(fg)=d$，d不太大，则 5.1 节已给出有效的攻击方法。对在位置 t 的每个已知密钥流比特，得到一个具体值 $b_i=f(s)$ 并给出方程 $f(s)g(s)=b_tg(s)$，对当前的 $s=L^t(k_0,k_1,\cdots,k_{n-1})$，可将这个方程重新写为

$$f(L^t(k_0,k_1,\cdots,k_{n-1}))g(L^t(k_0,k_1,\cdots,k_{n-1}))=b_tg(L^t(k_0,k_1,\cdots,k_{n-1}))$$

如果 $\deg(g)\leqslant d$，则这个方程能使用 b_t 的任何值；否则它仍然能使用 $b_t=0$，即时刻的一半。这样，对每个或大约两个密钥流比特，可得到一个多变量方程。这些方程中的每个都具有相同的次数，因此必然获得一个能有效地求解的超定方程组(方程数远大于 n)。

4. 双层甲板方程

定义 5.2.1[双层甲板(double-decker)方程] 对任何正整数 $d,e,f,e<d$，把任何类型是 $K^d\cup K^eB^f$ 的多变量方程的集合称为具有次数(d,e,f)的双层甲板方程。换句话说，双层甲板方程是指仅包含 k_i 且最大次数为 d 的单项式和被 b_j 整除且 k_i 的最大次数为 e 的单项式。

双层甲板方程用来找到更好的类型是 K^eB^f 的特定方程，这些方程由于次数比较大而不能直接获得，只能采用下列两个步骤间接获得：

第 1 步：找到一些次数为(d,e,f)的双层甲板方程。

第 2 步：删去所有类型是 $k^{e+1}\cdots k^d$ 的单项式，剩下的只有类型是 K^eB^f 且 k_i 的最大次数为 e 的单项式。

从 5.1.2 节可知，Toyocrypt 序列密码有两个类型是 $f(s)g(s)=b_tg(s)$ 的方程，这里 $e=\deg(g)=1,d=\deg(fg)=3$。取 $g(s)=s_{23}-1$，则 $f(s)g(s)$ 的次数大于或等于 4 的单项式都已消失，剩下的多项式的次数为 3。

从 5.1.3 节可知，LILI-128 序列密码有 4 个类型是 $f(s)g(s)=b_tg(s)$ 的方程，这里 $e=\deg(g)=2,d=\deg(fg)=4$。取 $g(s)=s_{44}s_{80}$，则 $f(s)g(s)$ 是下面的次数为 4 的多变量多项式：

$$f(s)g(s)=s_{44}s_{80}(s_1s_{65}+s_3s_{30}+s_7s_{30}+s_{12}s_{65}+s_0+s_7+s_{12}+s_{20})$$

对于 E0 序列密码，可以寻找下列类型的方程：

$$h(s)=\sum_i b_ig_{i,0}(s)+\sum_i b_ib_jg_{i,j}(s)$$

这里 $e=\max(\deg(g_{i,j}))<d=\deg(h)$。也可称为类型 $K^d\cup B^2K^e$。这样的一个方程是类型 $K^4\cup B^2K^3$，在这个方程中，$e=3,d=4$，详细分析可参阅文献[26-27]。模拟结果表明，这个方程存在并且总是真的，同时当组合仅有 4 个连续的状态时它是唯一的。

上述 3 个序列密码的双层甲板方程即类型 $K^d\cup K^eB^f$ 的多变量方程可归结为表 5.2.1。

表 5.2.1 3 个序列密码的双层甲板方程

序列密码	次数			方程类型	方程个数	每个方程的连续 b_i 个数
	d	e	f			
Toyocrypt	3	1	1	$K^3\cup bk^1$	2	1
LILI-128	4	2	1	$K^4\cup bK^2$	4	1
E0	4	3	2	$K^4\cup B^2K^3$	1	4

5.2.2 对序列密码的预计算代数分析

本节首先介绍一个一般的预计算代数分析，其次介绍一个更快的预计算代数分析，最后介绍一些攻击实例。

1. 一般的预计算代数分析

假定对一个给定的序列密码，有一个类型为 $K^d \cup K^e B^f$ 的双层甲板方程组，f 是很小的，例如 $f \leqslant 2$。假定这些初始的方程的规模是一个小常数，为 $O(1)$，例如它们是稀疏的或使用了一个小的状态比特子集。将用下列形式表示方程：

$$\mathrm{Left}(L^t(k)) = \mathrm{Right}(L^t(k), b)$$

将所有类型为 K^d 的单项式放在左边；将所有类型为 $K^e B^f$ 的单项式放在右边；对类型为 K^e 的单项式，既可以将它们放在左边，也可以放在右边，这无关紧要。一般的预计算代数分析的过程如下：

第 1 步：假定至少有 $R = \mathrm{C}_n^d + \mathrm{C}_n^e \approx \mathrm{C}_n^d$ 个方程，这些方程可通过给定的大约至多 C_n^d 个密钥流比特获得。

第 2 步：对左边的所有单项式，即所有关于 k_i 的次数直到 d 的单项式，使用 Gauss 消去法。由于 R 选择的是超过单项式的个数的值，所以这样做是可能的。这至少给出了一个左边的 α 的线性组合是 0 的结果，即 $0 = \sum_t \alpha_t \mathrm{Left}(L^t(k))$。因为 $R = \mathrm{C}_n^d + \mathrm{C}_n^e$，至少能产生 C_n^e 个这样的线性独立的线性组合。它们中的每个涉及大约 C_n^d 个 $\mathrm{Left}(L^t(k))$ 项。

第 3 步：找到大约 C_n^e 个解 α，这里 $\mathrm{C}_n^e \ll \mathrm{C}_n^d$，其复杂度大约是 $(\mathrm{C}_n^d)^w$。

第 4 步：把这些线性组合应用于右边，得到一个类型 $B^f K^e$ 的方程组，即 $0 = \sum_t \alpha_t \mathrm{Right}(L^t(k), b)$。例如，对 Toyocrypt 或 LILI-128，可得到 $0 = \sum_t \alpha_t b_t g(L^t(k))$。类似地，对 E0，使用直到 C_n^4 个连续的比特 b_i 可得到类型 $B^2 K^2$ 的方程组。

第 5 步：获得由 C_n^e 个方程构成的一个预计算信息（一种陷门），这些方程中的每一个都具有规模 $O(\mathrm{C}_n^d)$，这是因为假定初始方程的规模是一个小的常数 $O(1)$。利用这个陷门信息，给定在序列中事先确定位置 t 的一个序列 b_i，通过求解次数为 e 而不是 d 的方程组计算秘密密钥 k。

第 6 步：给定一个序列 b_t，将其代入所有的方程，这一步需要的计算量大约为 $O(\mathrm{C}_n^d \cdot \mathrm{C}_n^e)$。

第 7 步：获得 C_n^e 个次数为 e 的方程，可通过线性化方法来求解，线性化的复杂度大约是 $(\mathrm{C}_n^e)^w$。

一般的预计算代数分析可总结为：给定 C_n^d 个初始方程，允许计算一个陷门信息，对从破解的密码获得的 b_t 的任何值，允许使用大约 $\mathrm{C}_n^d \cdot \mathrm{C}_n^e + (\mathrm{C}_n^e)^w$ 个操作计算密钥。如果将这个攻击应用于 5.2.1 节介绍的双层甲板方程，不能改进文献[2,26,27]中的攻击。唯一的办法是：用同样的复杂度做一次预计算，然后反复地用更低的复杂度破译密码。

2. 快速预计算代数分析

在快速预计算代数分析中，有如下 3 个附加的要求或限制：

(1) 使用的方程必须对每一个密钥流比特模一个变量变化恰好是一样的，这是由于事

实 $s=L^t$ 造成的。例如，在 5.1 节的攻击中，对每一个密钥流比特 b_t，可使用基于不同的线性独立的函数 g 的类型 $f(L^t(k))g(L^t(k))=b_t g(L^t(k))$ 的一个或一些方程。在这里的攻击中，仅使用同一个函数 g。

(2) 像在文献[2]中的所有攻击一样，对于上面介绍的一般的预计算代数分析，在给定任何密钥流比特的子集的情况下均有可能进行攻击。改进的(即快速的)攻击将需要连续的密钥流比特。如果密钥流每隔一定时间被选取，则这个攻击也可有效工作。用 L 表示不同的线性反馈函数，不失一般性，可假定密钥流比特是连续的。

(3) 假定线性反馈 L 是非奇异的，在某种意义上说序列 $k, L(k), L^2(k), \cdots$ 总是周期性的，我们也将假定这个序列只有一个单循环。对所有已知的基于线性反馈的序列密码，特别是当它们是基于一个或若干最大长度 LFSR 的序列密码时，这个假定是真的。

如果所有的方程具有 Equation$(L^t(k))$ 的形式并且所有的密钥流比特是连续的，则方程组有一个很规则的递归结构：

$$\begin{cases}\mathrm{Left}(k_0,k_1,\cdots,k_{n-1})=\mathrm{Right}(k_0,k_1,\cdots,k_{n-1};b_0,b_1,\cdots,b_{m-1})\\ \vdots\\ \mathrm{Left}(L^t(k_0,k_1,\cdots,k_{n-1}))=\mathrm{Right}(L^t(k_0,k_1,\cdots,k_{n-1});b_t,b_{t+1},\cdots,b_{t+m-1})\\ \vdots\end{cases}\tag{5.2.1}$$

现在，忽略这些方程的右边。它们的左边不依赖于 b_i，正好是类型 K^d 的多变量多项式。如果考虑至少 C_n^d 个连续的方程，一个线性依赖性 α 必存在。这个线性依赖性不依赖于输出 b_i。设 S 是使得线性依赖性 α 最小的规模，有 $S\leqslant \mathrm{C}_n^d$。

由于方程的递归结构，线性依赖性 α 能被应用于任何地方。的确，有

$$\forall k, 0=\sum_{t=0}^{S-1}\alpha_t \mathrm{Left}(L^t(k)) \Rightarrow \forall k, \forall i, 0=\sum_{t=0}^{S-1}\alpha_t \mathrm{Left}(L^{t+i}(k))\tag{5.2.2}$$

因为假定序列 $k, L(k), L^2(k), \cdots$ 有一个单循环，所以线性依赖性 α 不依赖于密码的秘密密钥并且对所有的 k 都是一样的。在一般的预计算代数分析中，不得不找到 C_n^e 个线性依赖性 α，这里找到一个 α 并且在 $S\leqslant \mathrm{C}_n^d$ 个方程的 $\mathrm{C}_n^e \ll S$ 个连续的视窗重用它。

已经证实了一个众所周知的事实：对每一个初始 k，方程左边的值能从某一长度至多为 S 并由 α 定义的 LFSR 获得。也能做相反的事情，即从密钥序列恢复 α，也就是 LFSR 的综合问题，给定密钥序列的 2S 比特就可恢复 α。找到 α 是整个方法的关键。可将寻找 α 的方法归纳为如下的算法。

算法 5.2.1

第 1 步：选择一个随机密钥 k'(α 不依赖于 k)并计算这个 LFSR 的 2S 个输出比特 $c_t=\mathrm{Left}(L^t(k'))$，$t=0,1,\cdots,2S-1$。

第 2 步：应用 B-M 算法找到这个 LFSR 的联结多项式，这必定是 α。

完成上述步骤，即计算序列 c_i 和 LFSR 综合将需要大约 $O(S^2)$ 个操作，比 Gauss 消去法需要的开销 $O(S^\omega)$ 少。然而，这个算法还能够被改进成本质上关于 S 是线性的。因此，得到

$$\forall i, 0=\sum_{t=0}^{S-1}\alpha_t \mathrm{Left}(L^{t+i}(k'))\tag{5.2.3}$$

快速寻找 α 的方法如下：

(1) 可观察到，如果 L 包括一个 LFSR 或由多个 LFSR 组合而成，则所有的 $L^t(k')$ 能大约在时间 $O(Sn^2)$ 内甚至在 $O(Sn)$ 内计算出来。因为 $n \ll S \approx C_n^d$，所以时间本质上关于 S 是线性的。另外，在实际中，方程组 Left$(L^t(k'))$ 是稀疏的或有一个允许快速计算的已知结构，能假定其是一个常数，小于 n，因此更小于 S。Toyocrypt，LILI-128 和 E0 都是这种情况。这里利用了这些密码都被设计为允许快速计算这一事实。

(2) 使用 B-M 算法恢复 α 需要的计算量为 $O(S^2)$，但使用改进的 B-M 算法[28]仅需 $O(S\log_2(S))$ 个操作。然而，我们并不知道改进的 B-M 算法对快速预计算代数分析中使用的 S 的具体值究竟有多快。

在使用 α 时，同样的线性依赖性将被使用 C_n^e 次。由式(5.2.1)和式(5.2.2)可知

$$\forall i, 0 = \sum_{t=0}^{S-1} \alpha_t \mathrm{Right}(L^{t+i}(k); b_{t+i}, b_{t+i+1}, \cdots, b_{t+i+m-1}) \tag{5.2.4}$$

因为 Right(t) 不依赖于许多 b_i，一般是一个滑动子集，并且输出序列 b_i 不可能有任何周期性结构，所以期望对于不同的 i，所有这些方程是不同的。也期望这些方程中有极少数是多余的，即是线性依赖的。

快速预计算代数分析可总结如下。首先，给定大约 $m = C_n^d + C_n^e \approx C_n^d$ 个连续的密钥流比特。其次，使用一个改进的 B-M 算法计算线性依赖性 α。这一步被期望关于 S 本质上是线性的，至多操作 $O(S\log_2(S) + Sn)$ 步，$S = C_n^d$。这个 α 是预计算信息或陷门，允许给定连续的密钥流比特的一个序列 b_i，通过求解次数仅是 $e < d$ 的方程组恢复秘密密钥 k。这一步需要的总开销大约为 $O(C_n^d \cdot C_n^e) + (C_n^e)^\omega$ 个操作。

在快速预计算代数分析中，消耗最大的存储操作是存储规模至多为 C_n^e 的 C_n^e 个方程。此处仅存储用输出比特 b_i 代替后的方程，需要的存储量至多为 $(C_n^e)^2$ 比特。

值得注意的是，上述快速预计算分析正确意味着式(5.2.3)成立暗含着式(5.2.2)成立。这一点还没有得到严格证明，但不影响实际应用，因为大量的模拟实验结果表明这样做在密码学意义上的合理性。5.3 节将对一类特定序列密码给出严格的证明并做进一步的研究与分析。

3. 一些攻击实例

在下面的讨论中，$O(2^n)$ 表示对某一常数 C，复杂度至多为 $C \cdot 2^n$。为简单起见，我们不去确定 C 的精确值。

对 Toyocrypt，有 $n=128, d=3, e=1$。可获得如下的攻击：

(1) 在 $O(2^{23})$ 内完成一个预计算。

(2) 给定 $2^{18.4}$ 个连续的密钥流比特。

(3) 计算密钥，大约需要 $O(2^{20})$ 个 CPU 时钟周期和 2^{14}b 存储量。

对 LILI-128，有 $n=89, d=4, e=2$。可获得如下的攻击：

(1) 在 $O(2^{26})$ 内完成一个预计算。

(2) 给定 $2^{21.3+39} \approx 2^{60}$ 个连续的密钥流比特。

(3) 计算第二个 LFSR 的初始状态，大约需要 $O(2^{31})$ 个 CPU 时钟周期和 2^{24}b 存储量。

(4) 一旦第二个 LFSR 的初始状态被恢复，第一个 LFSR 的状态就能很容易地找到，需要的操作大约小于 2^{20}。的确，一旦知道第二个 LFSR 的初始状态，就可以预测第二个 LFSR 的任何量的连续的比特 a_i，然后就可以猜测第一个 LFSR 的若干(如 20 个)连续的输

出比特 c_i，以确定 a_i 的一个子序列等于观察到的输出序列段 b_i。已证实，仅平均需要 c_i 中一个或两个长为 20b 的串，就可以确认选择是否正确，剩余的 39b－20b＝19b 可用穷举搜索来找到。

对 E0，有 $n=128$，$d=4$，$e=3$。可获得如下的攻击：

(1) 在 $O(2^{28})$ 内完成一个预计算。

(2) 给定 $2^{23.4}$ 个连续的密钥流比特。

(3) 计算密钥，大约需要 $O(2^{49})$ 个 CPU 时钟周期和 2^{37} b 存储量。

5.2.3 对无记忆序列密码的快速一般攻击

5.1 节中对基于线性反馈和一个非线性无记忆或无状态滤波函数的序列密码进行了代数分析。本节针对这种类型的序列密码给出两个更有效的代数分析。

1. 对使用小次数滤波函数且无记忆序列密码的快速一般攻击

定理 5.2.1（对基于线性反馈的序列密码的新的一般攻击） 如果布尔函数 f 的次数是 d，作用于 n 个状态比特中的 k 个比特，它的输出可在时间 $O(1)$ 内计算，则给定 C_n^k 个连续的密钥流比特，攻击者仅需 $O(n^{d+2})$ 个操作即可恢复密钥。

直接应用下面的快速代数分析可证明定理 5.2.1。

首先将要攻击的密码按下面的方程描述：

$$f(L^t(k_0,k_1,\cdots,k_{n-1}))=b_t$$

将这个方程分成两部分：

$$0=f(s)+b_t=\text{Left}(s)+\text{Right}(s,b_t)$$

其中，Left(s)恰是 f 的次数为 $2,3,\cdots,d$ 的部分，Right(s,b_t)包含 b_t 和 f 的线性部分。

易知，如果假定计算 f 的时间是常数的（例如，使用一个表，这是常规做法，否则这个密码是不实用的），则计算 Left(·)的时间在 $O(n)$ 内，并且已知它与 f 只有线性部分不同。对 m 个连续的比特 $t=0,1,\cdots,m-1$，得到下面的方程：

$$\text{Left}(L^t(k_0,k_1,\cdots,k_{n-1}))=\text{Right}(L^t(k_0,k_1,\cdots,k_{n-1}),b_t),\quad t=0,1,2,\cdots$$

左边具有类型 K^d，右边具有类型 $K\cup b$，每次仅使用一个 b_i。这样就得到一个次数为 $(d,e,f)=(d,1,1)$ 的双层甲板方程。

设 $S=C_n^d$，k'是一个随机密钥。由 5.2.2 节可知，计算所有的 $L^i(k')(i=0,1,\cdots,2S-1)$的时间至多为 $O(Sn^2)$，在许多实际情况下甚至是 $O(Sn)$。

总之，计算 Left(s)的时间是 $O(n)$，计算 $2S$ 个输出 Left($L^t(k')$)($t=0,1,\cdots,2S-1$)的时间是 $O(Sn)$，使用改进的 B-M 算法计算 LFSR 的联结多项式 α 需要大约 $O(S\log_2 S)$个操作。

由 5.2.2 节可知，用一个时间至多为 $O(Sn^2+S\log_2 S)$ 的预计算，可得到一个方程，即 S 个连续的密钥流比特 b_i 的线性组合等于 k_i 的一个线性组合：

$$\forall t,\sum_{i=0}^{S-1}\alpha_{t+i}b_{t+i}=\text{ResultingLinearCombination}(k_0,k_1,\cdots,k_{n-1})$$

对 S 个密钥流比特的 n 个连续的视窗，通过使用这个方程 n 次，得到一个关于密钥 k 的线性方程组，整个快速预计算攻击的复杂度至多约为 $O(Sn^2)$，实际中通常至多是 $O(Sn)$，这个时间本质上可认为关于 S 是线性的，因为 $n\ll S$。表 5.2.2 总结了这个攻击。

表 5.2.2 次数为 d 的 f 的快速代数分析

连续数据	C_n^d
空间复杂度	$O(n^{d+1})$
预计算复杂度	$O(n^{d+2})$
时间复杂度	$O(n^{d+1})$

值得注意的是,这是一个对序列密码的很简单的线性攻击。规模为 $S=C_n^d$ 的这样的方程总是存在。设 LC 是一个密码的线性复杂度,则总是有 LC$\leqslant S$,并且当 LC$>S$ 时,规模为 S 的这样的方程的存在性被排除在外。相反,如果线性复杂度小于期望值,即 LC$<S$,上述攻击仍然可以有效工作,其攻击复杂度本质上关于 LC 是线性的。这个攻击表明,具有低次数且在常数时间内可计算的布尔函数的密码本质上能在关于该密码的 LC 的线性时间内被破译。

2. 对使用 LFSR 比特的一个子集的无记忆序列密码的快速一般攻击

这里介绍一种对 5.1 节的一般的代数分析方法的改进方法,为此,先一般化定理 5.1.1。

定理 5.2.2(fg 和 g 的次数的折中) 设 $f: F_2^k \to F_2$ 是任意一个布尔函数。对任何一对使得 $d+e\geqslant k$ 的整数(d,e),存在一个次数至多为 e 的布尔函数 $g\neq 0$,使得 fg 的次数至多为 d。

证明:由定理 5.1.1 的证明过程可知,

$$|A|=\sum_{i=0}^{d} C_k^i,\quad |B|=\sum_{i=0}^{e} C_k^i,\quad |C|=\sum_{i=0}^{d} C_k^i+\sum_{i=0}^{e} C_k^i$$

而

$$|C|=\sum_{i=0}^{d} C_k^i+\sum_{i=0}^{e} C_k^i=\sum_{i=0}^{d} C_k^i+\sum_{i=0}^{e} C_k^{k-i}>\sum_{i=0}^{k} C_k^i=2^k$$

因为 $C=A\cup B$ 的个数不能超过 2^k,而$|C|>2^k$ 表明一些线性依赖性一定存在。因为在集 C 中的 A 部分没有线性依赖性,线性依赖性一定产生在 B 部分或者 A 部分与 B 部分的组合中,因此 $g\neq 0$。

从定理 5.2.2 可以看到,对任何使得 $d+e\geqslant k$ 的一对整数(d,e)和任何基于线性反馈且使用 k 个变量的非线性滤波函数的序列密码,用 n 个密钥流比特产生次数为$(d,e,1)$的双层甲板方程是可能的。

通过构造至多 2^{k-1} 个单项式,给定 2^k 比特的存储量,计算 Left(·)和 Right(·)是很快的。因为假定 k 是一个小常数,所以这个计算量很小。例如,对 LILI-128,$k=10$,与攻击的其他部分相比,$2^k=1024$ 是一个很小的存储要求。整个 LFSR 的综合需要的时间开销至多是 $O(Sn^2+S\log_2 S)$。表 5.2.3 总结了这个攻击。

表 5.2.3 有 k 个输入的函数 f 的快速代数分析

$\forall(d,e)$ s.t. $d+e\geqslant k$	
连续数据	$C_n^d+C_n^e$
空间复杂度	$O(2^k+C_n^d C_n^e)$
预计算复杂度	$(C_n^d)^{1+o(1)}$
时间复杂度	$O(C_n^d C_n^e)+(C_n^e)^{\omega}$

在条件 $d+e\geqslant k$ 之下，可以假定 $d+e=k$，我们看到 $O(C_n^d C_n^e)\approx(n^d/d!)(n^e/e!)\approx n^k C_k^d$。这个攻击的复杂度将从不会本质上低于 n^k。然而，选择一个较大的 e 将显著降低攻击需要的密钥流的量。许多折中情况是可能的，但它们中的两种情况似乎是特别有趣的：

(1) 容易看到，能使用在这个攻击中的使得 $(C_n^e)^\omega\approx O(C_n^d C_n^e)\approx n^k$ 的最大的 e 没有增加复杂度。这样就有 $e\approx k(1/\omega)$，则 $d\approx k(1-1/\omega)$。因此，需要的连续的密钥流的量大约是 $C_n^d=C_n^{k(1-1/\omega)}$。

(2) 当 $e=d\approx k/2$ 时，可以使得所需密钥流的量最小，但攻击速度较慢。可以看出，在这个攻击中快速预计算将是没有帮助的，因为最后一步比预计算步要慢。另外，为了获得次数为 e 的方程，条件 $e=d$ 下的预计算根本是不必要的，这个攻击最终可归结为5.1节介绍的一般的攻击。

从上面的分析可知，不建议使用基于线性反馈且钟控方式相当简单的序列密码。然而，我们也意识到，当 LFSR 的联结多项式是秘密的，或者钟控是很复杂的且使用满的密钥熵，或者输出序列以一个很复杂的方式被抽取时，所有的代数分析都不能有效地工作。

类似于代数分析中的代数免疫度的概念，对快速代数分析也可引入快速代数免疫度的概念来衡量一个布尔函数抵抗快速代数分析的能力。设 B_n 是全体 n 元布尔函数之集，$f\in B_n$，则 f 的快速代数免疫度(记为 $\mathrm{FAI}(f)$)定义为

$$\mathrm{FAI}(f)=\min\left(2\mathrm{AI}(f),\ \min_{1\leqslant \deg(g)\leqslant \mathrm{AI}(f)}(\max(\deg(g)+\deg(fg),3\deg(g)))\right)$$

5.3 改进的快速代数分析方法

代数分析方法的关键是找到并求解一个非线性方程组，其有效性严重地依赖于非线性方程的次数。快速代数分析的主要目的就是使用一个预计算算法降低非线性方程的次数。不幸的是，预计算的正确性没有得到证明。在文献[29]中，对基于 LFSR 的序列密码证明了这一预计算在密码学意义上的合理性，提出了一个改进的预计算算法并分析了其有效性。本节主要介绍文献[29]中的相关工作。

5.3.1 一个快速预计算算法的正确性证明

本节主要证明算法5.2.1在密码学意义上的合理假设下是正确的。先介绍一些关于线性递归序列的已有事实。

引理5.3.1[30] 一个 F_2 上的序列 $Z=\{z_t\}_{t\geqslant 0}$ 被称为一个线性递归序列，如果存在不全为0的系数 $c_i\in F_2(i=0,1,\cdots,T-1)$，使得对所有的 $t\geqslant 0$，都有 $\sum_{i=0}^{T-1}c_i z_{t+i}=0$。在这种情况下，$\sum_{i=0}^{T-1}c_i x^i\in F_2[x]$ 被称为序列 Z 的一个特征多项式。在 Z 的所有特征多项式中存在唯一的次数最低的多项式 $\min(Z)$，把它称为序列 Z 的最小多项式。一个多项式 $f(x)\in F_2[x]$ 是 Z 的一个特征多项式当且仅当 $\min(Z)$ 整除 $f(x)$。

在本节中，一个序列 Z 总是意味着一个线性递归序列。用 $\bar{F}_2$ 表示 F_2 的代数封闭域，即 $\bar{F}_2$ 是使得 $F_2\subset\bar{F}_2$ 且每个多项式 $f(x)\in F_2[x]$ 在 $\bar{F}_2$ 中至少有一个根的最小域。

定义 5.3.1 设 $R_1,R_2,\cdots,R_\kappa \subseteq \bar{F}_2$ 是两两不交的，记 $R \stackrel{\text{def}}{=} R_1 \cup R_2 \cup \cdots \cup R_K$。称一对向量 $(\alpha_1,\alpha_2,\cdots,\alpha_n)\in R^n$，$(\beta_1,\beta_2,\cdots,\beta_m)\in R^m$ 在 $R_1,R_2,\cdots,R_\kappa$ 上的分解是唯一的，如果下列关系成立：

$$\alpha_1\alpha_2\cdots\alpha_n=\beta_1\beta_2\cdots\beta_m \Rightarrow \prod_{\alpha_i\in R_l}\alpha_i\prod_{\beta_j\in R_l}(\beta_j)^{-1}=1,\quad 1\leqslant l\leqslant \kappa$$

对一个单项式 $\mu=\prod_{j=1}^{k}x_{i_j}\in F_2[x_1,x_2,\cdots,x_n]$，$\{i_1,i_2,\cdots,i_k\}\subseteq\{1,2,\cdots,n\}$ 和 $\alpha=(\alpha_1,\alpha_2,\cdots,\alpha_n)\in R^n$，定义向量 $\boldsymbol{\mu}(\alpha)\stackrel{\text{def}}{=}(\alpha_{i_1},\alpha_{i_2},\cdots,\alpha_{i_k})\in R^k$。

例 5.3.1 设 $R_1=\{\alpha,\alpha\beta\}$，$R_2=\{\beta\}$，$\beta\neq1$，向量对 (α,β) 和 $(\alpha\beta)$ 不能在 R_1、R_2 上唯一分解，这是因为 $\alpha\cdot\beta=\alpha\beta$ 但 $\alpha\cdot(\alpha\beta)^{-1}=\beta^{-1}\neq1$。

定理 5.3.1 设序列 $Z_1=\{z_t^{(1)}\}_{t\geqslant0}$，$Z_2=\{z_t^{(2)}\}_{t\geqslant0}$，$\cdots$，$Z_\kappa=\{z_t^{(\kappa)}\}_{t\geqslant0}$ 的最小多项式两两互素且仅有非零根。设 R_i 是最小多项式 $\min(Z_i)$ 在 $\bar{F}_2$ 中的根的集合，F：$F_2^n\to F_2$ 是任意一个布尔函数，$\boldsymbol{I}=(i_1,i_2,\cdots,i_n)\in\{1,2,\cdots,\kappa\}^n$ 和 $\boldsymbol{\delta}=(\delta_1,\delta_2,\cdots,\delta_\kappa)\in N^\kappa$ 是两个向量。

设 $R=R_{i_1}\times R_{i_2}\times\cdots\times R_{i_n}$ 并将 F：$F_2^n\to F_2$ 分解成单项式之和，即 $F=\sum\mu_i$。对任意的 $d=(d_1,d_2,\cdots,d_\kappa)\in N^\kappa$，按照如下方式定义序列 $Z=\{z_t\}_{t\geqslant0}$ 和 $Z^{(d)}=\{z_t^{(d)}\}_{t\geqslant0}$：

$$z_t\stackrel{\text{def}}{=}F(z_{t+\delta_1}^{(i_1)},z_{t+\delta_2}^{(i_2)},\cdots,z_{t+\delta_n}^{(i_n)}),\quad z_t^{(d)}\stackrel{\text{def}}{=}F(z_{t+\delta_1+d_{i_1}}^{(i_1)},z_{t+\delta_2+d_{i_2}}^{(i_2)},\cdots,z_{t+\delta_n+d_{i_n}}^{(i_n)})$$

如果所有的向量对 $\boldsymbol{\mu}_i(\alpha)$，$\boldsymbol{\mu}_j(\alpha')$ $(\alpha,\alpha'\in R)$ 在 $R_1,R_2,\cdots,R_\kappa$ 上的分解是唯一的，则 $\min(Z)=\min(Z^{(d)})$。

引理 5.3.2[30] 设序列 $Z=\{z_t\}_{t\geqslant0}$ 的特征多项式是 $f(x)=\prod_{i=1}^{n}(x-\alpha_i)$，其根 $\alpha_i\in\overline{F_2}$，$1\leqslant i\leqslant n$。如果这些根是互不相同的，即每个根是单重的，则对每个 t，z_t 可表示为 $z_t=\sum_{i=1}^{n}A_i\alpha_i^t$。这里的 $A_i\in\overline{F_2}$，$1\leqslant i\leqslant n$，并由序列 Z 的初始值唯一确定。

引理 5.3.3 设序列 $Z=\{z_t\}_{t\geqslant0}$ 可表示为 $z_t=\sum_{i=1}^{n}A_i\alpha_i^t$，$\alpha_i\in\overline{F_2}$，$1\leqslant i\leqslant n$ 两两不同，系数 $A_i\in\overline{F_2}$，$1\leqslant i\leqslant n$ 非零。设 $m(x)\in F_2[x]$ 是使得 $m(\alpha_i)=0$，$1\leqslant i\leqslant n$ 的次数最低的多项式，则 $m(x)$ 是 Z 的最小多项式 $\min(Z)$。特别地，$\min(Z)$ 的每个根是单重根。

证明：将证明 $f(x)\in F_2[x]$ 是 Z 的一个特征多项式当且仅当 $f(\alpha_i)=0$，$1\leqslant i\leqslant n$。这样 $m(x)\in F_2[x]$ 就是 Z 的具有最低次数的特征多项式，根据定义有 $m(x)=\min(Z)$。设 $f(x)=\sum_{k=0}^{r}c_kx^k$，则对每个 t，有

$$0=\sum_{k=0}^{r}c_kz_{t+k}=\sum_{k=0}^{r}c_k\sum_{i=1}^{n}A_i\alpha_i^{t+k}=\sum_{i=1}^{n}\left(A_i\sum_{k=0}^{r}c_k\alpha_i^k\right)\alpha_i^t=\sum_{i=1}^{n}A_if(\alpha_i)\alpha_i^t$$

设 $M=(\alpha_i^t)_{1\leqslant i\leqslant n,0\leqslant t\leqslant n-1}$，显然 M 是一个 $n\times n$ 的范德门(Vandermonde)矩阵，因为 α_i $(1\leqslant i\leqslant n)$ 两两不同，所以 M 是可逆的。所以上述方程组只有零解，即 $A_if(\alpha_i)=0$，$1\leqslant i\leqslant n$。又 $A_i\in\overline{F_2}$，$1\leqslant i\leqslant n$ 非零，所以 $f(\alpha_i)=0$，$1\leqslant i\leqslant n$。

接下来证明定理 5.3.1。由引理 5.3.3 可知，在 R_i 中的所有根具有单重性，因此，由引理 5.3.2，每个序列 Z_i 能被表示为 $z_t^{(i)}=\sum_{\alpha\in R_i}A_\alpha\alpha^t$，具有唯一的系数 A_α。对每个 i，有

$$z_{t+\delta_i}^{(i)}=\sum_{\alpha\in R_i}A_\alpha\alpha^{t+\delta_i}=\sum_{\alpha\in R_i}A_\alpha\alpha^{\delta_i}\alpha^t$$

因此有

$$z_t=F\Big(\sum_{\alpha\in R_{i_1}}A_\alpha\alpha^{\delta_{i_1}}\alpha^t,\sum_{\alpha\in R_{i_2}}A_\alpha\alpha^{\delta_{i_2}}\alpha^t,\cdots,\sum_{\alpha\in R_{i_n}}A_\alpha\alpha^{\delta_{i_n}}\alpha^t)\Big)$$

设 $P=\{\mu_i(\alpha)\mid\alpha\in R,1\leqslant i\leqslant l\}$，序列 Z 和 $Z^{(d)}$ 能被表示为

$$z_t=\sum_{\pi\in P}A_\pi\pi^t,\quad z_t^{(d)}=\sum_{\pi\in P}A_\pi^{(d)}\pi^t$$

具有唯一的系数 A_π 和 $A_\pi^{(d)}$。现在证明 A_π 是非零的当且仅当 $A_\pi^{(d)}$ 是非零的。如果能证明这一点，则可由引理 5.3.3 得出 $\min(Z)=\min(Z^{(d)})$。

通过表达式来建立系数 A_π 和 $A_\pi^{(d)}$ 与 A_α 的依赖关系。对

$$\pi=\alpha_1\alpha_2\cdots\alpha_m\in P,\quad \alpha_i\in\bigcup R_i$$

由 π^d 定义积 $\prod_{\alpha_i\in R_1}\alpha_i^{d_1}\prod_{\alpha_i\in R_2}\alpha_i^{d_2}\cdots\prod_{\alpha_i\in R_\kappa}\alpha_i^{d_\kappa}$。因为所有的向量对 π_1、π_2 在 $R_1,R_2,\cdots,R_\kappa$ 上的分解是唯一的，所以这个表达式独立于分解 $\alpha_1\alpha_2\cdots\alpha_m$。类似地，对 $\alpha=(\alpha_1\alpha_2\cdots\alpha_n)\in R$，设 $\alpha^d=(\alpha_1^{d_{i_1}},\alpha_2^{d_{i_2}},\cdots,\alpha_n^{d_{i_n}})$，可得到

$$z_t=\sum_{\pi\in P}\sum_{\mu_i}\sum_{\substack{\alpha\in R\\ \mu_i(\alpha)=\pi}}\mu_i(A_\alpha)\pi^t,\quad A_\pi=\sum_{\mu_i}\sum_{\substack{\alpha\in R\\ \mu_i(\alpha)=\pi}}\mu_i(A_\alpha)$$

这里 $A_\alpha=(A_{\alpha_{i_1}},A_{\alpha_{i_2}},\cdots,A_{\alpha_{i_n}})$。因此，系数 $A_\pi^{(d)}$ 能被表示为

$$A_\pi^{(d)}=\sum_{\mu_i}\sum_{\substack{\alpha\in R\\ \mu_i(\alpha)=\pi}}\mu_i(A_\alpha\alpha^d)=\sum_{\mu_i}\sum_{\substack{\alpha\in R\\ \mu_i(\alpha)=\pi}}\mu_i(A_\alpha)\mu_i(\alpha^d)=\sum_{\mu_i}\sum_{\substack{\alpha\in R\\ \mu_i(\alpha)=\pi}}\mu_i(A_\alpha)\pi^d=A_\pi\cdot\pi^d$$

因为假定 $m_i(x)$ 的根都是非零的，所以 $\pi^d\neq0$。因此，$A_\pi\neq0$ 当且仅当 $A_\pi^{(d)}\neq0$。

这个证明表明为什么先决条件对预计算的正确性是必要的。否则，可能出现以下情况：对某一 π，$A_\pi\neq0$ 但 $A_\pi^{(d)}=0$，反之亦然。在这种情况下，对应的最小多项式可能是不同的。

例 5.3.2　设 LFSR_a 和 LFSR_b 的本原最小多项式分别是 $m_a(x)=1+x+x^2$ 和 $m_b(x)=1+x+x^4$。这两个多项式是互素的，但对应的周期不是互素的。设 $\{a_t\}_{t\geqslant0}$ 和 $\{b_t\}_{t\geqslant0}$ 分别表示 LFSR_a 和 LFSR_b 输出的序列，按照如下方式定义序列 $Z=\{z_t\}_{t\geqslant0}$：

$$z_t=a_tb_t+a_t+b_t+a_ta_{t+1}+b_tb_{t+1}$$

设 $K_a=(a_0,a_1)$ 是 LFSR_a 的一个初始状态，$K_b=(b_0,b_1,b_2,b_3)$ 是 LFSR_b 的一个初始状态。从预计算的正确性来讲，$\min(Z)$ 应对所有的 K_a 和 K_b 的非零选择都一样。但这个例子中的情况并非这样。对 $K_a=(1,0)$ 和 $K_b=(1,1,1,0)$，其最小多项式是 $\min(Z)=1+x^2+x^3+x^6+x^7+x^9$；但对 $K_a=(0,1))$ 和 $K_b=(1,1,1,1)$，其最小多项式是 $\min(Z)=1+x^{15}$。

现在讨论定理 5.3.1 与算法 5.2.1 之间的关联性。由 LFSR 的理论易知，算法 5.2.1 求出的序列（记为 $\hat{Z}$）是一个线性递归序列，并设该序列对应的最小特征多项式是 $m(x)$。按照定理 5.3.1 中描述的序列 Z 的方式产生 $\hat{Z}$，这里假定：如果独立地对每个 LFSR 产生的序列移位，最小多项式 $m(x)$ 仍然没有改变。一般来说，产生的序列有最大的周期，由算法 5.2.1 找到的最小多项式对每个可能的密钥 K 都是一样的。下面说明定理 5.3.1 中的条件对一大类基于 LFSR 的密码是自动满足的，并独立于 F、$\boldsymbol{I}$ 和 $\boldsymbol{\delta}$。

设 $m_i(x)\in F_2[x]$，$1\leqslant i\leqslant\kappa$ 是所使用的 LFSR 的本原最小多项式，其根两两不同且非

零。定理 5.3.1 的假定对下列两类密码总是满足的：

(1) 密码是一个滤波生成器，即 $\kappa=1$。

(2) 最小多项式的次数是两两互素的。

设 $R=R_1\cup R_2\cup\cdots\cup R_\kappa$，记 R 中所有元素可能的多重积为 $P=\{\alpha_1\alpha_2\cdots\alpha_n \mid \alpha_i\in R, n\in N\}$。现在证明在下述两种情况下，所有的向量对 $\boldsymbol{\alpha}$、$\boldsymbol{\beta}$ (α、$\beta\in P$) 在 $R_1,R_2,\cdots,R_\kappa$ 上的分解是唯一的。因为 P 对所有可能的集合 $\{\mu(\alpha)\mid\cdots\}$ 是一个超子集，这就证明了定理 5.3.1 的条件被满足。设

$$\boldsymbol{\alpha}=(\alpha_1,\alpha_2,\cdots,\alpha_n),\quad \boldsymbol{\beta}=(\beta_1,\beta_2,\cdots,\beta_m)$$

其中 $\alpha_1\alpha_2\cdots\alpha_n,\beta_1\beta_2\cdots\beta_m\in P$。

在第一种情况下，有

$$\alpha_1\alpha_2\cdots\alpha_n=\beta_1\beta_2\cdots\beta_m\in P\Leftrightarrow\prod\alpha_i\prod\beta_j^{-1}=1$$

而 $\prod\alpha_i\prod\beta_j^{-1}=1\Leftrightarrow\prod\limits_{\alpha_i\in R_1}\alpha_i\prod\limits_{\beta_j\in R_1}\beta_j^{-1}=1$。因此在第一种情况下上面的假设成立。

在第二种情况下，这里用到事实 $F_{2^n}\subseteq F_{2^m}\Leftrightarrow n\mid m$。特别地，$F_{2^n}\cap F_{2^m}=F_{2^c}$，$c=\gcd(n,m)$。用 T_i 表示最小多项式 $m_i(x)$ 的次数。那么 $\alpha\in R_j$，α^{-1} 及其所有的多重积都是 $F_{2^{T_i}}$ 中的元素。设 $l(1\leqslant l\leqslant\kappa)$ 是一个任意的整数，$S_l=T_1T_2\cdots T_{l-1}T_{l+1}\cdots T_\kappa$，则 $\alpha_1\alpha_2\cdots\alpha_n=\beta_1\beta_2\cdots\beta_m$ 暗含着

$$\prod_{\alpha_i\in R_l}\alpha_i\prod_{\beta_j\in R_l}\beta_j^{-1}=\prod_{\alpha_i\notin R_l}\alpha_i\prod_{\alpha_j\notin R_l}\beta_j^{-1}$$

上式左边属于 $F_{2^{T_l}}$，右边属于 $F_{2^{5e}}$。记

$$\gamma_l=\prod_{\alpha_i\in R_l}\alpha_i\prod_{\beta_j\in R_l}\beta_j^{-1}=\prod_{\alpha_i\notin R_l}\alpha_i\prod_{\alpha_j\notin R_l}\beta_j^{-1}$$

所以 $\gamma_l\in F_{2^{T_l}}\cap F_{2^{S_l}}$。由于假定 $T_i(1\leqslant i\leqslant\kappa)$ 是两两互素的，因此 $c=\gcd(T_l,S_l)=1$，所以 $\gamma_l\in F_{2^{T_l}}\cap F_{2^{S_l}}=F_2$。又因为所有的根非零，所以对每个 l 的选择，都有 $\gamma_l=1$。因此，在第二种情况下，上面的假设也成立。

5.3.2 一个改进的预计算算法

本节介绍对算法 5.2.1 的一个改进。设 min(F)表示由算法 5.2.1 找到的唯一的最小多项式。本节的基本观点是可以或多或少直接从已知的最小多项式和 F 计算 min(F)和参数 S。

定义 5.3.2 设 $f(x)=\prod\limits_{i=1}^{n}(x-\alpha_i)$ 和 $g(x)=\prod\limits_{j=1}^{m}(x-\beta_l)$ 是两个互素的、没有重根的多项式，定义

$$f(x)\otimes g(x)=\prod_{i,j}(x-\alpha_i\beta_j),\quad f(x)\otimes f(x)=\prod_{1\leqslant i<j\leqslant n}(x-\alpha_i\alpha_j)$$

引理 5.3.4[30] 设 $Z_1=\{z_t^{(1)}\}_{t\geqslant0}$，$Z_2=\{z_t^{(2)}\}_{t\geqslant0}$，$\cdots$，$Z_\kappa=\{z_t^{(\kappa)}\}_{t\geqslant0}$ 是最小多项式 $\min(Z_i)$ 两两互素的序列，则

$$\min(Z_1+Z_2+\cdots+Z_\kappa)=\min(Z_1)\min(Z_2)\cdots\min(Z_\kappa)$$
$$\min(Z_iZ_j)=\min(Z_i)\otimes\min(Z_j),\quad\forall i\neq j$$

这里 $Z_1+Z_2+\cdots+Z_\kappa=\{z_t^{(1)}+z_t^{(2)}+\cdots+z_t^{(\kappa)}\}_{t\geqslant0}$，$Z_i\cdot Z_j=\{z_t^{(i)}\cdot z_t^{(j)}\}_{t\geqslant0}$。

引理 5.3.5[31] 设 $Z=\{z_t\}_{t\geqslant 0}$ 是一个序列且 $l=\deg(\min(Z))$。如果 $d(1\leqslant d<l)$ 是一个整数,则序列 $\{z_t\cdot z_{t+d}\}_{t\geqslant 0}$ 具有次数为 $\dfrac{l(l+1)}{2}$ 的最小多项式 $\min(Z)\otimes\min(Z)$。

引理 5.3.6[32] 设 $f(x),g(x)\in F_2[x]$,$\deg(f(x))\leqslant m$,$\deg(g(x))\leqslant m$,则积 $f(x)\cdot g(x)$ 能在 $O(m\log_2 m\log_2\log_2 m)$ 个操作内计算。

引理 5.3.7[33] 设 $f(x),g(x)\in F_2[x]$,$\deg(f(x))=n$,$\deg(g(x))=m$,$f(x)$ 和 $g(x)$ 互素且无重根。则多项式 $f(x)\otimes g(x)$ 能在 F_2 上的 $O(T(nm))$ 个操作内直接地计算,无须知道 $f(x)$ 或 $g(x)$ 的根。其中,

$$T(nm)=nm\log_2^2\frac{nm}{2}\log_2\log_2\frac{nm}{2}+nm\log_2 nm\ \log_2\log_2 nm$$

这里暗含了一种从 F 计算最小多项式的分别征服方法。基本技巧是把函数 F 分成两个或更多个函数 $F_1,F_2,\cdots,F_l$,使得对应的最小多项式 $\min(F_i)$ 两两互素。由引理 5.3.4 可知,$\min(F)=\min(F_1)\min(F_2)\cdots\min(F_l)$。在一些情况下,这种分割很难找到,甚至不存在。如果最小多项式 $\min(F_i)$ 不是两两互素的,则 $p(x)=\min(F_1)\min(F_2)\cdots\min(F_l)$ 是每个可能的序列 $\hat{Z}$ 的一个特征多项式,即 $p(x)$ 的系数也满足式(5.2.2)。因此,使用 $p(x)$ 做一个代数分析是可能的,虽然可能需要比实际必需的更多的已知密钥流。

这里比较一下这个方法与 5.2.2 节介绍的快速预计算方法的操作量。为简单起见,假定 $l=2$,即 $\min(F)=\min(F_1)\min(F_2)$。不妨设 $S_1=\deg(\min(F_1))$,$S_2=\deg(\min(F_2))$,且 $S_1\leqslant S_2$,则 $\deg(\min(F))=S_1+S_2$。算法 5.2.1 需要大约 $O(S_1^2+S_2^2+2(S_1+S_2)|K|+2S_1S_2)$ 个基本操作,这里 K 是密钥。使用下面的方法:首先,计算 $\min(F_1)$ 和 $\min(F_2)$,这可用算法 5.2.1 或后面介绍的卷积方法来完成。使用算法 5.2.1 的操作复杂度分别是 $O(S_1^2+2S_1)$ 和 $O(S_2^2+2S_2)$。注意,这两个操作可并行完成。其次,计算积 $\min(F_1)\min(F_2)=\min(F)$。由引理 5.3.6 可知,这个工作量是 $O(S_2\log_2 S_2\log_2\log_2 S_2)$。因此,总的工作量是 $O(S_1^2+S_2^2+2(S_1+S_2)|K|+S_2\log_2 S_2\log_2\log_2 S_2)$。一般地,$\log_2 S_2\log_2\log_2 S_2\ll 2S_1$。这样,这种新的方法有一个稍低一点的运行时间。如果 F 能被分解成两部分以上,其优势会增强。

在一些情况下,可以进一步改进预计算。假定 F_i 中的至少一个能被写成一个积:$F_i=G_1G_2$,使得 $\min(G_1)$ 和 $\min(G_2)$ 是互素的。例如,当 F_i 是一个单项式时,几乎总是可以这样做。然后,由引理 5.3.4 可知,$\min(F_i)=\min(G_1)\otimes\min(G_2)$。这里使用类似的策略,再设 $S_1=\deg(\min(G_1))\leqslant S_2=\deg(\min(G_2))$。如果使用算法 5.2.1 大约需要 $O(S_1^2+S_2^2+2S_1S_2|K|)$ 个操作。然而,可以在第一步使用算法 5.2.1 计算 $\min(G_1)$ 和 $\min(G_2)$,这个开销是 $O(S_1^2+S_2^2+2(S_1+S_2)|K|)$ 个操作。如果 $\min(G_1)$ 或 $\min(G_2)$ 是已知的,这一步可省略。例如,如果 F_i 是两个或多个不同的 LFSR 的输出的积。在第二步,使用描述在文献[33]中的算法计算 $\min(G_1)\otimes\min(G_2)$。工作量是 $O(S_1S_2\log_2^2 S_1S_2\ \log_2\log_2 S_1S_2)$。这个方法总共需要 $O(S_1S_2\log_2^2 S_1S_2\ \log_2\log_2 S_1S_2+S_1^2+S_2^2+2(S_1+S_2)|K|)$ 个操作。如果并行操作第一步,可进一步降低需要的时间。下面归纳一下这一改进的方法。

给定两两互素的本原多项式 $m_i(x)$,$1\leqslant i\leqslant\kappa$ 和一个任意的布尔函数 F 及其分割 $F=$

$F_1+F_2+\cdots+F_l$，其中最小多项式 $\min(F_i)(1\leqslant i\leqslant l)$ 是两两互素的。目标是找到 $\min(F)$。具体方法由算法 5.3.1 给出。

算法 5.3.1

第 1 步：使用算法 5.2.1 计算最小多项式 $\min(F_i)(1\leqslant i\leqslant l)$，这可并行完成。如果 $F_i=G_1G_2$，则 $\min(G_1)$ 和 $\min(G_2)$ 是互素的。例如，F_i 是一个单项式，则可使用描述在文献[33]中的卷积乘算法。

第 2 步：使用文献[32]中的算法计算 $\min(F_1)\min(F_2)\cdots\min(F_l)$。

5.3.3 攻击实例

本节主要以 E0 为攻击实例展示算法 5.3.1 的有效性。3.4.2 节中已对 E0 做了简要介绍。在 E0 中，使用了 4 个不同的两两互素的本原多项式 $m_i(i=1,2,3,4)$，次数分别为 $S_1=\deg(m_1)=25$，$S_2=\deg(m_2)=31$，$S_3=\deg(m_3)=33$ 和 $S_4=\deg(m_4)=39$。由 LFSR 产生的序列的周期为 $2^{S_i}-1(i=1,2,3,4)$。因为 $2^{S_3}-1$ 和 $2^{S_4}-1$ 有公因子 7，这不满足文献[3]或 5.2 节中的假设。

在文献[27]中，发现了一个满足式(5.2.1)的函数 $\hat{F}$，也可以写成

$$\hat{F}(L^t(K),L^{t+1}(K),\cdots,L^{t+m-1}(K),b_t,b_{t+1},\cdots,b_{t+m-1})=0$$

其中，$t=0,1,2,\cdots,K=(k_0,k_1,\cdots,k_{n-1})$。$\hat{F}$ 能被分解成 $\hat{F}=F+G$，$\deg(F)=4$，$\deg(G)=3$，F 就是式(5.2.1)的左边部分，G 就是式(5.2.1)的右边部分。其中

$$F=\sum_{\substack{1\leqslant i<j\leqslant 4\\1\leqslant k<l\leqslant 4}} z_t^{(i)}z_t^{(j)}z_{t+1}^{(k)}z_{t+1}^{(l)}+z_t^{(1)}z_t^{(2)}z_t^{(3)}z_t^{(4)}$$

这里 $Z_i=\{z_t^{(i)}\}_{t\geqslant 0}(i=1,2,3,4)$是由 LFSR_i 产生的序列。设 R_i 是 m_i 的根集。定义 $P=\{\alpha_i\alpha_j\alpha_k\alpha_l\mid\alpha_s\in R_s,1\leqslant i<j\leqslant 4,1\leqslant k<l\leqslant 4\}\cup\{\alpha_1\alpha_2\alpha_3\alpha_4\mid\alpha_i\in R_i\}$对所有的对 π_1、$\pi_2\in P$，向量对$\boldsymbol{\pi}_1$、$\boldsymbol{\pi}_2$在 $R_1\cup R_2\cup R_3\cup R_4$ 上的分解是唯一的。因此，定理 5.3.1 的弱假设被满足且唯一的最小多项式 $\min(F)$存在。文献[29]中将 F 表示成 $F=F_1+F_2+\cdots+F_{11}$ 且最小多项式 $\min(F_i)(1\leqslant i\leqslant 11)$是两两互素的。由引理 5.3.4，$\min(F)$ 可表示为 $\min(F)=\prod_{i=1}^{11}\min(F_i)$。$\min(F)$的次数(即参数 S 的上界)是

$$S\leqslant\sum_{1\leqslant i<j\leqslant 4}\frac{S_i(S_i+1)S_j(S_j+1)}{4}+\sum_{1\leqslant i<j<k\leqslant 4}T_iT_jT_k\frac{T_i+T_j+T_k-1}{2}+T_1T_2T_3T_4$$

将 E0 中的相关次数代入上式，可得 $\min(F)$的次数 $S\leqslant 8\ 822\ 188\approx 2^{23.07}$。这样，使用算法 5.2.1 计算 $\min(F)$将需要至多大约 $2^{46.15}$个基本操作。使用算法 5.3.1，在第一步应用算法 5.2.1 计算最小多项式 $\min(F_i)(1\leqslant i\leqslant 11)$，总共需要大约 $2^{43.37}$个基本操作。利用并行方式，仅需要大约 $2^{41.91}$个基本操作。第二步是计算这些多项式的积，总共需要大约 $2^{28.25}$个基本操作。如果利用串行方式，算法 5.3.1 需要大约 $2^{43.37}$个基本操作，其计算速度几乎是算法 5.2.1 的 8 倍。如果利用上面提到的并行方式，需要的基本操作个数大约为 $2^{41.91}$，其计算速度是算法 5.2.1 的 16 倍。这里使用的数据量均为 2^{24}，存储量均为 2^{37}。这 3 种方法的攻击复杂度均为 2^{49}。

另外，值得一提的是，代数分析和快速代数分析的处理复杂度关于方程的次数都是指数

的，快速代数分析通过降低方程的次数来减少运行时间，但这种攻击对将密钥流代入方程的复杂度估计不足，在一些情况下该操作将支配攻击。文献[34]中利用快速傅里叶变换(Fast Fourier Transform，FFT)降低了代入这一步的复杂度，也为完成快速代数分析的预计算找到了目前最快的方法。

5.4 立方分析方法

Dinur 等[35]于 2009 年提出了立方分析(cube analysis)方法并对 Trivium 序列密码进行了分析，这是一种密钥恢复攻击，只要有一个输出比特可以表示为密钥和初始向量(或明文)的低次数多变量多项式，它就可以用来攻击任何密码算法。在选择初始向量攻击条件下，它用随机测试的方法寻找关于密钥的线性表达式，求解关于密钥的线性方程组，进而恢复部分或全部密钥流比特。文献[36]从理论上分析了立方分析方法的成功概率并利用立方分析方法对 Grain 序列密码进行了分析。本节主要介绍文献[36]中的相关工作。

序列密码设计一般分为初始化过程和密钥流产生过程，初始化过程以密钥和初始向量作为输入，用以产生密钥流生成的初始状态，密钥流产生过程则从初始化完成后的初始状态开始产生密钥流。许多序列密码，如 Trivium、Grain、Mickey、F-FCSR-H 等，其初始化过程均采用低次函数迭代一定拍数，使密钥和初始向量充分地混淆与扩散，使得密钥流输出是密钥和初始向量的高次多变量函数。对于初始化过程不同的迭代拍数，均可利用立方分析寻找关于密钥的线性表达式。若满足攻击条件，可直接恢复密钥比特；若不满足攻击条件，立方分析也可作为检验密码算法扩散性的一种手段。

5.4.1 立方分析方法的基本思想

立方分析是一种新型的代数分析方法，旨在寻找密码算法的低次方程以恢复密钥，它吸收了饱和攻击[37]和高阶差分分析[38]的思想，该方法主要基于定理 5.4.1。

定理 5.4.1[35] 设 $f(x_1,x_2,\cdots,x_n)$是一个 n 元布尔函数，

$$f(x_1,x_2,\cdots,x_n)=T(I)\cdot P(x_j\mid x_j\in S-I)\oplus R(x_j\mid x_j\in S)$$

其中，I 为集合 $S=\{x_1,x_2,\cdots,x_n\}$的非空真子集，$T(I)=\prod\limits_{x_i\in I}x_i$，$P(\cdot)$和$R(\cdot)$均为代数正规型(ANF)表示的布尔函数，$P(\cdot)$函数中的变量均取自集合 I 的补集 $S-I$，$R(\cdot)$函数中的每一项均不含 I 中的全部变量，那么$\bigoplus_{\{x_i|x_i\in I\}}f(x_1,x_2,\cdots,x_n)=P(\cdot)$。

证明：因为 $T(I)\nmid R(\cdot)$代数正规型中的任意一项，当遍历集合 I 中所有变量取值时，以代数正规型表示的 $R(\cdot)$函数中的每一项都出现偶数次，所以$\bigoplus_{\{x_i|x_i\in I\}}R(\cdot)=0$。又因为 $T(I)=1$ 当且仅当 I 中所有变量均取值为 1，所以$\bigoplus_{\{x_i|x_i\in I\}}T(I)P(\cdot)=P(\cdot)$。因此，$\bigoplus_{\{x_i|x_i\in I\}}f(x_1,x_2,\cdots,x_n)=\bigoplus_{\{x_i|x_i\in I\}}T(I)\cdot P(\cdot)\oplus R(\cdot)=P(\cdot)$。

例 5.4.1 设

$$f(x_1,x_2,x_3,x_4,x_5)=x_1x_2x_3\oplus x_1x_2x_4\oplus x_2x_4x_5\oplus x_1x_2\oplus x_2\oplus x_3x_5\oplus x_5\oplus 1$$

其可写成

$$f(x_1,x_2,x_3,x_4,x_5)=x_1x_2(x_3\oplus x_4\oplus 1)\oplus(x_2x_4x_5\oplus x_3x_5\oplus x_2\oplus x_5\oplus 1)$$

其中 $I=\{x_1,x_2\}$，$S=\{x_1,x_2,\cdots,x_5\}$，$T(I)=x_1x_2$，$P(\cdot)=x_3\oplus x_4\oplus 1$，$R(\cdot)=x_2x_4x_5\oplus$

$x_3x_5 \oplus x_2 \oplus x_5 \oplus 1$。

$$\begin{aligned}\oplus_{\{x_i|x_i\in I\}} f(x_1,x_2,x_3,x_4,x_5) &= f(0,0,x_3,x_4,x_5)\oplus f(0,1,x_3,x_4,x_5)\oplus \\ &\quad f(1,0,x_3,x_4,x_5)\oplus f(1,1,x_3,x_4,x_5) \\ &= x_3\oplus x_4\oplus 1 = P(\cdot)\end{aligned}$$

在序列密码中,初始向量为公开变量,密钥为未知变量。若集合 I 中的变量均为公开变量,$P(\cdot)$为非常量的线性表达式,就得到了关于未知变量(密钥)的一个线性方程 $P(\cdot)=\oplus_{\{x_i|x_i\in I\}} f(x_1,x_2,\cdots,x_n)$,并称 $T(I)$为极大项(maxterm),称 $P(\cdot)$为超级多项式(superpoly)。

立方分析为选择初始向量攻击,攻击者把密码算法看作一个黑盒子,它是关于 n 个未知变量和 m 个公开变量的未知多项式,输出一个比特。对密码算法的立方分析分为两个阶段,即预处理阶段和密钥恢复阶段。在预处理阶段,攻击者可以改变公开变量及未知变量的值并可以模拟算法的执行,目的是找到尽量多的关于未知变量的线性方程(超级多项式),预处理过程只进行一次。在密钥恢复阶段,攻击者只改变公开变量的值,通过在预处理阶段找到的超级多项式来恢复某些密钥比特。对分组密码来讲,在选择明文攻击条件下,明文为公开变量,密钥为未知变量;对序列密码来讲,在选择初始向量攻击条件下,初始向量为公开变量,密钥为未知变量。

在攻击的预处理阶段,主要问题是如何找到极大项 $T(I)$和超级多项式 P,并确定 P 是关于哪些密钥比特的线性表达式,下面分别进行介绍。

首先,介绍立方分析寻找极大项和超级多项式的方法。这种方法是通过 BLR(Bayesian Linear Regression,贝叶斯线性回归)测试的方法找极大项,即随机选择 $x,y\in\{0,1\}^n$,验证 $P[0]\oplus P[x]\oplus P[y]=P[x\oplus y]$是否成立。具体过程如下[39]:

第 1 步:随机选择公开变量的一个子集,记为 I,将其他公开变量设置为 0。

第 2 步:随机选择两个密钥变量 $x,y\in\{0,1\}^n$,验证 $P[0]\oplus P[x]\oplus P[y]=P[x\oplus y]$是否成立。其中计算函数 $P[x]$的方法如下:密钥变量取值为 x,I 之外的公开变量取值为 0,遍历 I 所有可能的取值,计算各函数值 $f(\cdot)$,将得到的结果模 2 加,即 $P[x]=\oplus_I f(\cdot)$。

第 3 步:若不成立,转至第 1 步;若成立,转第 2 步继续测试,直到连续通过 N 次测试,输出结果。

其次,若 $T(I)$为极大项,介绍确定 P 是关于哪些密钥比特的线性表达式的方法。具体过程如下:

第 1 步:首先确定自由项,即表达式中有无$\oplus 1$。将 I 之外的所有变量(未知变量和公开变量)置为 0,遍历 I,对结果求和。若为 0。则无$\oplus 1$;若为 1,则有$\oplus 1$。

第 2 步:确定 P 中变量 x_j 的系数是 0 还是 1。将 I 之外的所有变量(未知变量和公开变量)置为 0,遍历 I,对结果求和,得到 a;将 x_j 置为 1,将 I 之外的所有其他变量(未知变量和公开变量)置为 0,遍历 I,对结果求和,得到 b。若 $a=b$,则系数为 0,否则系数为 1。

简言之,在一个线性表达式中,将所有变量置为 0 即得自由项,若变量取值变反,运算结果也变反,则表达式中有该变量。

5.4.2 立方分析方法成功的概率分析

设 $V=\{v_1,v_2,\cdots,v_m\}$为 m 个公开变量,$K=\{k_1,k_2,\cdots,k_n\}$为 n 个密钥变量,$f\{v_1,$

$v_2,\cdots,v_m,k_1,k_2,\cdots,k_n\}$是 $m+n$ 个变量的布尔函数。立方分析在寻找超级多项式时，先选定集合 V 的一个非空子集 I，不妨设 $I=\{v_1,v_2,\cdots,v_l\}$，$1\leqslant l\leqslant m$，并将其他公开变量设置为常数0或1，此时，$f(\cdot)$函数就退化为 $l+n$ 个变量的布尔函数：

$$g(v_1,v_2,\cdots,v_l,k_1,k_2,\cdots,k_n)=f(v_1,v_2,\cdots,v_l,c_1,c_2,\cdots,v_{m-l},k_1,k_2,\cdots,k_n)$$

其中 $c_i\in\{0,1\}$，$1\leqslant i\leqslant m-l$。

1. 一般情况下立方分析成功的概率分析

定理 5.4.2 设 $I=\{v_1,v_2,\cdots,v_l\}$，$K=\{k_1,k_2,\cdots,k_n\}$，$g=\{v_1,v_2,\cdots,v_l,k_1,k_2,\cdots,k_n\}$为 $l+n$ 个变量的布尔函数，$g(\cdot)=T(I)\cdot P(x_j\mid x_j\in K)\oplus R(x_j\mid x_j\in K\cup I)$，其中，$T(I)=\prod\limits_{1\leqslant i\leqslant l}v_i$，$P(\cdot)$和 $R(\cdot)$均为代数正规型表示的布尔函数，$T(I)\nmid R(\cdot)$代数正规型中的任意一项，则 $P(\cdot)$为线性表达式的概率为 $1/2^{2^n-n-1}$。

证明：$g(\cdot)$为 $l+n$ 个变量的布尔函数，其总数为 $S=2^{2^{n+l}}$。考虑仿射变换，$P(\cdot)$的数目为 $S_1=2^{n+1}$。下面计算 $R(\cdot)$的数目：$n+l$ 个变量的代数正规型一共有 2^{n+l}项，可被 $T(I)$整除的项数为 $C_n^0+C_n^1+\cdots+C_n^n=2^n$，可构建 $R(\cdot)$函数的代数正规型一共有 $2^{n+l}-2^n$ 项，所以 $R(\cdot)$的数目为 $S_2=2^{2^{n+l}-2^n}$。因此，$P(\cdot)$为线性表达式的概率为

$$p=\frac{S_1\cdot S_2}{S}=\frac{2^{n+1}\cdot 2^{2^{n+l}-2^n}}{2^{2^{n+l}}}=\frac{1}{2^{2^n-n-1}}$$

2. 特殊情况下立方分析成功的概率分析

设序列密码含 m 个公开变量及 n 个密钥变量，在算法初始化过程中，一般随着迭代拍数的增加，算法的代数正规型项数逐渐增多，非线性次数逐渐增高(非线性次数最高为 $m+n$)。下面针对 $f(\cdot)$函数的非线性次数对立方分析的成功概率进行分析。

定理 5.4.3 设 $g(v_1,v_2,\cdots,v_l,k_1,k_2,\cdots,k_n)$为 $l+n$ 个变量的布尔函数，其非线性次数不大于 $s(2\leqslant s\leqslant m+n)$，$I=\{v_1,v_2,\cdots,v_s\}$，$V=\{v_1,v_2,\cdots,v_m\}$，$K=\{k_1,k_2,\cdots,k_n\}$，$1\leqslant l\leqslant \min(s-1,m)$，$g(\cdot)=T(I)\cdot P(x_j\mid x_j\in K)\oplus R(x_j\mid x_j\in K\cup I)$，其中 $T(I)=\prod\limits_{1\leqslant i\leqslant l}v_i$，$P(\cdot)$和 $R(\cdot)$均为用代数正规型表示的布尔函数，$T(I)\nmid R(\cdot)$代数正规型中的任意一项，则 $P(\cdot)$为线性表达式的概率为

$$p=\begin{cases}1, & 若\ s-l=1\\ \dfrac{1}{2^{C_n^2+C_n^3\cdots+C_n^{s-l}}}, & 若\ s-l>1\end{cases}$$

证明：$g(\cdot)$为含 $l+n$ 个变量且非线性次数至多为 s 的布尔函数，其总数为 $S=2^{C_{n+l}^0+C_{n+l}^1+\cdots+C_{n+l}^s}$。考虑仿射变换，$P(\cdot)$的数目为 $S_1=2^{n+1}$。下面计算 $R(\cdot)$的数目：$n+l$ 个变量至多 s 次的代数正规型一共有 $C_{n+l}^0+C_{n+l}^1+\cdots+C_{n+l}^s$项，可被 $T(I)$整除的项数为 $C_n^0+C_n^1+\cdots+C_n^{s-l}$，可构建 $R(\cdot)$函数的代数正规型一共有$(C_{n+l}^0+C_{n+l}^1+\cdots+C_{n+l}^s)-(C_n^0+C_n^1+\cdots+C_n^{s-l})$项，所以 $R(\cdot)$的数目为

$$S_2=2^{(C_{n+l}^0+C_{n+l}^1+\cdots+C_{n+l}^s)-(C_n^0+C_n^1+\cdots+C_n^{s-l})}$$

因此，$P(\cdot)$为线性表达式的概率为

$$p=\frac{S_1\cdot S_2}{S}=\frac{2^{n+1}\cdot 2^{(C_{n+l}^0+C_{n+l}^1+\cdots+C_{n+l}^s)-(C_n^0+C_n^1+\cdots+C_n^{s-l})}}{2^{C_{n+l}^0+C_{n+l}^1+\cdots+C_{n+l}^s}}$$

上式中，若 $s-l=1$，则 $p=1$；若 $s-l>1$，则 $p=\frac{1}{2^{C_n^2+C_n^3+\cdots+C_n^{s-l}}}$。

3. 分析结论

由定理 5.4.2 可知，在立方分析中，在一般情况下，$P(\cdot)$为线性表达式的概率与选择的公开变量的子集 I 的大小 l 无关，只与密钥长度 n 有关，但概率几乎为 0。

由定理 5.4.3 可知，在立方分析中，若 $f(\cdot)$函数的非线性次数 s 固定，随着公开变量的子集 I 的大小 l 的逐渐增加，$P(\cdot)$为线性表达式的概率逐渐增加。这可从文献[35]对 Trivium 序列密码的实验分析结果中得到证实。Trivium 序列密码初始化过程共迭代 1152 拍，迭代 672 拍时，找到 63 个超级多项式，选取的 $l=12$；迭代 735 拍时，找到 52 个超级多项式，$l=23$；迭代 770 拍时，找到 4 个超级多项式，$l=29,30$。

因此，在对密码算法进行立方分析时，若长时间找不到超级多项式，应适当增加选取的公开变量的子集 I 的大小 l。因立方分析至少需要 2^l 次密码算法运算，因此，随着 l 的增加，将使得寻找超级多项式越来越困难。

在立方分析中，当 $f(\cdot)$函数的非线性次数 s 与公开变量的子集 I 的大小 l 满足关系 $s-l=1$ 时，找到超级多项式 $P(\cdot)$的概率为 1。

在序列密码设计中，一般情况下，密钥长度 $n\geqslant 80$，若 $s-l>1$，如选择的公开变量的个数 l 过小，或算法的非线性次数 $s>m+1$，则由定理 5.4.3 可知，$P(\cdot)$为线性表达式的概率 $p\leqslant 1/2^{C_{80}^2}=2^{-3160}$，即 p 几乎为 0。

在立方分析中，$f(\cdot)$函数的非线性次数 s 与公开变量的子集 I 的大小 l 满足关系 $s-l>1$ 时，找到超级多项式 $P(\cdot)$的概率几乎为 0。

在实际密码算法运行过程中，初始化的迭代过程也是密钥的扩散过程，若算法迭代一定拍数后，非线性次数已经比较高，按照上述理论分析结果，这时找到超级多项式 $P(\cdot)$的概率几乎为 0。若在实际立方分析过程中仍能找到超级多项式，则说明在算法初始化过程中密钥的扩散性较差，因此，立方分析可作为密码算法设计中检验密钥扩散性好坏的一种手段。

5.4.3 Grain v1 的立方分析

本节首先对 Grain v1 进行简要介绍，然后对其进行立方分析。

1. Grain v1

Grain 算法[40]是一个面向硬件实现的序列密码。针对该算法的过滤函数中存在的弱点，文献[41]中提出了密钥恢复攻击，文献[42]中提出了区分攻击；针对该算法的初始化过程中存在的弱点，文献[43]中提出了滑动再同步攻击。为了克服该算法存在的安全性缺陷，设计者对 Grain 算法进行修改后又提交了 Grain v1 算法[44]，算法密钥长度为 80b，初始向量长度为 64b。此外，设计者还提交了 128b 密钥版本的 Grain 算法，即 Grain-128[45]。

Grain v1 由非线性反馈移位寄存器(NFSR)、线性反馈移位寄存器(LFSR)和输出函数 $h(x)$三部分组成，算法框图如图 5.4.1 所示。

密钥流(keystream)产生过程如下：

(1) LFSR 为 80 级的线性反馈移位寄存器，反馈多项式为

$$f(x)=1+x^{18}+x^{29}+x^{42}+x^{57}+x^{67}+x^{80}$$

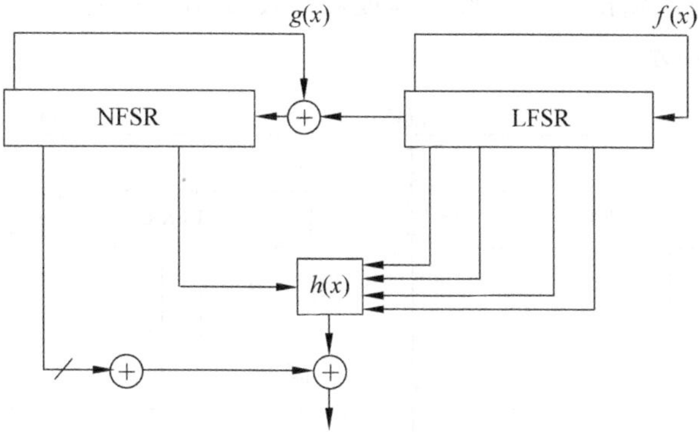

图 5.4.1 Grain v1 算法框图

LFSR 自右向左运动，每个时钟周期运动一拍，状态位从左至右按比特记为 $s_t, s_{t+1}, s_{t+2}, \cdots, s_{t+79}$，状态位的更新可表示为

$$s_{t+80} = s_{t+62} \oplus s_{t+51} \oplus s_{t+38} \oplus s_{t+23} \oplus s_{t+13} \oplus s_t$$

(2) NFSR 为 80 级的非线性反馈移位寄存器，反馈多项式为

$$\begin{aligned} g(x) = &1 + x^{18} + x^{20} + x^{28} + x^{35} + x^{43} + x^{47} + x^{52} + x^{59} + x^{66} + x^{71} + x^{80} + \\ &x^{17}x^{20} + x^{43}x^{47} + x^{65}x^{71} + x^{20}x^{28}x^{35} + x^{47}x^{52}x^{59} + x^{17}x^{35}x^{52}x^{71} + \\ &x^{20}x^{28}x^{43}x^{47} + x^{17}x^{20}x^{59}x^{65} + x^{17}x^{20}x^{28}x^{35}x^{43} + \\ &x^{47}x^{52}x^{59}x^{65}x^{71} + x^{28}x^{35}x^{43}x^{47}x^{52}x^{59} \end{aligned}$$

NFSR 自右向左运动，每个时钟周期运动一拍，状态位从左至右按比特记为 $b_t, b_{t+1}, b_{t+2}, \cdots, b_{t+79}$。LFSR 的状态位 s_t 参与 NFSR 状态位的更新，NFSR 状态位的更新可表示为

$$\begin{aligned} b_{t+80} = &s_t + b_{t+62} + b_{t+60} + b_{t+52} + b_{t+45} + b_{t+37} + b_{t+33} + b_{t+28} + b_{t+21} + \\ &b_{t+14} + b_{t+9} + b_t + b_{t+63}b_{t+60} + b_{t+37}b_{t+33} + b_{t+15}b_{t+9} + \\ &b_{t+60}b_{t+52}b_{t+45} + b_{t+33}b_{t+28}b_{t+21} + b_{t+63}b_{t+45}b_{t+28}b_{t+9} + \\ &b_{t+60}b_{t+52}b_{t+37}b_{t+33} + b_{t+63}b_{t+60}b_{t+21}b_{t+15} + \\ &b_{t+63}b_{t+60}b_{t+52}b_{t+45}b_{t+37} + b_{t+33}b_{t+28}b_{t+21}b_{t+15}b_{t+9} + \\ &b_{t+52}b_{t+45}b_{t+37}b_{t+33}b_{t+28}b_{t+21} \end{aligned}$$

(3) 过滤函数 $h(x)$ 为 5 入 1 出函数，表达式为

$$\begin{aligned} h(x) = &x_1 \oplus x_4 \oplus x_0x_3 \oplus x_2x_3 \oplus x_3x_4 \oplus x_0x_1x_2 \oplus \\ &x_0x_2x_3 \oplus x_0x_2x_4 \oplus x_1x_2x_4 \oplus x_2x_3x_4 \end{aligned}$$

其中 $x_0 = s_{t+3}, x_1 = s_{t+25}, x_2 = s_{t+46}, x_3 = s_{t+64}, x_4 = b_{t+63}$。将过滤函数的输出记为 h。

(4) 从 NFSR 取 7 个比特 b_{t+1}、b_{t+2}、b_{t+4}、b_{t+10}、b_{t+31}、b_{t+43}、b_{t+56} 及过滤函数输出的 1 个比特 h，共计 8 个比特，做模 2 加运算，得到 1 比特的密钥流，记为 ks，可表示为

$$\text{ks} = b_{t+1} \oplus b_{t+2} \oplus b_{t+4} \oplus b_{t+10} \oplus b_{t+31} \oplus b_{t+43} \oplus b_{t+56} \oplus h$$

初始化过程如下：

记 80b 密钥为 $k_0, k_1, k_2, \cdots, k_{79}$，记 64b 初始向量为 $v_0, v_1, v_2, \cdots, v_{63}$。首先，将密钥载入 NFSR，即 $b_{t+i} = k_i (0 \leqslant i \leqslant 79)$，将初始向量作为前 64b 状态载入 LFSR，LFSR 的后 16b 用 1 填充，即 $s_{t+i} = v_i (0 \leqslant i \leqslant 63)$，$s_{t+i} = 1 (64 \leqslant i \leqslant 79)$。然后，无须产生任何密钥流，钟控

160 拍(或次),并且每次输出函数与输入异或后被反馈到 LFSR 和 NFSR。初始化过程的逻辑框图如图 5.4.2 所示。

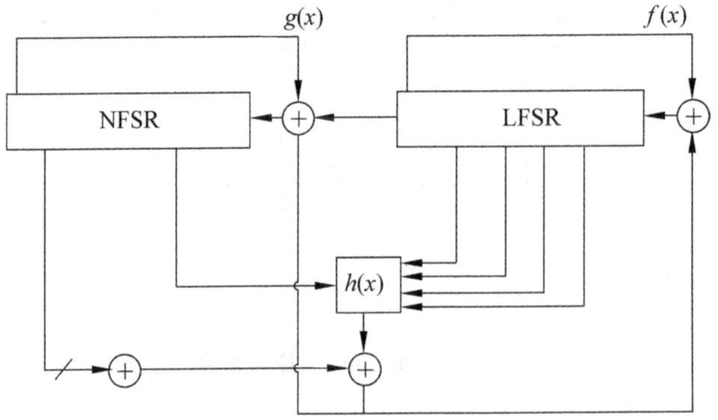

图 5.4.2　Grain v1 初始化过程

2. 对 Grain v1 的立方分析

与 Trivium 相比,Grain v1 非线性次数较高,密钥扩散速度更快。Grain v1 的非线性反馈移存器的反馈多项式的非线性次数为 6,过滤函数的非线性次数为 3;而 Trivium 的非线性反馈移存器的反馈多项式的非线性次数为 2,过滤函数是线性的。文献[36]中通过编程对初始化空跑拍数减少到 70 拍和 75 拍的 Grain v1 进行了立方分析,可恢复 15b 密钥,并找到了关于另外 23b 密钥的 4 个线性表达式。实验分析结果如表 5.4.1 所示。

表 5.4.1　对 Grain v1 进行立方分析的极大项集合及超级多项式

极大项集合 I	超级多项式	初始化空跑拍数
{28,2,46,48,42,14,57}	$1+k_{63}$	70
{31,17,42,32,2,48,47}	$1+k_{64}$	70
{2,44,20,5,48,49,37,55}	$1+k_{66}$	70
{24,19,41,18,39,2,50,48,16}	$1+k_{67}$	70
{28,48,42,10,51,14,61,2,39}	$1+k_{68}$	70
{25,17,12,54,13,14,52,48,2}	$1+k_{69}$	70
{5,48,42,28,2,44,36,53}	$1+k_{70}$	70
{24,25,10,6,9,54,48,2,28,17}	$1+k_{71}$	70
{55,48,37,35,7,31,2}	k_{72}	70
{2,12,9,15,56,48,31}	$1+k_{73}$	70
{32,2,12,1,35,48,31}	k_{74}	70
{56,37,26,48,29,31,58,2}	k_{75}	70
{17,48,59,63,2,6,7,38}	k_{76}	70
{48,35,61,32,37,2,26}	$1+k_{78}$	70

续表

极大项集合 I	超级多项式	初始化空跑拍数
{48,13,60,11,1,2,7,28,32}	k_{79}	70
{63,13,59,48,10,2,0,36}	$k_2+k_3+k_5+k_{11}+k_{32}+k_{44}+k_{57}$	70
{9,10,34,29,35,19,7}	$k_3+k_4+k_6+k_{12}+k_{33}+k_{45}+k_{58}$	70
{48,37,31,2,18,44,20}	$k_4+k_5+k_7+k_{13}+k_{34}+k_{46}+k_{59}$	70
{12,40,9,41,31,57,60,37}	$k_5+k_6+k_8+k_{14}+k_{35}+k_{47}+k_{60}$	70
{62,15,25,40,12,46,10,34}	k_{63}	75

表5.4.1中，极大项中公开变量的个数 l 满足 $7\leqslant l\leqslant 10$，由分析结论可知，随着初始化空跑拍数的增加，算法非线性次数增长很快，寻找超级多项式变得越来越困难。文献[36]中对初始化空跑拍数减少到80拍的Grain v1也进行了分析，在PC上连续运行了数月，仍未找到超级多项式。由上述理论及实验分析结果，可认为初始化空跑拍数为160拍的Grain v1是可以抵抗立方分析的。

5.5 带记忆的组合器的代数分析

代数分析和快速代数分析也可用于攻击带少量记忆比特的组合器[3,26-27]。文献[27]中的分析结果表明，对由LFSR和使用 k 个LFSR状态比特的子集的任意一个组合器构建的带有 l 个内部状态/记忆比特的序列密码，当 k 和 l 是固定值时，一个多项式攻击总是存在的。然而，当 k 和 l 超过大约4时，这个攻击很快变得不切实际。文献[46]中对文献[27]中的主要定理给出了一个简单的证明，并给出了一个更一般的定理。文献[46]中的研究结果表明，对在一个时刻为了提高速度输出更多而不是一个比特的任何密码，存在更快的代数分析，并对作了修改的SNOW、E0、LILI-128、Turing和一些其他密码进行了攻击实验。本节主要介绍相关的基本原理。

5.5.1 一个简单的证明方法

1. 带记忆的序列密码模型

考虑具有一个基于线性反馈函数(例如，由一个或若干LFSR组成)的状态的序列密码。设 $K=(K_0,K_1,\cdots,K_{n-1})$ 是一个 n 比特秘密密钥，$s=K$ 是该序列密码的LFSR或线性部分的初始状态。在每个时钟周期 $t=0,1,2,\cdots$，线性部分的新的状态被计算为 $s\leftarrow L(s)$，L 是某一多变量线性变换，例如对应于一个LFSR的联结多项式、一个若干并行的LFSR的组合或者一个线性细胞自动机。假定 L 是公开的。

该密码的线性部分的 n 比特中只有 k 比特被用于该密码的下一部分(这一部分也称为组合函数)。组合函数有 k 个输入、m 个输出和 l 个内部记忆比特。在每个时钟周期 $t=0,1,2,\cdots$，组合函数输出 m 个比特 $y_0^{(t)},y_1^{(t)},\cdots,y_{m-1}^{(t)}$，这些输出比特确定性地依赖于 k 个输入比特 $x_0^{(t)},x_1^{(t)},\cdots,x_{k-1}^{(t)}$ 以及之前和时刻 t 的内部记忆比特 $a_0^{(t-1)},a_1^{(t-1)},\cdots,a_{l-1}^{(t-1)}$。一般地，第二部分可描述为一对函数 $F=(F_1,F_2)$：$F_2^{n+l}\rightarrow F_2^{m+l}$，给定当前的状态和输入，按照如下方式计算下一状态和输出：

$$F:\begin{cases}(y_0^{(t)},y_1^{(t)},\cdots,y_{m-1}^{(t)})=F_1(x_0^{(t)},x_1^{(t)},\cdots,x_{k-1}^{(t)},a_0^{(t-1)},a_1^{(t-1)},\cdots,a_{l-1}^{(t-1)})\\(a_0^{(t)},a_1^{(t)},\cdots,a_{l-1}^{(t)})=F_2(x_0^{(t)},x_1^{(t)},\cdots,x_{k-1}^{(t)},a_0^{(t-1)},a_1^{(t-1)},\cdots,a_{l-1}^{(t-1)})\end{cases}$$

内部状态在 $t=0$ 之前存在，是 $a^{(-1)}$ 并且可能是任何值。

上述模型中的线性部分是由 n 个比特 $s_0,s_1,\cdots,s_{n-1}$ 组成的。开始时 $s=K$，但在每个时钟周期，它被更新为 $s\leftarrow L(s)$，L 是某一已知的多变量线性变换。根据 5.1 节或 5.2 节介绍的分析方法，对这种模型的一般的代数分析可归纳为如下几个步骤。

第 1 步：找到一个(至少一个，但一个是足够的)次数为 d 的在 LFSR 的状态比特和 M 个输出之间的多变量关系 Q，例如，

$$Q(s_0,s_1,\cdots,s_{n-1},y^{(0)},y^{(1)},\cdots,y^{(M-1)})=0$$

第 2 步：把同样的方程应用于所有的 M 个状态的连续的视窗。

$$Q([L^t(K)]_0,[L^t(K)]_1,\cdots,[L^t(K)]_{n-1},y^{(t)},y^{(t+1)},\cdots,y^{(t+M-1)})=0$$

第 3 步：用已知的从被攻击的密码观察到的输出值代替 $y^{(t)},y^{(t+1)},\cdots,y^{(t+M-1)}$。

第 4 步：对每个密钥流比特，得到一个次数为 k 的关于 x_i 的多变量方程。由于 L 的线性性，所以对任何 t，这些方程的次数仍然为 d。

第 5 步：给定许多密钥流比特，必然获得一个很大的超定方程组，也就是说，获得很多的关于 K_i 的次数为 d 的多变量方程。

第 6 步：求解这个超定方程组。有很多方法可求解一个超定方程组，例如可使用 XL 算法或现代的 Grobner 基技术。如果处理一个足够大的密钥流，不必使用 XL 算法，可以使用特别简单的线性化方法。大约有 $T\approx C_n^d$ 个次数不超过 d 的关于 n 个变量 K_i 的单项式(这里假定 $d\leqslant n/2$)。把这些单项式都视作一个新的变量 V_j。给定大约 C_d^n+M 个密钥流比特和 $R=C_d^n$ 个关于 M 比特的连续的视窗的方程，得到具有 $T=C_n^d$ 个变量 V_j 的 $R\geqslant T$ 个线性方程，这个方程组很容易求解，其方法是通过使用 Gauss 消去法对一个规模为 T 的线性方程组。理论上，Gauss 消去法的时间开销是 $T^{\omega}(\omega\leqslant 2.376)$。然而快速的实际算法需要大约 $7T^{\log_2 7}$ 个操作。因为这些操作是在 F_2 上的，期望这个算法的一个比特切片实现能在一个 CPU 时钟周期处理 64 个这样的操作。这样，可以用 $\frac{7}{64}\cdot T^{\log_2 7}$ 作为 CPU 时钟周期的数量的一个估计。

2. 一个简单的证明方法

易知，上述模型在 $m=1$ 时，就是文献[27]中的情况；在 $m=1,l=0$ 时，就是无记忆组合器的情况。这里给出 $m=1,l=1$ 时的一个已知结果，即定理 5.5.1 的证明，这一结果是文献[27]中的主要定理的特殊情况。这种证明方法既简洁，又可证明将在 5.5.2 节介绍的一般化结果，即定理 5.5.2。

定理 5.5.1 设 F 是一个任意的固定电路/组件，具有 k 个二元输入 x_i、一个记忆比特 a 和一个输出 y。输出和记忆比特 a 的下一状态以任意方式但确定性地依赖于 k 个输入和先前的记忆比特。给定 $M=2$ 个连续的状态$(t,t+1)$，有一个关于 $x_j^{(i)}$ 的次数为 k 的多变量方程 R，使得其仅仅关联于输入和输出比特，与任何内部状态/记忆比特 $a^{(t-1)}$、$a^{(t)}$ 无关，即

$$R(x_0^{(t)},x_1^{(t)},\cdots,x_{k-1}^{(t)};x_0^{(t+1)},x_1^{(t+1)},\cdots,x_{k-1}^{(t+1)};y^{(t)},y^{(t+1)})=0$$

证明：考虑如下的 $2k$ 个变量：$x_0^{(t)},\cdots,x_{k-1}^{(t)},x_0^{(t+1)},\cdots,x_{k-1}^{(t+1)}$。我们知道两个记忆比特 $a^{(t)}$、$a^{(t+1)}$ 和两个输出 $y^{(t)}$、$y^{(t+1)}$ 的确仅依赖于这 $2k$ 个变量和在开始时的记忆比特 $a^{(t-1)}$。这样，4 个值 $a^{(t)}$、$a^{(t+1)}$、$y^{(t)}$ 和 $y^{(t+1)}$ 确定性地仅依赖于 $2k+1$ 个变量：$x_0^{(t)}$，$x_1^{(t)},\cdots,x_{k-1}^{(t)},x_0^{(t+1)},x_1^{(t+1)},\cdots,x_{k-1}^{(t+1)}$ 和 $a^{(t-1)}$。

现在定义如下的一个单项式集合 A：考虑所有的次数直到 k 的关于 $2k$ 个变量 $x_i^{(t)}$、$x_j^{(t+1)}(i,j=0,1,\cdots,k-1)$的单项式。$A$ 的大小恰好是

$$|A|=\sum_{i=0}^{k}\mathrm{C}_{2k}^{i}=2^{2k-1}+\frac{1}{2}\mathrm{C}_{2k}^{k}>2^{2k-1}$$

现在构造如下矩阵：

(1) 行的标记是 $x_0^{(t)},x_1^{(t)},\cdots,x_{k-1}^{(t)},x_0^{(t+1)},x_1^{(t+1)},\cdots,x_{k-1}^{(t+1)}$ 和记忆比特 $a^{(t-1)}$ 的所有可能的值，共有 2^{2k+1} 个行。

(2) 列对应的标记是 A 中的单项式和关于两个变量 $y^{(t)}$、$y^{(t+1)}$ 的 4 个可能的单项式中的任何一个的积，共有 $4|A|=2^{2k+1}+2\mathrm{C}_{2k}^{k}>2^{2k+1}$ 个列。

(3) 矩阵中的每个元素都是 0 或者 1，每给定一个行的标记，就可用对应的列标记计算出这一行的元素，即每个元素是行对应的列单项式的值。

该矩阵的列数严格大于行数，因此，至少有一个列必定是其他列的一个线性组合。因为列是单项式之积，所有的情况都被处理了，这给出了一个多变量方程，这个方程对所有可能的元素并且无论 $a^{(t-1)}$ 的初始值是什么都以概率 1 为真。由矩阵的构造可知，这个方程没有涉及记忆比特 $a^{(i)}$。定理 5.5.1 得证。

值得注意的是，这里只限定方程关于 $x_j^{(i)}$ 的次数，而方程关于 $y_j^{(i)}$ 的次数不重要，因为在攻击中这些值是固定的。

5.5.2 关于带记忆的组合器的一般化结果

本节的主要目的是利用证明定理 5.5.1 的类似方法证明一个更一般的结果，即定理 5.5.2（将其称为主要定理），并对文献[27]中的主要定理进行一般化扩展。

1. 主要定理

定理 5.5.2 设 F 是一个任意的固定电路/组件，具有 k 个二元输入 x_i、l 个记忆比特 a_i 和 m 个输出 y_i。设整数 d 和 M 满足下列条件：

$$2^{Mm}\sum_{i=0}^{d}\mathrm{C}_{Mk}^{i}>2^{Mk+l} \tag{5.5.1}$$

则给定 M 个连续的步/状态$(t,t+1,\cdots,t+M-1)$，有一个关于 $x_j^{(i)}$ 的次数为 d 的多变量方程 R，使得其仅仅关联于输入和输出比特，与任何内部状态/记忆比特 $a_j^{(i)}$ 无关，即

$$R(x_0^{(t)},x_1^{(t)},\cdots,x_{k-1}^{(t)},\cdots,x_0^{(t+M-1)},x_1^{(t+M-1)},\cdots,x_{k-1}^{(t+M-1)};$$
$$y_0^{(t)},y_1^{(t)},\cdots,y_{m-1}^{(t)},\cdots,y_0^{(t+M-1)},y_1^{(t+M-1)},\cdots,y_{m-1}^{(t+M-1)})=0$$

证明：从如下的已知条件入手（见图 5.5.1）。

(1) 有 Mm 个输出比特：$y_0^{(t)},y_1^{(t)},\cdots,y_{m-1}^{(t)},\cdots,y_0^{(t+M-1)},y_1^{(t+M-1)},\cdots,y_{m-1}^{(t+M-1)}$。

(2) 总共有 Mk 个输入比特：$x_0^{(t)},x_1^{(t)},\cdots,x_{k-1}^{(t)},\cdots,x_0^{(t+M-1)},x_1^{(t+M-1)},\cdots,x_{k-1}^{(t+M-1)}$。

(3) 有 l 个内部记忆比特：$a_0^{(t-1)},x_1^{(t-1)},\cdots,a_{l-1}^{(t-1)}$。

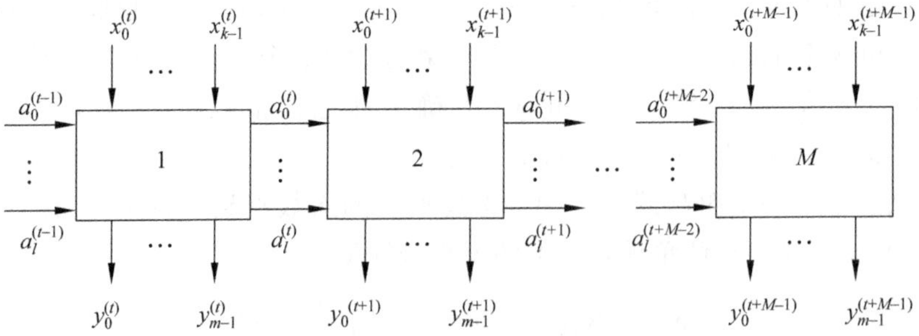

图 5.5.1　一个组合器的 M 个连续的应用

(4) 总共有 $Mk+l$ 个输入变量。第二个和接下来的内部状态 $a_j^{(t+i)}(0<i<M)$ 的记忆比特的确确定性地仅依赖于这 $Mk+l$ 个变量。

(5) 对 M 个连续的步/状态$(t,t+1,\cdots,t+M-1)$,所有的输出 $y_j^{(t+i)}(i<M)$ 的确确定性地仅依赖于上面列出的 $Mk+l$ 个变量。

现在定义如下单项式集合 A:考虑所有的次数直到 d 的关于 Mk 个变量 $x_j^{(t+i)}$ 的单项式。A 的大小恰好是 $|A|=\sum_{i=0}^{d}\mathrm{C}_{Mk}^{i}$。

现在构造如下的矩阵:

(1) 行的标记是 $Mk+l$ 个输入变量的所有可能的取值,共有 2^{Mk+l} 个行。

(2) 列对应的标记是 A 中的单项式和关于变量 $y_j^{(t+i)}$ 的所有可能的单项式中的任何一个的积,共有 $2^{Mm}|A|=2^{Mm}\sum_{i=0}^{d}\mathrm{C}_{Mk}^{i}$ 个列。

(3) 矩阵中的每个元素都是 0 或者 1。每给定一个行的标记,就可用对应的列标记计算出这一行的元素,即每个元素是行对应的列单项式的值。

因为假定式(5.5.1)成立,所以该矩阵的列数严格大于行数。因此,至少有一个列必定是其他列的一个线性组合,也就是说,至少有一个非平凡的列(单项式)的线性组合对所有可能的元素和所有可能的初始状态都等于 0。这个多变量方程恰是定理 5.5.2 中要求的形式。由构造可知,这个方程没有涉及记忆比特 $a_j^{(i)}$。定理 5.5.2 得证。

2. 主要定理的应用

定理 5.5.2 可用来寻找方程并进行代数分析。在一些情况下,即使 $d=0$,当其他变量使得式(5.5.1)成立时,这个定理仍将能有效工作。但是关于 $x_j^{(i)}$ 的次数为 0 的方程仅包含 $y_j^{(i)}$,不能用来恢复秘密密钥,虽然可能被用于预测未来的密钥。为简单起见,这里总假定 $d\geqslant 1$。

下面看看基于定理 5.5.2 的攻击的复杂度。这个攻击有两个主要的步骤。

第 1 步:通过对定理 5.5.2 证明过程中的矩阵进行 Gauss 约化找到方程,这一步需要的计算量大约为 $2^{\omega(Mk+l)}$。

第 2 步:利用第 1 步,对每个密钥流比特,得到一个关于 $x_j^{(i)}$ 的次数为 $d\geqslant 1$ 的方程。已知 $x_j^{(i)}$ 是密钥比特 K_i 的线性组合,因此这些方程关于密钥比特的次数也是 d。当 $x_j^{(i)}$ 被从密钥流获得的实际的值代替后,得到只包含关于 K_i 的次数为 d 的单项式的多变量方程。那么,给定 $T=\mathrm{C}_n^d$ 个密钥流比特,可通过线性化方法求解这些方程,需要的计算量大约

为 $T^{\omega}\approx 2^{\omega d\log_2 n}$。

在一些情况下(M 是小的),第 1 步的复杂度与第 2 步的复杂度相比也许是可忽略的;在一些情况下,第 1 步的复杂度也许总是很大;在一些情况下,要对这两步的复杂度进行折中。

值得注意的是,定理 5.5.2 没有表明代数分析将总是有效工作的,在一些很特殊的情况下,代数分析并不像定理 5.5.2 所期望的那样将有效地工作,具体例子可参见文献[47]。但是,这种攻击无效的情况的概率可以忽略。

3. 主要定理的参数选取

上述讨论表明,可直接应用定理 5.5.2 设计一个针对序列密码的代数分析,但问题是如何选择参数使得攻击的复杂度将是最优的。为此,需要研究关键不等式(5.5.1)的行为。

(1) 式(5.5.1)的渐近行为。为了选择满足式(5.5.1)的整数(M,d),有以下两种情况:

情况 1:如果 $m<k$,当 $M\to\infty$ 时,不满足关键不等式(5.5.1)。在这种情况下,也许通过选取尽可能小的 M 可达到最好的攻击,但这只是一种猜测而已。

情况 2:如果 $m\geqslant k$,当 $M\to\infty$ 时,总是能满足关键不等式(5.5.1)。在这种情况下,选取尽可能大但不是太大的 M,因为找到方程(第 1 步)需要的复杂度变得比攻击本身(第 2 步)的复杂度还要大。

(2) 式(5.5.1)的必要条件。给定 m 和 l,要求解式(5.5.1)。因为总是有 $\sum_{i=0}^{d}C_{Mk}^{i}\leqslant 2^{Mk}$,所以,不能有 $Mm\leqslant l$,这个给出了一个必要条件:$Mm>l$,因此 $Mm\geqslant l+1$,即 $M\geqslant\lceil (l+1)/m\rceil$。

(3) 式(5.5.1)的充分条件。易知,每当 $M\geqslant\lceil (l+1)/m\rceil$ 时,就有 $Mm\geqslant l+1$,并且对某一 $d\leqslant Mk$,式(5.5.1)成立。

充分条件 1:对任何给定的值 m 和 l,对任何 $M\geqslant\lceil (l+1)/m\rceil$,式(5.5.1)将对某一 $d\leqslant Mk$ 成立。

当选择最小的 $M=\lceil (l+1)/m\rceil$ 时,可以使用 $d=k\cdot\lceil (l+1)/m\rceil$,但事实上能做得更好。对这个最小的 M,可以取一个较小的 d。的确,因为 M 是一个整数,最小的 M 的值并不暗含着需要取最大的 d 值。从式(5.5.1)可以得到如下的条件:

$$\sum_{i=0}^{d}C_{Mk}^{i}>2^{Mk}2^{l-m\cdot\lceil (l+1)/m\rceil}$$

容易看到,$d=\lceil kM/2\rceil=\lceil k\lceil (l+1)/m\rceil/2\rceil$ 总是充分的。的确,总是有

$$\sum_{i=0}^{d}C_{Mk}^{i}>2^{Mk}/2=2^{Mk-1}$$

另外,也总是有

$$2^{-1}\geqslant 2^{l-m\cdot\lceil (l+1)/m\rceil}$$

充分条件 2:从上面的讨论,立即可得到定理 5.5.3。

定理 5.5.3 设 F 是一个任意的固定电路/组件,具有 k 个二元输入、l 个记忆比特和 m 个输出。给定 $M=\lceil (l+1)/m\rceil$ 个连续的步/状态$(t,t+1,\cdots,t+M-1)$,有一个多变量关系,这个关系仅涉及输入比特 $x_j^{(i)}$ 和输出比特 $y_j^{(i)}$,并关于 $x_j^{(i)}$ 具有次数 $d=\lceil kM/2\rceil=$

$\lceil k\lceil (l+1)/m \rceil/2 \rceil$。

当 $m=1$ 时，定理 5.5.3 就是文献[27]中的主要结果；当 $m=1, l=0$ 时，定理 5.5.3 就是文献[2]中的定理，即定理 5.1.1。

当 $m<k$ 时，我们期望选择的最小的 M 是最优的。在一些情况下，定理 5.5.3 的参数选择即 $M=\lceil (l+1)/m \rceil, d=\lceil kM/2 \rceil$ 对定理 5.5.2 是最优的。然而在大多数情况下，在 $\lceil (l+1)/m \rceil$ 和 $(l+1)/m$ 之间有一个非零的差别，这暗含着推导定理 5.5.3 的条件 $2^{-1} \gg 2^{l-m\cdot\lceil (l+1)/m \rceil}$。在这种情况下，似乎最好的方法仍然是取 $M=\lceil (l+1)/m \rceil$ 或接近这个数并取使得式(5.5.1)成立的最小的 d。

基于定理 5.5.3 的攻击的第 1 步即找方程的复杂度大约是 $2^{\omega(Mk+l)}=2^{\omega(k\lceil (l+1)/m \rceil+l)}$，第 2 步的复杂度大约是 $(C_n^d)^\omega \approx n^{d\omega}$。虽然这个 $d=\lceil kM/2 \rceil=\lceil k\lceil (l+1)/m \rceil/2 \rceil$ 并不总是我们得到和使用在攻击中的最佳次数，但我们期望当 $m<k$ 时，攻击的第 1 步的复杂度将频繁地明显小于第 2 步的复杂度。

当 $m \geqslant k, M \to \infty$ 时，总能满足关键不等式(5.5.1)，此时 d 可以是任意小的正整数，也就是说，当 M 足够大时，可以取 $d=1$。在实际中，应把 M 选取得尽可能大但不是太大，这是因为攻击的第 1 步的复杂度大约是 $2^{\omega(Mk+l)}$，而第 2 步的复杂度大约是 $(C_n^d)^\omega \approx 2^{\omega \log_2 nd}/d!$，如果 M 太大，第 1 步的复杂度就太大，要远远高于第 2 步的复杂度。为了得到最佳攻击，必须在条件 $C_{Mk}^d > 2^{M(k-m)+l}$ 下求 $2^{\omega(Mk+l)}+2^{\omega \log_2 nd}/d!$ 的最小值。这些复杂的行为不是那么简单的，因为 $M \geqslant \lceil (l+1)/m \rceil$ 且 M 必须是整数。实验表明，有时选择 $M=\lceil (l+1)/m \rceil$ 是最优的，有时也不是最优的。

为了用定理 5.5.2 找到最快的攻击，可采取如下措施：

(1) 试图应用定理 5.5.3 找到一个解 (M, d)。

(2) 用同样的 M，选取使得式(5.5.1)成立的最小的 d。

(3) 当 $m \geqslant k$ 时，只要攻击的第 1 步的复杂度小于第 2 步的复杂度，就可以尽力增加 M，计算较低的可能的 d，并看这样是否得到一个较好的结果。

5.6 注记与思考

本章重点介绍了代数分析、快速代数分析、改进的快速代数分析和立方分析 4 种代数分析方法。代数分析的主要特点就是采用基于代数思想的方法与技巧，将一个密码算法的安全性归约到求解一个超定多变量高次方程组(即该方程组中的方程个数多于变量的个数)的问题上，这与基于概率思想的分析方法有很大的不同。代数分析的思想早已产生，其主要的难点在于求解生成的多变量高次方程组上。事实上，代数分析可以针对各种密码体制，但由于序列密码的特殊结构，使得代数分析对序列密码的威胁更大。

2003 年，Courtois 等[2]提出了针对序列密码特别是滤波和部分钟控类序列密码的代数分析，这类攻击效果显著，对一些序列密码(如 E0、Toyocrypt、LILI-128)形成了较大的威胁。文献[2]中首先将破解密码的问题转化为求解多变量高次方程组的问题，而后通过寻找多变量方程的零化子的方法来降低方程的次数，得到相对容易求解的方程。再利用 Linearization、Relinearization 或者 XL、Grobner 基方法来求解所得方程组。最后将求得的结果代入密码体制进行验证，得到种子密钥。

零化子在代数分析中起到了至关重要的作用，如果零化子的代数次数低，那么就很容易形成有效的代数分析，因此，文献[16]中提出了代数免疫度的概念，即对于一个高次非线性函数及其补函数来说，其最低的零化子的次数。因此，寻找具有最高代数免疫度的布尔函数就成为密码设计中的一个重要研究方向。文献[3]中提出了快速代数分析，这类攻击主要是针对具有双层甲板结构的密码函数。实践证明，有些密码函数即使具有较高的代数免疫度，仍然不能抵抗快速代数分析，因此代数免疫度对于快速代数分析来说既不是充分条件也不是必要条件。当前代数分析的研究主要集中在以下两个方面：一是寻找求解非线性方程组的快速算法；二是寻找有效零化子的快速算法。

快速谱分析是一种针对过滤生成器的状态恢复分析，类似于快速代数分析，其核心思想是尽可能降低线性化后的线性方程组的维数，从而以较低的时间复杂度求出 LFSR 的初态。具体做法是：首先寻找一非零序列 $b=\{b_t\}_{t\geqslant 1}$，使得 $L_c(b)$ 和 $L_c(u)+L_c(b)$ 同时都很小，这里 $u=\{z_t b_t\}_{t\geqslant 1}$、$\{z_t\}_{t\geqslant 1}$ 为已知密钥流，$L_c(\cdot)$ 表示序列的线性复杂度；然后利用序列 b 的 DFT(离散傅里叶变换)和输出密钥流 z_t 的信息建立一个关于 LFSR 初态的由 $L_c(b)$ 个线性方程组成的线性方程组；最后通过求解这个线性方程组恢复 LFSR 的初态。与快速代数分析(其核心思想是降低方程的次数)相比，快速谱分析建立在频域，其在预计算时需要更多的时间，然而在在线攻击时所需的连续密钥流的数据量和时间都比快速代数分析要少。

在一段时间内，讨论代数分析成为一个热点，各种改进方法纷纷被提出，但有影响的方法不多。截至目前，代数分析方法除了对基于线性反馈(如 LFSR)的序列密码较为成功之外，对其他类型的密码算法的代数分析还有较长的路要走。一般来说，代数分析主要分为建立方程和求解方程两大步，充分利用密码算法的特点来建立相对易解的方程组是十分重要的研究课题。虽然看起来代数分析是一种联系对称密码学与代数理论的天然桥梁，但到目前为止，这种分析方法还处在初始阶段。

思考题

1. 详细论述为什么布尔函数的代数免疫度是衡量其抵抗代数分析能力的一种重要指标。

2. 解释布尔函数的快速代数免疫度定义的物理意义。

3. 说明引理 5.3.1 中定义的序列的特征多项式与 1.4 节中定义的序列的特征多项式之间的关系。

4. 举例说明定理 5.5.1 的正确性。

5. 调研代数分析方法的最新研究进展，结合本章的相关介绍写一篇关于代数分析方法方面的小综述。

本章参考文献

[1] Shannon C E. Communication Theory of Secrecy System[J]. Bell System Technical Journal, 1949, 28(4): 656-715.

[2] Courtois N T, Meier W. Algebraic Attack on Stream Ciphers with Linear Feedback[C]// EUROCRYPT 2003. Berlin Heidelberg: Springer, 2003, 345-359.

[3] Courtois N T. Fast Algebraic Attacks on Stream Ciphers with Linear Feedback[C]//CRYPTO 2003. Berlin Heidelberg: Springer, 2003: 176-194.

[4] Dinuri I, Shamir A. Cube Attacks on Tweakable Black Box Polynomials[C]//EUROCRYPT 2009. Berlin Heidelberg: Springer, 2009: 278-299.

[5] Courtois N. Higher Order Correlation Attacks[C]//ICISC 2002. [S.l.]: Springer, 2002.

[6] Golic J D. Fast Low Order Approximation of Cryptographic Functions[C]//EUROCRYPT'96. Berlin Heidelberg: Springer, 1996: 268-282.

[7] Courtois N, Patarin J. About the XL Algorithm over GF(2) [C]//Cryptographers' Track RSA 2003. [S.l.]: Springer, 2003.

[8] Courtois N, Pieprzyk J. Cryptanalysis of Block Ciphers with Overdefined Systems of Equations[C]//ASIACRYPT 2002. [S.l.]: Springer, 2002.

[9] Shamir A, Patarin J, Courtois N, et al. Efficient Algorithms for Solving Overdefined Systems of Multivariate Polynomial Equations[C]//EUROCRYPT 2000. [S.l.]: Springer, 2000: 92-407.

[10] Wu C K, Feng D G. Boolean Functions and their Applications in Cryptography[M]// Advances in Computer Science and Technology. [S.l.]: Springer, 2016: 1-256.

[11] Coppersmith D, Winograd S. Matrix Multiplication via Arithmetic Progressions[J]. Journal of Symbolic Computation, 1990, 9(3): 251-280.

[12] Strassen V. Gaussian Elimination is Not Optimal[J]. Numerische Mathematik, 1969, 13: 354-356.

[13] Saarinen M J O. A Time-Memory Tradeoff Attack Against LILI-128[C]//FSE 2002. [S. l.]: Springer, 2002: 231-236.

[14] Filiol E. Decimation Attack of Stream Ciphers[C]//INDOCRYPT 2000. [S. l.]: Springer, 2000: 31-42.

[15] Babbage S. Cryptanalysis of LILI-128[R]. Nessie Project Internal Report. (2001-01-22). https://www.cosic.esat.kuleuven.ac.be/nessie/reports/.

[16] Filiol E. Decimation Attack of Stream Ciphers[C]//INDOCRYPT 2000. [S. l.]: Springer, 2000: 31-42.

[17] Meier W, Pasalic E, Carlet C. Algebraic Attacks and Decomposition of Boolean Functions, in Proc [C]//EUROCRYPT 2004. Berlin Heidelberg: Springer-Verlag, 2004: 474-491.

[18] Carlet C. On the Higher Order Nonlinearities of Algebraic Immue Functions[C]//CRYPTO 2006. Berlin Heidelberg: Springer-Verlag, 2006: 584-601.

[19] Lobanov M. Tight Bound Between Nonlinearity and Algebraic Immunity[EB/OL]. http://eprint.iacr.org/2005/441.

[20] Dalai D K, Gupta K C, Maitra S. Results on Algebraic Immunity for Cryptographically Significant Boolean Functions[C]// INDOCRYPT 2004. Berlin Heidelberg: Springer-Verlag, 2004: 92-106.

[21] Dalai D K, Gupta K C, Maitra S. Basic Theory in Construction of Boolean Functions with Maximum Possible Annihilator Immunity[J]. Designs, Codes and Cryptography, 2006, 40(1): 41-58.

[22] Carlt C. A Method of Construction of Balanced Functions with Optimal algebraic Immunity[EB/OL]. http://eprint.iacr.org/2005/229

[23] Li N, Qi W F. Symmetric Boolean Functions Depending on an Odd Number of Variables with Maximum Algebraic Immunity[J]. IEEE Transactions on information theory, 2006, 52(5): 2271-2273.

[24] Qu L, Li C, Feng K. A Note on Symmetric Boolean Functions with Maximal Algebraic Immunity in Odd Number of Variables[J]. IEEE Transactions on Information Theory, 2007, 53(8): 2908-2910.

[25] 冯登国. 信息安全中的数学方法与技术[M]. 北京：清华大学出版社，2009.

[26] Armknecht F. A Linearization Attack on the Bluetooth Key Stream Generator[EB/OL]. (2002-12-13). http://eprint.iacr.org/2002/191/.

[27] Armknecht F, Krause M. Algebraic Atacks on Combiners with Memory[C]//CRYPTO 2003. Berlin Heidelberg: Springer, 2003: 162-175.

[28] Dornstetter J L. On the Equivalence Between Berlekamp's and Euclid's Algorithms. [J] IEEE Transactions on Information Theory, 1987, 33(3): 428-431.

[29] Armknecht F. Improving Fast Algebraic Attacks[C]//FSE 2004. Berlin Heidelberg: Springer, 2004: 65-82.

[30] Lidl R, Niederreiter H: Introduction to Finite Fields an Their Applications[M]. Cambridge: Cambridge University Press, 1994.

[31] Edwin L. Key: An Analysis of the Structure and Complexity of Nonlinear Binary Sequence Generators[J]. IEEE Transactions on Information Theory, 1976, 22(6): 327-332.

[32] Schoenhage A. Schnelle Multiplikation von Polynomen uber Köerpern der Charakteristik 2[J]. Acta Informatica, 1977(7): 395-398.

[33] Bostan A, Flajolet F, Salvy B, et al. Fast Computation with Two Algebraic Numbers[EB/OL]. http://algo.inria.fr/flajolet/Publications/BoFlSaSc02.pdf.

[34] Hawkes P, Rose G G. Rewriting Variables: the Complexity of Fast Algebraic Attacks on Stream Ciphers[C]//CRYPTO 2004. [S.l.]: Springer-Verlag, 2004: 390-406.

[35] Dinur I, Shamir A. Cube Attacks on Tweakable Black Box Polynomials[C]//EUROCRYPT 2009. Berlin Heidelberg: Springer, 2009: 278-299.

[36] 宋海欣. eSTREAM 序列密码算法的分析[D]. 北京：中国科学院软件研究所,2012.

[37] Lucks S. The Saturation Attack—A Bait for Twofish[C]//FSE 2001. Berlin Heidelberg: Springer, 2001: 1-15.

[38] Knudsen L R. Truncated and higher order differentials[C]//FSE 1994. Berlin Heidelberg: Springer, 1995: 196-211.

[39] Blum M, Luby M, Rubinfeld R. Self-testing/Correcting with Applications to Numerical Problems [C]//Proc. 22nd Annual ACM Symp. on Theory of Computing. ACM, 1990: 73-83.

[40] Hell M, Jonasson T, Meier W. Grain—A Stream Cipher for Constrained Environments[R]. eSTREAM, ECRYPT Stream Cipher Project Report 2005/001. http://www.ecrypt.eu.org /stream.

[41] Berbain C, Gilbert H, Maximov A. Cryptanalysis of Grain[C]//FSE 2006. Berlin Heidelberg: Springer, 2006: 15-29.

[42] Khazaei S, Hassanzadeh M, Kiaei M: Distinguishing Attack on Grain[R]. eSTREAM, ECRYPT Stream Cipher Project Report 2005/071. http://www.ecrypt.eu.org/stream.

[43] Küçük Ö. Slide Resynchronization Attack on the Initialization of Grain 1.0[R]. eSTREAM, ECRYPT Stream Cipher Project Report 2006/044. http://www.ecrypt.eu.org/stream/papersdir/2006/044.ps.

[44] Hell M, Johansson T, Maximov A, et al. The Grain Family of Stream Ciphers[EB/OL]. http://www.ecrypt.eu.org/stream/grainpf.html.

[45] Hell M, Johansson T, Meier W. A Stream Cipher Proposal: Grain-128[R]. eSTREAM, ECRYPT Stream Cipher Project 2006. http://www.ecrypt.eu.org/stream/grainp3.html.

[46] Courtois N T. Algebraic Attacks on Combiners with Memory and Several Outputs[EB/OL]. http://cr.yp.to/2005-590/courtois.pdf.

第6章　猜测确定分析方法

本章内容提要

猜测确定分析与时间存储数据(TMD)折中攻击都可以看作序列密码的一种拓扑性质的分析,即攻击者关注序列密码本身各个变量之间的依赖关系,考察这些依赖关系是否导致其他攻击方法不易发现的漏洞。猜测确定分析的基本思想是,通过对内部状态或者密钥的部分比特作一个假设(称为猜测),并利用由密钥流得到的信息来推测未知的内部状态或者密钥(称为确定)。

严格地讲,猜测确定分析是一种策略,很难形成系统性的理论方法,目前已有的工作都是针对具体算法的结构特点给出的。尽管如此,猜测确定分析在密码分析中发挥的作用越来越重要,归纳和梳理出一些针对具体算法的猜测确定分析方法,有利于读者领会和掌握猜测确定分析的基本思想和基本技巧。

本章主要介绍猜测确定分析的基本思想和一些实例分析。

本章重点

- 猜测确定分析方法的基本思想。
- 自收缩生成器的猜测确定分析方法。
- FLIP 的猜测确定分析方法。
- SNOW 的猜测确定分析方法。
- 面向字节的猜测确定分析方法。

6.1　自收缩生成器的猜测确定分析方法

1. 自收缩生成器

自收缩生成器(Self-Shrinking Generator,SSG)是一类极好的密钥流生成器,它是由 Meier 等[1]仅对一个最大长度 LFSR 利用收缩的观点[2]提出的一种生成密钥流的方法。具体生成过程如下:

设 $a=a_0a_1a_2\cdots$ 是由一个最大长度 LFSR 生成的一个二元序列,考虑比特对(a_i,a_{i+1}),如果 $a_i=1$,输出 a_{i+1} 作为密钥流比特,否则没有输出产生。文献[1]中建议,SSG 的密钥由 LFSR 的状态组成,当然最好也包括 LFSR 的反馈逻辑。但在已有的分析中,大多都假定攻击者知道本原反馈多项式,因此本章也假定攻击者知道本原反馈多项式。

虽然许多基于 LFSR 的序列密码已经发现易受相关分析和代数分析,但 SSG 已经表明在抵抗这些分析方面是卓越的。对一个长度为 L 的 LFSR,已知的最好攻击是文献[3]中给出的猜测确定分析。在这之前的最好攻击是文献[4]中给出的 BDD 攻击。文献[3]给出了文献[5]中提出的一个公开问题的很好的回答,这个公开问题是:是否能找到一个对 SSG 的攻击,其复杂度比一般的时间存储数据折中攻击的复杂度低。

对 SSG 的一般的时间存储数据折中攻击的时间复杂度是 $O(2^{0.5L})$，空间复杂度是 $O(2^{0.5L})$，使用的密钥流比特是 $O(2^{0.5L})$，预计算(也称预处理)阶段的复杂度是 $O(2^{0.75L})$。

文献[3]中对 SSG 的猜测确定分析的复杂度为：当 $L \geqslant 100$ 时，时间复杂度是 $O(2^{0.556L})$，空间复杂度是 $O(L^2)$，使用的密钥流比特是 $O(2^{0.161L})$；当 $L<100$ 时，时间复杂度是$O(2^{0.571L})$，空间复杂度是 $O(L^2)$，使用的密钥流比特是 $O(2^{0.194L})$。

与时间存储数据折中攻击相比，猜测确定分析避免了消耗性的预计算阶段和大量的存储需求。

2. 基本事实

设 $a=a_0a_1a_2\cdots$是由一个用于 SSG 生成器中的最大长度 LFSR A 产生的一个二元序列，$z=z_0z_1z_2\cdots$是密钥流。首先注意到 $a=a_0a_1a_2\cdots$的两个采样序列 $a_0a_2\cdots a_{2i}\cdots$和 $a_1a_3\cdots a_{2i+1}\cdots$与原序列 $a=a_0a_1a_2\cdots$是平移等价的。它们与序列 $a=a_0a_1a_2\cdots$共享同样的反馈多项式，只是移位不同。引理 6.1.1 给出了序列$\{a_{2i}\}_{i\geqslant 0}$和序列$\{a_{2i+1}\}_{i\geqslant 0}$之间的移位值。

引理 6.1.1 设 $a=a_0a_1a_2\cdots$是一个由长度为 L 的 LFSR 产生的二元最大长度序列，则两个采样序列 $c=\{a_{2i}\}_{i\geqslant 0}$和 $b=\{a_{2i+1}\}_{i\geqslant 0}$之间的移位值 $\tau=2^{L-1}$，也就是说，对每个整数 $i\geqslant 0, b_i=c_{i+2^{L-1}}$。

证明：直接可由事实 $c_{i+2^{L-1}}=a_{2(i+2^{L-1})}=a_{2i+2^L}=a_{2i+1+2^L-1}=a_{2i+1}=b_i$ 获得证明。

引理 6.1.1 给出了序列$\{a_{2i}\}_{i\geqslant 0}$和序列$\{a_{2i+1}\}_{i\geqslant 0}$之间的精确的移位值，它们之间的关系是确定的。

引理 6.1.2 设 $f(x)=1+c_1x+c_2x^2+\cdots+c_{L-1}x^{L-1}+x^L$ 是 LFSR A 在 F_2 上的一个本原反馈多项式，也就是说，对每个 $i\geqslant 0, a_{i+L}=\sum_{j=1}^{L}c_ja_{i+L-j}, c_L=1$，则存在一个多项式 $h(x)=\sum_{i=0}^{L-1}h_ix^i$ 使得$h(x)\equiv x^{\tau} \bmod f^*(x)$，其中，$f^*(x)$是 $f(x)$的互反多项式，$\tau=2^{L-1}$是 $c=\{a_{2i}\}_{i\geqslant 0}$和 $b=\{a_{2i+1}\}_{i\geqslant 0}$之间的移位值。此外，对每个大值 L，多项式 $h(x)$都能被有效地计算。

证明：引理 6.1.2 的前半部分结论可由 LFSR 理论直接推出。它揭示出每个 b_i 都是某些 c_i 的一个线性组合，即

$$b_i=a_{2i+1}=\sum_{i=0}^{L-1}h_ic_{i+j}=\sum_{i=0}^{L-1}h_ia_{2(i+j)}$$

接下来给出计算 $h(x)$的递归过程。更精确地说，对适度大的 L，线性系数 h_i 能通过递归地计算 $x^i \bmod f^*(x)=x(x^{i-1} \bmod f^*(x)) \bmod f^*(x)$来确定。对很大的 L，可用如下的小步策略通过递归过程的组合来完成，也就是说，首先确定一个集$\{\tau_1,\tau_2,\cdots,\tau_t\}$使得

$$x^{2^{L-1}} \bmod f^*(x)=x^{\prod_{j=1}^{t}\tau_j} \bmod f^*(x)=((x^{\tau_1} \bmod f^*(x))^{\tau_2}\cdots)^{\tau_t} \bmod f^*(x)$$

这里 $\prod_{j=1}^{t}\tau_j=2^{L-1}$ 且对每个被选的τ_j 使得$x^{\tau_j} \bmod f^*(x)$能通过现有的方法(如平方乘)在合理的时间内有效地计算。因此，对很大的 L，用这种方法能在可接受的时间内计算线性系数 h_i。

具体计算实例可参阅文献[3]。

引理 6.1.2 表明，与实际的攻击复杂度 $O(2^{0.556L})$ 或 $O(2^{0.571L})$ 相比，计算 $c=\{a_{2i}\}_{i\geqslant 0}$ 和 $b=\{a_{2i+1}\}_{i\geqslant 0}$ 之间的线性关系的复杂度是可忽略的。本节介绍的猜测确定分析的总的复杂度由下面将要介绍的算法 6.1.1 的复杂度确定。

3. 猜测确定分析算法

序列密码的猜测确定分析的基本观点是，猜测内部状态的一些比特，通过由密钥流生成过程导致的密钥流比特和内部状态比特之间的关系推导出内部状态的其他比特。一个猜测确定内部状态的合法性通过使用该状态向前运行密码来检测。如果产生的密钥流与截取的密钥流相匹配，则接受；否则，划掉目前的候选者，再对新的状态候选者进行攻击。

文献[3]中的观点与其他猜测确定分析的观点不同，它不是直接应用于序列 $\{a_i\}_{i\geqslant 0}$，而是应用于其采样序列 $\{a_{2i}\}_{i\geqslant 0}$。利用 $\{a_{2i}\}_{i\geqslant 0}$ 的知识和简单的线性代数很容易恢复 $\{a_i\}_{i\geqslant 0}$。

更精确地讲，为了攻击一个 SSG，首先猜测 $\{a_{2i}\}_{i\geqslant 0}$ 的初始状态 $(a_0,a_2,\cdots,a_{2(L-1)})$ 的一个 l 比特长的段 $A_0^{l-1}=(a_0,a_2,\cdots,a_{2(l-1)})$，见图 6.1.1。这样，初始状态剩下的 $L-l$ 比特(见图 6.1.1 中的黑点)是未知的。

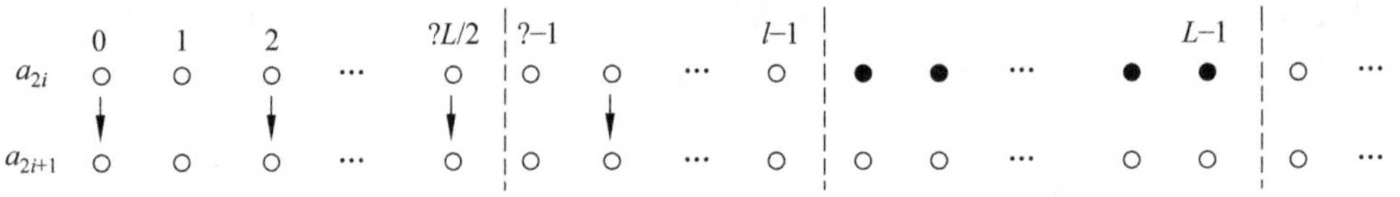

图 6.1.1　猜测确定过程

设 $W_H(\cdot)$ 表示对应向量的汉明重量，则从猜测段，可以通过移位结构(见图 6.1.1 中的箭头标示)得到 $W_H(A_0^{l-1})$ 个关于剩余的 $L-l$ 比特的线性方程。例如，如果 $a_{2i}=1(0\leqslant i\leqslant l-1)$，则有

$$b_i=a_{2i+1}=\sum_{j=0}^{L-1}h_j a_{2(i+j)}=\sum_{j=0}^{l-1}h_j a_{2(i+j)}+\sum_{j=l}^{L-1}h_j a_{2(i+j)}=z_{\sum_{j=0}^{i-1}a_{2j}} \tag{6.1.1}$$

这里 $h(x)=\sum_{j=0}^{L-1}h_j x^j$ 是由引理 6.1.2 找到的满足 $h(x)\equiv x^{2^{L-1}} \bmod f^*(x)$ 的多项式。注意，式(6.1.1) 中的部分和 $\sum_{j=0}^{l-1}h_j a_{2(i+j)}$ 是一个已知的参数，这是因为我们猜测了值 A_0^{l-1}，这样式(6.1.1)是一个关于 $L-l$ 个变量 $(a_{2l},a_{2(l+1)},\cdots,a_{2(L-1)})$ 的线性方程。一旦有一个比特 $a_{2i}=1(0\leqslant i\leqslant l-1)$，就得到一个关于 $(a_{2l},a_{2(l+1)},\cdots,a_{2(L-1)})$ 的线性方程。已经观察到，在猜测段 A_0^{l-1} 中的 1 越多，得到的关于剩余的 $L-l$ 个比特的线性方程就越多。极端情况下，如果 $A_0^{l-1}=(a_0,a_2,,a_{2(l-1)})=(1,1,\cdots,1)$，那么就得到 l 个关于剩余的 $L-l$ 个比特的线性方程。为了得到一个有效的攻击，这里不去穷举搜索所有可能的 A_0^{l-1} 的值，而是仅仅搜索满足以下条件的可能的 A_0^{l-1} 的值(不失一般性，可假定 $a_0=1$)：$W_H(A_0^{l-1})\geqslant\lceil\alpha\cdot l\rceil$，这里 $0.5\leqslant\alpha\leqslant 1$ 是一个参数，$\lceil x\rceil$ 表示大于或等于 x 的最小整数。因此，利用这个方法至少能得到 $\lceil\alpha l\rceil$ 个关于剩余的 $L-l$ 个比特的线性方程。

现在自然地出现了一个关键的问题：这些方程的线性依赖性如何？幸运的是，从 $\{a_{2i}\}_{i\geqslant 0}$ 的初始状态 $(a_0,a_2,\cdots,a_{2(L-1)})$，有

$$(a_0,\cdots,a_{2(L-1)},a_{2L},\cdots,a_{2(N-1)})=(a_0,a_2,\cdots,a_{2(L-1)})\cdot G$$

这里 N 是所考虑的序列 $\{a_{2i}\}_{i\geqslant 0}$ 的长度且 $\boldsymbol{G}$ 是 F_2 上的一个 $L\times N$ 矩阵：

$$\boldsymbol{G}=\begin{bmatrix} g_0^0 & g_1^0 & \cdots & g_{N-1}^0 \\ g_0^1 & g_1^1 & \cdots & g_{N-1}^1 \\ \vdots & \vdots & \ddots & \vdots \\ g_0^{L-1} & g_1^{L-1} & \cdots & g_{N-1}^{L-1} \end{bmatrix}$$

也就是说，每个 a_{2i} 都是 $(a_0,a_2,\cdots,a_{2(L-1)})$ 的一个线性组合。因为对每个 $i\geqslant 0$，$a_{2i+1}=a_{2i+2L-1}$，根据模式 $(a_0,a_2,\cdots,a_{2(L-1)})$ 在 $(a_1,a_3,\cdots,a_{2l-1})$ 中选择的比特对应的列向量 $\boldsymbol{g}_i=(g_i^0,g_i^1,\cdots,g_i^{L-1})^{\mathrm{T}}$ 可视作 F_2^L 上的随机向量。这样，这对 F_2^{L-l} 上的 $\boldsymbol{g}_i$ 的截断情形也成立并形成关于剩余的 $L-l$ 个未知比特的系数矩阵。下列结论（即引理 4.3.1）确保了由截断随机列向量形成的矩阵总是有接近最大值的秩。

已证明[6]，一个随机产生的 $m\times n$ 二元矩阵的秩是 $r(1\leqslant r\leqslant \min\{m,n\})$ 的概率为

$$P_r=2^{r(m+n-r)-nm}\prod_{i=0}^{r-1}\frac{(1-2^{i-m})(1-2^{i-n})}{1-2^{i-r}}$$

虽然通过上述搜索方法有时能得到不止 $\lceil \alpha l\rceil$ 个线性方程，但本节仅使用 $\lceil \alpha l\rceil$ 的下界来估计线性独立的方程且设 $\lceil \alpha l\rceil=L-l$。这样做的原因是推导最坏情况下这里所介绍的猜测确定分析算法的复杂度。因此，一个随机产生的 $\lceil \alpha l\rceil\times(L-l)$ 二元矩阵的秩 $r\geqslant\lceil \alpha l\rceil-5$ 的概率为

$$P(r\geqslant\lceil \alpha l\rceil-5)=\sum_{r=\lceil \alpha l\rceil-5}^{\lceil \alpha l\rceil}2^{-(r-\lceil \alpha l\rceil)(r-L+l)}\prod_{i=0}^{r-1}\frac{1-2^{i-\lceil \alpha l\rceil}(1-2^{i-L+l})}{1-2^{i-r}}$$

模拟结果表明，对 $L<1500$，$P(r\geqslant\lceil \alpha l\rceil-5)\geqslant 0.99$，也就是说，得到的线性方程几乎是线性独立的。可以以一个小规模的穷举搜索校正线性系统的依赖性。

算法 6.1.1

参数：α,L。

输入：密钥流 $\{z_i\}_{i=0}^{N-1}$，反馈多项式 $f(x)$。

处理过程：

第 1 步：应用引理 6.1.2 的证明过程中的组合策略计算 $x^{2^{L-1}} \bmod f^*(x)$，$f^*(x)$ 是 $f(x)$ 的互反多项式。

第 2 步：对所有的满足 $W_{\mathrm{H}}(A_0^{l-1})\geqslant\lceil \alpha\cdot l\rceil$ 的 l 比特段 A_0^{l-1}，执行下列操作。

(1) 对 k 从 0 到 $l-1$，如果 $a_{2k}=1$，则使用在第 1 步获得的 $h(x)$ 和 $f(x)$ 推导出一个关于在 $A_0^{L-1}=(a_0,a_2,\cdots,a_{2(L-1)})$ 中的剩余比特的线性表达式，并在矩阵 $\boldsymbol{U}$ 中存储这个表达式。

(2) 对 j 从 0 到 $N-1-\lceil \alpha l\rceil$，执行以下操作：

① 使用来自 z_j 的密钥流指标检查线性方程组的线性一致性[7-8]。

② 如果线性一致性测试结果是 OK，则根据来自 z_j 的密钥流下标求解线性方程组 $\boldsymbol{U}$，从而得到一个候选状态 $(a_0',a_2',\cdots,a_{2(L-1)}')$ 或一个小的候选状态表。

对每个候选状态，执行以下操作：

(a) 从候选状态向前运行 SSG 并用 $\{z_i\}_{i=j}^{N-1}$ 检查生成的密钥流。

(b) 如果相关性测试结果是 OK，则输出候选状态并中止循环；否则，继续循环。

输出：初始状态或一个等效的状态 $(a_0,a_2,\cdots,a_{2(L-1)})$。

假定从密钥流$\{z_i\}_{i=0}^{N-1}$开始。首先从猜测段A_0^{l-1}推导线性表达式(6.1.1)，然后把来自z_0的密钥流下标与它们关联并测试导出的方程组的线性一致性。如果测试失败，那么依次试用来自z_1、z_2等的下标。如果不能基于手头的密钥流得到一个一致性线性方程组，那么划掉目前的猜测A_0^{l-1}并重试另一个猜测。如果找到了一个一致性线性方程组，求解这个方程组得到一个候选状态$(a_0', a_2', \cdots, a_{2(L-1)}')$或一个小的候选状态表。从每个候选状态向前运行 SSG 并产生对应的密钥流。如果产生的密钥流与截获的密钥流不匹配，则划掉那个候选状态并重试另一个。如果所有的候选状态都不能找到一个匹配，则试用另一个猜测A_0^{l-1}并重复上述全部过程。如果可获得足够的密钥流，那么期望以很高的成功概率找到对应截断密钥流的初始状态或等效的初始状态。

4. 复杂度分析

现在来分析算法 6.1.1 的时间、空间和数据复杂度。

对于算法 6.1.1，为了通过$O(\alpha l)$个线性独立的方程恢复$L-l$个未知比特，设

$$O(\alpha l)=L-l \Rightarrow l=O\left(\frac{1}{1+\alpha}\cdot L\right) \tag{6.1.2}$$

因为我们只想推导一个量级，这里就忽略了可能少量的线性依赖的方程数。

在算法 6.1.1 中，仅搜索满足$W_{\mathrm{H}}(A_0^{l-1})\geqslant\lceil\alpha l\rceil$的这些可能的$A_0^{l-1}$的值。设$H=\{A_0^{l-1} \mid \lceil\alpha l\rceil\leqslant W_{\mathrm{H}}(A_0^{l-1})\leqslant l, a_0=1\}$，则$|H|=\sum_{i=\lceil\alpha l\rceil-1}^{l-1}\mathrm{C}_{l-1}^{i}$，这里$|S|$表示集合$S$的个数。包含在$H$中的$l$比特值和所有可能的$l$比特值之间的比值是$\frac{|H|}{2^l}$，即

$$\frac{|H|}{2^l}=\frac{\sum_{i=\lceil\alpha l\rceil-1}^{l-1}\mathrm{C}_{l-1}^{i}}{2^l}=\frac{2^{\beta l}}{2^l}=2^{-(1-\beta)l} \tag{6.1.3}$$

这里β是由α和l确定的一个参数。由式(6.1.3)可得

$$\beta=\frac{1}{l}\log_2\sum_{i=\lceil\alpha l\rceil-1}^{l-1}\mathrm{C}_{l-1}^{i} \tag{6.1.4}$$

结合式(6.1.2)，有函数$\beta=\beta(\alpha,L)$。值得注意的是，随着α的增加，β减少。

为了使算法 6.1.1 成功，必须至少找到一个在状态集H和涉及在该算法中的密钥流段之间的匹配对。假定序列是纯随机的，即由独立的且均匀分布的二元随机变量组成，这样，密钥流长度N将满足$(N-L)\sum_{i=\lceil\alpha l\rceil-1}^{l-1}\mathrm{C}_{l-1}^{i}\left(\frac{1}{2}\right)^{l-1}\geqslant 1$，即

$$N>\frac{2^{l-1}}{\sum_{i=\lceil\alpha l\rceil-1}^{l-1}\mathrm{C}_{l-1}^{i}}=\frac{2^{l-1}}{2^{\beta l}}=2^{(1-\beta)l-1}\Rightarrow N\sim O\left(2^{\frac{1-\beta}{1+\alpha}L}\right) \tag{6.1.5}$$

算法 6.1.1 在状态集H和每个迭代中搜索，并沿着密钥流$\{z_i\}_{i=0}^{N-1}$检查，以便找到适当的段。因此，在最坏的情况下，时间复杂度是

$$O(N-L)O(2^{\beta l})=O\left(2^{\frac{1}{1+\alpha}L}\right) \tag{6.1.6}$$

定理 6.1.1 猜测确定分析算法 6.1.1 具有时间复杂度$O\left(L^3 2^{\frac{1}{1+\alpha}L}\right)$、空间复杂度$O(L^2)$和数据复杂度$O\left(2^{\frac{1-\beta}{1+\alpha}L}\right)$，其中$L$是 SSG 使用的 LFSR 的长度，$0.5\leqslant\alpha\leqslant 1$，$\beta=\beta(\alpha,L)$是由

α 和 L 确定的参数。

证明：在算法 6.1.1 的每个迭代中，必须检查线性方程组的线性一致性，然后才能求解，这使时间复杂度提高到原来的 L^3 倍，由式(6.1.6)可知时间复杂度是 $O(L^3 2^{\frac{1}{1+\alpha}L})$。在算法 6.1.1 中，只需要存储矩阵 $\boldsymbol{U}$ 对应的当前的猜测 A_0^{l-1} 和第 2 步使用的控制存储，因此空间复杂度是 $O(L^2)$。数据复杂度可由式(6.1.5)获得。

推论 6.1.1　猜测确定分析算法 6.1.1 成功的概率是

$$P_{\text{SUCC}} = 1 - \left(1 - 2 \cdot 2^{-\frac{1-\beta}{1+\alpha}L}\right)^{N-L}$$

这里 N 是在攻击中使用的密钥流长度，其他参数如前所述。

证明：在算法 6.1.1 中，总共需要检查 $N-L$ 个密钥流段，且每个段与 H 中的一个状态匹配的概率是 $2 \cdot 2^{-\frac{1-\beta}{1+\alpha}L}$。

为了得到最优的攻击性能，需要优化算法 6.1.1 中的参数 α、β。表 6.1.1 和表 6.1.2 给出了对应于不同选择的 α 和 L 的渐近的时间复杂度、空间复杂度和数据复杂度。值得注意的是，β 的值仅仅是一个逼近，在实际攻击中，可依据式(6.1.2)和式(6.1.4)计算更精确的值。为了优于一般的 TMD 折中攻击，建议当 $L \geqslant 100$ 时，取 $\alpha=0.8$；当 $40 \leqslant L < 100$ 时，取 $\alpha=0.75$ 或 $\alpha=0.8$。

表 6.1.1　对应于不同选择的 $\boldsymbol{\alpha}$ ($L \geqslant 100$) 的渐近的时间复杂度、空间复杂度和数据复杂度

α	β	时间复杂度	空间复杂度	数据复杂度
0.5	0.99	$O(2^{0.667L})$	$O(L^2)$	$O(2^{0.007L})$
0.6	0.96	$O(2^{0.625L})$	$O(L^2)$	$O(2^{0.025L})$
0.75	0.80	$O(2^{0.571L})$	$O(L^2)$	$O(2^{0.114L})$
0.8	0.71	$O(2^{0.556L})$	$O(L^2)$	$O(2^{0.161L})$
0.9	0.46	$O(2^{0.526L})$	$O(L^2)$	$O(2^{0.284L})$
1.0	0.00	$O(2^{0.5L})$	$O(L^2)$	$O(2^{0.5L})$

表 6.1.2　对应于不同选择的 $\boldsymbol{\alpha}$ ($40 \leqslant L < 100$) 的渐近的时间复杂度、空间复杂度和数据复杂度

α	β	时间复杂度	空间复杂度	数据复杂度
0.5	0.93	$O(2^{0.667L})$	$O(L^2)$	$O(2^{0.047L})$
0.6	0.88	$O(2^{0.625L})$	$O(L^2)$	$O(2^{0.075L})$
0.75	0.66	$O(2^{0.571L})$	$O(L^2)$	$O(2^{0.194L})$
0.8	0.57	$O(2^{0.556L})$	$O(L^2)$	$O(2^{0.239L})$
0.9	0.36	$O(2^{0.526L})$	$O(L^2)$	$O(2^{0.337L})$
1.0	0.00	$O(2^{0.5L})$	$O(L^2)$	$O(2^{0.5L})$

文献[3]中对已有的关于 SSG 的攻击做了大量的比较和模拟实验。

6.2 FLIP 的猜测确定分析方法

文献[9]针对全同态加密体制的应用需求，提出了一族新的序列密码 FLIP，其设计中有一个过滤置换器(filter permutator)，这使得该密码可以达到低量级噪声且保持不变。这就克服了其他同类算法的如下缺陷：要么初始噪声的量级低，在连续加密时会不断增长；要么噪声量级一直很高。文献[10]中给出了对文献[9]中的 FLIP 较早版本的一个攻击，为了抵抗文献[10]中的攻击，文献[9]中修改了设计。本节介绍一种对 FLIP 较早版本的猜测确定分析方法[10]。该攻击利用了过滤函数的结构和常数内部状态的一些特点，对两个实例完成的密钥恢复攻击所需的时间复杂度分别为 $O(2^{54})$ 和 $O(2^{68})$，均低于设计者声称的安全界 $O(2^{80})$ 和 $O(2^{128})$。

1. FLIP 序列密码

FLIP 序列密码基于过滤生成器的结构，没有寄存器更新的部分，这就避免了代数次数的增加。寄存器比特在进入过滤函数之前会经过过滤置换器。FLIP 序列密码中过滤置换器的结构框架如图 6.2.1 所示。

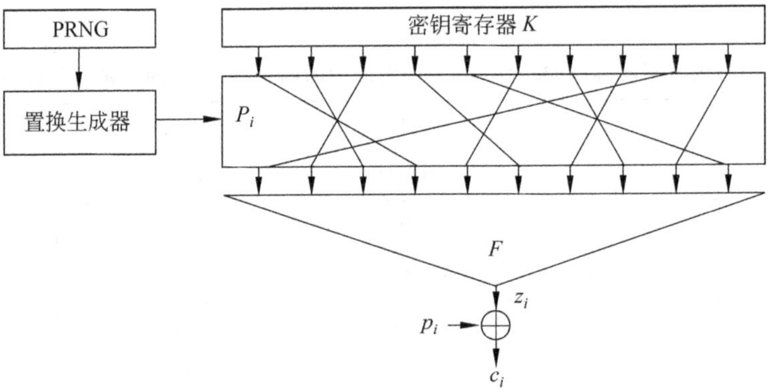

图 6.2.1 FLIP 序列密码中过滤置换器的结构框架

FLIP 主要由 3 部分组成：

(1) 一个存储 N 比特密钥 K 的寄存器，即密钥寄存器(Key Register)。

(2) 一个比特的置换生成器(permutation generator)，连接一个伪随机数生成器(Pseudo-Random Number Generator，PRNG)，在每个时刻 i 生成一个 N 比特置换 P_i。

(3) 一个过滤(布尔)函数 F，用于生成密钥流比特 z_i。

当伪随机数生成器使用初始向量初始化后，主密钥 K 被加载到密钥寄存器中，并开始加密：在每一步 i，过滤置换器会生成一个置换 P_i，在密钥流比特进入过滤函数 F 之前，P_i 会混淆密钥流比特。F 生成的密钥流比特 z_i 与相应的明文 p_i 异或，得到密文 c_i。恢复明文时，采取相同的步骤生成密钥流比特 z_i，并将其与密文 c_i 异或，得到明文 p_i。

除了密钥以外，该密码的所有部分都是公开的。

置换生成器使用的伪随机数生成器被定义为一个基于 AES-128 的前向安全的 PRNG，置换生成器本身是一个 Knuth 洗牌器(Knuth shuffle)[11]，这就保证了所有的 N 比特置换以相同概率被生成(假设其使用的是一个伪随机数生成器)。F 是一个有 N 个变量的布尔函数,定义为如下 3 个布尔函数 f_1、f_2、f_3 的直和。N 和 k 都是正整数,均为 F_2 上的运算。

定义 6.2.1(L 型函数) n 阶 L 型函数 L_n 是如下定义的 n 元线性函数:

$$L_n(x_0,x_1,\cdots,x_{n-1})=\sum_{i=0}^{n-1}x_i$$

定义 6.2.2(Q 型函数) n 阶 Q 型函数 Q_n 是如下定义的 $2n$ 元二次函数:

$$Q_n(x_0,x_1,\cdots,x_{2n-1})=\sum_{i=0}^{n-1}x_{2i}x_{2i+1}$$

定义 6.2.3(T 型函数) k 阶 T 型函数 T_k 是如下定义的 $k(k+1)/2$ 元布尔函数:

$$T_k(x_0,x_1,\cdots,x_{k(k+1)/2-1})=\sum_{i=1}^{k}\sum_{j=0}^{i-1}x_{j+\sum_{l=0}^{i-1}l}$$

例如,$T_3(x_0,x_1,\cdots,x_5)=x_0+x_1x_2+x_3x_4x_5$ 就是一个 3 次 T 型函数。

FLIP 中的过滤函数使用了这 3 类布尔函数的组合,这里的参数选择为 n_1、n_2、n_3,$n_1+n_2+n_3=N$。

$$f_1(x_0,x_1,\cdots,x_{n_1-1})=L_{n_1}$$

$$f_2(x_{n_1},x_{n_1+1},\cdots,x_{n_1+n_2-1})=Q_{n_2/2}$$

$$f_3(x_{n_1+n_2},x_{n_1+n_2+1},\cdots,x_{n_1+n_2+n_3-1})=T_k$$

这里 k 是使得 $n_3=k(k+1)/2$ 的数。

F 定义为 f_1、f_2、f_3 的直和,即

$$F(x_0,x_1,\cdots,x_{n_1+n_2+n_3-1})=L_{n_1}+Q_{n_2/2}+T_k$$

2. FLIP 的基本特点

下面将使用已知明文攻击,即假设已知部分明文及其对应的密文,这表明我们知道密钥流$\{z_i\}$的部分比特。我们的目标是恢复密钥,对 FLIP 而言,这等价于恢复其内部状态。这里使用了 3 个常见的参数,即时间复杂度、数据复杂度和空间复杂度来展示攻击的效果。时间复杂度 C_T 给出了攻击者实施攻击需要的操作数量,数据复杂度 C_D 对应于需要的密钥流比特,空间复杂度 C_M 衡量了攻击过程中需要的比特存储量。

FLIP 序列密码的如下两个特点似乎表明使用猜测确定分析方法是有效的:

(1) FLIP 具有固定的内部状态。确切地讲,寄存器不更新暗含着可以使得在任何时刻猜测一个密钥或内部状态比特将会给出其他时刻 1 比特的信息。这与一般的序列密码不同,一般的序列密码的更新函数会将内部状态混合在一起,这使得 1 比特信息将会在几轮(向前或向后)后迅速消失。

(2) 过滤函数 F 的定义。从 F 的定义可以看出它包含了非常少的高次单项式。F 的所有次数大于或等于 3 的单项式都出现在 f_3 中,f_3 由下列公式给出:

$$f_3(x_{n_1+n_2},x_{n_1+n_2+1},\cdots,x_{n_1+n_2+n_3-1})=T_k(x_{n_1+n_2},x_{n_1+n_2+1},\cdots,x_{n_1+n_2+n_3-1})=\sum_{i=1}^{k}\prod_{j=n_1+n_2}^{n_1+n_2+i-1}x_{j+\sum_{l=0}^{i-1}l}$$

其中 k 为 f_3的代数次数且 $n_3=k(k+1)/2$。

从上述公式可以看到,在 F 中有 $k-2$ 个次数大于或等于 3 的单项式,总共有 n_3-3 个变量。由于乘法深度的限制,k 必须小。在给出的 FLIP 的两个实例中,对安全级别为 80b

的情况，取 $k=14$；对安全级别为 128b 的情况，取 $k=21$。这意味着 T 型函数的单项式数量比较少，因此理论上容易消除。

下面将要介绍的猜测确定分析方法的核心思想是利用 F 的高次单项式数量比较少而又有许多为 0 的密钥流比特，所以 F 的高次单项式可以高概率地被消去。在这些情况下，也意味着密钥流比特可被视为关于非零密钥流比特的次数小于或等于 2 的表达式。

下面将要介绍的攻击是猜测确定分析的一个简单变形，利用上述特点对猜测确定分析做了一点小的改动：没有对密钥或内部状态的值进行猜测，而是对一些为 0 的密钥流比特的位置索引进行猜测，从而推导出密钥流比特为其他密钥流比特的低次表达式的时刻，并建立方程组。最后，利用线性化方法在低次方程组计算代价合理的情况下求解该方程组。

下面估计一下当密钥 K 中的 l 个输入变量均为 0 的情况下密钥流比特 z_i 的表达式对余下的密钥流比特的次数小于或等于 2 的概率(将这种表达式称为可利用的方程或可利用的时刻拍数)。这个概率直接与攻击需要的数据量相关联，因为它决定了在攻击中构造方程组时需要的密钥流比特数量。

由上述讨论可知，下面的表达式中有 $k-2$ 个次数大于或等于 3 的不相交的单项式：

$$z_i=F(P_i(k_0,k_1,\cdots,k_{N-1}))$$

因此，如果攻击者只注意到 l 个零点位置，则他不能确定可利用的时刻拍数，这必须使得 $l\geqslant k-2$，也就是说，在每个高次单项式中最少有一个 0 比特可以被定位。

如果 $l=k-2$。首先可能的是选择的零点位置数量与希望消掉的高次单项式的数量相同，即 $l=k-2$。在这种情况下，每个单项式中恰好有一个 0 比特。例如，假设我们观察一个特定的 d 次单项式：$x_0x_1\cdots x_{d-1}$，这等价于选择其中一个变量为 0，有 d 种可能。因此，可以对有效位置索引组合的个数计数，这对应于在每个单项式里选择一个索引，因为 3 次单项式有 3 种可能选择，4 次单项式有 4 种可能选择，以此类推，k 次单项式有 k 种可能选择，所以一共有 $3\cdot4\cdot5\cdot\cdots\cdot k=k!/2$ 个有效集合。l 个变量为 0 的可能情况的总数量为 C_N^l，这样就得到一个概率：

$$P_{l=k-2}=\frac{k!/2}{C_N^l}$$

如果 $l\geqslant k-2$，设 m 为出现次数大于或等于 3 的单项式的变量个数。假设已知密钥 K 中的密钥流比特为 0 的 l 个位置。我们感兴趣的是：一个随机置换 P_i 作用在密钥上并使得 F 中没有任何大于或等于 3 的单项式的概率。对所有置换中的有效置换计数。首先列出每个单项式中至少有一个 0 比特的位置的所有可能情况：设 3 次单项式中有 i_1 个 0 比特，4 次单项式中有 i_2 个 0 比特，以此类推，k 次单项式中有 i_{k-2} 个零比特。记 $I=i_1+i_2+\cdots+i_{k-2}$ 为这种方式下 0 比特位置的数量，则对其他 $N-m$ 个单项式，剩下 $l-I$ 个 0 比特需要定位。为了计算概率，需要将这个数量按照在 N 个位置里猜测 l 个位置的数量划分。最后推出的计算概率的公式为：

$$P_l=\frac{\sum\limits_{i_1+i_2+\cdots+i_{k-2}\leqslant l}C_3^{i_1}C_4^{i_2}\cdots C_k^{i_{k-2}}C_{N-m}^{l-I}}{C_N^l}$$

利用上述公式可以估计给定 l 个 0 值时输入变量消除 F 的所有高次项的概率。例如，对 $k=14,l=14-2=12,P_{l=12}=2^{-26.335}$；对 $k=21,l=21-2=19,P_{l=19}=2^{-42.382}$。

3. FLIP 的猜测确定分析

因为采用已知明文攻击，所以假定可以获得 C_D 个密钥流比特，记为 z_i，$i=0,1,\cdots,C_D-1$。此外，相关的置换 P_i 是公开的，所以可以将密钥流比特写成 $k_0,k_1,\cdots,k_{N-1}$ 的函数：

$$z_i=F(P_i(k_0,k_1,\cdots,k_{N-1})),\quad \forall i\geqslant 0$$

利用上述关于 FLIP 的两个基本特点(即两个弱点)，将密钥恢复问题转化为求解线性方程组的问题。具体过程如下：

第 1 步：初始猜测。这一步包含了对 l 个 0 比特位置的猜测，其中 $l\geqslant k-2$。假设利用这些为 0 的比特可以得到 z_i 的一个简单的只包含 $N-l$ 个未知变量的表达式。因为密钥是平衡的，猜测是正确的概率为 $P_{rg}=\frac{C_{N/2}^{l}}{C_N^l}$。这个概率比随机密钥的概率 2^{-l} 小一点，但优势是只要猜测的比特位置数 $l\leqslant N/2$，则可以肯定至少能找到一个猜测是正确的。

第 2 步：抽取低次数方程。这一步的目标是收集关于未知密钥比特的低次数方程。为了达到这个目的，观察已知的 z_i 的表达式，并选择猜测的 0 比特密钥消除包含次数大于或等于 3 的单项式的那些方程。由上述讨论可知，这个事件发生的概率为 P_l。

第 3 步：求解方程组。求解二次方程组最容易的方法之一是线性化方法，该方法对每个出现的非线性单项式引入一个新变量，将原方程组转化为一个线性方程组。在这里唯一需要处理的非线性表达式是 2 次单项式。因为 F 的输入为 N 个变量，我们猜测了其中的 l 个，未知变量为 $N-l$ 个，最坏的情况是一共有 C_{N-l}^2 个二次单项式。这意味着一旦原方程组被线性化，转化后的方程组的变量个数为 $v_l=N-l+C_{N-l}^2$。

假设这些方程都是随机的，方程组得到唯一解或者得出相互矛盾的结论需要的方程数量约等于未知变量的个数。这意味着需要的密钥流比特的数量为变量个数与 z_i 可以被利用的概率的倒数的乘积：

$$C_D=v_l\times\frac{1}{P_l}$$

时间复杂度为求解方程组的时间和在找到正确解之前需要重复猜测 l 个零比特密钥位置的次数的乘积：

$$C_T=v_l^3\times\frac{1}{P_{rg}}$$

最终的空间复杂度由需要存储的方程组的存储量决定，约为 $C_T=v_l^2$。

在给出的 FLIP 的两个实例中，对安全级别为 80b 的情况，此时选取的参数为 $k=14$，$n_1=47$，$n_2=40$，$n_3=105$，$N=192$，$l=12$，则可由上式计算出如下的参数：$P_l=2^{-26.335}$，$v_l=2^{13.992}$，$P_{rg}=2^{-12.528}$，$C_D=2^{40.326}$，$C_T=2^{54.503}$，$C_M=2^{27.983}$。对安全级别为 128b 的情况，此时选取的参数为 $k=21$，$n_1=87$，$n_2=82$，$n_3=231$，$N=400$，$l=19$，则可由上式计算出如下的参数：$P_l=2^{-42.382}$，$v_l=2^{16.151}$，$P_{rg}=2^{-19.647}$，$C_D=2^{58.533}$，$C_T=2^{68.100}$，$C_M=2^{32.302}$。

事实上，可证明 FLIP 族序列密码的安全级别至多与 $\sqrt{N}$ 比特成比例，其中 N 是密钥大小。这是因为 $l\ll N$，所以可认为 $P_{rg}\approx 2^{-l}$，又因为 $v_l=N-l+C_{N-l}^2$ 且上述攻击的时间复杂度为 $C_T=v_l^3\frac{1}{P_{rg}}$，所以，有 $C_T\sim N^6\times 2^l$。另外，完成上述攻击需要猜测的数量是在

T_{n_3} 中次数大于或等于 3 的单项式的数量，这样 $n_3=(l+2)(l+3)/2$，所以 $l\sim\sqrt{n_3}$，因此，得到 $\log_2 C_T\sim\alpha\sqrt{N}$。

6.3 SNOW 的猜测确定分析方法

SNOW 是一个同步序列密码，是提交到 NESSIE 计划中的一个候选算法，其密钥长度为 128b 或 256b。文献[12]中针对 SNOW 给出了两个猜测确定分析，第一个攻击的数据复杂度是 $O(2^{64})$，时间复杂度是 $O(2^{256})$。第二个攻击的数据复杂度是 $O(2^{95})$，时间复杂度是 $O(2^{224})$。由于这两个攻击的基本思路类似，本节只介绍第一个攻击。

1. SNOW 简介

SNOW 基于有限域 $F_{2^{32}}$ 上的 LFSR。在时刻 t，LFSR 的状态表示为 $(s_{t+15},s_{t+14},\cdots,s_t)$，值 s_{t+i} 是一个 32b 的字。LFSR 的下一状态为 $(s_{t+16},s_{t+15},\cdots,s_{t+1})$，$s_{t+16}$ 按如下递归关系定义：

$$s_{t+16}=\alpha(s_t\oplus s_{t+3}\oplus s_{t+9})\tag{6.3.1}$$

这里 $\oplus$ 表示域加法，即逐比特异或操作，α 是一个具体的域元素，乘法是域上的乘法。α 的值和域的基的选择使得对 $X=(x_{31},x_{30},\cdots,x_0)\in F_{2^{32}}$，有

$$\alpha X=(x_{30},\cdots,x_0,0)\oplus(x_{31}\cdot \mathrm{ox80421009})$$

来自 LFSR 的值被组合到一个有限状态自动机(FSM)以产生密钥流。FSM 包含两个 32b 值，在时刻 t 这两个值表示为 $(R1_t,R2_t)$。FSM 在时刻 t 的 32b 输出是 $f_t=(s_{t+15}\boxplus R1_t)\oplus R2_t$，这里 $\boxplus$ 表示模 2^{32} 加。该密码在时刻 t 的 32b 输出是 $z_t=f_t\oplus s_t$。

FSM 的下一状态按如下方式计算：

$$R1_{t+1}=R1_t\oplus \mathrm{ROT}(f_t\boxplus R2_t,7)$$

$$R2_{t+1}=S(R1_t)$$

这里 ROT(A,B)表示把 A 向最高比特位(MSB)循环移位 B 比特，S 由 4 个可逆的 8b 的 S-盒和一个比特置换定义。这里将 S 视作一个单一的可逆的 32b 的 S 盒。

2. SNOW 的猜测确定分析

假定攻击者已经观察到了密钥流$\{z_t\}$的一部分，$t=1,2,\cdots,N$，其中 N 足够大，使得攻击有较高的成功概率。猜测确定分析由如下 4 个阶段构成：

在第一阶段，做如下两个假设：

(1) 假设 1：$R2_t=S(R1_t\oplus(2^{32}-1))$。

(2) 假设 2：$R2_{t+14}=S(R1_{t+14}\oplus(2^{32}-1))$。

这两个假设都正确的概率为 2^{-64}。这样，在找到满足这两个假设的内部状态之前，需要测试大约 2^{64} 个 t 值。

在第二阶段，攻击者猜测 s_t、s_{+1}、s_{+2}、s_{+3}、$R1_t$、$R1_{t+14}$ 的值，每个 32b，总共 192b。

在第三阶段，攻击者根据第二阶段的猜测和第一阶段的假设确定 LFSR 的状态 $(s_{t+15},s_{t+14},\cdots,s_t)$。$R2_t$ 和 $R1_t$ 之间的假设 1 使得可以由 $R1_t$ 来确定 s_{t+14}，具体如下：

因为

$$R2_t=S(R1_t\oplus(2^{32}-1))$$

所以

$$R1_{t-1}=S^{-1}(R2_t)=S^{-1}(S(R1_t\oplus(2^{32}-1)))=R1_t\oplus(2^{32}-1)$$

即

$$R1_{t-1}\oplus R1_t=2^{32}-1$$

从而

$$R1_{t-1}=R1_t\oplus(2^{32}-1)=-R1_t-1(\bmod 2^{32})$$

由 FSM 的内部状态更新计算公式 $R1_t=R1_{t-1}\oplus \mathrm{ROT}(f_{t-1}\boxplus R2_{t-1},7)$ 可得

$$R2_{t-1}\boxplus f_{t-1}=\mathrm{ROT}(R1_{t-1}\oplus R1_t,-7)=\mathrm{ROT}((2^{32}-1),-7)=2^{32}-1$$

$R2_{t-1}\boxplus f_{t-1}=2^{32}-1$ 意味着 $R2_{t-1}\oplus f_{t-1}=2^{32}-1$。现在攻击者知道 $R2_{t-1}\oplus f_{t-1}$，进一步由 $f_{t-1}=(s_{t+14}\boxplus R1_{t-1})\oplus R2_{t-1}$ 可计算 s_{t+14}，即

$$\begin{aligned}s_{t+14}&=(R2_{t-1}\oplus f_{t-1})-R1_{t-1}(\bmod 2^{32})\\&=(2^{32}-1)-(-R1_t-1)(\bmod 2^{32})=R1_t\end{aligned}$$

类似地，可利用假设2来确定 s_{t+28}，即 $s_{t+28}=R1_{t+14}$。

在下面的描述中，使用值 i 表示 LFSR 的值 s_{t+i}，例如，0 表示 s_t，6 表示 s_{t+6}；使用 $F\rightarrow$ 表示利用 s_{t+i+15}、$R1_{t+i}$、$R2_{t+i}$、f_{t+i} 之间的关系；使用 $G\rightarrow$ 表示利用 $R1_{t+i+1}$、f_{t+i}、$R1_{t+i}$、$R2_{t+i}$ 之间的关系；使用 $S\rightarrow$ 表示利用关系 $R2_{t+i+1}=S(R1_{t+i})$。

在第二阶段猜测值后，攻击者猜测 0、1、2、3 即 s_t、s_{t+1}、s_{t+2}、s_{t+3} 的所有比特和 $R1_t$、$R2_t$、$R1_{t+14}$、$R2_{t+14}$。对一个给定的猜测，利用 FSM 之间的关系可确定下列值：

$$\begin{aligned}&s_t\oplus z_t=f_t\\&f_t,\quad R1_t,\quad R2_tF\rightarrow s_{t+15}\\&f_t,\quad R1_t,\quad R2_tG\rightarrow R1_{t+1}\\&R1_t\quad S\rightarrow R2_{t+1}\end{aligned}$$

为了确定 s_{t+16}、s_{t+17}、s_{t+18}，对 $i=1,2,3$，计算下列值：

$$\begin{aligned}&s_{t+i}\oplus z_{t+i}=f_{t+i}\\&f_{t+i},\quad R1_{t+i},\quad R2_{t+i}F\rightarrow s_{t+i+15}\\&f_{t+i},\quad R1_{t+i},\quad R2_{t+i}G\rightarrow R1_{t+i+1}\\&R1_{t+i}\quad S\rightarrow R2_{t+i+1}\end{aligned}$$

攻击者现在已经猜测或确定了下列值：

$$0\sim 3,14\sim 18,28,\quad R1_{t+i},\quad R2_{t+i},\quad i\in\{0,1,2,3,4,14\}$$

对 $i=14,15,16,17,18$，继续计算下列值：

$$\begin{aligned}&s_{t+i}\oplus z_{t+i}=f_{t+i}\\&f_{t+i},\quad R1_{t+i},\quad R2_{t+i}F\rightarrow s_{t+i+15}\\&f_{t+i},\quad R1_{t+i},\quad R2_{t+i}G\rightarrow R1_{t+i+1}\\&R1_{t+i}\quad S\rightarrow R2_{t+i+1}\end{aligned}$$

攻击者至此已经猜测或确定了下列值的所有比特：

$$0\sim 3,14\sim 18,28\sim 33,\quad R1_{t+i},\quad R2_{t+i},\quad i\in\{0,1,2,3,4,14,15,16,17,18,19\}$$

将状态字 s_t 之间的线性关系式(6.3.1)记为 $L\rightarrow$。式(6.3.1)平方后得到线性递归关系 $s_{t+32}=\alpha^2(s_t\oplus s_{t+6}\oplus s_{t+18})$，将这个递归关系记为 $L2\rightarrow$。攻击者利用下列方式可确定更多的内部状态：

$$\begin{aligned}&14,17,30L\rightarrow 23\\&0,3,16L\rightarrow 9\end{aligned}$$

$0,18,32L2 \to 6$

$6,9,15L \to 22$

$15,18,31L \to 24$

$16,22,29L \to 13$

$1,17L2 \to s_{t+4} \oplus s_{t+10}$

$(s_{t+4} \oplus s_{t+10}),22L2 \to 36$

$23,29,36L \to 20$

$17,20,33L \to 26$

$2,14,28L2 \to -4$

$17,31L2 \to s_{t-1} \oplus s_{t+5}$

$-4,s_{t-1} \oplus s_{t+5}L \to 12$

$3,6,12L \to 19$

$12,15,18L \to 21$

$9,12,18L \to 25$

$s_{t+19} \oplus z_{t+19} = f_{t+19}$

$f_{t+19},R1_{t+19},R2_{t+19}F \to s_{t+34}$

$18,21,34L \to 27$

到目前为止，攻击者已经确定了 LFSR 的全部状态($s_{t+27},s_{t+26},\cdots,s_{t+12}$)，往前推导可以求出状态($s_{t+15},s_{t+14},\cdots,s_t$)。

在第四阶段，攻击者测试 LFSR 的状态($s_{t+15},s_{t+14},\cdots,s_t$)和 FSM 的状态($R1_t,R2_t$)的正确性。其方法是：使用这些状态产生一个密钥流并与已经观察到的密钥流进行比较，如果二者一致，则状态是正确的；如果二者不一致，则攻击者返回第二阶段。

如果对第二阶段所有可能的猜测值都没有找出正确的状态，则说明第一阶段的假设不成立，此时，将 t 更新为 $t+1$，即对下一个时刻(时刻 $t+1$)重复上述 4 个阶段的攻击步骤。

下面分析上述猜测确定分析的数据复杂度和时间复杂度。

因为两个假设都是正确的概率为 2^{-64}，因此攻击者在找到满足假设条件的内部状态之前需要测试大约 2^{64} 个时刻 t，也就是，攻击者需要 $O(2^{64})$ 个输出。对每个时刻 t，攻击者需要猜测 192b，这对应于 2^{192} 种猜测。这样，攻击者的数据复杂度是 $O(2^{64})$，时间复杂度是 $O(2^{64}\cdot 2^{192})=O(2^{256})$。

值得注意的是，强迫 $R2_t$ 与 $R1_t$ 相关(而不是独立于 $R1_t$ 猜测 $R2_t$)的影响是使数据复杂度增加到原来的 2^{32} 倍而没有改变时间复杂度。然而，通过选择 $R2_t$ 与 $R1_t$ 之间的关系，攻击者能确定关于 s_{t+14} 的信息。攻击者如果只是简单地猜测 $R2_t$，则可以计算

$$R2_{t-1} \boxplus f_{t-1} = \mathrm{ROT}(R1_{t-1} \oplus R1_t, -7) = \mathrm{ROT}(S^{-1}(R2_t) \oplus R1_t, -7)$$

然而，攻击者无法确定关于 $R2_{t-1} \boxplus f_{t-1}$ 的更多的信息(需要知道 s_{t+14})。例如，如果 $R2_{t-1} \boxplus f_{t-1}=0$，则($R2_{t-1},f_{t-1}$)有两个可能的解：$(R2_{t-1},f_{t-1})=(0,0)$ 和 $(R2_{t-1},f_{t-1})=(2^{32}-1,1)$。如果 $(R2_{t-1},f_{t-1})=(0,0)$，则 $R2_{t-1} \boxplus f_{t-1}=0$；如果 $(R2_{t-1},f_{t-1})=(2^{32}-1,1)$，则 $R2_{t-1} \boxplus f_{t-1}=2^{32}-2$。$R2_{t-1} \boxplus f_{t-1}$ 值的不确定性意味着攻击者获得了关于 s_{t+14} 的更少的信息。这就是为什么攻击者假定 $R2_t$ 的值而不是猜测它的原因。同样的讨论适用于 $R2_{t+14}$。

6.4 面向字节的猜测确定分析方法

SOSEMANUK 算法是在 eSTREAM 计划中最终入选的序列密码之一，是一个面向软件的算法。文献[13]中注意到该算法的大部分部件能面向字节计算，因此，一个攻击者能够从字节单元的观点来看该算法，而不是从原来的 32 位字的单元来看该算法。基于这个观点，文献[13]中提出了一个新的面向字节的猜测确定分析方法，其基本观点是：在攻击的执行过程中，将一个字节视作一个基本数据单元，而不是将整个 32 位字视作一个基本数据单元。该方法将之前对该算法的猜测确定分析算法的(最好的)时间复杂度 $O(2^{224})$ 大幅度降低到 $O(2^{176})$。这个结果表明，SOSEMANUK 算法采用的密钥长度大于 176b 时，存在比穷举搜索攻击更有效的攻击算法。

1. SOSEMANUK 算法

SOSEMANUK 算法[14]是一个面向 32 位字的序列密码，逻辑上由 3 部分组成，即一个线性反馈移位寄存器(LFSR)、一个有限状态机(FSM)和一个 Serpent1 轮函数，见图 6.4.1。

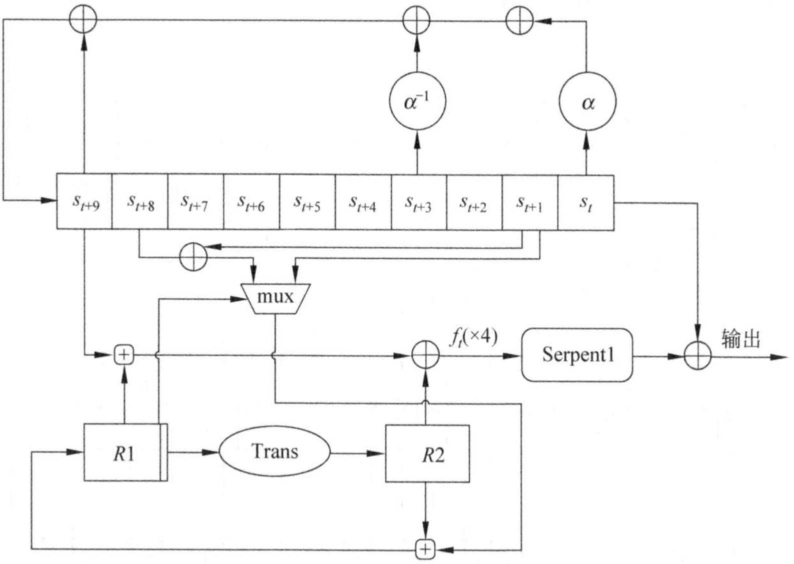

图 6.4.1 SOSEMANUK 的结构

SOSEMANUK 的 LFSR 定义在有限域 $F_{2^{32}}$ 上，包含 10 个 32 位寄存器 $s_i(1 \leqslant i \leqslant 10)$。LFSR 的反馈多项式定义为

$$\pi(x) = \alpha x^{10} + \alpha^{-1} x^7 + x + 1 \tag{6.4.1}$$

这里 α 是有限域 F_{2^8} 上的多项式 $P(x)=x^4+\beta^{23}x^3+\beta^{245}x^2+\beta^{48}x+\beta^{239}$ 的一个根，β 是有限域 F_2 上的多项式 $Q(x)=x^8+x^7+x^5+x^3+1$ 的一个根。

设 $\{s_t\}_{t\geqslant 1}$ 是由 LFSR 产生的一个序列，则它满足

$$s_{t+10} = s_{t+9} + \alpha^{-1} s_{t+3} + \alpha s_t, \quad \forall t \geqslant 1 \tag{6.4.2}$$

SOSEMANUK 的非线性部分是一个 FSM，它包含两个 32 位记忆单元 $R1$ 和 $R2$。在时刻 t，FSM 取 LFSR 的寄存器 s_1、s_8、s_9 的值 s_{t+1}、s_{t+8}、s_{t+9} 为输入，输出一个 32 位的字

f_t。FSM 的执行过程如下：

$$R1_t = R2_{t-1} \boxplus \mathrm{mux}(\mathrm{lsb}(R1_{t-1}), s_{t+1}, s_{t+1} \oplus s_{t+8}) \tag{6.4.3}$$

$$R2_t = \mathrm{Trans}(R1_{t-1}) \tag{6.4.4}$$

$$f_t = (s_{t+9} \boxplus R1_t) \oplus R2_t \tag{6.4.5}$$

这里$\boxplus$表示模 2^{32} 加，$\mathrm{lsb}(x)$是 x 的最低位，$\mathrm{mux}(c,x,y)=\begin{cases}x, & c=0\\ y, & c=1\end{cases}$，在 32 位整数上的内部传输函数 Trans 定义为 $\mathrm{Trans}(z)=(0\mathrm{x}54655307z \bmod 2^{32})\lll 7$，$\lll$表示在 32 位串上的左循环移位操作。

在分组密码 SERPENT 中，一个行 SERPENT 轮由下面的顺序操作组成：

(1) 一个字密钥加。

(2) S-盒变换。

(3) 一个线性变换。

这里的函数 Serpent1 是没有子密钥加和线性变换的 SERPENT 的一轮。使用在 Serpent1 中的 S-盒是 SERPENT 的 S-盒 S_2 并以比特切片的模式运行。Serpent1 取 FSM 的 4 个连续时刻的输出 f_{t+i} 作为输入并输出 4 个 32 位字 y_{t+i}，$i=0,1,2,3$，见图 6.4.2。

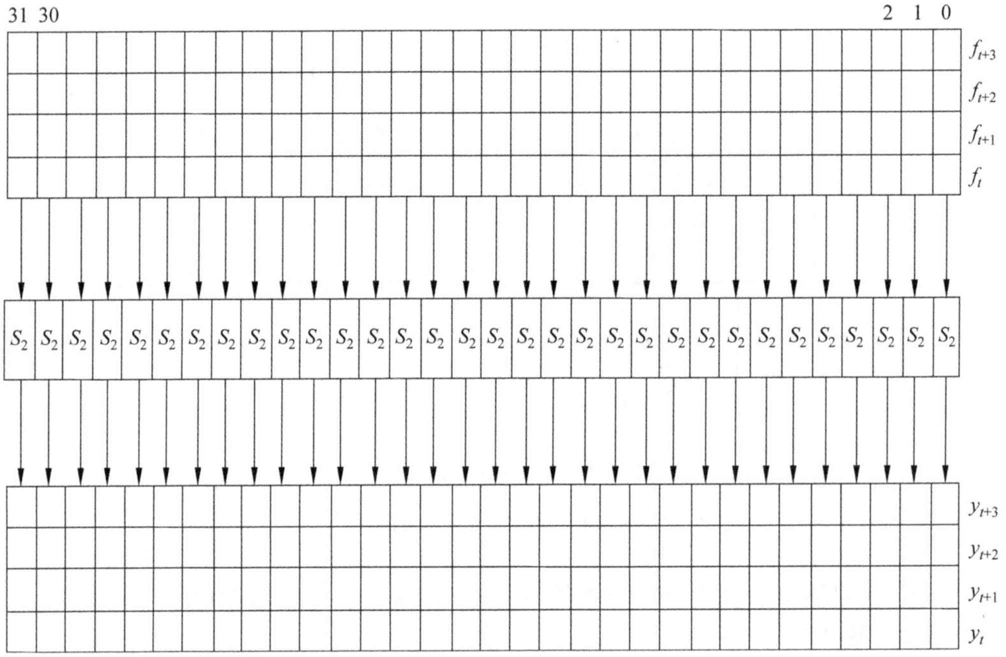

图 6.4.2　在比特切片模式下的轮函数 Serpent1

设 s_t、s_{t+1}、s_{t+2}、s_{t+3} 和 f_t、f_{t+1}、f_{t+2}、f_{t+3} 分别是 LFSR 和 FSM 从时刻 t 开始的 4 个连续的输出，z_t、z_{t+1}、z_{t+2}、z_{t+3} 是在这 4 个连续时刻由 SOSEMANUK 算法生成的密钥字，则

$$(z_{t+3}, z_{t+2}, z_{t+1}, z_t) = \mathrm{Serpent1}(f_{t+3}, f_{t+2}, f_{t+1}, f_t) \oplus (s_{t+3}, s_{t+2}, s_{t+1}, s_t) \tag{6.4.6}$$

2. SOSEMANUK 算法的一些性质

设 x 是一个 32 位字，$x^{(i)}(0\leqslant i\leqslant 3)$表示 x 的第 i 个字节分量，即 $x=x^{(3)}\parallel x^{(2)}\parallel x^{(1)}\parallel x^{(0)}$，这里每个 $x^{(i)}(0\leqslant i\leqslant 3)$是一字节，$\parallel$ 表示两个比特串的级联。为简单起见，将 $x^{(1)}\parallel x^{(0)}$ 简记为 $x^{(0,1)}$，将 $x^{(2)}\parallel x^{(1)}\parallel x^{(0)}$ 简记为 $x^{(0,1,2)}$。

给定的 32 位字 x 在不同的场景下可以有不同的意义：

(1) 作为操作$\oplus$的运算。这里 x 是一个 32 位串，$\oplus$是逐位异或。

(2) 作为整数加$+$或模 2^{32} 加$\boxplus$的运算。这里 x 表示整数 $\sum_{i=0}^{3} x^{(i)}(2^8)^i$。

(3) 作为有限域 $F_{2^{32}}$ 的一个元素。这里 x 表示 $F_{2^{32}}$ 中的元素 $x^{(3)}\alpha^3+x^{(2)}\alpha^2+x^{(1)}\alpha+x^{(0)}$，$\alpha$ 定义在式(6.4.1)中。

现在从字节单元的视角考虑 SOSEMANUK 算法。首先注意到 LFSR 的反馈计算(即式(6.4.2))能以字节的形式表示。

引理 6.4.1 式(6.4.2)能写为如下的字节形式：

$$s_{t+10}^{(0)}=s_{t+9}^{(0)}+s_{t+3}^{(1)}+\beta^{64}s_{t+3}^{(0)}+\beta^{239}s_t^{(3)} \tag{6.4.2a}$$

$$s_{t+10}^{(1)}=s_{t+9}^{(1)}+s_{t+3}^{(2)}+\beta^{6}s_{t+3}^{(0)}+\beta^{48}s_t^{(3)}+s_t^{(0)} \tag{6.4.2b}$$

$$s_{t+10}^{(2)}=s_{t+9}^{(2)}+s_{t+3}^{(3)}+\beta^{39}s_{t+3}^{(0)}+\beta^{245}s_t^{(3)}+s_t^{(1)} \tag{6.4.2c}$$

$$s_{t+10}^{(3)}=s_{t+9}^{(3)}+\beta^{16}s_{t+3}^{(0)}+\beta^{23}s_t^{(3)}+s_t^{(2)} \tag{6.4.2d}$$

证明：由 α 的定义，有

$$\alpha^4+\beta^{23}\alpha^3+\beta^{245}\alpha^2+\beta^{48}\alpha+\beta^{239}=0$$

由此可得

$$\alpha^{-1}=\beta^{16}\alpha^3+\beta^{39}\alpha^2+\beta^{6}\alpha+\beta^{64}$$

设 $s_t=\sum_{i=0}^{3}s_t^{(i)}\alpha^i$ 和 $s_{t+3}=\sum_{i=0}^{3}s_{t+3}^{(i)}\alpha^i$，则

$$\begin{aligned}
\alpha s_t &= s_t^{(3)}\alpha^4+s_t^{(2)}\alpha^3+s_t^{(1)}\alpha^2+s_t^{(0)}\alpha \\
&= s_t^{(3)}(\beta^{23}\alpha^3+\beta^{245}\alpha^2+\beta^{48}\alpha+\beta^{239})+s_t^{(2)}\alpha^3+s_t^{(1)}\alpha^2+s_t^{(0)}\alpha \\
&= (\beta^{23}s_t^{(3)}+s_t^{(2)})\alpha^3+(\beta^{245}s_t^{(3)}+s_t^{(1)})\alpha^2+(\beta^{48}s_t^{(3)}+s_t^{(0)})\alpha+\beta^{239}s_t^{(3)} \\
\alpha^{-1}s_{t+3} &= s_{t+3}^{(3)}\alpha^2+s_{t+3}^{(2)}\alpha+s_{t+3}^{(1)}+s_{t+3}^{(0)}\alpha^{-1} \\
&= s_{t+3}^{(3)}\alpha^2+s_{t+3}^{(2)}\alpha+s_{t+3}^{(1)}+s_{t+3}^{(0)}(\beta^{16}\alpha^3+\beta^{39}\alpha^2+\beta^{6}\alpha+\beta^{64}) \\
&= \beta^{16}s_{t+3}^{(0)}\alpha^3+(s_{t+3}^{(3)}+\beta^{39}s_{t+3}^{(0)})\alpha^2+(s_{t+3}^{(2)}+\beta^{6}s_{t+3}^{(0)})\alpha+(s_{t+3}^{(1)}+\beta^{64}s_{t+3}^{(0)})
\end{aligned}$$

结合上述等式及式(6.4.2)立即可获得期望的结果。

引理 6.4.2 式(6.4.3)和式(6.4.5)对所有的 $1\leqslant k\leqslant 32$ 在模 2^k 的意义下也成立，即

$$R1_t^{[k]}=R2_{t-1}^{[k]}\boxplus \mathrm{mux}(\mathrm{1sb}(R1_{t-1}),s_{t+1}^{[k]},s_{t+1}^{[k]}\oplus s_{t+8}^{[k]}) \tag{6.4.3$'$}$$

$$f_t^{[k]}=(s_{t+9}^{[k]}\boxplus R1_t^{[k]})\oplus R2_t^{[k]} \tag{6.4.5$'$}$$

这里 $x^{[k]}$表示 x 的最低 k 位，操作$\boxplus$仍然表示模 2^k 加。特别地，$k=8,16,24$ 是经常被考虑的情况。

关于轮函数 Serpent1 有如下结论。

引理 6.4.3 对任何 $1\leqslant k\leqslant 32$，如果每个 $s_{t+i}(i=0,1,2,3)$的第 k 位的值是知道的，则每个 $f_{t+i}(i=0,1,2,3)$的第 k 位的值能在给定某一已知密钥流的情况下通过 Serpent1 的

定义来计算,即

$$f'_k=S_2^{-1}(z'_k\oplus s'_k) \tag{6.4.7}$$

这里

$$f'_k=f_{t+3,k}\parallel f_{t+2,k}\parallel f_{t+1,k}\parallel f_{t,k}$$
$$s'_k=s_{t+3,k}\parallel s_{t+2,k}\parallel s_{t+1,k}\parallel s_{t,k}$$
$$z'_k=z_{t+3,k}\parallel z_{t+2,k}\parallel z_{t+1,k}\parallel z_{t,k}$$

$f_{t+i,k}$、$s_{t+i,k}$、$z_{t+i,k}$分别表示f_{t+i}、s_{t+i}、z_{t+i}的第k位,$i=0,1,2,3$。类似地,如果每个s_{t+i}的第i字节是知道的,那么能计算每个f_{t+i}的第i字节,$i=0,1,2,3$。

3. 攻击过程

这里假定密钥流字$\{z_i\}$的一部分已被观察到,$t=1,2,\cdots,N$,为了使攻击有效,N必须足够大。为了方便起见,用$A\overset{(*)}{\Rightarrow}B$表示由等式(*)从$A$可推出$B$。

这里先假定$\mathrm{lsb}(R1_1)=1$,事实上这一假定对下列攻击是不必要的,后面将会讨论这一点。

对 SOSEMANUK 的整个攻击过程可分为如下 5 个阶段。

在第一阶段,首先猜测总共 159b 的值,包括s_1、s_2、s_3、$s_4^{(0)}$、$R2_1^{(0,1,2)}$和$R1_1$的其余 31b 值。

第 1 步,按如下方式推导$s_{10}^{(0)}$、$R1_2^{(0)}$、$R2_2$、$s_{11}^{(0)}$、$s_4^{(1)}$:

$$\{s_1^{(0)},s_2^{(0)},s_3^{(0)},s_4^{(0)}\}\overset{(6.4.7)}{\Rightarrow}\{f_1^{(0)},f_2^{(0)},f_3^{(0)},f_4^{(0)}\}$$
$$\{f_1^{(0)},R1_1^{(0)},R2_1^{(0)}\}\overset{(6.4.5')}{\Rightarrow}s_{10}^{(0)}$$
$$\{R1_1^{(0)},R2_1^{(0)},s_3^{(0)},s_{10}^{(0)}\}\overset{(6.4.3')}{\Rightarrow}R1_2^{(0)}$$
$$R1_1\overset{(6.4.4)}{\Rightarrow}R2_2\quad\{f_2^{(0)},R1_2^{(0)},R2_2^{(0)}\}\overset{(6.4.5')}{\Rightarrow}s_{11}^{(0)}$$
$$\{s_1^{(3)},s_4^{(0)},s_{10}^{(0)},s_{11}^{(0)}\}\overset{(6.4.2a)}{\Rightarrow}s_4^{(1)}$$

第 2 步,类似于第 1 步,按如下方式进一步推导$s_{10}^{(1)}$、$R1_2^{(1)}$、$s_{11}^{(1)}$、$s_4^{(2)}$:

$$\{s_1^{(1)},s_2^{(1)},s_3^{(1)},s_4^{(1)}\}\overset{(6.4.7)}{\Rightarrow}\{f_1^{(1)},f_2^{(1)},f_3^{(1)},f_4^{(1)}\}$$
$$\{f_1^{(0,1)},R1_1^{(0,1)},R2_1^{(0,1)}\}\overset{(6.4.5')}{\Rightarrow}s_{10}^{(0,1)}$$
$$\{R1_1^{(0,1)},R2_1^{(0,1)},s_3^{(0,1)},s_{10}^{(0,1)}\}\overset{(6.4.3')}{\Rightarrow}R1_2^{(0,1)}$$
$$\{f_2^{(0,1)},R1_2^{(0,1)},R2_2^{(0,1)}\}\overset{(6.4.5')}{\Rightarrow}s_{11}^{(0,1)}$$
$$\{s_1^{(0)},s_1^{(3)},s_4^{(0)},s_{10}^{(1)},s_{11}^{(1)}\}\overset{(6.4.2b)}{\Rightarrow}s_4^{(2)}$$

第 3 步,类似于第 2 步,按如下方式进一步推导$s_{10}^{(2)}$、$R1_2^{(2)}$、$s_{11}^{(2)}$、$s_4^{(3)}$:

$$\{s_1^{(2)},s_2^{(2)},s_3^{(2)},s_4^{(2)}\}\overset{(6.4.7)}{\Rightarrow}\{f_1^{(2)},f_2^{(2)},f_3^{(2)},f_4^{(2)}\}$$
$$\{f_1^{(0,1,2)},R1_1^{(0,1,2)},R2_1^{(0,1,2)}\}\overset{(6.4.5')}{\Rightarrow}s_{10}^{(0,1,2)}$$
$$\{R1_1^{(0,1,2)},R2_1^{(0,1,2)},s_3^{(0,1,2)},s_{10}^{(0,1,2)}\}\overset{(6.4.3')}{\Rightarrow}R1_2^{(0,1,2)}$$
$$\{f_2^{(0,1,2)},R1_2^{(0,1,2)},R2_2^{(0,1,2)}\}\overset{(6.4.5')}{\Rightarrow}s_{11}^{(0,1,2)}$$
$$\{s_1^{(1)},s_1^{(3)},s_4^{(0)},s_{10}^{(2)},s_{11}^{(2)}\}\overset{(6.4.2c)}{\Rightarrow}s_4^{(3)}$$

在第一阶段已经获得了 s_1、s_2、s_3、s_4、$s_{10}^{(0,1,2)}$、$R1_1$、$R1_2^{(0,1,2)}$、$R2_1^{(0,1,2)}$ 和 $R2_2$。

在第二阶段，因为在第一阶段已经获得了 $s_1^{(3)}$、$s_2^{(3)}$、$s_3^{(3)}$、$s_4^{(3)}$，所以

$$\{s_1^{(3)},s_2^{(3)},s_3^{(3)},s_4^{(3)}\}\overset{(6.4.7)}{\Rightarrow}\{f_1^{(3)},f_2^{(3)},f_3^{(3)},f_4^{(3)}\}$$

进而，由式(6.4.5′)和式(6.4.2d)可得

$$f_1^{(3)}=(s_{10}^{(3)}+R1_1^{(3)}+c_1 \bmod 2^8)\oplus R2_1^{(3)} \tag{6.4.8}$$

$$f_2^{(3)}=(s_{11}^{(3)}+R1_2^{(3)}+c_2 \bmod 2^8)\oplus R2_2^{(3)} \tag{6.4.9}$$

$$s_{11}^{(3)}=s_{10}^{(3)}\oplus \beta^{16}s_4^{(0)}\oplus \beta^{23}s_1^{(3)}\oplus s_1^{(2)} \tag{6.4.10}$$

这里

$$c_1=\begin{cases}1, & 若\ s_{10}^{(0,1,2)}+R1_1^{(0,1,2)}\geqslant 2^{24}\\ 0, & 否则\end{cases},\quad c_2=\begin{cases}1, & 若\ s_{11}^{(0,1,2)}+R1_2^{(0,1,2)}\geqslant 2^{24}\\ 0, & 否则\end{cases}$$

由假设 $\mathrm{lsb}(R1_1)=1$ 可得 $R1_2=R2_1\boxplus(s_3\oplus s_{10})$，因此

$$R1_2^{(3)}=R2_1^{(3)}+(s_3^{(2)}\oplus s_{10}^{(3)})+c_3 \bmod 2^8 \tag{6.4.11}$$

这里

$$c_3=\begin{cases}1, & 若\ R2_1^{(0,1,2)}+(s_3^{(0,1,2)}\oplus s_{10}^{(0,1,2)})\geqslant 2^{24}\\ 0, & 否则\end{cases}$$

结合式(6.4.8)至式(6.4.11)，可获得关于变量 $s_{10}^{(3)}$ 的等式：

$$d=(s_{10}^{(3)}\oplus a)+(s_{10}^{(3)}\oplus s_3^{(3)})+(f_1^{(3)}\oplus(s_{10}^{(3)}+b \bmod 2^8))+c \bmod 2^8 \tag{6.4.12}$$

这里

$$a=\beta^{16}s_4^{(0)}\oplus \beta^{23}s_1^{(3)}\oplus s_1^{(2)}$$

$$b=R1_1^{(3)}+c_1 \bmod 2^8$$

$$c=c_2+c_3$$

$$d=f_2^{(3)}\oplus R2_2^{(3)}$$

在式(6.4.12)中，除了 $s_{10}^{(3)}$ 外，所有变量都是已知的，因为 $s_{10}^{(3)}$ 在式(6.4.12)中出现了3次，容易验证式(6.4.12)恰有一个解，仍用 $s_{10}^{(3)}$ 表示这个解。当 $s_{10}^{(3)}$ 已被获得时，由式(6.4.8)、式(6.4.10)和式(6.4.9)分别可推出 $R2_1^{(3)}$、$s_{11}^{(3)}$ 和 $R1_2^{(3)}$。

到目前为止，已经获得了 s_1、s_2、s_3、s_4、s_{10}、s_{11}、$R1_1$、$R2_1$、$R1_2$ 和 $R2_2$。

在第三阶段，进一步按如下方式推导 $R1_3$、$R2_3$、$R1_4$、$R2_4$、$R1_5$、$R2_5$、$R2_6$、s_5、s_6、s_{12} 和 s_{13}：

$$\{R1_2,R2_2,s_4,s_{11}\}\overset{(6.4.3)}{\Rightarrow}R1_3$$

$$R1_1\overset{(6.4.4)}{\Rightarrow}R2_3$$

$$\{f_3,R1_3,R2_3\}\overset{(6.4.5)}{\Rightarrow}s_{12}$$

$$\{s_2,s_{11},s_{12}\}\overset{(6.4.2)}{\Rightarrow}s_5$$

$$\{R1_3,R2_3,s_5,s_{12}\}\overset{(6.4.3)}{\Rightarrow}R1_4$$

$$R1_3\overset{(6.4.4)}{\Rightarrow}R2_4$$

$$\{f_4,R1_4,R2_4\}\overset{(6.4.5)}{\Rightarrow}s_{13}$$

$$\{s_3,s_{12},s_{13}\}\overset{(6.4.2)}{\Rightarrow}s_6$$

$$\{R1_4, R2_4, s_6, s_{13}\} \overset{(6.4.3)}{\Rightarrow} R1_5$$

$$R1_4 \overset{(6.4.4)}{\Rightarrow} R2_5, \quad R1_5 \overset{(6.4.4)}{\Rightarrow} R2_6$$

在第四阶段,猜测 $s_7^{(0)}$ 和 $s_8^{(0)}$。下面的推导类似于第一阶段,可以恢复 $s_7^{(1,2,3)}$ 和 $s_8^{(1,2,3)}$。

$$\{s_5^{(0)}, s_6^{(0)}, s_7^{(0)}, s_8^{(0)}\} \overset{(6.4.7)}{\Rightarrow} \{f_5^{(0)}, f_6^{(0)}, f_7^{(0)}, f_8^{(0)}\}$$

$$\{f_5^{(0)}, R1_5^{(0)}, R2_5^{(0)}\} \overset{(6.4.5')}{\Rightarrow} s_{14}^{(0)}$$

$$\{s_4^{(3)}, s_7^{(0)}, s_{13}^{(0)}, s_{14}^{(0)}\} \overset{(6.4.2a)}{\Rightarrow} s_7^{(1)}$$

$$\{R1_5^{(0)}, R2_5^{(0)}, s_7^{(0)}, s_{14}^{(0)}\} \overset{(6.4.3')}{\Rightarrow} R1_6^{(0)}$$

$$\{f_6^{(0)}, R1_6^{(0)}, R2_6^{(0)}\} \overset{(6.4.5')}{\Rightarrow} s_{15}^{(0)}$$

$$\{s_5^{(3)}, s_8^{(0)}, s_{14}^{(0)}, s_{15}^{(0)}\} \overset{(6.4.2a)}{\Rightarrow} s_8^{(1)}$$

$$\{s_5^{(1)}, s_6^{(1)}, s_7^{(1)}, s_8^{(1)}\} \overset{(6.4.7)}{\Rightarrow} \{f_5^{(1)}, f_6^{(1)}, f_7^{(1)}, f_8^{(1)}\}$$

$$\{f_5^{(0,1)}, R1_5^{(0,1)}, R2_5^{(0,1)}\} \overset{(6.4.5')}{\Rightarrow} s_{14}^{(0,1)}$$

$$\{s_4^{(0)}, s_4^{(3)}, s_7^{(0)}, s_{13}^{(1)}, s_{14}^{(1)}\} \overset{(6.4.2b)}{\Rightarrow} s_7^{(2)}$$

$$\{R1_5^{(0,1)}, R2_5^{(0,1)}, s_7^{(0,1)}, s_{14}^{(0,1)}\} \overset{(6.4.3')}{\Rightarrow} R1_6^{(0,1)}$$

$$\{f_6^{(0,1)}, R1_6^{(0,1)}, R2_6^{(0,1)}\} \overset{(6.4.5')}{\Rightarrow} s_{15}^{(0,1)}$$

$$\{s_5^{(0)}, s_5^{(3)}, s_8^{(0)}, s_{14}^{(1)}, s_{15}^{(1)}\} \overset{(6.4.2b)}{\Rightarrow} s_8^{(2)}$$

$$\{s_5^{(2)}, s_6^{(2)}, s_7^{(2)}, s_8^{(2)}\} \overset{(6.4.7)}{\Rightarrow} \{f_5^{(2)}, f_6^{(2)}, f_7^{(2)}, f_8^{(2)}\}$$

$$\{f_5^{(0,1,2)}, R1_5^{(0,1,2)}, R2_5^{(0,1,2)}\} \overset{(6.4.5')}{\Rightarrow} s_{14}^{(0,1,2)}$$

$$\{s_4^{(1)}, s_4^{(3)}, s_7^{(0)}, s_{13}^{(2)}, s_{14}^{(2)}\} \overset{(6.4.2c)}{\Rightarrow} s_7^{(3)}$$

$$\{R1_5^{(0,1,2)}, R2_5^{(0,1,2)}, s_7^{(0,1,2)}, s_{14}^{(0,1,2)}\} \overset{(6.4.3')}{\Rightarrow} R1_6^{(0,1,2)}$$

$$\{f_6^{(0,1,2)}, R1_6^{(0,1,2)}, R2_6^{(0,1,2)}\} \overset{(6.4.5')}{\Rightarrow} s_{15}^{(0,1,2)}$$

$$\{s_5^{(1)}, s_5^{(3)}, s_8^{(0)}, s_{14}^{(2)}, s_{15}^{(2)}\} \overset{(6.4.2c)}{\Rightarrow} s_8^{(3)}$$

在第五阶段,用如下方式推导 s_9:

$$\{s_5, s_6, s_7, s_8\} \overset{(6.4.7)}{\Rightarrow} \{f_5, f_6, f_7, f_8\}$$

$$\{f_5, R1_5, R2_5\} \overset{(6.4.5)}{\Rightarrow} s_{14}^{(3)}$$

$$\{R1_5, R2_5, s_7, s_{14}\} \overset{(6.4.3)}{\Rightarrow} R1_6^{(3)}$$

$$\{f_6, R1_6, R2_6\} \overset{(6.4.5)}{\Rightarrow} s_{15}^{(3)}$$

$$\{R1_6, R2_6, s_8, s_{15}\} \overset{(6.4.3)}{\Rightarrow} R1_7$$

$$R1_6 \overset{(6.4.4)}{\Rightarrow} R2_7$$

$$\{f_7, R1_7, R2_7\} \overset{(6.4.5)}{\Rightarrow} s_{16}$$

$$\{s_6, s_{15}, s_{16}\} \overset{(6.4.2)}{\Rightarrow} s_9$$

到现在为止，已经恢复了 SOSEMANUK 算法的所有内部状态 $s_1, s_2, \cdots, s_{10}, R1_1, R2_1$。然后使用上述恢复的值产生密钥流，并与已知的密钥流比较以测试这些值的正确性。如果两个密钥流是一致的，则表明恢复的状态是正确的；如果两个密钥流不一致，则重复上述过程，直至找到正确的内部状态为止。

上述攻击过程总共需要猜测内部状态的 175b，包括第一阶段的 159b 和第四阶段的 16b，其余的内部状态在假定 $\mathrm{lsb}(R1_1)=1$ 下都能被推导出来。因为 $\mathrm{lsb}(R1_1)=1$ 的概率是 1/2，因此，上述攻击的时间复杂度是 $O(2^{176})$。显然，当密钥的长度大于 176b 时，上述攻击比穷举搜索攻击更有效。在上述攻击中，只利用了已知密钥流的 8 个字，在验证过程中使用了已知密钥流的另外 8 个字。因为通过移位密钥流 4 个字可以测试两种情况，这样，总的数据复杂度大约是已知密钥流的 20 个字。

4. 关于假设 $\mathrm{lsb}(R1_1)=1$ 的讨论

在上述攻击过程中，假定 $\mathrm{lsb}(R1_1)=1$，这一假定保证了式(6.4.12)恰有一个解。然而，这一假定对上述攻击是不必要的。事实上，在第一阶段可以直接猜测 160b 的值 s_1、s_2、s_3、$s_4^{(0)}$、$R1_1$ 和 $R2_1^{(0,1,2)}$。当 $\mathrm{lsb}(R1_1)=0$ 时，在第二阶段有 $R1_2=R2_1 \boxplus s_3$。由此可得出

$$R1_2^{(3)}=R2_1^{(3)}+s_3^{(3)}+c_4 \bmod 2^8 \tag{6.4.11$'$}$$

这里

$$c_4=\begin{cases}1, & \text{若 } R2_1^{(0,1,2)}+s_3^{(0,1,2)} \geqslant 2^{24} \\ 0, & \text{否则}\end{cases}$$

类似地，对式(6.4.12)，可通过组合式(6.4.8)、式(6.4.9)、式(6.4.10)和式(6.4.11′)获得关于变量 $s_{10}^{(3)}$ 的等式：

$$d'=(s_{10}^{(3)} \oplus a')+(f_1^{(3)} \oplus (s_{10}^{(3)}+b' \bmod 2^8))+c' \bmod 2^8 \tag{6.4.12$'$}$$

这里

$$a'=\beta^{16}s_4^{(0)} \oplus \beta^{23}s_1^{(3)} \oplus s_1^{(2)}$$
$$b'=R1_1^{(3)}+c_1 \bmod 2^8$$
$$c'=s_3^{(3)}+c_2+c_4 \bmod 2^8$$
$$d'=f_2^{(3)} \oplus R2_2^{(3)}$$

因为 $s_{10}^{(3)}$ 在式(6.4.12′)中出现了两次，容易验证式(6.4.12)或者没有解或者有 2^k（k 为非负整数）个解。当式(6.4.12′)无解时，将返回第一阶段并重新猜测这些内部状态的新值；当式(6.4.12′)有 2^k 个解时，记下所有的解，然后对每个解，在第三、四、五阶段进行推导。最后，获得 SOSEMANUK 算法的内部状态的 2^k 个不同的值并分别验证它们的正确性。

现在估计上述方法的时间复杂度和数据复杂度。在第一阶段，总共猜测内部状态的 160b 值而不是 159b 值。这些值中的 2^{159} 个值满足 $\mathrm{lsb}(R1_1)=1$，而另外的 2^{159} 个值满足 $\mathrm{lsb}(R1_1)=0$。就满足 $\mathrm{lsb}(R1_1)=1$ 的 2^{159} 个值来说，在第二阶段后 s_1、s_2、s_3、s_4、s_{10}、s_{11}、$R1_1$、$R2_1$、$R1_2$ 和 $R2_2$ 有 2^{159} 个可能的值；而就满足 $\mathrm{lsb}(R1_1)=0$ 的 2^{159} 个值来说，因为当除 $s_{10}^{(3)}$ 外的所有变量遍历所有可能的值，式(6.4.12′)有同样数目的解作为变量 $s_{10}^{(3)}$ 的可能的值，这样在第二阶段后 s_1、s_2、s_3、s_4、s_{10}、s_{11}、$R1_1$、$R2_1$、$R1_2$ 和 $R2_2$ 也有 2^{159} 个可能的值。因此，总共有 2^{160} 个可能的值。对每个可能的值，在第三、四、五阶段进行推导，因此总的时间

复杂度仍然为 $O(2^{176})$，但是数据复杂度降为已知密钥流的 16 个字而且没有假设。

上述结果提醒我们，在序列密码的设计中，必须打破不同运算之间的边界。

6.5 注记与思考

本章重点介绍了自收缩生成器的猜测确定分析方法、FLIP 的猜测确定分析方法、SNOW 的猜测确定分析方法和面向字节的猜测确定分析方法，通过这些具体实例的分析充分体现猜测确定分析方法的基本思想和基本技巧。

一个值得深入研究的方向是根据算法特点来综合使用各种分析方法，如猜测确定分析与相关分析、代数分析、时间存储折中分析的结合，如果这种结合充分利用了算法本身的结构特点，则往往能够构造出十分有威胁的攻击。例如，在文献[15]中，将猜测确定分析与代数分析相结合，给出了对基于 LFSR 的序列密码的一种更有效的攻击方法。

思考题

1. 设 $f(x)=1+x^{37}+x^{100}$ 是一个 100 次本原多项式，求 $x^{2^{99}} \bmod f^*(x)$。

提示：利用引理 6.1.2。$x^{2^{99}} \bmod f^*(x)=h(x)=x^{19}+x^{32}+x^{69}$。

2. 设 k 是一个正整数，第 k 个三角函数为 T_k，则有如下的密码学性质：

(1) 非线性度服从递归关系：

$$\mathrm{NL}(T_1)=0$$

$$\mathrm{NL}(T_{k+1})=(2^{k+1}-2)\mathrm{NL}(T_k)+2^{k(k+1)/2}$$

(2) 相关免疫阶或弹性：$\mathrm{res}(T_k)=0$。

(3) 代数免疫度：$\mathrm{AI}(T_k)=k$。

(4) 快速代数免疫度：$\mathrm{FAI}(T_k)=k+1$。

3. 在 SNOW 的猜测确定分析中，为什么攻击者假定知道 $R2_{t+14}$ 的值而不是猜测它？

4. 证明引理 6.4.2 和引理 6.4.3。

5. 调研猜测确定分析方法的最新研究进展，结合本章的相关介绍写一篇关于猜测确定分析方法方面的小综述。

本章参考文献

[1] Meier W, Staffelbach O. The Self-Shrinking generator[C]//EUROCRYPT 1994. Berlin Heidelberg: Springer-Verlag, 1995: 205-214.

[2] Coppersmith D, Krawczyk H, Mansour Y. The Shrinking Generator[C]//CRYPTO 1993. Berlin Heidelberg: Springer-Verlag, 1994: 22-39.

[3] Zhang B, Feng D G. New Guess-and-Determine Attack on the Self-Shrinking Generator[C]//ASIACRYPT 2006. Berlin Heidelberg: Springer-Verlag, 2006: 54-68.

[4] Krause M. BDD-based cryptanalysis of key stream generators[C]//EUROCRYPT 2002. Berlin Heidelberg: Springer-Verlag, 2002: 222-237.

[5] STORK. STORK project[EB/OL]. http://www.stork.eu.org/documents/RUB-D6-21.pdf.

[6] Wan Z. Geometry of Classical Groups over Finite Fields[M]. 2nd ed. New York: Science Press, 2002.

[7] Zeng K, Yang C, Rao T. On the linear consistency test(LCT) in cryptanalysis with applications[C]// CRYPTO 1989. Berlin Heidelberg: Springer-Verlag, 1989: 164-174.

[8] 冯登国. 密码分析学[M]. 北京: 清华大学出版社, 2000.

[9] Meaux P, Journault A, Standaert F X, et al. Towards Stream Ciphers for Efficient FHE with Low-Noise Ciphertexts[C]//EUROCRYPT 2016. Berlin Heidelberg: Springer, 2016: 311-343.

[10] Duval S, Lallemand V, Rotella Y. Cryptanalysis of the FLIP Family of Stream Ciphers[C]// Annual International Cryptology Conference. Berlin Heidelberg: Springer, 2016.

[11] Knuth D E. The Art of Computer Programming: Seminumerical Algorithms[M]. [S.l.]: Addison-Wesley, 1969.

[12] Hawkes P, Rose G. Guess and determine attacks on SNOW[C]//SAC 2002. Berlin Heidelberg: Springer, 2003: 37-46.

[13] Feng X, Liu J, Zhou Z, et al. A Byte-Based Guess and Determine Attack on SOSEMANUKM[C]// ASIACRYPT 2010. Berlin Heidelberg: Springer, 2010: 146-157.

[14] Berbain C, Billet O, Canteaut A, et al. SOSEMANUK, a fast software-oriented stream cipher[R]. eSTREAM, ECRYPT Stream Cipher Project Report 2005/027. Berlin Heidelberg: Springer, 2005.

[15] Pasalic E. On guess and determine cryptanalysis of LFSR-based stream ciphers[J]. IEEE Transactions on Information Theory, 2009, 55(7): 3398-3406.

[16] Feng X, Shi Z, Wu C, et al.On Guess and Determine Analysis of Rabbit[J]. International Journal of Foundations of Computer Science, 2011, 22(6): 1283-1296.

第7章 侧信道分析方法

本章内容提要

侧信道(side-channel,也译为边信道或旁路)分析是一种间接分析方法。其基本思想是:攻击者利用从密码设备中容易获取的信息,如能量消耗、电磁辐射、运行时间、在特意操控下的输入输出行为等(这些信息称为侧信道信息),获取或部分获取密码系统中的私钥或随机数。这类分析方法主要包括计时攻击(timing attack)、能量分析(power analysis)、电磁分析(electromagnetic analysis)、故障攻击(fault attack)、缓存攻击(cache attack)和冷启动攻击(cold-boot attack)等。故障攻击是攻击者通过人为引起的错误(对于序列密码来说一般是改变寄存器状态或者修改控制时钟)让密码设备输出错误密钥流,通过与正确密钥流对比来获得密码设备的种子密钥。Hoch等[1]将故障攻击技术应用到序列密码攻击中,在一定的假设条件下,得到了较好的结果。到目前为止,故障攻击的假设条件还是比较苛刻的,对序列密码并不能形成实际的威胁,但是这种技术的思想对于设计序列密码是非常有帮助的。计时攻击主要是针对密码算法的软件实现来实施的密码攻击方法,其最著名的应用就是对OpenSSL的攻击[2]。该类攻击主要是利用密码算法运行的时间来实施的,例如,对于具有不同汉明重量的初始密钥,密码算法的运行时间是有一些差别的,通过这种差别可以缩小初始密钥的搜索范围,以此减少攻击所需的时间。现在很多密码算法在设计的时候需要考虑计时攻击的问题,一般情况下,对于序列密码的软件实现都有相应的标准,在标准下实现序列密码的时候需要考虑计时攻击问题。侧信道分析与经典分析相比,攻击者除了可在公开信道即主通信信道上截获信息外,还可观察到侧信道信息。

本章主要介绍计时攻击、能量分析、电磁分析、故障攻击、缓存攻击和冷启动攻击6种侧信道分析方法的基本思想,同时介绍在物理层面和算法层面防御侧信道分析的一些具体措施。

本章重点

- 计时攻击的基本原理及其防御措施。
- 能量分析的基本原理及其防御措施。
- 电磁分析的基本原理及其防御措施。
- 故障攻击的基本原理及其防御措施。
- 缓存攻击的基本原理及其防御措施。
- 冷启动攻击的基本原理及其防御措施。
- 抗泄露序列密码的基本概念与构造方法。

7.1 计时攻击方法

计时攻击[3]最早是由Kocher于1996年提出的。被认为是第一个侧信道分析方法。其基本思想是:通过记录密码算法在不同输入参数下执行时间的差异,分析密钥的数值特征,继而实现破解。文献[3]中主要攻击了 RSA 的模指数幂运算,同时指出 IDEA、RC5 等分组密码和有查表运算的密码算法(如 DES、Blowfish、SEAL)都采用了时间不固定的运算,都有可能受到计时攻击的潜在威胁。随后,人们一方面对 DES、RC5、AES 等给出了不同程度的计时攻击方法;另一方面又进一步发展了 Kocker 的想法,给出了 512 位 RSA 算法的计时攻击实验及其防御措施,提出了选择明文的计时攻击,并指出远程计时攻击也是可实现的[2]。

1. 基本原理

计时攻击的基本原理很简单,它利用了密码算法所采用的各种运算在运行时间上的差异,通过测量密码运算的相对执行时间并用统计方法分析时间差异与所用密钥之间的关系来恢复密钥信息。这是因为密码算法在执行运行时间不固定的操作(如分支操作、有限域乘法和除法、幂指数运算)时,其具体运行时间是由涉及的操作数决定的。由于每步的操作数均依赖于算法所使用的密钥,所以算法的运行时间在一定程度上依赖于算法所使用的密钥。据此,依据算法运行时间上的差异与算法所使用的密钥之间的关系,利用统计方法分析时间差异,即可恢复部分或全部密钥信息。值得一提的是,虽然计时攻击利用的是算法中某些操作的时间差异,但在实际中无法测量单个操作的运行时间,因此,只能测量整个算法的运行时间,再通过统计方法分析时间测量值之间的差异来恢复密钥信息。

计时攻击的一个关键点是如何得到算法运行时间的精确值。早期大多在 MS-DOS 环境下测量时间,因为单任务操作系统不易受其他操作干扰,系统维护任务很少,时间测量值可以精确到 $0.8\mu s$。目前大多采用时钟周期数来测量。例如,对 2.4GHz 的 CPU,则每秒有 2.4×10^9 个时钟周期,时间测量值的精度有了很大的提高。

2. 防御措施

防御或抵抗计时攻击的常用方法有两种,即引入噪声和分支平衡。引入噪声是指运算前先使用随机数对输入数据进行混淆,也称为盲化,使得引起时间差异的运算的操作数不依赖于输入密钥。然后,为了实现正确的解密,在运算结束后进行盲化逆变换,使得采用了盲化技术的运算结果保持不变。目前的大多数软件实现的密码算法都采用了盲化技术以抵抗计时攻击的威胁。分支平衡是在算法实现时消除所有的分支运算或通过加入冗余运算使得分支内部的运算数量或时间相同,保持整个算法的运行时间不变。除了这两种软件实现方面的保护外,还可设计一种设备,使其执行每种运算时,无论操作数是多少都有相同的运行时间,这样算法总的运行时间也是固定不变的。

7.2 能量分析方法

能量分析是由 Kocher 等[4]于 1999 年提出的,当时引起了很大的震撼,受到了产业界的极大关注,《纽约时报》以大量篇幅报道了这种攻击的威胁。能量分析结合了密码学、统计分析的基本原理,并通过物理手段获取设备执行时的能耗信息,给密码硬件实现带来了前所未有的重大安全威胁。能量分析已被公认为最有效的侧信道分析手段之一,这是由于能量分析的实施成本低廉、破解效率高。公众广泛采用的一些智能安全设备均面临这种攻击方式的现实威胁。事实证明,通过监控一个不受任何特定保护的智能卡的能量消耗信息,智能卡内嵌的密钥可以被迅速破解。

能量分析分为简单能量分析(Simple Power Analysis,SPA)和差分能量分析(Differential Power Analysis,DPA)两大类。简单能量分析是根据测量到的能量迹,判断密码设备在某一时刻执行的指令以及所用的操作数,从而恢复出使用的密钥信息。这就要求攻击者必须掌握密码设备的详细实现细节,而这对大部分攻击者来说是很难的。而差分能量分析无须攻击者知道密码设备的详细实现细节,它通过对多条能量迹进行统计分析来恢复相应的密钥信息。更进一步,还可通过找到密钥比特与设备功率消耗之间的统计关系来恢复密钥。由此可见,差分能量分析比简单能量分析更有效。

7.2.1 能量分析的基本原理和防御措施

1. 基本原理

能量分析利用了这样一个基本事实:密码设备的瞬时能量消耗与其所处理的数据和执行的操作之间存在相关性。现代电子计算机的指令和数据均采用二进制编码,并采用高低电平分别代表二进制的 0 和 1(或 1 和 0)。这样,计算设备处理高汉明重量的数据时的能量消耗一般低于(或高于)其处理低汉明重量数据时的能量消耗。这一事实为基于能量消耗信息对密码设备所处理的数据进行破解提供了必要的物理条件,也直接促成了简单能量分析这一攻击方式。事实上,SPA 通过视觉观察能量迹(power trace)上的电压强度特征对密码算法的中间值进行直接读取。自然地,如果能够对密码算法本身的数学特性加以利用,并通过统计手段提高采样精度,完全可以对 SPA 难以观测的细微能量消耗特征进行进一步的挖掘和利用。DPA 即利用了分组密码广泛采用的 S-盒的差分均匀性特征,使正确密钥猜测导致的有效能耗特征大量累加,从而实施有效的攻击。除此之外,当攻击者更加关注能量迹本身时,可以采用一些统计工具辅助实施攻击。例如,模板攻击等采用贝叶斯分类器对候选密钥的正确概率进行排序[5],互信息攻击采用密钥猜测通过信源输入和输出的互信息来识别正确的密钥[6]等。

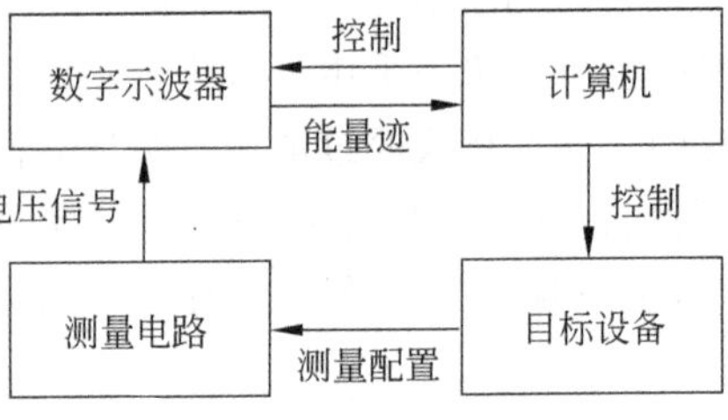

图 7.2.1 能量分析的典型测量配置

无论采用哪种能量分析手段,其典型测量配置大致相同,如图 7.2.1 所示。典型的测量配置由 4 部分构成,分别为计算机、数字示波器、目标设备和测量电路。其中,测量电路用于对目标设备中敏感元件的能量消耗进行采样,数字示波器用于对电压信号进行采样,计算机用于对数字示波器和目标设备进行控制和调度。基于采样获得的能量迹,即可通过不同的攻击方法实施能量分析。实施能量分析的设备成本十分低廉,这种低廉的实施成本使得任何掌握能量分析基本原理的机构或个人理论上均可实施有效的攻击。

一般而言,针对密码实现实施成功的能量分析,需要两个阶段。

第一阶段:对密码设备的能耗信息泄露进行刻画。

这一阶段是对密码设备侧能耗信息泄露进行利用的必要前提。根据攻击者具有的对目标设备的访问能力,这种刻画可以是离线刻画,也可以是在线刻画。离线刻画方式多采用一些通用的能量模型,如汉明重量/距离、单比特模型等;而在线刻画则有针对性地对目标设备本身的能耗特征进行提取,对其信号和噪声属性进行捕捉。与离线刻画方式相比,在线刻画方式的实施开销大，但是刻画精度高。使用基于目标设备的能耗特征刻画，攻击者可以使用SPA或者利用侧信道区分器实施密钥破解。

第二阶段：使用侧信道区分器实施破解。

根据其所利用的统计分析方式，区分器可大致分为两类，即基于分类的侧信道区分器和基于比较的侧信道区分器。简言之，基于分类的侧信道区分器直接根据对目标设备采样所获得的能量迹，结合目标算法的统计和数学特征，根据密钥猜测对能量迹进行分类。根据对分类正确性的判别来鉴别密钥猜测的正确性。而基于比较的侧信道区分器则依赖于对中间值预定义的能耗特征，通过比较实测能量迹与能耗特征的相似度破解中间值，继而破解密钥。基于攻击所采用的策略，可将能量分析划分为如下4类[7]。

第一类：这类攻击基于离线能耗信息泄露刻画。在攻击阶段不利用能量迹的统计特征，而是通过视觉或者计算机辅助观察的方式，通过能量迹直观判断中间值的特征。这类攻击的典型代表是SPA攻击，它可以对未受保护的RSA、ECC的公钥密码实现实施有效的攻击。

第二类：这类攻击同样基于离线能耗信息泄露刻画，采用基于分类的统计分析方法[8]实施攻击。侧信道区分器的构造与分析是这类攻击研究的核心内容。这类区分器对攻击者对目标设备的访问能力没有额外的假设，但是具有比第一类区分器更高的攻击效率，因此在实际攻击中被广泛应用，研究成果也最为丰富。目前，已被广泛采用的侧信道区分器包括DPA类区分器、互信息区分器等。

第三类：这类攻击首先针对各种中间值或输入参数的组合对目标设备(或者与目标设备完全相同的参考设备)实施在线能耗信息泄露刻画，形成攻击模板。然后，使用攻击模板对目标设备的能量迹进行匹配，判定能量迹包含的数值特征，继而破解密钥。这类攻击的典型代表是模板攻击(template attack)[5]和随机模型攻击(stochastic model attack)[9]。

第四类：这类攻击结合了在线能耗特征刻画以及统计分析的优点，其在线能耗特征刻画的开销较低。基于特定设备的能耗特征，对基于分类的区分器进行进一步优化。目前，这类攻击的典型代表包括比特权重刻画(Bit Weighted Characterization, BWC)[10]等。这类攻击降低了能耗信息泄露阶段对攻击者能力的假设，采用更加通用的能耗信息泄露刻画方式，同时提高了侧信道区分器的攻击效率，针对特定场景提供了一种高效的攻击方案。随着深亚微米级甚至纳米级的密码实现在智能安全设备中的应用逐步普及，能耗特征的精确刻画更加困难[11]，所以在攻击前实施在线能耗信息泄露刻画是一种切实有效的技术手段。

由上述分析可知，攻击方法的关键点是能耗信息泄露刻画和侧信道区分器利用。

2. 防御措施

能量分析的基本原理是利用密码设备的能量消耗与设备执行密码算法时所执行的操作以及所处理的中间值之间存在的相关性[12]。从该攻击原理出发，一种自然的防御对策就是打破能耗与操作特征的相关性，这正是目前已有的能量分析防御对策所采用的典型保护方式。目前，已经提出了两类抗能量分析的对策，分别为隐藏(hidding)方法[12]和掩码(masking)方法[13]。二者的目的相同，但原理和实现机制完全不同，其区别主要是对(敏感)中间值的处理方式。在隐藏技术中，算法处理的中间数值自身并不发生变化，而只是通过振幅或者时间维度的混淆等特殊处理使中间值能耗特征的呈现方式不容易被攻击者所利用。与隐藏技术不同，掩码技术则多使用数学手段，通过引入随机数，利用秘密共享机制将中间值分解为多个随机中间值。当然,这种分解必须是可逆的。隐藏技术在能量迹数量不受限制的情况下容易被攻破,而精细的掩码技术能够实现理论上的绝对安全,因此,人们更倾向于研究并采用掩码技术。

1) 掩码方法

掩码技术自从能量分析问世之初就受到智能卡行业的工程人员以及相关研究人员的青睐。与隐藏技术相比,掩码技术成本低廉、适用广泛且易于部署。此外,掩码技术能够避免敏感数据在设备中"显式"地出现,从而使密码算法从根本上免受能量分析的威胁。掩码技术实际上是一种二元或者多元的秘密共享机制,将一个中间值用两个或者多个随机中间值取代。这种处理避免了算法执行中对目标中间值的处理,从而避免了中间值相关的能耗信息泄露。掩码技术也存在一些显著的弱点:中间值数量的提升显然会导致计算复杂度的提升,包括计算时间开销和空间开销两方面。此外,掩码技术的实现机制并不唯一,不同实现机制的防御效果和效率大不相同。精心设计的掩码可以以极小的代价实现较高的安全等级。

高阶攻击是一种能够克服掩码技术的有效攻击手段[14-15],其基本思想是:通过获取对应于中间值分解后的所有秘密共享值的能耗信息泄露,继而通过平方和、标准积 citePRB09 等组合方式重建目标中间值与能耗的对应关系。尽管在理论上通过 $n+1$ 阶的高阶攻击可以克服 n 阶的掩码,但是随着攻击阶数的增加,其攻击代价急剧上升,目前尚未出现针对商业产品的有效高阶攻击方法。由于对高阶攻击的有效性存在质疑,且高阶攻击的原理和实现方式均类似于前面所述的区分器,故对其不再展开叙述。

2) 隐藏方法

典型的隐藏方法可以分为两类,分别作用于时间维度和振幅维度。前者通过改变特定操作的执行时间,使得攻击者无法在能量迹中对中间值进行定位和捕捉[12];后者则多通过硬件技术改变中间值的能耗表现,如使得所有的中间值对应同样的能量消耗[16],或者使它们的能耗特征完全随机等,典型技术有双栅逻辑(dual-rail logic)等。在时间维度实现的隐藏技术多为软件实现,它对密码实现中特定操作的执行顺序进行随机化。显然,这种方法不会导致时空复杂度的大幅提升,但是这种方法要求其所应用的密码算法必须具有特殊的结构,即允许打乱算法部分操作的顺序。例如,可以对 AES 或者 DES 使用时间维度的隐藏技术。在 AES 和 DES 加解密过程中,每一轮的各个 S-盒计算并不互相依赖,故可以乱序执行。这在一定程度上限制了这类方法的适用范围。在振幅维度实现的隐藏技术是近年来智能卡工业界研究的重点。这类技术的实施目标有两个:一个是使得设备对不同数值进行处理所产生的能耗完全相同;另一个是使得设备处理不同数值的能耗完全随机,即与数值不具有统计相关性。而前者多是通过特殊的逻辑结构,从电路设计上确保设备对不同数据进行处理时的能耗恒定。该对策的实现可基于双栅预充电(Dual-Rail Pre-charge,DRP)逻辑结构[16]。然而,这种硬件技术对电路设计精度的要求极高,会使布线面积急剧扩大,并导致设备能量消耗的大幅提升[12],因而其实用性一直以来饱受争议[17]。后者可以通过在设备内部引入随机噪声发生器来实现。但是,随机噪声一般可以通过信号处理技术进行滤波,所以在能量迹数量较大的情况下,这种方法并不一定可靠。显然,在振幅维度实现的隐藏技术试图从硬件设计上抵抗能量分析攻击,故不需要对算法本身进行任何重新设计,所以这种方法是一劳永逸的。

7.2.2 序列密码的差分能量分析

本节介绍 Grain 序列密码的硬件实现、能量模型和差分能量分析[18]。

1. Grain 及其硬件实现

5.4.3 节简要介绍了 Grain 系列序列密码的发展历史。下面结合差分能量分析先对 Grain 做一个概括描述，然后给出 Grain 的硬件实现逻辑图。

Grain 由非线性反馈移位寄存器(NFSR)、线性反馈移位寄存器(LFSR)和输出函数 $h(x)$三部分组成。设 $s_i, s_{i+1}, \cdots, s_{i+79}$ 和 $b_i, b_{i+1}, \cdots, b_{i+79}$ 分别是 LFSR 和 NFSR 在时刻 i 的内部状态比特，一个 80b 密钥 $k=(k_0, k_1, \cdots, k_{79})$ 和一个 64b 初始值 $\mathrm{IV}=(\mathrm{IV}_0, \mathrm{IV}_1, \cdots, \mathrm{IV}_{63})$。该密码在运转 160 步后，输出密钥流 z_i。在运转期间，输出比特 $z_i(0 \leqslant i < 160)$未被使用，而是反馈到 LFSR 和 NFSR。运转$(0 \leqslant i < 160)$和输出生成$(i \geqslant 160)$由下列递归公式来描述：

$$
\begin{aligned}
&(b_0, b_1, \cdots, b_{79}) = (k_0, k_1, \cdots, k_{79}) \\
&(s_0, s_1, \cdots, s_{79}) = (\mathrm{IV}_0, \mathrm{IV}_1, \cdots, \mathrm{IV}_{63}, 1, \cdots, 1) \\
&g_i(b_i, b_{i+1}, \cdots, b_{i+63}) \\
&f_i = s_i + s_{i+13} + s_{i+38} + s_{i+51} + s_{i+62} \\
&\hat{\sigma}_i = b_{i+1} + b_{i+2} + b_{i+4} + b_{i+10} + b_{i+31} + b_{i+43} \\
&\sigma_i = \hat{\sigma}_i + b_{i+56} \\
&z_i = \sigma_i + h(s_{i+3}, s_{i+25}, s_{i+46}, s_{i+64}, b_{i+63}) \\
&b_{i+80} = g_i + s_i + z_i \delta_{[0,159]}(i) \\
&s_{i+80} = f_i + z_i + z_i \delta_{[0,159]}(i)
\end{aligned}
$$

其中，上述取值都在二元域 F_2 上，g：$F_2^{64} \to F_2$ 是一个非线性函数，$\delta_{[0,159]}(i) = \begin{cases} 1, & 0 \leqslant i < 160 \\ 0, & i \geqslant 160 \end{cases}$，$h$：$F_2^5 \to F_2$ 为

$$
\begin{aligned}
h(x) = {} & x_1 \oplus x_4 \oplus x_0 x_3 \oplus x_2 x_3 \oplus x_3 x_4 \oplus x_0 x_1 x_2 \oplus \\
& x_0 x_2 x_3 \oplus x_0 x_2 x_4 \oplus x_1 x_2 x_4 \oplus x_2 x_3 x_4
\end{aligned}
$$

这里固定秘密密钥 k，除了 k 以外，b_i、s_i、g_i、f_i、$\hat{\sigma}_i$、σ_i、z_i 将依赖于初始值，因此对 $\mathrm{IV}=v$，通常写为 $b_i^{(v)}, s_i^{(v)}, \cdots, z_i^{(v)}$。注意，对 $i=0,1,\cdots,16$，元素不依赖于初始值 v，但依赖于密钥 k。

Grain 的硬件实现的逻辑框图见图 7.2.2。它由以下几部分组成：

(1) 一个具有 80 个触发器 $L_0, L_1, \cdots, L_{79}$ 的 LFSR，持有值 $s_i, s_{i+1}, \cdots, s_{i+79}$。

(2) 一个具有 80 个触发器 $N_0, N_1, \cdots, N_{79}$ 的 NFSR，持有值 $b_i, b_{i+1}, \cdots, b_{i+79}$。

(3) 一个组合逻辑块 G，实现函数 g。

(4) 一个组合逻辑块 F，实现函数 f。

(5) 一个组合逻辑块 H，实现函数 h。

(6) 一些附加的异或门。

当然，为了装载密钥和初始值、钟控反馈移位寄存器、转换函数 δ，也需要一些控制逻辑。

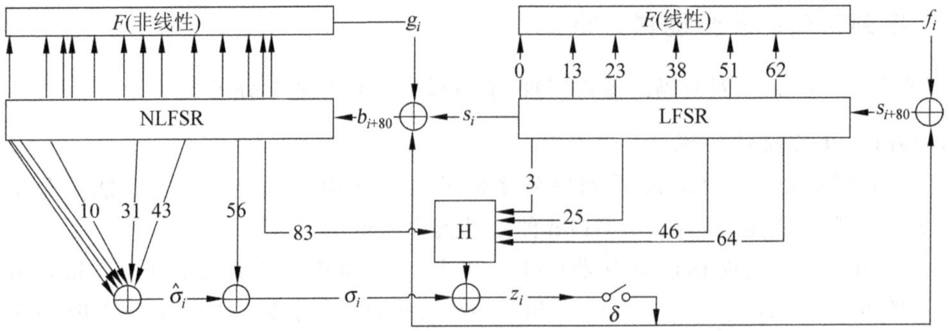

图 7.2.2 Grain 的硬件实现逻辑图

2. 能量模型

这里使用离散的、基于汉明距离的能量模型描述能量消耗,因为这个工具很适合描述 CMOS 实现的能量消耗。对一个固定的密钥 k 和初始值 v,Grain 的能量消耗是一个函数:$P:\mathbf{N}\to\mathbf{R}$,$P(i)$是在第 i 个时钟循环期间能量消耗的整体。第 i 个时钟循环是当值 g_i、f_i、$\hat{\sigma}_i$、σ_i、z_i、b_{i+80}、s_{i+80}被计算且两个移位寄存器被移位的时间周期。因此可将 P 写为

$$P=P_{\mathrm{G}}+P_{\mathrm{H}}+P_{\mathrm{F}}+\sum_{j=0}^{79}P_{\mathrm{FF},N_j}+\sum_{j=0}^{79}P_{\mathrm{FF},L_j}+\Omega$$

这里 P_{G}、P_{H}、P_{F}、P_{FF}分别表示 G、H、F 和触发器的能量消耗,H 中包括 σ_j 的生成。Ω 描述了独立于所描述的结构元素的噪声。使得 P_{G}、P_{H}、P_{F}、P_{FF}只依赖于旧的和新的输入值的模型化方式是合理的,此时

$$\begin{aligned}P(i)=\ &P_{\mathrm{G}}(b_{i-1},b_i,\cdots,b_{i+63})+\\&P_{\mathrm{H}}(b_i,\cdots,b_{i+63},s_{i+2},s_{i+3},s_{i+24},s_{i+25},s_{i+45},s_{i+46},s_{i+63},s_{i+64})+\\&P_{\mathrm{F}}(s_{i-1},s_i,s_{i+12},s_{i+13},s_{i+22},s_{i+23},\cdots s_{i+61},s_{i+62})+\\&\sum_{j=0}^{79}P_{\mathrm{FF},N_j}(b_{i+j},b_{i+j+1})+\sum_{j=0}^{79}P_{\mathrm{FF},L_j}(s_{i+j},s_{i+j+1})+\Omega\end{aligned}$$

注意,这个等式对 $i=0$ 也许不全是正确的,因为旧值也许不总是存在(如 b_{-1})或可能有一些默认值(在重置电路后)。在这种情况下对应的常数值一定被使用。我们关于函数 P_{G}:$F_2^{65}\to\mathbf{R}$ 和 $P_{\mathrm{H}}:F_2^{64+8}\to\mathbf{R}$ 没有做进一步的假设,因为这将增加不必要的困难,同时结果也不需要精确的形式。定义 $P_{\mathrm{F}}:F_2^{12}\to\mathbf{R}$ 仅是一个 LFSR 的连续比特的汉明距离的函数:

$$P_{\mathrm{F}}(s_{i-1},s_i,\cdots s_{i+61},s_{i+62})\equiv P_{\mathrm{F}}(s_{i-1}\oplus s_i,\cdots s_{i+61}\oplus s_{i+62})$$

对 P_{FF},利用通常的逼近:

$$P_{\mathrm{FF}}(0,0)\approx 0\approx P_{\mathrm{FF}}(1,1)\ll P_{\mathrm{FF}}(1,0),P_{\mathrm{FF}}(0,1)$$

我们不假定所有的 P_{FF,N_j} 或所有的 P_{FF,L_j} 是相等的,因为不能保证它在任意的实现中均成立。Ω 包含独立于密钥和内部值的所有的噪声贡献,如在环境中由密码的控制硬件或电路的转换活动产生的噪声。

注意,对一个固定的密钥 k,整个密码依赖于初始值 v。$P^{(v)}$,$P_{\mathrm{G}}^{(v)}$,…分别表示能量消耗函数。$P^{(v)}$仍然是变量,这是由于 Ω 的原因。因此,将使用它的期望值

$$\overline{P}^{(v)}\overset{\mathrm{def}}{=\!=}E[P^{(v)}]$$

$\overline{P}^{(v)}$能通过度量同样的初始值 v 的能量消耗若干次并取算术平均值来近似。现在 $\overline{P}^{(v)}$ 只依赖于初始值 v。

3. 攻击过程

对 Grain 的攻击由 3 步构成。前两步分别是对密钥的 34b 和 16b 信息的差分能量分析,第三步是一个对密钥的剩余 30b 的穷举搜索。

第 1 步:这一步是一个选择 IV 的差分能量分析,共进行了 17 轮。在第 $i(0\leqslant i\leqslant 16)$ 轮,建立关于对(b_{i+63},σ_i)的假设(b^h_{i+63},σ^h_i)并极力通过使用对一些初始值 $v\in\overline{\text{IV}}$的密钥建立阶段记录的能量轨迹验证假设。初始值的集合$\overline{\text{IV}_i}$以如下的方式被剪裁:当计算能量迹差(即相关函数)时 Grain 的能量消耗将被消去。在每一轮都将使用前面的结果。具体过程如下:

对 $i=0,1,\cdots,16$,执行下列操作:

(1) 对所有的假设$(b^h_{i+63},\sigma^h_i)\in F_2^2$,使用假设$(b^h_{i+63},\sigma^h_i)$和已知的$(b_{j+63},\sigma_j)_{j=0}^{i-1}$计算

$$\overline{\text{IV}_i^+}=\{v\in\overline{\text{IV}_i}\mid s^{(v)}_{i+79}\neq s^{(v)}_{i+80}\},\quad \overline{\text{IV}_i^-}=\{v\in\overline{\text{IV}_i}\mid s^{(v)}_{i+79}=s^{(v)}_{i+80}\}$$

和相关函数

$$P_{(b^h_{i+63},\sigma^h_i)}=\frac{1}{|\overline{\text{IV}_i^+}|}\sum_{v\in\overline{\text{IV}_i^+}}P^{(v)}-\frac{1}{|\overline{\text{IV}_i^-}|}\sum_{v\in\overline{\text{IV}_i^-}}P^{(v)}$$

(2) 对最大的 $P_{(b^h_{i+63},\sigma^h_i)}(i)$,接受假设。

为了计算假设值 $s^{(v)}_{i+80}$,必须使用(b^h_{i+63},σ^h_i)和 v。为了计算 $s^{(v)}_{i+79}$,使用了已知的$(b^h_{i-1+63},\sigma^h_{i-1})$。初始值族$\overline{\text{IV}_i}(0\leqslant i\leqslant 16)$定义如下:

$$\overline{\text{IV}_i}=\{(v_0,v_1,\cdots,v_{63})\in F_2^{64}:v_n=\begin{cases}0, & n-i\neq 3,13,22,23,25,46\\ 1, & n=i+46\end{cases}\}$$

$\overline{\text{IV}_i}$包含 32 个初始值,其特点是比特 v_{i+3}、v_{i+13}、v_{i+22}、v_{i+23}、v_{i+25}可选,$v_{i+46}=1$,其他比特均为 0。这里$|\overline{\text{IV}_i^+}|=|\overline{\text{IV}_i^-}|=16(0\leqslant i\leqslant 16)$。

引理 7.2.1 给出了上述计算过程和选择上述 IV 的理由。

引理 7.2.1　在上述计算过程中,在第 $i(0\leqslant i\leqslant 16)$轮,有

$$P_{(b_{63},\sigma_0)}(0)=\frac{1}{2}(P_{\text{FF},L_{79}}(1,0)-P_{\text{FF},L_{79}}(1,1))$$

$$P_{(b_{i+63},\sigma_i)}(i)=\frac{1}{2}(P_{\text{FF},L_{79}}(0,1)+P_{\text{FF},L_{79}}(1,0)-P_{\text{FF},L_{79}}(0,0)-P_{\text{FF},L_{79}}(1,1)),\quad i\geqslant 1$$

$$P_{(b_{i+63},1+\sigma_i)}(i)=-P_{(b_{i+63},\sigma_i)}(i)$$

$$P_{(1+b_{i+63},\sigma_i)}(i)=P_{(1+b_{i+63},1+\sigma_i)}(i)=0$$

第 2 步:这一步类似于第 1 步,但只有 16 轮。假设是$(g^h_{i-17},\hat{\sigma}^h_i)(17\leqslant i\leqslant 32)$。再者,$\overline{\text{IV}_i}$的构造将利用先前获得的数据。具体过程如下:

对 $i=17,18,\cdots,32$,执行下列操作:

(1) 对所有的假设$(g^h_{i-17},\hat{\sigma}^h_i)\in F_2^2$,使用假设$(g^h_{i-17},\hat{\sigma}^h_i)\in F_2^2$ 和已知的$(b_{j+63},\sigma_j)_{j=0}^{16}$,$(g_{j-17},\hat{\sigma}_j)_{j=17}^{i-1}$计算$\overline{\text{IV}_i}$的划分:

$$\overline{\text{IV}_i^+}=\{v\in\overline{\text{IV}_i}\mid s^{(v)}_{i+79}\neq s^{(v)}_{i+80}\},\quad \overline{\text{IV}_i^-}=\{v\in\overline{\text{IV}_i}\mid s^{(v)}_{i+79}=s^{(v)}_{i+80}\}$$

和相关函数

$$P_{(g_{i-17}^h,\hat{\sigma}_i^h)}=\frac{1}{|\overline{\mathrm{IV}_i^+}|}\sum_{v\in\overline{\mathrm{IV}_i^+}}P^{(v)}-\frac{1}{|\overline{\mathrm{IV}_i^-}|}\sum_{v\in\overline{\mathrm{IV}_i^-}}P^{(v)}$$

(2) 对最大的 $P_{(g_{i-17}^h,\hat{\sigma}_i^h)}(i)$，接受假设。

为了计算假设值 $s_{i+80}^{(v)}$，必须使用 $(g_{i-17}^h,\hat{\sigma}_i^h)$，$\{(b_{j+63},\sigma_j)\}_{j=0}^{16}$，$\{(g_{j-17},\hat{\sigma}_j)\}_{j=17}^{i-1}$ 和 v。为了计算 $s_{i+79}^{(v)}$，使用了已知的值 $\{(b_{j+63},\sigma_j)\}_{j=0}^{16}$，$\{(g_{j-17},\hat{\sigma}_j)\}_{j=17}^{i-1}$。初始值族 $\overline{\mathrm{IV}_i}$ $(17\leqslant i\leqslant 32)$ 定义如下

$$\overline{\mathrm{IV}_i}=\{(v_0,v_1,\cdots v_{63})\in F_2^{64}:(v_{i+3},v_{i+13},v_{i+22},v_{i+23},v_{i+25})\in F_2^5,$$

$$v_n=\begin{cases}v_{i+22}, & n=i-16\wedge 16\leqslant i\\ b_{i+44}, & n=i+6\wedge 19\leqslant i\\ 1, & n=i+27\wedge 19\leqslant i<37\\ 0, & n=i+1\wedge 24\leqslant i\\ 1, & n=i-21\wedge 24\leqslant i\\ 1, & n=63\wedge 17\leqslant i\\ 0, & n\in\{0,1,\cdots,63\}\backslash\{3,13,22,23,25\}\end{cases}\Bigg\}$$

这里 $\overline{\mathrm{IV}_i^+}=\overline{\mathrm{IV}_i^-}=16$ $(17\leqslant i\leqslant 32)$。

引理 7.2.2 给出了上述计算过程的理由。

引理 7.2.2 在上述计算过程中，在第 i $(17\leqslant i\leqslant 32)$ 轮，有

$$P_{(g_{i-17},\hat{\sigma}_i)}(i)=\frac{1}{2}(P_{\mathrm{FF},L79}(0,1)+P_{\mathrm{FF},L79}(1,0)-P_{\mathrm{FF},L79}(0,0)-P_{\mathrm{FF},L79}(1,1))$$

$$P_{(g_{i-17},1+\hat{\sigma}_i)}(i)=-P_{(g_{i-17},\hat{\sigma}_i)}(i)$$

$$P_{(1+b_{i-17},\hat{\sigma}_i)}(i)=P_{(1+b_{i-17},1+\hat{\sigma}_i)}(i)=0$$

上述两个引理的证明是直接了当的，但涉及相当长的计算。

第 3 步：这一步是直接了当的。在已经获得了 50 个值 $b_{63},b_{64},\cdots,b_{79},\sigma_0,\sigma_1,\cdots,\sigma_{16}$，$\hat{\sigma}_{17},\hat{\sigma}_{18},\cdots,\hat{\sigma}_{32}$ 之后，可写出 50 个关于 $k_0,k_1,\cdots,k_{79}$ 的独立的线性方程。求解这些方程可获得一个映射 $K:F_2^{30}\to F_2^{80}$，该映射包含所有可能的剩余的密钥。因此，一个穷举密钥搜索在实际中能完成。这一步的复杂度是 $O(2^{30})$。整个密钥能使用一个适当的明密文对恢复。

7.3 电磁分析方法

计算机各组件等电子设备在运算时通常会产生电磁辐射，通过测量密码设备的电磁辐射情况，攻击者可获得关于执行的计算和使用的数据等信息。类似于能量分析，攻击者可利用这些信息与电磁辐射之间的关系来恢复部分或全部密钥信息。

利用电磁辐射恢复秘密信息不是一个新话题，而且在军事、外交等重要领域受到了高度重视。美国国家安全局撰写的 TEMPEST 文档详细介绍了各种可能危及安全的辐射信息，包括电磁辐射、线路传导和声音传播等。鉴于这些辐射信息能极大地威胁实际系统的安全性，很多重要部门都对敏感系统、设备、房间甚至整幢大楼采取了昂贵的屏蔽防护措施。不仅硬件如此，软件也存在电磁辐射问题。Kuhn 等[19]于 1998 年提出了基于软件实现的通过

电磁辐射情况推断屏幕上信息的攻击及其防御措施。Gandolfi 等[20]于 2001 年针对具体的密码算法(DES、COMP128 和 RSA)芯片给出了实际的电磁分析实验结果。同年,Quisquater 等[21]针对智能卡详细地介绍了电磁分析的原理、测量方法、数据处理及防御措施。Agrawal 等[22]于 2002 年又系统地研究了 CMOS 设备中的电磁分析情况,并通过实验指出,在能量分析无法实现时,电磁分析还是可以实现的。随后,又出现了很多相关研究和实验工作,这不再阐述。

1. 基本原理

电磁分析的基本原理是:当设备内部状态的某比特由 0 变为 1 或由 1 变为 0 时,晶体管的 N 极或 P 极会有一小段时间是接通的,这将产生一个瞬间的电流脉冲,从而导致周围的电磁场发生变化。通过放置在设备附近的探针即可测量出设备运行时的电磁辐射情况,在采样数字化及信号放大后,即可使用类似于能量分析的统计方法来恢复秘密信息。

为了测量组件的电磁辐射情况,需要在组件附近放置很小的探针。在标准的智能卡中,每个组件(如 CPU)的大小只有几百微米。为了隔离不同组件之间的影响,探针的大小必须小于该值。探针可选择硬盘磁头、感应器、磁线圈等,但通常使用手工制作的外径为 150~500μm、由铜绞线做成的螺线管能够获得很好的测量值。

为了得到较好的电磁辐射测量值曲线,探针放置的位置也很重要。根据磁场强度公式 $B=\frac{\mu_0 I}{2\pi r}$ 可知,磁场强度与探针和电流流经的导体之间的距离成反比,因此应使探针尽可能靠近被测量的组件。由于智能卡的标准厚度为 800μm,所以在不破坏智能卡封装层的前提下,应使探针与辐射组件的距离约为 500μm。如果能去掉智能卡的封装层,探针与组件的距离会更近,从而获得更强的电磁辐射信号。当去掉智能卡的封装层后,利用显微镜就能看见智能卡的内部结构,这样更容易识别被测组件的范围,从而获得更精确的测量值。此外,探针应尽量放置在与处理数据关系密切的组件(如 CPU、RAM)附近,此时得到的电磁辐射测量值能够很好地反映密码设备的数据。

在获得密码设备的电磁辐射测量值后,可使用与能量分析完全类似的方法进行分析处理。首先,使用相同的采样频率,利用数字转化器将电磁辐射信号数字化;然后,使用统计分析方法或分析软件处理信号,恢复秘密信息。通过使用统计分析的技巧,有助于减小噪声干扰,从而更容易识别出正确密钥。类似于能量分析,电磁分析也可分为简单电磁分析和差分电磁分析两大类。

2. 防御措施

抵抗电磁分析的措施有两大类:降低信号强度和减少信号信息。降低信号强度的措施有:在 CPU 等产生大量有用电磁辐射信息的组件附近使用金属层屏蔽措施,或建立物理安全区域;采用缩小工艺,使用更小的晶体管来设计芯片;重新设计电路,以降低大量无意泄露的电磁辐射信息;等等。减少信号信息的措施有:在组件附近加入随机变化的电流引入磁场噪声;在计算过程中使用随机化方法(如引入随机时延、随机时钟周期),频繁更换密钥,等等,这些都可以极大地降低统计分析可用信息的有效性。

能量分析和电磁分析非常类似。对能量分析而言,测量设备的功率消耗要容易得多。而从攻击效果来看,电磁分析与能量分析相比有如下优势:

(1) 在能量分析中,测量功率消耗时只能测出芯片整体的功耗,无法精确到要分析的单个组件,从而导致在能量分析时有可能出现误报,即在功耗的差分曲线中,最大峰值对应的并不是正确的密钥值,这是由于其他组件的功耗影响造成的。而在电磁分析中,通过将探针放在被测组件附近,可以精确地测出该组件单独的电磁辐射情况,因此在电磁分析中不易出现误报的情况,这将有效地提高了攻击的成功率。

(2) 电磁辐射信号的信噪比要大于功耗信号的信噪比,因此电磁辐射信号的差分曲线的峰值更加突出,这使得识别正确密钥的成功率更高,而且所需的测量样本更少。

(3) 由于电磁分析可以绕过设备采取的抵抗能量分析的措施,所以在能量分析无法实施时,电磁分析还是可以成功实施的。

7.4 故障攻击方法

故障攻击是由 Boneh 等于 1996 年首次提出的,他们利用密码计算过程中的错误攻击了 RSA。Biham 等[23]于 1997 年将这种攻击方法应用于对称密码,首次提出了差分故障攻击的概念,并成功攻击了 DES。此后,人们针对各种密码算法的特点又提出了多种不同的故障攻击方法,成功攻击了 ECC、AES、3DES、RC4 等。特别是 Hoch 等[1]将故障攻击应用于序列密码,在一定的假设条件下得到了较好的结果。对序列密码的故障攻击的最新成果可参阅文献[24],该文献利用故障攻击方法分析了 ABSG,结合线性化方法分析了 DECIM,将攻击复杂度从 $O(2^{80})$降低到 $O(2^{42.5})$。

7.4.1 故障攻击的基本原理和防御措施

1. 基本原理

一般来说,硬件设备均能正确地执行各种密码运算,但在外界干扰的情况下,密码运算中可能出现硬件故障或运算错误。故障攻击的基本思想就是利用这些故障行为或错误信息恢复密钥信息。由于诱导故障多是针对硬件设备(如智能卡)的,因此,故障攻击大多应用于硬件实现的密码算法,且由于其简单易行又有效,故障攻击已成为目前最有效的侧信道分析方法之一。

故障攻击根据其诱导故障的方式可分为两大类。第一类是输入非法数据以诱导密码模块产生错误。当输入是非标准数据时,密码模块通常将按特殊情况处理,如给用户发送错误通知信息等,用户可根据该错误情况判断模块使用的部分秘密信息。第二类是在密码模块的计算过程中诱导故障,使其产生计算错误,该错误可以是随机值或某个特定值。诱导这类错误可以用多种方法,如精确的电压突变等。如果能对实现密码算法的硬件设备进行诱导,使其产生这类计算错误,则这类故障攻击几乎能成功地攻击所有的密码算法。

为了衡量攻击者诱导故障的能力以及得到的故障类型,可以使用故障模型的概念。故障模型包括以下要素:

(1) 对于故障发生在计算过程中的具体时间和位置,攻击者能达到的精确程度。

(2) 故障影响到的数据长度,如仅一比特发生错误还是一个字节发生错误。

(3) 故障持续的时间,如瞬间故障(密码运算过程中引入的故障)或永久故障(密码运算执行前引入的故障)。

(4) 故障的类型，即单比特翻转、单向单比特翻转(如仅从 1 变为 0)或字节翻转(该字节变为随机值)等。

故障攻击一般包括故障诱导和故障利用两步。故障诱导通常针对实现密码算法的硬件设备(如智能卡)，在算法运行到适当时间时，对其环境或运行条件进行干扰，导致密码设备出错。常见的干扰方法有：突然升高或降低电压，使时钟或环境温度超出正常值范围，电磁辐射，激光照射，等等。故障利用主要是指利用这些错误结果或行为恢复秘密信息。故障利用通常依赖于算法描述及其具体的实现方法，还可与直接分析方法(如差分分析)相结合以提高攻击效率。

由故障攻击和差分分析结合形成的差分故障攻击得到了广泛的应用，该方法理论上可以攻击几乎所有的分组密码。差分故障攻击的基本过程是：首先，得到明文在正常情况下加密的密文；其次，对同一个明文在相同密钥下加密，在加密运算过程中的某一时刻和某一位置诱导故障，并得到输出的错误密文；最后，分析正确密文和错误密文之间的关系，并结合差分分析技术恢复密钥信息。

2. 防御措施

常用的抵抗故障攻击的措施如下：如果假定攻击者不能连续两次诱导故障得到相同的错误值，则最简单的抵抗措施是对整个加密算法计算两次。如果两次输出的密文不同，则可以判定出错，抛弃该密文即可。当然，此方法将严重影响算法的执行效率。此外，还可以对硬件设备进行保护，使其能检测到外部入侵，如钝化层的破坏、电压或时钟频率突变等，并将全部数据清零。

7.4.2　序列密码的故障攻击

这里使用的基本攻击模型假定攻击者能对密码器件的 RAM 或内部寄存器应用一些比特翻转故障，但是攻击者仅能部分控制比特翻转数量、位置和计时。另外，攻击者能重置密码器件到它的原来的状态，并对同样的器件应用另一个随机选择的故障。一般地，为了恢复密钥，要对攻击者能控制的数量和需要的故障数进行折中。这个模型试图反映这样一种情形：攻击者拥有物理器件和故障是瞬间的而非永久的。

下面针对滤波生成器和组合生成器序列密码介绍故障攻击的基本过程[25]。

设 LFSR 的长度是 n，$(x_1,x_2,\cdots,x_n)(x_i\in F_2,1\leqslant i\leqslant n)$是 LFSR 的内部状态，将某一时刻 LFSR 原来的值与出故障后的值的异或表示为 Δ，将翻转比特数即 Δ 的汉明重量表示为 k。应用到 LFSR 的非线性滤波函数是一个布尔函数 $f(x_{i_1},x_{i_2},\cdots,x_{i_t})$，其输入是 LFSR 的内部状态比特的一个子集，$t$ 为抽头数。典型的参数选择是 $n\leqslant 128,t\leqslant 12$。这种情况称为滤波生成器。更一般地，函数的输入可以来自若干不同的 LFSR，这种情况称为组合生成器。通过对当前状态计算 f 或者通过使用一张 f 的预计算值的表产生每个输出比特。然后 LFSR 被钟控，f 在由此导致的状态下通过计算产生下一个输出比特。本书前面介绍的很多分析方法都是针对这类序列密码的。本节主要讨论这类序列密码的故障攻击方法。

现在假定攻击者有能力在 LFSR 的内部状态比特中引起低汉明重量的故障。具体攻击过程如下：

第 1 步：引起一个故障并产生由故障导致的输出流。

第 2 步：猜测故障。

第 3 步：检查猜测。如果猜测不正确，再进行猜测。

第 4 步：重复前 3 步 $O(t)$次。

第 5 步：求解一个关于原来状态比特的线性方程组。

需要说明的是如何检查一个猜测是否正确和如何构造线性方程组。由于 LFSR 钟控操作 L 的线性性，如果知道初始故障差为 Δ，那么在任何时刻 i，故障差将是 $L^i(\Delta)$。为了验证对 Δ 的一个猜测，要预测关于 t 个输入比特到 f 的未来时刻的差。每当这个差是 0 时，期望看到一个 0 输出差。如果猜测是不正确的，那么将看到这些情况中的一半是一个非零输出差。所以平均来说在 2^{t+1} 个输出比特后，期望拒绝不正确的猜测。

现在集中于一个单一的输出比特。对每个故障流，攻击者观察输出比特差并能计算对 f 的输入差。收集对应于同一输出比特位置的输入输出差对。给定大约 t 个对，就可能会缩小穷举搜索可能的输入比特到一个单一的输出比特。通过确定这些比特，得到关于初始状态比特的线性方程。使用同样的故障输出流，也能对其他输出比特计算输入差，收集更多的线性方程。一旦收集到足够多的线性方程，就能求解这个线性方程组并确定 LFSR 的初始状态。

有时能通过分析 f 的结构改进攻击所需要的数据量。定义

$$A=\left\{\Delta \mid P[f(x)\oplus f(x\oplus\Delta)=0]>\frac{1}{2}+\varepsilon\right\}$$

在猜测初始差 Δ 之后，计算任何未来时刻的差 $\Delta_n=L^n(\Delta)$。当 $\Delta_n\in A$ 时，我们知道 f 的输出差是 0 的概率至少是$\frac{1}{2}+\varepsilon$。如果猜测 Δ 是不正确的，那么期望能看到一个$\frac{1}{2}$的平均值。这样，在看到大约 $O\left(\varepsilon^2\ \frac{|A|}{2^n}\right)$比特后，将能以高概率判断猜测是否正确。

这里假定 f 是已知的，对 f 是未知的情况可参见文献[25]。

7.5 缓存攻击方法

利用缓存命中率(cache hit ratio)得到侧信道信息的想法最初是由 Kelsey 等[26]于 1998 年提出的，他们指出，对于使用了较大 S-盒查表运算的密码算法（如 Blowfish、CAST、Khufu)可能存在基于缓存命中率的侧信道攻击。随后，Page 扩展了该想法并从理论上系统地研究了如何利用缓存信息恢复密钥信息。由此产生了一系列相关成果，文献[27]对这些成果做了简单而较全面的总结。

7.5.1 缓存攻击的基本原理和防御措施

1. 基本原理

高速缓存(cache，以下称为缓存)是指介于 CPU 和主存之间的高速存取设备，由于其存取速度非常快，所以当今的计算机均采用这种分级存储结构来提高程序执行性能。当 CPU 需要访问数据时，先查询该数据是否已经存在缓存中。如果查询成功，则直接从缓存读入数

据，此时称为缓存命中(cache hit)，此操作所需时间非常短；而当从缓存查询数据失败时，则需要从主存中读入目标数据并将该数据存入缓存中，此时称为缓存未命中(cache miss)。由于从主存存取数据的速度相对较慢，所以当缓存未命中时，程序执行时间将产生延迟。缓存攻击就是通过测量程序执行过程中的时间延迟或功耗来判断缓存命中和未命中的情况，并据此恢复密钥信息。由于目前的智能卡和嵌入式系统很少采用缓存结构，所以缓存攻击主要针对密码算法的软件实现。

根据攻击者的能力可将缓存攻击分为 3 类，即基于时间的缓存攻击、基于轨迹的缓存攻击和基于访问的缓存攻击。基于时间的缓存攻击是假设攻击者能够观察算法总的执行时间，并根据时间变化来推断缓存命中和未命中发生的频率，再采用统计分析方法来恢复密钥。此时，对攻击者能力的要求是最低的，但由于要采用统计分析方法，因此需要多次测量，得到大量样本。基于轨迹的缓存攻击是假设攻击者能够获得每次缓存访问的情况，即每次访问时命中还是未命中的信息，利用这些信息可以推断各查表运算输入之间的关系，从而恢复密钥信息。通常攻击者可利用测量功耗轨迹或电磁辐射曲线来判断缓存访问是否命中，进而得到缓存访问轨迹。基于访问的缓存攻击是假设攻击者能够确定每次访问缓存的位置，从而根据存储策略可确定 S 表中哪些项被访问过，此时，未被访问过的项所对应的候选密钥就是错误密钥。消去错误密钥后，可结合穷举搜索恢复正确密钥。

2. 防御措施

抵抗缓存攻击的主要措施有：禁止缓存共享，去掉缓存，将全部 S 表读入缓存，加入冗余操作使运算时间相同，引入掩码，依靠操作系统支持，等等。其中去掉缓存是最简单、最直接的方法，但考虑到对运算性能的影响，该方法只适用于那些对运算速度要求不高的应用环境。将全部 S 表读入缓存也不能彻底抵抗缓存攻击，因为执行中的程序指令和其他系统任务在替换策略下还有可能把 S 表的某些项换出，随后仍会导致缓存未命中。依靠操作系统支持提供的防护措施包括采用非确定性的缓存访问顺序和非确定性的替换策略。前者在不影响相互依赖关系的前提下将查表运算的顺序随机化，这将改变缓存命中的情况。后者通过改变替换策略使相同的地址有可能被映射到不同的缓存位置。此外，研究结果表明，缓存攻击不适用于那些没有查表操作的密码算法，如 SHA 和利用逻辑运算实现 S-盒的 Serpent 等。所以，也可以考虑通过逻辑运算实现 S-盒，从而避免由查表操作引起的缓存访问问题。

7.5.2 基于时间的缓存攻击方法

基于时间的缓存攻击也称为缓存计时攻击(cache timing attack)。本节以基于 LFSR 的序列密码为例，介绍缓存计时攻击方法，包括缓存计时模型和攻击的一般框架[28]。

1. 缓存计时模型

针对密码算法抵抗缓存计时攻击的能力，主要有两个基本的分析方法。一个是针对密码算法的具体实现，另一个是在预言访问模型框架下的一般分析。针对模型的一般性分析并不意味着该模型下所有算法均可破译，只是说明算法实现时要对此方面进行考察。

这里的攻击者被模型化为一个同步缓存敌手，即敌手只能在合法用户完成特定的基本操作之后访问缓存。特别地，一个同步缓存敌手能在序列密码的内部状态全部更新之前和之后进行缓存度量，但在更新过程中不能进行缓存度量。敌手使用如下两个预言器：

(1) KEYSTREAM(i)：要求密码算法返回第 i 个密钥流块。

(2) SCA-KEYSTREAM(i)：获得了一个由 KEYSTREAM(i)生成的所有缓存访问的无噪声列表，但是不能获得关于它们的顺序的任何信息。通过缓存访问能获得 Handing Cache Line Size(处理缓存行规模)段中描述的真实表中的元素信息。

注意，KEYSTREAM(i)预言器被认为是序列密码分析的基本要求，对于非侧信道攻击同样适用。另一方面，SCA-KEYSTREAM(i)预言器能比现实侧信道攻击获得更多的信息，因为假定没有被噪声干扰。因此，在这种模型下获得的结果是对一个理想的缓存度量环境而言的。该模型下的攻击针对它们所面临的环境是否依然有效取决于实际环节，并还需对实例进行逐个验证。

在实际环境下，为了去除噪声，敌手需要具有多次度量的能力，即在相同密钥和初始向量下，多次访问密码算法，并对每次缓存访问信息进行度量并将其插入结果表中。在绝大多数密码算法的实现中，用同一初始向量加密不同明文是不可能的，但敌手却可以在同一初始向量下解密相同的密文，即使序列密码执行一系列相同的操作。同时，可以注意到，错误的缓存访问有可能频繁出现，并且多次度量和插入缓存访问列表并不能将其消除。这类访问可能源于外部进程，例如应用或操作系统。某些情况下，通过运行不同初始向量下的序列密码可能识别出错误访问，即与密码无关的情形下缓存访问始终为常数并可被忽略。

如果噪声始终不能完全被消除，那么只能放弃所有的度量。

理论上可以将缓存行地址转换为表索引的相关信息。然而，在实际环境下的缓存计时攻击中，一个缓存行存储多个表元素(即多个表索引)。因此，即使敌手能实现无噪声度量，仍不能得到准确的表索引信息，只能获得表索引的 b 比特的部分信息。

以流行的 Pentium 4 处理器为例。对面向 32 位字的序列密码，所有的由密码使用的 LFSR 查表包含 256 个 32 位元素，也就是说，每个表元素为 4 字节。Pentium 4 处理器中的一个缓存行是 64 字节宽，意味着它能包含 16 个表元素。这样，给定正确的缓存行，敌手仅能获得 16 个表元素的包含右边元素的一个子集。因为这些表元素一般被列成一行(否则，攻击者更容易得到一些表索引信息，因为某些行比这里假定的方式泄露更多的信息)，这对应于获得表索引的 $b=4$ 个最高位比特，而敌手一点也没有获得关于 4 个最低位比特的信息。

更一般地，如果一个表包含 2^c 个元素，每个元素 d 字节且处理器有一个大小为 λ 字节的缓存，则每个缓存行将包含 λ/d 个表元素。这样，即使在一个完全无噪声的环境中，攻击者能重构的表索引也最多不超过 $b=c-\log_2(\lambda/d)$ 比特(即最好的情形是 c，最坏的情形是 0)。

2. 缓存计时攻击的一般框架

这里介绍的一般框架可用于分析 Sosemanuk、Snow、Sober 和 Turing 等序列密码[28]。

这个一般框架的基本观点如下：

(1) 观察内部状态比特。给定一个使用长度为 n、定义在 F_{2^m} 上的 LFSR 的序列密码，用 $s=(s_0,s_1,\cdots,s_{n-1})\in F_{2^m}^n$ 表示 LFSR 的初始状态，在初始化后，用 $(s_t,s_{t+1},\cdots,s_{t+n-1})\in F_{2^m}^n$ 表示在时刻 t 的内部状态。这里假定对钟控 LFSR 利用查表来实现。几乎对所有使用定义在 $F_{2^m}^n$ 上的 LFSR 的序列密码都是这种情况，原因是这通常是实现 F_{2^m} 中一个固定元素的乘法的最快方式。在时刻 t，这个查表使用了元素 $s_{t+i}(0\leqslant i<n)$ 中的一些比特。依赖于缓存行规模，缓存计时度量将揭示这些比特中的 b 比特。重要的是所有这些比特能表示

为初始状态 s 的线性组合。

(2) 转化成初始状态比特。使用向量空间同构 ψ: $F_{2^m} \rightarrow F_2^m$,将 F_{2^m} 中的元素用 m 比特字(即 F_2^m 中的元素)来表示。使用同构 ψ,通过映射 $(s_t, s_{t+1}, \cdots, s_{t+n-1}) \rightarrow (\psi(s_t), \psi(s_{t+1}), \cdots, \psi(s_{t+n-1}))$能将 LFSR 的状态视作 F_2^{nm} 中的一个元素。然后,钟控 LFSR 可用 F_2 上的可逆 $nm \times nm$ 矩阵来描述。因为更新 LFSR 一定是一个 F_{2^m} 上的线性操作,因此必然是 F_2 上的线性操作。把对应于更新 LFSR 的矩阵表示为 M。再者,给定 LFSR 的反馈多项式,矩阵 M 很容易计算。

每个查表操作揭示 s_{t+i} 的一些比特,也就是对某一 $a \in \{0,1,\cdots,m-b-1\}$ 有

$$\psi(s_{t+i})^{(a,\cdots,a+b-1)} = (\psi(s_{t+i})_a, \cdots, \psi(s_{t+i})_{a+b-1})$$

将 $\psi(s_{t+i})$写为 $M^t\psi(s)$,则对某一 $a' \in \{0,1,\cdots,nm-b-1\}$有

$$\psi(s_{t+i})^{(a,a+1,\cdots,a+b-1)} = [M^t\psi(s)]^{(a',a'+1,\cdots,a'+b-1)}$$

用这种方法,在一个缓存计时度量中观察到的每个比特产生一个关于初始状态比特的线性方程,而且一旦收集了充分多的方程,就能通过求解方程组来恢复初始状态。

下面讨论无噪声情况下所需要的比特数量。

假定我们正在攻击一个具有 n 个元素在 F_{2^m} 上的内部状态并且缓存度量在每个 k 次迭代仅揭示内部状态比特的一个固定的线性组合的 LFSR。在这种情况下,nmk 个迭代能够完全揭示 LFSR 的内部状态。最容易的方法是将 LFSR 的初始状态 s 视作 $F_{2^{nm}}$ 中的一个元素。钟控 LFSR 对应于内部状态乘以一个固定元素 $\alpha \in F_{2^{nm}}$,在时刻 $T=tk$ 泄露的信息可以写为 $u_T = \mathrm{Tr}(\theta(\alpha^k)^t s)$,对某一固定的元素 $\theta \in F_{2^{nm}}$,该元素依赖于被泄露的比特的线性组合。这里 Tr 表示迹函数:

$$\mathrm{Tr}: F_{2^{nm}} \rightarrow F_2, \quad \mathrm{Tr}(x) = \sum_{i=0}^{nm-1} x^{2^i}$$

通常要求 LFSR 有最大的周期,对应于 α 是 $F_{2^{nm}}$ 的一个本原元。这样,对合理小的 k,元素 α^k 不在 $F_{2^{nm}}$ 的一个真子域中并且$(\alpha^k)^0, (\alpha^k)^1, \cdots, (\alpha^k)^{nm-1}$形成了 $F_{2^{nm}}$ 在 F_2 上的一个基。因此,所有的线性方程 $u_T = \mathrm{Tr}(\theta(\alpha^k)^t s)(T=tk, t \leqslant nm-1)$是线性独立的,且通过求解对应的线性方程组能唯一地恢复初始状态。

上述结果仅对所有已知的密钥流比特恰好都是等距离的情况才成立。对一些密码,可以对 LFSR 的每个时钟周期仅度量 1 比特来达到这个效果,原理上可以度量 b 比特甚至 $2b$ 比特。然而,如果由于碰撞或噪声而使一些度量不得不去掉,那么上述结果不能被应用。尽管如此,为了得到一个唯一可解的方程组,仅需要一个开销很小的无噪声度量仍然是很可能的。换句话说,如果假定它的行为像一个随机的线性方程组,在 $nm+\delta$ 个无噪声度量后,导致的方程组有满秩的概率是

$$p = \prod_{j=0}^{nm-1} \frac{2^{nm+\delta} - 2^j}{2^{nm+\delta}} \approx 1 - 2^{-\delta}$$

7.6 冷启动攻击方法

冷启动攻击是由 Halderman 等[29]于 2009 年提出的,这种攻击利用了动态随机访问内存(Dynamic Random Access Memory,DRAM,是大多数现代计算机的主内存)的以下事实:DRAM 在断电之后,即使在温室环境中或离开主板的情况下,仍然能在几秒内保持它

所存储的内容，使用侧信道攻击手段获取关于秘密信息(如密钥)的部分或全部内容。冷启动攻击是一种内存攻击(memory attack)。此后，人们对静态随机访问内存(Static Random Access Memory,SRAM)也进行了分析并发展和完善了内存攻击方法。

1. 基本原理

一个DRAM单元本质上是一个电容。每个单元通过一根电容导线充电或放电，以产生一个单一比特编码，另一根导线硬连接到电源或地面，其连接依赖于芯片内部单元的地址。

久而久之，电容将逐渐放电，DRAM单元将丢失它的状态，或者更精确地讲，它将衰退到它的基态，或者是0，或者是1，这依赖于电容的固定导线硬连接到地面还是电源。为了预先阻止这个衰退，DRAM单元必须被更新，这意味着，为了保留它的值，电容必须被重新充电。DRAM芯片说明书中给出的更新时间是一个单元被更新之前经历的最长时间。标准的更新时间(通常是毫秒级)对正常的计算机操作意味着可靠性，即使极少的比特错误也能导致严重的问题。然而，在这个时间内更新任何单个DRAM单元的失败导致实际毁坏单元内容的可能性极小。正是由于单元的这种性质，当DRAM芯片断电后，DRAM单元的状态仍然会保持一段时间，尤其是如果将芯片置于低温环境中，这个时间将会进一步延长。DRAM芯片断电后，在一定的时间内(几分钟到几十分钟不等，取决于温度和制造工艺)只有少数单元的状态会发生变化；DRAM芯片被重新充电后，其单元会被重新更新，状态也随之固定下来。目前，几乎所有的DRAM芯片都利用DRAM单元的这种性质来实现。衰退时间随着温度降低而延长的技术已被用来优化DRAM芯片能耗，即当检测到DRAM芯片温度下降时，可以在保证数据不会丢失的情况下减小DRAM芯片的更新频率以节省能耗。但这种性质给具有物理访问能力的攻击者带来了攻击的机会。冷启动攻击就是利用这种性质使得攻击者可以有效地绕过软硬件防御机制，获取正在运行的计算机的内存快照并从中恢复密钥等秘密信息。

2. 防御措施

理论上可利用抗泄露密码技术来防御冷启动攻击，相关内容见7.7节。这里主要介绍一些非密码手段的基本防御措施，主要是在敌手可能进行物理访问之前抹掉或模糊加密密钥，阻止在计算机上执行的内存转储软件，从物理上保护DRAM芯片，并且尽可能地使DRAM芯片衰退得更快[29]。擦除内存对抗措施以努力避免内存中的密钥被盗为出发点，当不再需要密钥时，软件将重写密钥，并阻止将密钥记录到磁盘上。限制从网络或可移动的媒体启动系统也是一种很重要的防御措施。经验表明，简单地锁定计算机的屏幕不能保护内存的内容，因此，必须安全地暂停一个系统。使用预计算加速密码操作会使密钥更易受攻击，因此应避免预计算。为了使密钥更难重构，应用某一变换对密钥进行扩展后再存储，称为密钥膨胀措施，这与抗暴露函数(exposure-resilient function)的概念有关。一些攻击依赖于对DRAM芯片或模块的物理访问，这些攻击可通过从物理上保护内存来防御。一些措施通过极力改变计算机的体系结构来防御，这种方法不适用于现有的计算机，但它可使未来的计算机更安全。还有一种方法是使用硬件磁盘控制器加密数据，这种方法使用了磁盘控制器中的一个只写密钥寄存器，加解密由控制器来完成，而不是由主CPU中的软件来完成，主加密密钥存储在磁盘控制器中而不是DRAM中，但要确保密钥寄存器的安全。

7.7 抗泄露序列密码

物理攻击尤其是侧信道攻击的研究与发展，催生了人们对已有的仅从数学上"证明"其安全性的密码本原(可以理解为一些经过论证或时间考验的数学难题，如大整数分解问题，或经过时间考验的密码算法，如 AES，这里可以将密码本原理解为各种密码算法)的反思，并积极研究与发展在现实环境中安全的密码本原，特别是能够抵抗侧信道攻击的密码本原。在这种背景下，抗泄露密码学(leakage-resilient cryptography，也译为泄露容忍密码学)应运而生[30]。

侧信道攻击是攻击者通过密码本原执行过程中产生的额外信息泄露对密码本原的实现进行破译的攻击方式。这就要求在实际应用中，密码学研究者不仅要关注密码本原的数学描述，而且还要关注密码本原的实现以及实现密码本原的设备的具体细节。人们针对侧信道攻击，从硬件和实现级层面提出了各种各样的应对措施，这些措施成为侧信道攻击研究的主要内容，这些措施统称为物理层面的措施。然而，通过分析发现，在硬件和实现级解决抵抗侧信道攻击的应对措施只能增加攻击者的运行时间或降低攻击者的效率，不能完全解决问题，而且这些解决方案都只针对一种具体的侧信道攻击，当另一种更有效的侧信道攻击技术出现时，就需要对解决方案进行修改和固化。因此，密码学研究者更多地关注从密码本原自身也就是在软件级提出解决办法，这些措施统称为算法层面的措施。这种解决办法可证明密码本原能够抵抗一些现有的侧信道攻击。

抗泄露密码学不关心具体的侧信道攻击，而是极力预测攻击者能获得侧信道信息的所有方法并使攻击者通过硬件或实现不可能达到攻击目的。抗泄露密码学承认侧信道信息的存在，并极力建立能够抵抗获得这种信息的攻击者进行的攻击的可证明安全密码本原。为了捕获许多可能的侧信道敌手行为并抽象出硬件或实现的细节，侧信道信息被模型化为一个函数 f，该函数解释为敌手接触到的所有泄露信息[31]。抗泄露密码学的主要理论问题是：对一个函数族 F 和一个密码本原，人们能够提供一种构造方法，使得这种构造可证明能够抵抗任何将其泄露信息模型化为一个函数 $f\in F$ 的侧信道攻击。

在抗泄露密码学中，可根据敌手得到的泄露信息量的不同，将泄露模型分为两类，即有界泄露模型(Bounded Leakage Model，BLM)和连续泄露模型(Continual Leakage Model，CLM)。在 BLM 中，敌手可以得到关于秘密状态(如密钥或随机数)有界的部分信息。把秘密状态记为 ss。在这类模型中，敌手可以任意选择一个高效可计算的函数 f(敌手也可能自适应地选择多个函数，但这些函数最终可以被整合成一个泄露函数)，利用泄露信息可以得到 $f(\mathrm{ss})$，但必须满足以下条件：$f(\mathrm{ss})$的长度远远小于 ss 的长度。这是因为，如果关于 ss 的信息被全部泄露，那么任何密码本原的安全性都无从谈起。在 CLM 中，把密码本原的使用周期划分为多个时间周期(一般来说，这些时间周期是等长的)，敌手能在每个时间周期中选择一个任意高效可计算的函数 f，从而得到 $f(\mathrm{ss})$，$f(\mathrm{ss})$的长度远远小于 ss 的长度。在两个时间周期之间被更新，而密码本原对应的公开信息(如公钥)保持不变。在这类模型中，总的泄露信息也许不是有界的，甚至超过秘密状态的长度。

另外，可按照基本泄露假设的不同，将泄露模型分为两类，即唯计算泄露模型(Only Computation Leakage Model，OCLM)和内存泄露模型(Memory Leakage Model，MLM)。

在 OCLM 中，只有在计算过程中被访问的内存单元才产生信息泄露，没有被访问的单元不产生信息泄露。在这类模型中，关于泄露的刻画仍然可由一个高效可计算的泄露函数来定义。在 MLM 中，不是仅仅参与计算的内存单元会产生信息泄露，而是所有的内存单元都会产生信息泄露，例如冷启动攻击[29]。

本节重点关注抗泄露序列密码。Dziembowski 等[30]于 2008 年提出了抗泄露密码学的概念，并提出了第一个在标准模型下可证明安全的抗泄露序列密码，开创了在算法层面对抗侧信道攻击的先河。Pietrzak[32]于 2009 年进一步简化了这个构造，去除了随机数提取器这个关键部件，解决了函数规范不明确的问题。由于这些构造在效率、可证明安全紧致性等方面仍存在一些问题，之后，人们又对这些问题进行了进一步研究，提出了进一步简化的和高效的抗泄露序列密码[33]。本节主要介绍抗泄露密码学的一些基本概念与基础理论，以及一些抗泄露序列密码的构造。

7.7.1 抗泄露密码学的基本概念与基础理论

本节介绍在抗泄露密码学中常用的一些概念、函数和基本结论，包括各种熵的定义，以及从熵中提取出的接近均匀分布随机数的函数等，这些都是研究抗泄露密码学的基本工具。相关概念、函数和基本结论的出处可参阅文献[33]。

1. 各种熵及其之间的关系

抗泄露密码学中常用到很多信息论中的概念及其推广，包括最小熵(min-entropy)、metric 熵、HILL 熵和不可预测熵(unpredictable entropy)，其中除了最小熵是在信息论意义下被定义的以外，其他熵都是在计算环境下被定义的，通常也被归类为计算熵(computational entropy)或伪熵(pseudo-entropy)。

定义 7.7.1 随机变量 X 的最小熵定义为

$$H_\infty \stackrel{\text{def}}{=\!=} -\log(\max_x P(X=x))$$

假设 X 是一个随机均匀选择的 n 比特密钥，由于某种原因被泄露了 t 比特，记为 $f(X)$。现在的问题是，在攻击者能够看到 $f(X)$ 的情况下，X 还平均具有多少比特的最小熵，或者攻击者预测 X 的成功率是多少？这种情况下关于 X 的最小熵必须对所有 $f(X)$ 可能的取值按概率加权求平均值，因此，引入如下平均最小熵(average min-entropy)的定义，这也是抗泄露密码学中常用的一种最小熵。

定义 7.7.2 对于联合随机变量(X,Z)，X 关于 Z 的平均最小熵定义为

$$H_\infty(X \mid Z) \stackrel{\text{def}}{=\!=} -\log(E_{z\leftarrow Z}[2^{-H_\infty(X|Z=z)}])$$

其中 E 表示数学期望。

对于最小熵，有两种弱化的熵，即 Metric 熵和 HILL 熵。这两种熵的定义都用到了两个随机变量对于某个电路或图灵机的不可区分性(indistinguishability)。这里的电路只有一个比特的输出(0 或 1)，称为区分器(distinguisher)，可以理解为：当区分器认为当前的输入来自第一个随机变量时输出 0，否则它输出 1。

定义 7.7.3 如果随机变量 X 和 Y 被电路区分器(circuit distinguisher)D 区分的优势不超过ε，即$|P[D(X)=1]-P[D(Y)=1]\leqslant\varepsilon$，记为 $\delta^D(X,Y)\leqslant\varepsilon$，则称 X 和 Y 是ε-不可区分的。

定义 7.7.4 对于随机变量 X，如果对于任何规模不超过 s 的电路区分器 D，总存在一个最小熵大于或等于 n 比特的随机变量 Y，使得 $\delta^D(X,Y)\leqslant\varepsilon$，则称 X 具有 n 比特的 Metric 熵，记为 $H_{\varepsilon,s}^{\mathrm{M}}(X)=n$。

定义 7.7.5 对于随机变量 X，如果存在一个最小熵大于或等于 n 比特的随机变量 Y，使得对任何规模不超过 s 的电路区分器 D 都满足 $\delta^D(X,Y)\leqslant\varepsilon$，则称 X 具有 n 比特的 HILL 熵，记为 $H_{\varepsilon,s}^{\mathrm{H}}(X)=n$。

HILL 熵蕴含 Metric 熵是平凡的。下面的引理 7.7.1 说明了 Metric 熵也蕴含 HILL 熵。因此，这两种熵是等价的，在很多应用场合或研究其性质时只讨论其中一种即可。

引理 7.7.1 设有定义在 $\{0,1\}^n$ 上的随机变量 X，对任意的 ε 和 k，如果 $H_{\varepsilon,s}^{\mathrm{M}}(X)\geqslant k$，则 $H_{2\varepsilon,s'}^{\mathrm{H}}(X)\geqslant k$。其中，$s'\in O(\varepsilon^2 s/n)$。

定义 7.7.6 设有联合随机变量 (X,Z)，如果对于任何规模不超过 s 的电路 A 都有 $P(A(Z)=X)\leqslant 2^{-n}$，则称 X 关于 Z 具有 n 比特的不可预测熵，记为 $H_s^{\mathrm{U}}(X)=n$。

假定把 X 视作密钥，把 Z 视作关于 X 的信息泄露，即 $Z=f(X)$。已证明，如果 X 关于 Z 具有 n 比特的 Metric 熵或 HILL 熵，则 X 关于 Z 也具有 n 比特的不可预测熵，但反过来未必成立。可以构造一些反例使得 X 关于 Z 具有很高的不可预测熵，但 HILL 熵几乎为零。例如，X 是一个均匀分布，f 是一个指数级困难的单向置换。这说明使用不可预测熵比使用 Metric 熵和 HILL 熵涵盖更多的泄露函数 f。

2. 熵的链式规则

现在回到本节开头提出的问题，用熵的观点描述就是：对于一个 n 比特熵的随机变量 X，当 X 泄露 t 比特的任意信息 $Z=f(X)$ 后，在攻击者看到 Z 的情况下，X 还剩多少熵？如果这一问题中的熵是指最小熵和不可预测熵，那么答案是在给定 Z 的条件下，X 仍具有 $n-t$ 比特的平均最小熵，因此熵损失是理想的。解决这一问题的下列 3 个引理通常称为熵（最小熵、不可预测熵、Metric 熵或 HILL 熵）的链式规则(chain rule)。

引理 7.7.2 对于联合随机变量 (X,Z)，其中 Z 可能的取值不超过 2^t，那么它们之间的最小熵满足以下关系：

$$H_\infty(X\mid Z)\geqslant H_\infty(X\mid Z)-t\geqslant H_\infty(X)-t$$

引理 7.7.3 对于联合随机变量 (X,Z_1,Z_2)，其中 Z_2 可能的取值不超过 2^t，那么它们之间的不可预测熵满足以下关系：

$$H_s^{\mathrm{U}}(X\mid Z_1,Z_2)\geqslant H_s^{\mathrm{U}}(X\mid Z_1)-t$$

引理 7.7.4 对于联合随机变量 (X,Z)，其中 Z 可能的取值不超过 2^t，那么它们之间的 Metric 熵满足以下关系：

$$H_{\varepsilon 2^t,s}^{\mathrm{M}}(X\mid Z)\geqslant H_{\varepsilon,s}^{\mathrm{M}}(X)-t$$

3. 随机数提取器与通用 Hash 函数族

定义 7.7.7 X 与 Y 之间的统计距离(statistical distance)是所有区分器 D 从它们之间得到的最大优势，即

$$\mathrm{SD}(X,Y)\overset{\mathrm{def}}{=\!=}\max_D\mid P[D(X)=1]-P[D(Y)=1]\mid$$

X 与 Y 之间在电路规模 s 上的计算距离(computational distance)是所有规模不超过 s 的区分器能够从它们之间得到的最大优势，即

$$\mathrm{CD}_s(X,Y) \overset{\text{def}}{=} \max_{\text{size}(D)\leqslant s} |P[D(X)=1]-P[D(Y)=1]|$$

统计距离是一种特殊的计算距离，即 $\mathrm{SD}(X,Y)=\mathrm{CD}_\infty(X,Y)$。通常把 $\mathrm{CD}_s(X,Y)\leqslant \varepsilon$ 称作 X 是(ε,s)-接近 Y 的。

定义 7.7.8 对于函数 Ext，如果对任何满足 $H_\infty(X|Z)\geqslant k$ 的联合随机变量(X,Z)和独立均匀分布的种子 S，都能满足在给定 Z 时$(\mathrm{Ext}(X,S),S)$是(ε,∞)-接近均匀分布的这一条件，则称函数 Ext 是一个(ε,k)-强平均随机数提取器(strong average-case randomness extractor)。

根据该定义，可利用随机数提取器从具有较高最小熵的随机变量中提取出接近均匀分布的随机数。依据 HILL 熵或 Metric 熵与最小熵在计算意义下的不可区分性，强随机数提取器也可以应用于含有较高 HILL 熵或 Metric 熵的随机源。

引理 7.7.5 对于(ε_1,k)-强平均随机数提取器 Ext 和满足 $H^{\mathrm{M}}_{\varepsilon_2,s}(X|Z)\geqslant k$ 的随机变量(X,Z)以及独立均匀分布的随机种子 S，在给定 Z 的条件下，必然有$(\mathrm{Ext}(X,S),S)$是$(\varepsilon_1+\varepsilon_2,s-s_{\mathrm{Ext}})$-接近均匀分布的。其中，$s_{\mathrm{Ext}}$是计算函数 Ext 的电路规模。

在现实应用中，最高效的构造方法是通过通用 Hash 函数族(universal Hash function family)实现的。

定义 7.7.9 设 $\mathrm{Ext}(\cdot,S)$是一族函数，不同的 S 值对应不同的函数，且对每个固定的 S 值，$\mathrm{Ext}(\cdot,S)$都是一个$\{0,1\}^n\to\{0,1\}^m$ 的函数映射。如果对于任意的 $x_1\neq x_2$，都有 $P_S(\mathrm{Ext}(x_1,S)=\mathrm{Ext}(x_2,S))=2^{-m}$，其中概率在均匀分布的 S 上取值，则称 $\mathrm{Ext}(\cdot,S)$是一个通用 Hash 函数族。

引理 7.7.6 如果 $\mathrm{Ext}(\cdot,S)$是一个输出长度为 m 的通用 Hash 函数族，则 Ext 是(ε,k)-强平均随机数提取器，且 $\varepsilon\leqslant 2^{(m-k)/2}$。

通常把引理 7.7.6 称作剩余 Hash 引理(leftover Hash lemma)。

7.7.2 抗泄露序列密码的构造

首先看一下无泄露情况下序列密码安全的形式化定义。

定义 7.7.10 如果确定性函数 $g:\{0,1\}^n\to\{0,1\}^m(n<m)$是多项式时间可计算的，并且计算距离满足条件 $\mathrm{CD}_s(g(U_n),U_m)\leqslant\varepsilon$，其中 U_n 和 U_m 分别代表 n 比特长和 m 比特长的均匀分布，则称 g 是(ε,s)-安全的伪随机生成器。当 $m=2n$ 时，称 g 是双倍长度伪随机生成器(length-doubling pseudorandom generator)，见图 7.7.1。标准定义下的伪随机生成器要求以上计算距离对于某超多项式 s 和可忽略函数 ε 成立。

为了便于描述，通常将序列密码周而复始的计算划分成以轮(round)为单位。例如，图 7.7.2 给出的序列密码在第 $1,2,\cdots,i$ 轮分别进行计算并输出 $x_1,x_2,\cdots,x_i$。

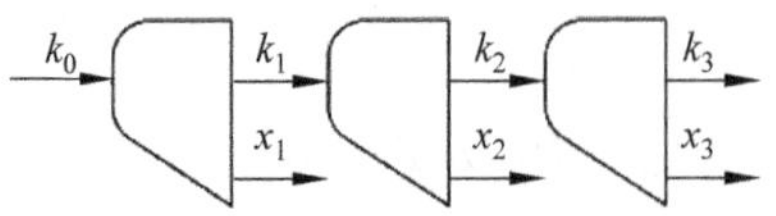

图 7.7.1 基于双倍长度伪随机生成器的序列密码

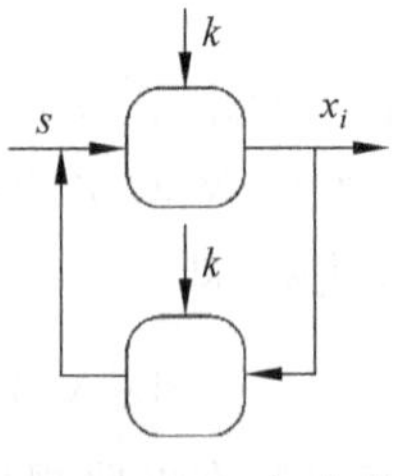

图 7.7.2 ANSI X9.17 标准的序列密码

定义 7.7.11　称序列密码 $SD(k)=(x_1,x_2,\cdots,x_i,\cdots)$ 是 (i,ε_i,s_i)-安全的，当且仅当 k 为均匀分布时生成的前 i 轮的输出分布 $(X_1,X_2,\cdots,X_i)$ 满足 $CD_{s_i}((X_1,X_2,\cdots,X_i),U_{in})\leqslant\varepsilon_i$，其中 U_{in} 表示 in 比特长的均匀分布。同样，标准定义下的安全性要求对于任意多项式大小的 i（即 $i\in poly(n)$，n 为安全参数)，都存在一个超多项式 s_i 和可忽略函数 ε_i，使得以上计算距离不等式成立。这种安全性也称为序列密码的黑盒安全性。

可利用混成论证(hybrid argument)技巧得到以下结论：对任意的 i，图 7.7.1 给出的序列密码是 $(i,i\varepsilon,s-n^{O(1)})$-安全的。同样地，可证明图 7.7.2 给出的序列密码的安全性。

在侧信道攻击等泄露环境下，上述两个序列密码的安全性就没那么显而易见了。对于图 7.7.2 给出的序列密码，每轮中分组密码都使用相同密钥对不同明文进行加密操作，这很容易导致攻击者使用差分能量分析等手段有效地恢复密钥。对于图 7.7.1 给出的序列密码，每轮中都对当前的状态(密钥)进行更新，似乎对泄露具有一定的抵抗能力，但其抗泄露安全性也无法得到证明。

关于抗泄露序列密码的设计，可作如下简要小结。Petite 等[34]于 2008 年首次提出了抵抗侧信道攻击的基于分组密码的序列密码，该密码在设计上简洁高效，并在汉明重量和高噪声泄露等泄露模型下论证了其安全性。同年，Dziembowski 等[30]首次提出了在标准模型下可证明安全的抗泄露序列密码，Pietrzak[32]于 2009 年对其进行了改进。Yu 等[35]于 2010 年给出了在随机预言模型下可证明安全的高效的抗泄露序列密码，但安全保障和说服力弱于标准模型下的结果。Faust 等[36]于 2012 年证明了该密码在公共随机串(common random string，即公共参考串的一种特例)模型下也成立。Yu 等[37]于 2013 年提出了一个新的抗泄露序列密码，并给出了在标准模型下的安全性证明。同年，Standaert 等[38]给出了在非均匀复杂度(non-uniform complexity)模型下可证明安全的抗泄露序列密码，不过这种方法只适用于基于分组密码的序列密码。

本节采用文献[33]中的方式来命名密码，例如 2008 年 FOCS 会议上提出的抗泄露序列密码就命名为 FOCS2008 抗泄露序列密码。

1. FOCS2008 抗泄露序列密码及其改进

这里采用文献[33]中的图对 FOCS2008 抗泄露序列密码[30]及其改进 EUROCRYPT 2009 抗泄露序列密码[32]进行统一描述和比较，见图 7.7.3。这两种密码都采用了轮流提取(alternating extraction)的结构，不同之处在于盒子中函数的实现，前者使用了一个伪随机生成器(在图 7.7.3 中标记为 PRG)加上一个强随机数提取器(在图 7.7.3 中标记为 Ext)，后者将该函数简化为弱伪随机函数(weak pseudorandom function，图中标记为 wPRF)。

这两个密码的执行过程如下：首先，初始密钥被分成相同大小的 k_0 和 k_1，它们与公共随机数(随机的初始向量)x_0 一起构成了初始状态。其次，以轮为单位进行计算，在每一轮(不妨设为第 $i+1$ 轮)中，状态 (k_i,k_{i+1},x_i) 被更新至 $(k_{i+1},k_{i+2},x_{i+1})$，并将 x_{i+1} 作为该密码在这一轮的输出，如此循环往复，输出密钥流 $x_1,x_2,\cdots,x_i,\cdots$。

这两个密码同时采用了唯计算泄露、有界泄露、连续泄露 3 个模型，并且泄露函数是攻击者自适应(adaptive)选取的。具体解释如下：首先，仍以第 $i+1$ 轮为例，并注意到 k_{i+1} 在这一轮计算中没有被用到，按照唯计算泄露原则，电路某一时段或某一轮内的泄露只依赖于该时段内被访问和使用的数据，因此假定这一轮中的泄露仅依赖于另一半的秘密状态 k_i 和

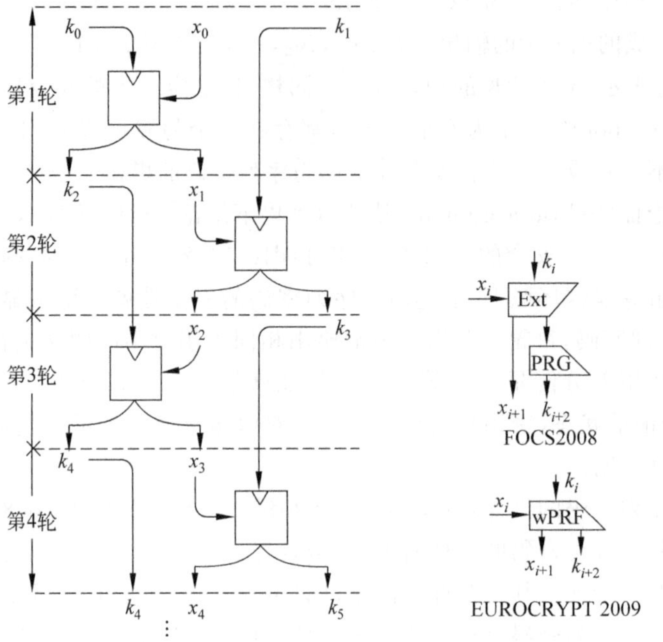

(a) 执行过程　　(b) 盒子中函数的实现

图 7.7.3　FOCS2008/EUROCRYPT 2009 抗泄露序列密码

其他的一些公共信息(如 x_i)。其次,进一步将泄露方式抽象为一个以 k_i 为输入的任意(多项式时间内可计算)泄露函数,但要求函数的输出长度必须小于 k_i 的长度(否则,如果输出长度可以与密钥等长,那么攻击者可以让函数输出密钥本身),这就是有界泄露。最后,虽然对每轮中的泄露长度是有限制的,但泄露可以持续在每轮中发生,称为连续泄露,并且在每轮开始之前,攻击者可以自由选取泄露函数,只要满足有限泄露的长度限制即可,这称为自适应性泄露。

抗泄露安全性的定义与黑盒无泄露条件下的定义不同,在攻击者看到泄露的情况下,不能再要求整个输出与均匀分布不可区分,因为某一轮泄露可能刻画了该轮输出的一些特征,如某个比特或某个字节的汉明重量,攻击者很容易利用这些特征将其与均匀分布的随机数区分开来。文献[30]中给出的序列密码抗泄露安全性的定义(即定义 7.7.12)充分考虑了这一点,要求对于任意多项式大小的 i,当攻击者观察到 $i-1$ 轮的连续泄露(注意,第 i 轮的泄露不包括在内)后,任何计算受限的攻击者都无法将第 i 轮的输出与随机均匀分布区分开来。

定义 7.7.12　以图 7.7.3 给出的序列密码 $\mathrm{SC}(k_0,k_1,x_0)=(x_1,x_2,\cdots,x_i,\cdots)$ 为例,称该密码是 (i,ε_i,s_i)-安全的,当且仅当密钥 (k_0,k_1) 是均匀分布时生成的前 i 轮的输出和泄露,记为随机变量 $(X_1,X_2,\cdots,X_i,L_1,L_2,\cdots,L_i)$,其计算距离满足下式:

$$\mathrm{CD}_{s_i}((L_1,L_2,\cdots,L_{i-1},X_1,X_2,\cdots,X_{i-1},X_i),(L_1,L_2,\cdots,L_{i-1},X_1,X_2,\cdots,X_{i-1},U_n))\leqslant\varepsilon_i$$

其中 U_n 表示 n 比特长的均匀分布。同样地,标准定义下的安全性要求对于任意多项式大小的 i(即 $i\in\mathrm{poly}(n)$,n 为安全参数)都存在一个超多项式 s_i 和可忽略函数 ε_i,使得以上计算距离不等式成立。

文献[30]中的构造没有明确应该使用怎样的 Ext 函数，而且引入 Ext 函数不仅造成效率上的降低，而且 Ext 本身可能会变成新的泄露源和攻击目标。文献[32]中给出了一个简化的构造，将复杂函数模块简化为弱伪随机函数 wPRF。弱伪随机函数是一种特殊的伪随机函数，它只要求在均匀随机选取（而非让攻击者任意选取）输入的情况下，函数对应的输出与均匀随机数计算不可区分。

定义 7.7.13 对函数 $F:\{0,1\}^n\times\{0,1\}^n\to\{0,1\}^{2n}$，其中函数的第一个输入为密钥 K，第二个输入为 X，即 $F(K,X)$。如果 F 对于均匀随机选取的密钥 K 和输入 $(X_1,X_2,\cdots,X_q)$，其输出满足

$$\mathrm{CD}_s((X_1,X_2,\cdots,X_q,F(K,X_1),F(K,X_2),\cdots,F(K,X_q)),(X_1,X_2,\cdots,X_q,U_{qn}))\leqslant\varepsilon$$

则称 F 是 (ε,s,q)-安全的。标准定义要求 s 和 ε 分别是关于安全参数的超多项式函数和可忽略函数。

关于 EUROCRYPT 2009 抗泄露序列密码已有如下结果[32]。

定理 7.7.1 假定 EUROCRYPT 2009 抗泄露序列密码使用了 $(\varepsilon,s,n/\varepsilon)$-安全的弱伪随机函数 F，并满足 $\varepsilon\geqslant n2^{-n/3}$，$n\geqslant20$，同时假定每轮的泄露比特数量 $\lambda\leqslant\log_2(1/\varepsilon)/6$，那么该密码是 (i,ε_i,s_i)-安全的，其中 $s_i=s\varepsilon^2/2^{\lambda+5}n^3$，$\varepsilon_i\leqslant8i\varepsilon^{1/12}$。

2. 其他抗泄露序列密码

文献[35]中构造了一个简化的、更接近实用的抗泄露序列密码，称为 CCS2010 抗泄露序列密码，见图 7.7.4，它在随机预言模型下的构造实际上等同于图 7.7.1 所给出的序列密码。该密码通过反复调用双倍长度伪随机生成器 $G(k_i)=(k_{i+1},x_{i+1})$ 生成密钥流 $x_1,x_2,\cdots,x_i,\cdots$。由于这里没有将密钥一分为二，所以每轮泄露 L_i 都是当前状态 k_i 的函数，即没有必要使用唯计算泄露假设。这里也假定 G 是一个随机预言器，使得每轮中的泄露不仅可以让攻击者自适应选取，而且没有长度限制，只需满足以下条件：对于任意多项式大小的电路攻击者，在得到 L_i 为输入的情况下，其成功恢复 k_i 的概率是可忽略的。这个泄露假设被称为辅助输入泄露（auxiliary input leakage），这个假设是泄露的最弱假设（minimum assumption），即对于任何能够有效恢复 k_i 的攻击者均无法保障安全性。证明也比较容易，即根据随机预言器的定义，在看到之前的泄露 $L_1,L_2,\cdots,L_{i-1}$ 的情况下，某一轮的输出 x_i 是均匀分布的，除非攻击者能够从 $L_1,L_2,\cdots,L_{i-1}$ 中恢复出 $k_0,k_1,\cdots,k_{i-1}$ 中的任何一个。

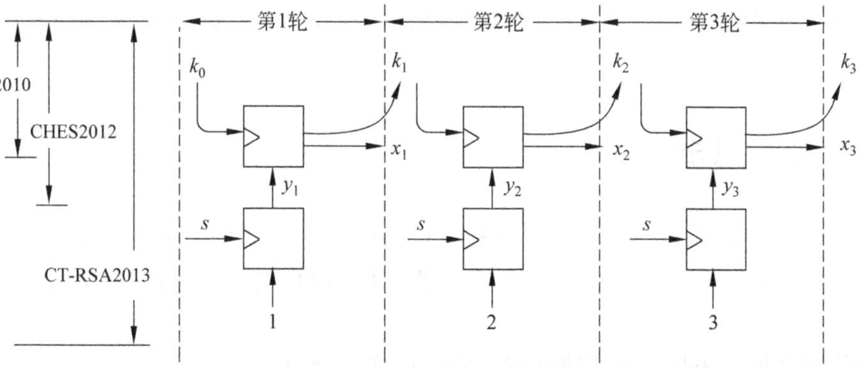

图 7.7.4 CCS2010/CHES2012/CT-RSA2013 抗泄露序列密码

定义 7.7.14 G 是一个随机预言器，当且仅当对于不同的输入，其输出都是相互无关且均匀分布的随机数，而对于任意两次相同的输入，其输出总是相同的。

关于 CCS2010 抗泄露序列密码已有如下结果[35]。

定理 7.7.2 假定 CCS2010 抗泄露序列密码 SC(k_0)使用的函数 G 是一个随机预言器，且对于任何电路规模为 s 的攻击者在观察每轮泄露 L_i 后成功恢复 k_{i-1} 的概率都不超过 ε，那么该密码是(i,$i\varepsilon$,s)-安全的。

CCS2010 抗泄露序列密码不仅能抵抗攻击者自适应选取的泄露，而且长度没有限制，证明紧致性高。该序列密码的不足之处是其可证明安全性是在随机预言模型下获得的。文献[36]中证明了该序列密码在公共随机串模型下也成立。这里的公共随机串指的是设计的密码本身可以使用一串长的公共随机数(图 7.7.4 中的 $y_1,y_2,y_3,\cdots$)作为输入。但这里的泄露模型做了调整，每轮泄露必须是有限泄露(不超过 λ 比特)且是非自适应的，即泄露函数的选取必须事先固定。以第 i 轮为例，其泄露 L_i 可以是关于 k_{i-1} 和 y_i 的任意输出长度不超过 λ 比特的函数，但不能依赖于任何还未被使用的公共随机数 $y_{i+1},y_{i+2},y_{i+3},\cdots$。

关于 CHES2012 抗泄露序列密码已有如下结果[36]。

定理 7.7.3 假定 CHES2012 抗泄露序列密码 SC($k_0,y_1,y_2,\cdots$)使用了($\varepsilon,s,2$)-安全的弱伪随机函数 F 来反复更新状态$(k_{i+1},x_{i+1})=F(k_i,y_{i+1})$，且每轮的泄露数量不超过 λ 比特，那么该密码是(i,ε_i,s_i)-安全的，其中 $s_i\in O(2^{3\lambda}\varepsilon s/n)$，$\varepsilon_i\leqslant i\sqrt{2^{3\lambda}\varepsilon}$。

CHES2012 抗泄露序列密码的缺点在于要求使用很长的(与需要产生的密钥流相同长度的)公共随机串，这在实际应用中是不现实的。针对这个问题，文献[37]中提出了一个改进的密码，即 CT-RSA2013 抗泄露序列密码。其主要思想是：利用伪随机函数 F_2，以随机种子 s 为密钥，作用于不同的输入 1,2,3,…以获得相应的伪随机数来替代 CHES2012 抗泄露序列密码中的随机数 $y_1,y_2,y_3,\cdots$。利用伪随机函数 F_2 的输出与均匀分布随机数之间的计算不可区分性，结合定理 7.7.3 可证明 CT-RSA2013 抗泄露序列密码的安全性，即定理 7.7.4[37]。

定理 7.7.4 假定 CT-RSA2013 抗泄露序列密码 $SC(k_0,s)$使用了($\varepsilon,s,2$)-安全的弱伪随机函数 F 来反复更新状态$(k_{i+1},x_{i+1})=F(k_i,y_{i+1})$，并使用($\varepsilon,s,i$)-安全的伪随机函数 F_2 产生$(y_1,y_2,\cdots,y_i)=(F_2(s,1),F_2(s,2),\cdots,F_2(s,i))$，且每轮关于 k_i 的泄露信息不超过 λ 比特，那么即使在公开 s 的情况下，该密码仍然是(i,ε_i,s_i)-安全的，其中 $s_i\in O(2^{3\lambda}\varepsilon s/n)$，$\varepsilon_i\leqslant i\sqrt{2^{3\lambda}\varepsilon}$。

7.8 注记与思考

本章重点介绍了计时攻击、能量分析、电磁分析、故障攻击、缓存攻击和冷启动攻击 6 种侧信道分析方法的基本思想，同时介绍了在物理层面和算法层面防御侧信道分析的一些具体措施。

侧信道分析方法是一种实践性和实验性很强的分析方法。除了要了解其基本原理外，很重要的一点就是需要具体实验，而且这种分析方法与直接分析方法相互独立，是一个专门的分支。在本章写作过程中，遇到了与写作文献[27]中的相关章节时一样的问题，那就是究竟如何定位侧信道分析这部分内容——如果不写它，就不完备；如果要写它，写到何种程度？本章最后借鉴了文献[27]中的做法，以简要介绍一些典型的侧信道分析方法的基本思想和基本观点为主。从公开文献来看，大部分侧信道分析方法是针对分组密码和非对称密码（即公钥密码）提出的，但事实上这些方法对所有的密码算法都是适用的，只是针对不同算法具体实现的细节和分析效果不同而已，因此，限于篇幅，我们只选择了部分序列密码实例进行了分析。

抗泄露密码学是理论上对抗侧信道分析的主要措施，也是未来密码学的重要发展方向之一。虽然目前它的理论还很不成熟，但本章还是专设一节介绍了抗泄露密码学的一些基本概念和基础理论，以及一些抗泄露序列密码的构造方法，以引起读者的重视。

关于侧信道分析方法的一些最新研究进展和细节，感兴趣的读者可参阅文献[12,39-44]及其参考文献以及每年的 CHES 国际会议论文集。

思考题

1. 推导引理 7.2.1 和引理 7.2.2。

2. 探讨抗泄露序列密码的实用化问题。

3. 调研侧信道分析方法的最新研究进展，结合本章的相关介绍写一篇关于侧信道分析方法方面的小综述。

本章参考文献

[1] Hoch J, Shamir A. Fault Analysis of Stream ciphers[C]//CHES 2004. Berlin Heidelberg: Springer-Verlag, 2004: 240-253.

[2] 维基百科. Timing Attack[EB/OL]. http://en.wikipedia.org/wiki/Timing_attack.

[3] Kocher P. Timing Attacks on Implementations of Diffie-Hellman, RSA, DSS, and Other Systems [C]//CRYPTO 1996. Berlin Heidelberg: Springer-Verlag, 1996: 104-113.

[4] Kocher P, Jaffe J, Jun B. Differential Power Analysis[C]//CRYPTO 1999. Berlin Heidelberg: Springer-Verlag, 1999: 388-397.

[5] Chari S, Rao J R, Rohatgi P. Template Attacks[C]//CHES 2003. Berlin Heidelberg: Springer-Verlag, 2003: 13-28.

[6] Gierlichs B, Batina L, Tuyls P, et al. Mutual Information Analysis—A Generic Side-Channel Distinguisher[C]//CHES 2008. Berlin Heidelberg: Springer-Verlag, 2008: 426-442.

[7] 刘继业. 能量分析攻击的攻防机理以及评估技术研究[D]. 北京：中国科学院软件研究所，2011.

[8] Batina L, Gierlichs B, Lemke-Rust K. Differential Cluster Analysis[C]//CHES 2009. Berlin Heidelberg: Springer-Verlag, 2009: 112-27.

[9] Schindler W, Lemke K, Paar C. A Stochastic Model for Differential Side Channel Cryptanalysis[C]//CHES 2005. Berlin Heidelberg: Springer-Verlag, 2005: 30-46.

[10] Liu J, Zhou Y, Han Y, et al. How to Characteristic Side-Channel Leakage More Precisely? [C]//ISPEC 2011. Berlin Heidelberg: Springer-Verlag, 2011: 196-207.

[11] Renauld M, Standaert F X, Veyrat-Charvillon N, et al. A Formal Study of Power Variability Issues and Side-Channel Attacks for Nanoscale Devices[C]//EUROCRYPT 2011. Berlin Heidelberg:

Springer-Verlag, 2011: 109-128.

[12] Mangard S, Oswald E, Popp T. 能量分析攻击[M]. 冯登国,周永彬,刘继业,等译. 北京:科学出版社,2010.

[13] Golic J, Tymen C. Multiplicative Masking and Power Analysis of AES[C]//CHES 2002. Berlin Heidelberg: Springer-Verlag, 2002: 198-212.

[14] Thomas S. Messerges, Using Second-Order Power Analysis to Attack DPA Resistant Software [C]//CHES 2000. Berlin Heidelberg: Springer-Verlag, 2000: 27-78.

[15] Le T H, Berthier M. Mutual Information Analysis Under the View of Higher-Order Statistics[C]// IWSEC 2010. Berlin Heidelberg: Springer-Verlag, 2010: 285-300.

[16] Popp T, Mangard S. Masked Dual-Rail Pre-charge Logic : DPA Resistance Without Routing Constraints[C]//CHES 2005. Berlin Heidelberg: Springer-Verlag, 2005: 172-186.

[17] Suzuki D, Saeki M. Security Evaluation of DPA Countermeasures Using Dual-Rail Pre-charge Logic Style[C]//CHES 2006. Berlin Heidelberg: Springer-Verlag, 2006: 255-269.

[18] Fischer W, Gammel B M, Kniffler O, et al. Differential Power Analysis of Stream Ciphers[C]// CT-RSA 2007. Berlin Heidelberg: Springer-Verlag, 2007: 257-270.

[19] Kuhn M G, Anderson R J. Soft Tempest: Hidden Data Transmission Using Electromagnetic Emanations[C]//Information Hiding 1998. Berlin Heidelberg: Springer-Verlag, 1998: 124-142.

[20] Gandolfi K, Mourtel C, Olivier F. Electromagnetic Analysis: Concrete Results[C]//CHES 2001. Berlin Heidelberg: Springer-Verlag, 2001: 251-261.

[21] Quisquater J J, Samyde D. Electromagnetic Analysis(EMA): Measures and Countmeasures for Smart Cards, Smart Card Programming and Security[C]//E-smart 2001. Berlin Heidelberg: Springer-Verlag, 2001: 200-210.

[22] Agrawal D, Archambeault B, Rao J R, et al. The EM Side-Channel(s) [C]//CHES 2002. Berlin Heidelberg: Springer-Verlag,29-45, 2003.

[23] Biham E, Shamir A. Differential Faul Analysis of Secret Key Cryptosystems, Advances in Cryptology[C]//CRYPT 1997. Berlin Heidelberg: Springer-Verlag, 1997: 513-525.

[24] Loe C W, Khoo K. Side Channel Attacks on Irregularly Decimated Generators[C]//ICISC 2007. Berlin Heidelberg: Springer-Verlag, 2007: 116-130.

[25] Hoch J, Shamir A. Fault Analysis of Stream Ciphers[C]//CHES 2004. Berlin Heidelberg: Springer-Verlag, 2004: 240-253.

[26] Kelsey J, Schneir B, Wagner D, et al. Side Channel Cryptanalysis of Product Ciphers[C]//5th European Symposium on Research in Computer Security. Berlin Heidelberg: Springer-Verlag, 1998: 97-110.

[27] 吴文玲,冯登国,张文涛. 分组密码的设计与分析[M]. 2 版. 北京:清华大学出版社, 2009.

[28] Leander G, Zenner E, Hawkes P. Cache Timing Analysis of LFSR-based Stream Ciphers[M]// Cryptography and Coding. Heidelberg: Springer, 2009: 433-445.

[29] Halderman J A, Schoen S D, Heninger N, et al. Cold-Boot Attacks on Encryption Keys[J]. Communications of the ACM Security in the Browser, 2009, 52(5): 91-98.

[30] Dziembowski S, Pietrzak K. Leakage-Resilient Cryptography[C]//FOCS 2008. Berlin Heidelberg: Springer, 2008: 293-302.

[31] Micali S, Reyzin L. Physically Observable Cryptography(Extended Abstract) [C]// TCC 2009. Berlin Heidelberg: Springer, 2009: 18-35.

[32] Pietrzak K. A Leakage-Resilient Mode of Operation[C]// EUROCRYPT 2009. Berlin Heidelberg:

Springer, 2009: 462-482.

[33] 郁昱，谷大武. 抗泄露可证明安全流密码研究[J]. 密码学报，2014，1(2)：134-145.

[34] Petit C, Standaert F X, Pereira O, et al. A Block Cipher Based Pseudo Random Number Generator Secure Against Side-channel Key Recovery[C]//ASIACCS 2008. ACM, 2008: 56-65.

[35] Yu Y, Standaert F X, Pereira O, et al. Practical Leakage-resilient Pseudorandom Generators[C]//Proceedings of the 17th ACM Conference on Computer and Communications Security. ACM, 2010: 141-151.

[36] Faust S, Pietrzak K, Schipper J. Practical Leakage-resilient Symmetric Cryptography [C]//CHES2012. Berlin Heidelberg: Springer, 2012: 213-232.

[37] Yu Y, Standaert F X. Practical Leakage-resilient Pseudorandom Objects with Minimum Public Randomness[C]//CT-RSA 2013. Berlin Heidelberg: Springer, 2013: 223-238.

[38] Standaert F X, Pereira O, Yu Y. Leakage-resilient Symmetric Cryptography Under Empirically Verifiable Assumptions[C]//CRYPTO 2013. Berlin Heidelberg: Springer, 2013: 335-352.

[39] 中国密码学会. 密码学学科发展报告(2014—2015)[M]. 北京：中国科学技术出版社，2016.

[40] 郭世泽，王韬，赵新杰. 密码旁路分析原理与方法[M]. 北京：科学出版社，2014.

[41] Zhou Y, Feng D. Side-Channel Attacks: Ten Years after Its Publication and the Impacts on Cryptographic Module Security Testing[C]. Physical Security Testing Workshop, Hawaii, USA, Sep. 26-29, 2005.

[42] Fan G, Zhou Y, Standaert F X, et al. On the Impacts of Mathematical Realization over Practical Security of Leakage Resilient Cryptographic Schemes [C]//ISPEC 2015. Berlin Heidelberg: Springer, 2015: 469-484.

[43] Zhang H, Zhou Y, Feng D. An Efficient Leakage Characterization Method for Profiled Power Analysis Attacks[C]//ICISC 2011. Berlin Heidelberg: Springer, 2012: 61-73.

[44] Zhang H, Zhou Y, Feng D. Mahalanobis Distance Similarity Measure Based Distinguisher for Template Attack[R]. Security and Communication Networks(SCI), DOI: 10.1002/sec.1033.

第8章 其他分析方法

本章内容提要

密码分析方法没有好坏之分，也没有高低之分，只要管用就行。有些方法可能就是一个小技巧，甚至是雕虫小技，但很奏效，同时也不能忽视从这些分析中获得的经验和教训。前面比较系统地介绍了一些序列密码的常用分析方法，但还有很多分析方法没有介绍，如相关密钥攻击方法、差分分析方法、中间相遇攻击方法、碰撞或近似碰撞攻击方法、基于分别征服策略的攻击方法等。这些方法都比较零散，有的方法是共性的，有的方法是与密码自身结构密切相关的，有的方法是与前面的方法相关的。

本章主要介绍相关密钥攻击方法、差分分析方法、基于分别征服策略的攻击方法和近似碰撞攻击方法。

本章重点

- 相关密钥攻击方法的基本原理。
- 差分分析方法的基本思想。
- 基于分别征服策略的攻击方法的基本思想。
- 近似碰撞攻击方法的基本原理。

8.1 相关密钥攻击方法

本节主要介绍 RC4 的密钥方案算法的弱点、Hummingbird-2 的相关密钥攻击和 SNOW3G 的滑动分析。

8.1.1 RC4 的密钥方案算法的弱点

文献[1]中指出了 RC4 的密钥方案算法的一些弱点及其密码学意义，基于这些弱点给出了大量的弱密钥，与此同时，使用这些弱密钥构造了新的区分器并对 RC4 进行了相关密钥攻击。本节主要介绍文献[1]中的一些基本思想和基本方法。

1. RC4

RC4 以 OFB 模式工作，密钥流与明文相互独立。一个 256 位密钥长度的 RC4 有一个 8 ×8 的 S-盒：$S[0],S[1],\cdots,S[255]$，它是数字 0～255 的一个置换，并且这个置换是一个长度可变的密钥的函数。

RC4 由两部分组成：一个是密钥方案算法 KSA，将一个随机密钥 K（典型的密钥长度是 40～256b）转化成一个$\{0,1,2,\cdots,N-1\}$($N=256$)上的初始置换 S；另一个是输出生成算法 PRGA，它使用第一部分产生的置换生成一个伪随机输出序列。

算法 8.1.1 PRGA(K)

初始化：

$i=0$

$j=0$

生成圈：

$i=(i+1) \bmod 256$

$j=(j+S[j]) \bmod 256$

交换 $S[i]$和 $S[j]$

$t=(S[i]+S[j]) \bmod 256$

输出 $z=S[t]$

字节 z 与明文异或产生密文或者与密文异或产生明文。

KSA 即初始化 S-盒的过程如下。首先，进行线性填充：$S[0]=0, S[1]=1, \cdots, S[N-1]=N-1$。其次，用密钥填充另一个 N 字节的数组，以自然的方式重复使用密钥填充整个数组：$K[0], K[1], \cdots, K[N-1]$。最后，将指针 j 设为 0，对 $i=0$ 至 $N-1$ 完成以下操作：$j=(j+S[i]+K[i]) \bmod 256$ 并交换 $S[i]$和 $S[j]$。

算法 8.1.2 KSA(K)

初始化：

对 $i=0,1,\cdots,N-1$

$S[i]=i$

$j=0$

加扰：

对 $i=0,1,\cdots,N-1$

$j=(j+S[i]+K[i]) \bmod 256$

交换 $S[i]$和 $S[j]$

2. 不变的弱点

为了简单起见，下面只讨论 KSA 的一个简单的变形，表示为 KSA*，将在算法 8.1.3 中描述。二者唯一的差别是 KSA* 在圈的开始时更新 i，而 KSA 在圈的结束时更新 i。同时，为了清晰地比较二者的关系，在算法 8.1.2′中重新表述了算法 8.1.2。

算法 8.1.2′ KSA(K)

对 $i=0,1,\cdots,N-1$

$S[i]=i$

$i=0$

$j=0$

重复 N 次

$j=(j+S[i]+K[i]) \bmod 256$

交换 $S[i]$和 $S[j]$

$i=i+1$

算法 8.1.3 KSA*(K)

对 $i=0,1,\cdots,N-1$

$S[i]=i$

$i=0$

```
j=0
重复 N 次
    i=i+1
    j=(j+S[i]+K[i]) mod 256
    交换 S[i]和 S[j]
```

定义 8.1.1 设 S 是一个$\{0,1,\cdots,N-1\}$上的置换，t 是 S 的一个指标(index)，b 是一整数。如果 $S[t]\overset{\bmod b}{\equiv}t$，则置换 S 被称为是 b-保持(b-conserve)指标 t，否则置换 S 被称为是 b-非保持指标 t。

在 t 轮 KSA^* 后，置换 S 及指针 i 和 j 分别表示为 S_t、i_t 和 j_t，一个置换 S 的 b-保持的指标数表示为 $I_b(S)$，通常将 $I_b(S_t)$简写为 I_t。

定义 8.1.2 设 S 是一个$\{0,1,\cdots,N-1\}$上的置换，如果 $I_b(S)=N$，则称 S 是 b-保持的；如果 $I_b(S)\geqslant N-2$，则称 S 几乎是 b-保持的。

定义 8.1.3 设 b、l 是整数，K 是一个 l 个字的密钥。如果对任何指标 t，有 $K[t \bmod l]\equiv(1-t)(\bmod b)$，则称 K 是一个 b-精确(b-exact)的密钥。在 $K[0]=1$，$\text{msb}(K[1])=1$ 的情况下，K 称为一个特殊的 b-精确的密钥。

注意：$b|l$ 是这个条件成立的必要条件而非充分条件。

定理 8.1.1 设 $q\leqslant n(n=\log_2 N)$，l 是一个整数，$b=2^q$。假定 $b|l$ 且 K 是一个 l 个字的 b-精确的密钥，则置换 $S=\text{KSA}^*(K)$是 b-保持的。

证明：通过对 $t(1\leqslant t\leqslant N)$采用归纳法证明这一定理，即对 t 证明 $I_b(S_t)=N$，$i_t\equiv j_t(\bmod b)$。由此可得出 $I_N=N$，即输出置换是 b-保持的。

对 $t=0$(在第一轮之前)，结论为真，这是因为 $i_0=j_0=0$ 且 S_0是一个单位置换，对每一个 b，S_0都是 b-保持的。

假定对 t，$i_t\equiv j_t(\bmod b)$，S_t是 b-保持的，则 $i_{t+1}=i_t+1$，$j_{t+1}=j_t+S_t[j_{t+1}]+K[i_{t+1} \bmod l]\overset{\bmod b}{\equiv}i_t+i_{t+1}+(1-i_{t+1})=i_t+1=i_{t+1}$，这样，$i_{t+1}\equiv j_{t+1}(\bmod b)$。影响 S 的唯一操作是交换操作，然而当 i_t 和 j_t 是模 b 等价的，S_{t+1}是 b-保持 $i_{t+1}(j_{t+1})$的当且仅当 S_t 是 b-保持 $i_t(j_t)$的，这样，S 的 b-保持的指标数仍然是一样的，即 $I_{t+1}=I_t$，而 $I_t=N$，所以 $I_{t+1}=N$，因此，S_{t+1}是 b-保持的。

这样，KSA^* 就把密钥中的特殊模式转化为初始状态中的相应模式。确定的置换比特的一部分与固定密钥比特的一部分成比例。例如，对 $\text{RC4}_{n=8,l=6}$ 和 $q=1$ 应用这一结果可得，48 位密钥比特中的 6 位完全确定 1684 置换比特中的 252 位。

KSA^* 和 KSA 的小差别的本质是：即使在第一轮后 KSA 应用到一个 b-精确的密钥，也不能保持 i 和 j 之间的模 b 等价性。例如，在一个 b-精确的密钥上执行 KSA，$j_1=j_0+S_0[i_1]+K[i_1]=0+S_0[0]+K[0]=K[0]\overset{\bmod b}{\equiv}1\overset{\bmod b}{\neq}0=i_1$。然而，不变的弱点能被调节到实际的 KSA 中，可由定理 8.1.2 给出。

定理 8.1.2 设 $q\leqslant n$，l 是一个整数，$b=2^q$。假定 $b|l$ 且 K 是一个 l 个字的特殊的 b-精确的密钥，则 $P[\text{KSA}(K)$几乎是 b-保持的$]\geqslant 2/5$。

定理 8.1.2 的证明可参见文献[1]的扩展版本。

接下来讨论弱密钥模式到生成输出的扩散性，即密钥输出相关性。

事实 8.1.1 设 RC4* 是 RC4 没有交换操作的一个弱化的变形，$q \leqslant n$，$b=2^q$，S_0 是一个 b-保持的置换，$\{X_t\}_{t=1}^{\infty}$ 是通过应用 RC4* 到 S_0 生成的输出序列，$x_t \overset{\text{def}}{=\!=} X_t \bmod b$。则序列 $\{x_t\}_{t=1}^{\infty}$ 是常数。

因为没有交换操作，所以置换没有改变并在整个生成过程中仍然是 b-保持的。注意到 S 的所有的值是已知的$(\bmod b)$，以及初始状态 $i=j=0(\bmod b)$，这样轮操作和输出值能被独立于 S 模拟。因此，输出序列 $(\bmod b)$ 是常数，深度分析表明它是周期的且周期为 $2b$，对 $q=1$ 的情况，见表 8.1.1。

表 8.1.1 应用于 2-保持置换的 RC4* 的轮

i	j	$S[i]$	$S[j]$	$S[i]+S[j]$	输出
0	0	0	0	0	—
1	1	1	1	0	0
0	1	0	1	1	1
1	0	1	0	1	1
0	0	0	0	0	0
1	1	1	1	0	0
⋮	⋮	⋮	⋮	⋮	⋮

在 PRGA 的每步，S 至多在两个位置改变，这样，可以期望由 RC4 从某一置换 S_0 生成的输出流的前缀高度地相关于由 *RC4** 从同样的 S_0 或稍微修改的置换生成的流的前缀。

3. RC4 的已知初始向量弱点

这里假定攻击者拥有密钥的某些字的值。特别地，考虑输入 KSA 的密钥由一个秘密密钥级联一个攻击者可见的值(将这个值称为初始向量，用 IV 表示)组成的情况。下面将说明：如果同样的秘密密钥级联大量的不同 IV，那么攻击者能获得对应于每个 IV 的 RC4 输出的第一个字，从而能用最小的计算量重构秘密密钥。需要的计算量和初始向量的数量依赖于级联的数量级和 IV 的尺寸，有时也依赖于秘密密钥的值。一个特别有意思的观察结果，在一些商业领域使用的操作模式中，明文的第一个字通常是一个容易猜测的常量，如日期、发送者的身份等，这样，即使在唯密文攻击中，攻击也是实际的。然而，这种弱点不能扩展到浏览器使用的 SSL 协议中，因为 SSL 使用一个密码 Hash 函数将秘密密钥和 IV 进行了组合。

根据密钥流输出，这个攻击只对任何给定秘密密钥和 IV 的输出的第一个字感兴趣。第一个输出字仅依赖于 3 个具体的置换元素，当这 3 个字被给定时，标记 Z 的值将被作为第一个字输出：

	1				X			$X+D$	
	X				D			Z	

另外，如果密钥建立达到一个阶段 $i(i \geqslant 1)$，$X=S_i[1]$，$Y=X+S_i[X]$，也就是 $Y=$

$X+D$，则（模型化密钥建立的余下的交换为随机的）以大于 $e^{-3}\approx 0.05$ 的概率有以下事实：元素 $S[1]$、$S[X]$ 和 $S[Y]$ 中没有任何一个将参与进一步的交换，在那种情况下，值将由 $S_i[1]$、$S_i[X]$ 和 $S_i[Y]$ 的值确定；特别地，如果 1、X 和 Y 是互不相同的，则 $S_i[Y]$ 将作为第一个字输出。以小于 $1-e^{-3}\approx 0.95$ 的概率有以下事实：3 个值中的至少一个将参与进一步的交换，并且被设置为一个随机值，使输出值是随机的。将称这种情形为可求解条件。这个攻击涉及用具体的 IV 值检查消息，这个 IV 值在某一点使得 KSA 是在一个可求解条件下，$S[Y]$ 的值给了我们关于秘密密钥的信息。如果观察到充分多的 IV 值，则 $S[Y]$ 的实际值通常是可发现的。

下面分别对 IV 在秘密密钥之前和之后两种情况进行讨论。

在讨论一个 IV 与一个秘密密钥的级联时，作以下设定：秘密密钥为 SK，IV 的尺寸为 I，SK 的尺寸为 $l-I$。变量 K 表示这二者级联的 RC4 密钥，即 $(K[1],K[2],\cdots,K[l])=(\mathrm{IV}[0],\mathrm{IV}[1],\cdots,\mathrm{IV}[I-1],\mathrm{SK}[0],\mathrm{SK}[1],\cdots,\mathrm{SK}[l-1-I])$。KSA 和 KSA* 的轮数从 0 开始到 $N-1$ 结束，r 轮交换的指针或指标记为 i_r 和 j_r，置换在交换这些指针后被表示为 S_r。

当 IV 在秘密密钥之前时，假定有一个已知的 I 个字的 IV 和一个秘密密钥 $(\mathrm{SK}[0],\mathrm{SK}[1],\cdots,\mathrm{SK}[l-1-I])$，我们试图推导关于一个秘密密钥 $\mathrm{SK}[B]$ 或 $K[I+B]$ 的特定字 B 的信息，其方法是通过搜索 IV 值使得在 I 轮（即第 $I+1$ 轮）后 $S_I<I$ 且 $S_I[1]+S_I[S_I[1]]=I+B$。那么在第 $I+B$ 轮后，以很高的概率（如果模型化中间的交换为随机的，概率约为 $e^{-\frac{2B}{N}}$）建立一个可求解条件，而且最可能的输出值将是 $S_{I+B}[I+B]$。进一步注意到，在 $I+B$ 轮，有

$$j_{I+B}=j_{I+B-1}+K[B]+S_{I+B-1}[I+B]$$
$$S_{I+B}[I+B]=S_{I+B-1}[j_{I+B}]$$

运用代数知识可以看到，如果知道 j_{I+B-1} 的值和 S_{I+B-1}，那么给定第一个输出字（记为 out），可以对 $\mathrm{out}=S_{I+B}[I+B]=S_{I+B-1}[j_{I+B-1}+K[B]+S_{I+B-1}[I+B]]$ 作概率假设，然后依据下列假设预测值：

$$K[B]=S_{I+B-1}^{-1}[\mathrm{out}]-j_{I+B-1}-S_{I+B-1}[I+B]$$

这里 $S_t^{-1}[X]$ 表示置换 S_t 的逆置换。此时，这个预测的准确性超过 5%，有效的随机性小于 95%。通过收集充足够多的来自不同的 IV 值，可以重构 $K[B]$。

在最简单的情形下（即三字选择 IV），攻击过程如下。

首先假定已知秘密密钥的前 A 个字，即 $(K[3],K[4],\cdots,K[A+2])$，我们想知道下一个字 $K[A+3]$。对大约 60 个 V 的不同值，检查一系列形式为 $(A+3,N-1,V)$ 的 IV。在第一轮，j 被预置为 $A+3$，然后交换 $S[i]$ 和 $S[j]$，导致的密钥建立状态如下：

$A+3$	$N-1$	V	$K[3]$		$K[A+3]$	
0	1	2			$A+3$	
$A+3$	1	2			0	
i_0					j_0	

这里，表格第一行是提交给 KSA 的组合初始向量和秘密密钥，表格第三行是置换的一部

分，而且 i、j 变量的位置被标示出来。

在下一轮，$i=1$，$j=A+3$。然后交换 $S[i]$和 $S[j]$，导致如下的结构：

$A+3$	$N-1$	V	$K[3]$		$K[A+3]$	
0	1	2			$A+3$	
$A+3$	0	2			1	
	i_1				j_1	

在接下来的一轮，$j=A+3+V+2$，暗含着每个不同的 IV 对 j 分配一个不同的值，这样就超越了这个点，每个 IV 不同地起作用，在上面的讨论中可作近似的随机性假设。因为攻击者知道 V 的值和 $K[3]$，$K[4]$，…，$K[A+2]$，攻击者能计算密钥建立的精确行为，直至到达 $A+3$ 轮之前。在这一点，攻击者知道 j_{A+2} 的值和置换 S_{A+2} 的精确值。如果 $S_{A+2}[0]$或 $S_{A+2}[1]$的值已经被干扰，攻击者划掉这个 IV。否则，$j=j_{A+2}+S_{A+2}[i_{A+3}]+K[A+3]$，然后进行交换，导致下列结构：

$A+3$	$N-1$	V	$K[3]$		$K[A+3]$	
0	1	2			$A+3$	
$A+3$	0	$S[2]$			$S_{A+3}[A+3]$	
					i_{A+3}	

攻击者知道置换 S_{A+2} 和 j_{A+2} 的值。另外，如果知道 $S_{A+3}[A+3]$的值和它在 S_{A+2} 中的位置，即 j_{A+3} 的值，则能计算 $K[A+3]$。注意到，现在 i_{A+3} 已经扫描通过 1、$S_{A+3}[1]$和 $S_{A+3}[1]+S_{A+3}[S_{A+3}[1]]$，这样求解条件成立，因此具有概率 $p>0.05$，通过检查使用这个 IV 的 RC4 输出的第一个字的值，攻击者将获得 $K[A+3]$的正确值。因此，通过检查大约 60 个具有上述配置的 IV，攻击者就能以大于 0.5 的成功概率重新推出 $K[A+3]$。

通过迭代上述过程，攻击者使用 $60l$ 个选择三字 IV 能推导出秘密密钥的 l 个字。

上述攻击过程中的 IV 可以不是($A+3$，$N-1$，V)这样的形式，此时的攻击过程如下：任何 I 个字的 IV，在 I 轮后，留下满足 $S_I[1]<I$ 和 $S_I[1]+S_I[S_I[1]]=I+B$ 的 IV。事实上，因为攻击者能模拟密钥建立的前 I 轮，他能确定哪一个 IV 有这个特性。通过检查所有具有这个特性的 IV，可以将攻击扩展为已知 IV 攻击，无须使用特殊选择的 IV。

当 IV 在秘密密钥之后时，需要采用不同的方法。为了给出一个最简单情形下的攻击，假定有 A 个字的秘密密钥和两个字的 IV。进一步假定秘密密钥在下列意义下是弱的：在 KSA 的 A 轮后，立即有 $S_{A-1}[1]=X$，$X<A$，$X+S_{A-1}[X]=A$。这是一个低概率事件(如果 $A=13$，则 $p\approx 0.000\,62$)。对这样的一个弱秘密密钥，攻击者猜测 $j_{A-1}+S_{A-1}[A]$的值，然后用 $W=V-(j_{A-1}+S_{A-1}[A])$给 IV 的第一个字赋值。用这样的 IV，j_A 的值将是预选择值 V。然后，交换 $S[A]$和 $S[V]$，所以 $S_A[A]=S_{A-1}[V]$。这里假定 V 既不是 1 也不是 $S_{A-1}[1]$，那么可求解条件已经被建立，其概率大于 0.05，$S_{A-1}[V]$将作为第一个字输出。然后，通过选择至少 60 个不同的值赋给 IV 的第二个字，可以观察到大量次的输出并以较高的概率推导 $S_{A-1}[V]$的值。通过选择所有可能的 V 值，可以直接观察 S_{A-1} 置换的状态，从而能推导出秘密密钥。把这个结果表示为密钥恢复。

如果 $X+S_{A-1}[X]=A+1$，可应用一个类似的分析。通过假定 $S_{A-1}[A]$，$S_{A-1}[A+1]$ 和 j_{A-1}，对任何特定的 V 的 $N-2$ 个不同的 IV 能交换 $S_{A-1}[V]$ 到 $S_{A-1}[A+1]$。然而，j_{A+1} 的值对任何特定的 V 都保持不变，因此，一个特定的 IV 输出值 $S[V]$ 的概率不是被独立地分配的。这个影响使得置换状态读起来像是有噪声，也就是说，对 V 的一些值，我们会比在分析中所期望的更经常地视 $S[V]$ 为第一个字，对 V 的其他值，我们更不常看到 $S[V]$。由于这个原因，元素 $S_{A-1}[V]$ 中的一些字不能被可靠地恢复。假定有一个 13 个字的秘密密钥和 $n=8$，模拟结果表明平均能恢复 S_{A-1} 的 171 个字，包括在 $S_{A-1}[0]$，$S_{A-1}[1]$，…，$S_{A-1}[12]$ 中的平均的 8 个字，立即有效地给出 8 个密钥字。利用这个信息，密钥被缩减到足以能用穷举搜索攻击。把这个结果表示为密钥缩减。

如果有一个 3 个字的 IV，则有更多类型的弱秘密密钥。例如，考虑一个秘密密钥，这里 $S_{A-1}[1]=1$，$S_{A-1}[A]=A$。那么，通过假定 j_{A-1}，可以检查 IV，它的第一个字有一个值 W 使得 j_A 的新值是 1，所以 $S_{A-1}[1]=1$ 和 $S_{A-1}[A]=A$ 被交换，在 A 轮后，留下的状态如下：

SK[0]	SK[1]		SK[$A-1$]	W	IV[1]	IV[2]
0	1		$A-1$	A	$A+1$	$A+2$
$S_{A-1}[0]$	A		$S_{A-1}[A-1]$	1	$S_{A-1}[A+1]$	$S_{A-1}[A+2]$
	j_A				i_A	

然后，通过假定 $S_{A-1}[A+1]$（至多为 $A+1$，并且以很高的概率是 $A+1$），可以对一个任意值 V，使用第二个字 $\text{IV}[1]=V-(1+S_{A-1}[A+1])$ 检查 IV，这里 $j_{A+1}=V$，并交换 $S_{A-1}[V]$ 的值到 $S_{A+1}[A+1]$。假定 V 不是 1 或者 A，则可求解条件已经被建立，并对第 3 个字 Z 使用大量的值，可以对一个任意值 V 推出 $S_{A-1}[V]$ 的值，在 A 轮后给出置换。

还有大量的其他类型的弱密钥可被攻击者利用。另外，也可使用一个 4 个字的 IV 进行攻击，有关这些工作的进一步讨论可参见文献[1]。

4. RC4 的相关密钥攻击

这里分别讨论基于不变的弱点的和基于已知 IV 的弱点的两种相关密钥攻击。我们的攻击模型如下：攻击者被给定一个黑盒子，该黑盒子在其内部有一个随机选择的 RC4 密钥 K、一个输出按钮和一个 $|K|$ 个字的输入抽头。在每步，攻击者或者能按一个输出按钮得到下一个输出字，或者能在抽头上写 Δ，使得黑盒子能够用一个新的密钥 $K'=K+\Delta$ 重新开始输出生成过程。攻击者的目的是找到密钥 K 或者关于 K 的信息。

第一个攻击基于不变的弱点，其密钥字的数量是 2 的幂，由 n 个阶段组成，在阶段 q，每个密钥字的第 q 个比特被暴露。事实上，在阶段 1，$K[1]$ 完全被暴露。谓词 CheckKey 将一个 RC4 黑盒子和一个参数 q（阶段数）作为输入，并确定在黑盒子中的密钥是否是特殊的 2^q-精确的。这个目的可以通过随机地采样不相关于密钥的 2^q-精确性的密钥比特和估计 q-模式输出的期望的长度来达到。对一个特殊的 2^q-精确的密钥，期望长度将比用一个随机输出的长度（小于 2）更长，这样，CheckKey 的时间复杂度是 $O(1)$。过程 Expand 将一个 RC4 黑盒子和一个参数 q（阶段数）作为输入，这里假定在黑盒子中的密钥是特殊的 2^{q-1}-精确的。

为使它是特殊的 2^q-精确的，其方法是通过计数第 q 个比特的所有的可能性(有 2^{l-1} 种)和询问 CheckKey 确定何时在黑盒子中的密钥是特殊的 2^q-精确的。Expand 以一个稍微不同的方式对 $q=1$ 和 $q=n$ 工作。对 $q=1$，除了 LSB，它确定完全的 $K[0]$(通过强迫它到 1)和 MSB($K[1]$)；对 $q=n$，仅有一个 2^q-精确的密钥，因此，能计算从此密钥产生的输出并由简单的比较代替 CheckKey。这个阶段的时间复杂度是 $O(2^{n+l})(q=1$ 时)和 $O(2^{l-1})$(q 为其他值时)。

上述攻击的总的时间复杂度是 $O(2^{n+l})+(n-1)O(2^l)=O(2^{n+l})$。对典型的具有 32 字节的 $RC4_{n=8}$ 密钥，穷举搜索的复杂度是 $O(2^{256})$，这完全不实际。而上述攻击的复杂度仅是 $O(2^{n+l})=O(2^{40})$。

第二个攻击基于已知 IV 的弱点，由 3 个阶段组成。在前两个阶段获取关于秘密密钥的前 3 个字的信息；第 3 个阶段迭代密钥，连续地暴露密钥的每个字。

第 1 阶段：这一阶段试图找到使得 $S_1[1]=1$ 的 $K[0]$ 和 $K[1]$ 的值并恢复 $K[2]$ 的值。其具体过程是，选择随机值 (X,Y)，对每个这样的随机值，用初始的 4 个字 (X,Y,Z,W) 在抽头上写 240 个向量，这里 $Z\in\{0,N/4,N/2,3N/4\}$，W 是 60 个不同的随机值。对每个这样的向量，按输出按钮。如果 X 和 Y 使得 $S_1[1]=1$(对修改的密钥)，则第一个字的输出对 $3+(K[2]\oplus Z)$ 是有偏差的，除非值恰好是 1。因此，对 Z 的选择的值中的至少 3 个，第一个字输出对 const、const$+N/4$、const$+N/2$、const$+3N/4$ 这几个值之一是有偏差的。这是可检测的，并通过检查 const 的值，攻击者能重构 $K[2]$ 的值。我们期望试 N 个 (X,Y) 的随机值以找到一个合适的对。

第 2 阶段：这一阶段试图找到 $K[0]$ 和 $K[1]$ 的值。其具体过程是，用初始的 4 个字 (X,Y,Z,W) 在抽头上写 60 个向量，这里 X 和 Y 是第 1 阶段恢复的值，$Z=(N-3)\oplus K[2]$，W 是 60 个不同的随机值，并对每个这样的向量按输出按钮。这个特别的初始序列确保 $S_2[1]=1$，$S_2[2]=S_1[0]=K[0]$，因此，输出对 $K[0]$ 是有偏差的。一旦 $K[0]$ 被恢复，$K[1]$ 就能被计算。

第 3 阶段：这一阶段迭代地恢复密钥的各个字。假定已经恢复了 $K[0],K[1],\cdots,K[A-1]$，通过运行一个子程序获得 $K[A]$ 的值。其具体过程是，给定 $K[0],K[1],\cdots,K[A-1]$ 的已知值，写出 60 个有下列特性的向量：$S_{A-1}[1]=X<A$，$X+S_{A-1}[X]=A$。有了这 60 个向量，可用前面的方法恢复 $K[A]$。

这个攻击的总的时间复杂度是(注意这里 $2^n\geqslant l$)：

$$O(2^{n+8})+2^6+(l-1)2^6\approx O(2^{n+8})$$

这个攻击本质上独立于密钥的长度。对一个具有 $n=8$ 的 RC4 密钥，时间复杂度是 $O(2^{16})$。

8.1.2 Hummingbird-2 的实时相关密钥攻击

本节针对 Hummingbird-2 给出了一种实时相关密钥攻击，同时，提出了 S-盒的一个新的密码学概念——组合点。

1. Hummingbird-2

Hummingbird-2 序列密码的描述可参见文献[2-3]。其加密函数的输入是一个 128 位密钥 K(表示为 8 个 16 位字 $K_1,K_2,\cdots,K_8$)、一个 64 位初始向量 IV(表示为 4 个 16 位字 $IV_1,IV_2,\cdots,IV_4$)和一个明文 P。内部状态 R 是 128 位，表示为 8 个 16 位字 $R_1,R_2,\cdots,$

R_8。输出一个密文 C 和一个提供认证的标签。该密码通过 16 位操作构建,包括异或($\oplus$)、模 2^{16} 加($\boxplus$)、n 位循环左移或循环右移($<<<n$、$>>>n$)和一个非线性混合函数 WD16。

这里介绍一些符号。在 i 轮的状态表示为 R^i。对两个 n 位字 x 和 y,$x+y(\bmod 2^n)$ 是模 2^n 加。对一个 16 位字 x,其第 j 个最低位表示为 $[x]_j$,由 x 的第 j_1 个最低位到第 j_2 个最低位组成的字表示为 $[x]^{[j_1,j_2]}(j_1<j_2)$,也就是,$[x]^{[j_1,j_2]}=[x]_{j_2}[x]_{j_2-1}\cdots[x]_{j_1}$,$x$ 的第 j 个最低 4 位表示为 $[x]^{(j)}$,即,$[x]^{(j)}=[x]^{[4j+3,4j]}=[x]_{4j+3}[x]_{4j+2}[x]_{4j+1}[x]_{4j}$。

WD16 的输入是 5 个字: x 和 $K_i(i=1,2,3,4)$,输出是一个字,其结构见图 8.1.1。WD16 能被视作一个 4 轮操作,轮函数 f 由 4 个 4 位 S-盒置换和一个线性变换组成。4 个 4 位 S-盒分别表示为 S_1、S_2、S_3、S_4,见表 8.1.2。设 SB(x)是 4 个 S-盒的并行应用,$L(x)$ 是线性变换,则 f 能被写为

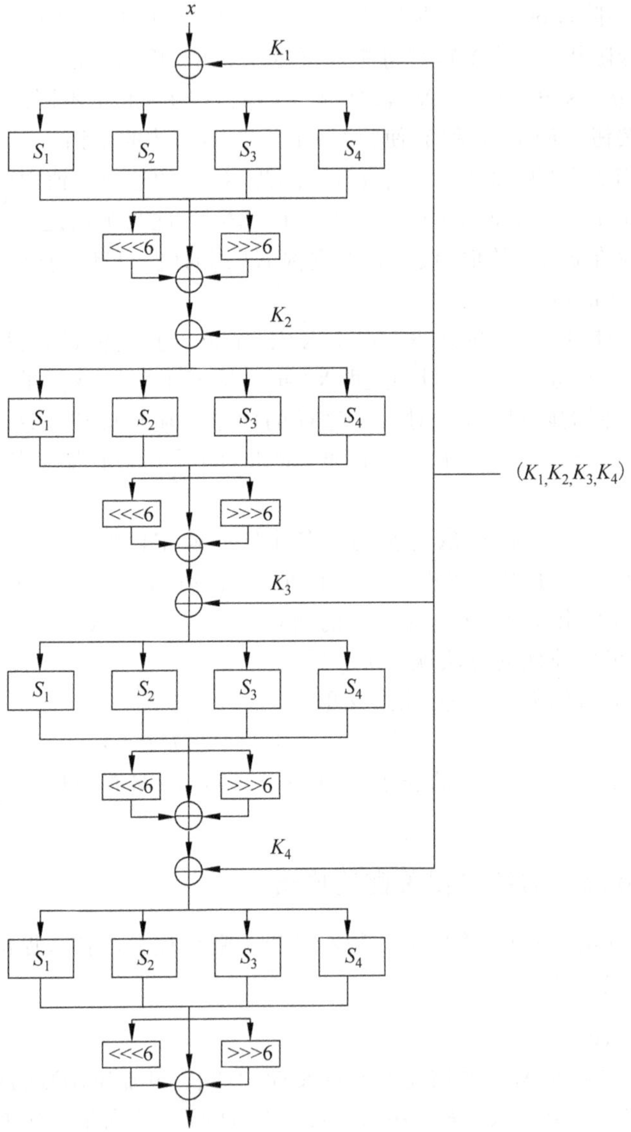

图 8.1.1　WD16 的结构

$$SB(x)=S_1(x^{(3)})\parallel S_2(x^{(2)})\parallel S_3(x^{(1)})\parallel S_4(x^{(0)})$$
$$L(x)=x\oplus(x<<<6)\oplus(x>>>6)$$
$$f(x)=L(SB(x))$$

WD16 进一步可被定义为

$$WD16(x,K_1,K_2,K_3,K_4)=f(f(f(f(x\oplus K_1)\oplus K_2)\oplus K_3)\oplus K_4) \quad (8.1.1)$$

为方便起见,对应的逆函数分别表示为 f^{-1} 和 $WD16^{-1}$。

表 8.1.2　Hummingbird-2 的 4 个 S-盒

x	0	1	2	3	4	5	6	7	8	9	A	B	C	D	E	F
$S_1(x)$	7	C	E	9	2	1	5	F	B	6	D	0	4	8	A	3
$S_2(x)$	4	A	1	6	8	F	7	C	3	0	E	D	5	9	B	2
$S_3(x)$	2	F	C	1	5	6	A	D	E	8	3	4	0	B	9	7
$S_4(x)$	F	4	5	8	9	7	2	1	A	3	0	E	6	C	D	B

初始化过程如下:首先把内部状态设置为 $R^0=(IV_1,IV_2,IV_3,IV_4,IV_1,IV_2,IV_3,IV_4)$,然后在此状态上执行 4 个初始化轮处理。图 8.1.2 展示了一个单一的初始化轮的过程。这里轮计数器 $i=0,1,2,3$ 被使用在每次开始时的混合。

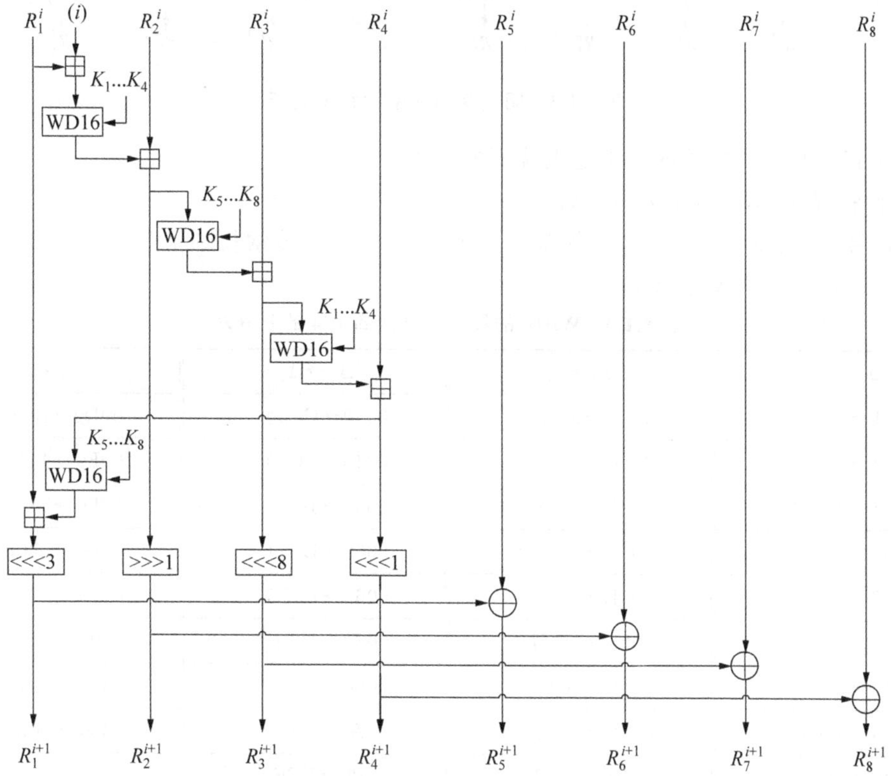

图 8.1.2　一个初始化轮

加密和解密过程如下:在轮 $i(i\geqslant 4)$,单个字明文 P^i 被加密成密文字 C^i,与此同时,内部状态被更新。具体过程展示在图 8.1.3 中。

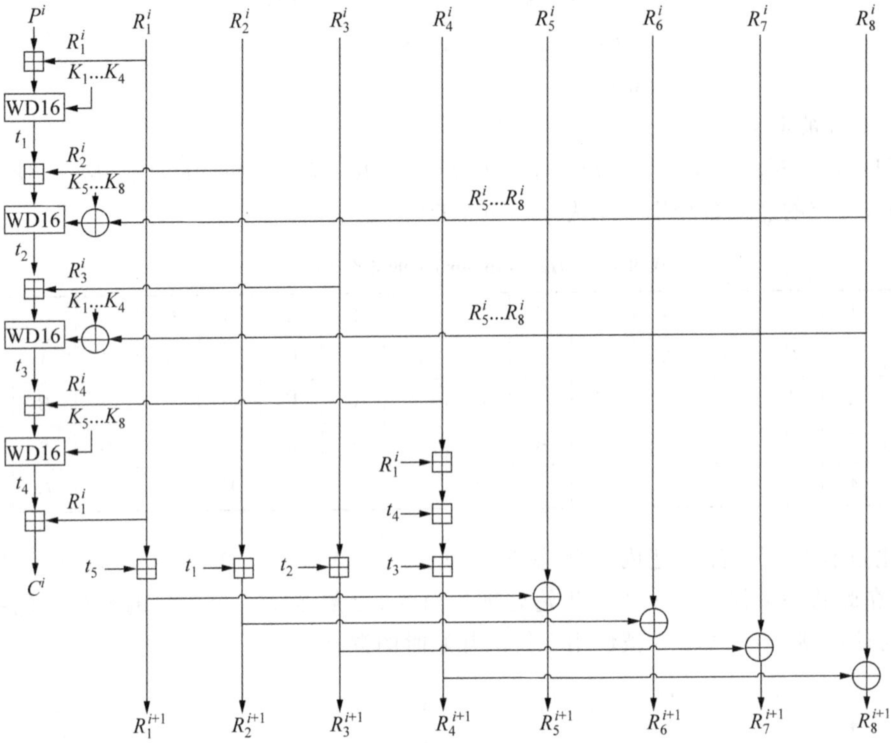

图 8.1.3 明文字的加密和状态更新

关于解密和认证标签的产生这里就不再赘述了。

接下来，看看 WD16 的差分特性。

对函数 f，用 $\Delta_1 \rightarrow \Delta_2$ 表示 f 的差分。文献[2]中通过搜索找到了具有差分概率为 1/4 的 f 的 72 个差分对，见表 8.1.3。

表 8.1.3 WD16 的具有差分概率 1/4 的差分对

$\Delta_1 \rightarrow \Delta_2$	$\Delta_1 \rightarrow \Delta_2$	$\Delta_1 \rightarrow \Delta_2$	$\Delta_1 \rightarrow \Delta_2$
0001→3B8E	000B→0882	0030→CC30	00D0→B8E3
0002→2A8A	000C→0CC3	0040→CC30	00F0→4410
0002→2ECB	000C→2208	0050→1041	00F0→5451
0003→0441	000E→0882	0060→DC71	0100→C30C
0007→0441	000E→2649	0060→FCF3	0100→C71D
0007→3B8E	000F→1DC7	0070→1041	0200→4D37
0008→1545	000F→2649	0080→5451	0300→8208
0008→3FCF	0010→74D3	00A0→4410	0300→8E3B
0009→330C	0010→DC71	00B0→FCF3	0400→4515
000A→1104	0020→30C3	00C0→6492	0400→8619
000A→3FCF	0020→B8E3	00D0→2082	0600→4926

续表

$\Delta_1 \to \Delta_2$	$\Delta_1 \to \Delta_2$	$\Delta_1 \to \Delta_2$	$\Delta_1 \to \Delta_2$
0700→0822	0E00→0411	3000→B2EC	B000→1044
0700→8E3B	0E00→CF3F	5000→E3B8	B000→B2EC
0A00→8208	0F00→4104	6000→8220	C000→4110
0B00→0411	1000→D374	7000→8220	E000→1044
0B00→4926	2000→6198	8000→9264	E000→F3FC
0C00→4104	2000→E3B8	8000→C330	F000→4110
0D00→4D37	3000→2088	9000→5154	F000→6198

对这些差分对，很容易发现如下事实：

(1) 对表 8.1.3 中的每个差分对 $\Delta_1 \to \Delta_2$，下列方程以概率 1/4 成立：

$$\mathrm{WD16}(x, K_1, K_2, K_3, K_4) = \mathrm{WD16}(x, K_1 \oplus \Delta_1, K_2 \oplus \Delta_2, K_3, K_4)$$

$$\mathrm{WD16}(x, K_1, K_2, K_3, K_4) = \mathrm{WD16}(x, K_1, K_2 \oplus \Delta_1, K_3 \oplus \Delta_2, K_4)$$

$$\mathrm{WD16}(x, K_1, K_2, K_3, K_4) = \mathrm{WD16}(x, K_1, K_2, K_3 \oplus \Delta_1, K_4 \oplus \Delta_2)$$

(2) 对表 8.1.3 中从 1000→D374 到 F000→6198 共 18 个差分对中的每个差分对 $\Delta_1 \to \Delta_2$，下列方程以概率 1 成立：

$$[\mathrm{WD16}^{-1}(x, K_1, K_2, K_3, K_4) \oplus \mathrm{WD16}^{-1}(x, K_1 \oplus \Delta_1, K_2 \oplus \Delta_2, K_3, K_4)]^{[11,0]} = 0$$

文献[2]利用这些事实针对 Hummingbird-2 构造了一个在选择 IV 相关密钥模型下的密钥恢复攻击，攻击复杂度是 $O(2^{64})$。

2. 组合点及其性质

设 S 是一个 $n \times n$ 的 S-盒，N 是 S-盒的一个 n 位输入。

定义 8.1.4　如果 $S(N) \oplus S(N \oplus \delta_1) = \delta_2$，称 N 是 S-盒 S 的具有差分 $\delta_1 \to \delta_2$ 的一个组合点(combination point)，并把所有组合点的和称为组合值。

显然，组合点的数量总是偶数。另一个性质见引理 8.1.1。

引理 8.1.1　假定 $\{N_j \mid j = 1, 2, \cdots, 2s\}$ 是一个 $n \times n$ 的 S-盒 S 的组合点集，对任何 $m < n$，$\{[N_j]_m \mid j = 1, 2, \cdots, 2s\}$ 是平衡的(这意味着 1 的个数等于 0 的个数)，则对任意 $k < 2^n$，有

$$\sum_{j=1}^{2s} (N_j \oplus k) = \sum_{j=1}^{2s} N_j = s(2^n - 1)$$

用 S_1 作为例子分析引理 8.1.1。

S_1 关于差分 0xF→0x6 的组合点是 $N_1 = \text{0x1}$，$N_2 = \text{0x2}$，$N_3 = \text{0xD}$，$N_4 = \text{0xE}$ 即 N_j ($j = 1, 2, 3, 4$) 是 $S_1(N) \oplus S_1(N \oplus \text{0xF}) = \text{0x6}$ 的解。

对 $k \in \{\text{0x0}, \text{0x1}, \cdots, \text{0xF}\}$，$\sum_{j=1}^{4} (N_j \oplus k)$ 的计算过程如下：

$$\begin{aligned}
&(N_1 \oplus k) + (N_2 \oplus k) + (N_3 \oplus k) + (N_4 \oplus k) \\
&= (\text{0x1} \oplus k) + (\text{0x2} \oplus k) + (\text{0xD} \oplus k) + (\text{0xE} \oplus k) \\
&= (0001 \oplus k) + (0010 \oplus k) + (1101 \oplus k) + (1110 \oplus k) \\
&= 2((1 \oplus [k]_0 + [k]_0) + 2(1 \oplus [k]_1 + [k]_1) + 4(1 \oplus [k]_2 + [k]_2) +
\end{aligned}$$

$$8(1\oplus[k]_3+[k]_3))$$
$$=2(1+2+4+8)$$
$$=0x1E$$

引理 8.1.1 的证明类似于 $\sum_{j=1}^{4}(N_j\oplus k)$ 的计算。当 δ_1 是全 1 向量时，对任何 $m<n$，$\{[N_j]_m \mid j=1,2,\cdots,2s\}$ 是平衡的。因此，对 S- 盒 $S_j(j=2,3,4)$，置 $\delta_1=$0xF，$\delta_2=$0x1，0x5，0x9，，并可得到 $\sum_{j=1}^{4}N_j=$0x1E。

对 N 的每个值，仅有一个 N' 使得 $S(N\oplus k)\oplus S(N'\oplus k\oplus\delta_1)=\delta_2$ 成立。因为对 S_1，有下列观察：$S_1(N\oplus k)\oplus S_1(N'\oplus k\oplus \text{0xF})=\text{0x6}$ 的解 (N,N') 能构造一个新的 4×4 的 S-盒，新的 S-盒依赖于不同的 k 值变化。

基于 $S_1(N\oplus k)\oplus S_1(N'\oplus k\oplus \text{0xF})=0x6$，一个新的 S-盒 $S'_k(N)$ 表示如下：

$$S'_k(N)=S_1^{-1}(S_1(N\oplus k)\oplus \text{0x6})\oplus k\oplus \text{0xF}$$

显然，$N'=S'_k(N)$，称 (N,N') 是 $S'_k(N)$ 的一个点。对每个 k，可以找到 $S'_k(N)$ 的所有点，这表明每个 k 定义一个不同的 S-盒，见表 8.1.4。对 S-盒 $S_j(j=2,3,4)$，置 $\delta_1=$0xF，$\delta_2=$0x1，0x5，0x9，对应的密钥依赖的 S-盒分别见表 8.1.5～表 8.1.7。

表 8.1.4 从 S_1 导出的密钥依赖 S-盒

x	0	1	2	3	4	5	6	7	8	9	A	B	C	D	E	F
$S'_0(x)$	A	1	2	8	3	F	0	C	5	4	7	6	B	D	E	9
$S'_1(x)$	0	B	9	3	E	2	D	1	5	4	7	6	C	A	8	F
$S'_2(x)$	0	A	8	3	2	E	1	D	5	4	7	6	C	B	9	F
$S'_3(x)$	B	1	2	9	F	3	C	0	5	4	7	6	A	D	E	8
$S'_4(x)$	7	B	4	8	E	5	6	C	F	9	A	D	1	0	3	2
$S'_5(x)$	A	6	9	5	4	F	D	7	8	E	C	B	1	0	3	2
$S'_6(x)$	6	A	5	9	4	E	C	7	8	F	D	B	1	0	3	2
$S'_7(x)$	B	7	8	4	F	5	6	D	E	9	A	C	1	0	3	2
$S'_8(x)$	D	C	F	E	3	5	6	1	2	9	A	0	B	7	8	4
$S'_9(x)$	D	C	F	E	4	2	0	7	8	3	1	B	6	A	5	9
$S'_A(x)$	D	C	F	E	4	3	1	7	8	2	0	B	A	6	9	5
$S'_B(x)$	D	C	F	E	2	5	6	0	3	9	A	1	7	B	4	8
$S'_C(x)$	7	1	2	5	9	8	B	A	F	3	C	0	6	D	E	4
$S'_D(x)$	0	6	4	3	9	8	B	A	2	E	1	D	C	7	5	F
$S'_E(x)$	0	7	5	3	9	8	B	A	E	2	D	1	C	6	4	F
$S'_F(x)$	6	1	2	4	9	8	B	A	3	F	0	C	7	D	E	5

表 8.1.5　从 S_2 导出的密钥依赖 S-盒

x	0	1	2	3	4	5	6	7	8	9	A	B	C	D	E	F
$S'_0(x)$	3	1	6	9	2	5	C	4	0	D	A	8	F	B	E	7
$S'_1(x)$	0	2	8	7	4	3	5	D	C	1	9	B	A	E	6	F
$S'_2(x)$	4	B	1	3	E	6	0	7	8	A	2	F	C	5	D	9
$S'_3(x)$	A	5	2	0	7	F	6	1	B	9	E	3	4	D	8	C
$S'_4(x)$	6	1	8	0	7	5	2	D	B	F	A	3	4	9	E	C
$S'_5(x)$	0	7	1	9	4	6	C	3	E	A	2	B	8	5	D	F
$S'_6(x)$	A	2	4	3	0	F	5	7	8	1	9	D	C	E	6	B
$S'_7(x)$	3	B	2	5	E	1	6	4	0	9	C	8	F	D	A	7
$S'_8(x)$	8	5	2	0	7	3	6	F	B	9	E	1	A	D	4	C
$S'_9(x)$	4	9	1	3	2	6	E	7	8	A	0	F	C	B	D	5
$S'_A(x)$	0	2	A	7	4	D	5	1	C	3	9	B	6	E	8	F
$S'_B(x)$	3	1	6	B	C	5	0	4	2	D	A	8	F	7	E	9
$S'_C(x)$	3	7	2	B	C	1	6	4	E	9	0	8	F	D	A	5
$S'_D(x)$	6	2	A	3	0	D	5	7	8	F	9	1	C	E	4	B
$S'_E(x)$	0	9	1	5	4	6	E	3	2	A	C	B	8	7	D	F
$S'_F(x)$	8	1	4	0	7	5	2	F	B	3	A	D	6	9	E	C

表 8.1.6　从 S_3 导出的密钥依赖 S-盒

x	0	1	2	3	4	5	6	7	8	9	A	B	C	D	E	F
$S'_0(x)$	0	9	1	4	3	5	E	6	2	8	A	C	B	7	D	F
$S'_1(x)$	8	1	5	0	4	2	7	F	9	3	D	8	6	A	E	C
$S'_2(x)$	3	6	2	B	C	4	1	7	8	E	0	A	F	D	9	5
$S'_3(x)$	7	2	A	3	5	D	6	0	F	9	B	1	C	E	4	8
$S'_4(x)$	7	1	A	2	4	D	5	0	F	3	9	B	6	C	E	8
$S'_5(x)$	0	6	3	B	C	5	1	4	2	E	A	8	D	7	9	F
$S'_6(x)$	8	0	5	3	7	2	6	F	B	9	D	1	C	A	4	E
$S'_7(x)$	1	9	2	4	3	6	E	7	8	A	0	C	B	D	F	5
$S'_8(x)$	A	0	2	4	3	F	5	7	8	1	9	C	B	D	6	E
$S'_9(x)$	1	B	5	3	E	2	6	4	0	9	D	8	C	A	F	7
$S'_A(x)$	0	6	8	2	7	5	1	D	B	E	A	3	4	C	9	F
$S'_B(x)$	7	1	3	9	4	6	C	0	F	A	2	B	D	5	E	8
$S'_C(x)$	7	B	1	3	E	4	6	0	F	9	2	A	C	5	D	8

续表

x	0	1	2	3	4	5	6	7	8	9	A	B	C	D	E	F
$S'_D(x)$	A	6	2	0	5	F	1	7	8	E	B	3	4	D	9	C
$S'_E(x)$	3	1	5	9	4	2	C	6	0	8	D	B	F	A	E	7
$S'_F(x)$	0	2	8	4	3	5	7	D	9	1	A	C	B	E	6	F

表 8.1.7 从 S_4 导出的密钥依赖 S-盒

x	0	1	2	3	4	5	6	7	8	9	A	B	C	D	E	F
$S'_0(x)$	3	1	2	8	5	4	0	C	6	7	B	A	F	D	E	9
$S'_1(x)$	0	2	9	3	5	4	D	1	6	7	B	A	C	E	8	F
$S'_2(x)$	0	A	1	3	2	E	7	6	9	8	4	5	C	B	D	F
$S'_3(x)$	B	1	2	0	F	3	7	6	9	8	4	5	A	D	E	C
$S'_4(x)$	1	0	4	8	7	5	6	C	B	9	A	D	2	3	F	E
$S'_5(x)$	1	0	9	5	4	6	D	7	8	A	C	B	2	3	F	E
$S'_6(x)$	6	A	3	2	4	E	5	7	8	F	9	B	D	C	0	1
$S'_7(x)$	B	7	3	2	F	5	6	4	E	9	A	8	D	C	0	1
$S'_8(x)$	E	F	3	2	7	5	6	1	B	9	A	0	D	C	8	4
$S'_9(x)$	E	F	3	2	4	6	0	7	8	A	1	B	D	C	5	9
$S'_A(x)$	1	0	C	D	4	3	5	7	8	2	9	B	A	6	F	E
$S'_B(x)$	1	0	C	D	2	5	6	4	3	9	A	8	7	B	F	E
$S'_C(x)$	3	1	2	5	A	B	7	6	9	8	C	0	F	D	E	4
$S'_D(x)$	0	2	4	3	A	B	7	6	9	8	1	D	C	E	5	F
$S'_E(x)$	0	7	1	3	5	4	8	9	E	2	B	A	C	6	D	F
$S'_F(x)$	6	1	2	0	5	4	8	9	3	F	B	A	7	D	E	C

3. Hummingbird-2 的实时相关密钥攻击

文献[3]中针对 Hummingbird-2 提出了一种实时相关密钥攻击，这种攻击的复杂度是 $O(2^{40})$，可在一台 PC 上完全实现，并可在几个小时内恢复秘密密钥。

具体地讲，该攻击就是基于引理 8.1.1 及相关观察恢复$[R_1^4]^{(j)}$。对任何 $j=0,1,2,3$，$[R_1^4]^{(j)}$的恢复只需一对相关密钥。在$[R_1^4]^{(j)}$恢复之后，密钥字$[K_1]^{(j)}$也能使用表 8.1.4 至表 8.1.7 的密钥依赖 S-盒被恢复。然后，通过使用分别征服策略就能恢复所有的密钥字。

下面将该攻击的过程分为 4 个步骤进行介绍。

(1) 找到一个使得两个预言器的状态发生碰撞的 IV。

假定攻击者可访问 Hummingbird-2 的分别用 $K=K_1K_2\cdots K_8$ 和 $K'=K'_1K'_2\cdots K'_8$的两个预言器，这里 $K'_j=K_j\oplus\Delta_1$，$K'_{j+1}=K_{j+1}\oplus\Delta_2$（对某一 $j=1,2,3,5,6,7$，$\Delta_1\to\Delta_2$ 见表 8.1.3），其他 6 个密钥字是相同的。注意，在两个预言器由这样的相关密钥和同样的 IV

初始化后，在每个初始化轮有两个 WD16 操作是活动的（第 1 个和第 3 个，或者第 2 个和第 4 个）。根据前面的讨论可知，如果输入是相同的，则每个活动的 WD16 操作以概率 1/4 产生同样的输出。因为有 4 个初始化轮，因此对两个这样的预言器，初始状态碰撞的总的概率是$(1/4)^{2\times 4}=2^{-16}$。期望在搜索 2^{16} 个不同的 IV 值后找到这样的一个状态碰撞。如果 $j=1$，则这样的一个状态碰撞的检测能通过在初始化后立即解密一个字 C 完成。在每个解密轮有两个活动的 WD16 操作，然而在最后的 WD16 的差分不影响解密的最低 12 位，因此，对应的明文字的 12 位与此相匹配的概率是 1/4。对其他的 j，一个状态碰撞的检测能通过在初始化后加密一个字 P 来完成，对应的密文字将以概率 1/16 相匹配。找到这样一个状态碰撞的复杂度平均是 $O(2^{18})(j=1)$或 $O(2^{20})(j=2,3,5,6,7)$。

(2) 恢复 R_1^4 和 K_1。

这里先恢复$[R_1^4]^{(3)}$和$[K_1]^{(3)}$。假定一个攻击者可访问分别用 K 和 K'的 Hummingbird-2 的两个预言器，这里 $K_1'=K_1\oplus\Delta_1, K_2'=K_2\oplus\Delta_2$，其他 6 个密钥字是相同的。$\Delta_1\to\Delta_2$ 被置为 0xF000→0x6198。首先找到一个导致状态碰撞的 IV，均记为 R_1^4。然后由两个预言器分别立即加密字 P。在这些加密操作中，有两个活动的 WD16 操作（第 1 个和第 3 个）。假定第一个活动的 WD16 操作产生了同样的输出，即

$$\mathrm{WD16}(P \boxplus R_1^4, K_1, K_2, K_3, K_4)=\mathrm{WD16}(P \boxplus R_1^4, K_1 \oplus \Delta_1, K_2 \oplus \Delta_2, K_3, K_4) \tag{8.1.2}$$

由 WD16 的定义式(8.1.1)，式(8.1.2)等价于下面的等式：

$$\mathrm{SB}((P \boxplus R_1^4) \oplus K_1) \oplus \mathrm{SB}((P \boxplus R_1^4) \oplus K_1 \oplus \Delta_1)=L^{-1}(\Delta_2)$$

由于 $\Delta_1=$0xF000，$\Delta_2=$0x6198，上面的等式等价于下面的等式：

$$S_1(N) \oplus S_1(N \oplus \mathrm{0xF})=\mathrm{0x6} \tag{8.1.3}$$

这里 $N=([P]^{(3)}+[R_1^4]^{(3)}+\mathrm{cv} \bmod 16)\oplus[K_1]^{(3)}$，cv 是一个来自 $P \boxplus R_1^4$ 的低 12 位运算的进位值。

根据前面的观察，S_1 有 4 个组合点具有差分 0xF→0x6，这意味着，如果$[P]^{(3)}$取遍 0～0xF，$[P]^{(3)}$的 4 个值（表示为 $v_j, j=1,2,3,4$）能使式(8.1.3)成立，那么由引理 8.1.1，有

$$\sum_{j=1}^{4}(v_j+[R_1^4]^{(3)}+\mathrm{cv} \bmod 16)=\mathrm{0x1E} \tag{8.1.4}$$

如果$[P]^{[11,0]}$被置为一些小的值，cv=0 的概率几乎等于 1，则式(8.1.4)很容易求解，并由此可获得$[R_1^4]^{(3)}$的 4 个值。在这个过程中，当遍历$[P]^{(3)}$时，攻击者需要检测$[P]^{(3)}$的哪一个值使得式(8.1.3)成立。这可通过检测两个预言器的密文字是否匹配完成。实际上，如果式(8.1.2)成立（以概率 1/4），则第 2 个活动的 WD16 操作的输入将是一样的。这样，第 2 个活动的 WD16 操作的输出是一样的（以概率 1/4），进而，密文字将是一样的；如果式(8.1.2)不成立，第 2 个活动的 WD16 操作的输入是不同的，这两个密文字的碰撞可被视作随机的。在这种情况下，两个预言器的密文字将以概率 2^{-16} 匹配。所以，如果两个预言器的密文字匹配，则可认为式(8.1.2)（即式(8.1.3)）成立。

像上面讨论的一样，对一个匹配的状态 R^4，相关密钥 K 和 K'将加密同样的明文字为同样的密文字（以概率 1/16）。因此，对$[P]^{(3)}$的每个值，循环圈$[P]^{[11,0]}$为 0～0xF，一旦两个预言器的密文字匹配，就保持$[P]^{(3)}$的这个值作为某一 v_j。这样，恢复$[R_1^4]^{(3)}$的复杂度平均是 $O(16\times 16)=O(2^8)$，与强迫状态碰撞相比较，这个复杂度是可忽略的。

在$[R_1^4]^{(3)}$的值缩小到非常小的范围内后，继续恢复$[K_1]^{(3)}$。在这一阶段，由两个预言器分别加密字 P 和 P'，这里 P 和 P'的低 12 位是相同的。如果对应的密文字匹配，即可获得

$$WD16(P,K_1,K_2,K_3,K_4)=\text{WD16}(P',K_1\oplus\Delta_1,K_2\oplus\Delta_2,K_3,K_4) \quad (8.1.5)$$

类似上面的分析，可以获得等价的等式：

$$S_1(N'\oplus[K_1]^{(3)}\oplus S_1(N''\oplus[K_1]^{(3)}\oplus 0\text{xF})=0\text{x}6 \quad (8.1.6)$$

这里 $N'=([P]^{(3)}+[R_1^4]^{(3)}+\text{cv mod }16)$，$N''=([P']^{(3)}+[R_1^4]^{(3)}+\text{cv mod }16)$，cv 是一个来自低 12 位运算的进位值。根据前面的观察，(N',N'')是 $S'_{[K_1]^{(3)}}$ 的一个点。如果 $S'_{[K_1]^{(3)}}$ 的所有点都是已知的，则将 $S'_{[K_1]^{(3)}}$ 与表 8.1.4 中的 S-盒比较，即可获得$[K_1]^{(3)}$。

获得 $S'_{[K_1]^{(3)}}$ 的点的过程如下：置$[P]^{[11,0]}=[P']^{[11,0]}$作为一个小的值，以确保 cv=0。对$[R_1^4]^{(3)}$的每个值，循环圈$[P]^{(3)}$为 0～0xF，$[P']^{(3)}$为 0～0xF。然后，分别由两个预言器加密 P 和 P'。如果对应的密文字相匹配，则$([P]^{(3)}+[R_1^4]^{(3)}+\text{cv mod }16,[P']^{(3)}+[R_1^4]^{(3)}+\text{cv mod }16)$是 $S'_{[K_1]^{(3)}}$ 的一个点。这个过程的复杂度平均是 $O(2^4\times2^4\times16)=O(2^{12})$，与强迫状态碰撞相比较，这个复杂度也是可忽略的。

通常，$[R_1^4]^{(3)}$的每个值能确定$[K_1]^{(3)}$的一个值，然而我们通过测试发现，仅$[R_1^4]^{(3)}$的两个值能产生表 8.1.4 中的一个 S-盒。最后，获得两对$([R_1^4]^{(3)},[K_1]^{(3)})$。

基于这些相关密钥，R_1^4 的低 12 位能通过文献[4]中的方法恢复。基本做法是：对一对(P,P')，$[P]^{[11,0]}=[P']^{[11,0]}$（表示为 p），p 从 0 开始递增。显然，当 $p+[R_1^4]^{[11,0]}=0\text{x}1000$ 时，进位值 cv 将从 0 变为 1。对一些合适的对$([P]^{(3)},[P']^{(3)})$，当 $p+[R_1^4]^{[11,0]}=0\text{x0FFF}$ 时，式(8.1.3)成立；当 $p+[R_1^4]^{[11,0]}=0\text{x}1000$ 时，式(8.1.3)不成立。这可应用于确定 p 的哪一个值导致 cv 的改变，然后就能从 $p+[R_1^4]^{[11,0]}=0\text{x}1000$ 直接获得$[R_1^4]^{[11,0]}$。在最坏的情况下，一个攻击也许要尝试所有的对$([P]^{(3)},[P']^{(3)})$并使循环圈 p 为 $0\sim2^{12}-1$，因此，复杂度至多是 $O(2^{20})$。

$[K_1]^{(j)}(j=0,1,2)$的恢复类似于$[K_1]^{(3)}$的恢复，这里差分 $\Delta_1\rightarrow\Delta_2$ 被分别置为 0x000F→0x2649，0x00F0→0x5451，0x0F00→0x4104。对每对相关密钥，$[R_1^4]^{(j)}(j=0,1,2)$将又一次被恢复。最后，获得了 K_1 的 2^4 个值。恢复 K_1 的复杂度是 $O(2^{18}+2^{20}\times3)\approx O(2^{22})$。

(3) 恢复 $K_j(j=2,3)$。

密钥 K_2的恢复类似于 K_1的恢复，但是需要一些特殊的努力。先恢复$[K_2]^{(3)}$。假定一个攻击者可访问分别使用 K 和 K'的 Hummingbird-2 序列密钥的两个预言器，这里 $K'_2=K_2\oplus 0\text{xF000}$，$K'_3=K_3\oplus 0\text{x}6198$，其他 6 个密钥字相同。在找到一个导致状态碰撞的 IV 之后，由两个预言器分别立即加密字 P 和 P'。如果对应的密文字匹配，即可获得等价的等式：

$$\text{WD16}(P,K_1,K_2,K_3,K_4)=\text{WD16}(P',K_1,K_2\oplus 0\text{xF000},K_3\oplus 0\text{x}6198,K_4)$$

该等式等价于下面的等式：

$$S_1(N)\oplus S_1(N'\oplus 0\text{xF})=0\text{x}6$$

这里，$N=[f((P\boxplus R_1^4)\oplus K_1)]^{(3)}\oplus[K_2]^{(3)}$，$N'=[f((P'\boxplus R_1^4)\oplus K_1)]^{(3)}\oplus[K_2]^{(3)}$。

如果确定了 $f((P\boxplus R_1^4)\oplus K_1)$和 $f((P'\boxplus R_1^4)\oplus K_1)$的值，就可用上述方法恢复$[K_2]^{(3)}$。注意，这里的 R_1^4 不同于恢复 K_1 时所使用的 R_1^4，这是因为使用了不同的相关密

钥。由于 f 的影响,无法通过这两个预言器恢复 R_1^4。如果有另一个使用密钥 K''的预言器,这里 $K''_1=K_1\oplus 0xF000$,$K''_2=K_2\oplus 0x6198$,其他 6 个密钥字与 K 的 6 个密钥字相同。首先找到一个导致这 3 个预言器发生状态碰撞的 IV。然后用相关密钥对(K,K'')恢复$[R_1^4]^{(3)}$。此后,可知 $f((P\boxplus R_1^4)\oplus K_1)$和 $f((P'\boxplus R_1^4)\oplus K_1)$的值,从而可以使用相关密钥对$(K,K'')$按照前面的方法恢复$[K_2]^{(3)}$。$[K_2]^{(j)}(j=0,1,2)$的恢复类似于$[K_2]^{(3)}$的恢复。导致这 3 个预言器发生状态碰撞的 IV 的概率是 $2^{-16}\times2^{-16}=2^{-32}$。因为 IV 是 64 位,这样的碰撞以很高的概率存在。找到这样一个 IV 的复杂度是 $O(2^{32}\times4+2^{16}\times16)=O(2^{34})$。在$[K_2]^{(j)}$的恢复中,最主要的工作是找到一个导致这 3 个预言器发生状态碰撞的 IV。为了恢复$[K_2]^{(j)}(j=0,1,2,3)$,需要使用 4 对相关密钥,其复杂度的平均值是$O(2^{34}\times4)=O(2^{36})$。注意,虽然已经找到 K_1的 2^4个值,但在$[K_2]^{(j)}$的恢复中只寻找一次导致状态碰撞的 IV。

在恢复了 K_2后,可以用同样的方法恢复 K_3。具体地说,要使用 3 个分别使用密钥 K、K'、K''的预言器,这里 $K'_3=K_3\oplus 0xF000$,$K'_4=K_4\oplus 0x6198$,$K''_1=K_1\oplus 0xF000$,$K''_2=K_2\oplus 0xF6198$,其他密钥字与 K 的密钥字相同。首先找到一个导致这 3 个预言器发生状态碰撞的 IV。然后,按照前面介绍的方法使用相关密钥对(K,K'')恢复 R_1。至此,在 $f(f(f(x\oplus K_1)\oplus K_2)\oplus K_3)$中仅有一个未知变量,那就是 K_3,然后可以按照前面介绍的方法使用相关密钥对(K,K')恢复$[K_3]^{(3)}$。对 K_1的每个值,可以获得 $K_2(K_3)$的至多一个值。对 K_4,因为在第 1 个 WD16 和第 2 个 WD16 之间有一个未知的状态字 R_2,我们不能固定关于 K_5的一个具体的差分以取消由 K_4引入的差分。在这种情况下,没有办法按照前面介绍的方法恢复它。

(4) 用分别征服策略对 Hummingbird-2 进行密钥恢复攻击。

$K_j(j=5,6,7)$的恢复类似于 $K_j(j=1,2,3)$的恢复。用分别征服策略恢复 $K_j(j=1,2,3)$和 $K_j(j=5,6,7)$。$K_j(j=1,2,3)$的恢复基于加密中的第 1 个 WD16,而 $K_j(j=5,6,7)$的恢复基于解密中的第 1 个 WD16。恢复这两部分密钥流比特的努力是同样的。最后,通过猜测 K_4和 K_8,可以获得 K 的至多 $2^{32}\times2^4\times2^4=2^{40}$个值,并通过加密 3 个新的字验证其正确性。总的复杂度是 $O((2^{22}+2^{36}+2^{36}+2^{36})\times2+2^{40})\approx O(2^{40})$。恢复$[K_j]^{(i)}(i=0,1,2,3,j=1,2,3,5,6,7)$中的每个 4 位字均需要一对相关密钥,因此,总体上 24 对相关密钥是必不可少的。

值得一提的是,如果用文献[4]中的方法恢复 $K_j(j=1,2,3,4)$,用上述方法恢复 K_5和 K_6,并对剩余的两个字进行猜测,总的复杂度大约是 $O(2^{38})$,9 对相关密钥是必不可少的。

8.1.3 SNOW3G 的滑动分析

滑动分析是一种相关密钥攻击方法,其核心思想是考查一对满足如下条件的相关密钥:使用其中一个密钥初始化算法并经过若干轮迭代后的内部状态恰好是使用另一个密钥初始化算法后得到的初态。当用这两个密钥分别控制算法生成密钥流时,两段密钥流往往具有高的相关性,通过区分这种相关性可以恢复出原始密钥的部分或全部信息。

滑动分析适用于迭代型密码算法。在序列密码分析中,滑动分析适用于基于反馈移位寄存器设计的序列密码。

例 8.1.1 设基于滤波生成器生成的序列密码的 LFSR 的记忆单元为$(s_0, s_1, \cdots, s_{n-1})$。记密钥 IK 和 IK′ 经初始化算法后的初始状态分别为$(s_0, s_1, \cdots, s_{n-1})$ 和 $(s'_0, s'_1, \cdots, s'_{n-1})$。如果存在整数 k 使得

$$(s_k, s_{1+k}, \cdots, s_{n-1+k}) = (s'_0, s'_1, \cdots, s'_{n-1})$$

则称密钥 IK 和 IK′ 为一对滑动密钥,其滑动的轮数为 k。

一般而言,滑动的轮数 k 越小,用这一对密钥输出的密钥流的相关性就越高。为了抵抗滑动攻击,常用的方法是在密码初始化过程中引入互不相等的常数。

例 8.1.2 设有长为 100 的 LFSR,其密钥长度为 64 位,下面是一种在上述条件下抵抗滑动攻击的最优初始赋值方式:

$$(k_0, k_1, \cdots, k_{63}) \rightarrow (1, 0, \cdots, 0, k_0, k_1, \cdots, k_{63})$$

其滑动轮数至少为 36 轮。不同滑动轮数时 LFSR 的状态变化如表 8.1.8 所示。

表 8.1.8 不同滑动轮数时 LFSR 的状态变化

滑动轮数	LFSR 的状态
0	$(1, 0, \cdots, 0, k_0, k_1, \cdots, k_{63})$
1	$(0, 0, \cdots, 0, k_0, k_1, \cdots, k_{63}, k_{64})$
…	…
35	$(0, k_0, k_1, \cdots, k_{63}, k_{64}, \cdots, k_{98})$
36	$(k_0, k_1, \cdots, k_{63}, k_{64}, \cdots, k_{98}, k_{99})$

为了求出滑动密钥 IK′,只需求解如下方程即可:

$$(k_0, k_1, \cdots, k_{63}, k_{64}, \cdots, k_{98}, k_{99}) = (1, 0, \cdots, 0, k'_0, k'_1, \cdots, k'_{63})$$

上述方程的任何一组解$(k_0, k_1, \cdots, k_{63})$都和密钥$(k'_0, k'_1, \cdots, k'_{63})$构成一对滑动密钥。

对祖冲之(ZUC)序列密码来说,其初始化算法选取了 240 位的常数串,在初始赋值时这些常数串分成 16 组,每组 15 位,置于 LFSR 的每个记忆单元的中间。由于这些常数互不相等,因此在构造 ZUC 的滑动密钥时,其滑动轮数至少为 16 轮。在 ZUC 迭代 16 轮后,要构造这样的一对滑动密钥,需要求解由 256 个未知变量(密钥 128 位加上初始向量 128 位)和 274 个非线性方程(210 位的常数串以及非线性函数 F 的 64 位记忆单元的初值 0)组成的方程组。上述非线性方程组的求解是非常困难的,因而对 ZUC 而言,很难找到一对滑动密钥。即使攻击者找到了这样的一对滑动密钥,经过 16 轮迭代之后,输出密钥流的相关性也非常低,同样很难实施滑动密钥攻击。而对于 SNOW3G,文献[5]给出了它的 3 轮滑动密钥,且输出密钥流中部分字以概率 1 相等,具体结论如下。

定理 8.1.3 设 $K=(a_0, C_1, C_2, C_3)$,$IV=(b_0, b_1, 0, 0)$和 $K'=(C_3, a_0 \oplus 1, C_0 \oplus 1, C_1 \oplus 1)$,$IV'=(b'_0, b_0, 0, b_1)$,这里 a_0, b_0, b'_0, b_1是任意 32 比特常数,$C_1=S_1^{-1}(S_2^{-1}(0))$,$C_2=(S_1^{-1}(0)-S_1(0)) \oplus S_2(0)$,$C_3=(-S_1(S_1^{-1}(S_2^{-1}(0)))) \oplus S_2(S_1(0))$。则有 $IS(3)=IS'(0)$,且输出密钥流满足如下关系:

$$z_3 = z'_0, \quad z_4 = z'_1, \quad z_8 = z'_5, \quad z_9 = z'_6$$

其中,$IS(t)$表示由(K, IV)初始化后在时刻 t 的完整的内部状态,$IS'(t)$表示由(K', IV')初始化后在时刻 t 的完整的内部状态。

8.2 差分分析方法

文献[6]中给出了序列密码差分分析的一个一般框架,给出了如下结论:一些密钥差、内部状态差或者明文差可能产生预期的密钥流差或者内部状态差,这些差可用于分析密码的内部状态并有效地恢复它。同时,该文献也对规则的钟控 LFSR、不规则的钟控 LFSR(如 A5/1)和基于置换的序列密码(如 RC4)进行了差分分析。本节主要介绍序列密码差分分析的基本思想。

8.2.1 序列密码的差分特征

序列密码主要包括同步序列密码和自同步序列密码。本节分别给出这两种序列密码的差分特征。

1. 同步序列密码的差分特征

大多数序列密码是没有提供认证功能的同步序列密码。在这种情况下,序列密码的唯一输入是密钥材料(也许包括 IV)。这些密码能通过 3 个算法的集合定义,即一个内部状态初始化过程 $S=\text{INIT}(\text{key},\text{IV})$、一个内部状态更新函数 $S=\text{UPDATE}(S)$和一个产生密钥流的输出函数 $\text{KS}=\text{OUTPUT}(S)$,这里 S 表示内部状态。

这样的密码有如下 3 种类型的差分特征(differential characteristic):

(1) $(\Delta\text{key},\Delta\text{IV})\xrightarrow{\text{INIT}}\Delta S$,通过密钥差或 IV 差(difference)产生内部状态差,即,给定密钥差或 IV 差预测内部状态差的差分特征。

(2) $\Delta S\xrightarrow{\text{INIT}}\Delta S$,通过内部状态更新函数产生差,即,给定内部状态差,预测下一内部状态差的差分特征。

(3) $\Delta S\xrightarrow{\text{OUTPUT}}\Delta\text{KS}$,通过内部状态差产生密钥流差,即,给定内部状态差,预测密钥流差的差分特征。

定义这些差分特征的级联也是可能的,即$(\Delta\text{key},\Delta\text{IV})\xrightarrow{\text{INIT+OUTPUT}}\Delta\text{KS}$。另外,如果$(\Delta\text{key},\Delta\text{IV})\xrightarrow{\text{INIT}}\Delta S$ 有概率 p_1,$\Delta S\xrightarrow{\text{OUTPUT}}\Delta\text{KS}$ 有概率 p_2,则$(\Delta\text{key},\Delta\text{IV})\xrightarrow{\text{INIT+OUTPUT}}\Delta\text{KS}$ 有概率 p_1p_2(假定这些差分特征是相互独立的)。

差分特征是通过密码的各种函数的精确演变对差的预测。就像在分组密码中一样,通常只对输入差和输出差感兴趣,这样的一个预测在分组密码中称为一个差分(differential),在序列密码中也使用同样的名称。一个序列密码的差分是对一个给定的输入差(密钥差、IV 差或内部状态差)产生某一输出差(密钥流差或内部状态差)的预测。我们对当差分被满足时密码究竟发生了什么不感兴趣,而只对差分的概率感兴趣。正如在分组密码中一样,很难计算一个给定的差分的确切概率,但可以使用一个给定的具有同样的输入差和输出差的特征的概率作为一个下界。

2. 自同步序列密码的差分特征

对自同步序列密码或提供认证功能的序列密码,UPDATE 和 OUTPUT 函数有一个额外的输入，即明文。在认证加密的情况下，有一个额外的算法 TAG，它用于将内部状态转化为一个 MAC 标签。而在自同步序列密码的情况下，有一个解密过程。后一种情况的处理类似于 OUTPUT 函数，对于一个固定的状态，是该状态的逆。

这样的序列密码所使用的函数可总结如下：

(1) $S=\text{INIT}(K,\text{IV})$，$K$ 是密钥，IV 是初始向量。

(2) $S=\text{UPDATE}(S,P)$，P 是明文字。

(3) $C=\text{OUTPUT}(S,P)$，C 是加密后的的密文字。

(4) $(S,P)=\text{DECRYPT}(S,C)$，$C$ 是密文字，P 是解密后的的明文字。

(5) $\text{tag}=\text{TAG}(S)$，由内部状态产生的标签。

可能的差分特征如下：

(1) $(\Delta\text{key},\Delta\text{IV})\xrightarrow{\text{INIT}}\Delta S$，通过一个密钥差或 IV 差产生一个内部状态差，即，给定密钥差或 IV 差，预测内部状态差的差分特征。

(2) $\Delta S\xrightarrow{\text{UPDATE}}\Delta S$，通过内部状态更新函数产生差，即，给定内部状态差，预测下一内部状态差的差分特征。

(3) $(\Delta S,\Delta \text{P})\xrightarrow{\text{UPDATE}}\Delta S$，通过当前内部状态差和明文字差产生内部状态差，即，给定当前内部状态差和明文差，预测下一内部状态差的差分特征。

(4) $(\Delta S,\Delta \text{P})\xrightarrow{\text{OUTPUT}}\Delta C$，通过内部状态差和明文差产生密文差，即，给定内部状态差和明文差，预测密文差的差分特征。

(5) $(\Delta S,\Delta \text{C})\xrightarrow{\text{DECRYPT}}(\Delta S,\Delta P)$，通过内部状态差和密文差产生明文差，即，给定内部状态差和密文差，预测明文差的差分特征。

(6) $\Delta S\xrightarrow{\text{TAG}}\Delta\text{tag}$，通过内部状态差产生标签差，即，给定内部状态差，预测标签差的差分特征。

8.2.2 序列密码差分分析实例

滤波生成器(即一个使用本原反馈多项式的 LFSR 连同一个组合逻辑且在每个时钟输出一比特的密钥流生成器)是一种基本的序列密码。假定这个 LFSR 先用一个对(key,IV)来初始化，然后开始产生密钥流。

易知，给定两对(key,IV)，表示为(k_1,IV_1)和(k_2,IV_2)，使得 $\Delta k=k_1\oplus k_2$，$\Delta\text{IV}=\text{IV}_1\oplus\text{IV}_2$ 是已知的，则对任何给定的时钟周期数，内部状态差是已知的。这允许估计组合函数的输出差，即可以估计密钥流差。例如，当组合函数使用的所有比特没有差时，那么在密钥流中就没有差。对有某一概率的差的一些情况，例如，如果密钥流仅在 1 位有一个差并通过一个次数为 3 的单项式被组合，则对应比特的密钥流差有 1/4 的移动。

这个事实也能用于区分序列密码在两个相关密钥或 IV 下的输出与两个随机串。另外，在一些情况下，它还能用于识别关于内部状态的信息。例如，在前面的例子中，对组合函数的唯一差是进入次数为 3 的单项式的 1 位，如果在输出流中有一个差，可以检测 LFSR 的 2 位的值。

下面以 Toyocrypt 序列密码为例进行差分分析。

Toyocrypt 的密钥为 128 位，有一个 128 位的 LFSR，用 128 位密钥初始化这个 LFSR，使用的组合函数(即布尔函数)为 f，每轮输出 1 比特。f 具有如下形式：

$$f(s_0, s_1, \cdots, s_{127}) = s_{127} + \sum_{i=0}^{62} s_i s_{\alpha_i} + s_{10}s_{23}s_{32}s_{42} +$$

$$s_1s_2s_9s_{12}s_{18}s_{20}s_{23}s_{25}s_{26}s_{28}s_{33}s_{38}s_{41}s_{42}s_{51}s_{53}s_{59} + \prod_{i=0}^{62} s_i$$

这里$\{\alpha_0, \alpha_1, \cdots \alpha_{62}\}$是集合$\{63, 64, \cdots, 125\}$的某一置换。

先给出对 Toyocrypt 的一个区分攻击。

易知，给定两个密钥，其差是已知的，对连续的密钥流，在 LFSR 中的差能被预测。例如，如果密钥差是在比特 s_{126}，则密钥流差在第一位是 0 而在第二位必定是 1。这样，给定两个由相关密钥产生的流，检查是否第一个输出比特是一样的而第二个输出比特是不同的。如果情况是这样的，输出使用的序列密码是 Toyocrypt；否则，密码不是 Toyocrypt。这个攻击的成功率为 75%，由此可见，一个不同的序列密码是 Toyocrypt 的可能性是 25%。

给定一些输出流对，可以增加攻击的成功率。如果任何一对输出流导致那个输出流对不是使用 Toyocrypt 产生的结论，则该密码未必是 Toyocrypt。另外，给定 s 对输出流，错误的概率是 0.25^s。

下面改进 Toyocrypt 的穷举密钥搜索攻击。

可用上述差分减小穷举密钥搜索攻击的复杂度。假定攻击者尝试一个密钥 K，其产生的密钥流的第一位与实际的密钥流的第一位不一致，那么，无须任何考虑，密钥 $K \oplus s_{126}$ 也能被自动地划掉，这就将一个穷举密钥搜索的期望的时间复杂度降低到 $O(2^{126})$。这个事实似乎是不自然的，因为仅已知一个密钥流，但是因为差分有概率 1，它能用于预测密钥流的 1 位，这样就可以一次尝试两个密钥。

这样，即使穷举密钥搜索攻击不需要相关密钥模型，它仍然能从存在的差分中受益。这与互补特性的观点有密切的关系。例如，DES 的互补特性可以视作一个具有概率 1 的相关密钥差分。在穷举密钥搜索攻击中使用它可以使速度提高 2 倍。

最后讨论对 Toyocrypt 的差分密钥恢复攻击。

Toyocrypt 以一对多的方式更新，也就是说，在钟控 LFSR 期间，比特 s_{127} 被异或到一些比特上。这样，被引入一个相对低位上的差不能通过一个长时间周期的 LFSR 扩散，这样就使差保持了低汉明重量。例如，如果差是 $\Delta S = s_0$，则为了使这个差影响其他比特，它将花 128 个时钟周期。

给定由两个密钥产生的两个密钥流，初始状态的差是 $\Delta S = s_0$，重构大部分内部状态是可能的。这可从以下事实得出：差分 $\Delta S = s_0 \xrightarrow{\text{OUTPUT}} s_{\alpha 0} = \Delta \text{KS}$ 以概率 1 成立。如果 $s_{\alpha 0} = 0$，则在密钥流的第一位没有差；否则，有一个差。这里可假定 $s_1, s_2, \cdots, s_{62}$ 不全为 1，否则，如果攻击在恢复内部状态时失败，就可以推断出这个假设是错误的，这样就泄露了内部状态的 62 位，并且允许用要求的修改重复这个攻击。我们注意到下一位也许产生各种差，因为 s_1 是一些非线性项的部分。然而，在第二位上的差以概率 $1-2^{-17}$ 用类似的方式泄露了 $s_{\alpha 1}$ 的值。这样，当在 s_{10}、s_{23}、s_{32}、s_{42} 上有差时，不管输出差如何，几乎整个寄存器都能很容易地以 $(1-2^{-17})^{17} \approx 0.999\,87$ 的成功率恢复。剩余的 7 位(对应于 s_0、$s_{\alpha_{10}-10}$、$s_{\alpha_{23}-23}$、$s_{\alpha_{32}-32}$、$s_{\alpha_{42}-42}$、s_{126}、s_{127})也能通过穷举搜索很容易地恢复。

8.3 基于分别征服策略的攻击方法

第 3 章详细介绍了分别征服相关分析方法，对分别征服策略作了简要说明。本节介绍一种针对 COSvd(2,128)序列密码提出的基于分别征服策略的攻击方法[11]，这种方法利用了 COSvd(2,128)序列密码的弱点并使用了分别征服策略。

8.3.1 COSvd(2,128)序列密码

由于本节的分析与 COSvd(2,128)的密钥装入算法无关，所以略去 COSvd(2,128)的密钥装入阶段的描述，只描述 COSvd(2,128)的密钥流产生算法。设 $L_1=L_{10}\|L_{11}\|L_{12}\|L_{13}\|$ 和 $L_2=L_{20}\|L_{21}\|L_{22}\|L_{23}\|$ 表示两个长为 128 位的非线性反馈移位寄存器(NLFSR)，其中符号 $\|$ 表示比特串的级联，对 $i=1,2$ 且 $j=0,1,2,3$，L_{ij} 都是 32 位字。该算法按照下述步骤产生密钥流：

(1) 计算钟控值 d 和 d'。设 $\mathrm{clk}=2\cdot\mathrm{lsb}(L_2)+\mathrm{lsb}(L_1)$，则 $d=C[\mathrm{clk}]$，这里 lsb(·)表示自变量的最低位；设 $\mathrm{clk}=2\cdot\mathrm{msb}(L_1)+\mathrm{msb}(L_2)$，则 $d'=C'[\mathrm{clk}]$，这里 msb(·)表示自变量的最高位。$C[0,1,2,3]=\{64,65,66,67\}$，$C'[0,1,2,3]=\{41,43,47,51\}$。

(2) 在第 i 步，若 i 是偶数，则 L_1 前进 d 步，L_2 前进 d' 步；若 i 是奇数，则 L_1 前进 d' 步，L_2 前进 d 步。

(3) 根据如下方式产生一个 128 位字 $B_i=B_{i0}\|B_{i1}\|B_{i2}\|B_{i3}$：

$$B_{i0}=L_{20}\oplus L_{12},\quad B_{i1}=L_{21}\oplus L_{13},\quad B_{i2}=L_{22}\oplus L_{10},\quad B_{i3}=L_{23}\oplus L_{11}$$

这里符号⊕表示对应比特的异或，称为交叉机制，见图 8.3.1。

(4) 将 B_i 按顺序分成 16 字节 $B_i^j(0\leqslant j<16)$，然后把 B_i 逐字节输入下面描述的高度非线性层(Highly Non-Linear Layer，HNLL)中，产生一字节的相应输出。

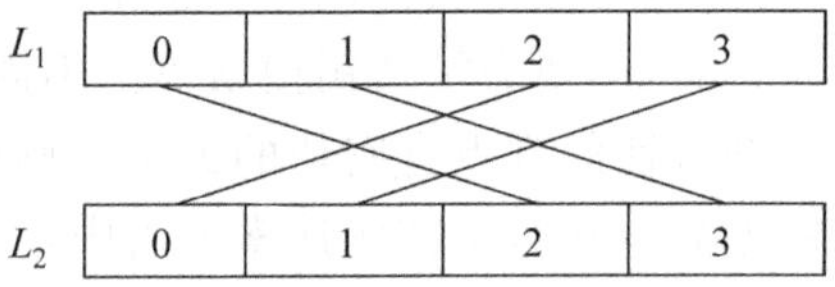

图 8.3.1 COSvd的交叉机制

HNLL 的设计目的是隐藏 NLFSR 的内部状态，阻止针对低版本 COSvd(2,128)的攻击。HNLL 对每个 B_i^j 应用一段 10 位的混沌序列决定 S-盒此时的输出。设计者用 henon 映射构造一个混沌序列，即对一个初始点(x_{-2},x_{-1})，按 $x_n=1+0.3x_{n-2}-1.4x_{n-1}^2$ 计算出 x_n，当 $x_n>0.399\,12$ 时令 $z_n=1$，否则令 $z_n=0$，这样就得到一个 henon 序列$\{z_i\}$。以相同的方式从另一初始点(x'_{-2},x'_{-1})产生另一个 henon 序列$\{z'_i\}$，令 $h_i=z_j\oplus z'_i$，得到序列$\{h_i\}$。对每一个字 $B_i^j=b_{i7}^jb_{i6}^j\cdots b_{i0}^j$，从序列$\{h_i\}$中截取两个混沌序列段 $H_i^j=h_{10(16i+j)}\|h_{10(16i+j)+1}\|\cdots\|h_{10(16i+j)+7}$ 和 $K_i^j=h_{10(16i+j)+8}\|h_{10(16i+j)+9}$，由 Tabkey2$[B_i^j\oplus H_i^j][K_i^j]$产生一字节的输出，这里 Tabkey2：$F_2^8\times F_2^2\rightarrow F_2^8$ 是如下的 S-盒：

```
unsigned char Tabkey2[256][4] = {
  {17,198,0,37}, {210,240,183,153}, {228,85,222,214}, {130,147,36,201},
  {217,169,187,173}, {80,238,162,101}, {135,12,178,219}, {6,13,48,93},
  {132,8,152,196}, {227,86,199,249}, {161,220,69,202}, {147,53,185,244},
  {241,226,101,158}, {151,25,145,8}, {13,27,26,186}, {174,10,133,55},
```

{200,26,139,241}, {12,17,24,180}, {138,22,170,226}, {213,209,166,178},
{186,247,22,193}, {2,5,241,17}, {167,213,104,236}, {187,245,72,61},
{221,105,236,91}, {29,49,33,16}, {75,17,34,17}, {126,156,76,74},
{26,54,52,28}, {88,249,193,246}, {115,187,214,110}, {232,218,119,146},
{156,42,59,154}, {16,33,51,24}, {25,35,49,30}, {207,76,217,167},
{168,103,83,212}, {175,91,126,253}, {211,254,77,59}, {74,202,229,40},
{199,211,45,184}, {134,196,23,4}, {5,5,227,5}, {1,3,118,159},
{155,36,15,224}, {76,214,100,230}, {106,136,254,122}, {94,246,54,68},
{165,192,74,183}, {202,31,150,123}, {58,99,67,33}, {154,38,97,216},
{35,100,224,34}, {64,193,28,116}, {252,57,153,149}, {216,24,146,240},
{52,108,105,57}, {85,177,252,232}, {177,243,130,223}, {51,102,155,44},
{230,119,175,221}, {21,43,17,137}, {142,183,30,25}, {40,114,80,121},
{180,124,109,166}, {54,106,110,43}, {33,66,102,49}, {60,120,198,39},
{50,70,98,60}, {128,1,60,211}, {55,90,8,22}, {198,140,159,189},
{39,74,78,38}, {42,89,84,53}, {49,116,186,46}, {38,73,3,56},
{41,112,82,119}, {215,175,71,203}, {149,148,161,81}, {113,172,107,251},
{45,95,91,41}, {235,64,212,78}, {9,9,19,9}, {10,28,255,82},
{11,23,201,10}, {247,185,85,237}, {3,7,237,42}, {87,227,249,213},
{15,30,31,168}, {159,231,163,215}, {153,173,200,252,}, {231,94,203,139},
{212,16,253,245}, {239,215,32,58}, {188,237,108,136}, {14,20,29,85},
{61,122,125,54}, {253,166,225,160}, {218,34,148,247}, {117,210,61,66},
{116,199,134,67}, {124,184,223,64}, {89,163,195,248}, {169,82,68,197},
{70,200,192,69}, {102,207,138,199}, {129,131,86,233}, {190,127,238,90},
{95,252,50,6}, {183,123,189,47}, {246,109,124,152}, {179,101,209,135},
{104,217,210,114}, {32,32,65,140}, {170,98,248,195}, {91,165,14,50},
{146,133,38,235}, {152,32,129,148}, {103,205,42,89}, {18,18,37,18},
{254,60,177,208}, {242,96,115,32}, {43,87,35,62}, {140,135,47,228},
{56,83,116,51}, {143,21,220,72}, {81,228,160,243}, {201,152,44,182},
{244,232,245,217}, {114,170,239,107}, {108,212,221,86}, {67,134,89,109},
{66,132,204,98}, {192,206,142,128}, {120,241,140,79}, {150,62,13,225},
{100,141,197,120}, {69,139,213,113}, {93,251,11,96}, {83,234,180,118},
{110,180,246,45}, {144,48,234,157}, {203,44,63,14}, {57,93,235,162},
{78,149,157,77}, {160,157,79,15}, {84,179,169,106}, {105,255,81,29},
{99,233,117,92}, {189,110,251,187}, {77,146,7,112}, {53,68,127,142},
{82,224,165,238}, {219,46,55,144}, {214,51,112,177}, {173,250,111,192},
{136,189,16,163}, {166,72,158,111}, {226,88,215,210}, {71,219,143,12},
{90,190,182,83}, {176,115,99,227}, {145,186,53,156}, {27,45,132,11},
{19,19,39,19}, {24,58,93,23}, {20,56,41,164}, {225,195,208,155},
{22,47,88,20}, {4,4,9,133}, {193,2,228,161}, {250,203,66,21},

{7,15,219,84}, {248,253,10,126}, {174,133,242,198}, {240,225,90,220},
{30,61,62,27}, {109,145,202,206}, {243,204,87,175}, {44,81,173,124},
{195,55,144,188}, {223,239,43,194}, {47,126,181,3}, {123,182,190,76},
{151,8,46,151}, {185,181,240,97}, {73,194,147,117}, {194,19,149,172},
{127,158,216,104}, {204,151,106,31}, {28,41,58,170}, {157,40,167,234},
{122,244,250,108}, {148,59,40,222}, {184,229,113,190}, {237,6,137,130},
{131,4,6,254}, {46,125,5,48}, {234,164,123,132}, {101,150,179,7},
{233,143,12,134}, {171,137,95,191}, {249,113,191,129}, {220,171,25,185},
{178,71,135,200}, {107,153,56,88}, {68,222,136,231}, {209,176,4,105},
{141,144,27,138}, {72,221,154,242}, {205,159,21,141}, {181,107,20,255},
{251,80,172,147}, {96,129,114,80}, {197,121,232,181}, {255,117,194,99},
{191,248,120,13}, {121,230,171,87}, {97,155,205,94}, {23,63,218,1},
{75,0,151,75}, {36,97,73,165}, {63,79,92,52}, {163,69,247,204},
{208,178,164,229}, {92,242,184,95}, {65,130,131,127}, {164,235,122,239},
{236,216,231,131}, {229,128,207,174}, {182,75,196,100}, {34,111,103,115},
{172,92,141,250}, {196,14,128,70}, {125,168,2,73}, {98,188,244,209},
{206,154,188,179}, {48,77,230,176}, {37,37,75,37}, {31,39,174,26},
{224,78,211,205}, {139,223,1,63}, {118,236,243,65}, {245,191,226,150},
{86,174,70,125}, {62,84,168,36}, {158,138,94,207}, {137,162,18,169},
{112,167,233,102}, {59,118,121,171}, {238,67,96,145}, {79,197,57,103},
{162,201,64,143}, {119,161,176,218}, {222,29,156,71}, {111,142,206,35}}

一般来说,COSvd(2,128)的密钥包括两个 NLFSR 的初始状态以及两个 henon 映射的初始点(x_{-2},x_{-1})和(x'_{-2},x'_{-1})。原设计者[7]并未指明实现混沌序列的精度要求,这里假设以双精度实现混沌序列,根据 IEEE 754 的浮点数标准[8],以一个 64 位字表示一个双精度实数,因此整个 COSvd(2,128)的密钥空间为 2^{512}。事实上,下面的攻击适用于任意精度的混沌实现,这样做一方面是因为双精度实现有重要的实际应用价值,另一方面也是因为 COSvd(2,128)在这种实现下存在一个弱点。下面关于双精度实现的结论不止适用于 COSvd(2,128),此结论具有普遍意义。

根据 Tabkey2 的上述描述,通过具体计算得到关于[0,256)区间的所有整数在 Tabkey2 中的分布,见表 8.3.1。

表 8.3.1 [0,256)区间的所有整数在 Tabkey2 中的分布

出现次数	整数个数	具体值
2	1	0
3	8	2,11,50,52,65,104,160,208
5	8	4,5,19,32,37,75,174,151
6	1	17
4	238	其他整数

由表8.3.1可知，虽然有238个整数在Tabkey2中出现了4次，但其他18个整数出现的次数均不是4次。例如，17出现了6次，是随机情况的1.5倍。通过计算模拟实验验证了上述观察，结果表明，在COSvd(2,128)产生的2^{18}B的密钥流中，17出现的概率为$2^{-8}+1.05\cdot 2^{-9}$，这个概率非常接近理论值$3/2^9$。

上述字节分布的偏差在某些广播加密(如电子邮件群发)的场合对整个体制的安全性的威胁是致命的。在这些场合，同一个消息被多个密钥段加密并分别发送给多个用户。假设一个包含l字节的消息$m=m_1m_2\cdots m_l$被COSvd(2,128)加密了N次，对每个m_i，相应的密文字节为$m_i\oplus c_j$，$1\leqslant j\leqslant N$。由于密钥流字节分布的不均衡性，$17\oplus m_i$应该是密文中出现次数最多的字节。假设$p=2^{-8}+2^{-9}$，那么在N个密钥流字节里，字节17出现的概率服从二项分布(N,p)；而在随机情况下，它服从二项分布$(N,p'=2^{-8})$。用正态分布近似二项分布，设$u=Np$，$\sigma=\sqrt{Np(1-p)}$分别表示17出现的数学期望与标准方差，u'和σ'分别表示随机情况下的这两个量。如果$|u-u'|>2(\sigma+\sigma')$，即$N>2^{16.31}$，那么字节序列$m_i\oplus c_j$就能以0.9772的概率与随机字节序列$m_i'\oplus c_j$区分开来。这样就可以逐字节恢复出消息m。计算模拟实验结果表明，如果把一个消息用COSvd(2,128)密钥流的不同字段加密2^{16}次，那么就可以成功地通过把17和密文里出现频率最高的字节相异或恢复出对应的消息字节。

COSvd(2,128)的S-盒除了存在上述缺陷之外，还有其他的缺陷。例如，如果50出现在密钥流中，那么就知道3个产生这个字节的候选位置为(68,0)、(108,2)和(115,3)，把这些位置信息转化成二进制形式，就得到

$$
\begin{aligned}
&68\rightarrow 01000100,\quad 0\rightarrow 00\\
&108\rightarrow 0110110,\quad 2\rightarrow 10\\
&115\rightarrow 01110011,\quad 3\rightarrow 11
\end{aligned}
$$

仔细观察二进制形式的每一位，得到

$$
\begin{aligned}
&b_{i7}^j\oplus h_{10(16i+j)+7}=b_{i6}^j\oplus h_{10(16i+j)+6}\oplus 1=0\\
&b_{i0}^j\oplus h_{10(16i+j)}=b_{i1}^j\oplus h_{10(16i+j)+1}=h_{10(16i+j)+9}\\
&b_{i0}^j\oplus h_{10(16i+j)}=b_{i4}^j\oplus h_{10(16i+j)+4}\\
&b_{i2}^j\oplus h_{10(16i+j)+2}=b_{i4}^j\oplus h_{10(16i+j)+4}\oplus 1\\
&b_{i5}^j\oplus h_{10(16i+j)+5}=h_{10(16i+j)+8}\\
&b_{i4}^j\oplus h_{10(16i+j)+4}\oplus b_{i5}^j\oplus h_{10(16i+j)+5}=b_{i3}^j\oplus h_{10(16i+j)+3}\\
&b_{i2}^j\oplus h_{10(16i+j)+2}\oplus b_{i3}^j\oplus h_{10(16i+j)+3}=1\oplus b_{i5}^j\oplus h_{10(16i+j)+5}
\end{aligned}
$$

以及

$$
P(h_{10(16i+j)+8}=1)=\frac{2}{3},\quad P(h_{10(16i+j)+9}=0)=\frac{2}{3}
$$

从上述等式可以看出，S-盒的输出与输入之间的相关性很强。我们对[0,256)区间的所有整数进行了计算模拟实验，结果表明，当任一整数作为输出字节时，都可以得到类似于上面的一组线性等式，唯一的区别是等式的个数。因此，从密钥流可以得到大量关于$B_i^j\oplus H_i^j$及K_i^j的线性等式，这时容易想到的是能否使用已知明文攻击彻底破解这个体制，但由于混沌序列的存在，这个想法很难实现。

8.3.2 COSvd(2,128)序列密码的分析

下面利用分别征服策略“剥掉”HNLL 这层“皮”，然后再恢复出两个 NLFSR 的初始内部状态。

首先给出一个关于 henon 序列的重要观察。由于选取了 0.39912 这个值，henon 序列的单比特分布是均衡的，但它的两比特串分布却是严重不平衡的[9]。通过计算机随机选取由(−1.33,0.42)、(1.32,0.133)、(1.245,−0.14)和(−1.06,−0.5)、定义的 henon 序列收敛四边形 Q 内的初始点，然后产生 2^{30} 位的混沌序列，得到(z_i,z_{i+1})为(0,0)、(0,1)、(1,0)和(1,1)的概率分别为 $1/4-2^{-3.2811}$、$1/4+2^{-3.367\,45}$、$1/4+2^{-3.367\,45}$和 $1/4-2^{-3.459\,31}$。这些严重背离 1/4 的偏差构成了攻击的基础。另外，在双精度实现的假设下，混沌序列还有其他弱点。根据 IEEE 754 的浮点数标准[8]，用一个 64 位字表示一个双精度浮点数。具体来说，用 1 位表示符号，用 11 位表示指数部分，用 52 位表示数值部分。设 $e=e_{10}e_9\cdots e_0$ 为 11 位的指数，$d_1d_2\cdots d_{52}$ 表示 52 位的数值，这里 $e_i,d_i\in F_2$。根据 IEEE 754 的浮点数标准，一个双精度实数的绝对值为 $\left(1+\sum_{i=1}^{52}d_i\cdot 2^{-i}\right)\cdot 2^{e-1023}$，我们的主要观察结论是：如果只搜索 $e_2e_1e_0$，而令 $e_{10}e_9\cdots e_3=01\cdots1$，那么没有搜索到的点只占 Q 的很小一部分，见图 8.3.2。

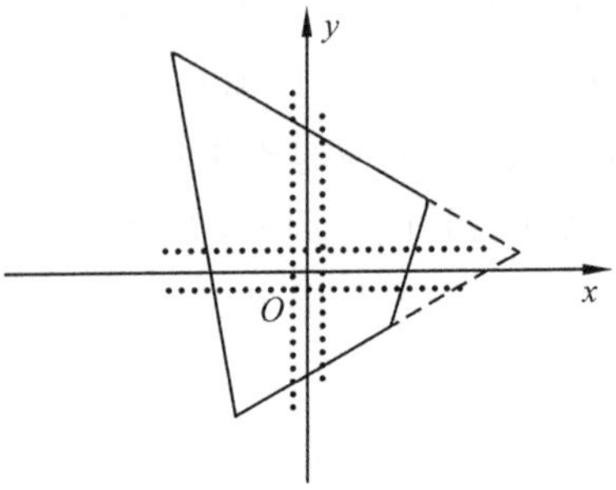

图 8.3.2 猜测的区域

在图 8.3.2 中，四边形 Q 中 x 坐标或 y 坐标绝对值小于 $2^{-7}+2^{-7}\cdot(1-2^{-52})<2^{-6}=0.015\,625$ 的点就是没有搜到的点，这样猜测正确的概率相当高。使用海伦公式计算出图 8.3.2 中大、小两个三角形的面积，它们的数值之差就是 Q 的面积；而 Q 的面积再减去中间小正方形(由两纵、两横的虚线交叉构成)的面积就是猜测不到的点所覆盖的面积，两部分之比为

$$(0.009\,537\,58+0.038\,909\,3-0.000\,244\,141)/1.481\,39=3.253\,89\%$$

这样，如果用这种方法穷举搜索一个 henon 序列的初始点(x_{-2},x_{-1})，那么复杂度仅为 $O(2^{112})$，而成功概率却达到 96.7461%。

现在来具体描述分别征服策略。其基本思想是：如果猜测一个 henon 序列的初始点(x_{-2},x_{-1})，那么通过密钥流和这个初始点所产生的序列 z_i，可以得到 K_i^j 的部分信息；然后求出 K_i^j 与 z_i 相异或得出的序列的两比特串分布，如果这个分布符合预期，那么就接受(x_{-2},x_{-1})的猜测，否则就拒绝它。

首先根据上面单个 henon 序列的两比特串分布计算出两个 henon 序列相异或得出的序列的两比特串分布。对单个 henon 序列，(采用四进制符号)记 $P(0)=1/4-2^{-3.2811}$ 为(0,0)出现的概率，$P(1)=1/4+2^{-3.367\,45}$ 为(0,1)出现的概率，$P(2)=1/4+2^{-3.367\,45}$ 为(1.0)出现的概率，$P(3)=1/4-2^{-3.459\,31}$ 为(1,1)出现的概率，那么两个 henon 序列异或后，相应的两比特串分布为

$$(0,0):\ \sum_{i=0}^{3}P(0)^2=0.287\,625$$

$$(0,1): \sum_{i=0}^{3} P(i \oplus 1) \cdot P(i) = 0.212\,447$$

$$(1,0): \sum_{i=0}^{3} P(i \oplus 2) \cdot P(i) = 0.212\,447$$

$$(1,1): \sum_{i=0}^{3} P(i \oplus 3) \cdot P(i) = 0.287\,482$$

现在摆在我们面前的困难是：即使在某些情况下可以得到一些单个比特的分布，但从密钥流无法唯一确定相应的 K_i^j 值。然而我们注意到这个问题在相应的输出字节为 0 时可以解决。此时相应的 K_i^j 或者为(1,0)，或者为(0,1)，这就意味着，如果猜测一个 henon 序列的初始点(x_{-2}, x_{-1})，产生一定长度的 z_i，然后把与输出字节 0 相应的$(z_{10(16i+j)+8}, z_{10(16i+j)+9})$分别与(0,1)、(1,0)相异或，那么事实上是把$(z_{10(16i+j)+8}, z_{10(16i+j)+9})$分别与 K_i^j、$K_i^j \oplus (1,1)$相异或，图 8.3.3 表明了这个过程。

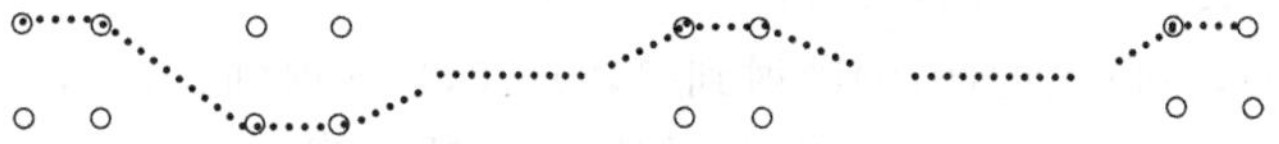

图 8.3.3 猜测的过程

图 8.3.3 中有虚线相连的点表示实际的 K_i^j，其对应的两点就是 $K_i^j \oplus (1,1)$，这样就可以计算异或后得到的序列的两比特串分布。

当输出的字节 0 对应于 $K_i^j = (1,0)$时，相应的 z_i' 中两比特串的分布为

$$\begin{aligned}
&P(z'_{10(16i+j)+8}, z'_{10(16i+j)+9}) = (0,0) \mid K_i^j = (1,0)) \\
&= \frac{P((z'_{10(16i+j)+8}, z'_{10(16i+j)+9}) = (0,0), (z_{10(16i+j)+8}, z_{10(16i+j)+9}) = (1,0))}{P(K_i^j = (1,0))} \\
&= \frac{\left(\frac{1}{4} - 2^{-3.2811}\right)\left(\frac{1}{4} + 2^{-3.367\,45}\right)}{0.212\,447} \\
&= 0.240\,24
\end{aligned}$$

$$\begin{aligned}
&P(z'_{10(16i+j)+8}, z'_{10(16i+j)+9}) = (0,1) \mid K_i^j = (1,0)) \\
&= \frac{P((z'_{10(16i+j)+8}, z'_{10(16i+j)+9}) = (0,1), (z_{10(16i+j)+8}, z_{10(16i+j)+9}) = (1,1))}{P(K_i^j = (1,0))} \\
&= \frac{\left(\frac{1}{4} - 2^{-3.459\,31}\right)\left(\frac{1}{4} + 2^{-3.367\,45}\right)}{0.212\,447} \\
&= 0.259\,759
\end{aligned}$$

类似地，

$$P(z'_{10(16i+j)+8}, z'_{10(16i+j)+9}) = (1,0) \mid K_i^j = (1,0)) = 0.240\,24$$

$$P(z'_{10(16i+j)+8}, z'_{10(16i+j)+9}) = (1,1) \mid K_i^j = (1,0)) = 0.259\,759$$

当输出的字节 0 对应于 $K_i^j = (0,1)$时，相应的 z_1' 中两比特串的分布为

$$P(z'_{10(16i+j)+8}, z'_{10(16i+j)+9}) = (0,0) \mid K_i^j = (0,1)) = 0.240\,24$$

$$P(z'_{10(16i+j)+8}, z'_{10(16i+j)+9}) = (0,1) \mid K_i^j = (0,1)) = 0.240\,24$$

$$P(z'_{10(16i+j)+8}, z'_{10(16i+j)+9}) = (1,0) \mid K_i^j = (0,1)) = 0.259\,759$$

$$P(z'_{10(16i+j)+8}, z'_{10(16i+j)+9}) = (1,1) \mid K_i^j = (0,1)) = 0.259\,759$$

这样，当(x_{-2}, x_{-1})猜测正确时，得到的两比特串分布为

$$\frac{0.240\ 24 \cdot \frac{n}{2} + 0.240\ 24 \cdot \frac{n}{2} + 0.259\ 759 \cdot \frac{n}{2} + 0.259\ 759 \cdot \frac{n}{2}}{2n}$$

$$= \frac{0.240\ 24 + 0.259\ 759}{2} = 0.25 \tag{8.3.1}$$

即此时应为均匀分布。式(8.3.1)中 n 为密钥流中字节 0 出现的次数。

当(x_{-2}, x_{-1})猜测错误时，假设产生混沌序列 z''_i，此时就有

$$(z''_{10(16i+j)+8}, z''_{10(16i+j)+9}) \oplus (z_{10(16i+j)+8}, z_{10(16i+j)+9}) \oplus (z'_{10(16i+j)+8}, z'_{10(16i+j)+9})$$
$$= (z''_{10(16i+j)+8}, z''_{10(16i+j)+9}) \oplus (1,0)$$

或

$$(z''_{10(16i+j)+8}, z''_{10(16i+j)+9}) \oplus (z_{10(16i+j)+8}, z_{10(16i+j)+9}) \oplus (z'_{10(16i+j)+8}, z'_{10(16i+j)+9})$$
$$= (z''_{10(16i+j)+8}, z''_{10(16i+j)+9}) \oplus (0,1)$$

即，如果 $K_i^j=(1,0)$，序列 z''_i的(0,0)映射到(1,0)，(0,1)映射到(1,1)，(1,0)映射到(0,0)，(1,1)映射到(0,1)；如果 $K_i^j=(0,1)$，序列 z''_i的(0,0)映射到(0,1)，(0,1)映射到(0,0)，(1,0)映射到(1,1)，(1,1)映射到(1,0)。这样，此时的两比特串分布为

$$(0,0):\ \frac{\frac{n}{2}\left(\frac{1}{4}+2^{-3.367\ 45}\right)+\frac{n}{2}\left(\frac{1}{4}+2^{-3.367\ 45}\right)+\frac{n}{2}\left(\frac{1}{4}+2^{-3.367\ 45}\right)+\frac{n}{2}\left(\frac{1}{4}+2^{-3.367\ 45}\right)}{2n}$$
$$= \frac{1}{4}+2^{-3.367\ 45}$$

$$(0,1):\ \frac{\frac{n}{2}\left(\frac{1}{4}-2^{-3.459\ 31}\right)+\frac{n}{2}\left(\frac{1}{4}-2^{-3.2811}\right)+\frac{n}{2}\left(\frac{1}{4}-2^{-3.2811}\right)+\frac{n}{2}\left(\frac{1}{4}-2^{-3.459\ 31}\right)}{2n}$$
$$= \frac{1}{4}-2^{-3.367\ 46}$$

$$(1,0):\ \frac{\frac{n}{2}\left(\frac{1}{4}-2^{-3.459\ 31}\right)+\frac{n}{2}\left(\frac{1}{4}-2^{-3.2811}\right)+\frac{n}{2}\left(\frac{1}{4}-2^{-3.2811}\right)+\frac{n}{2}\left(\frac{1}{4}-2^{-3.459\ 31}\right)}{2n}$$
$$= \frac{1}{4}-2^{-3.367\ 46}$$

$$(1,1):\ \frac{\frac{n}{2}\left(\frac{1}{4}+2^{-3.367\ 45}\right)+\frac{n}{2}\left(\frac{1}{4}+2^{-3.367\ 45}\right)+\frac{n}{2}\left(\frac{1}{4}+2^{-3.367\ 45}\right)+\frac{n}{2}\left(\frac{1}{4}+2^{-3.367\ 45}\right)}{2n}$$
$$= \frac{1}{4}+2^{-3.367\ 45}$$

显然，这个分布与式(8.3.1)中的分布不同，这样就可以用它作为淘汰错误猜测的依据。利用计算机产生了 2^{30}位的混沌序列$\{z_i \oplus z'_i\}$，一旦$(z_i, z_{i+1}) \oplus (z'_i, z'_{i+1})=(0,1)$或(1,0)，当初始点$(x_{-2}, x_{-1})$猜测正确时，由$(z_i, z_{i+1}) \oplus (0,1)$与$(z_i, z_{i+1}) \oplus (1,0)$得来的序列中(0,0)出现的概率为 0.250 166 76；而当猜测错误时，这个概率为 $1/4+2^{-3.367\ 99}$。这就进一步验证了上述分析的正确性。

假设已知 $O(2^8 n)$字节的密钥流，那么就可以得到 $O(n/2)$个非连续的 0 字节。随机猜

测一个 henon 序列的初始点(x_{-2},x_{-1})，产生一定长度的序列 z_i（n 和这里所说的“一定长度”在后面会逐步确定），对密钥流中出现的每个 0 字节，将对应的$(z_{10(16i+j)+8},z_{10(16i+j)+9})$与(0,1)、(1,0)分别相异或，记数组序列

$$G=\begin{Bmatrix}(z_{10(16i+j)+8},z_{10(16i+j)+9})\oplus(0,1)\\(z_{10(16i+j)+8},z_{10(16i+j)+9})\oplus(1,0)\end{Bmatrix}_{i,j}$$

中串(0,0)、(0,1)、(1,0)和(1,1)的个数分别为 a_0、a_1、a_2 和 a_3。如果(x_{-2},x_{-1})猜测正确，那么串(0,0)、(0,1)、(1,0)和(1,1)将为均匀分布。设

$$A=\left\{(a_0,a_1,a_2,a_3)\,\middle|\,n\cdot\left(\frac{1}{4}-x\right)\leqslant a_0,a_1,a_2,a_3\right.$$
$$\left.\leqslant n\cdot\left(\frac{1}{4}+x\right)\text{且}\,a_0+a_1+a_2+a_3=n\right\}$$

这里的 x 和 n 一样是将在后面确定的参数值。如果猜测正确，那么要求$(a_0,a_1,a_2,a_3)\in A$的概率 P_1 非常接近 1。P_1 和猜测错误时$(a_0,a_1,a_2,a_3)\in A$ 的概率 P_2 如下：

$$P_1=\sum_{(a_0,a_1,a_2,a_3)\in A}\frac{n!}{a_0!\ a_1!\ a_2!\ a_3!}\cdot\left(\frac{1}{4}\right)^n$$

$$P_2=\sum_{(a_0,a_1,a_2,a_3)\in A}\frac{n!}{a_0!\ a_1!\ a_2!\ a_3!}\cdot\left(\frac{1}{4}+2^{-3.367\,45}\right)^{a_0+a_3}\cdot\left(\frac{1}{4}-2^{-3.367\,46}\right)^{a_1+a_2}$$

由于多项系数的存在，P_1 和 P_2 并不便于实际计算。下面用多元正态分布逼近 P_1 和 P_2。

$$P_1\rightarrow\int_{n\left(\frac{1}{4}-x\right)-0.5}^{n\left(\frac{1}{4}+x\right)+0.5}\int_{n\left(\frac{1}{4}-x\right)-0.5}^{n\left(\frac{1}{4}+x\right)+0.5}\int_{n\left(\frac{1}{4}-x\right)-0.5}^{n\left(\frac{1}{4}+x\right)+0.5}f(y_1,y_2,y_3)\mathrm{d}y_1\mathrm{d}y_2\mathrm{d}y_3$$

$$P_2\rightarrow\int_{n\left(\frac{1}{4}-x\right)-0.5}^{n\left(\frac{1}{4}+x\right)+0.5}\int_{n\left(\frac{1}{4}-x\right)-0.5}^{n\left(\frac{1}{4}+x\right)+0.5}\int_{n\left(\frac{1}{4}-x\right)-0.5}^{n\left(\frac{1}{4}+x\right)+0.5}g(y_1,y_2,y_3)\mathrm{d}y_1\mathrm{d}y_2\mathrm{d}y_3$$

这里

$$f(y_1,y_2,y_3)=\frac{1}{\sqrt{(2\pi)^3\cdot|B|}}\cdot e^{-(y-u)^{\mathrm{T}}B^{-1}(y-u)/2}$$

$$g(y_1,y_2,y_3)=\frac{1}{\sqrt{(2\pi)^3\cdot|B'|}}\cdot e^{-(y-u')^{\mathrm{T}}B'^{-1}(y-u')/2}$$

$$y=(y_1,y_2,y_3)^{\mathrm{T}}$$

$$u=\left(\frac{n}{4},\frac{n}{4},\frac{n}{4}\right)^{\mathrm{T}}$$

$$u'=\left(\left(\frac{1}{4}-2^{-3.367\,46}\right)n,\left(\frac{1}{4}+2^{-3.367\,45}\right)n,\left(\frac{1}{4}+2^{-3.367\,45}\right)n\right)^{\mathrm{T}}$$

$$B=\begin{pmatrix}\frac{3}{16}n & -\frac{1}{16}n & -\frac{1}{16}n\\ -\frac{1}{16}n & \frac{3}{16}n & -\frac{1}{16}n\\ -\frac{1}{16}n & -\frac{1}{16}n & \frac{3}{16}n\end{pmatrix}$$

$$B'=\begin{pmatrix}0.129\,665n & -0.053\,111\,8n & -0.053\,111\,8n\\ -0.053\,111\,8n & 0.226\,559n & -0.120\,335n\\ -0.053\,111\,8n & -0.120\,335n & 0.226\,559n\end{pmatrix}$$

对不同的 n 和 x 的值，用 Mathematica 4.0 计算出 P_1 与 P_2 的值，我们发现在 $n=2^{12}$ 和 $x=96/2^{12}$ 时，$P_1=0.998\ 521$，而 $P_2=2^{-193.725}<\frac{1}{2^{112}}$。此时获得的关于初始点 (x_{-2},x_{-1}) 的信息为

$$\Delta=112-\left(-\sum_{i=1}^{|H|}\frac{P_1}{|H|}\cdot\log_2\frac{P_1}{|H|}-\sum_{i=1}^{|\overline{H}|}\frac{1-P_1}{|\overline{H}|}\cdot\log_2\frac{1-P_1}{|\overline{H}|}\right)$$

$$=P_1\cdot\log_2\frac{P_1}{P_2+2^{-112}}+(1-P_1)\cdot\log_2\frac{1-P_1}{1-P_2-2^{-112}}=111.818$$

其中 $H=\{(x_{-2},x_{-1})\mid$ 对 $G,(a_0,a_1,a_2,a_3)\in A\}$；$\overline{H}=\{(x_{-2},x_{-1})\mid$ 对 $G,(a_0,a_1,a_2,a_3)\notin A\}$。

至此，从 $O(2^8\cdot 2^{12})=O(2^{20})$ 字节的密钥流，以 $0.967\ 461\cdot 0.998\ 521=96.603\%$ 的成功概率恢复出一个 henon 序列的初始点 (x_{-2},x_{-1})，复杂度为 $O(2^{112})$。下一步，将恢复出另一个 henon 序列的初始点 (x'_{-2},x'_{-1})。

可以注意到，此时已知道 (x_{-2},x_{-1})，如果穷举搜索 (x'_{-2},x'_{-1})，产生出一定长度的混沌序列 z'_i，那么当输出字节为 0 时，有 $h_{10(16i+j)+8}=1\oplus h_{10(16i+j)+9}$。因此，如果有 2^{16} 字节长的密钥流，那么就有 2^7 个输出 0 字节，这样，一个错误的 (x'_{-2},x'_{-1}) 猜测能连续通过 2^7 次检查 $h_{10(16i+j)+8}=1\oplus h_{10(16i+j)+9}$ 是否成立的概率为 $2^{-128}<2^{-112}$。这样，就淘汰了错误猜测，恢复出 (x'_{-2},x'_{-1})。至此，攻击的复杂度为 $O(2^{112}+2^{112})=O(2^{113})$，所需密钥流长度仍为 $O(2^{21})$ 字节，成功概率为 $0.967\ 461^2\cdot 0.998\ 521=93.4597\%$。

一旦知道了 (x_{-2},x_{-1}) 与 (x'_{-2},x'_{-1})，就得到每个 K_i^j 的值，这样从对应的输出字节就可以确定 S-盒的另一输入 $B_i^j\oplus H_i^j$（绝大多数情况下，可以唯一确定 $B_i^j\oplus H_i^j$；例外的情况是输出为 Tabkey2 中出现不少于 5 次的 9 字节时，此时在每种情况下，也只有一个或两个 K_i^j 的值引起很小的不确定性，这时整个攻击的复杂度只增加一个常数量级，因此可以安全地假定唯一确认 $B_i^j\oplus H_i^j$ 的值，进而确认 B_i^j 的值）。

下面考查如图 8.3.4 所示的从一奇数步开始的连续 7 步。L_1 在第②、④、⑥步都前进 d 步，在其余各步都前进 d' 步；L_2 则正相反。在图 8.3.4 中，a、b、c、x、w、y、S、U、k_i $(1\leqslant i\leqslant 13)$ 和 W 都是 64 位字。不失一般性，假设在这 7 步里，$d=64$，$d'=41$。这种情况发生的概率是 $(2^{-3})^6=2^{-18}$，其他情况都可类似地处理。这样，图 8.3.4 中的比特串 w'、w''、x_1、x_2、b'、b''、c_1、c_2、y_1、y_2、T、V 以及 S_1、S_2、Z、U_1、U_2、W_1、W_2 的长度都可根据 d 和 d' 的值确定。用 k_i $(1\leqslant i\leqslant 13)$ 表示两个 NLFSR 的内部状态经过交叉异或之后得出的 64 位字，这样，在第一步就有

$$\begin{cases}b_{63}\oplus w_{63}=k_{1,63}\\ b_{62}\oplus w_{62}=k_{1,62}\\ \vdots\\ b_0\oplus w_0=k_{1,0}\\ a_{63}\oplus x_{63}=k_{2,63}\\ a_{62}\oplus x_{62}=k_{2,62}\\ \vdots\\ a_0\oplus x_0=k_{2,0}\\ b_{63}=0\\ x_{63}=0\\ a_0\oplus w_0=0\end{cases}$$

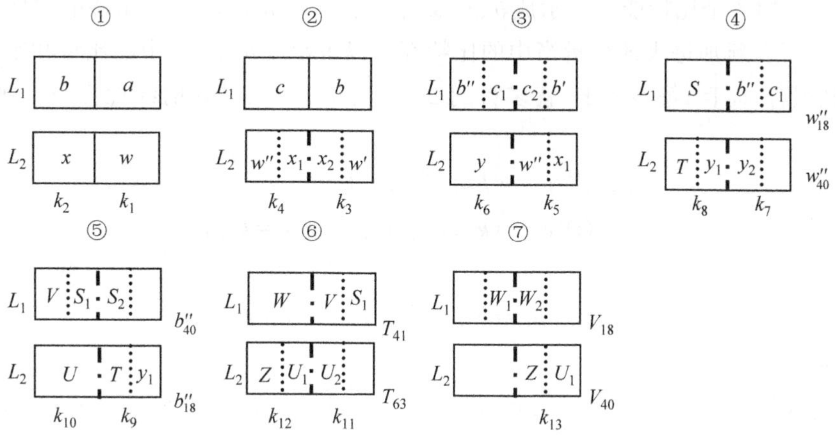

图 8.3.4 连续的 7 步

这里 $b=b_{63}b_{62}\cdots b_0$，$w=w_{63}w_{62}\cdots w_0$，$a=a_{63}a_{62}\cdots a_0$，$x=x_{63}x_{62}\cdots x_0$，$k_i=k_{i,63}k_{i,62}\cdots k_{1,0}(1\leqslant i\leqslant 13)$。$a$、$b$、$x$ 和 w 共有 256 个未知比特，而通过第①步，已经得到 131 个线性方程。这正是交叉体制的一个致命缺点——有太多的内部状态被暴露出来。如果多前进几步，完全有理由希望能够得到更多关于 a、b、x 和 w 的 256 个比特的方程。通过第②步，有

$$
\begin{cases}
c_{63}\oplus x_{40}=k_{3,63}\\
c_{62}\oplus x_{39}=k_{3,62}\\
\vdots\\
c_{23}\oplus x_{0}=k_{3,23}\\
c_{22}\oplus w_{63}=k_{3,22}\\
c_{21}\oplus w_{62}=k_{3,21}\\
\vdots\\
c_{0}\oplus w_{41}=k_{3,0}\\
b_{63}\oplus w''_{40}=k_{4,63}\\
b_{62}\oplus w''_{39}=k_{4,62}\\
\vdots\\
b_{23}\oplus w''_{0}=k_{4,23}\\
c_{63}=0\\
w''_{40}=0\\
b_{0}\oplus w_{41}=0
\end{cases}
$$

特别地，还有

$$
\begin{cases}
b_{22}\oplus x_{63}=k_{4,22}\\
b_{21}\oplus x_{62}=k_{4,21}\\
\vdots\\
b_{0}\oplus x_{41}=k_{4,0}
\end{cases}
$$

即又得到了 23 个关于 a、b、x、w 的线性方程。此外，可以注意到，在这一步新加进来的两

个变量 c 和 w'' 的各个比特能够表示成 b、x、w 中的比特和密钥流字节比特的线性组合。随着步数增加，所有新加进来的变量当中的比特都可以表示成 b、x、w 中的比特和密钥流字节比特的线性组合，而且，每多一步，就多得到 23 个关于 a、b、x、w 的线性方程。例如，在第③步，得到

$$\begin{cases} c_{63} \oplus x_{63} = k_{3,63} \oplus x_{40} \oplus x_{63} = k_{5,22} \\ c_{62} \oplus x_{62} = k_{3,62} \oplus x_{39} \oplus x_{62} = k_{5,21} \\ \vdots \\ c_{41} \oplus x_{41} = k_{3,41} \oplus x_{18} \oplus x_{41} = k_{5,0} \end{cases}$$

在第⑦步，有

$$\begin{cases} W_{41} \oplus U_{41} = k_{11,41} \oplus k_{10,18} \oplus k_{5,59} \oplus k_{4,59} \oplus b_{59} \oplus k_{12,0} \oplus k_{9,0} \oplus k_{8,0} \oplus c_{41} \\ \qquad = k_{13,0} \\ \vdots \\ W_{63} \oplus U_{63} = k_{11,63} \oplus k_{10,40} \oplus k_{7,17} \oplus k_{4,58} \oplus b_{58} \oplus k_{12,22} \oplus k_{9,22} \oplus k_{8,22} \oplus c_{63} \\ \qquad = k_{13,22} \end{cases}$$

这样，在 7 步完了以后，至少一共得到 $128+23 \cdot 6=266$ 个关于 a、b、x、w 中包含的比特的线性方程。检查这个线性方程组的一致性，就可以淘汰错误的位置；当满足一致性时，解这个方程组就可以恢复出 a、b、x、w。这一步需要的密钥流长度为 $O(7 \cdot 2^{18} \cdot 2 \cdot 2^4)=O(2^{26})$ 字节，复杂度为 $O(2^{24} \cdot (2^{25}-1)+2^{24})=O(2^{49})$。

至此，就从 $O(2^{26})$ 字节的密钥流中以 93.4597%的概率恢复出了 COSvd(2,128)的所有密钥，这个攻击的复杂度为 $O(2^{113}+2^{49})=O(2^{113})$。通过分析可以看出，COSvd(2,128)的设计并不成功，这个密码的安全性主要源于混沌序列的存在，其他部分在密码学意义下的安全性都很弱。虽然上述攻击的各个参数都是在双精度假设下得出的，但是它实际上适用于任意精度的情况，只是复杂度增加很有限的常数量级，而这主要是由于穷举搜索一个 henon 序列的初始点造成的，攻击的其他部分不变。

8.4 近似碰撞攻击方法

文献[12]中针对 Grain v1 序列密码给出了一种近似碰撞(near-collision)攻击，发现了 Grain v1 的如下特点：在密钥流生成阶段，LFSR 的更新过程是完全独立的，不受任何其他组件的影响。如果 LFSR 和 NFSR 两个 160 位内部状态在两个不同时刻，它们的大多数比特都相同，只有极少数比特的位置不同，那么它们产生的密钥流前缀也将非常相似，两个密钥流之间的差并不能取遍所有的值，因此输出的密钥流差的分布是非常不均匀的。有些差出现的概率非常高，而有些差出现的概率却非常低。利用这个特点，在两个密钥流截取段满足以上性质时，就可以利用密钥流差分布来导出内部状态差，而一旦知道了内部状态差，就很容易恢复 LFSR 的内部状态，再结合其他技术就能够恢复出 NFSR 的内部状态。

定义 8.4.1 设 s 和 s' 是两个 n 比特长的串，如果 $W_H(s \oplus s') \leqslant d$，则称 s 和 s' 是 d-近似碰撞的。这里 $W_H(x)$ 表示 x 的汉明重量，即 n 比特长串 x 中 1 的个数。

讲到碰撞，自然会想到生日悖论，即，如果具有 2^n 个元素的集合的两个随机子集合的大小的积超过 2^n，则二者被期望是相交的。这里关于 d-近似碰撞提出了一个类似的结论。

引理 8.4.1 给定 F_2^n（具有 2^n 个元素）的两个随机子集合 A 和 B，那么存在一个对 $(a,b)\in(A,B)$ 是 d-近似碰撞的，这里的集合 A 和 B 满足

$$|A|\cdot|B|\geqslant\frac{2^n}{V(n,d)} \tag{8.4.1}$$

其中 $|A|$ 和 $|B|$ 分别表示 A 和 B 的大小，$V(n,d)$ 表示满足 $W_H(\Delta s)\leqslant d$ 的内部状态差的总数。显然，如果记 $B_d=\{\Delta s\in F_2^n\}|W_H(\Delta s)\leqslant d)\}$，则 $V(n,d)=|B_d|=\sum_{i=0}^{d}C_n^i$。

证明：设 $A=\{a_1,a_2,\cdots,a_{|A|}\}$，$b=\{b_1,b_2,\cdots,b_{|B|}\}$。每个 $a_i\in A$，$b_j\in B$ 都是在 F_2^n 中取值的均匀随机变量。考虑随机变量 $W_H(a_i\oplus b_j)$，并设 ϕ 是事件 $W_H(a_i\oplus b_j)\leqslant d$ 的特征函数，即

$$\phi(W_H(a_i\oplus b_j)\leqslant d)=\begin{cases}1, & W_H(a_i\oplus b_j)\leqslant d\\ 0, & \text{其他}\end{cases}$$

对 $1\leqslant i\leqslant|A|$，$1\leqslant j\leqslant|B|$，考虑满足 $W_H(a_i\oplus b_j)\leqslant d$ 的 (a_i,b_j) 对的数量 $N_{A,B}(d)$（即 d-近似碰撞的数量）：

$$N_{A,B}(d)=\sum_{i=1}^{|A|}\sum_{j=1}^{|B|}\phi(W_H(a_i\oplus b_j)\leqslant d)$$

两两独立的随机变量的 $N_{A,B}(d)$ 的期望值可以用下式计算：

$$E[N_{A,B}(d)]=|A|\cdot|B|\cdot\frac{V(n,d)}{2^n}$$

因此，如果选择的 A 和 B 的大小满足式(8.4.1)，则 d-近似碰撞对的期望数至少是 1。

如果 $d=0$，则 $V(n,d)=1$，引理 8.4.1 变为通常的碰撞；否则，找到一个 d-近似碰撞所需要的数据比找到一个完全碰撞的数据小。如果 $|A|\cdot|B|=\frac{2^n}{V(n,d)}$，则找到一个 d-近似碰撞的概率大约是 50%；如果 $|A|\cdot|B|=\frac{3\cdot 2^n}{V(n,d)}$，则找到一个 d-近似碰撞的概率大于 98%。

1. 关于 Grain v1 密钥的一些观察

关于 Grain v1 的详细描述见 5.4.3 节。第一个观察是：如果知道两个状态的差，那么根据 Grain v1 的 NFSR-LFSR 组合结构，在两个不同时刻的内部状态能在一个合理的时间内恢复。更确切地讲，在密钥流生成阶段，把 LFSR 在时刻 t_1 的状态表示为 $S^{t_1}=(s_0^{t_1},s_1^{t_1},\cdots,s_{79}^{t_1})$，在时刻 t_2 的状态表示为 $S^{t_2}=(s_0^{t_2},s_1^{t_2},\cdots,s_{79}^{t_2})$，$0\leqslant t_1<t_2$。

假定我们知道差 $\Delta S=(s_0^{t_1}\oplus s_0^{t_2},s_1^{t_1}\oplus s_1^{t_2},\cdots,s_{79}^{t_1}\oplus s_{79}^{t_2})=(\Delta s_0,\Delta s_1,\cdots,\Delta s_{79})$，时间间隔为 $\Delta t=t_2-t_1$。因为在 Grain v1 的密钥流生成阶段 LFSR 被独立地钟控，从来不受 NFSR 或密钥流比特的影响，所以在 S^{t_2} 中的每个 $s_i^{t_2}$ 都可用 S^{t_1} 中的变量线性地表示：

$$\begin{cases}s_0^{t_2}=c_0^0s_0^{t_1}+c_1^0s_1^{t_1}+\cdots+c_{79}^0s_{79}^{t_1}\\ s_1^{t_2}=c_0^1s_0^{t_1}+c_1^1s_1^{t_1}+\cdots+c_{79}^1s_{79}^{t_1}\\ \vdots\\ s_{79}^{t_2}=c_0^{79}s_0^{t_1}+c_1^{79}s_1^{t_1}+\cdots+c_{79}^{79}s_{79}^{t_1}\end{cases}$$

这里的 $c_i^j(0\leqslant i,j\leqslant 79)$ 能根据 Δt 和 LFSR 的更新函数预计算，不依赖于 t_1 和 t_2。结合 ΔS，可以容易地推导出下列线性方程组：

$$
\begin{cases}
\Delta s_0 = s_0^{t_2} \oplus s_0^{t_1} = (c_0^0+1)s_0^{t_1} + c_0^0 s_0^{t_1} + \cdots + c_{79}^0 s_{79}^{t_1} \\
\Delta s_1 = s_1^{t_2} \oplus s_1^{t_1} = c_0^1 s_0^{t_1} + (c_1^1+1)s_1^{t_1} + \cdots + c_{79}^1 s_{79}^{t_1} \\
\vdots \\
\Delta s_1 = s_{79}^{t_2} \oplus s_{79}^{t_1} = c_0^{79} s_0^{t_1} + c_1^{79} s_1^{t_1} + \cdots + (c_{79}^{79}+1) s_{79}^{t_1}
\end{cases}
\tag{8.4.2}
$$

那么在 S^{t_1} 中的变量能通过式(8.4.2)确定，这意味着能获得 LFSR 在时刻 t_1 的内部状态。这一步的时间复杂度的上界是 $T_L\approx 2^{18.9}$ 个基本操作[13]。文献[12]中通过实验表明，Grain v1 的一个密码时基或时基(tick，一个相对的时间单位)是 $\Omega\approx 2^{10.4}$ 个 CPU 时钟周期，即 Ω 表示用软件实现的 Grain v1 生成一位密钥流所需的 CPU 时钟周期数。假定一个基本操作需要一个 CPU 时钟周期，则用软件实现这一步需要 $T_L=2^{18.9}/2^{10.4}=2^{8.5}$ 个密码时基。

一旦在时刻 t_1 的 LFSR 状态被恢复，就可以讨论如何恢复 NFSR 在时刻 t_1 的状态。文献[14]中进行了一些恢复所能获得的最大比特数的实验，此时要对其他的比特进行猜测。实验结果表明，160 位中不超过 77 位能被恢复，而需猜测剩余的 83 位(包括 LFSR 的全部 80 位和 NFSR 的 3 位)。其方法是求解一个包含 77 个未知 NFSR 状态比特的方程组。这一步最终需要 $2^{30.7}$ 个基本操作(或 CPU 时钟周期)和 150 位密钥流恢复在时刻 t_1NFSR 的所有 80 比特的状态。因此，恢复 NFSR 状态的时间复杂度是 $T_N=2^{30.7}/\Omega=2^{20.3}$ 个密码时基。

然后，可通过在时刻 t_1 向后运行内部状态很容易地恢复密钥。

综上所述，给定具有时间间隔的内部状态差，恢复内部状态的时间复杂度是 $T_K=T_L+T_N\approx 2^{20.3}$ 个密码时基。

第二个观察是：给定一个具体的内部状态差(ISD)，密钥流段差(KSD)的分布有很大的偏差。

例如，选择 $d=4, l=16$，d 表示内部状态差的最大汉明重量，l 表示密钥流段的比特长度。用 $I_{\Delta s}$ 表示内部状态差 Δs 的差位置指标的集合，差位置指标的范围为 0～159，对应于 $b_0,b_1,\cdots,b_{79},s_0,s_1,\cdots,s_{79}$，取 $I_{\Delta s_1}=\{9,31,39,69\}$，$I_{\Delta s_2}=\{99,121,134,149\}$，$I_{\Delta s_3}=\{29,64,101,147\}$，$I_{\Delta s_4}=\{20,26,53,141\}$。这样，随机选择 10^4 个内部状态，通过 Δs_1、Δs_2、Δs_3、Δs_4 计算相伴的状态，并对 Δs_1、Δs_2、Δs_3、Δs_4 生成对应的 KSD，见表 8.4.1。

表 8.4.1 KSD 的分布

ISD	KSD	比例/%	ISD	KSD	比例/%
Δs_1	0xa120	49.4	Δs_4	0x0000	52.0
	0xe120	50.6		0x0080	48.0
Δs_2	0x0000	12.9	Δs_3	0x0001	13.2
	0x0001	13.8		0x0201	12.1
	0x2000	38.3		0x0801	37.2
	0x2001	35.1		0x0a01	37.5

注：Δs_1=0x00020080800000002000000000000000000000

Δs_2=0x00000000000000000000000800000000240002000

Δs_3=0x00000020000000001000000200000000000000800

Δs_4=0x00001004000020000000000000000000200000

从表 8.4.1 可以看到，Δs_1 和 Δs_4 分别只有两个 KSD 的值，每个值发生的比例都接近 1/2；Δs_2 和 Δs_3 分别有 4 个 KSD 的值，每个值发生的比例不同，例如，如果 ISD 是 Δs_2，则 38.3%的 KSD 是 0x2000。我们用不同的 d、l 也测试了其他的 ISD，实验结果类似于表 8.4.1。

在许多情况下，当 d、l 被固定时，存在一些不可能的 KSD。为了说明这一点，假定 $1 \leqslant d \leqslant 4$，$l \in \{8,16,24,32\}$，枚举每个 $\Delta s \in B_d$ 并对 B_d 中所有可能的 ISD 计算 $Q(n,d,l)$，这里 $Q(n,d,l)$ 表示当遍历所有的 $V(n,d)$ 个内部状态差时所有可能的密钥流段差的总数，n 表示内部状态的比特长度。实验结果表明，对大多数(d,l)存在一些不可能的差。这样 $Q(n,d,l)$ 的值能被估计为 $2^{l-\gamma}$，这里 2^{γ} 是不可能差的数量，例如，$(d,l)=(3,24)$，$\gamma=4.7$。即使对可能的差，分布也是不均匀的，这就使得一些熵泄露。

第三个观察是：强力攻击即穷举搜索攻击的复杂度高于 80 个时基，且这样的一个攻击只能对每个固定的 IV 进行，而近似碰撞攻击能应用于任意 IV 的情况。

作为基线，我们分析对 Grain v1 的强力攻击的时间复杂度。给定一个已知的固定 IV 和一个由(K,IV)对生成的 80 位长密钥流段 w，目的是使用穷举搜索策略恢复 K。对每个 $k_i(1 \leqslant i \leqslant 2^{80}-1)$，攻击者首先需要完成初始化阶段，需要 160 个时基。在密钥流生成阶段，一旦一个密钥流比特被生成，攻击者将它与 w 中的对应比特相比较。如果它们是相等的，攻击者继续生成下一个密钥流比特并做比较；如果不相等，攻击者搜索另一个密钥并重复前面的步骤。如果每个密钥流比特被处理为一个随机独立的变量，那么对每个 k_i，攻击者需要生成 $l(1 \leqslant l \leqslant 80)$位密钥流的概率是 $1(l=1)$或 $2^{-(l-1)}(l>1)$，这意味着前 $l-1$ 位等于 w 中的计数器比特。设 N_{W} 是对每个枚举密钥需要生成的比特数的期望数，即

$$N_{\text{W}} = \sum_{l=1}^{80} l \cdot P_l = \sum_{l=1}^{80} l \cdot 2^{-(l-1)} \approx 4$$

则总的时间复杂度是$(2^{80}-1)(160+4) \approx 2^{87.4}$个密码时基。

2. *一般的攻击模型*

由前面的观察和分析可知，通过利用已知的 ISD 和时间间隔容易恢复内部状态，这样我们主要关心的是从两个 d-近似碰撞内部状态推导恢复 ISD 的问题。这个攻击由两个阶段组成，分别是离线阶段和在线阶段。

在离线阶段，预计算一些良好结构的差分表。给定 l、d，枚举 B_d 中的 $V(n,d)$个不同的 ISD 并按比例生成对应的 KSD。总体上，将构造 $Q(n,d,l)$张不同的表并用 KSD 标记。生成标记 KSD 的 ISD 连同比例将被存储在每张 KSD 表中。例如，在表 8.4.1 中，Δs_2 连同比例 12.9%将被存储在表 0x0000 的一行中，Δs_4 连同比例 52.0%将被存储在 KSD 表 0x0000 的另一行中。表的结构示意如下：

$$\text{table0x0000}\begin{cases}\Delta s_2 & 12.9\% \\ \Delta s_4 & 52.0\% \\ \vdots & \end{cases}$$

$$\text{table0x0001}\begin{cases}\Delta s_2 & 13.8\% \\ \Delta s_4 & 13.2\% \\ \vdots & \end{cases}$$

$$\text{table0x0080}\begin{cases}\Delta s_4 & 48.0\% \\ \vdots & \end{cases}$$

…

表的总数是 $Q(n,d,l)$个，在每张表中行的平均数是 $R(n,d,l)$个，即对应于一个固定密钥流段差的内部状态差的平均数。由于对一个固定的 ISD 来说，KSD 的分布不均匀，因此只考虑至多 100 个 KSD，即所有的 KSD 中前 100 个比例最大的，然后，每个 ISD 将被存储在至多 100 张不同的 KSD 表中。因此，$R(n,d,l)$的上界是 $100V(n,d)/Q(n,d,l)$。这样，存储需求是 $M_1=Q(n,d,l)R(n,d.l)=2^{6.6}V(n,d)$个条目，每个条目包含 $n+\delta$ 位，这里 δ 被用来存储比例且 $\delta=7$。使用 7 比特串存储百分数，例如，对 67%，只存储 67 的二元表示(67<128)。在建立存储关于这些比例的值的每张表时，将具有最大比例的 ISD 放在第一行。这里所有的表都以它们的 KSD 作为标记来存储。设 N 是从 ISD 计算 KSD 的随机内部状态的采样数，则预计算时间为 $P=2N\cdot V(n,d)\cdot l$ 个密码时基。

现在讨论如何利用预计算表和截断密钥流获得 ISD。设密钥流段的长度是 $\hat{l}=l+\beta$，这里 β 是密钥流后缀的长度，用于验证。在线阶段包括以下 4 步。

第 1 步：随机地收集两个密钥流段集合 A 和 B，其中的每个元素 $a_i\in A,b_j\in B$ 都是 $\hat{l}$ 位。设 $a_i^{[l]}$、$b_j^{[l]}$ 表示密钥流段的前 l 位，并且对每个 $a_i^{[l]}$、$b_j^{[l]}$，时刻也要被记录。设 s_i^A、s_j^B 分别是对应于 $a_i^{[l]}$、$b_j^{[l]}$ 的内部状态，由引理 8.4.1，为了确保至少存在一对(s_i^A、s_j^B)使得 $s_i^A\oplus s_j^B\in B_d$，要求 $|A|\cdot|B|\geqslant\dfrac{2^n}{V(n,d)}$。

第 2 步：根据前 l 位的值编排 A 和 B，并将 A 和 B 分别分成 m 个不同的群：$G_1^A,G_2^A,\cdots,G_m^A$ 和 $G_1^B,G_2^B,\cdots,G_m^B$。在 A 或 B 中具有同样的 $a_i^{[l]}$ 或 $b_j^{[l]}$ 的密钥流段将被放入具有指标 $a_i^{[l]}$ 或 $b_j^{[l]}$ 的同样的群中。每个群的大小可用以下公式计算：

$$|G_i^A|=|A|/2^l,\quad |G_i^B|=|B|/2^l,\quad 1\leqslant i\leqslant m$$

注意，如果$|A|\geqslant 2^l$，则 $m=2^l$；如果$|A|<2^l$，则也许有一些空群并定义 $m=|A|$。编排时间 T_1 可以用比较次数来表示，即 $T_1=|A|\cdot\log_2|A|+|B|\cdot\log_2|B|$。

第 3 步：现在需要识别的是 d-近似碰撞的候选对(s_i^A、s_j^B)。在离线阶段，$Q(n,d,l)$个不同的 KSD 表示为 $W=\{w_1,w_2,\cdots,w_{Q(n,d,l)}\}$，每个 w_k 具有 l 位长。对每个 $w_k\in W$，需要找到满足 $a_i^{[l]}\oplus b_j^{[l]}=w_k$ 的所有的($a_i^{[l]},b_j^{[l]}$)对。以下有两种策略可达到这一目的。

策略Ⅰ：对每个 $w_k\in W$，将它与 A 中的每个群 G_i^A 的指标相异或，得到 A^*。如果有一个群 $G_i^{A^*}$ 的群指标和 B 中的另一个群 G_i^B 的指标一样，那么得到 $a_p^{[l]}\oplus b_q^{[l]}=w_k$，对任何 $1\leqslant p\leqslant|G_i^{A^*}|,1\leqslant q\leqslant|G_i^B|$。因为如果将 w_k 与每个 $a_p^{[l]}\in G_j^{A^*}$ 异或并得到 $a_p^{[l]*}=a_p^{[l]}\oplus w_k$，则任何($a_p^{[l]*},b_q^{[l]}$)对都是一个满足 $a_p^{[l]*}=a_p^{[l]}\oplus w_k=b_q^{[l]}$ 的匹配，见图 8.4.1。其时间复杂度 T_2^{I} 可以用比较次数来表示，即 $T_2^{\mathrm{I}}=Q(n,d,l)\cdot m\cdot\log_2 m$。

策略Ⅱ：对每个在 A 中的 G_i^A，将它的指标与每个在 B 中的 G_j^B 的指标相异或，得到 B^*，并在 $W=\{w_1,w_2,\cdots,w_{Q(n,d,l)}\}$ 中搜索一个匹配。如果找到一个匹配 $w_k\in W$，则有($a_p^{[l]},b_q^{[l]}$)对满足 $a_p^{[l]}\oplus b_q^{[l]}=w_k,a_p^{[l]}\in G_i^A,b_q^{[l]}\in G_j^B$，见图 8.4.2。其时间复杂度 T_2^{II} 可以用比较次数来表示，即 $T_2^{\mathrm{II}}=m^2\log_2 Q(n,d,l)$。

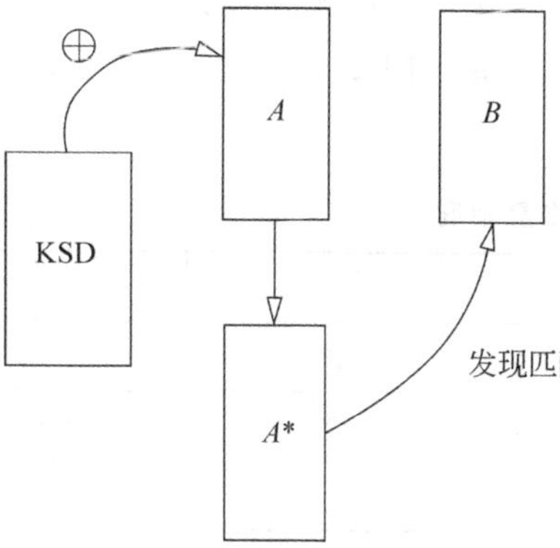

图 8.4.1 策略Ⅰ

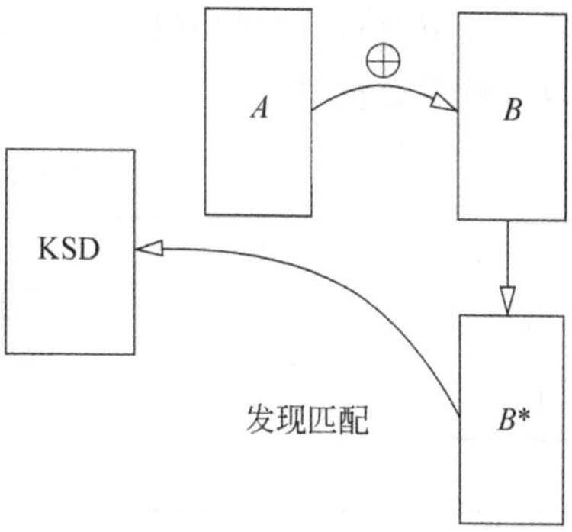

图 8.4.2 策略Ⅱ

综上所述，第 3 步的时间复杂度是 $T_2=\min\{T_2^{\mathrm{I}},T_2^{\mathrm{II}}\}$。

第 4 步：如果在第 3 步选择策略Ⅰ，则对每个 w_i，至多有 $C_{w_i}=2^l\cdot|G_j^A|\cdot|G_j^B|=|A|\cdot|B|/2^l$ 个匹配，这样，匹配的总数至多是 $C=C_{w_i}\cdot Q(n,d,l)=Q(n,d,l)\cdot|A|\cdot|B|/2^l\leqslant|A|\cdot|B|$（策略Ⅱ至多得到 $C=|A|\cdot|B|$ 个匹配），在其中有许多伪随机碰撞，即 $a_p^{[l]}\oplus b_q^{[l]}$ 匹配到一个 KSD，但从这个用 KSD 标记的表中找到的 ISD 恢复的内部状态是不正确的。这一步是滤除这些伪随机碰撞并找到一个真实的匹配。精确地讲，对每对 $(a_p^{[l]},b_q^{[l]})$，用指标 $a_p^{[l]}\oplus b_q^{[l]}=w_i$ 查表，读取对应的 ISD 目录 $B_d^{w_i}$，并对每个 $\Delta s\in B_d^{w_j}$，通过使用前面的第一个观察能推导其内部状态。最后，可以很容易地验证内部状态的正确性，其方法是向前运行密码并将生成的密钥流与收集在 A 和 B 中的 β 位进行比较。表的平均大小是 $R(n,d,l)\approx 100V(n,d)/Q(n,d,l)$。时间复杂度是 $T_3=C\cdot R(n,d,l)\cdot T_K=|A|\cdot|B|\cdot V(n,d)\cdot 2^{6.6}\cdot T_K/2^l$ 个密码时基（对策略Ⅱ，$T_3=|A|\cdot|B|\cdot V(n,d)\cdot 2^{6.6}\cdot T_K/Q(n,d,l)$）。

这样，在线阶段总的在线时间复杂度是 $T=T_1+T_2+T_3$，存储复杂度是 $M_2=|A|+|B|$ 个条目，每个条目包含 $\hat{l}$ 位。

时间复杂度的单元是一个 Grain v1 时基。显然，$Q(n,d,l)$ 的上界是 2^l，$R(n,d,l)$ 的上界是 $100V(n,d)/Q(n,d,l)$。预计算时间是 $P=2N\cdot V(n,d)\cdot l$，数据复杂度是 $D=|A|+|B|$ 个 $\hat{l}$ 位密钥流段，存储需求是 $M=M_1+M_2=V(n,d,l)\cdot 2^{6.6}+|A|+|B|$ 个条目。

第 2 步的时间复杂度是 $T_1=|A|\cdot\log_2|A|+|B|\cdot\log_2|B|$ 个比较。假定每个比较在一个 CPU 时钟内被完成。因为 Grain v1 的一个时基需要 $\Omega=2^{10.4}$ 个 CPU 时钟周期，所以，第 2 步的时间复杂度是 $T_1=(|A|\cdot\log_2|A|+|B|\cdot\log_2|B|)/\Omega$ 个密码时基。类似地，第 3 步的时间复杂度是 $T_2=\min\{Q(n,d,l)\cdot m\cdot\log_2 m/\Omega,m^2\cdot\log_2 Q(n,d,l)/\Omega\}$ 个时基。

对 Grain v1，当 $n=160,d=16$ 时，$V(n,d)\approx 2^{72}$。如果选择 $|A|=|B|=\sqrt{3}\cdot 2^{n/2}/\sqrt{V(n,d)}\approx 2^{44.8}$，采样大小 $N=2^{16}$，则数据复杂度是 $D=|A|+|B|=2^{45.8}$，存储需求是 $M=2^{78.6}$ 个 167 位条目，预计算时间复杂度是 $P=2^{89}l$。各种 l 的攻击复杂度展示在表 8.4.2

中。从表 8.4.2 可以看出，这个攻击有相当均匀的复杂度折中。除此之外，从 $|A|\cdot|B|=3\cdot 2^n/V(n,d)$ 估计的成功概率大约是 98%。然而，预计算时间复杂度是 $P=2^{95.7}$，超出了强力攻击的复杂度($2^{87.4}$)。

表 8.4.2 具有各种 l 的攻击复杂度

l	P	T_1	T_2	T_3	T
102	$2^{95.7}$	$2^{40.9}$	$2^{85.8}$	$2^{86.4}$	$2^{86.4}$
104	$2^{95.7}$	$2^{40.9}$	$2^{85.9}$	$2^{84.4}$	$2^{85.9}$
106	$2^{95.7}$	$2^{40.9}$	$2^{85.9}$	$2^{72.4}$	$2^{85.9}$

注：$n=160, d=16, D=2^{45.8}$(数据复杂度)，$M=2^{78.6}$(存储需求)，T 表示在线阶段的时间复杂度，P 表示预计算时间复杂度，在第 3 步选择策略Ⅱ。

3. 攻击方法的改进

文献[12]中利用 Grain v1 的采样距离特性和 KSD 的非均匀分布特性提出了改进上述攻击方法的两种方法，这里只介绍利用 Grain v1 的采样距离特性的改进方法。文献[15]中提出了采样距离的概念，称为 BSW 采样。对 BS 折中曲线，它能用来获得折中参数的较大选择。

这种改进的主要观点是：找到一个有效的方法生成和枚举特殊状态，使得某一连续生成的密钥流比特有一个固定的模式(如一个 0 串)。如果固定模式的长度是 k，则该密码的采样距离是 $R=2^{-k}$。人们已经通过猜测确定策略证明了 Grain v1 的采样距离是 2^{-21}。这里用一个简单的方法推导出 Grain v1 的采样距离，这个方法有更低的复杂度。

引理 8.4.2 给定 Grain v1 的 139 个特定状态比特的值和由此状态产生的前 21 个密钥流比特，则其他 21 个内部状态比特能被直接推出。

证明：Grain v1 的输出函数可表示为

$$\mathrm{ks}_i=\sum_{k\in A}b_{i+k}+h(s_{i+3},s_{i+25},s_{i+46},s_{i+64},b_{i+63}),\quad A=\{1,2,4,10,31,43,56\}$$

我们试图计算从 b_{i+10} 到 b_{i+31} 的所有 NFSR 比特。注意到 Grain v1 的非线性更新函数不影响输出，直到它被钟控 18 次。这样，可以容易地推导下面的 17 步：

$$b_{10}=\mathrm{ks}_0+b_1+b_2+b_4+b_{31}+b_{43}+b_{56}+h(s_3,s_{25},s_{46},s_{64},b_{63})$$

$$\vdots$$

$$b_{25}=\mathrm{ks}_{15}+b_{16}+b_{17}+b_{19}+b_{46}+b_{58}+b_{71}+h(s_{18},s_{40},s_{61},s_{79},b_{78})$$

$$b_{26}=\mathrm{ks}_{16}+b_{17}+b_{18}+b_{20}+b_{47}+b_{59}+b_{72}+h(s_{19},s_{41},s_{62},s_{80},b_{79})$$

在第 1 步，b_{10} 的值由固定的 4 个 LFSR 比特和 7 个 NFSR 比特确定。继续这个过程，推导 $b_{11},b_{12},\cdots,b_{25}$ 的值。至此，我们已经固定了 57 个 NFSR 比特和 64 个 LFSR 比特，并推导出了 16 个 NFSR 比特。在第 17 步，s_{80} 被引入 b_{26} 的计算中，根据线性反馈函数，需要固定 5 个 LFSR 比特和 1 个 NFSR 比特。

在第 18 步，b_{80} 和 s_{81} 存在于 b_{27} 的表达式中，为了推导 b_{27}，不得不固定 5 个 LFSR 比特和两个 NFSR 比特(b_{28} 和 b_0)。在第 19 步不能推导 b_{28}，因为它在上一步被固定了。然而，b_{29} 存在于 sk_{18} 的表达式中，这样，可以利用固定的 3 个 LFSR 比特推导 b_{29} 的值。在第

20 步，能利用固定的两个 LFSR 比特获得 b_{30}。在最后一步，即第 21 步，能直接推出 s_{45}，而无须固定任何状态比特。至此，所有的状态比特都知道了。总之，使用 NFSR 状态的 60 位和 LFSR 状态的 79 位恢复了 20 个 NFSR 状态比特和 1 个 LFSR 状态比特。

139 个特定状态比特包含了 60 个 NFSR 状态比特和 79 个 LFSR 状态比特。由引理 8.4.2 可知，Grain v1 的采样距离是 $R=2^{-21}$。这样，通过选择一个前缀 0^{21} 定义一个限制的单向函数 $\tau:\{0,1\}^{139}\to\{0,1\}^{139}$。

(1) 对每个 139 位输入值 x，剩余的 21 个内部状态比特能由引理 8.4.2 和前缀 0^{21} 确定。

(2) 向前运行密码 160 个时基，生成一个 160 位的段 $0^{21}\parallel y$ 并输出 y。

现在，搜索空间被缩小为内部状态的一个特殊的子集。

现在的目标是恢复 $n^*=139$ 位 ISD 而不是 $n=160$ 位 ISD，这里的 139 比特 ISD 包含 60 个 NFSR 状态比特和 79 个 LFSR 状态比特。注意，如果从 τ 的输出 y 中观察到 l 位密钥流，需要额外的 42 个时基，其中 21 个时基计算剩余的 21 位内部状态，另外 21 个时基生成前缀密钥流。这样，预计算时间复杂度是 $P^*=2N\cdot V(n^*,d)\cdot(l+42)$个时基。在在线阶段，需要收集这些具有前缀模式 0^{21} 的密钥流段，以确保对应的内部状态在约化的搜索空间中存在。因此，数据复杂度是 $D=(|A|+|B|)\cdot 2^{21}$。给定 $d=3$，则 $V(n^*,d)\approx 2^{59.3}$，$|A|=|B|=\sqrt{3}\cdot 2^{n^*/2}/\sqrt{V(n^*,d)}\approx 2^{40}$。这样，数据复杂度是 $D=(|A|+|B|)\cdot 2^{21}=2^{62}$，存储复杂度是 $M=V(n^*,d)\cdot 2^{6.6}+|A|+|B|=2^{65.9}$个条目，每个条目包含 $n^*+\delta$ 位而不是 $n+\delta$ 位。预计算时间是 $P^*=2^{76.3}(l+42)$。基于采样距离的具有各种 l 的时间复杂度被总结在表 8.4.3 中。从表 8.4.3 可以看出，这个改进的攻击降为 P 的 $1/2^{12.3}$，即 $2^{83.4}$，并使 A 和 B 中的每个条目节约了 10 位存储空间。所有的复杂度均低于强力攻击的复杂度。

表 8.4.3 基于采样距离的具有各种 l 的攻击复杂度

l	P^*	T_1	T_2	T_3	T
92	$2^{83.4}$	$2^{35.9}$	$2^{76.1}$	$2^{74.4}$	$2^{76.1}$
94	$2^{83.4}$	$2^{35.9}$	$2^{76.2}$	$2^{73.4}$	$2^{76.2}$
96	$2^{83.4}$	$2^{35.9}$	$2^{76.2}$	$2^{71.4}$	$2^{76.2}$

注：$n^*=139$，$d=13$，$D=2^{62}$，$M=2^{65.9}$，在第 3 步选择策略Ⅱ。

8.5 注记与思考

本章主要起到拾零的作用，对一些重要的零散分析方法或利用前面各章中介绍的一些思想的分析方法进行补充介绍，重点介绍了相关密钥攻击方法、差分分析方法、基于分别征服策略的攻击方法和近似碰撞攻击方法。

用“其他分析方法”作为一章的标题来收集在前面 6 章中没有涉及的方法，也是一种不得已的做法，这主要是因为以下原因：有些方法不好归类，有些方法还不是很成熟，有些方法不好命名但在设计中必须避免，等等。其实，没有包含在前面 6 章中的方法都是“其他方法”，范围很大，内容也很多，本章有选择地做了较详细的介绍。还有很多本书没有介绍的方法有待读者去探索和研究。

思考题

1. 从3GPP官网上查阅SNOW3G和ZUC序列密码的工作流程，并详细比较分析二者对抗滑动密钥分析的能力。

2. 在相关密钥攻击中经常使用差分分析的思想，请举例说明。

3. 分别征服策略可应用于许多密码分析中，试举几个例子。

4. 如果直接采用henon序列 $\{z_i\}$ 作为密钥流加密明文，那么这样的序列密码是否安全？请说明原因。

5. 研究碰撞攻击方法与近似碰撞攻击方法之间的关系。

6. 通过本书的学习和体会，你认为设计一个序列密码应特别注意哪些问题？请说明原因。

本章参考文献

[1] Fluhrer S, Mantin I, Shamir A. Weaknesses in the Key Scheduling Algorithm of RC4[C]// SAC 2001. Berlin Heidelberg: Springer-Verlag, 2001: 1-24.

[2] Saarinen M J O. Related-key Attacks Against Full Hummingbird-2 [M]//FSE 2013. Berlin Heidelberg: Springer-Verlag, 2014: 467-482.

[3] Shi Z, Zhang B, Feng D. Practical-time related-key attack on Hummingbird-2[J]. IET Information Security, 2015, 9(6): 321-327.

[4] Wu H, Preneel B. Differential-linear attacks against the stream cipher Phelix[M]//FSE 2007. Berlin Heidelberg: Springer-Verlag, 2007: 87-100.

[5] Kircanski A, Youssef A. On the Sliding Property of SNOW 3G and SNOW2.0[J]. IET Information Security, 2011, 4(5): 199-206.

[6] Biham E, Dunkelman O. Differential Cryptanalysis in Stream Ciphers[EB/OL]. http://eprint.iacr.org/2007/218.

[7] Filiol E, Fontaine C, Josse S. The COSvd Ciphers[M]//The State of the Art of Stream Ciphers: Workshop Record. Belgium: [s.n.], 2004:45-59.

[8] Goldberg D, Priest D. What Every Computer Scientist Should Know About Floating-point Arithmetic [J]. ACM Comp. Surv., 1991, 23(1): 5-48.

[9] Erdmann D, Murphy S. Henon Stream Cipher[J]. Electronic Letters, 1992, 28(9): 893-895.

[10] Zhang B, Wu H, Feng D, et al. Weaknesses of COSvd (2,128) Stream Cipher[C]//ICISC 2005. Berlin Heidelberg: Springer-Verlag, 2006: 270-283.

[11] Hell M, Johansson T, Meier W. Grain: A Stream Cipher for Constrained Environments[J]. Int. J. Wirel. Mob. Comput(IJWMC), 2007, 2(1): 86-93.

[12] Zhang B, Li Z, Feng D, et al. Near Collision Attack on the Grain v1 Stream Cipher. S[M]//FSE 2013. Berlin Heidelberg: Springer-Verlag, 2014: 518-538.

[13] Strassen V. Gaussian elimination is not optimal[J]. Nume. Math, 1969(13): 354-356.

[14] Afzal M, Masood A. Algebraic Cryptanalysis of a NLFSR Based Stream Cipher [C]//3rd